अल्बर्ट आइंस्टाइन

(जीवन, कृतित्व व समाज-चिंतन)

Fundamental ideas play the most important role in forming a physical theory. Books on physics are full of complicated mathematical formulae. But thought and ideas, not formulae, are the beginning of every physical theory.

–A. Einstein and L. Infeld

The Evolution of Physics, 1938

भौतिकीय सिद्धांत के सृजन में मूलभूत विचार सर्वाधिक महत्व की भूमिका अदा करते हैं। भौतिक-विज्ञान की पुस्तकों में जटिल गणितीय सूत्रों की भरमार रहती है। परंतु प्रत्येक भौतिकीय सिद्धांत की शुरुआत गहन चिंतन व विचारों से होती है, न कि सूत्रों से।

–अल्बर्ट आइंस्टाइन व लिओपोल्ड इन्फेल्ड

भौतिकी का विकासक्रम, 1938 ई.

अल्बर्ट आइंस्टाइन

(जीवन, कृतित्व व समाज-चिंतन)

गुणाकर मुळे

राजकमल प्रकाशन
नयी दिल्ली पटना इलाहाबाद कोलकाता

ISBN : 978-81-267-2536-6

मूल्य : ₹ 700

पहला राजकमल संस्करण : 2014

प्रकाशक : राजकमल प्रकाशन प्रा. लि.
1-बी, नेताजी सुभाष मार्ग, दरियागंज
नई दिल्ली-110 002

शाखाएँ : अशोक राजपथ, साइंस कॉलेज के सामने, पटना-800 006
पहली मंजिल, दरबारी बिल्डिंग, महात्मा गांधी मार्ग, इलाहाबाद-211 001
36 ए, शेक्सपियर सरणी, कोलकाता-700 017

वेबसाइट : www.rajkamalprakashan.com
ई-मेल : info@rajkamalprakashan.com

आवरण : गुणाकर मुळे

मुद्रक : बी.के. ऑफसेट
नवीन शाहदरा, दिल्ली-110 032

ALBERT EINSTEIN
Life, Work and Social Philosophy by Gunakar Mule

आइंस्टाइन के अनन्य भक्त

तथा

इस ग्रंथ के प्रथम पाठक

बेटे अंशुमान को

प्राक्कथन

मराठी माध्यमिक पाठशाला की मेरी पढ़ाई विदर्भ (महाराष्ट्र) के एक गांव में हुई, बिना अंग्रेजी के। चौदह साल की आयु में गांव से बाहर आया, तो पहली बार 1949 ई. में आइंस्टाइन के 'सापेक्ष्यवाद' के बारे में हिंदी साहित्य सम्मेलन (इलाहाबाद) से प्रकाशित एक छोटी पुस्तक पढ़ने को मिली। लेखक थे–डा. अवध उपाध्याय, जो फ्रांस से गणित में 'डाक्टरेट' लेकर लौटे थे। उस समय भी मैं अंग्रेजी नहीं जानता था, हिंदी भी कम ही आती थी, लेकिन वही पहली पुस्तक है जिसने मुझे आइंस्टाइन और उनके महान कृतित्व का प्रारंभिक परिचय कराया था।

गणित की मेरी पढ़ाई इलाहाबाद विश्वविद्यालय में हुई। आपेक्षिकता-सिद्धांत के अध्ययन में भी दिलचस्पी बढ़ती गई। मगर उस समय विश्वविद्यालय में इस विषय के अध्ययन की कोई व्यवस्था नहीं थी। परंतु मैं आइंस्टाइन और उनके सिद्धांतों के बारे में जहां-तहां से लगातार जानकारी जुटाता रहा।

फिर इलाहाबाद में ही अप्रैल 1955 के एक दिन समाचार मिला कि आइंस्टाइन अब इस दुनिया में नहीं रहे। बड़ा धक्का लगा, क्योंकि 'सपना' पाल रखा था कि एक दिन उनके दर्शन अवश्य करूंगा। उसी समय निर्णय लिया–अल्बर्ट आइंस्टाइन के बारे में एक पुस्तक लिखूंगा। उन्हीं दिनों थोड़ी जर्मन भी सीखी थी, जो अब इस ग्रंथ को लिखते समय काम आई।

मैं आइंस्टाइन के बारे में पुस्तकें–अधिकतर प्रसिद्ध ग्रंथों के पेपरबैक संस्करण–प्राप्त करता गया, स्वप्रयास से उन्हें पढ़ता रहा। उन्हीं दिनों कहीं पढ़ा कि आइंस्टाइन के अनुसार, आपेक्षिकता का परिचय देने वाली एक उत्तम पुस्तक है–हेरमान वाइल की Space-Time-Matter (Raum-Zeit-Materie)। यह पुस्तक इलाहाबाद में उपलब्ध थी, पर उसे खरीदने में मैं समर्थ नहीं था। भौतिकी में एम. एससी. कर रहे मेरे नेपाली मित्र श्री चंद्रभक्त मानंधर को पता चला, तो वे पुस्तक खरीद लाए और मुझे भेंट कर गए। वह पुस्तक आज भी मेरे पास है।

आइंस्टाइन, आपेक्षिकता, क्वांटम सिद्धांत और संबंधित विषयों के ग्रंथ मेरे निजी संग्रह में जमा होते गए–ज्यादातर पेपरबैक संस्करण। भूतपूर्व सोवियत संघ से प्रकाशित इन विषयों से संबंधित जितने भी अंग्रेजी ग्रंथ भारत में पहुंचे, वे प्रायः सभी मैंने प्राप्त कर लिये, क्योंकि ये सस्ते थे, और सरल तथा रोचक भी।

सन् 1979 आया–आइंस्टाइन की जन्म-शताब्दी का वर्ष। सोचा–अब मुझे आइंस्टाइन की जीवनी लिख डालनी चाहिए। लगभग 50 पृष्ठ लिख भी डाले, परंतु पुस्तक पूरी नहीं कर पाया। हां, उसी साल लेव लांदाऊ व यूरी रूमेर की प्रसिद्ध पुस्तक What is The Theory of Relativity का अनुवाद कर डाला–**आपेक्षिकता सिद्धांत क्या है**, जो पूरे पच्चीस साल बाद आइंस्टाइन व लेव लांदाऊ की संक्षिप्त जीवनियों के साथ "भौतिकी के चमत्कारी वर्ष" (2005 ई.) में प्रकाशित हुई।

फिर उसी वर्ष **आइंस्टाइन** को लिखना शुरू कर दिया। सोचा, ढाई-तीन सौ पृष्ठों की पुस्तक होगी, अन्य काम करते हुए इसे एक साल में पूरा कर लूंगा। तय किया कि स्रोत-सामग्री के लिए अब कहीं बाहर नहीं भटकूंगा। विशेष जरूरत भी नहीं थी; इस ग्रंथ के लिए पिछले लगभग पचास वर्षों से सामग्री जुटाता आया था–ग्रंथ, पत्रिकाएं, कतरनें, चित्र आदि। "सहायक ग्रंथ-सूची" की सारी पुस्तकें मेरे संग्रह में मौजूद हैं; अपवाद हैं तो इस सूची की नं. 17 और नं. 61 की दो कीमती पुस्तकें, जो मुझे गुजराती के प्रतिष्ठित विज्ञान-लेखक डा. सुश्रुत पटेल की अनुकंपा से उपलब्ध हुईं। डा. पटेल ने मेरे लिए कुछ चित्रों की भी व्यवस्था की।

मैंने हिंदी का विधिवत् अध्ययन नहीं किया है; मेरी हिंदी व्यापक स्वाध्याय और लगभग एक दशक तक के मेरे इलाहाबाद-निवास की देन है। एक बात और : मेरी पत्नी हिंदीभाषी हैं। मैंने अधिकतर हिंदी में ही लिखा है। **संसार के महान गणितज्ञ**, **ब्रह्मांड-परिचय**, **आकाश-दर्शन** जैसे मेरे ग्रंथ, जिनका भरपूर स्वागत हुआ है, प्रमाणित कर देते हैं कि हिंदी (और अन्य कई भारतीय भाषाएं) आधुनिक गणित, भौतिकी व ज्योतिर्विज्ञान जैसे विषयों को वहन करने में सहज समर्थ हैं। मेरी दृढ़ मान्यता है कि आपेक्षिकता व क्वांटम सिद्धांत की बुनियादी धारणाओं को अंग्रेजी की अपेक्षा हिंदी में अधिक स्पष्टता से प्रस्तुत किया जा सकता है, सहजता से समझा जा सकता है।

आपेक्षिकता और क्वांटम सिद्धांतों ने मानव-चितंन को बहुत गहराई से प्रभावित किया है। इन्होंने हमें एक नितांत नए अतिसूक्ष्म और अतिविशाल भौतिक जगत के दर्शन कराए हैं। न केवल हमारे साहित्यकारों, इतिहासकारों और समाजशास्त्रियों को, बल्कि धर्माचार्यों को भी आपेक्षिकता व क्वांटम सिद्धांत की मूलभूत धारणाओं और निष्कर्षों की जानकारी अवश्य होनी चाहिए। आइंस्टाइन और उनके समकालीन यूरोप के अन्य अनेक वैज्ञानिकों के जीवन-संघर्ष को जाने बगैर नाजीवाद-फासीवाद की बिभीषिका का सही आकलन कतई संभव नहीं है।

अल्बर्ट आइंस्टाइन ग्रंथ लिखते समय मेरा उद्देश्य रहा है, इसे 12वीं कक्षा के विद्यार्थी भी समझ सकें। मैंने आइंस्टाइन के वैज्ञानिक कृतित्व को यथासंभव सरल भाषा में समझाने की कोशिश की है। इसके आगे अंतर्राष्ट्रीय संकेतावली वाला उच्च गणित है।

मैं मानकर चला हूं कि **आइंस्टाइन** के पाठक आपेक्षिकता, क्वांटम सिद्धांत और भौतिकी के इतिहास के बारे में नहीं के बराबर जानकारी रखते हैं। इसलिए भरपूर "संदर्भ व टिप्पणियां" देकर संबंधित विषयों, व्यक्तियों, वैज्ञानिकों, प्रसंगों, स्थलों आदि के बारे में जरूरी जानकारी प्रस्तुत कर दी गई है–चित्रों सहित। इस तरह, इस ग्रंथ में एक तरह से "भौतिकी का संक्षिप्त इतिहास" भी आ गया है।

आइंस्टाइन को अंग्रेजों, अमरीकियों, जर्मनों, फ्रांसीसियों, रूसियों आदि ने अपने-अपने दृष्टिकोण से पेश किया है। स्वयं आइंस्टाइन घोषित रूप से विश्व-नागरिक थे। भारत के प्रति उनको विशेष लगाव था; यह बात ग्रंथ के परिशिष्ट-1 **आइंस्टाइन के भारतीय सरोकार** से सहज प्रमाणित हो जाती है।

ऐसे ग्रंथ की रचना के लिए जो अकादमिक माहौल चाहिए था, वह मुझे नसीब नहीं हुआ। ग्रंथ को उपयोगी बनाने के लिए मैंने 10 विस्तृत परिशिष्ट जोड़े हैं। काफी सावधानी बरतने पर भी विदेशी नामों व स्थलों के उच्चारण में अशुद्धियां हो सकती हैं, इसलिए उन्हें रोमन अक्षरों में भी दे दिया है। संपूर्ण ग्रंथ मेरे अकेले का प्रयास है, इसलिए इसकी त्रुटियों के लिए भी मैं ही जिम्मेवार हूं। ग्रंथ को सजाने में मेरे कंप्यूटर-सहायक श्री मुकेश कुमार का भरपूर सहयोग मिला है। उन्होंने मेरे लिए कुछ दुर्लभ चित्रों की भी व्यवस्था की। पुस्तक के चित्र अनेक स्रोतों से उपलब्ध हुए हैं, जिसके लिए मैं सबके प्रति अपने आभार व्यक्त करता हूं।

भौतिकी व गणित का अध्ययन करने वाले विद्यार्थियों की संख्या पुनः बढ़ रही है। इन विषयों के विद्यार्थी, अध्यापक भी, इस ग्रंथ को यकीनन प्रेरणाप्रद व उपयोगी पाएंगे।

ग्रंथ एक साल में पूरा करना चाहता था, मगर इसका आकार-प्रकार बढ़ता गया और पूरे तीन साल लग गए। इससे सबसे ज्यादा परेशानी हुई मेरी पत्नी को। अल्सर व मधुमेह का मैं मरीज, और 73 साल की उम्र; उन्हें इस बात की सतत चिंता रही कि मैं **आइंस्टाइन** को पूरा किए बिना बीच में ही कहीं 'लुढ़क' न जाऊं। इसलिए उन्होंने इस दौरान मेरा विशेष ख्याल रखा। उनका सहयोग तो आगे भी अत्यावश्यक है, क्योंकि अभी मुझे अपनी कई अधूरी कृतियां पूरी करनी हैं।

अंत में प्राचीनकाल के एक भुक्तभोगी 'लेखक' के शब्दों में निवेदन है :

भग्नपृष्ठिकटिग्रीवा मंददृष्टिरधोमुखम्।
कष्टेन लिख्यते ग्रंथं यत्नेन परिपालयेत्॥

आशा है, मेरी पहले की कृतियों की तरह इस ग्रंथ का भी हिंदी जगत में भरपूर स्वागत होगा।

'अमरावती', सी-210, पांडव नगर,
दिल्ली-110092
2 अप्रैल 2013

–गुणाकर मुळे

अनुक्रम

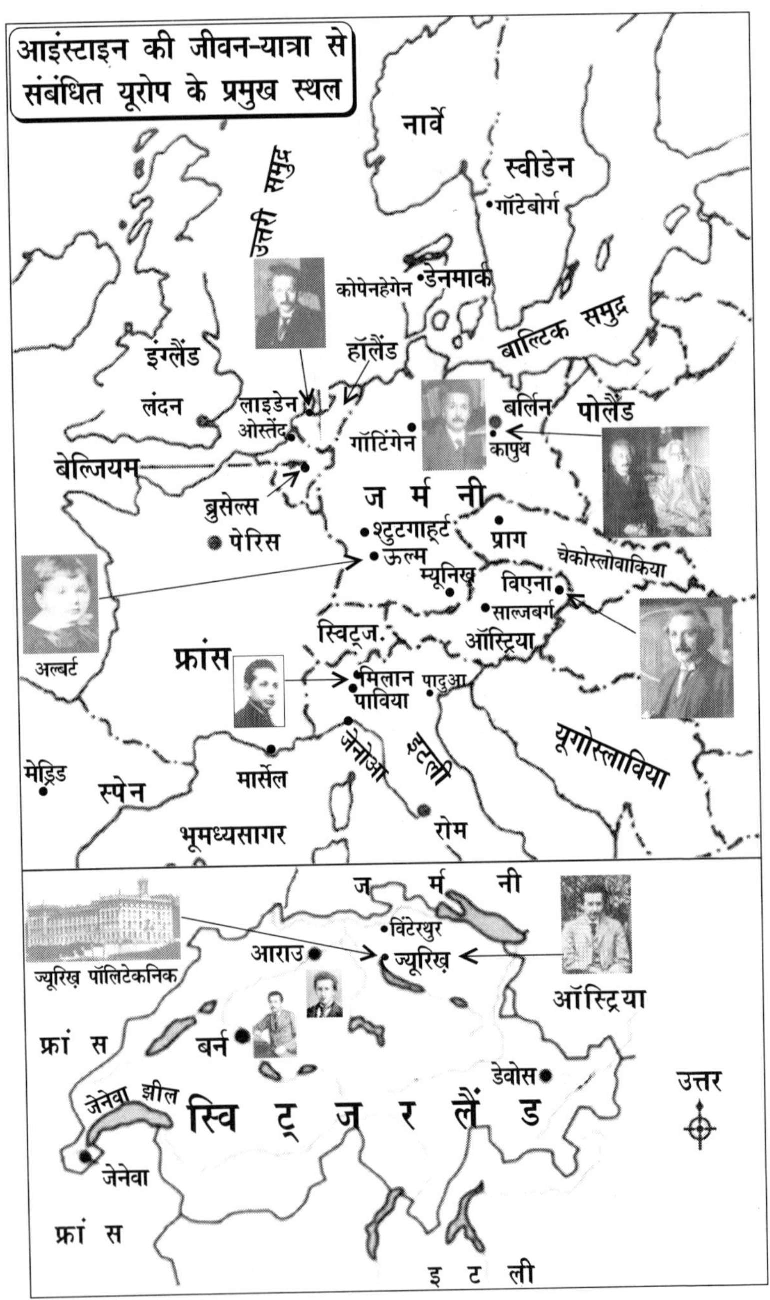
आइंस्टाइन की जीवन-यात्रा से संबंधित यूरोप के प्रमुख स्थल
नार्वे
स्वीडेन
गॉटेबोर्ग
उत्तरी समुद्र
कोपेनहेगेन
डेनमार्क
बाल्टिक समुद्र
इंग्लैंड
हॉलैंड
लंदन
लाइडेन
ओस्तेंद
गॉटिंगेन
बर्लिन
कापुथ
पोलैंड
बेल्जियम
ब्रुसेल्स
ज र्म नी
पेरिस
श्टुटगार्ट
ऊल्म
प्राग
चेकोस्लोवाकिया
म्यूनिख़
विएना
साल्जबर्ग
अल्बर्ट
स्विट्ज.
ऑस्ट्रिया
फ्रांस
मिलान
पाविया
पादुआ
जेनोआ
इटली
यूगोस्लाविया
मेड्रिड
स्पेन
मार्सेल
रोम
भूमध्यसागर
ज र्म नी
विंटेरथुर
आराउ
ज्यूरिख़
ज्यूरिख़ पॉलिटेकनिक
ऑस्ट्रिया
फ्रां स
बर्न
डेवोस
उत्तर
जेनेवा झील
स्वि ट् ज र लैं ड
जेनेवा
फ्रां स
इ ट ली

अध्याय 1

प्रस्तावना

29 मई, 1919 : खग्रास सूर्य-ग्रहण का दिन। ग्रहण के अध्ययन के लिए लंदन की रॉयल सोसायटी और रॉयल एस्ट्रॉनॉमिकल सोसायटी ने दो वैज्ञानिक-दलों का आयोजन किया था। एक दल उत्तरी ब्राजील के सोब्राल गांव में पहुंचा और दूसरा पहुंचा, पश्चिम अफ्रीका के प्रिंसिपे द्वीप में। ग्रिनीच वेधशाला के खगोलविद प्रथम दल का और आर्थर एडिंगटन[1] (1882-1944 ई.) दूसरे दल का नेतृत्व कर रहे थे।

अभियान का लक्ष्य था–दूर के तारों की किरणों के सूर्य के समीप से गुजरने पर उनके पथ में होनेवाले प्रत्यक्ष विस्थापन का अध्ययन करना। सूर्य-ग्रहण के समय ब्राजील में मौसम अच्छा था, मगर वहां के परिणामों का विश्लेषण करने में काफी विलंब हुआ। प्रिंसिपे द्वीप में ग्रहण के समय आकाश में बादल छा गए, पर अंतिम क्षणों में बादल थोड़े छंटे, तो दो प्लेटों पर सर्वग्रास सूर्य-ग्रहण के चित्र उतारना संभव हुआ। उसके करीब छह महीने पहले, जब सूर्य बहुत दूर था, तब आकाश के उसी क्षेत्र[2] के चित्र उतारे गए थे। ग्रहण के समय प्राप्त किए गए नए चित्रों से उन पुराने चित्रों का मिलान किया गया, तो स्पष्ट हुआ कि दूर के तारों की किरणें, सूर्य के समीप से गुजरने पर, उसकी ओर थोड़ी मुड़ जाती हैं।

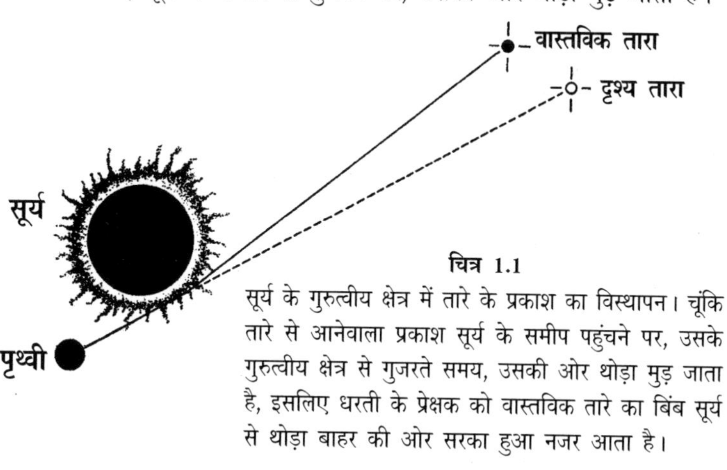

चित्र 1.1

सूर्य के गुरुत्वीय क्षेत्र में तारे के प्रकाश का विस्थापन। चूंकि तारे से आनेवाला प्रकाश सूर्य के समीप पहुंचने पर, उसके गुरुत्वीय क्षेत्र से गुजरते समय, उसकी ओर थोड़ा मुड़ जाता है, इसलिए धरती के प्रेक्षक को वास्तविक तारे का बिंब सूर्य से थोड़ा बाहर की ओर सरका हुआ नजर आता है।

चित्र 1.2 : 29 मई, 1919 के खग्रास सूर्य-ग्रहण (बाईं ओर ऊपर) के अध्ययन में प्रयुक्त दूरबीन तथा अन्य उपकरण

इस समूचे प्रयास के पीछे कारण था—अल्बर्ट आइंस्टाइन (1879-1955 ई.) द्वारा 1916 ई. के आरंभ में प्रकाशित व्यापक आपेक्षिकता-सिद्धांत (General Relativity Theory) का एक निष्कर्ष। आइंस्टाइन परिणाम पर पहुंचे थे कि, सभी भौतिक पिंडों की तरह, प्रकाश-पुंज का भी अपना द्रव्यमान होता है, भार होता है, और जब यह किसी बड़े पिंड के गुरुत्वीय क्षेत्र से गुजरता है, तो वक्र पथ में यात्रा करता है। उन्होंने सुझाव दिया था कि उनके सिद्धांत की परीक्षा के लिए सूर्य के गुरुत्वीय क्षेत्र से गुजरनेवाले तारों के प्रकाश-पथों का अवलोकन किया जाए। चूंकि दिन के प्रकाश में तारों को देख पाना संभव नहीं है, इसलिए आकाश में सूर्य व तारों को सर्वग्रास सूर्य-ग्रहण के अवसर पर ही एक साथ देखा जा सकता है। अतः आइंस्टाइन ने सुझाया कि ग्रहण के समय जब सूर्य का सर्वग्रास हो गया हो, यानी जब सूर्य पूर्णतः काला हो जाए, तब उसके काले किनारे के सबसे नजदीक के तारों के छायाचित्र उतारे जाएं और उन्हीं तारों के अन्य अवसर पर उतारे गए छायाचित्रों से उनकी तुलना की जाए। आइंस्टाइन के सिद्धांत के अनुसार, सूर्य के किनारे के नजदीक के तारों का प्रकाश, सूर्य के गुरुत्वीय क्षेत्र से गुजरते समय, थोड़ा सूर्य की ओर मुड़ जाना चाहिए। इसलिए धरती के प्रेक्षक को उन तारों के बिंब आकाश में अपने स्थानों से थोड़े विस्थापित यानी हटे हुए नज़र आएंगे।

आइंस्टाइन ने यह भी बताया था कि सूर्य के सबसे नजदीक के तारों के लिए प्रकाश का यह विस्थापन लगभग 1.76 कोणीय सेकंड (arc seconds) होगा।

आइंस्टाइन ने 1916 ई. में प्रकाशित अपनी 'आपेक्षिकता' (Relativity) नामक जर्मन पुस्तक में लिखा था : "इस निष्कर्ष के सही या अन्यथा होने की जांच का सवाल सर्वाधिक महत्व का है; आशा की जाती है कि खगोलविद इसका हल जल्दी प्राप्त कर लेंगे।"[3]

चूंकि आपेक्षिकता के व्यापक सिद्धांत की सत्यता इस परीक्षण से जुड़ी हुई थी, इसलिए दुनिया-भर के वैज्ञानिक मई 1919 ई. के उस सूर्य-ग्रहण के अध्ययन के लिए आयोजित ब्रिटिश वैज्ञानिक-दलों के परिणामों की बड़ी आतुरता से प्रतीक्षा कर रहे थे। पता चला कि सूर्य के समीप के तारों का औसत विस्थापन 1.64 कोणीय सेकंड है। उपकरणों की सूक्ष्मग्राहिता को ध्यान में रखा जाए, तो यह विस्थापन आइंस्टाइन की भविष्यवाणी को सही साबित करता था।

अभियान-दलों को इंग्लैंड लौटने और अपने परिणामों को अंतिम रूप देने में कुछ महीने लगे। लेकिन आइंस्टाइन के निष्कर्षों की पुष्टि होने की खबरें फैलने लगी थीं। खबरें आइंस्टाइन के पास भी पहुंच रही थीं। फिर 22 सितंबर, 1919 को डच भौतिकवेत्ता हेन्द्रिक लॉरेंट्ज[4] (1853-1928 ई.) ने खबरों की पुष्टि करते हुए आइंस्टाइन को टेलीग्राम भेजा। आइंस्टाइन ने टेलीग्राम से ही लॉरेंट्ज को धन्यवाद दिया और एडिंगटन को बधाई; और 27 सितंबर, 1919 को अपनी बीमार मां को स्विट्जरलैंड में एक पोस्टकार्ड लिखा : "प्यारी मां, आज एक अच्छा समाचार मिला है। हेन्द्रिक लॉरेंट्ज ने मुझे तार से सूचित किया है कि ब्रिटिश अभियान-दलों ने प्रमाणित कर दिया है कि सूर्य के समीप प्रकाश की किरणें मुड़ जाती हैं।… "

आइंस्टाइन ने लॉरेंट्स का तार एक महिला शोधार्थी को दिखाया और बोले : "मुझे पूरा विश्वास था कि मेरा सिद्धांत सही है।" तब शोधार्थी ने पूछा : "मान लीजिए कि परिणाम संदिग्ध या गलत निकलता, तब?" "तब मुझे ईश्वर पर बड़ा तरस आता, क्योंकि सिद्धांत सही है," आइंस्टाइन का उत्तर था।

लेकिन उस समय अभी कई भौतिकीविदों को आइंस्टाइन के सिद्धांत के सही होने में यकीन नहीं था। काफी बाद में आइंस्टाइन ने बताया था कि विख्यात भौतिकवेत्ता माक्स प्लांक[5] (1858-1947 ई.) को भी उनके सिद्धांत में पूरा यकीन नहीं था। मगर आर्थर एडिंगटन को आइंस्टाइन के सिद्धांत की सत्यता में पूरा-पूरा विश्वास था। उन्होंने भारतीय ज्योतिर्भौतिकीविद सुब्रह्मण्यन् चंद्रशेखर[6] (1910-1995 ई.) से कहा भी था : "यदि मेरा बस चलता, तो मैं सूर्य-ग्रहण के अध्ययन के लिए अभियानों का आयोजन भी नहीं करता।"

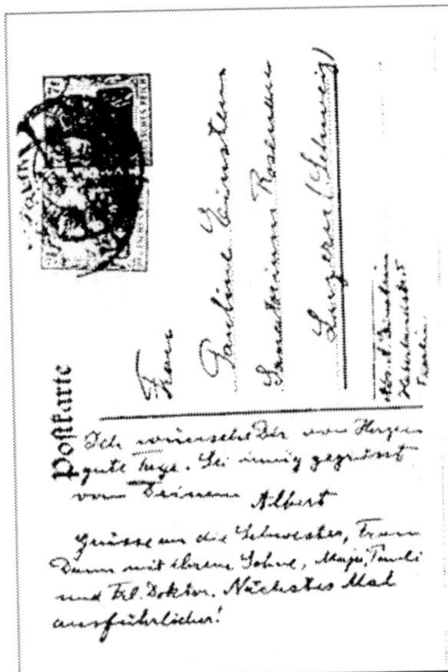

27. IX. 19

Liebe Mutter!

Heute eine freudige Nachricht. H. A. Lorentz hat mir telegraphiert, dass die englischen Expeditionen die Lichtablenkung an der Sonne wirklich bewiesen haben. Maja schreibt mir leider, dass Du nicht nur viel Schmerzen hast, sondern dass Du Dir auch noch trübe Gedanken machst. Wie gern würde ich Dir wieder Gesellschaft leisten, dass Du nicht dem hässlichen Grübeln überlassen wärest! Aber eine Weile werde ich doch hier bleiben müssen und arbeiten. Auch nach Holland werde ich für einige Tage fahren, um mich Ehrenfest dankbar zu erweisen, obwohl der Zeitverlust recht schmerzlich ist.

Postkarte

Frau Pauline Einstein
Sanatorium Rosenau
Luzern (Schweiz)

Ich wünsche Dir von Herzen gute Tage. Sei innig gegrüsst von Deinem Albert

Grüsse an die Schwester, Frau Dumm mit ihrem Sohne, Maja, Pauli und Frl. Doktor. Nächstes Mal ausführlicher!

चित्र 1.3 : 27 सितंबर, 1919 को मां पॉलिन को लिखा अल्बर्ट आइंस्टाइन का पोस्टकार्ड

अभियान-दलों के निष्कर्ष 6 नवंबर, 1919 को लंदन में आयोजित रॉयल सोसायटी व रॉयल एस्ट्रॉनॉमिकल सोसायटी की संयुक्त बैठक में प्रस्तुत किए गए। सर्वप्रथम राजकीय खगोलविद फ्रैंक डाइसन (1868-1930 ई.) ने दोनों अभियानों की जानकारी देकर घोषणा की : "स्पष्ट परिणाम प्राप्त हुए हैं कि प्रकाश का विस्थापन आइंस्टाइन के गुरुत्वाकर्षण के नियम के अनुसार होता है।" फिर एक दल के नेता एडिंगटन और दूसरे दल के नेता ने अपनी-अपनी रिपोर्ट प्रस्तुत की।

सभा में अनेक नामी वैज्ञानिक उपस्थित थे; कैम्ब्रिज से गणितज्ञ-दार्शनिक अल्फ्रेड नॉर्थ व्हाइटहेड[7] (1861-1947 ई.) भी आए थे। उस अवसर पर रॉयल सोसायटी के अध्यक्ष, नोबेल पुरस्कार विजेता भौतिकवेत्ता जे. जे. टॉमसन[8] (1856-1940 ई.) के उद्गार थे : "यह आविष्कार किसी अलग-थलग पड़े एक छोटे-मोटे द्वीप को तलाशने-जैसा नहीं है, बल्कि नूतन वैज्ञानिक विचारों वाले एक समूचे महाद्वीप को खोज निकालने के बराबर है। न्यूटन द्वारा प्रतिपादित गुरुत्वाकर्षण के सिद्धांत के बाद यह सबसे बड़ा आविष्कार है।" साथ ही, जे.जे. टॉमसन ने कबूल किया : "परंतु मैं स्वीकार करता हूं कि अब तक कोई भी आइंस्टाइन के सिद्धांत को स्पष्ट भाषा में प्रस्तुत नहीं कर पाया है।"

सभा समाप्त होने पर आर्थर एडिंगटन के एक खगोलविद मित्र उनके पास आए और बोले : "दुनिया में जो तीन लोग आपेक्षिकता-सिद्धांत को समझते हैं, उनमें एक आप हैं।" सुनकर एडिंगटन के चेहरे पर कुछ चिंता के भाव उभर आए। तब मित्र बोले : "प्रोफेसर एडिंगटन, इसमें हैरानी या संकोच की कोई बात नहीं है।" एडिंगटन का उत्तर था : "नहीं, मैं संकोच में बिल्कुल नहीं हूं; मैं सिर्फ यही सोच रहा हूं कि आपेक्षिकता-सिद्धांत को समझने वाला वह तीसरा व्यक्ति कौन हो सकता है।"

चित्र 1.4 : आर्थर स्टेनली एडिंगटन (1882-1944 ई.)

आगे इस किस्से को बहुत प्रसिद्धि मिली। अखबारों में अक्सर ही इस बात की चर्चा होती थी कि आइंस्टाइन के आपेक्षिकता-सिद्धांत को दुनिया के दरअसल कितने व्यक्ति समझ सकते हैं।

एडिंगटन की रिपोर्ट और दूसरे वैज्ञानिकों की टिप्पणियां दुनिया-भर के अखबारों की सुर्खियां बन गईं। अगले दिन के 'लंदन टाइम्स' के प्रथम पृष्ठ पर छपे प्रमुख समाचार का शीर्षक था : "विज्ञान में क्रांति। ब्रह्मांड का नया सिद्धांत। न्यूटन की मान्यताओं की पराजय।" लोग समझने लगे कि विज्ञान के क्षेत्र में एक महान घटना घटित हुई है। लोगों की जबान पर शब्द सुनाई देने लगे : "आकाश की वक्रता", "आकाश का सीमांत", "प्रकाश-किरणें मुड़ती हैं", हालांकि बहुत कम लोग इन शब्दों के सही अर्थ समझने में समर्थ थे।

बताया जाता है कि सन् 1919 में आइंस्टाइन के नौ वर्ष के छोटे पुत्र एडवर्ड ने उनसे पूछा था : "पिताजी, आप एकाएक इतने मशहूर कैसे हो गए?" पिता पहले तो मुस्कराए; फिर गंभीर होकर बोले : "देखो, जब कोई अंधा कीड़ा एक बड़ी गेंद की सतह पर रेंगता है, तो वह नहीं पहचानता कि उसका पथ मुड़ा हुआ है। परंतु मेरा यह सौभाग्य रहा कि मैंने उस मुड़े हुए पथ को पहचान लिया है।"

प्रकाश का गुरुत्वीय भार होता है और जब प्रकाश की कोई किरण किसी

चित्र 1.5 : अल्बर्ट आइंस्टाइन (1879-1955 ई.)

भारी पिंड के समीप से गुजरती है, तो उसके गुरुत्वीय क्षेत्र के कारण वह किरण उसकी ओर थोड़ी मुड़ जाती है, यह आपेक्षिकता के व्यापक सिद्धांत (General Relativity Theory) का एक निष्कर्ष था, जिसे आइंस्टाइन ने अंतिम रूप में 1916 ई. के आरंभ में प्रस्तुत किया था।

सचमुच, आइंस्टाइन का आपेक्षिकता-सिद्धांत कोई हलकी-फुलकी चीज नहीं है। जिन्होंने पर्याप्त गणित पढ़ा हो, जिन्होंने भौतिकी का गहराई से अध्ययन किया हो, वे ही इस सिद्धांत को भलीभांति समझ सकते हैं। फिर भी आपेक्षिकता-सिद्धांत को न समझने वाले लोग भी इसकी चर्चा करने लगे। ऐसा क्यों?

जिस समय आइंस्टाइन ने अपना यह सिद्धांत दुनिया के सामने रखा (विशिष्ट आपेक्षिकता-सिद्धांत 1905 ई. में और व्यापक आपेक्षिकता-सिद्धांत 1916 ई. में), उस समय आदमी की रोजमर्रा की जिंदगी के लिए इस खोज का कोई महत्व नहीं था। उस समय इस खोज में ऐसी कोई बात नज़र नहीं आ रही थी जिससे आदमी का जीवन अधिक सुखी बन सके। फिर भी सारी दुनिया में इस खोज की चर्चा होने लगी। आइंस्टाइन को संसार का सबसे बड़ा वैज्ञानिक समझा जाने लगा।

ऐसा क्यों हुआ?

उसी दौरान एक पत्रकार ने आइंस्टाइन से भी यही सवाल पूछा था : "अधिकांश लोग आपके सिद्धांत को नहीं समझते। बहुत-से लोगों की वैज्ञानिक विषयों में दिलचस्पी भी नहीं है। फिर क्या कारण है कि आपकी खोज का दुनिया-भर के लोगों पर इतना अधिक असर हुआ है?"

स्वयं आइंस्टाइन को भी इस बात पर बड़ा आश्चर्य होता था। उनके पास इस सवाल का कोई स्पष्ट जवाब नहीं था। उन्होंने केवल इतना ही कहा कि, "ऐसा क्यों हुआ, इसकी भलीभांति वैज्ञानिक पड़ताल होनी चाहिए।"

आइंस्टाइन और उनके आपेक्षिकता-सिद्धांत की इतनी अधिक चर्चा होने का

एक बुनियादी कारण है। यह सही है कि आदमी रोटी-पानी बिना जीवित नहीं रह सकता। लेकिन यह भी उतना ही सही है कि हर आदमी सिर्फ रोटी-पानी के लिए जिंदा नहीं रहता। रोजमर्रा की जिंदगी के अलावा और भी कई बातें हैं जिनके बारे में आदमी सोचता रहता है। जैसे, हर आदमी सोचता है कि यह विश्व कितना बड़ा है? विश्व का संचालन किन नियमों से होता है? इसमें काल की गति क्या है? आकाश का विस्तार कहां तक है? आकाश के ये तमाम तारे, ग्रह-उपग्रह आदि कहां से आए? विश्व की बनावट कैसी है?

ये सब बुनियादी सवाल हैं। हर आदमी के दिमाग में किसी-न-किसी रूप में ये सवाल अवश्य उठते हैं, कोलाहल मचाते हैं। आज से नहीं, बहुत प्राचीन काल से मनुष्य इन सवालों को लेकर माथापच्ची करता आया है। यह सही नहीं है कि जिसने गणित पढ़ा हो, जिसने भौतिकी का अध्ययन किया हो, जिसे खगोल-विज्ञान की जानकारी हो, उसी के दिमाग में ये सवाल उठते हैं। ये सवाल हर आदमी के दिमाग में उठते हैं—प्राचीन काल से उठते आए हैं। संत-महात्मा, दार्शनिक, वैज्ञानिक, कवि—सभी इन सवालों के समाधान खोजते रहे हैं। **ऋग्वेद** के 'नासदीय सूक्त' (10.129) में एक संदेहवादी ऋषि-कवि विश्वोत्पत्ति की अगम्यता के बारे में कहता है :

को अद्धा वेद क इह प्रवोचत् कुत आजाता कुत इयं विसृष्टिः।
अर्वाग् देवा अस्य विसर्जनेना ऽथा को वेद यत् आबभूव ॥ 6 ॥
इयं विसृष्टिर्यत आबभूव यदि वा दधे यदि वा न।
यो अस्याध्यक्षः परमे व्योमन् सो अङ्ग वेद यदि वा न वेद ॥ 7 ॥

अर्थात्, यह सृष्टि किससे उत्पन्न हुई, किसलिए हुई, इसे कौन जानता है? देवता भी बाद में पैदा हुए, फिर जिससे यह सृष्टि उत्पन्न हुई, उसे कौन जानता है? किसने विश्व को बनाया और वह कहां रहता है, इसे कौन जानता है? सबका अध्यक्ष परमाकाश में है। वह शायद इसे जानता है। अथवा, वह भी नहीं जानता। और, **ऋग्वेद** में ही अन्यत्र (1.35.6) एक ऋषि चुनौती देते हुए कहता है : **इह ब्रवीतु य उ तच्चिकेतत्**, यानी यह सब जाननेवाला यदि कोई है, तो यहां आकर बताए।

आइंस्टाइन का आपेक्षिकता-सिद्धांत ऐसे ही बुनियादी सवालों के उत्तर देता है। ये उत्तर साधारण नहीं हैं, विचलित कर देनेवाले हैं। आइंस्टाइन के पहले इन सवालों के बारे में वैज्ञानिकों की अलग-अलग मान्यताएं थीं। आइंस्टाइन ने उन पुरानी मान्यताओं को तहस-नहस कर डाला। आपेक्षिकता-सिद्धांत ने विश्व का एक नया ढांचा प्रस्तुत किया है। इस सिद्धांत ने स्पष्ट किया कि आकाश वैसा

नहीं है जैसा हम सोचते आए हैं, काल का प्रवाह वैसा नहीं है जैसा हम अब तक मानते आए हैं, और आकाशीय पिंडों की गतियां भी वस्तुतः वैसी नहीं हैं जैसी कि वे हमें प्रतीत होती हैं।

आइंस्टाइन के इन नए क्रांतिकारी विचारों से वैज्ञानिक जगत में तहलका मचना एक स्वाभाविक बात थी। आम पढ़ा-लिखा आदमी भी इन विचारों से प्रभावित हुआ। मगर आपेक्षिकता के सिद्धांत को आसानी से नहीं समझा जा सकता। इसके कुछ कारण हैं। पहली बात तो यही है कि हमें सदियों पहले के अपने रूढ़ विचार त्यागने पड़ते हैं और नए विचारों को ग्रहण करना पड़ता है। दूसरी बात यह है कि आपेक्षिकता-सिद्धांत से संबंधित ये नए विचार हमारे अपने रोजमर्रा के अनुभवों से मेल नहीं खाते, इसलिए ये हमें पहेली-जैसे प्रतीत होते हैं। तीसरी बात यह है कि गणित के जिस ढांचे में आइंस्टाइन ने अपने सिद्धांत प्रस्तुत किए हैं, वह आधुनिक उच्च गणित है, काफी जटिल है।

कुछ हद तक तो यह सही है कि आपेक्षिकता का सिद्धांत काफी कठिन है। लेकिन इसके बारे में एक प्रकार का हौआ भी खड़ा किया गया है। किसी समय यह कहा जाता था कि दुनिया के चंद वैज्ञानिक ही इसे समझ सकते हैं। लेकिन इन बातों में कोई सार नहीं है। अपने देश का ही एक उदाहरण लीजिए।

विशिष्ट आपेक्षिकता (Special Relativity) से संबंधित आइंस्टाइन का शोध-निबंध पहली बार 1905 ई. में प्रकाशित हुआ था और आपेक्षिकता के व्यापक सिद्धांत (General Relativity Theory) का प्रकाशन 1916 ई. के आरंभ में हुआ। आइंस्टाइन के ये शोध-निबंध जर्मन भाषा में थे।

अब आइए अपने देश में। सन् 1916 में कलकत्ता विश्वविद्यालय में एक नए विज्ञान कालेज की स्थापना हुई। इस कालेज में सत्येंद्रनाथ बसु (1894-1974 ई.), मेघनाद साहा (1893-1956 ई.) और प्रशांतचंद्र महालनोबिस (1893-1972 ई.) अध्यापक नियुक्त हुए थे। कालेज नया था, फिर भी उसमें आपेक्षिकता-सिद्धांत की पढ़ाई को स्थान दिया गया। इस विषय को पढ़ाने की जिम्मेदारी सत्येन बसु और मेघनाद साहा को स्वीकार करनी पड़ी। लेकिन पढ़ाएं कैसे? उस समय आपेक्षिकता-सिद्धांत पर अंग्रेजी में भी कोई पुस्तक उपलब्ध नहीं थी। उस समय तक आइंस्टाइन के मूल जर्मन निबंधों का अंग्रेजी में अनुवाद नहीं हुआ था, इंग्लैंड में भी नहीं। कलकत्ता विश्वविद्यालय के दो तरुण अध्यापकों—सत्येन बसु और मेघनाद साहा—ने इस अभाव की पूर्ति की। मेघनाद साहा ने आइंस्टाइन के 1905 ई. में प्रकाशित निबंध का जर्मन से अंग्रेजी में अनुवाद किया और सत्येन बसु ने 1916 ई. में प्रकाशित व्यापक आपेक्षिकता वाले निबंध का। साथ ही, उन्होंने

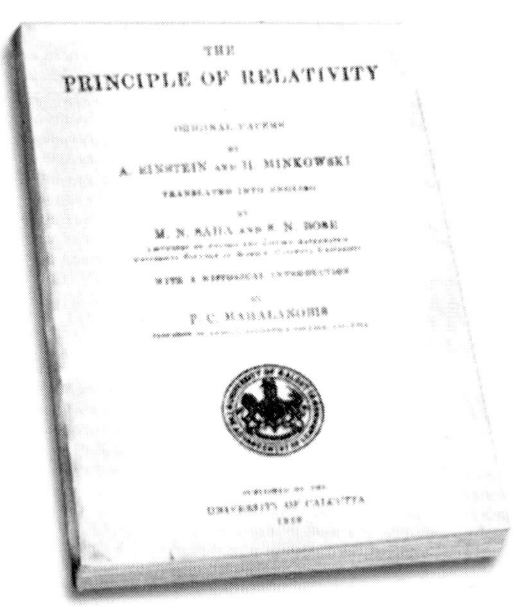

चित्र 1.6 : सत्येंद्रनाथ बसु और मेघनाद साहा द्वारा मूल जर्मन से अंग्रेजी में अनूदित आइंस्टाइन और मिंकोवस्की के शोध-निबंधों की पुस्तक का मुखपृष्ठ।

1908 ई. में प्रकाशित हेरमान मिंकोवस्की[9] के जर्मन निबंध "दिक् और काल" का अंग्रेजी में अनुवाद करके उसे भी पुस्तक में शामिल कर लिया। सन् 1920 के आरंभ में कलकत्ता विश्वविद्यालय ने इन लेखों को पुस्तकाकार प्रकाशित कर दिया। महालनोबिस ने पुस्तक के लिए विस्तृत भूमिका लिखी। इस प्रकार, आइंस्टाइन के आपेक्षिकता-सिद्धांत संबंधी निबंधों को पहली बार अंग्रेजी में प्रस्तुत करने का श्रेय भारत के तरुण वैज्ञानिकों को है।

इतना ही नहीं, उसके करीब चार साल बाद, सन् 1924 में, सत्येन बसु ने 'प्लांक विकिरण नियम'[10] की नई व्युत्पत्ति से संबंधित एक शोध-निबंध तैयार किया और उसे आइंस्टाइन के पास भेजा। सत्येन बसु का वह निबंध अंग्रेजी में था। आइंस्टाइन को वह निबंध बहुत पसंद आया। उन्होंने स्वयं उस निबंध का जर्मन में अनुवाद किया और उसे एक जर्मन शोध-पत्रिका में प्रकाशित कराया। यह जून, 1924 की बात है; सत्येन बसु तब ढाका विश्वविद्यालय (अब बांग्लादेश) में रीडर थे। आगे आइंस्टाइन ने सत्येन बसु की विधि को आधार बनाकर स्वयं एक शोध-निबंध लिखा। सत्येन बसु और आइंस्टाइन के संयुक्त प्रयास से जो एक नई

सैद्धांतिक विधि अस्तित्व में आई वह भौतिकी में आज "बोस-आइंस्टाइन सांख्यिकी" (Bose-Einstein Statistics) के नाम से प्रसिद्ध है।

अतः यह कहना कि आरंभिक वर्षों में बहुत कम वैज्ञानिक आपेक्षिकता-सिद्धांत को समझने में समर्थ थे, सही नहीं है। आइंस्टाइन ने यह कभी नहीं कहा कि केवल चंद वैज्ञानिक ही उनके सिद्धांत को समझ सकते हैं। सन् 1921 की बात है। एक अमरीकी पत्रकार ने उनसे पूछा : "दुनिया के कितने लोग आपके सिद्धांत को समझ सकते हैं?" आइंस्टाइन का उत्तर था : "कोई भी भौतिकवेत्ता इस सिद्धांत को समझ सकता है।" यहां 'भौतिकवेत्ता' का अर्थ ऐसा व्यक्ति है जिसने उच्च गणित और भौतिकी का गहन अध्ययन किया हो।

सच्चाई यह है कि आपेक्षिकता के सिद्धांत को गणित के संकेतों में ही ठीक-ठीक समझाया जा सकता है। यदि हम आम भाषा में आपेक्षिकता-सिद्धांत को समझाने का प्रयास करते हैं तो ऐसी-ऐसी चौंकानेवाली बातें सामने आती हैं जो हमें पहेली-जैसी लगती हैं। ये पहेलियां गणित में भी मौजूद हैं, मगर गणित के संकेत हमें उतना अधिक नहीं चौंकाते। एक उदाहरण लीजिए। सवाल है : "एक आदमी 100 रुपए लेकर बाजार में चीजें खरीदने जाता है। बाजार में वह 115 रुपए की चीजें खरीदता है। बताइए, उसके पास कितने रुपए शेष बचे?"

सवाल पहेली-जैसा लगता है। हम सोचते हैं : जब उस आदमी के पास सिर्फ 100 रुपए ही थे, तो उसने 115 रुपए कैसे खर्च किए? क्या उसने 15 रुपए किसी से उधार लिये? या 15 रुपए की कोई चीज वह उधार लाया?

लेकिन गणित की भाषा निराली है। ऊपर के सवाल का गणित के पास सरल-सा उत्तर है : "–15 रुपए"। यह एक ऋण राशि है। हम जानते हैं कि इस भौतिक विश्व में किसी भी ऋण राशि का अस्तित्व नहीं है। फिर भी हम शुरू से ही गणित में इन ऋण राशियों का इस्तेमाल करते हैं, बेहिचक।

गणित में ऐसी बहुत-सी राशियां हैं, ऐसे अनेक संकेत हैं, ऐसी नाना विधियां हैं, जिनके लिए इस भौतिक जगत में उदाहरण नहीं मिलते। दरअसल, आधुनिक गणित भौतिक जगत की कोई परवाह नहीं करता। उसे परवाह रहती है तो केवल अपने तार्किक नियमों की। तार्किक ढांचे पर खड़ी की गई गणित की कोई विधि भौतिक जगत पर लागू होती है तो ठीक है, नहीं होती है तब भी ठीक है। यही गणित की शक्ति है।

इस भौतिक विश्व में शून्य (0) वस्तु का कोई अस्तित्व नहीं है। बाजार में जाकर आप 'शून्य वस्तु' या 'कुछ नहीं' को नहीं खरीद सकते। लेकिन गणित में इसी शून्य संकेत (0) का कितना बड़ा महत्व है, इसे हम सभी जानते हैं।

एक समय ऐसा भी था जब शून्य का कहीं कोई इस्तेमाल नहीं होता था। प्राचीन यूनान के यूक्लिड (लगभग 300 ई.पू.) और आर्किमीदीज (लगभग 287-212 ई.पू.) जैसे चोटी के गणितज्ञों को शून्य के संकेत की जानकारी नहीं थी। हमारे देश में भी अशोक मौर्य, कनिष्क और सातवाहनों के समय में संख्याओं में शून्य संकेत का प्रयोग नहीं होता था।

आज सारे संसार में जिस अंक-पद्धति का इस्तेमाल होता है उसमें शून्य सहित कुल दस संकेत हैं। इन दस संकेतों से हम बड़ी-से-बड़ी संख्या को लिख सकते हैं। इनमें प्रत्येक संकेत का अपना एक निजी मान है। फिर, प्रत्येक संकेत का संख्या में उसके स्थान के अनुसार मान बदलता रहता है। इसलिए इसे हम **दाशमिक स्थानमान अंक-पद्धति** कहते हैं। इसमें शून्य (0) तो और भी अद्‌भुत चीज है। किसी भी संख्या के आगे शून्य रख दीजिए, उसका मान दस गुना बढ़ जाता है!

शून्य की धारणा पर आधारित इस 'दाशमिक स्थानमान अंक-पद्धति' की खोज भारत में हुई—ईसा की आरंभिक सदियों में, आज से लगभग दो हजार साल पहले। आज यह अंक-पद्धति हमें पहेली-जैसी नहीं लगती। इसी अंक-पद्धति से बच्चे अपनी पढ़ाई आरंभ करते हैं। परंतु हमें यह नहीं भूलना चाहिए कि शून्य की अमूर्त धारणा पर आधारित इस नई अंक-पद्धति को अपने ही देश में पूर्ण रूप से अपनाने में सात-आठ सौ साल का लंबा समय लगा। यूरोप में इसका प्रचार-प्रसार होने में और भी अधिक वक्त लगा।

जब कोई नया क्रांतिकारी विचार सामने आता है, तो वह हमारी पुरानी रूढ़ मान्यताओं पर जबरदस्त प्रहार करता है। हम पुराने विचारों के आदी होते हैं, इसलिए भी नए विचारों को समझने में, उन्हें स्वीकार करने में हमें बड़ी कठिनाई होती है। नया विचार हमें झकझोर देता है, रहस्यमय लगता है, पहेली-जैसा प्रतीत होता है। आइंस्टाइन के आपेक्षिकता-सिद्धांत के साथ भी यही हुआ।

पुराने और नए विचारों के टकराव का एक और उदाहरण लीजिए। आज स्कूल के विद्यार्थी भी जानते हैं कि पृथ्वी अपनी धुरी पर चक्कर लगाती है। लेकिन प्राचीन काल के खगोलविद—भारतीय और यूनानी भी—इस तथ्य को मानने के लिए तैयार नहीं थे। वेदों में और स्मृतियों में भी कहा गया है कि पृथ्वी स्थिर है, अचला है।

आज से करीब डेढ़ हजार साल पहले हमारे देश में आर्यभट (जन्म 476 ई.) नामक एक महान गणितज्ञ-खगोलविद हुए। उन्होंने पहली बार अपने ग्रंथ **आर्यभटीय** में प्रतिपादित किया कि पृथ्वी (भू) अपनी धुरी पर पश्चिम से पूर्व की ओर घूमती है, अतः आकाश के तारे हमें पूर्व से पश्चिम की ओर जाते दिखाई देते हैं। मगर किसी ने भी आर्यभट की इस बात को नहीं माना। वराहमिहिर (मृत्यु 587 ई.) और

ब्रह्मगुप्त (जन्म 598 ई.) जैसे चोटी के ज्योतिर्विदों ने आर्यभट के भूभ्रमण के विचार की खिल्ली उड़ाई। कहा गया : "यदि पृथ्वी घूमती है, तो चील आदि पक्षी अपने घोंसलों में कैसे वापस लौटते हैं? ऊंचे-ऊंचे पर्वत और प्रासाद गिर क्यों नहीं जाते?" इतना ही नहीं, आर्यभट के टीकाकारों ने, पुरोहितों के प्रभाव के कारण, 'आर्यभटीय' के **भू** व **कु** (पृथ्वी) शब्दों को **भ** या **भं** (आकाश) में बदल दिया। अन्य शब्दों में, आर्यभट के 'भूभ्रमण' को 'भभ्रमण' में तब्दील कर दिया![11]

सचमुच ही, सदियों पुरानी रूढ़ मान्यता को त्यागने में बड़ी दिक्कत होती है। पुरानी मान्यता में अंधी आस्था होने से ही नए विचार को ग्रहण करने में भारी कठिनाई होती है।

आपेक्षिकता-सिद्धांत में आकाश, द्रव्य, काल, गति, गुरुत्वाकर्षण, ज्यामिति आदि के बारे में नितांत नए विचार प्रस्तुत किए गए हैं। सन् 1905 तक इन सबके बारे में भौतिकीविदों की सुनिश्चित धारणाएं थीं। कम-से-कम आइजेक न्यूटन (1642-1727 ई.) के समय से इन धारणाओं के प्रति गहरी आस्था बनी हुई थी। बड़े मजे में काम चल रहा था। न्यूटन के गुरुत्वाकर्षण के सिद्धांत के आधार पर पार्थिव व आकाशीय पिंडों की गतिविधियों को सहजता से समझाया जाता था।

आइंस्टाइन ने एक ही प्रहार में इन सभी पुरानी धारणाओं को चकनाचूर कर दिया। उन्होंने प्रस्थापित किया : आकाश (दिक्) का स्वरूप वैसा नहीं है जैसा न्यूटन ने कहा है; काल का प्रवाह वैसा नहीं है जैसा कि हम समझते हैं; आकाशीय पिंडों की गतियां वैसी नहीं हैं जैसी वे हमें प्रतीत होती हैं; गुरुत्वाकर्षण का स्वरूप वस्तुतः वैसा नहीं है जैसा न्यूटन बताते हैं; यूक्लिड की ज्यामिति वास्तविक विश्व की ज्यामिति नहीं है।

बुनियादी धारणाओं पर एकसाथ इतने जबरदस्त प्रहार विज्ञान के इतिहास में पहले कभी नहीं हुए थे। इसलिए आइंस्टाइन के आपेक्षिकता-सिद्धांत से वैज्ञानिक जगत में जोरदार खलबली मच गई, तो इसमें आश्चर्य की कोई बात नहीं है। जो वैज्ञानिक पुरानी धारणाओं के जितने ज्यादा अभ्यस्त थे, उन्हें आइंस्टाइन के नए विचार ग्रहण करने में उतनी ही अधिक दिक्कत हुई। दरअसल, आइंस्टाइन के आपेक्षिकता-सिद्धांत की जो कठिनाई है, वह एक सापेक्षिक कठिनाई है।

शून्य या ऋण राशि की धारणा आपेक्षिकता-सिद्धांत की धारणाओं से कम जटिल नहीं है। न्यूटन का गुरुत्वाकर्षण का सिद्धांत भी आइंस्टाइन के आपेक्षिकता-सिद्धांत से कम कठिन नहीं है, कम 'रहस्यमय' नहीं है। न्यूटन के गुरुत्वाकर्षण की इस बात को आज हम आंख मूंदकर स्वीकार कर लेते हैं कि विश्व का हर पिंड हर दूसरे पिंड को *तत्काल* (instantly) आकर्षित करता है। और, इस धारणा को स्वीकार

करके स्कूल-कालेज के विद्यार्थी बड़े मजे में न्यूटन के सूत्र का उपयोग करके बता दे सकते हैं कि सूर्य कितने बल से पृथ्वी को आकर्षित करता है, कि पृथ्वी कितने बल से चंद्रमा को आकर्षित करती है, कि कोई कृत्रिम उपग्रह पृथ्वी के आकर्षण के अंतर्गत कितनी ऊंचाई पर किस वेग से चक्कर लगाएगा।

लेकिन यदि किसी से पूछा जाए कि यह गुरुत्वाकर्षण क्या चीज है, कैसी 'अदृश्य शृंखला' है कि जिसके कारण चंद्रमा पृथ्वी से बंधा रहता है और सारे ग्रह सूर्य की परिक्रमा करते हैं, तो इस सवाल का कोई संतोषजनक उत्तर नहीं मिलता है। स्वयं न्यूटन के पास भी इस सवाल का कोई उत्तर नहीं था। लेकिन आइंस्टाइन ने इस सवाल का उत्तर दिया। कम-से-कम उन्होंने इस बुनियादी धारणा को व्यापक रूप दिया, इसकी अधिक सुसंगत व्याख्या प्रस्तुत की। इसी प्रकार, आइंस्टाइन ने आकाश (दिक्) और काल जैसी बुनियादी धारणाओं की भी नई व्याख्याएं प्रस्तुत कीं।

चित्र 1.7 : आइजेक न्यूटन (1642-1727 ई.)

न्यूटन ने मान लिया था कि आकाश और काल का अपना स्वतंत्र अस्तित्व है। उन्होंने मान लिया था कि आकाश में ग्रह, नक्षत्र आदि पिंड न रहें तब भी आकाश पूर्ववत् विद्यमान रहेगा। इसी प्रकार, मान लिया गया था कि काल का

अपना स्वतंत्र अस्तित्व है; घटनाएं घटित न हों, तब भी काल का प्रवाह यथावत् कायम रहेगा।

आइंस्टाइन ने कहा : नहीं, यह ऐसा नहीं है। भौतिक पिंडों के बिना आकाश की अपनी कोई स्वतंत्र सत्ता नहीं है; घटनाओं के बिना काल के प्रवाह का अपना कोई पृथक् अस्तित्व नहीं है। आइंस्टाइन ने आकाश और काल की स्वतंत्र सत्ताओं को स्वीकार नहीं किया। उन्होंने आकाश और काल को द्रव्य और घटनाओं के साथ जोड़ दिया, अभिन्न रूप से।

पुरानी धारणाओं का पक्का प्रभाव न हो, तो नई धारणाओं को अधिक आसानी से ग्रहण किया जा सकता है। ताजे या खुले दिमाग को आइंस्टाइन के सिद्धांत की बुनियादी बातें उतनी ही आसानी से समझाई जा सकती हैं, जितनी सरलता से हम बच्चों को शून्य तथा ऋण राशि की धारणाएं समझा सकते हैं या जितनी आसानी से हम स्कूल-कालेज के विद्यार्थियों को न्यूटन का गुरुत्वाकर्षण का सिद्धांत समझा सकते हैं।

फिर भी एक समस्या रह जाती है। यह है गणित की समस्या। आइंस्टाइन ने जिस गणित में अपने आपेक्षिकता-सिद्धांत को प्रस्तुत किया है, वह आधुनिक गणित है, उच्च गणित है। उन्होंने यूक्लिड की ज्यामिति का नहीं, एक नई ज्यामिति का उपयोग किया है, जो एक अयूक्लिडीय ज्यामिति है। उन्होंने दिक् (आकाश) और काल को संयुक्त करके 'दिक्काल' की व्याख्या के लिए हेरमान मिंकोवस्की (1864-1909 ई.) द्वारा विकसित चार विमाओं वाली उस ज्यामिति का उपयोग किया जिसमें काल की एक विमा और दिक् की तीन विमाएं हैं। इसी प्रकार, उन्होंने जिस कलन-गणित (calculus) का इस्तेमाल किया है, वह भी कुछ भिन्न है, कठिन है। दूसरा कोई उपाय भी नहीं है। आपेक्षिकता के सिद्धांत को इसी गणित में प्रस्तुत करके प्राणवान् बनाया जा सकता है।

अतः कठिनाई आपेक्षिकता-सिद्धांत की बुनियादी धारणाओं को समझने या समझाने की नहीं है। वास्तविक कठिनाई गणित के उस ढांचे की है जिस पर आपेक्षिकता-सिद्धांत का भव्य भवन खड़ा किया गया है। गणित के ढांचे की इस कठिनाई से आइंस्टाइन स्वयं परेशान थे, वे भी दूसरे गणितज्ञों की मदद लेते थे।

परंतु बिना गणित के या काफी सरल गणित से भी आपेक्षिकता-सिद्धांत की बुनियादी धारणाओं को समझा जा सकता है।

प्रायः सभी कहते हैं कि न्यूटन के बाद दुनिया के सबसे बड़े वैज्ञानिक आइंस्टाइन ही थे। मगर दोनों के जीवन में बहुत बड़ा अंतर रहा है। न्यूटन की खोजों से वैज्ञानिक जगत में क्रांतिकारी परिवर्तन हुआ था, परंतु उनके जीवन से,

उनके सामाजिक विचारों से दुनिया में तो क्या, उनके अपने देश इंग्लैंड में भी कोई बड़ी उथल-पुथल नहीं हुई थी।

आइंस्टाइन की बात अलग है। एक तरफ, अपने गिर्द के वातावरण ने, राजनीतिक परिस्थितियों ने, सामाजिक व वैचारिक परंपराओं ने आइंस्टाइन के जीवन को घनघोर रूप से प्रभावित किया, तो उनके विचारों ने भी जागतिक स्तर पर समूची मानव-जाति को प्रभावित किया है। आइंस्टाइन के जीवन की घटनाओं का बीसवीं सदी के सामाजिक-राजनीतिक-वैचारिक इतिहास में बहुत बड़ा महत्व है।

सर् आर्थर स्टेनली एडिंगटन (Sir Arthur Stanley Eddington : 1882-1944 ई.) : ब्रिटिश ज्योतिर्भौतिकीविद और गणितज्ञ। केंडाल (इंग्लैंड) में जन्म और कैम्ब्रिज विश्वविद्यालय में अध्ययन तथा अध्यापन। आरंभिक शोधकार्य तारों की गतियों और उनकी आंतरिक संरचना से संबंधित। एडिंगटन ने स्पष्ट किया कि किसी तारे के संतुलित बने रहने के लिए उसमें भीतर की ओर काम करनेवाला गुरुत्व बल, उसमें बाहर की ओर काम करने वाले गैसीय दाब तथा विकिरण दाब, इन दोनों के बराबर होना चाहिए। उन्होंने तारे के द्रव्यमान और उसकी दीप्ति के बीच एक संबंध-सूत्र खोज निकाला।

एडिंगटन ने विशेषज्ञों के लिए ही नहीं, सामान्य पाठकों के लिए भी कई पुस्तकें लिखीं, जो काफी लोकप्रिय हुईं। उन्होंने आरंभिक वर्षों में आइंस्टाइन के आपेक्षिकता-सिद्धांत की व्याख्या करने में, इसे सुदृढ़ आधार प्रदान करने में सर्वाधिक योगदान दिया; एक ग्रंथ भी लिखा–Mathematical Theory of Relativity (1923)। सन् 1919 के सर्वग्रास सूर्य-ग्रहण की उनकी रिपोर्ट ने तो आइंस्टाइन और उनके आपेक्षिकता-सिद्धांत को दुनिया के कोने-कोने में पहुंचा दिया। फिर उन्हीं के सुझाव पर आपेक्षिकता-सिद्धांत का एक और परीक्षण हुआ। आइंस्टाइन ने कहा था कि तारे से बाहर निकल रहा प्रकाश जब उसके भीतर के प्रचंड गुरुत्वीय क्षेत्र का सामना करता है, तो वह अभिरक्त विस्थापन (red-shift) दरशाता है, यानी उसकी वर्णक्रम-रेखाएं थोड़ी लाल सिरे की ओर सरक जाती हैं। एडिंगटन के सुझाव पर अमरीकी खगोलविद वाल्टेर सिडनी एडम्स (Walter Sydney Adams : 1876-1956 ई.) ने व्याध (Sirius) तारे के सफेद-बौने साथी-तारे (Sirius B) का 1924 ई. में अध्ययन करके उसके प्रकाश में अभिरक्त विस्थापन की खोज की, तो आइंस्टाइन के इस निष्कर्ष की भी पुष्टि हो गई।

अंतिम वर्षों में एडिंगटन एक ऐसे सिद्धांत को विकसित करने में जुटे हुए थे जिसके

अनुसार विज्ञान में केवल दो ही मूलभूत नियतांक (fundamental constants) हैं—एक, प्रोटॉन का द्रव्यमान और दूसरा, इलेक्ट्रॉन का द्रव्यमान एवं आवेश। उनकी मान्यता थी कि सिर्फ इन्हीं दो मूलभूत सत्ताओं से समूचे विश्व की व्याख्या संभव है। लेकिन इस सिद्धांत के सृजन में उन्हें सफलता नहीं मिली। एडिंगटन जीवन-भर शांतिवादी क्वेकर (Quaker) संप्रदाय के अनुयायी बने रहे। उनका क्वेकर होना भी एक कारण रहा कि उन्हें प्रथम विश्वयुद्ध के दौरान अनिवार्य सैनिक भरती से मुक्ति मिली, और वे विश्वयुद्ध की समाप्ति के फौरन बाद 1919 ई. में घटित सर्वग्रास सूर्य-ग्रहण के अध्ययन में भाग ले सके। इस संबंध में अधिक जानकारी के लिए देखिए **Albert Einstein** (INSA & CSIR, New Delhi, 1984) पुस्तक में डा. सुब्रह्मण्यन् चंद्रशेखर का लेख *Einstein and General Relativity: Historical Perspectives.*

2. सूर्य अपनी वार्षिक आकाश-यात्रा (रविमार्ग या क्रांतिवृत्त) में न्यूनाधिक कांति वाले विभिन्न तारा-समूहों में से होकर गुजरता है। 29 मई, 1919 के खग्रास सूर्य-ग्रहण की विशेष बात यह थी कि उस दिन सूर्य आकाश के हाइडेस (Hyades) नामक खुले तारा-गुच्छ के खूब चमकीले तारों के सामने से गुजरनेवाला था। हाइडेस तारा-गुच्छ वृषभ तारा-मंडल के लाल रंग के खूब चमकीले रोहिणी (Aldebaran) नक्षत्र के नजदीक है, लेकिन यह नक्षत्र हाइडेस गुच्छ का सदस्य नहीं है। हाइडेस तारा-गुच्छ, जिसमें लगभग 200 तारे हैं, हमसे लगभग 150 प्रकाश-वर्ष दूर है, तो रोहिणी तारा लगभग 68 प्रकाश-वर्ष ही दूर है।

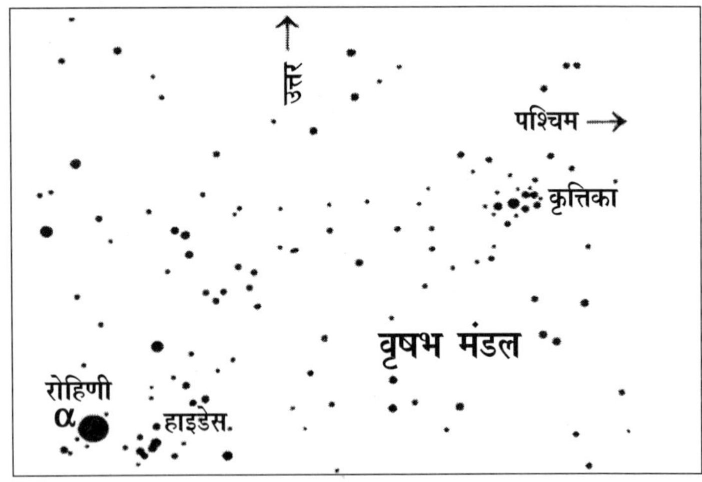

चित्र 1.8 : वृषभ तारा-मंडल में खुले हाइडेस गुच्छ के चमकीले तारे

3. Albert Einstein : **Relativity** (The Special and The General Theory), Methuen, London, 1954 संस्करण। इस पुस्तक के अगस्त 1920 में छपे प्रथम अंग्रेजी अनुवाद में मई 1919 के सूर्य-ग्रहण के अध्ययन का विवरण है; पृ. 126-129.

4. हेन्द्रिक आंटून लॉरेंट्ज (Hendrik Antoon Lorentz : 1853-1928 ई.) : डच सैद्धांतिक भौतिकवेत्ता। जन्म आर्नहेम (नीदरलैंड्स, हॉलैंड) में और अध्ययन लाइडेन विश्वविद्यालय में, जहां बाद में वे भौतिकी के प्राध्यापक बने। लॉरेंट्ज और पीटर ज़ेमान को 'ज़ेमान प्रभाव' (Zeeman effect) की खोज के लिए 1902 ई. का भौतिकी का नोबेल पुरस्कार मिला। 'ज़ेमान प्रभाव' के अनुसार, प्रबल चुंबकीय क्षेत्र के प्रभाव से वर्णक्रमीय रेखाओं का विघटन हो जाता है। लॉरेंट्ज ने अपना ज्यादातर जीवन मैक्सवेल के विद्युत-चुंबकीय सिद्धांत को सुधारने में खर्च किया। उन्होंने (और आइरिश भौतिकवेत्ता फिट्सजेराल्ड ने भी) प्रतिपादित किया कि गतिमान पिंडों का उनकी गति की दिशा में संकुचन हो जाता है (Lorentz-FitzGerald contraction)। इसी शोध को आगे बढ़ाकर उन्होंने दिक् (आकाश) और काल के निर्देशांकों के रूपांतरण का तरीका खोज निकाला (Lorentz transformations), जिसने आइंस्टाइन के विशिष्ट आपेक्षिकता-सिद्धांत के लिए मार्ग प्रशस्त किया।

चित्र 1.9 : हेन्द्रिक आंटून लॉरेंट्ज (1853-1928 ई.)

लॉरेंट्ज ने अंतर्राष्ट्रीय वैज्ञानिक संबंधों को मजबूत बनाने में भी भरपूर सहयोग दिया। वे ब्रुसेल्स (बेल्जियम) में आयोजित भौतिकीविदों की प्रथम सोल्वी कांग्रेस (1911 ई.) के अध्यक्ष थे, और आगे मृत्यु तक बने रहे।

5. माक्स प्लांक के लिए देखिए आगे टिप्पणी 10 और अध्याय 5, टिप्पणी 1 तथा अध्याय 7, टिप्पणी 13.

6. सुब्रह्मण्यन् चंद्रशेखर के लिए देखिए अध्याय 9, टिप्पणी 10.

चित्र 1.10 : जे. जे. टॉमसन (1856-1940 ई.)

7. अल्फ्रेड नॉर्थ व्हाइटहेड के लिए देखिए अध्याय 9, टिप्पणी 6.
8. जे. जे. टॉमसन (Joseph John Thomson : 1856-1940 ई.) : ब्रिटिश भौतिकवेत्ता। मैंचेस्टर में जन्म। मैंचेस्टर और कैम्ब्रिज में अध्ययन। दीर्घकाल तक कैम्ब्रिज में प्रायोगिक भौतिकी के प्राध्यापक रहे; वहां की केवेंडिश प्रयोगशाला को संसार का एक श्रेष्ठतम अनुसंधान-संस्थान बनाने में योग दिया। जे.जे. टॉमसन ने 1897 ई. में इलेक्ट्रॉन (एक परमाणु-कण) की खोज की, जिसके लिए उन्हें 1906 ई. का भौतिकी का नोबेल पुरस्कार प्रदान किया गया।
9. हेरमान मिंकोवस्की (Hermann Minkowski : 1864-1909 ई.) : रूस में जन्मे जर्मन गणितज्ञ। कोनिग्सबर्ग (अब लेलिनग्राद) विश्वविद्यालय में अध्ययन। सन् 1896 में ज्यूरिख़ (स्विट्ज़रलैंड) के 'संघीय टेक्नालॉजी संस्थान' में गणित के प्राध्यापक बने, जहां अल्बर्ट आइंस्टाइन उनके विद्यार्थी थे। उस समय मिंकोवस्की को लगा था कि आइंस्टाइन एक बहुत ही आलसी विद्यार्थी हैं।

   मिंकोवस्की 1902 ई. में जर्मनी लौटे और वहां गॉटिंगेन विश्वविद्यालय में उनकी नियुक्ति हुई। आइंस्टाइन ने 1905 ई. में विशिष्ट आपेक्षिकता का सिद्धांत प्रतिपादित किया, तो मिंकोवस्की ने 1908 ई. में प्रकाशित अपने एक निबंध में दिक् और काल को संयुक्त करके 'दिक्काल' की चार विमाओं वाली एक नई ज्यामिति का ढांचा प्रस्तुत किया। मिंकोवस्की की चार विमाओं वाली यही ज्यामिति 1916 ई. में प्रकाशित आइंस्टाइन के 'व्यापक आपेक्षिकता सिद्धांत' के लिए बुनियादी आधार बनी, जिसमें गुरुत्वाकर्षण की व्याख्या के लिए

चित्र 1.11 : हेरमान मिंकोवस्की (1864-1909 ई.)

दिक्काल की वक्रता को स्वीकार किया गया है। मिंकोवस्की ने 1908 ई. में विशिष्ट आपेक्षिकता-सिद्धांत के बारे में लिखा था : "आकाश (दिक्) और काल का स्वतंत्र अस्तित्व सदा के लिए समाप्त हो गया है; अब इनका सिर्फ संयुक्त अस्तित्व (दिक्काल) ही स्वतंत्र रूप में कायम है।"

चित्र 1.12 : माक्स प्लांक (1858-1947 ई.)

10. जर्मन भौतिकवेत्ता माक्स प्लांक (Max Planck : 1858-1947 ई.) द्वारा 1900 ई. में प्रतिपादित नियम, जो एक 'आदर्श कृष्ण पिंड' द्वारा उत्सर्जित ऊर्जा के वितरण को स्पष्ट करता है। इसमें माना गया है कि किसी तप्त पिंड द्वारा ऊर्जा का उत्सर्जन सतत प्रवाह के रूप में नहीं, बल्कि पृथक्-पृथक् लघु पुंजों (कणिकाओं) के रूप में होता है। इन 'ऊर्जा-पुंजों' को 'क्वांटा' ('क्वांटम' का बहुवचन) कहा गया और ये आगे जाकर 'क्वांटम सिद्धांत' (quantum theory) के मूलाधार बने। 'क्वांटम' की इस धारणा को व्यापक बनाकर आइंस्टाइन ने 1905 ई. के अपने एक शोध-निबंध में 'प्रकाश-विद्युत प्रभाव' (Photo-electric effect) की व्याख्या प्रस्तुत की, जिसके लिए उन्हें 1921 ई. का भौतिकी का नोबेल पुरस्कार प्रदान किया गया (सन् 1921 व 1922 के भौतिकी के नोबेल पुरस्कार एकसाथ घोषित किए गए थे–1922 ई. के अंत में)। देखिए अध्याय 5, टिप्पणी 1 और अध्याय 7, टिप्पणी 13 भी।

11. आर्यभट और उनके कृतित्व की विस्तृत जानकारी के लिए देखिए मेरी पुस्तक **महान गणितज्ञ-ज्योतिषी आर्यभट**, द्वितीय संशोधित संस्करण, प्रकाशन विभाग, भारत सरकार, नई दिल्ली, 2007.

❑❑❑

अध्याय 2

बचपन

आइंस्टाइन ने "आत्मकथा" के नाम पर सिर्फ दो निबंध लिखे हैं—जीवन के अंतिम वर्षों में। इनमें भी उन्होंने अपने कृतित्व की ही अधिक चर्चा की है।[1] लेकिन आपेक्षिकता-सिद्धांत के प्रकाशन के बाद उनके संपर्क में आए हजारों व्यक्तियों ने उनके जीवन की प्रत्येक घटना का, उनकी हरेक हलचल का, उनके प्रायः प्रत्येक शब्द का लेखा-जोखा रखा है, यहां तक कि ब्लैकबोर्ड पर लिखे गए उनके स्पष्टीकरणों का भी।[2] दरअसल, आइंस्टाइन को अपने जीवन की घटनाओं के प्रकाशन में कोई दिलचस्पी नहीं थी। दूसरों की लिखी हुई उनकी कई जीवनियों को उन्होंने पसंद भी नहीं किया, उन्हें प्रामाणिक नहीं माना।

चित्र 2.1 : अल्बर्ट आइंस्टाइन का पहला उपलब्ध फोटो, आयु तीन वर्ष

अल्बर्ट आइंस्टाइन के पारिवारिक और आरंभिक जीवन के बारे में सबसे प्रामाणिक स्रोत है, उनकी छोटी बहन माया[3] (Maja) का एक संस्मरणात्मक निबंध।[4]

अल्बर्ट आइंस्टाइन का जन्म दक्षिण जर्मनी के ऊल्म[5] नगर में 14 मार्च, 1879 को हुआ था, एक मध्यवर्गीय यहूदी-जर्मन परिवार में।[6] डेन्यूब नदी के तट पर स्थित यह एक छोटा किंतु पुराना जर्मन नगर था—स्वाबी आल्प्स (Swabian Alps) की तराई में बसा हुआ। आइंस्टाइन परिवार मूलतः ऊल्म से कोई पचास किलोमीटर दक्षिण-पश्चिम के बुख़ाउ (Buchau) कस्बे

चित्र 2.2 : हेरमान आइंस्टाइन (1847-1902 ई.)

चित्र 2.3 : पॉलिन कॉख़-आइंस्टाइन (1858-1920 ई.)

का रहने वाला था, कई पीढ़ियों से। अल्बर्ट के पिता हेरमान आइंस्टाइन (Hermann Einstein) का जन्म (1847 ई. में) बुख़ाउ में ही हुआ था।

हेरमान के पिता अब्राहम आइंस्टाइन (Abraham Einstein) एक सच्चे और समझदार व्यक्ति के रूप में जाने जाते थे। वे तरुणाई में ही गुजर गए, इसलिए अल्बर्ट ने अपने दादा को कभी नहीं देखा। जब दादी हिंडेल का देहांत हुआ, तब अल्बर्ट अभी बालक ही था।

चौदह वर्ष के हेरमान ने श्टुटगार्ट[7] के एक विशेष स्कूल (Realschule) में दाखिला लिया। कारण यह था कि यहां से 'एक वर्षीय वालंटियर सर्टिफिकेट' प्राप्त करने के बाद फिर उन्हें तीन साल की अनिवार्य सैनिक-सेवा से मुक्ति मिल सकती थी।

पता चलता है कि हेरमान की गणित के अध्ययन में गहरी दिलचस्पी थी और वे आगे अपना अध्ययन जारी रखना चाहते थे, मगर पिता की डावांडोल आर्थिक स्थिति के कारण यह संभव न हो सका। हेरमान ने व्यापारी बनने का तय किया। पहले वे श्टुटगार्ट के एक व्यापारी के सहायक बने और तदनंतर ऊल्म में अपने एक चचेरे भाई के व्यापार में साझेदार हो गए।

सन् 1876 में एक सम्पन्न व्यापारी परिवार की युवती पॉलिन कॉख़ (Pauline Koch) से हेरमान का विवाह हुआ। अल्बर्ट के नाना ज्यूलियस डेर्जबाख़ेर, जिन्होंने नया कौटुंबिक नाम 'कॉख़' ग्रहण किया था, येबेनहाउसेन में रहते थे। बाद में वे भाई के साथ रहने कान्स्टाट्ट चले गए, जहां अनाज के व्यापार में उन्होंने प्रचुर धन कमाया।

हेरमान आइंस्टाइन और पॉलिन कॉख़ के विवाह के तीन साल बाद अल्बर्ट का जन्म हुआ।

अल्बर्ट के जन्म के समय ऊल्म नगर नए प्रशियाई (जर्मन) साम्राज्य के अंतर्गत था, परंतु वहां अब भी पुरानी स्वाबी संस्कृति तथा परंपराएं कायम थीं। पुरानी परंपराओं में बौद्धिक आजादी थी, तो नई प्रशियाई व्यवस्था में थी सैनिक तंत्र के प्रति अंधभक्ति। आइंस्टाइन ने जीवन-भर सैनिक तंत्र का, सेना में अनिवार्य भरती का, जबरदस्त विरोध और बौद्धिक स्वतंत्रता का खुलकर समर्थन किया।

ऊल्म में डेन्यूब नदी के तट पर कई पुराने किले थे।[8] शहर में 1377 ई. से 1529 ई. तक निर्मित एक गोथिक महागिरजाघर (कैथीड्रल) है, जिसकी 161 मीटर ऊंची (संसार की सबसे ऊंची) मीनार से दूर-दूर के दृश्य देखे जा सकते हैं। उस समय ऊल्म की आबादी करीब 30 हजार थी,[9] जिनमें थे कपड़े और चमड़े के व्यापारी, श्रमिक, कारीगर, बुनकर, मिस्त्री, शराब-निर्माता, फर्नीचर-निर्माता और ऊल्म के मशहूर पाइप-निर्माता (आइंस्टाइन के कई चित्रों में उन्हें पाइप-धूम्रपान का आनंद लेते हुए देखा जा सकता है)। उस समय ऊल्म के निवासियों में दो-तिहाई काथलिक (कैथॅलिक), एक-तिहाई लूथरमतवादी और कुछेक सौ यहूदी थे, जिनकी जीवन-पद्धति दूसरे मतावलंबियों से भिन्न नहीं थी। ऊल्म की स्थानीय स्वाबी (Swabi) बोली काफी मधुर और प्रशियाई अफसरों की जर्मन बोली से उच्चारण में थोड़ी भिन्न थी। आइंस्टाइन के जर्मन उच्चारण में जीवन-भर स्वाबी बोली का प्रभाव बरकरार रहा। आइंस्टाइन की दूसरी पत्नी एल्सा[10] की बोली में भी स्वाबी बोली का असर आजीवन बना रहा। वह अल्बर्ट आइंस्टाइन को हमेशा 'अल्बर्टल' (Albertle) ही कहती थीं।

चित्र 2.4 : ऊल्म का गोथिक शैली का महागिरजाघर

चित्र 2.5 : म्यूनिख़ में आइंस्टाइन कंपनी के कारखाने का भीतरी भाग

ऊल्म में हेरमान आइंस्टाइन ने, श्वसुर-परिवार के सहयोग से, बिजली की चीजों की एक वर्कशाप खोली थी। मगर उनका वह व्यवसाय चला नहीं। अल्बर्ट के जन्म के लगभग डेढ़ साल बाद हेरमान ने ऊल्म छोड़ दिया और वह म्यूनिख़[11] नगर चले गए। यहां उन्होंने अपने इंजीनियर भाई याकोब (Jakob) के साथ मिलकर बिजली और रासायनिक चीजें बनाने का एक छोटा-मोटा कारखाना (Einstein und Cie.) खोला। वह बिजली के सार्वजनिक उपयोग का आरंभिक दौर था।

अल्बर्ट जब लगभग दो साल का था, तब आइंस्टाइन-परिवार म्यूनिख़ के उपनगर सेंडलिंग-तोर में जाकर बस गया। वहां उन्होंने अपने लिए एक मकान बनवाया और डायनेमो, आर्क-लैंप और विद्युत-मीटर आदि बनाने का एक छोटा कारखाना स्थापित किया। याकोब अपने भाई के साथ ही रहते थे। दोनों मिलकर कारखाने का काम संभालते थे—याकोब के जिम्मे इंजीनियरी से संबंधित काम थे, तो हेरमान के जिम्मे व्यापार-व्यवसाय के।

आइंस्टाइन-परिवार 1894 ई. तक म्यूनिख़ के उपनगर में रहा। म्यूनिख़ आने के एक साल बाद, यानी अल्बर्ट जब ढाई साल का था, तब परिवार में एक बालिका—माया (Maja : 1881-1951 ई.)—का जन्म हुआ। अल्बर्ट को जब बताया गया कि उसके खेलने के लिए यह एक नया खिलौना है, तो उसने पूछा : "लेकिन इसके पहिए कहां हैं?"

चित्र 2.6 : पांच वर्ष का अल्बर्ट ढाई वर्ष की बहन माया (1881-1951 ई.) के साथ, 1884 ई.। इसी उम्र में अल्बर्ट के पिता ने उसे एक चुंबकीय कंपास दिखाया था।

अल्बर्ट औसत स्तर का बालक था। उस समय उसमें कहीं कोई असाधारण बात नजर नहीं आती थी। बोलना उसने काफी विलंब से शुरू किया। वह पूरा वाक्य पहले अपने दिमाग में तैयार करता था; साथ में उसके ओंठ हिलते जाते थे। अल्बर्ट में यह आदत सात-आठ साल की उम्र तक बनी रही। घर की नौकरानी उसे "बेवकूफ" कहती थी।

अल्बर्ट अधिकतर शांत ही रहता था, परंतु कभी-कभी उसे भयंकर क्रोध भी आता था। बहन माया ने जानकारी दी है कि ऐसे समय अल्बर्ट का पूरा चेहरा पीला पड़ जाता था और नाक की नोक एकदम सफेद। अल्बर्ट को घर पर पढ़ाने के लिए एक शिक्षिका की व्यवस्था की गई थी। एक बार गुस्से में उसने कुर्सी उठाकर अपनी शिक्षिका के ऊपर फेंक मारी। बेचारी इतनी डर गई कि उसके बाद फिर पढ़ाने ही नहीं आई! एक अन्य अवसर पर अल्बर्ट ने अपनी छोटी बहन माया के सिर पर एक कड़ी गेंद से प्रहार किया। माया की टिप्पणी है : "इससे जाहिर होता है कि एक बुद्धिमान भाई की बहन की खोपड़ी खूब मजबूत होनी चाहिए।" लेकिन आगे स्कूल में जाने पर अल्बर्ट का क्रोधी स्वभाव गायब हो गया।

हेरमान आइंस्टाइन काफी आजाद खयालों के व्यक्ति थे। यहूदी थे, मगर रहन-सहन, खान-पान और रीति-रिवाजों में वह धर्म-कर्म से दूर ही रहते थे। म्यूनिख़ प्रमुखतः काथलिक माहौल का नगर था। अल्बर्ट जब छह साल का हुआ, तो उसे नजदीक के एक काथलिक प्राथमिक स्कूल में ही भरती किया गया, जहां आगे के दो साल तक उसकी पढ़ाई हुई। उस स्कूल के लगभग 70 विद्यार्थियों में अल्बर्ट ही अकेला यहूदी विद्यार्थी था।

उस समय बवारिया के स्कूलों में धार्मिक शिक्षा अनिवार्य थी; घर पर भी धर्म की शिक्षा प्राप्त करना कानूनन जरूरी था। इसलिए एक दूर के रिश्तेदार से अल्बर्ट को धर्म की शिक्षा देने की व्यवस्था हुई। परिणाम यह हुआ कि अल्बर्ट में गहरी धार्मिक वृत्ति जगी। वह धार्मिक आचार-विचारों का पालन करने लगा। उसने सूअर के गोश्त का सेवन भी छोड़ दिया। वह यह सब अपने अंतःकरण की आवाज समझकर कर रहा था। यह सिलसिला आगे के कुछ साल तक चला। बाद में धार्मिक सोच का स्थान दार्शनिक चिंतन ने ले लिया। लेकिन अपने अंतःकरण की आवाज को अल्बर्ट आइंस्टाइन ने अंत तक कभी नहीं त्यागा।

अल्बर्ट दूसरे लड़कों से प्रायः दूर ही रहता था और उनके ऊधमी खेलों में शरीक नहीं होता था। सिपाही-सिपाही के खेल से तो उसे बहुत ही नफरत थी। सड़क पर से बैंड-बाजे के साथ परेड करते सैनिकों की कोई टुकड़ी गुजरती और उसे देखने के लिए दोनों ओर लोगों की भीड़ जमा होती, तब अल्बर्ट अपने को घर के भीतर बंद कर लेता था। आगे जाकर आइंस्टाइन ने लिखा भी है : "सैनिक तंत्र से मुझे घृणा है। बैंड के ताल के साथ कदम से कदम मिलाकर चलने वाले सैनिक को खुश होते देखकर मुझे उससे नफरत हो जाती है। गलती से ही उसे उसका मोटा दिमाग हासिल हुआ है; उसे तो केवल रीढ़ की हड्डी मिलनी चाहिए थी। मानव-सभ्यता पर लगे इस कलंक को यथासंभव शीघ्र मिटा देना चाहिए। आदेश पर आधारित वीरता, निरर्थक हिंसा, और देशभक्ति के नाम पर होने वाली तमाम हानिकर मूर्खताओं से मैं नफरत करता हूं।"[12]

आइंस्टाइन के बचपन के जीवन को आगे के उनके वैज्ञानिक के जीवन के साथ जोड़ने के लिए केवल एक घटना का उल्लेख किया जाता है। तब अल्बर्ट लगभग पांच साल का था। एक दिन उसके पिता ने उसे एक जेबी चुंबकीय कंपास यानी कुतुबनुमा दिखाया। अल्बर्ट को यह देखकर बड़ा आश्चर्य हुआ कि कंपास को चाहे जिधर घुमाया जाए, उसकी लोहे की सुई हमेशा एक ही दिशा को दरशाती है। इससे अल्बर्ट को लगा कि आकाश में ऐसी कोई अदृश्य, अनोखी शक्ति अवश्य मौजूद होनी चाहिए जो उस सुई को प्रभावित करती है, कि आकाश जैसा रिक्त दिखाई देता है वैसा वस्तुतः वह है

चित्र 2.7 : जेबी चुंबकीय कंपास

नहीं। कहा जा सकता है कि क्षेत्र बल (field force) से आइंस्टाइन का वह प्रथम साक्षात्कार था।[13]

अल्बर्ट की मां पॉलिन का परिवार धनी ही नहीं, सुसंस्कृत भी था। पॉलिन को जर्मन साहित्य की अच्छी जानकारी थी। वह संगीत की भी अच्छी जानकार थीं। वह पियानो बजाती थीं, गाना भी गाती थीं। अल्बर्ट ने भी पांच साल की उम्र से वायलिन सीखना शुरू कर दिया था। बाद में वायलिन-वादन आइंस्टाइन के जीवन का अभिन्न अंग बन गया।[14] बाख़, मोट्सार्ट व शुबर्ट आइंस्टाइन के पसंदीदा संगीतकार थे। वायलिन पर मोट्सार्ट[15] के सोनाटा बजाना आइंस्टाइन को बहुत प्रिय था। आइंस्टाइन के जीवन में मोट्सार्ट और उनके संगीत ने वही भूमिका अदा की है, जोकि यूक्लिडीय ज्यामिति ने उनके वैज्ञानिक चिंतन के विकास में की है। उन्होंने कहा भी है : "मोट्सार्ट का संगीत इतना शुद्ध और सुंदर है कि मैं इसे विश्व की आंतरिक सुंदरता के प्रतिबिंबन के रूप में अनुभव करता हूं।"

अल्बर्ट पर जिन घटनाओं अथवा व्यक्तियों का दीर्घकालीन प्रभाव पड़ा, उनमें उनकी संगीत-प्रेमी माता और उनके गणित-प्रेमी पिता के अलावा परिवार के दो और व्यक्तियों का उल्लेख किया जा सकता है। इंजीनियर चाचा याकोब ने अल्बर्ट में गणित के प्रति दिलचस्पी पैदा करने में योग दिया। इस संबंध में एक किस्सा बताया जाता है। चाचा याकोब अल्बर्ट से कहते : "बीजगणित बड़ी मजेदार चीज है। मान लो कि हम किसी छोटे जानवर का शिकार करने जाते हैं, मगर नहीं जानते कि उसका नाम क्या है, तब उसे हम 'क्ष' (अव्यक्त) नाम देते हैं। जब शिकार फांस लेते हैं, पकड़ लेते हैं, तब उसे उसका असली नाम दे देते हैं।"

किंतु दिमागी तौर पर परिवार के जिस व्यक्ति के सामने अल्बर्ट सबसे अधिक खुलते, वह थे उनके मामा कायेसर कॉख़। वह श्टुटगार्हट (Stuttgart) में रहते थे। जब कभी वह म्यूनिख़ आते, अल्बर्ट के लिए वे दिन बड़ी खुशी के होते थे। मामा और भांजे के बीच आस्था और विश्वास के गहरे संबंध स्थापित हो गए थे।

साढ़े आठ साल की उम्र में अल्बर्ट को म्यूनिख़ के लुइटपोल्ड जिमनेझियम (Luitpold gymnasium) में भरती किया गया। 'जिमनेझियम' का शाब्दिक अर्थ है–व्यायामशाला। परंतु जर्मनी में इस शब्द का अर्थ था–माध्यमिक स्कूल। अल्बर्ट ने छह साल तक इस स्कूल में पढ़ाई की। जिमनेझियम में पुराने ढर्रे की पढ़ाई होती थी, यूनानी व लैटिन भाषाओं को अधिक महत्व दिया जाता था और अनुशासन काफी सख़्त था। स्कूल के इस कड़े अनुशासन के बारे में काफी बाद में आइंस्टाइन ने एक बार बताया था : "प्राथमिक स्कूल के शिक्षक मुझे सारजेंट-जैसे लगते थे और जिमनेझियम के अध्यापक लेफ्टिनेंट-जैसे।"[16] अल्बर्ट जैसे-तैसे ऊपरी कक्षाओं

चित्र 2.8 : म्यूनिख़ के लुइटपोल्ड जिमनेझियम के कुछ सहपाठियों के बीच अल्बर्ट आइंस्टाइन (नीचे दाएं), 1890 ई.

में पहुंचते गए। उनके विद्यार्थी जीवन में कहीं कोई असाधारण बात नहीं थी। उनके अध्यापकों को भी उनमें कोई खास बात नजर नहीं आई।

इस प्रकार, कहा जा सकता है कि म्यूनिख़ के उस जिमनेझियम की पढ़ाई की आइंस्टाइन के आगे के वैज्ञानिक कृतित्व को निर्धारित करने में कोई निर्णायक भूमिका नहीं रही। मगर उसी दौरान उन्हें एक तरुण विद्यार्थी से अपनी मनपसंद चीजें पढ़ने को मिलीं। पोलैंड-निवासी माक्स तालमुद (Max Talmud, बाद में Talmey) म्यूनिख़ में चिकित्सा-विज्ञान के विद्यार्थी थे। वे यहूदी थे, गरीब थे और आइंस्टाइन परिवार में उनका आना-जाना था; यहां वे अक्सर भोजन भी करते थे। विज्ञान के प्रति अल्बर्ट का विशेष लगाव देखकर माक्स तालमुद ने उनके लिए आरोन बेर्नस्टाइन (Aaron Bernstein) की बच्चों के लिए लिखी गई विज्ञान-पुस्तकमाला (Naturwissenschaftliche Volksbücher, यानी 'भौतिक विज्ञान की लोकप्रिय पुस्तकें') लाकर दीं, जिनमें जीव-विज्ञान, वनस्पति-विज्ञान, खगोल-विज्ञान आदि विषयों की सरल व रोचक जानकारी दी गई थी। उन्होंने अल्बर्ट को दो और महत्वपूर्ण पुस्तकें लाकर दीं—उन दिनों जर्मन तरुणों में काफी लोकप्रिय बिख़नेर (Büchner) की लिखी 'द्रव्य और बल' (Stoff und Kraft), और अलेक्जांडेर फॉन हम्बोह्ल्ट (Alexander von Humboldt : 1767-1835 ई.) की पांच खंडों में प्रकाशित 'ब्रह्मांड-परिचय' (Kosmos)। अल्बर्ट ने इन पुस्तकों को बड़े चाव से पढ़ा। उसी दौरान उन्होंने इमान्यूअल कांट (1724-1804 ई.) और चार्ल्स डारविन (1809-1882 ई.) को भी पढ़ा। अल्बर्ट तब 12-13 साल का था।

हमने ऊपर देखा है कि अल्बर्ट जब पांच साल का था, तब जेबी कंपास के 'चमत्कार' ने उसे बहुत प्रभावित किया था। जब वह 13 साल का हुआ, तो उसे एक नितांत भिन्न प्रकार के 'चमत्कार' के दर्शन हुए। गणित में उसकी दिलचस्पी अब काफी बढ़ गई थी। वह अब अंकगणित के कठिन सवाल भी हल कर लेता था; लेकिन जोड़ने-घटाने में उससे अक्सर गलतियां हो जाती थीं, इसलिए उसके अध्यापक उसे तेज बुद्धिवाला विद्यार्थी नहीं मान रहे थे। अल्बर्ट ने इसका एक

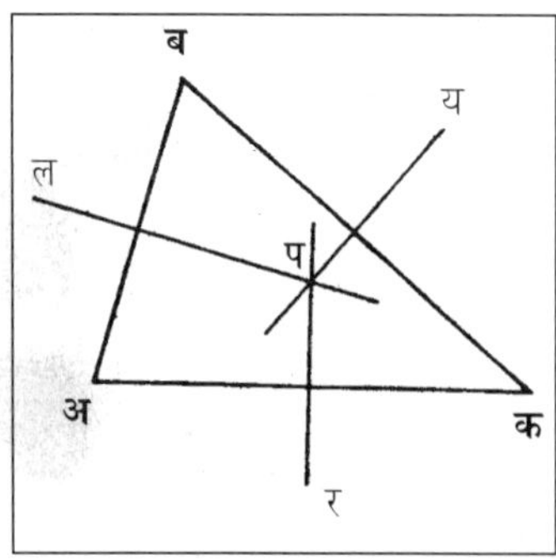

चित्र 2.9 : त्रिभुज के मध्यलंब एक बिंदु (प) पर मिलते हैं।

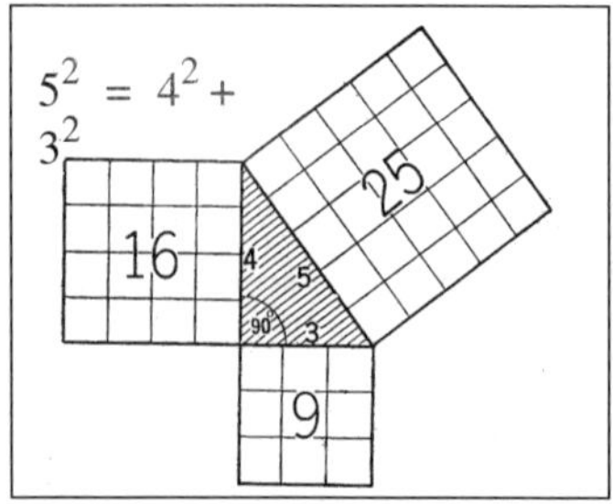

चित्र 2.10 : ज्यामिति का पाइथेगोरस प्रमेय

उपाय खोजा : उसने अगली कक्षा की पढ़ाई छुट्टी में पहले ही पूरी कर लेने का फैसला किया और पिता से कहकर पाठ्य-पुस्तकें मंगवा लीं। वह खेल-कूद और दोस्तों को भूल गया। यूक्लिड की पृष्ठ ज्यामिति की पुस्तक ने अल्बर्ट को सबसे ज्यादा आकर्षित किया।

"आत्मकथात्मक टिप्पणियां" में आइंस्टाइन 'ज्यामिति के ज्यादू' के बारे में लिखते हैं : "यहां (ज्यामिति में) ऐसे दृढ़कथन थे—जैसे, किसी त्रिभुज की भुजाओं के तीनों लंब-अर्धक संगामी होते हैं—जो हालांकि सुस्पष्ट नहीं हैं, फिर भी इस तरह सिद्ध किए जा सकते हैं कि किसी प्रकार का कोई संदेह नहीं रह जाता। ज्यामिति के प्रमेयों की बोधगम्यता व सुनिश्चितता का मेरे ऊपर गहरा प्रभाव पड़ा।"

बारह वर्ष के अल्बर्ट ने यूक्लिड की ज्यामिति के कई प्रमेय स्वप्रयास से ही सिद्ध कर लिये थे। आइंस्टाइन ने "आत्मकथात्मक टिप्पणियां" में बताया है कि ज्यामिति की यह पुस्तक प्राप्त करने के पहले ही उन्होंने जब अपने चाचा से "पाइथेगोरस के प्रमेय" (किसी समकोण त्रिभुज में कर्ण पर बना वर्ग शेष दो भुजाओं पर बने वर्गों के योग के बराबर होता है) के बारे में सुना, तो वे त्रिभुजों की समानता के आधार पर उसे 'सिद्ध' करने में सफल हुए थे।

स्पष्ट है कि यूक्लिड की ज्यामिति ने बचपन में ही अल्बर्ट आइंस्टाइन को बहुत प्रभावित किया था। उन्होंने लिखा भी है : "यदि यूक्लिड तुम्हारे तरुण उत्साह को उत्तेजित नहीं कर पाता, तो समझ लो कि तुम एक वैज्ञानिक चिंतक बनने के लिए पैदा नहीं हुए हो।"

आइंस्टाइन यहूदी थे, इसलिए जिमनेझियम में उन्हें यहूदी धर्म की भी शिक्षा मिली। उन्होंने पुरानी बाइबल का अध्ययन किया। "आत्मकथात्मक टिप्पणियां" में आइंस्टाइन लिखते हैं : "लोकप्रिय वैज्ञानिक पुस्तकों को पढ़ने के बाद मुझे जल्दी ही यकीन हो गया कि बाइबल[17] की कहानियों की बहुत-सी बातें सत्य नहीं हो

सकतीं।" उन्होंने स्पष्ट देखा कि धर्म और विज्ञान का कोई तालमेल नहीं बैठता। आइंस्टाइन अपने पैतृक धर्म से और दूर हट गए। उन्होंने यहूदी कर्मकांड में भाग न लेने का फैसला कर लिया।

संदर्भ और टिप्पणियां

1. इनमें से एक निबंध मार्च 1955 ई. में लिखा गया था–आइंस्टाइन के देहांत के एक माह पहले। दूसरा थोड़ा विस्तृत निबंध "आत्मकथात्मक टिप्पणियां" (Autobiographical Notes) उन्होंने Paul Arther Schilpp द्वारा संपादित ग्रंथ **Albert Einstein : Philosopher-Scientist** के लिए लिखा था, जर्मन भाषा में, 1946 ई. में, जो 1949 ई. में अंग्रेजी में उपलब्ध हुआ। आइंस्टाइन इस लेख का आरंभ करते हैं : "यहां मैं एक प्रकार से अपना 'मृत्यु-संवाद' (obituary) लिखने बैठा हूं, 67 वर्ष की आयु में। ··· आज का यह 67 वर्ष का व्यक्ति वह कतई नहीं है जो 50 का, 40 का या 30 का था। प्रत्येक संस्मरण पर आज के व्यक्तित्व का रंग चढ़ा हुआ है, इसलिए यह एक भ्रामक दृष्टिकोण को जन्म देता है।"
2. प्रिंसटन (अमरीका) के आइंस्टाइन अभिलेखागार (Einstein Archives) में लगभग 43,000 दस्तावेज रहे हैं। सन् 2004 तक उनमें से 1917 ई. तक के दस्तावेज ही **The Collected Papers of Albert Einstein** (CPAE) के 9 खंडों में अंग्रेजी में उपलब्ध हुए हैं; आगे और करीब 38 खंड प्रकाशित होंगे। आइंस्टाइन की 1950 ई. की वसीयत के अनुसार सारे मूल दस्तावेज दिसंबर 1981 में येरूसलम (इस्राइल) के हिब्रू विश्वविद्यालय में पहुंच गए थे।
3. Maja का वास्तविक उच्चारण मुझे मालूम नहीं। जर्मन में **j** (योट्) अक्षर 'य' के लिए प्रयुक्त होता है, इसलिए मैंने 'माया' नाम पसंद किया है।
4. अल्बर्ट आइंस्टाइन की छोटी बहन माया (Maja : 1881-1951 ई.) ने 1924 ई. में एक संस्मरणात्मक निबंध लिखा था, जिसमें उन्होंने अपने परिवार और भाई अल्बर्ट के आरंभिक जीवन के बारे में अत्यंत उपयोगी जानकारी दी है। यह निबंध **The Collected Papers of**

चित्र 2.11: अल्बर्ट आइंस्टाइन की छोटी बहन माया (1881-1951 ई.), 1889 ई.

Albert Einstein के प्रथम खंड में संकलित है। परंतु मेरे सामने **Resonance** (अप्रैल 2000, पृ. 111-120) में प्रकाशित माया का जो अपूर्ण निबंध है वह 1896 ई. में अल्बर्ट आइंस्टाइन के ज्यूरिख पॉलिटेकनिक में प्रवेश पाने तक के घटनाक्रम की जानकारी देता है। माया ने बर्लिन में यूरोप की रोमांस भाषाओं (लैटिन से निकली इतालवी, फ्रांसीसी, स्पेनी, पुर्तगाली आदि) का तुलनात्मक अध्ययन किया था। अल्बर्ट आइंस्टाइन के आराउ (स्विट्ज़रलैंड) के प्रादेशिक स्कूल के अध्यापक-अभिभावक योस्ट विंटेलेर के पुत्र पॉल विंटेलेर से उनका विवाह हुआ था। बाद में वे इटली चले गए थे। इटली की फासीवादी सरकार की दमनकारी नीतियों के कारण माया और उनके पति 1939 ई. में फ्लोरेंस से प्रिंसटन (अमरीका) पहुंच गए थे। कुछ समय बाद माया के पति स्विट्ज़रलैंड लौट गए और वह भाई के पास रह गई। प्रिंसटन में ही 1951 ई. में माया का निधन हुआ।

5. रोमन अक्षरों में भले ही Ulm लिखा जाता हो, मगर इसका सही उच्चारण ऊल्म (oolm) है।

6. हेरमान आइंस्टाइन और उनकी पत्नी पॉलिन यहूदियों के धार्मिक कर्मकांड से पूर्णतः मुक्त थे। उनके पूर्वजों ने भले ही पुरानी बाइबल के 'अब्राहम' जैसे नाम धारण किए हों (हेरमान के पिता का नाम अब्राहम था; देखिए **परिशिष्ट-4 : आइंस्टाइन वंशावली** में चित्र), परंतु हेरमान एक शुद्ध जर्मन नाम है। अल्बर्ट आइंस्टाइन ने भी "आत्मकथात्मक टिप्पणियां" में बताया है : "मैं पूर्णतः अधार्मिक (यहूदी) माता-पिता का पुत्र था।"

7. श्टुटगार्ट (Stuttgart) : म्यूनिख़ के पश्चिमोत्तर में स्थित बवारिया प्रांत का पुराना नगर (स्थापना : 10वीं सदी)। विश्वविद्यालय; महल। हेगेल (1770-1831 ई.) का जन्मस्थान।

8. डेन्यूब (Denube) नदीतट पर बसे ऊल्म शहर का इतिहास ईसा की 9वीं सदी तक पीछे जाता है। दक्षिण जर्मनी से आल्प्स पर्वत पार करके इटली पहुंचने वाला एक वणिक्-मार्ग ऊल्म से होकर गुजरता था, इसलिए मध्ययुग में यह एक सम्पन्न नगर था। सोलहवीं सदी में यह एक दुर्ग-नगर बन गया था। ऊल्म की लड़ाई (1805 ई.) में नेपोलियन की फ्रांसीसी सेना ने ऑस्ट्रियाई फौज पर विजय प्राप्त की थी। सन् 1842 में यह नगर विर्टेनबर्ग राज्य (प्रशियाई साम्राज्य) का अंग बन गया था। उसके बाद प्रशियाई इंजीनियरों ने यहां के पुराने किलों की मरम्मत करवाई थी।

   ऊल्म के जिस मकान में अल्बर्ट आइंस्टाइन का जन्म (14 मार्च 1879) हुआ था, वह अब नहीं रहा। उस मकान के आइंस्टाइन परिवार के फ्लैट से एक बड़ा-सा मेजपोश मिला है, जिस पर लिखा हुआ है : "कठोर परिश्रम का अच्छा फल मिलता है।"

9. सन् 1995 में ऊल्म नगर की आबादी 1,14,000 थी।

10. ऊल्म से करीब पच्चीस किलोमीटर दूर के हेशिंगेन (Hechingen) शहर में हेरमान के चचेरे भाई रूडोल्फ आइंस्टाइन रहते थे; एल्सा (Elsa : 1876-1936 ई.) उनकी बेटी थी। अल्बर्ट और एल्सा लगभग समवयस्क थे और बचपन से ही एक-दूसरे को जानते थे। एल्सा की मां और अल्बर्ट की मां (पॉलिन) बहनें थीं।

11. म्यूनिख़ (Munich या München) : दक्षिण जर्मनी के बवारिया प्रांत की राजधानी। इसार नदी पर स्थित सांस्कृतिक नगरी (स्थापना : 1158 ई.)। विश्वविद्यालय (स्थापना : 1471 ई.), कैथीड्रल और कई पुरानी इमारतें। वैज्ञानिक उपकरणों के निर्माण, शराब-उत्पादन और अपने अनेक फिल्म-स्टूडियो के लिए प्रसिद्ध। वर्तमान आबादी लगभग 14 लाख।

12. Albert Einstein, **Ideas and Opinions**, Rupa, New Delhi, p. 10.

13. इस घटना के बारे में स्वयं आइंस्टाइन ने अपने निबंध "आत्मकथात्मक टिप्पणियां" (Autobiographical Notes, 1946) में लिखा है : "इस प्रकार के आश्चर्य का अनुभव मुझे तब हुआ जब मैं 4 या 5 साल का बालक था और मेरे पिता ने मुझे एक दिन एक जेबी कंपास दिखाया। ...मुझे आज भी स्मरण है–या कम से कम मुझे लगता है कि मुझे स्मरण है–कि इस अनुभव ने मुझ पर कितना गहरा व स्थायी प्रभाव छोड़ा है। वस्तुओं के भीतर कोई चीज गहराई से छिपी होनी चाहिए। शैशव से जिस चीज को आदमी अपने सामने देखता रहता है, उससे ऐसी प्रतिक्रिया नहीं होती। पिंडों को गिरते देखकर, बारिश या हवा से, चंद्रमा से या चंद्रमा के नीचे न गिरने से उसे आश्चर्य नहीं होता, न ही जीवित और निर्जीव के बीच के अंतरों को देखकर।"

14. आइंस्टाइन का वायलिन-वादन का शौक 1950 ई. तक कायम रहा। उसके बाद वे पियानो बजाने लगे थे। उन्होंने चाहा था कि उनका प्रिय वायलिन, जिसे वे "लिना" कहते थे, उनके पौत्र (हान्स अल्बर्ट के पुत्र) बेर्नहार्ड (जन्म 1930 ई.) को दिया जाए।

15. वोल्फगांग आमाडेउस मोट्सार्ट (Wolfgang Amadeus Mozart : 1756-91 ई.) : ऑस्ट्रियाई संगीत-रचनाकार और पियानो-वादक। ऑस्ट्रिया के साल्ज़बर्ग नगर में जन्मे मोट्सार्ट संगीत की बाल-प्रतिभा थे। उनके पिता लिओपॉल्ड भी संगीत-रचनाकार और पियानो-वादक थे। उनकी बहन मारिआ आना बचपन से ही संगीत में निष्णात थीं। मोट्सार्ट ने पांच साल की आयु में ही अपनी संगीत-प्रतिभा का परिचय देना शुरू कर दिया था, और जब वह छह साल के थे तो उन्होंने अपने पिता तथा बहन के साथ यूरोप के देशों का दौरा किया था। उन्होंने ईसाई धर्माचार्यों और राजे-रजवाड़ों के सामने संगीत के कार्यक्रम प्रस्तुत करके खूब कीर्ति हासिल की।

चित्र 2.12 : वो. आ. मोट्सार्ट (1756-1791 ई.)

बाद में वे विएना चले गए और वहां एक सुंदरी से विवाह किया, जो सफल नहीं रहा। मोट्सार्ट ने कई ख्यातनामा सिंफनियों और ओपेराओं की रचना की है। उनके अल्पकालीन जीवन का उत्तरकाल दुःख और विपन्नता में गुजरा। पैंतीस साल की अल्पायु में विएना में मोट्सार्ट का निधन हुआ। वायलिन पर मोट्सार्ट के सोनाटा बजाना आइंस्टाइन को बहुत प्रिय था, शायद इसलिए भी कि वे संसार की बुराइयों को संगीत के सुखद स्वरों में डुबो देना चाहते थे।

16. लेकिन इस नीरस वातावरण का एक अपवाद भी था। जिमनेझियम में रूएस (Ruess) नाम के एक अध्यापक थे, जो अपने विद्यार्थियों को प्राचीन सभ्यताओं का इतिहास बड़े रोचक ढंग से पढ़ाते थे। वे बताते थे कि प्राचीन सभ्यताओं ने पुरानी और नई जर्मन संस्कृति का किस तरह सृजन किया है। अल्बर्ट को रूएस से मिलना और उनकी बातें सुनना बहुत अच्छा लगता था। रूएस के अतिरिक्त लेक्चर सुनने के लिए अल्बर्ट छुट्टी के बाद भी स्कूल में रुका रहता था, जिसके लिए घर पर उसे अक्सर दंड मिलता था। बाद में आइंस्टाइन जब ज्यूरिख़ में प्राध्यापक थे और अपनी एक यात्रा के दौरान म्यूनिख़ से गुजरे, तो वे वहां रूएस से मिलने गए। आइंस्टाइन को पुराने कोट-पैंट में देखकर रूएस ने समझा कि वे उनसे आर्थिक मदद मांगने आए हैं। रूएस के रूखे स्वागत को देखकर आइंस्टाइन उनके निवास से जल्दी ही बाहर निकल आए।

17. "पुरानी बाइबल" यहूदियों का धर्मग्रंथ है, तो "नई बाइबल" ईसाइयों का धर्मग्रंथ।

❑❑❑

अध्याय 3

ज्यूरिख़ में विद्यार्थी

म्यूनिख़ में हेरमान आइंस्टाइन का व्यवसाय कोई लाभ नहीं दे रहा था; उनका बिजली की चीजों का कारखाना घाटे में चल रहा था। इसलिए उन्होंने इटली के मिलान[1] नगर में जाकर वहां नए सिरे से व्यवसाय स्थापित करने का निर्णय लिया। ससुराल वाले उनकी मदद करने को तैयार थे। सन् 1894 में हेरमान आइंस्टाइन ने म्यूनिख़ का अपना मकान बेच दिया, और वे अपने परिवार को, भाई याकोब को भी, साथ लेकर मिलान चले गए; बेटी माया भी उनके साथ ही गई। अल्बर्ट को साथ न ले जाने का एक कारण यह था कि उसकी म्यूनिख़ की पढ़ाई खंडित हो जाती; और, दूसरा कारण यह था कि मिलान में इतालवी भाषा शिक्षा का माध्यम थी।

चित्र 3.1 : चौदह वर्ष के अल्बर्ट और बारह वर्ष की बहन माया

आइंस्टाइन-बंधुओं ने मिलान के दक्षिण में स्थित पाविया[2] शहर में डायनेमो, इलेक्ट्रिक मोटर और बिजली का सामान बनाने का एक नया कारखाना स्थापित किया। बाद में आइंस्टाइन-परिवार पाविया में रहने चला गया।

अल्बर्ट को म्यूनिख़ में अपनी पढ़ाई पूरी करनी थी, इसलिए पिता हेरमान ने 15 साल के बेटे को वहां एक परिवार में बोर्डर बनाकर रखा। पिता चाहते थे कि उनका बेटा विद्युत-इंजीनियर बने, उनके व्यवसाय को संभाले। पर अल्बर्ट के विचार भिन्न थे। म्यूनिख़ के

जिमनेझियम की पढ़ाई उसे रास नहीं आ रही थी। वह गणित और भौतिकी में तो अपने सहपाठियों से बहुत आगे था, परंतु लैटिन व ग्रीक जैसे विषयों की तोतारटन पढ़ाई उसके बस की बात नहीं थी।[3] वहां का सैनिक तंत्र जैसा कठोर माहौल भी उसके लिए दमघोंटू था। गंभीर स्वभाव का विद्यार्थी होने के कारण वहां उसका कोई घनिष्ठ मित्र नहीं था, और अब उसका परिवार भी दूर चला गया था।

अल्बर्ट ने जिमनेझियम छोड़ देने का फैसला किया। उसने एक डाक्टर (माक्स तालमुद के बड़े भाई) से मानसिक तनाव का प्रमाणपत्र प्राप्त करके जिमनेझियम से छह महीने की छुट्टी ले ली। स्कूल के शिक्षक और अधिकारी भी अल्बर्ट से खुश नहीं थे। उन्होंने अल्बर्ट को छुट्टी दे दी। अंतिम परीक्षा देने के एक साल पहले ही अल्बर्ट ने जिमनेझियम छोड़ दिया और वह माता-पिता के पास मिलान पहुंच गया। जिमनेझियम के जेलख़ाने से छुट्टी मिलने के कारण अल्बर्ट बेहद खुश था।

पंद्रह साल का तरुण अल्बर्ट इटली के सुरम्य वातावरण में पहुंच गया था। लगभग एक साल कां उसका समय मौजमस्ती और सैर-सपाटे में गुजरा। वह समुद्रतट के जेनोआ और अन्य कई जगहों पर गया। उसने इटली के प्राचीन स्मारकों के दर्शन किए, कई कलादीर्घाएं देखीं। जहां कहीं भी गया, वहां उसने एक प्रकार की आंतरिक आजादी का अनुभव किया—जीवन में पहली बार। बाद में जब आइंस्टाइन की महान खोज—आपेक्षिकता-सिद्धांत—की सारी दुनिया में चर्चा होने लगी, तो बहुत-से अन्वेषक यह जानने के लिए उत्सुक हो उठे कि उन्होंने यह खोज किस प्रकार की। विशिष्ट आपेक्षिकता-सिद्धांत से संबंधित उनका शोध-निबंध 1905 ई. में प्रकाशित हुआ था, 26 साल की आयु में। आइंस्टाइन से पूछा जाता था : चिंतन और प्रेरणाओं के किस दौर से गुजरकर वह अपनी उस महान खोज तक पहुंचे थे।

प्रेरणाएं अनेक थीं, इसलिए बाद में आइंस्टाइन भी यकीन के साथ कुछ बताने में समर्थ नहीं थे। परंतु इतना वह स्पष्ट बताते थे कि इस दिशा में गंभीरता से सोचना उन्होंने 1894-95 ई. में शुरू कर दिया था। यह वह समय है जब आइंस्टाइन म्यूनिख़ के जिमनेझियम की पढ़ाई

चित्र 3.2 : चौदह-पंद्रह वर्ष के अल्बर्ट आइंस्टाइन

अधूरी छोड़कर इटली के उन्मुक्त एवं सुरम्य वातावरण में पहुंच गए थे। उस समय उनकी उम्र पंद्रह-सोलह साल की थी।

चित्र 3.3 : आइंस्टाइन के मामा कायेसर कॉख़

इसी काल का आइंस्टाइन का एक छोटा लेख, उनका पहला लेख, प्रकाश में आया है। आइंस्टाइन ने पांच पृष्ठों का यह लेख उस समय तैयार किया था जब वह अपने माता-पिता के साथ मिलान-पाविया में थे। एक चिट्ठी के साथ यह लेख उन्होंने अपने मामा कायेसर कॉख़ को ब्रुसेल्स (बेल्जियम) भेजा था। लेख का शीर्षक है : "चुंबकीय क्षेत्रों में ईथर की स्थिति की खोजबीन"। इस लेख से साफ पता चलता है कि पंद्रह-सोलह साल के अल्बर्ट आइंस्टाइन ने आपेक्षिकता-सिद्धांत की मूलभूत धारणाओं के बारे में चिंतन शुरू कर दिया था।

अल्बर्ट आइंस्टाइन मिलान-पाविया में लगभग एक साल तक रहे। पढ़ाई को आगे जारी रखना था। पिता हेरमान ने भी बेटे को साफ-साफ बता दिया कि वह अपनी 'दार्शनिक मूर्खता' त्याग दे और विद्युत-इंजीनियर बनने के लिए मन लगाकर पढ़ाई पूरी करे। आगे की पढ़ाई के लिए जर्मनी वापस लौटना अब संभव नहीं था, इसलिए ज्यूरिख़[4] (स्विट्ज़रलैंड) के फेडरल पॉलिटेकनिक इंस्टीट्यूट (Eigenössische Technische Hochschule) को, जिसे संक्षेप में 'पॉली' (Poly) भी कहा जाता था, पसंद किया गया। यहां विदेशों के विद्यार्थी भी पढ़ाई के लिए आते थे; यहां यूरोप के दूसरे देशों से आए कई नामी अध्यापक भी थे। महत्व की बात यह थी कि यहां पढ़ाई जर्मन भाषा में होती थी। वस्तुतः जर्मनी के बाहर विज्ञान की पढ़ाई के लिए यूरोप का यह सर्वोत्तम संस्थान था। इसमें दाखिला पाने के लिए प्रवेश-परीक्षा देनी पड़ती थी। यह एक प्रकार का प्रशिक्षण महाविद्यालय भी था। इस संस्थान का एक उद्देश्य था, उच्च स्तर के अध्यापक तैयार करना।

स्विट्ज़रलैंड जाकर ज्यूरिख़ पॉलिटेकनिक ('पॉली') में दाखिला लेने के निर्णय के पीछे एक और कारण था। जर्मन नागरिकता कानून के तहत, सोलह साल पूरे

होने पर कोई भी पुरुष देश छोड़कर नहीं जा सकता था; अन्यथा, यदि वह सैनिक सेवा के लिए हाजिर नहीं होता, तो उसे भगोड़ा समझा जाएगा। इसलिए जल्दी से देश छोड़ने के कदम उठाए गए; तरुण अल्बर्ट को स्विट्जरलैंड का नागरिक बनने तक बिना राष्ट्रीयता के रहना था।

आइंस्टाइन ने इटली-निवास के दौरान ज्यूरिख़ के 'पॉली' संस्थान में प्रवेश पाने के लिए मन लगाकर पढ़ाई की। नई पाठ्य-पुस्तकें खरीदीं; पाविया विश्वविद्यालय के पुस्तकालय में उपलब्ध जर्मन पुस्तकों का भी अध्ययन किया।

आइंस्टाइन ने अक्तूबर 1895 में ज्यूरिख़ जाकर प्रवेश-परीक्षा दी, परंतु उसमें वह फेल हो गए। वजह यह थी कि वह गणित विषय में तो बहुत आगे थे, परंतु प्राणि-विज्ञान, वनस्पति-विज्ञान और विदेशी भाषाओं में काफी कच्चे। पॉलिटेकनिक के प्राचार्य एलबिन हेरजोग (Albin Herzog), जो वहां सामान्य यांत्रिकी (general mechanics) विषय भी पढ़ाते थे, आइंस्टाइन की गणितीय प्रतिभा से काफी प्रभावित हुए। उन्होंने आइंस्टाइन को सलाह दी कि वह ज्यूरिख़ से करीब 45 किलोमीटर पश्चिम में आरे (Aare) नदीतट पर स्थित आराउ (Aarau) शहर के प्रादेशिक स्कूल (Kantonsschule) में भरती होकर एक साल तैयारी करें; तदनंतर पॉलिटेकनिक में उन्हें अवश्य प्रवेश मिल जाएगा।

आइंस्टाइन ने 1895-96 ई. का एक साल का समय आराउ के स्कूल में गुजारा। दूर-दूर तक इस स्कूल की ख्याति थी; अक्सर विदेशी विद्यार्थी भी यहां पढ़ने आते थे। आइंस्टाइन को यहां अनुकूल वातावरण मिला–खुलापन, खूबसूरती और उन्मुक्तता। जर्मनी के कठोर माहौल से उन्हें नफरत-सी हो गई थी।

आराउ पहुंचने पर अल्बर्ट ने जो पहला काम किया, वह था जर्मन नागरिकता का त्याग। आगे के लगभग पांच साल तक अल्बर्ट आइंस्टाइन नियमतः किसी भी देश के नागरिक नहीं थे। साथ ही, यहूदी कर्मकांड से भी उन्होंने अपने को पूर्णतः अलग कर लिया।

आइंस्टाइन आराउ में वहां के स्कूल के एक अध्यापक प्रो. योस्ट विंटेलेर (Professor Jost Winteler) के परिवार के साथ रहे। उस परिवार के हमउम्र बच्चों के साथ अल्बर्ट

चित्र 3.4 : आराउ में सोलह साल के तरुण अल्बर्ट आइंस्टाइन

के दिन बड़े मजे में गुजरे। उन बच्चों के साथ वे पहाड़ियों पर दूर-दूर तक घूमने जाते थे। उस दौर में प्रो. विंटेलेर की एक पुत्री मारी (Marie) के साथ आइंस्टाइन के स्नेह-संबंध भी स्थापित हुए।[5]

स्वतंत्र वैज्ञानिक चिंतन की दृष्टि से आइंस्टाइन का वह एक साल शुष्क नहीं रहा। आपेक्षिकता-सिद्धांत की बुनियादी धारणाओं से संबंधित कई सवाल इसी दौर

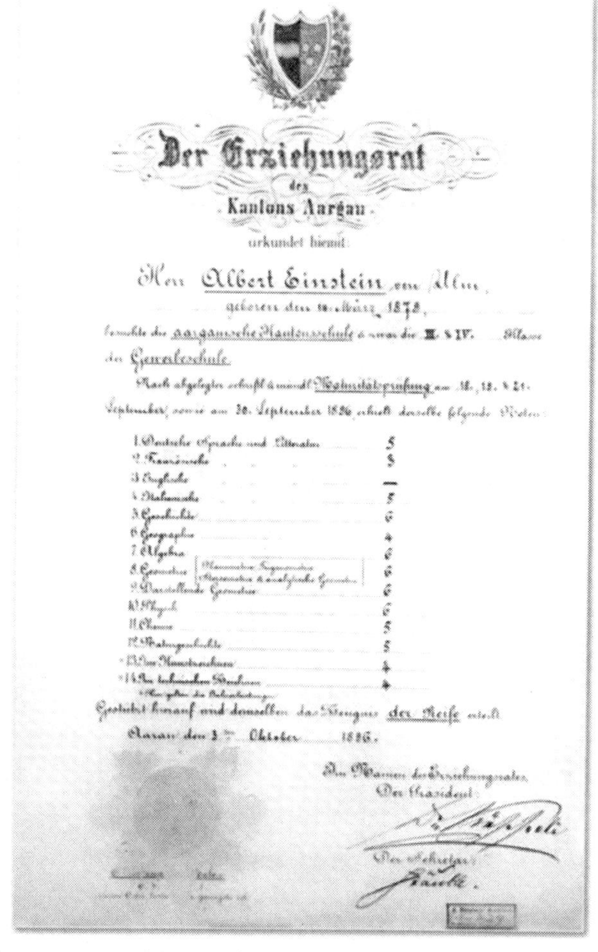

Der Erziehungsrat
des
Kantons Aargau
urkundet hiemit:
Herr Albert Einstein von Ulm,

Aarau den 3. Oktober 1896.

चित्र 3.5 : आराउ के स्कूल की परीक्षा में उत्तीर्ण होने का पदवी-प्रमाणपत्र (Maturitätszeugniss), जिसमें आइंस्टाइन ने भौतिकी में सर्वोच्च अंक ("6") प्राप्त किए।

में पहेली बनकर उनके मस्तिष्क में कोलाहल मचाने लग गए थे। जैसे, वह इस सवाल के बारे में सोचने लग गए थे कि यदि कोई व्यक्ति प्रकाश-पुंज पर सवार होकर प्रकाश के वेग (3,00,000 किलोमीटर प्रति-सेकंड) से यात्रा करता है, तो क्या-क्या घटित होगा। यदि आप किसी प्रकाश-पुंज के साथ-साथ दौड़ते हैं, तो वह आपको कैसा नजर आएगा? यदि प्रकाश तरंग से बना है, तब प्रकाश-पुंज स्थिर नजर आना चाहिए; मगर स्थिर प्रकाश-पुंज को कभी किसी ने नहीं देखा है। और, अल्बर्ट आइंस्टाइन ने यह भी कल्पना की कि वह एक दर्पण के सामने खड़े हैं और उस दर्पण-सहित वे प्रकाश के वेग से यात्रा कर रहे हैं, तब वे अपने चेहरे को दर्पण में किस तरह का देखेंगे।

विज्ञान का इतिहास इस तथ्य का साक्षी है कि ऐसे बुनियादी सवालों ने ही अनेक महान सिद्धांतों को जन्म दिया है। परंपरा से हटकर जब-जब ऐसे पहेली- नुमा बुनियादी सवाल उठाए गए हैं, तब-तब विज्ञान के विविध क्षेत्रों में क्रांतिकारी आविष्कार हुए हैं। सोलह साल के तरुण आइंस्टाइन का ऐसे सवाल उठाना ही इस बात का स्पष्ट सबूत है कि वे विशिष्ट आपेक्षिकता-सिद्धांत की प्रस्तुति (1905 ई.) के कम-से-कम दस साल पहले से इसके बारे में चिंतन करते आ रहे थे।

प्रकाश का वेग आपेक्षिकता-सिद्धांत की बुनियादी धारणा है। प्रकाश की किरणें 3,00,000 किलोमीटर प्रति-सेकंड के वेग से दौड़ती हैं। विशाल विश्व के बारे में हमारी जानकारी इन्हीं किरणों पर आधारित है। लेकिन यहां धरती पर, हमारे रोजमर्रा के जीवन में, हमें इतने बड़े वेग का सामना नहीं करना पड़ता; हमारे दैनंदिन जीवन की कोई भी चीज इतने भयंकर वेग से नहीं दौड़ती। हमारे रोजमर्रा के अनुभव की सभी गतियां प्रकाश के वेग की तुलना में बहुत सीमित हैं। न्यूटन की यांत्रिकी के नियम इन्हीं सीमित गतियों की व्याख्या करते हैं। द्रव्य के स्वरूप के बारे में हमारी धारणा इन्हीं सीमित गतियों पर निर्भर है। काल के स्वरूप से संबंधित हमारी सोच इन्हीं सीमित गतियों पर आधारित है। आकाश (दिक्) के स्वरूप के बारे में हमारी मान्यता भी इन्हीं सीमित गतियों पर आश्रित है।

दिक्, काल और द्रव्य जैसी सत्ताओं का गति के साथ क्या संबंध है? क्या इनका अपना स्वतंत्र अस्तित्व है? यदि कोई चीज प्रकाश के वेग से दौड़ती है, तो क्या उसके द्रव्य का स्वरूप पूर्ववत् बना रहेगा? यदि घटनाएं प्रकाश के वेग से घटित होती हैं, तो क्या काल का प्रवाह पूर्ववत् कायम रहेगा? यदि कोई व्यक्ति प्रकाश के वेग से यात्रा करता है, तो क्या तब भी दिक् की ज्यामिति हमारे रोजमर्रा के अनुभव की यूक्लिडीय ज्यामिति ही बनी रहेगी?

आराउ के विद्यार्थी जीवन में तरुण आइंस्टाइन के दिमाग में जो सवाल उठे,

चित्र 3.6 : स्विस फेडरल पॉलिटेकनिक इंस्टीट्यूट (ज्यूरिख़), जहां आइंस्टाइन ने 1896 से 1900 ई. तक पढ़ाई की।

वे इसी कोटि के मूलभूत सवाल थे। ऐसे सवाल उठाना ही अपने आप में एक बहुत बड़ी उपलब्धि है। ऐसे सवालों को उठाने का अर्थ है द्रव्य, काल, दिक्, ऊर्जा, गति आदि के बारे में जो पुरानी मान्यताएं थीं, उन पर प्रश्नचिह्न लगाना। आपेक्षिकता के सिद्धांत में आइंस्टाइन ने इन्हीं मूलभूत धारणाओं की नई व्याख्याएं प्रस्तुत की हैं, इनमें तारतम्य स्थापित करने के लिए नए समीकरण खोज निकाले हैं।

सितंबर 1896 में आराउ के स्कूल की पढ़ाई पूरी करके आइंस्टाइन ज्यूरिख़ आए। अक्तूबर 1896 में उन्हें ज्यूरिख़ पॉलिटेकनिक में सीधे प्रवेश मिल गया। वहां चार साल (अगस्त 1900 तक) रहकर उन्होंने गणितीय भौतिकी के विषयों की पढ़ाई पूरी की। खर्च के लिए मामा की ओर से 100 फ्रांक प्रतिमाह की व्यवस्था हो गई थी। उनमें से भी वह 20 फ्रांक अलग रखते थे–स्विट्ज़रलैंड की नागरिकता की फीस अदा करने के लिए। बाकी में जैसे-तैसे अपना गुजारा करते थे।

ज्यूरिख़ का माहौल म्यूनिख़ से काफी भिन्न था। यह एक प्रकार से यूरोप का एक अंतर्राष्ट्रीय नगर था। यूरोप के दूसरे देशों के विद्यार्थी यहां पढ़ने आते थे। पॉलिटेकनिक के अपने कई साथियों से आइंस्टाइन की गहरी मित्रता स्थापित हुई। ऐसे ही एक मित्र थे मार्सेल ग्रॉसमान (Marcel Grossmann : 1878-1936 ई.), जो नियमित रूप से कक्षाओं में जाकर नोट्स तैयार करते थे। आइंस्टाइन कक्षाओं में नियम से नहीं जाते थे। ग्रॉसमान के नोट्स की मदद से ही आइंस्टाइन परीक्षा पास करते गए। बाद में ग्रॉसमान ने व्यापक आपेक्षिकता-सिद्धांत के विकास में भी सहयोग दिया। आइंस्टाइन के साथ सर्बिया (यूगोस्लोवाकिया) की एक ईसाई

चित्र 3.7 : आइंस्टाइन और मार्सेल ग्रॉसमान (बाएं)

युवती मिलेवा मारिश (Mileva Maric : 1875-1948 ई.) भी पढ़ती थीं। दोनों में गहरी दोस्ती हो गई। बाद में दोनों का विवाह हुआ।

बाद के आइंस्टाइन की संत-महात्मा जैसी छवि को देखकर बहुत-से लोग यह कल्पना कर लेते हैं कि विद्यार्थी जीवन में भी अल्बर्ट आइंस्टाइन बड़े सीधे-सादे व संकोची स्वभाव के रहे होंगे, हमेशा अध्ययन व चिंतन में डूबे रहते होंगे। पर ऐसी कोई बात नहीं है; वह एक 'आदर्श' विद्यार्थी नहीं थे। पढ़ाई व चिंतन में वह खो जाते थे, परंतु वह पढ़ाई, वह चिंतन परीक्षा पास करने के लिए नहीं था। रहन-सहन के मामले में वह स्वभावतः लापरवाह थे, लेकिन इसका अर्थ यह नहीं है कि वह नीरस स्वभाव के तरुण थे। उनकी मित्र-मंडली का दायरा सीमित था, लेकिन वह तरुणियों से दूर नहीं भागते थे। एक सीमित दायरे में आइंस्टाइन का आचरण काफी उन्मुक्त था।

ज्यूरिख़ पॉलिटेकनिक में अच्छे अध्यापक थे, पढ़ाई का स्तर भी काफी ऊंचा था, लेकिन कोई भी अध्यापक आइंस्टाइन को प्रभावित नहीं कर पाया। हालांकि वहां हेरमान मिंकोवस्की[6] (1864-1909 ई.) और एडोल्फ हुरविट्स[7] जैसे उच्च गणित के नामी अध्यापक थे, परंतु आइंस्टाइन ने उनके लेक्चर शायद ही कभी सुने हों; वह अपने मित्र ग्रॉसमान के नोट्स पर ही अधिक आश्रित रहे। बाद में हेरमान मिंकोवस्की ने ही आइंस्टाइन के आपेक्षिकता-सिद्धांत के लिए चार विमाओं वाली ज्यामिति का एक सुव्यवस्थित ढांचा प्रस्तुत किया।

ज्यूरिख़ के चार वर्षों के दौरान आइंस्टाइन समय निकालकर भौतिकी के क्षेत्र की नई-नई जानकारियां हासिल करते रहे। उसी दौर में उन्होंने किरखोफ, हेल्महोल्ट्ज, हैनरिख़ हर्ट्ज, मैक्सवेल और बोल्ट्जमान की मूल कृतियां पढ़ीं। उसी दौरान उन्होंने अर्न्स्ट माख़[8] (Ernst Mach : 1838-1916 ई.) का **यांत्रिकी** (Die Mechanik) ग्रंथ पढ़ा, जिसने उस समय उन्हें काफी प्रभावित किया। मगर बाद में वे माख़ की मान्यताओं से दूर हटते गए।

इस प्रकार, हम देखते हैं कि ज्यूरिख़ के अपने विद्यार्थी जीवन में आइंस्टाइन

चित्र 3.8 : अर्न्स्ट माख़ (1838-1916 ई.)

स्वयं ही अपना मार्ग प्रशस्त करते जा रहे थे, स्वयं ही प्रेरणाएं खोज रहे थे, स्थापित सिद्धांतों पर प्रश्नचिह्न लगाने के लिए साहस बटोर रहे थे, खुलकर प्रकाश में आने के लिए तर्क और तथ्यों का तालमेल बिठा रहे थे।

चार साल की पढ़ाई के बाद 1900 ई. में अंतिम परीक्षा हुई, जिसमें आइंस्टाइन अच्छे नंबरों से उत्तीर्ण हुए।[9] उनके मित्रों ने भी उत्तीर्ण होकर डिप्लोमा हासिल किए।[10] अच्छी तरह उत्तीर्ण हुए विद्यार्थियों को पॉलिटेकनिक में सहायक अध्यापक नियुक्त करने की परंपरा थी। आइंस्टाइन के मार्सेल ग्रॉसमान जैसे घनिष्ठ मित्रों को पॉलिटेकनिक के विभिन्न विभागों में अध्यापक के पद मिले, पर आइंस्टाइन को कोई जगह नहीं मिली; हाइनरिख़ वेबर[11] (Heinrich Weber) जैसे उनके कुछ अध्यापक उनसे कतई खुश नहीं थे।

आइंस्टाइन आगे एक साल तक ज्यूरिख़ में ही रहकर कई तरह के छिट-पुट काम करते हुए नौकरी की तलाश करते रहे। इस बीच उन्होंने अपनी सारी जमा पूंजी देकर स्विट्ज़रलैंड की नागरिकता हासिल कर ली—फरवरी 1901 में।[12] नौकरी की तलाश जारी रही। कुछ समय के लिए आइंस्टाइन ने ज्यूरिख़ की शासकीय वेधशाला में गणनाएं करने का काम किया।

फिर आइंस्टाइन को ज्यूरिख़ के उत्तर में स्थित विंटरथुर के तकनीकी स्कूल में गणित पढ़ाने का काम मिला–केवल दो महीने के लिए। वहां से छुट्टी हुई, तो ज्यूरिख़ पॉलिटेकनिक के मित्र कोनराड हाबिख़्ट (Conrad Habicht) की सिफारिश से आइंस्टाइन को शाफहाउसेन के एक बोर्डिंग स्कूल में अस्थायी अध्यापक की नौकरी मिली। परंतु वहां से भी पढ़ाने के अपने नए तरीके के कारण जल्दी ही छुट्टी मिल गई।

इस बीच (1901 ई. में) आइंस्टाइन ने अपना पहला वैज्ञानिक शोध-निबंध लिखा–'कांच की पतली नलिकाओं में द्रवों की केशिका-क्रिया' (capillary phenomena)। यह निबंध "आनालेन डेर फिजिक" पत्रिका में उस साल मार्च में प्रकाशित हुआ। आइंस्टाइन ने अपने प्रकाशित निबंध की एक प्रति जर्मन रसायनज्ञ विलहेल्म ओस्टवाल्ड[13] (1853-1932 ई.)–जिन्हें बाद में, 1909 ई. में, रसायन का

चित्र 3.9 : ज्यूरिख़ के पॉलिटेकनिक इंस्टीट्यूट में आइंस्टाइन के समय की भौतिकी की प्रयोगशाला का एक दृश्य

नोबेल पुरस्कार मिला—को भेजी, और लिखा : "चूंकि रसायन की आपकी पुस्तक से मैं प्रभावित हुआ हूं, इसलिए आपकी सेवा में अपने निबंध की एक प्रति भेज रहा हूं। साथ ही, सेवा में निवेदन करना चाहता हूं कि आपकी प्रयोगशाला में एक गणितज्ञ-भौतिकवेत्ता के लिए कोई स्थान हो, तो आपके यहां काम करना चाहता हूं। आपसे अनुरोध इसलिए कर रहा हूं, क्योंकि मैं साधनहीन हूं ···।" दूसरा पत्र भेजने पर भी ओस्टवाल्ड की ओर से कोई उत्तर नहीं मिला! (बाद में पहली बार ओस्टवाल्ड ने ही आइंस्टाइन को नोबेल पुरस्कार के लिए नामित किया था।)

आइंस्टाइन ने अपना निबंध लाइडेन विश्वविद्यालय (हॉलैंड, नीदरलैंड्स) के नामी भौतिकवेत्ता हाइके कामेरलिंघ-ऑन्नेस[14] (1853-1926 ई.) को भी भेजा। साथ ही, नौकरी की उम्मीद में एक जवाबी कार्ड भी भेजा। कोई जवाब नहीं मिला। आज आइंस्टाइन का वह जवाबी पोस्टकार्ड लाइडेन संग्रहालय के विज्ञान के इतिहास-विभाग की एक अमूल्य धरोहर है। दो दशकों बाद उसी लाइडेन विश्वविद्यालय में आइंस्टाइन को 'अतिथि प्राध्यापक' का पद मिला।

हेरमान आइंस्टाइन भी अपने बेरोज़गार बेटे की बदहाली से बड़े चिंतित थे। उन्होंने, बेटे को बिना बताए, प्रोफेसर विलहेल्म ओस्टवाल्ड को 13 अप्रैल, 1901 को पत्र लिखा : "प्रिय प्रोफेसर, आप एक बाप को क्षमा करें, जो अपने बेटे के हित में सिफारिश कर रहा है। मेरा बेटा अल्बर्ट आइंस्टाइन 22 साल का है। ··· मेरा पुत्र बहुत ही दुःखी है, क्योंकि वह बेरोज़गार है और हर दिन यह विचार उसमें और गहराई से पैठ जाता है कि वह अपने कैरियर में असफल है और पुनः अपनी राह ढूंढ़ने में समर्थ नहीं होगा; और, सर्वोपरि बात यह है कि वह इस विचार से गहरे अवसाद में डूबा रहता है कि वह हम पर भार-स्वरूप है, क्योंकि हम अच्छे खाते-पीते लोग नहीं हैं ···। प्रिय प्रोफेसर, मेरा पुत्र आपका बहुत सम्मान करता है ···। आपसे अनुरोध है कि आप उसका शोध-निबंध पढ़ें और उसे सांत्वना की चंद पंक्तियां लिखें, ताकि उसके जीवन व कार्य में पुनः खुशी लौट आए ···।"

आइंस्टाइन ने नौकरी की तलाश जारी रखते हुए उसी दौरान पीएच.डी. की उपाधि के लिए अपना प्रबंध तैयार किया—गैसों का गतिक सिद्धांत (kinetic theory of gases)—और उसे ज्यूरिख़ विश्वविद्यालय को भेज दिया। मगर विश्वविद्यालय ने प्रबंध को अस्वीकृत कर दिया। आइंस्टाइन 1902 ई. के वसंत ऋतु में मिलान चले गए, और वहां से नौकरी के लिए जगह-जगह पत्र लिखते रहे।

अंत में आइंस्टाइन के मित्र मार्सेल ग्रॉसमान के प्रयास से उनके लिए एक अस्थायी नौकरी की व्यवस्था हो गई। स्विट्ज़रलैंड की राजधानी बर्न[15] में कुछ साल पहले एक सरकारी पेटेंट कार्यालय खुला था। वहां के डायरेक्टर फ्रीडरिख़ हाल्लेर,

मार्सेल के पिता के मित्र थे। उनके लिखने पर डायरेक्टर महोदय आइंस्टाइन को अपने कार्यालय में रखने को तैयार हो गए। मिलान में आइंस्टाइन को जब इसकी सूचना मिली, तो उन्होंने अप्रैल 1902 में मार्सेल को पत्र लिखा :

"प्यारे मित्र मार्सेल,

कल जब तुम्हारा पत्र मिला तो मेरे प्रति तुम्हारे विश्वास और तुम्हारे दयाभाव को देखकर मैं अत्यंत द्रवित हो उठा, इसलिए भी कि तुम अपने इस पुराने और अभागे मित्र को भूले नहीं हो। मुझे एहरात[16] और तुम्हारे जैसा मित्र शायद ही कोई मिले। यह कहने की आवश्यकता नहीं कि नौकरी मिलने से मुझे बड़ी खुशी होगी। तुम्हारी सिफारिशों का मैं निश्चय ही निर्वाह करूंगा। मैंने यहां अपने माता-पिता के साथ रहकर पिछले तीन सप्ताहों में कई स्थानों पर इस आशा से आवेदन-पत्र भेजे हैं कि मुझे कहीं पर सहायक अध्यापक की जगह मिल जाएगी। यदि वेबेर (पॉलिटेकनिक के भौतिकी और विद्युत इंजीनियरी के अध्यापक) मेरे खिलाफ नहीं होते, तो मुझे कभी की नौकरी मिल जाती। फिर भी मैं कोई मौका हाथ से नहीं जाने देता, न ही मैंने अपना हौसला खोया है। ...ईश्वर ने गधे को बनाया है, तो उसे काफी मोटी खाल भी दी है।

यहां वसंत का आगमन हो चुका है, चहुंओर सौंदर्य छा गया है। प्रकृति का नज़ारा इतना हंसमुख है कि आदमी ग़मगीन नहीं रह सकता। मेरे दिमाग में कुछ बढ़िया विचार मंडरा रहे हैं।"

यहां 'बढ़िया विचार' का अर्थ था–'वैज्ञानिक विचार'। उन विचारों को मूर्त रूप मिलने में अब अधिक देर नहीं थी।

आइंस्टाइन जून 1902 में बर्न पहुंचकर पेटेंट कार्यालय के डायरेक्टर फ्रीडरिख़ हाल्लेर के सामने इंटरव्यू के लिए हाजिर हुए। उस समय विद्युत-उद्योग तेजी से पनप रहा था, इसलिए कार्यालय को विद्युत संबंधी आविष्कारों की पेटेंट-परख करने वाले एक तकनीकी जानकार की आवश्यकता थी। आइंस्टाइन के विद्युत-चुंबकीय सिद्धांत के ज्ञान और पारिवारिक व्यवसाय से अर्जित बिजली के उपकरणों की उनकी जानकारी को पर्याप्त समझा गया। उन्होंने दूसरी श्रेणी के तकनीकी विशेषज्ञ के पद के लिए आवेदन-पत्र भेजा था, परंतु डायरेक्टर को आइंस्टाइन में तकनीकी विशेषज्ञ की काबिलीयत नज़र नहीं आई। फिर भी उन्होंने आइंस्टाइन को रख लिया–दूसरी श्रेणी के नहीं, तीसरी श्रेणी के तकनीकी विशेषज्ञ के अस्थायी पद पर। वार्षिक वेतन 3500 फ्रांक तय हुआ। आइंस्टाइन ने 23 जून, 1902 से बर्न के पेटेंट कार्यालय में काम करना आरंभ कर दिया।

संदर्भ और टिप्पणियां

1. मिलान (Milan या Milano) : उत्तरी इटली का सबसे बड़ा नगर। व्यापार और उद्योग का केंद्र। उत्पादन : वस्त्र, रसायन, मशीनें, कारें व वायुयान। मुद्रण तथा प्रकाशन का केंद्र। दो विश्वविद्यालय; कैथीड्रल। आबादी लगभग 15 लाख।
2. पाविया (Pavia) : मिलान के दक्षिण में तिसिनो नदी पर स्थित उत्तरी इटली का एक शहर; प्राचीन तिसिनम। अपने पुराने विश्वविद्यालय (स्थापना 1361 ई.) के लिए प्रसिद्ध। विद्युत सेल, इलेक्ट्रोस्टेटिक जेनरेटर और इलेक्ट्रोस्कोप के प्रथम आविष्कारक प्रसिद्ध इतालवी भौतिकवेत्ता काउंट अलेस्सांद्रो वोल्टा (Volta : 1745-1827 ई.) पाविया विश्वविद्यालय में 1778 से 1818 ई. तक प्राध्यापक थे। सन् 1894-95 ई. में आबादी लगभग 30 हजार; अब लगभग 90 हजार।
3. जर्मन जिमनेझियमों में शास्त्रीय विषयों (ग्रीक, लैटिन आदि) तथा जर्मन इतिहास व साहित्य के अध्ययन पर ज्यादा जोर दिया जाता था और आधुनिक विदेशी भाषाओं की पढ़ाई को गौण समझा जाता था। यही वजह थी कि आइंस्टाइन फ्रांसीसी और अंग्रेजी भाषाएं सहजता से नहीं बोल पाते थे। वे हिब्रू (इब्रानी) भाषा भी नहीं सीख पाए, जिसका बाद में उन्हें अफसोस भी रहा। जिमनेझियमों में विज्ञान और गणित के अध्ययन को भी कोई विशेष महत्व नहीं दिया जाता था।
4. ज्यूरिख़ (Zürich) : ज्यूरिख़ झील के पश्चिमोत्तर सिरे पर स्थित स्विट्जरलैंड का सबसे बड़ा यह नगर अपने बैंकिंग व्यवसाय के लिए दुनिया-भर में मशहूर है। विश्वविद्यालय (स्थापना : 1833 ई.); स्विस फेडरल पॉलिटेकनिक इंस्टीट्यूट (स्थापना : 1855 ई.)। कागज तथा वस्त्र उद्योग। सन् 1995 में आबादी 3,53,000।
5. मारी के साथ आइंस्टाइन का विवाह नहीं हुआ, मगर आगे जाकर मारी के भाई पॉल विंटेलेर (Poul Winteler) के साथ अल्बर्ट आइंस्टाइन की छोटी बहन माया का विवाह हुआ। और, मारी की बड़ी बहन आन्ना का विवाह आइंस्टाइन के घनिष्ठ मित्र माइकेल बेस्सो (Michele Besso) के साथ हुआ।
6. हेरमान मिंकोवस्की के लिए देखिए अध्याय 1, टिप्पणी 9.

चित्र 3.10 : माइकेल बेस्सो व आन्ना

7. एडोल्फ हुरविट्स (Adolf Hurwitz) गणितज्ञ थे, "पॉली" में कलन-गणित (calculus) पढ़ाते थे।

8. अर्न्स्ट माख़ के लिए देखिए आगे अध्याय 6, टिप्पणी 3.

9. छह अंकीय ग्रेड में आइंस्टाइन द्वारा अंतिम परीक्षा में प्राप्त अंक थे : सैद्धांतिक भौतिकी 5; प्रायोगिक भौतिकी 5; फलन-सिद्धांत 5.5; खगोल-विज्ञान 5; स्नातक-प्रबंध 4.5; कुल जमा मार्क 4.9 ।

10. मिलेवा को पॉलिटेकनिक में एक साल और पढ़ाई करनी पड़ी। परंतु उन्हें स्नातक का डिप्लोमा नहीं मिल सकता था; महिलाओं को केवल प्रमाणपत्र दिया जाता था।

11. हाइनरिख़ वेबेर संस्थान में भौतिकी और विद्युत इंजीनियरी पढ़ाते थे।

12. फरवरी 1901 में स्विट्जरलैंड की नागरिकता प्राप्त करने के बाद अगले महीने स्विस सैनिक सेवा के लिए 22 वर्षीय आइंस्टाइन की डाक्टरी जांच की गई; परंतु उसमें वे अनुपयुक्त साबित हुए। आइंस्टाइन की 'स्विस सैनिक सेवा पुस्तिका' में 13 मार्च, 1901 को की गई उनकी स्वास्थ्य परीक्षा का विवरण है :

शरीर की ऊंचाई	:	171.5 सेंमी. (5 फुट 7.6 इंच)
छाती का घेरा	:	87 सेंमी. (34.8 इंच)
रोग या दोष	:	स्फीत शिराएं, चिपटे तलवे, पैरों से अतिशय पसीना।

आइंस्टाइन को स्विस सेना की सेवा से मिली मुक्ति के बदले में 1940 ई. तक वे प्रतिवर्ष टैक्स अदा करते रहे। सन् 1940 में अमरीका के नागरिक बनने पर भी आइंस्टाइन ने अपनी स्विस नागरिकता कायम रखी थी।

13. विलहेल्म ओस्टवाल्ड (Wilhelm Ostwald : 1853-1932 ई.) : जर्मन माता-पिता से रिगा (लाटविया, रूस) में जन्म। लाइपज़िग विश्वविद्यालय (जर्मनी) में भौतिकीय रसायन (Physical Chemistry) के प्राध्यापक। ओस्टवाल्ड ने भौतिकीय रसायन के संसार के पहले जर्नल (Zeitshrift für Physikalische Chemie) का प्रकाशन शुरू किया (1887 ई.), और 1922 ई. तक स्वयं उसके 100 खंडों का संपादन किया। ओस्टवाल्ड ने उत्प्रेरकों (catalysts) के बारे में महत्वपूर्ण शोधकार्य करके 1909 ई. का रसायन का नोबेल पुरस्कार प्राप्त किया। उन्होंने उत्प्रेरक

चित्र 3.11 : विलहेल्म ओस्टवाल्ड (1853-1932 ई.)

की परिभाषा दी है : “एक ऐसा बाह्य पदार्थ, जिसकी उपस्थिति में मंदगति वाली रासायनिक अभिक्रिया तेजी से होने लगती है, परंतु स्वयं वह पदार्थ अपरिवर्तित बना रहता है।” ओस्टवाल्ड ने एक ऐसी उत्प्रेरक प्रक्रिया खोजी, जिसके जरिए एमोनिया को नाइट्रिक एसिड में बदला जा सकता है। प्रथम विश्वयुद्ध के दौरान जर्मनों ने इस प्रक्रिया (जिसे ‘ओस्टवाल्ड प्रक्रिया’ के नाम से जाना जाता है) का इस्तेमाल विस्फोटक तैयार करने के लिए किया था।

ओस्टवाल्ड प्रत्यक्षवादी (positivist) थे और उन्नीसवीं सदी के अंत तक उन्होंने परमाणु के अस्तित्व को स्वीकार नहीं किया था। लेकिन अंत में 1908 ई. में उन्होंने परमाणु सिद्धांत को स्वीकार कर लिया था।

14. हाइके कामेरलिंघ-ऑन्नेस (Heike Kamerlingh Onnes : 1853-1926 ई.) : ग्रॉनिंगेन (नीदरलैंड्स) में जन्मे और वहीं के विश्वविद्यालय में शिक्षित डच भौतिकवेत्ता। वहां से पीएच.डी. प्राप्त करने के बाद कामेरलिंघ-ऑन्नेस 1882 ई. में लाइडेन विश्वविद्यालय में भौतिकी के प्राध्यापक नियुक्त हुए और शेष जीवन-भर वहीं रहे। कामेरलिंघ-ऑन्नेस ने अतिनिम्न तापमान पर द्रव्य के गुणधर्मों का अध्ययन करके अतिचालकता (superconductivity) की खोज की और 1908 ई. में पहली बार हीलियम गैस को द्रवरूप बनाने में सफलता प्राप्त की, जिसके लिए उन्हें 1913 ई. में भौतिकी का नोबेल पुरस्कार प्रदान किया गया।

चित्र 3.12 : हाइने कामेरलिंघ-ऑन्नेस (1853-1926 ई.)

15. बर्न (Bern या Berne) : आरे (Aare) नदीतट पर स्थित स्विट्जरलैंड का राजधानी नगर (स्थापना 1191 ई.)। गोथिक कैथीड्रल; विश्वविद्यालय (स्थापना 1834 ई.)। उद्योग : वस्त्र, वाद्ययंत्र, चॉकलेट। विश्व डाक-संघ (Postal Union) का मुख्यालय। सन् 1995 में आबादी 1,39,000। यूनेस्को ने बर्न के पुराने हिस्से को ‘विश्व धरोहर स्थल’ घोषित किया है। आइंस्टाइन बर्न में 1902 से 1909 ई. तक रहे। यहां के इतिहास-संग्रहालय में आइंस्टाइन से संबंधित अनेक चीजें व दस्तावेज प्रदर्शित हैं। बर्न में आइंस्टाइन-परिवार क्रामग्रास्से 49 (Kramgrasse 49) इमारत की पहली मंजिल के जिन कमरों में रहा, वहां भी अब “आइंस्टाइन संग्रहालय” है।

चित्र 3.13 : बर्न में आइंस्टाइन के निवास-स्थान वाली इमारत (Kramgrasse 49) से वहां के प्रसिद्ध घंटाघर (Zytglogge) का नजारा।

बर्न का एक विशिष्ट प्राचीन स्मारक है–12वीं सदी में निर्मित घंटाघर (Zytglogge, यानी Clock Tower)। यह विशाल घड़ी, न केवल स्थानीय समय, बल्कि यूरोप के अन्य नगरों का भी समय बताती है। इसमें एक कैलेंडर है, और यह घड़ी चंद्र की कलाएं भी दरशाती है।

16. याकोब एहरात (Jakob Ehrat) ज्यूरिख़ पॉलिटेकनिक में आइंस्टाइन के सहपाठी थे और कक्षा में दोनों प्रायः एकसाथ ही बैठते थे। आइंस्टाइन अक्सर एहरात के घर जाया करते थे; एहरात की मां अल्बर्ट आइंस्टाइन से बहुत स्नेह करती थी। उत्तीर्ण होने पर एहरात को पॉलिटेकनिक में सहायक का पद मिल गया था।

❑❑❑

अध्याय 4

पेटेंट कार्यालय में क्लर्क

जून 1902 से आइंस्टाइन के एक नए जीवन की शुरुआत हुई। उन्होंने बर्न के बौद्धिक संपदा कार्यालय—पेटेंट कार्यालय—में आगे सात साल नौकरी की। वैज्ञानिक उपलब्धियों की दृष्टि से आइंस्टाइन के जीवन का यही काल सर्वाधिक महत्व का है। इसी काल में उन्होंने ब्राउनी गति का सिद्धांत विकसित किया। इसी दौरान उन्होंने वह खोज (प्रकाश-विद्युत प्रभाव) की, जिसके लिए उन्हें 1921 ई. का भौतिकी का नोबेल पुरस्कार मिला। इसी काल में उन्होंने अपने 'विशिष्ट आपेक्षिकता-सिद्धांत' को प्रकाशित किया। और, इसी काल में उन्होंने विख्यात समीकरण $E = mc^2$ को खोजकर सिद्ध किया कि द्रव्य को ऊर्जा में और ऊर्जा को द्रव्य में रूपांतरित किया जा सकता है। आइंस्टाइन ने यह सब किया बर्न के पेटेंट कार्यालय में 'तकनीकी विशेषज्ञ' का कार्य करते हुए, सन् 1905 के एक वर्ष में, 26 साल की आयु में।

उस सरकारी पेटेंट कार्यालय में तकनीकी आविष्कारों का विवरण दर्ज किया जाता था। जैसे, यदि किसी ने नए किस्म का कोई इंजन बनाया हो, मशीन तैयार की हो, कोई कल-पुर्जा

चित्र 4.1 : आइंस्टाइन 1905 ई. में, जब वे बर्न के पेटेंट कार्यालय में नौकरी कर रहे थे।

बनाया हो, नया रासायनिक मिश्रण या यौगिक खोज निकाला हो, तो आविष्कारक इस कार्यालय में उसका नमूना पेश करता था, उसका मॉडल तैयार करके देता था, और साथ ही उसकी तकनीकी जानकारी भी देता था। कार्यालय उसके नए आविष्कार की जांच-पड़ताल करता था। यदि आविष्कार में नवीनता नजर आती, तो कार्यालय उसे स्वामित्व का प्रमाणपत्र प्रदान करता था।

तीसरी श्रेणी के तकनीकी विशेषज्ञ आइंस्टाइन का काम था—काफी तादाद में पेश किए जानेवाले छोटे-मोटे आविष्कारों के विवरण पढ़ना, उनकी सच्चाई को परखना, उनकी संक्षिप्त रिपोर्ट तैयार करना, फाइल बनाना, आविष्कार में सच्चाई हो, तो प्रमाणपत्र के कागज-पत्र तैयार करना।

क्या आइंस्टाइन के लिए यह काम, यह नौकरी, अनुकूल थी? चूंकि इसी नौकरी के दौरान उन्होंने अपने महान सैद्धांतिक आविष्कारों की सृष्टि की, इसलिए, कम-से-कम उनके मामले में, हमें यह स्वीकार करना पड़ता है कि यह नौकरी उनके लिए अनुकूल ही रही।

पेटेंट कार्यालय की नौकरी आइंस्टाइन के लिए अनुकूल भले ही रही हो, परंतु उसमें सुख-जैसी कोई चीज नहीं थी। दरअसल, आइंस्टाइन की सुख की कल्पना ही निराली थी। उन्होंने एक बार कहा भी था कि सुख की कल्पना उनके लिए कोई अर्थ नहीं रखती। हर परिस्थिति को अनुकूल मान लेने का उनका स्वभाव था।

वैसे, उनके हालात अच्छे नहीं थे। इस बीच 1902 ई. में उनके पिता हेरमान का मिलान (इटली) में हृदयगति रुक जाने से देहांत हो गया था। आइंस्टाइन जब बर्न आए, तो उनके पास इतना भी पैसा नहीं था कि वह पहली तनख़्वाह मिलने तक गुजारा कर सकें। उन्होंने ट्यूशन के लिए स्थानीय अख़बार में विज्ञापन निकाला, ताकि पढ़ाने के लिए कुछ विद्यार्थी मिल जाएं, तो गुजारा हो।

सामान्यतः ऐसी परिस्थिति में अधिकांश व्यक्ति कोल्हू का बैल बन जाते हैं, दुनियादारी में फंस जाते हैं। आइंस्टाइन के साथ ऐसा कुछ नहीं हुआ। अपने जीवन का एक हिस्सा ही उन्होंने नौकरी को दिया। वैज्ञानिक चिंतन और अनुसंधान ही उनके जीवन का प्रमुख प्रयोजन बना रहा। अपने वैज्ञानिक अनुसंधान के लिए उन्हें अकादमिक माहौल नहीं मिला, तो इसका उन्हें तनिक भी गम नहीं था। उन्होंने लिखा भी है : "पेटेंटों का विवरण तैयार करने का काम बड़ा फायदेमंद रहा, मेरे लिए वरदान सिद्ध हुआ। इससे मुझे भौतिकी की समस्याओं के बारे में सोचने का मौका मिला। इसके अलावा, मेरे जैसे व्यक्ति के लिए व्यावहारिक काम एक प्रकार की मुक्ति-जैसा है। अकादमिक पेशा तरुण व्यक्ति को वैज्ञानिक अनुसंधान के लिए मजबूर कर देता है। पक्के इरादे का व्यक्ति ही सतही अनुसंधान के प्रलोभन से

चित्र 4.2 : बर्न की इस इमारत की एक ऊपरी मंजिल में स्थित सरकारी पेटेंट कार्यालय में आइंस्टाइन ने 1902 से 1909 ई. तक नौकरी की।

बच सकता है।"[1] अन्यत्र आइंस्टाइन ने लिखा है : "हर वैज्ञानिक के लिए मोची का काम आवश्यक है।" इस कथन के पीछे उनका आशय यही था कि व्यावहारिक काम वैज्ञानिक अनुसंधान में बाधक नहीं, सहायक ही सिद्ध होता है।

रूडोल्फ लाडेनबर्ग[2] नामक आइंस्टाइन के एक भौतिकवेत्ता-मित्र 1908 ई. में बर्न के पेटेंट कार्यालय में उनसे मिलने गए थे। तब आइंस्टाइन ने उनसे कहा था कि पिछले पांच वर्षों में वे (लाडेनबर्ग) पहले भौतिकवेत्ता हैं जिनसे उनकी भेंट हुई है। इन्हीं वर्षों के दौरान आइंस्टाइन ने अपना महत्वपूर्ण अनुसंधान-कार्य प्रस्तुत किया था। उन्होंने अपनी मेज का एक ड्रॉअर खोला और कहा कि यही उनका सैद्धांतिक भौतिकी का ऑफिस है। पेटेंटों को जांचने के काम में ज्यादा समय नहीं लगता था। जब भी खाली समय होता, वे भौतिकी के अपने अनुसंधान में जुट जाते थे।[3]

लेकिन पेटेंट कार्यालय में काम करने में आइंस्टाइन के लिए एक समस्या भी थी। इस संबंध में आइंस्टाइन के दामाद रूडोल्फ कायसेर[4] (Rudolf Kayser) बताते हैं : "हालांकि आइंस्टाइन का काम बहुत बोझिल नहीं था, फिर भी यह उनके लिए तनाव पैदा करता था। जिस काम को वे ईमानदारी से तीन या चार घंटों में समाप्त कर सकते थे, उसके लिए आठ घंटे बैठे रहना उनके बस की बात नहीं थी। अभी वे तरुण थे, काफी संवेदनशील थे, और इसलिए दूसरों की तरह

चित्र 4.3 : स्विट्ज़रलैंड के बर्न शहर का पेटेंट कार्यालय (पीछे बाएं आइंस्टाइन)

अपने काम आराम से करने के आदी नहीं थे। जल्दी ही उन्होंने उपाय खोज लिया कि यदि वे कम समय में कार्यालय का अपना काम पूरा कर लेते हैं, तो अपने वैज्ञानिक अध्ययन के लिए समय निकाल सकते हैं। मगर इसमें सावधानी बरतना जरूरी था, क्योंकि अधिकारी धीमे काम को तो संतोषजनक मान ले सकते थे, किंतु व्यक्तिगत कामों के लिए समय चुराने की सख़्त मनाही थी। आइंस्टाइन इससे परेशान थे; लेकिन इसका उन्होंने उपाय ढूंढ़ा कि कागज के जिन टुकड़ों पर वे लिखते थे, आकृतियां बनाते थे, वे सब उनके कमरे के दरवाजे के बाहर किसी के कदमों की आहट सुनाई देते ही उनकी मेज के ड्रॉअर में गायब हो जाते थे!"

उसी दौरान आइंस्टाइन ने सफलता के लिए एक 'सूत्र' की रचना की थी :

चित्र 4.4 : यहां बर्न के 'क्रामग्रास्से 49' की प्रथम मंजिल पर आइंस्टाइन-परिवार नवंबर 1903 से मई 1905 तक रहा।

अ (सफलता) = **ब** (काम) + **क** (मौज) + **ड**(अपना मुंह बंद रखो)।

सरकारी कार्यालयों में इस सूत्र को आज भी आजमाया जा सकता है।

चिंतन में डूब जाने की आइंस्टाइन में अपार क्षमता थी। कठिनाइयां उनके लिए कोई माने नहीं रखती थीं। नौकरी लग जाने पर उन्होंने अपने लिए किराए के एक छोटे कमरे की व्यवस्था कर ली थी। पैदल ही ऑफिस जाते थे। उनके म्यूनिख़ के विद्यार्थी जीवन के मित्र माक्स तालमुद (बाद में तालमेय) ने लिखा है : "मैंने बर्न में अपने मित्र की खोज की और उसके साथ एक दिन गुजारा। उसके हालात काफी तंगहाली के थे। उसके पास एक छोटा कमरा था, जिसमें कोई ख़ास फर्नीचर भी नहीं था। मुझे पता चला कि पेटेंट कार्यालय की नौकरी से उसे जो तनख़्वाह मिलती है उससे बड़ी मुश्किल से ही उसका गुजारा हो पाता है।"

मिलेवा मारिश से शादी करने के बारे में आइंस्टाइन ने शायद ज्यूरिख़ पॉलिटेकनिक के दिनों में ही तय कर लिया था।[5] लेकिन उस समय पिता हेरमान से इस विवाह के लिए अनुमति नहीं मिली थी, मां पॉलिन को भी यह विवाह स्वीकार नहीं था। बाद में पिता ने, 1902 ई. में उनकी मृत्यु से पहले, अनुमति दे दी और आइंस्टाइन को नौकरी भी मिल गई, तो 6 जनवरी, 1903 को बर्न में ही उन्होंने मिलेवा से विवाह कर लिया। अगले वर्ष 4 मई को उनके एक पुत्र हुआ, जिसका नाम रखा गया—हान्स अल्बर्ट (अल्बर्ट आइंस्टाइन, कनिष्ठ)।[6] तनख़्वाह तो नहीं बढ़ी, खर्च बढ़ गया। आइंस्टाइन गृहस्थ हो गए, मगर उनके वैज्ञानिक चिंतन में कोई रुकावट पैदा नहीं हुई।

चित्र 4.5 : मिलेवा व आइंस्टाइन, विवाहोपरांत, 1903 ई.

आइंस्टाइन के बर्न के आरंभिक गृहस्थ जीवन के कुछ संस्मरण मिलते हैं। उन दिनों के उनके एक विद्यार्थी हान्स टैनर ने लिखा है : "मैं उनके घर पहुंचा, तो देखा कि उनकी मेज पर ढेर सारे कागज बिखरे हुए हैं। उन कागजों पर गणित के सूत्र लिखे हुए थे। वे दाएं हाथ से लिख रहे थे और बाएं हाथ से अपने बड़े बेटे हान्स को पकड़े हुए थे, बीच-बीच में उसके सवालों के उत्तर भी देते थे। उन्होंने बच्चा मुझे सौंप दिया और बोले : 'थोड़ी देर इसे संभालो, मेरा काम अभी समाप्त

हुआ जाता है।' और, वे काम करते गए। मैंने अनुभव किया कि आइंस्टाइन में एकाग्रता की अपार शक्ति है।"

ज्यूरिख़ के उनके एक मित्र डेविड राइख़िनस्टाइन उनसे मिलने आए, तो उन्होंने देखा : "घर का दरवाजा खुला था। फर्श पर ताजा पोंछा लगाया गया था। बरामदे में ही कपड़े सुखाए गए थे। मैं आइंस्टाइन के कमरे में पहुंचा। वे एक दार्शनिक की तरह अपने विचारों में खोए हुए थे। एक हाथ से वे बच्चे के पालने को झूला दे रहे थे (पत्नी किचन में काम कर रही थी), दूसरे हाथ में किताब थी, और मुंह में उनके था एक बहुत ही घटिया सिगार। चूल्हे से बेहद धुआं उठ रहा था। वे यह सब कैसे बरदाश्त कर पा रहे थे?"

चित्र 4.6 : आइंस्टाइन व बड़ा बेटा हान्स

आइंस्टाइन अकादमिक वातावरण के बीच में नहीं थे, मगर बर्न में उनके गिर्द अनायास ही कुछ विशिष्ट तरुण चिंतकों का माहौल बन गया था, उनकी एक मित्र-मंडली हो गई थी। आइंस्टाइन ने ट्यूशन देने के लिए जो विज्ञापन निकाला था, उसे देखकर मॉरिस सोलोवाइन (Maurice Solovine) नाम के एक विद्यार्थी उनके पास आए। सोलोवाइन रूमानिया के निवासी थे और बर्न विश्वविद्यालय में पढ़ने आए थे। विज्ञापन पढ़कर भौतिकी का विशेष अध्ययन करने के इरादे से वह आइंस्टाइन के पास पहुंचे थे। दोनों में जल्दी ही गहरी मित्रता हो गई। दोनों मिलकर भौतिकी के नए-नए ग्रंथों का अध्ययन करते, विभिन्न विषयों पर चर्चाएं होतीं।

कुछ दिन बाद आइंस्टाइन के ज्यूरिख़ पॉलिटेकनिक के पुराने मित्र कोनराड हाबिख़्ट (Konrad Habicht) भी गणित का अपना अध्ययन जारी रखने बर्न विश्वविद्यालय पहुंच गए। अल्बर्ट आइंस्टाइन उस समय 23-24 साल के थे, अपने इन दोनों शिष्य-मित्रों से तीन साल बड़े थे। तीनों में वैज्ञानिक विषयों पर खूब चर्चाएं होतीं, रात-रातभर बहसें चलती रहतीं। बहस करते-करते ही दूर तक घूमने निकल जाते। इन तीनों की एक मित्र-मंडली बन गई, जिसे हंसी-मजाक में ही उन्होंने **ओलंपिया अकादमी** (Olympia Academy) का नाम दे डाला।[7] आइंस्टाइन उसके अध्यक्ष बने।

चित्र 4.7 : "ओलंपिया अकादमी" के सदस्य (बाएं से क्रमशः) : कोनराड हाबिख़्ट, मॉरिस सोलोवाइन और अल्बर्ट आइंस्टाइन

उसी दौरान ज्यूरिख़ पॉलिटेकनिक के दिनों से परिचित एक और व्यक्ति आइंस्टाइन के अधिक नजदीक आए, जीवन-भर के लिए उनके अंतरंग मित्र बन गए। उनका नाम था—माइकेल एंजेलो बेस्सो (Michele Angelo Besso), लेकिन वे 'ओलंपिया अकादमी' के सदस्य नहीं थे। आइंस्टाइन के प्रयत्न से बर्न के उसी पेटेंट ऑफिस में बेस्सो को नौकरी मिल गई थी। बेस्सो मूलतः इटली के निवासी थे, उन्होंने ज्यूरिख़ पॉलिटेकनिक में इंजीनियरी का अध्ययन किया था, और वह आइंस्टाइन से छह साल बड़े थे। आराउ स्कूल के प्रोफेसर योस्ट विंटेलेर की बड़ी बेटी आन्ना का माइकेल बेस्सो से विवाह हुआ था।[8] योस्ट विंटेलेर के बेटे पॉल विंटेलेर, जिनसे बाद में आइंस्टाइन

चित्र 4.8 : अल्बर्ट आइंस्टाइन और माइकेल बेस्सो

की बहन माया का विवाह हुआ, उन दिनों बर्न में ही थे।

बेस्सो ने न केवल गणित व भौतिकी का, बल्कि अन्य अनेक विषयों का गहन अध्ययन किया था। वह चलता-फिरता विश्वकोश थे। बेस्सो न केवल आइंस्टाइन के पारिवारिक मित्र बन गए, बल्कि उनके वैज्ञानिक चिंतन के भी सहभागी हो गए। दोनों में आपेक्षिकता के सवालों को लेकर खूब लंबी चर्चाएं होती थीं। आपेक्षिकता-सिद्धांत के सृजन के लिए ये चर्चाएं कितनी उपयोगी रहीं, इसका सबूत स्वयं आइंस्टाइन ने दिया है। सन् 1905 में प्रकाशित 'विशिष्ट आपेक्षिकता-सिद्धांत' के अपने शोध-निबंध में आइंस्टाइन ने सिर्फ एक व्यक्ति के सहयोग को स्वीकार किया है, केवल एक व्यक्ति के प्रति अपनी कृतज्ञता व्यक्त की है। शोध-निबंध के अंत में आइंस्टाइन ने लिखा है : "अंत में उल्लेख करना चाहूंगा कि प्रस्तुत धारणाओं के विवेचन में मुझे अपने मित्र और साथी मा. बेस्सो का सहयोग मिला है, और कई उपयोगी सुझावों के लिए मैं उनका ऋणी हूं।"

बेस्सो व आइंस्टाइन के घनिष्ठ संबंध आगे पांच दशकों तक कायम रहे। आइंस्टाइन के देहांत (अप्रैल 1955) के लगभग एक महीने पहले बेस्सो का निधन हुआ।

बर्न में आइंस्टाइन के एक और मित्र थे–लूसिए चावाँ (Lucien Chavan), जो ट्यूशन का विज्ञापन पढ़कर उनके पास पहुंचे थे। चावाँ फ्रांसीसी-स्विट्ज़रलैंड के निवासी थे और बर्न के डाक एवं टेलीग्राफ विभाग में काम करते थे, जिसका कार्यालय उसी इमारत के निचले तल्ले पर था जिसमें ऊपर पेटेंट कार्यालय था। चावाँ की भौतिकी में गहरी रुचि थी, वे विश्वविद्यालय में व्याख्यान भी सुनने जाते थे; साथ ही, आइंस्टाइन से भौतिकी के पाठ भी पढ़ते थे। एक पुराने चित्र के पीछे

चित्र 4.9 : बर्न में आइंस्टाइन के कमरे से बाहर का दृश्य; कुर्सी पर है वायलिन।

चावाँ ने लिख छोड़ा है : "आइंस्टाइन 1.76 मीटर ऊंचे हैं, उनके कंधे चौड़े हैं और वे थोड़ा झुककर चलते हैं। उनकी छोटी खोपड़ी काफी चौड़ी नजर आती है। उनका रूप-रंग सांवला है। एक बड़े-से मुंह पर उनकी मूंछें पतली हैं; उनकी नाक कुछ वक्री है। उनकी भूरी, गहरी आंखों में सौम्य चमक है। उनकी आवाज बढ़िया है– सेलो के कंपायमान स्वरों की तरह। आइंस्टाइन फ्रांसीसी अच्छी बोलते हैं, थोड़े विदेशी पुट के साथ।"

सन् 1905 के आरंभ में पहले हाबिख़्ट और फिर सोलोवाइन बर्न से चले गए। उसके तुरंत बाद ही आइंस्टाइन के क्रांतिकारी शोध-निबंधों के प्रकाशन का सिलसिला शुरू हुआ। आइंस्टाइन अपने इन मित्रों को, 'ओलंपिया अकादमी' के सदस्यों को, अपने शोध-निबंधों के लेखन व प्रकाशन के बारे में लिखते रहे, उन्हें अपने प्रकाशित निबंधों की मुद्रित प्रतियां भेजते रहे।

संदर्भ और टिप्पणियां

1. मृत्यु (अप्रैल 1955) से एक महीने पहले लिखे गए आइंस्टाइन के चंद पृष्ठों के "आत्मकथात्मक निबंध" (Autobiographical Sketch) से। आइंस्टाइन ने यह निबंध ज्यूरिख़ पॉलिटेकनिक (स्थापना : 1855 ई.) के शताब्दी समारोह के अवसर पर प्रकाशित होने वाले स्मारक-ग्रंथ के लिए लिखा था। इस निबंध में आइंस्टाइन ज्यूरिख़ पॉलिटेकनिक में प्रवेश के लिए किए गए अपने प्रथम प्रयास और आराउ में बिताए गए एक वर्ष के बारे में जानकारी देते हैं। फिर वे उस 'चिंतन प्रयोग' (*gedanken* यानी thought experiment) की भी जानकारी देते हैं जो उन दिनों उनके दिमाग में मंडरा रहा था : यदि कोई व्यक्ति प्रकाश-पुंज को पकड़ना चाहे, तो क्या होगा? ऐसे आदमी को प्रकाश-तरंगें स्थिर प्रतीत होंगी। इसके आधार पर ही बाद में, 1905 ई. में, आइंस्टाइन अपने 'विशिष्ट आपेक्षिकता-सिद्धांत' पर पहुंचे थे। निबंध में आगे आइंस्टाइन अपने विद्यार्थी जीवन और बर्न के पेटेंट ऑफिस में गुजारे दिनों के बारे में बताते हैं। उसके बाद तीन पृष्ठों में 'व्यापक आपेक्षिकता-सिद्धांत' की चर्चा करके वे एकीकृत क्षेत्र सिद्धांत की कठिनाइयां बताते हैं। अंत में वे अपने पसंदीदा प्रबुद्ध जर्मन लेखक-विचारक गॉटहोल्ड एफ्राइम लेस्सिंग (Gotthold Ephraim Lessing : 1729-1781 ई.) को उद्धृत करते हैं : "सत्य की तलाश, इसकी प्राप्ति से कहीं अधिक मूल्यवान है।"

   आइंस्टाइन-परिवार में हाइने, लेस्सिंग और शिल्लेर की कृतियों का बड़ा सम्मान था।
2. रूडोल्फ लाडेनबर्ग (Rudolf Ladenburg : 1882-1954 ई.) : आइंस्टाइन के तरुण भौतिकीविद-मित्र, जो भौतिकीय रसायन के कैसर विल्हेल्म इंस्टीट्यूट (बर्लिन) से

जुड़े हुए थे। जर्मनी में नाजी शासन शुरू होने पर, आइंस्टाइन और अन्य अनेक जर्मन वैज्ञानिकों की तरह, लाडेनबर्ग को भी देश छोड़कर अमरीका में शरण लेनी पड़ी। द्वितीय महायुद्ध की समाप्ति के बाद, कैसर विल्हेल्म इंस्टीट्यूट की उत्तराधिकारी संस्था 'माक्स प्लांक सोसायटी' के पहले अध्यक्ष ओट्टो हान (1879-1968 ई.) ने विदेशों में बसे हुए कैसर विल्हेल्म इंस्टीट्यूट के सदस्यों से माक्स प्लांक सोसायटी का सदस्य बनने का अनुरोध किया था, तो लाडेनबर्ग ने उसे स्वीकार कर लिया था। किंतु आइंस्टाइन किसी भी तरह अपने को पुनः जर्मनी से जोड़ने के लिए तैयार नहीं थे। उनका स्पष्ट कहना था कि जर्मनी में नाजी शासन के दौरान जो कुछ हुआ उसके लिए जर्मन बुद्धिजीवी भी उतने ही जिम्मेवार हैं, जितना कि आम जर्मन जमावड़ा।

चित्र 4.10 : आइंस्टाइन और रूडोल्फ लाडेनबर्ग

रूडोल्फ लाडेनबर्ग के अंतिम संस्कार के समय, अप्रैल 1954 में, आइंस्टाइन ने कहा था : "मानव का अस्तित्व अल्पकालिक है–एक अपरिचित मकान में थोड़े समय के निवास की तरह। जो मार्ग हमें खोजना है वह हमारी उस चेतना की टिमटिमाती रोशनी से थोड़ा ही प्रकाशित है जिसका केंद्र सीमित व पृथक् "मैं" है ···। जब व्यक्तियों का कोई समूह "हम" हो जाता है, सुसंगत समष्टि बन जाता है, तब वे उस ऊंचाई पर पहुंच जाते हैं जहां मानव अधिक से अधिक पहुंच सकते हैं।"

3. व्यावहारिक आविष्कारों में भी आइंस्टाइन की गहरी दिलचस्पी थी। उन्हें पेटेंट का विशेषज्ञ समझा जाने लगा था। नोबेल पुरस्कार (घोषणा : 1922 ई.) प्राप्त करने के बाद भी उन्हें पेटेंटों से संबंधित कानूनी मामलों में अपनी राय देने के लिए बुलाया जाता था। जाइरोस्कोपों (gyroscopes) और रेफ्रिजरेटरों जैसी कुछ चीजों के बारे उन्होंने स्वतंत्र या संयुक्त रूप से पेटेंट लिये थे, जिनमें से एक से उन्हें थोड़ा पैसा भी मिला था। विद्युत-इंजीनियरी में आइंस्टाइन की गहरी दिलचस्पी आगे भी कायम रही।
4. आइंस्टाइन की दूसरी पत्नी एल्सा की बड़ी बेटी इल्से (Ilse) के पति। रूडोल्फ कायेसर ने आइंस्टाइन की एक जीवनी लिखी है।
5. पता चलता है कि मिलेवा से आइंस्टाइन के विवाह के समय उनकी एक साल की लिसेर्ल (Lieserl) नाम की एक बेटी थी (जन्म : जनवरी 1902)। आइंस्टाइन

को पेटेंट कार्यालय में नौकरी जून 1902 में मिली। वे और मिलेवा जानते थे कि 'जारज' संतान के साथ स्विस समाज में सरकारी नौकरी पाना संभव नहीं है। इसलिए उन्होंने बेटी को परवरिश के लिए किसी को सौंप दिया था, संभवतः मिलेवा की जन्मभूमि सर्बिया के किसी परिवार को। आइंस्टाइन के जीवनीकारों को यह जानकारी उनकी मृत्यु के करीब तीस साल बाद ही मिली, परंतु लिसेर्ल को खोज निकालने में वे सफल नहीं हुए।

6. आइंस्टाइन 1914 ई. में मिलेवा से अलग हुए। उसके बाद हान्स और 1910 ई. में जन्मे उनके छोटे भाई एडवर्ड मां के साथ ही रहे, हालांकि आइंस्टाइन बीच-बीच में बच्चों से मिलने बर्लिन से ज्यूरिख चले आते थे–1919 ई. में मिलेवा से तलाक लेने के बाद भी। हान्स अल्बर्ट (Hans Albert) की बाद की पढ़ाई ज्यूरिख़ में हुई; वे द्रवचालिकी (Hydraulics) का अध्ययन करके इंजीनियर बनना चाहते थे, मगर आइंस्टाइन को हान्स का इंजीनियर बनना पसंद नहीं था। हान्स 1938 ई. में अमरीका चले गए और वहां बर्कले के कैलिफोर्निया विश्वविद्यालय में द्रवचालिकी के प्रोफेसर नियुक्त हुए। वे अवसादन (sedimentation) के दुनिया के एक जाने-माने विशेषज्ञ थे। हान्स अपने अमरीका-निवास में अपने पिता से दूर-दूर ही रहे। वे 'आइंस्टाइन' नाम का उपयोग करने से भी बचते थे। आइंस्टाइन को अप्रैल 1955 में प्रिंसटन के अस्पताल में भरती किया गया, तब सूचना मिलने पर हान्स पिता को देखने आए थे।

चित्र 4.11 : हान्स अल्बर्ट (1904-1973 ई.)

हान्स दो बार भारत आए थे–सन् 1961 में और 1969 में–रुड़की विश्वविद्यालय में अध्यापकों के लिए आयोजित तीन सप्ताह के एक कोर्स में व्याख्यान देने के लिए। उस दौरान एक पत्रकार ने हान्स से पूछा था : "क्या आप आपेक्षिकता के सिद्धांत को समझते हैं?" उत्तर था : "नहीं। मैं यह तो जानता हूं कि इस सिद्धांत का संबंध किन चीजों से है, इसकी मोटी-मोटी बातें भी समझता हूं, मगर इसे भलीभांति नहीं जानता।"

7. उन दिनों 'ओलंपिया अकादमी' के इन सदस्यों ने कई प्रतिष्ठित ग्रंथों का एकसाथ अध्ययन किया–उन ग्रंथों का भी जो उन्होंने पहले ही पढ़ रखे थे। वे ऑफिस

के काम और क्लास के बाद दूर तक टहलने निकल जाते या किसी एक सदस्य के कमरे में एकत्र होते और पुस्तकें पढ़ते, उनके बारे में चर्चाएं करते। उन्होंने स्पिनोजा (1632-1677 ई.) व डेविड ह्यूम (1711-1776 ई.) की दार्शनिक कृतियां पढ़ीं। अन्स्र्ट माख़ (1838-1916 ई.) की नई पुस्तकें पढ़ीं। ऐंपेयर (1775-1836 ई.) व हेल्महोल्ट्ज (1821-1894 ई.) के वैज्ञानिक ग्रंथ पढ़े। रिचार्ड डेडेकिंड (1831-1916 ई.), बेर्नहार्ड रीमान (1826-1866 ई.), विलियम क्लिफोर्ड (1845-1879 ई.), व आँरी प्वांकारे (1854-1912 ई.) की गणितीय कृतियों का अध्ययन किया। उन्होंने मिलकर सोफोक्लीज (496-405 ई.पू.) के दुःखांत नाटकों, चार्लेस डिकेंस (1812-1870 ई.) के 'ए क्रिस्मस कैरोल', सर्वान्टेस (1547-1616 ई.) के 'डॉन क्विक्झोट' और अन्य कई साहित्यिक कृतियों का अध्ययन किया, इन पर घंटों या दिनों तक चर्चाएं कीं।

मिलेवा से विवाह के पहले 'ओलंपिया अकादमी' के तीनों सदस्य साथ-साथ ही भोजन करते थे। ट्यूशनों से होनेवाली आइंस्टाइन की आय बहुत कम थी; फिर भी सभी खुश थे। मौजमस्ती के उन दिनों को स्मरण करके सोलोवाइन ने यूनानी दार्शनिक एपिक्यूरस (लगभग 300 ई.पू.) को उद्धृत किया है : "हंसी-खुशी की दरिद्रता से भला कौन-सी चीज ज्यादा भाग्यशाली है।"

8. बेस्सो व आन्ना के चित्र के लिए देखिए अध्याय 3, टिप्पणी 5.

❑❑❑

अध्याय 5

भौतिकी का 'चमत्कारी वर्ष'

उन्नीसवीं सदी के अंतिम चरण में वैज्ञानिक सोचने लग गए थे कि अब भौतिकी में नया महत्वपूर्ण खोजने लायक कुछ नहीं रह गया है। क्वांटम परिकल्पना के प्रतिपादक जर्मन भौतिकवेत्ता माक्स प्लांक (1858-1947 ई.) ने अपने आगे के शोधार्थी जीवन में भौतिकी को अध्ययन-अन्वेषण का मुख्य विषय बनाने का निर्णय लिया, तो उनके एक अध्यापक ने उन्हें साफ बता दिया था कि भौतिकी का आगे कोई भविष्य नहीं है; जो खोजा जाना था, वह सारा खोज लिया गया है।[1]

सब कुछ मजे में चल रहा था। आइजेक न्यूटन (1642-1727 ई.) का गुरुत्वाकर्षण का सिद्धांत और गति के नियम समूचे विश्व की व्याख्या के लिए पर्याप्त समझे जा रहे थे। न्यूटन ने यह भी प्रतिपादित किया था कि प्रकाश पृथक्-पृथक् कणों अथवा कणिकाओं (corpuscles) से निर्मित है। साथ ही, प्रकाश से संबंधित दूसरे प्रयोग प्रमाणित कर रहे थे कि प्रकाश तरंगों (waves) में प्रसारित होता है।

चित्र 5.1 : आइजेक न्यूटन (1642-1727 ई.)

उन्नीसवीं सदी में माइकेल फैराडे[2] (1791-1867 ई.) ने पृथक्-पृथक् कणिकाओं के स्थान पर विद्युत व चुंबकीय क्षेत्रों (fields) की धारणा प्रस्तुत की। फिर जेम्स क्लार्क मैक्सवेल[3] (1831-1879 ई.) ने विद्युत तथा चुंबक को एकीकृत करके विद्युत-चुंबकीय क्षेत्र (electro-magnetic field) के समीकरण प्रस्तुत किए (1864 ई.) और उसमें प्रकाश को भी शामिल कर लिया। उन्होंने कहा कि प्रकाश कणिकाओं से नहीं, बल्कि तरंगों से निर्मित है और ये तरंगें सर्वत्र व्याप्त 'ईथर' (ether) नामक एक अदृश्य माध्यम में प्रसारित होती हैं।

इस तरह, भौतिकी में ऊपर से तो सब कुछ ठीक-ठाक नजर आ रहा था, मगर गहराई में जाने पर कई समस्याएं सामने आ रही थीं। जैसे, मैक्सवेल के विद्युत-चुंबकीय क्षेत्र के समीकरण प्रकाश से संबंधित लगभग 85 प्रतिशत घटनाओं की ही व्याख्या कर पा रहे थे। प्रकाश के संचरण के लिए कल्पित अदृश्य माध्यम 'ईथर' भी एक अनबूझ पहेली बना हुआ था।

चित्र 5.2 : जेम्स क्लार्क मैक्सवेल (1831-1879 ई.)

लेकिन उन्नीसवीं सदी के अंतिम दशक से भौतिकी का कायापलट शुरू हो गया, एक नए स्तर की भौतिकी का श्रीगणेश हुआ। माइकेल्सन और मॉर्ली द्वारा 1887 ई. में किए गए प्रयोगों ने सिद्ध कर दिया था कि 'सर्वव्याप्त ईथर' जैसी किसी चीज का कोई अस्तित्व नहीं है।[4] रूंटगेन (Roentgen) ने 1895 ई. में एक्स-रे की खोज की। बेक्केरेल (Becquerel) ने 1896 ई. में यूरेनियम में रेडियोधर्मिता की खोज की। 1897 ई. में जे. जे. टॉमसन ने परमाणु के भीतर इलेक्ट्रॉन की खोज की। फिर क्यूरी-दम्पति ने 1898 ई. में दो नए रेडियोधर्मी तत्व—रेडियम व पोलोनियम—खोज निकाले।

चित्र 5.3 : माक्स प्लांक (1858-1947 ई.)

दिसंबर 1900 में जर्मन वैज्ञानिक माक्स प्लांक (1858-1947 ई.) ने प्रकाश के स्वरूप का गहराई से अध्ययन करके क्वांटम सिद्धांत की नींव रखी। प्लांक निष्कर्ष पर पहुंचे कि तप्त पिंडों से ऊर्जा का उत्सर्जन अखंड प्रवाह के रूप में नहीं, बल्कि पृथक्-पृथक् पुंजों अथवा कणिकाओं में होता है, जिन्हें उन्होंने 'क्वांटा' (लैटिन

quanta, जो quantum का बहुवचन है, और जिसका शाब्दिक अर्थ है 'कितनी मात्रा?') का नाम दिया।

क्वांटम सिद्धांत की स्थापना की तिथि हमें मालूम है–14 दिसंबर, 1900। उस दिन माक्स प्लांक ने बर्लिन की भौतिकीय सोसायटी के सन्मुख अपना शोध-निबंध पढ़ा। उसमें उन्होंने सूत्र प्रस्तुत किया :

$$E = nh\nu$$

जहां E ऊर्जा है, h आनुपातिक स्थिरांक (नियतांक) है, ν (ग्रीक अक्षर 'न्यू') विकिरण की आवृत्ति है और n = 1, 2, 3, 4, ... आदि। इस सूत्र से प्रकट होता है कि प्रकृति में ऊर्जा का उत्सर्जन और अवशोषण $h\nu$ के गुणजों में होता है। आनुपातिक स्थिरांक h, जिसे बाद में 'प्लांक का स्थिरांक' (Planck's constant) कहा गया, अत्यंत लघु है :

$$h = 6.626196 \times 10^{-34} \text{ जूल-सेकंड।}$$

इस सूत्र की विलक्षण बात यह है कि इसमें प्लांक ने ν अक्षर का प्रयोग तरंगों की आवृत्ति (frequency) के अर्थ में किया है। इस 'आवृत्ति' (एक सेकंड में उत्सर्जित तरंगों की संख्या) शब्द का प्रयोग ऊर्जा के सातत्य वाले पुराने तरंग सिद्धांत में भी होता था। परंतु प्लांक के सूत्र में यही शब्द (अक्षर) ऊर्जा के कणिकीय स्वरूप वाली क्वांटम की धारणा को प्रस्तुत करने के लिए किया गया है। इस द्विविध स्वरूप के कारण शुरू में बहुत कम भौतिकवेत्ता माक्स प्लांक के इस सूत्र को समझ पाए थे। आरंभ में स्वयं प्लांक भी अपने इस सूत्र और इसमें अंतर्निहित ऊर्जा-क्वांटम की धारणा के प्रति एक प्रकार की दुविधा की स्थिति में रहे हैं।

प्लांक की क्वांटम की धारणा को सुदृढ़ आधार मिला 1905 ई. में, जब अल्बर्ट आइंस्टाइन ने इसके महत्व को समझकर क्वांटम सिद्धांत को एक नई ऊंचाई पर पहुंचा दिया। आइंस्टाइन ने प्रतिपादित किया कि सभी किस्म की विकिरण-ऊर्जा–प्रकाश, ऊष्मा, एक्स-रे आदि–आकाश में क्वांटा (अत्यंत लघु पुंजों) के रूप में संचरण करती है। सन् 1905 में आइंस्टाइन ने क्वांटम की धारणा का उपयोग करके प्रकाश-विद्युत प्रभाव (Photo-electric effect) की व्याख्या प्रस्तुत की।

सन् 1905 का वर्ष भौतिकी के इतिहास का 'स्वर्णिम वर्ष' या 'चमत्कारी वर्ष' (*Annus Mirabilis* यानी Miraculous Year) माना जाता है। उस वर्ष, मार्च और दिसंबर के बीच में, लाइपज़िग से प्रकाशित होने वाली "आनालेन डेर फिजिक" (*Annalen der Physik*) नामक प्रसिद्ध जर्मन पत्रिका में 26 वर्षीय अल्बर्ट आइंस्टाइन के चार अत्यंत महत्वपूर्ण शोध-निबंध प्रकाशित हुए–सभी जर्मन भाषा में।[5] आइंस्टाइन को बर्न के पेटेंट कार्यालय में काम करते हुए अभी तीन वर्ष भी

चित्र 5.4 : भौतिकी के 'चमत्कारी वर्ष' की शताब्दी (2005 ई.) के उपलक्ष्य में जारी (1) भारत, (2) इटली, (3) आर्जेंटीना, (4) इस्राइल, और (5) मेक्सिको के डाक-टिकट।

पूरे नहीं हुए थे।

इनमें पहला निबंध[6] 'प्रकाश-क्वांटम' (जिसे काफी बाद में, 1926 ई. में, 'फोटॉन' (photon) का नाम दिया गया) से संबंधित था और जो 'प्रकाश-विद्युत प्रभाव' की व्याख्या प्रस्तुत करता था। आइंस्टाइन का यह निबंध "आनालेन डेर फिजिक" को 18 मार्च को मिला और उसमें यह 9 जून को प्रकाशित हुआ।

भौतिकवेत्ता कई वर्षों से जानते थे कि जब प्रकाश किसी धातु की प्लेट पर पड़ता है, तो उसमें से इलेक्ट्रॉन बाहर निकलते हैं। इस परिघटना को 'प्रकाश-विद्युत प्रभाव' का नाम दिया गया था। लेकिन भौतिकवेत्ता इसे ठीक से समझ नहीं पा रहे थे। आइंस्टाइन ने पांच साल से उपेक्षित पड़ी हुई प्लांक की क्वांटम की धारणा का उपयोग करके प्रतिपादित किया कि द्रव्य के साथ प्रतिक्रिया करते समय प्रकाश भी ऊर्जा के एक पुंज या कण (क्वांटम) की तरह ही काम करता है और इसकी

ऊर्जा इसकी आवृत्ति के अनुपात में रहती है। जब ऊर्जा का कोई क्वांटम किसी धातु के परमाणु से जा टकराता है, तो वह परमाणु एक निश्चित ऊर्जा के इलेक्ट्रॉन का उत्सर्जन करता है। ज्यादा तेज प्रकाश में उसी निश्चित ऊर्जा-मात्रा के ज्यादा क्वांटा होंगे, जो उसी ऊर्जा के ज्यादा इलेक्ट्रॉनों का उत्सर्जन करेंगे। यदि प्रकाश का तरंग-दैर्घ्य कम होता है (यानी उसकी आवृत्ति उच्च होती है), तो उसके क्वांटा में ज्यादा ऊर्जा होगी और तब बाहर निकलने वाले इलेक्ट्रॉनों की ऊर्जा भी अधिक होगी। उसी प्रकार, बहुत लंबे तरंग-दैर्घ्यों (निम्न आवृत्ति) वाले क्वांटा की ऊर्जा बहुत कम होगी और उनसे उत्सर्जित होने वाले इलेक्ट्रॉनों की ऊर्जा भी कम होगी। कुछ मामलों में तरंग-दैर्घ्य इतने लंबे होंगे कि धातु की प्लेट से कोई भी इलेक्ट्रॉन उत्सर्जित नहीं होगा।

यहां आइंस्टाइन ने प्लांक द्वारा प्रतिपादित क्वांटम की धारणा को पहली बार

1905. № 6.

ANNALEN
DER
PHYSIK.

VIERTE FOLGE.
BAND 17. HEFT 1.

KURATORIUM:
F. KOHLRAUSCH, M. PLANCK, G. QUINCKE,
W. C. RÖNTGEN, E. WARBURG.

UNTER MITWIRKUNG
DER DEUTSCHEN PHYSIKALISCHEN GESELLSCHAFT

M. PLANCK

PAUL DRUDE.

LEIPZIG, 1905.
VERLAG VON JOHANN AMBROSIUS BARTH.
ROSSPLATZ 17.

चित्र 5.5 : "आनालेन डेर फिजिक" (खंड 17, 1905, लाइपज़िग) का मुखपृष्ठ

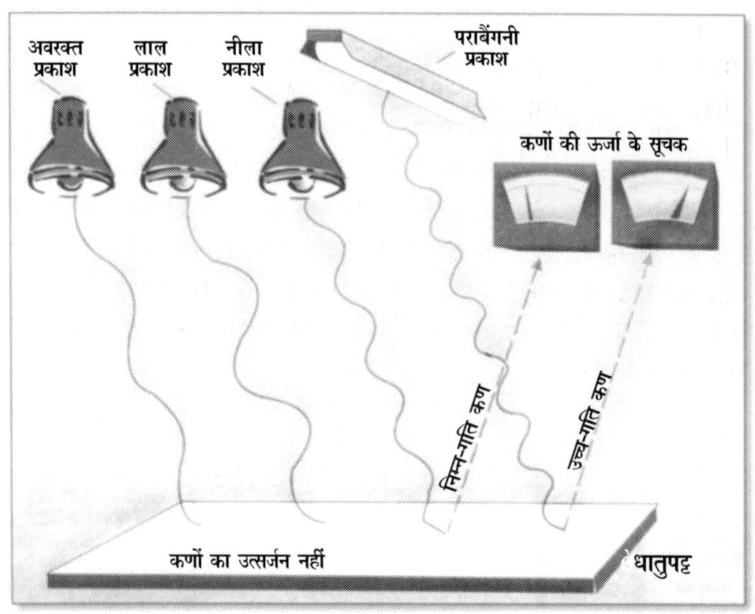

चित्र 5.6 : प्रकाश-विद्युत प्रभाव

एक व्यापक सिद्धांत में परिवर्तित कर दिया है। आइंस्टाइन की 'प्रकाश-विद्युत प्रभाव' की व्याख्या से स्पष्ट हो गया कि प्रकाश वस्तुतः प्रकाश-क्वांटम (फोटॉन) कणों से बना है; और, प्रकाश (विकिरण-ऊर्जा) का उत्सर्जन व शोषण ही नहीं, इसका संचरण भी क्वांटा में ही होता है।

परंतु उस समय सभी भौतिकवेत्ता प्रकाश-क्वांटम की धारणा को स्वीकार करने के लिए तैयार नहीं हुए। वे मैक्सवेल के तरंग सिद्धांत को त्यागने के लिए तैयार नहीं थे। रॉबर्ट मिलिकान, माक्स प्लांक और नील्स बोर जैसे चोटी के भौतिकवेत्ता भी फोटॉन की धारणा के विरोधी थे। यह विरोध आगे कई साल तक कायम रहा।[7] बाद में प्रमुखतः 'प्रकाश-विद्युत प्रभाव' की व्याख्या के लिए ही आइंस्टाइन को 1921 ई. का भौतिकी का नोबेल पुरस्कार प्रदान किया गया, तो उसमें 'प्रकाश-क्वांटम' का कोई जिक्र नहीं था। लेकिन अंत में 1923 ई. में 'कॉम्पटन प्रभाव'[8] ने प्रकाश-क्वांटम के अस्तित्व को प्रमाणित कर दिया। आइंस्टाइन की प्रकाश-क्वांटम (फोटॉन) की इस व्याख्या ने क्वांटम भौतिकी और स्पेक्ट्रोस्कॉपी के क्षेत्रों के अनुसंधान को गहराई से प्रभावित किया है। टेलीविजन और प्रकाश-विद्युत सेल पर आधारित अन्य इलेक्ट्रॉनिक साधन आइंस्टाइन के प्रकाश-विद्युत नियम से ही बंधे हुए हैं।

“आनालेन डेर फिजिक” को आइंस्टाइन का दूसरा शोध-निबंध[9] 11 मई, 1905 को मिला और यह उसमें 18 जुलाई के अंक में प्रकाशित हुआ। इस निबंध में ‘ब्राउनी गति’ (Brownian motion) की व्याख्या प्रस्तुत की गई थी। उसके कुछ दिन पहले आइंस्टाइन ने इसी विषय से संबंधित एक प्रबंध तैयार करके उसे पीएच. डी. की उपाधि के लिए ज्यूरिख़ विश्वविद्यालय को भेज दिया था।[10]

चित्र 5.7 : रॉबर्ट ब्राउन (1773-1858 ई.)

पहली बार 1827 ई. में स्कॉटिश वनस्पतिवेत्ता रॉबर्ट ब्राउन (Robert Brown : 1773-1858 ई.) ने स्थिर पानी में छोड़े गए कुछ पराग-कणों की कूद-फांद वाली बेतरतीब गति को सूक्ष्मदर्शी में देखा था। बाद में पानी में छोड़े गए अन्य कणों में भी वैसी ही बेतरतीब गति देखी गई। महत्व की बात यह है कि पानी में छोड़े गए इन सूक्ष्म कणों की यह बेतरतीब गति कभी नहीं रुकती, बल्कि तापमान की वृद्धि के साथ इसकी तीव्रता बढ़ती जाती है। लेकिन कोई भी वैज्ञानिक इस गति की, जिसे ‘ब्राउनी गति’ का नाम दिया गया, व्याख्या करने में सफल नहीं हुआ। ब्राउनी गति को गैस में भी देखा जा सकता है। हवा में मौजूद धूल व धुएं के सूक्ष्म कण भी ब्राउनी गति दरशाते हैं।

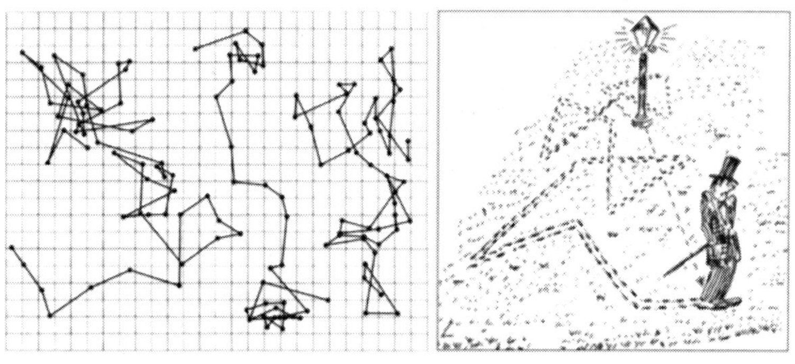

चित्र 5.8 : तीन कणों की ब्राउनी गति (बाएं) और एक शराबी आदमी की संभाव्य मस्त चाल की तुलना।

आइंस्टाइन ने अपने सांख्यिकीय गणित की व्यवस्था से स्पष्ट किया कि पानी के भीतर के सतत गतिमान अणु (molecules) सूक्ष्म कणों को इतना ज्यादा ढकेलते हैं कि वे बड़ी अनियमितता से लगातार उछल-कूद करने लग जाते हैं। उन्होंने विभिन्न आकार के अणुओं के प्रभावों और उनकी गति के कोणों का हिसाब लगाकर एक ऐसा समीकरण विकसित किया जिसके जरिए टक्कर देनेवाले अणुओं और उनके घटक परमाणुओं के आकार जाने जा सकते थे। इस तरह, पहली बार परमाणुओं के अस्तित्व के लिए प्रमाण उपलब्ध हुआ। सन् 1908-09 में फ्रांसीसी वैज्ञानिक ज्याँ-बाप्तिस्त पेहूरन[11] (Jean-Baptiste Perrin : 1870-1942 ई.) ने कई प्रयोग करके परमाणु के अस्तित्व के लिए ठोस सबूत खोजे, जिनसे आइंस्टाइन के ब्राउनी गति के सिद्धांत की पुष्टि हुई। आइंस्टाइन का यह निबंध सबसे अधिक उद्धृत होता है।

आइंस्टाइन का तीसरा शोध-निबंध 'विशिष्ट आपेक्षिकता-सिद्धांत' से संबंधित था।[12] यह निबंध ("गतिमान पिंडों की विद्युत-गतिकी के बारे में") "आनालेन डेर फिजिक" को 30 जून (1905 ई.) को मिला और उसमें यह 26 सितंबर को प्रकाशित हुआ।

चित्र 5.9 : सन् 1905 में 26 वर्षीय अल्बर्ट आइंस्टाइन 'विशिष्ट आपेक्षिकता' का अपना शोध-निबंध प्रस्तुत करते हुए।

इसे "विशिष्ट" (Special) इसलिए कहा गया, क्योंकि इसमें आइंस्टाइन ने विशिष्ट स्थिति–एक सीधी रेखा में एकसमान गति से दौड़ने वाली वस्तुओं–का ही विवेचन किया है। आइंस्टाइन ने इसमें बताया है कि प्रकाश की सापेक्षिक गति एक-सी बनी रहती है, यह किसी अन्य वस्तु के सापेक्ष कभी नहीं बदलती। द्रव्यमान, आकाश (दिक्) और काल–ये सभी गति के अनुसार बदलते हैं। दूसरों के सापेक्ष आप

जितनी तेजी से गतिमान होंगे, उतना ही आपका द्रव्यमान ज्यादा होगा, उतना ही आप कम आकाश घेरेंगे और आपकी घड़ी उतनी ही कम रफ़्तार से चलेगी। आपकी गति जितनी ही प्रकाश की गति (3,00,000 किलोमीटर प्रति-सेकंड) के नजदीक होगी, उतने ही ये प्रभाव अधिक गहरे होंगे।

आपेक्षिकता के सिद्धांत के अनुसार, कोई वस्तु जितनी तेजी से गतिमान होगी, उतनी ही एक स्थिर प्रेक्षक को वह गति की दिशा में अधिक सिकुड़ी हुई नजर आएगी; और, वही प्रेक्षक अनुभव करेगा कि उस वस्तु का द्रव्यमान बढ़ गया है।

आपेक्षिकता के सिद्धांत के अनुसार, कोई भी वस्तु प्रकाश की गति को प्राप्त नहीं कर सकती, क्योंकि प्रकाश की गति के नजदीक पहुंचने पर उसका द्रव्यमान असीम हो जाता है। प्रकाश की गति विश्व की महत्तम गति है।

चौथा छोटा निबंध[13] एक प्रकार से तीसरे निबंध का ही अंग था, यानी विशिष्ट आपेक्षिकता-सिद्धांत से संबंधित था। यह निबंध "आनालेन डेर फिजिक" पत्रिका को 27 सितंबर (1905 ई.) को मिला और 21 नवंबर को उसमें यह प्रकाशित हुआ। तीन पृष्ठों के इस निबंध में आइंस्टाइन ने द्रव्य और ऊर्जा के बीच संबंध स्थापित करने वाला अपना प्रसिद्ध समीकरण प्रस्तुत किया : $E = mc^2$, जहां E ऊर्जा है, m द्रव्य है और c^2 प्रकाश के वेग (3,00,000 किलोमीटर प्रति-सेकंड) का वर्ग है। पहली बार इसी समीकरण ने स्पष्ट कर दिया कि द्रव्य और ऊर्जा एक ही भौतिक सत्ता के दो पहलू हैं।

आइंस्टाइन ने उसी वर्ष अप्रैल के अंत में ब्राउनी गति से संबंधित जो प्रबंध पीएच. डी. की उपाधि के लिए ज्यूरिख़ विश्वविद्यालय को भेजा था, वह जुलाई

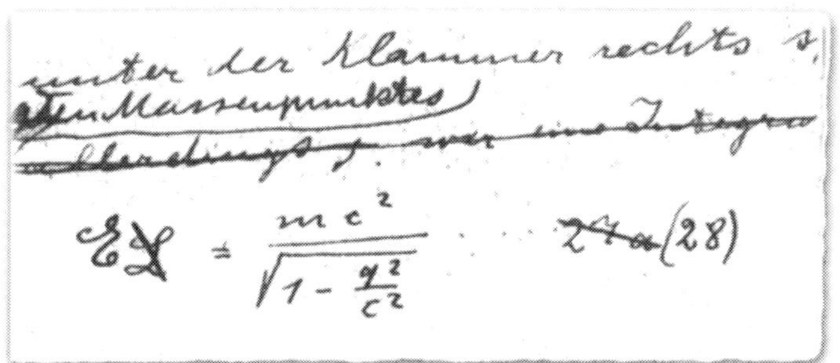

चित्र 5.10 : आइंस्टाइन की एक हस्तलिपि (1912 ई.) में उनका प्रसिद्ध सूत्र $E = mc^2$. अपने मूल निबंध में आइंस्टाइन ने E की बजाए L का प्रयोग किया था, जिसे यहां काटकर E बना दिया गया है।

में स्वीकृत हो गया। तब आइंस्टाइन ने उसे भी अगस्त में प्रकाशन के लिए भेज दिया, जो "आनालेन डेर फिजिक" में अगले वर्ष (1906 ई.) के आरंभ में छपा।

अल्बर्ट आइंस्टाइन की 1905 ई. की इन अद्‌भुत उपलब्धियों की वर्ष 2005 ई. में दुनिया-भर में शतवार्षिकी मनाई गई। इनमें से कोई भी एक उपलब्धि किसी भी एक वैज्ञानिक की कीर्ति को चिरस्थापित करने के लिए पर्याप्त थी। लेकिन यहां तो 26 वर्षीय आइंस्टाइन ने अकेले ही भौतिकी के तीन क्षेत्रों में महान आविष्कार किए थे। आइंस्टाइन की वैज्ञानिक जीवनी के लेखक अब्राहम पाइस ने लिखा है : "किसी ने भी पहले या बाद में भौतिकी के क्षितिज को इतनी कम अवधि में इतना विस्तृत नहीं किया, जितना कि आइंस्टाइन ने 1905 ई. के एक वर्ष में किया है।"

आइजेक न्यूटन (1642-1727 ई.) के साथ भी कुछ-कुछ ऐसा ही हुआ था। सन् 1665 में जब इंग्लैंड में प्लेग फैल गया, तो न्यूटन कैम्ब्रिज की पढ़ाई छोड़कर अपने जन्मस्थान वूल्सथोर्पे चले गए थे। यहां के 18 महीनों के एकांतवास में 23-24 साल के न्यूटन ने अपने तीन महान आविष्कारों की आधारशिलाएं रखीं—कलन गणित (calculus), गुरुत्वाकर्षण का सिद्धांत और प्रकाश के नए गुणधर्मो की खोज (न्यूटन ने अपने महान ग्रंथ 'प्रिंसिपिया' (Principia) को 1684 ई. में लिखना शुरू किया और इसका पहला संस्करण 1687 ई. में प्रकाशित हुआ)।

आइंस्टाइन एकांतवास में नहीं थे, न ही न्यूटन की तरह अविवाहित थे। आइंस्टाइन नौकरी करते थे, पत्नी और दो साल का बच्चा उनके साथ था। और, भौतिकी के तीन अलग-अलग क्षेत्रों से संबंधित अपने युगांतरकारी शोध-निबंध उन्होंने चंद महीनों के भीतर ही प्रकाशन के लिए तैयार कर लिये थे।

उस समय यूरोप के विश्वविद्यालयों में 'प्रिवाटडोजेंट' (Privatdozent यानी निजी व्याख्याता) नामक एक पद होता था। 'प्रिवाटडोजेंट' को विश्वविद्यालय की ओर से कोई वेतन नहीं मिलता था; वह उन विद्यार्थियों से वसूल की जानेवाली फीस पर आश्रित रहता था जो उसकी कक्षाओं में स्वेच्छा से पढ़ने आते थे। आइंस्टाइन चाहते थे कि बर्न विश्वविद्यालय उन्हें 'प्रिवाटडोजेंट' के रूप में अध्यापन-कार्य करने की अनुमति प्रदान करे। इसके लिए उन्होंने 1905 ई. में प्रकाशित 'विशिष्ट आपेक्षिकता' का अपना शोध-निबंध विश्वविद्यालय को भेजा। लेकिन इसे भौतिकी के इतिहास की एक बहुत बड़ी विडंबना ही माना जाएगा कि उनका वह आवेदन-पत्र अस्वीकार कर दिया गया!

मगर चोटी के कुछ वैज्ञानिकों को, जैसे, जर्मन भौतिकवेत्ता माक्स प्लांक (1858-1947 ई.) तथा विलहेल्म वीन[14] (1864-1928 ई.) और हॉलैंड के भौतिकवेत्ता

हेन्ड्रिक लॉरेंट्ज[15] (1853-1928 ई.) को आइंस्टाइन के शोध-निबंधों के महत्व को समझने में देर नहीं लगी। परंतु आइंस्टाइन अपनी नौकरी से संतुष्ट थे : आठ घंटे पेटेंट कार्यालय में काम और बाकी आठ घंटे 'खाली', जब वे अपनी वैज्ञानिक खोजबीन में जुटे रह सकते थे। एक वर्ष में इतने महत्वपूर्ण शोध-निबंध प्रकाशित करने के बाद भी वैज्ञानिक जगत में बहुतों को यह पता नहीं था कि आइंस्टाइन वस्तुतः किस वैज्ञानिक संस्थान में काम करते हैं। सन् 1906 में माक्स प्लांक के तरुण सहयोगी माक्स फॉन लाउए[16](1879-1960 ई.) जब बर्लिन से बर्न पहुंचे, तो वे आइंस्टाइन से मिलने पहले बर्न विश्वविद्यालय गए। लाउए यह देखकर चकित रह गए कि आइंस्टाइन विश्वविद्यालय में प्रोफेसर नहीं, बल्कि एक क्लर्क के तौर पर बर्न के सरकारी पेटेंट कार्यालय में काम करते हैं।[17]

बर्न से सोलोवाइन तथा हाबिख़्ट के चले जाने के दो साल बाद आइंस्टाइन को एक नए वैज्ञानिक साथी मिले—याकोब योहान्न लाउब (Jakob Johanna Laub)। वे नोबेल पुरस्कार विजेता जर्मन भौतिकवेत्ता विलहेल्म वीन (1864-1928 ई.) के अनुरोध पर आइंस्टाइन से मिलने बर्न पहुंचे थे (लाउब ने वीन द्वारा आयोजित एक सेमीनार में आपेक्षिकता-सिद्धांत की समीक्षा प्रस्तुत की थी)। दिन के अंत में पेटेंट कार्यलय बंद होने पर लाउब आइंस्टाइन से मिलते और वैज्ञानिक चर्चा करते हुए उनके घर तक पहुंचते; यह क्रम प्रतिदिन कई सप्ताह तक जारी रहा। लाउब और आइंस्टाइन के बीच चली वैज्ञानिक चर्चाओं से कई संयुक्त शोध-निबंधों का प्रकाशन हुआ।

सन् 1905 में भौतिकी के क्षेत्र में जबरदस्त खलबली मचाने वाले शोध-निबंध प्रकाशित करने पर भी आइंस्टाइन के जीवन में कोई विशेष परिवर्तन नहीं हुआ। वे बर्न के पेटेंट कार्यालय में नौकरी करते रहे। हां, इतना अंतर अवश्य आया कि अप्रैल 1906 में तीसरी श्रेणी से दूसरी श्रेणी के तकनीकी विशेषज्ञ के रूप में उनकी पदोन्नति हुई।

सन् 1908 में आइंस्टाइन का निवास बर्न में ही था। लेकिन अगले वर्ष से उनके जीवन का एक नया अध्याय शुरू होने वाला था। वे ज्यूरिख़ विश्वविद्यालय में प्राध्यापक बनने जा रहे थे।

संदर्भ और टिप्पणियां

1. माक्स प्लांक (Max Planck : 1858-1947 ई.) : बर्लिन विश्वविद्यालय से 'डाक्टरेट' की उपाधि प्राप्त करने के बाद प्लांक ने अपने एक अध्यापक एवं परामर्शदाता फिलिप जॉली को लिखा : "क्या मैं आगे सैद्धांतिक भौतिकी को अपना

कैरियर बनाऊं?" जॉली ने उन्हें लिखा : "नौजवान, क्यों अपना जीवन बरबाद करना चाहते हो? सैद्धांतिक भौतिकी में जो खोजा जाना था, वह लगभग सारा खोज लिया गया है; सभी अवकल समीकरण (differential equations) हल हो चुके हैं। ··· क्या ऐसे किसी काम को हाथ में लेना उचित है जिसका भविष्य के लिए कोई उपयोग न हो?"

अध्यापक फिलिप जॉली द्वारा माक्स प्लांक को दी गई सलाह गलत साबित हुई। जैसाकि पाठक आगे जानेंगे, माक्स प्लांक ने ही 1900 ई. में भौतिकी के एक नए महान सिद्धांत–क्वांटम सिद्धांत–की नींव रखी।

पाठकों के मनोरंजन के लिए प्रस्तुत हैं, 'विशेषज्ञों' के ऐसे ही कुछ और 'भविष्यकथन' :

"जो कुछ खोजा जाना था, वह सारा खोज लिया गया है।"

–चार्लेस ड्यूअल, अमरीका के पेटेंट ऑफिस के प्रमुख, 1899 ई.

"एक्स-किरणें एक भ्रम है।" –लॉर्ड (विलियम टॉमसन) केल्विन, 1900 ई.

"(सन् 1940 तक आइंस्टाइन के) आपेक्षिकता-सिद्धांत को एक मजाक माना जाएगा।" –जॉर्ज फ्रांसिस जिलेट, अमरीकी इंजीनियर, 1929 ई.

"मेरे विचार से (एटम) बम कतई विस्फोटित नहीं हो पाएगा, यह बात मैं एक विस्फोटक-विशेषज्ञ के तौर पर कह रहा हूं।"

–एडमिरल विलियम डेनियल लिही की राष्ट्रपति ट्रुमॅन को अमरीकी एटम बम योजना के बारे में सलाह, 1945 ई.

कम-से-कम दिसंबर 1934 तक स्वयं आइंस्टाइन को भी विश्वास नहीं था कि, कल्याण या विनाश के लिए, बड़े पैमाने पर परमाणु ऊर्जा प्राप्त की जा सकती है। आइंस्टाइन के एक भाषण के पांच चित्रों के साथ अमरीका के **Pittsburgh Post-Gazette** (26 दिसंबर 1934) अख़बार की सुर्खी है : **Atom Energy Hope Is Spiked By Einstein. Efforts Loosing Vast Force Is Called Fruitless.**

मगर आइंस्टाइन ही 2 अगस्त, 1939 को अमरीका के राष्ट्रपति रूजवेल्ट को भेजे अपने पत्र में लिखते हैं : "मुझे लगता कि निकट भविष्य में यूरेनियम तत्व को ऊर्जा के एक नए और महत्वपूर्ण स्रोत में तब्दील करना संभव हो सकता है।··· इस नई उपलब्धि से बमों का भी निर्माण हो सकेगा; यह भी संभव है कि नए किस्म के अत्यंत शक्तिशाली बम बनाए जा सकेंगे ···।"

आइंस्टाइन के इस पत्र के बाद ही अमरीका में एटम बम के निर्माण का कार्य आरंभ हुआ था।

चित्र 5.11 : माक्स प्लांक (1858-1947 ई.), पियानो बजाते हुए।

माक्स प्लांक का जन्म उत्तरी जर्मनी के किएल (Kiel) नगर में 23 अप्रैल, 1858 को हुआ था। उस समय बाल्टिक सागरतट का यह नगर डेनिश बंदरगाह था। माक्स के पिता किएल विश्व-विद्यालय में कानून के प्राध्यापक थे। जब माक्स नौ साल के थे, तब उनका परिवार दक्षिण जर्मनी के म्यूनिख़ नगर चला गया। वहां हाईस्कूल में दाखिला लेने पर माक्स को गणित व भौतिकी के एक बहुत अच्छे अध्यापक मिले—हेरमान मुल्लेर। यह उन्हीं की प्रेरणा का परिणाम था कि माक्स ने अपने लिए वैज्ञानिक का जीवन पसंद कर लिया। परिवार ने उन्हें संगीत सीखने के लिए प्रेरित किया और वे एक अच्छे पियानो-वादक बन गए। पियानो-वादन का उनका शौक जीवन-भर बना रहा।

हाईस्कूल के बाद माक्स प्लांक ने पहले म्यूनिख़ में और फिर बर्लिन विश्वविद्यालय में पढ़ाई की। फिर वे पहले किएल में और बाद में म्यूनिख़ विश्वविद्यालय में सहायक प्राध्यापक नियुक्त हुए। अंत में, 31 साल की आयु में, उन्हें बर्लिन विश्वविद्यालय में भौतिकी का प्राध्यापक बनाया गया। सन् 1927 में माक्स प्लांक बर्लिन विश्वविद्यालय से सेवामुक्त हुए। उस समय तक वे जर्मन विज्ञान के एक शिखर पुरुष बन गए थे, प्रशियाई विज्ञान अकादमी के अध्यक्ष थे और भौतिकी का नोबेल पुरस्कार भी प्राप्त कर चुके थे (1918 ई.)। माक्स प्लांक के अनुरोध पर ही आइंस्टाइन 1914 ई. के आरंभ में बर्लिन पहुंचे थे। सैद्धांतिक भौतिकी में दोनों की गहरी दिलचस्पी थी। बर्लिन की प्रसिद्ध कैसर विलहेल्म इंस्टीट्यूट को अब माक्स प्लांक इंस्टीट्यूट के नाम से जाना जाता है।

2. माइकेल फैराडे (Michael Faraday : 1791-1867 ई.) : अंग्रेज भौतिकवेत्ता तथा रसायनज्ञ। नेविंगटन, सर्रे में (लंदन के नजदीक) जन्म। अधिकांशतः स्वशिक्षित। पहले एक जिल्दसाज़ के सहायक रहे। सन् 1812 में विद्युत के बारे में प्रयोग शुरू करके अपना पहला विद्युत सेल बनाया। फिर 1813 ई. में फैराडे रॉयल इंस्टीट्यूशन

(लंदन) की प्रयोगशाला में हम्फ्री डेवी (Humphry Davy : 1778-1829 ई.) के सहायक बने और अंत में, 1833 ई. में, उनके स्थान पर रसायन के प्राध्यापक नियुक्त हुए। फैराडे ने 1825-62 ई. के दौरान रॉयल इंस्टीट्यूशन में वैज्ञानिक विषयों पर उच्च कोटि के बहुत-से व्याख्यान दिए। क्रीमिया युद्ध (1854-1855 ई.) में इस्तेमाल के लिए बनाई जाने वाली विषैली गैस के निर्माण में सहयोग देने से फैराडे ने साफ इनकार कर दिया था।

चित्र 5.12 : माइकेल फैराडे (1791-1867 ई.) रॉयल इंस्टीट्यूशन में व्याख्यान देते हुए।

फैराडे ने विद्युत-चुंबकत्व के बारे में दीर्घकाल तक प्रयोग करके विद्युत-चुंबकीय प्रेरण (electromagnetic induction) की खोज की (1831 ई.) और पहला डायनेमो बनाया। उनके विद्युत-चुंबकीय प्रेरण के नियम विद्युत इंजीनियरी के मूलाधार हैं। फैराडे ने ही पहली बार anode, cathode, anion, cation, ion, electrode और electrolyte शब्द गढ़े, जिनका आज व्यापक इस्तेमाल होता है। फैराडे ने स्पष्ट किया कि चुंबक की ऊर्जा उसके भीतर नहीं, बल्कि उसके चतुर्दिक के क्षेत्र (field) में निहित होती है। क्षेत्र सिद्धांत की इस मूलभूत धारणा को उन्होंने विद्युत और गुरुत्वाकर्षण प्रणालियों पर भी लागू किया।

3. जेम्स क्लार्क मैक्सवेल (James Clerk Maxwell : 1831-1879 ई.) : स्कॉटिश भौतिकवेत्ता। एडिनबरा में जन्म और वहां तथा कैम्ब्रिज में अध्ययन। एबरडीन और लंदन में प्राध्यापक। सन् 1871 से कैम्ब्रिज विश्वविद्यालय में प्रायोगिक भौतिकी के प्राध्यापक, जहां 1874 ई. में उन्होंने केवेंडिश प्रयोगशाला की स्थापना की। मैक्सवेल का मुख्य कार्य विद्युत-चुंबकीय तरंगों की व्याख्या से संबंधित है। मैक्सवेल के समीकरण विद्युत, चुंबकत्व और प्रकाश को एकीकृत करके इनकी एकसाथ व्याख्या प्रस्तुत करते हैं। विद्युत-चुंबकत्व के सभी प्रभावों की व्याख्या करने के बाद उन्होंने यह भी निष्कर्ष निकाला कि प्रकाश वस्तुतः विद्युत-चुंबकीय विकिरण है और

इस विकिरण का दाब होता है।

चित्र 5.13 : जेम्स क्लार्क मैक्सवेल (1831-1879 ई.)

मैक्सवेल ने गैसों के गतिक सिद्धांत (kinetic theory of gases) का विकास करके प्रमाणित किया कि ऊष्मा अणुओं की गति में अंतर्निहित होती है। रंगों का अध्ययन करके उन्होंने स्पष्ट किया कि लाल, हरा तथा नीला—ये बुनियादी रंग हैं और इनके मिश्रण से शेष रंग तैयार किए जा सकते हैं। शनि ग्रह के वलयों का अध्ययन करके मैक्सवेल ने बताया कि ये विभिन्न कक्षाओं में परिक्रमा करने वाले छोटे-छोटे पिंडों से निर्मित हैं।

आइंस्टाइन के प्रिंसटन-निवास के उनके अध्ययन-कक्ष में अंतिम दिनों तक महात्मा गांधी, फैराडे और मैक्सवेल के पोर्त्रेत टंगे हुए थे। जिस वर्ष मैक्सवेल का देहांत हुआ (1879 ई.), उसी वर्ष अल्बर्ट आइंस्टाइन का जन्म हुआ।

4. अल्बर्ट अब्राहम माइकेल्सन (Albert Abraham Michelson : 1852-1931 ई.) का जन्म प्रशिया (अब पोलैंड) के शल्ट्रेल्नो स्थान पर हुआ था। जब वह दो साल के थे, तभी उनके माता-पिता अमरीका चले गए थे। अमरीका में अध्ययन और आरंभ में कुछ साल तक अध्यापन-कार्य करने के बाद माइकेल्सन प्रकाश के वेग पर शोधकार्य करने के लिए यूरोप पहुंचे। वहां जर्मनी में प्रकाश के वेग का सूक्ष्म मापन करने के प्रयास में उन्होंने व्यतिकरणमापी (interferometer) नामक एक उपकरण तैयार किया। यह उपकरण एक प्रकाश-पुंज को दो भागों में बांटता है, उन्हें अलग-अलग दिशाओं में भेजता है और फिर उन्हें एकसाथ लाता है। यदि वे दोनों पुंज समान दूरी को भिन्न वेगों से (या भिन्न दूरियों को समान वेग से) तय करते हैं, तो उन्हें पुनः एकसाथ लाने पर उनकी तरंगें बेमेल रहेंगी और परदे पर व्यतिकरण-धारियां प्रकट होंगी। माइकेल्सन ने इंटरफेरोमीटर का प्रयोग यह जानने के लिए किया कि पृथ्वी की गति की दिशा में दौड़ रहा प्रकाश क्या पृथ्वी की गति के समकोण में दौड़ रहे प्रकाश से कुछ धीमी गति से दौड़ता है? वस्तुतः यह प्रयोग "ईथर" के अस्तित्व को जानने के लिए किया गया था। चूंकि माना

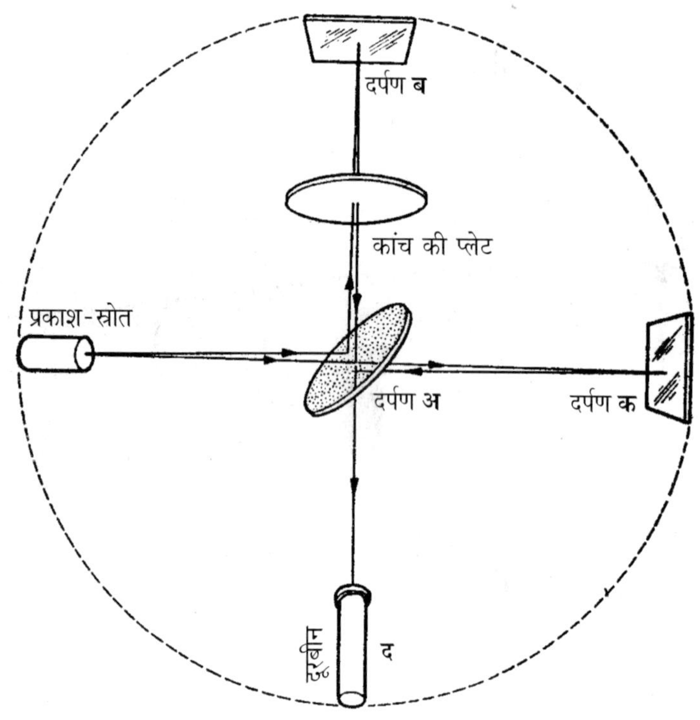

चित्र (आकृति) 5.14 : व्यतिकरण मापन

माइकेल्सन-मॉर्ली व्यतिकरणमापी (Michelson-Morley interferometer) नामक इस उपकरण (प्रयोग) में एक प्रकाश-स्रोत (ऊपर बाएं) से छोड़े गए पुंज को दर्पण **अ** द्वारा विभाजित करके उसी समय दो दिशाओं में भेजा जाता है। दर्पण **अ** के चेहरे पर अल्प मात्रा में चांदी पोती गई है, ताकि पुंज का एक अंश उसमें से गुजरकर दर्पण **क** तक पहुंच जाए और बाकी पुंज समकोण में परावर्तित होकर दर्पण **ब** की ओर जाए। तब दर्पण **क** और **ब** से परावर्तित होकर वे किरण-पुंज पुनः दर्पण **अ** पर पहुंचते हैं, जहां संयुक्त होकर वे दूरबीन **द** (प्रेक्षक) पर पहुंचते हैं। चूंकि पुंज **अ क द** को परावर्तक दर्पण **अ** के चेहरे के पीछे कांच की मोटाई से तीन गुना मोटाई में से गुजरना पड़ा, इसलिए पुंज **अ ब द** के मार्ग में भी तीन गुना मोटी कांच की एक प्लेट रखी गई। समूचे उपकरण को विभिन्न दिशाओं में घुमाया गया, ताकि **अ ब द** और **अ क द** पुंजों को परिकल्पित ईथर-धारा के साथ, उसके विरुद्ध और उसके समकोण में भेजा जा सके। यदि किसी भी पुंज का ईथर-धारा द्वारा त्वरण या मंदन होता, तो उसे दूरबीन **द** से देखा जा सकता था। परंतु किसी भी दिशा में प्रकाश-पुंजों के वेगों में किसी भी प्रकार का अंतर (व्यतिकरण) नहीं देखा गया।

चित्र 5.15 : अल्बर्ट अब्राहम माइकेल्सन (1852-1931 ई.)

चित्र 5.16 : एडवर्ड मॉर्ली (1838-1923 ई.)

गया था कि ईथर स्थिर है और पृथ्वी उसमें से गुजरती है, इसलिए पृथ्वी की गति की दिशा में दौड़ने वाला प्रकाश-पुंज, पृथ्वी की गति के समकोण में दौड़ने वाले प्रकाश-पुंज की अपेक्षा, कुछ मंदगति रहेगा।

माइकेल्सन ने पहली बार यह प्रयोग 1881 ई. में बर्लिन में किया था। परिणाम नकारात्मक निकले, यानी दोनों प्रकाश-पुंजों के भिन्न वेगों से गतिमान होने के बारे में कोई सबूत नहीं मिला। प्रयोग को कई बार दोहराया गया, लेकिन नतीजे वही निकले। फिर एडवर्ड मॉर्ली (Edward Morley : 1838-1923 ई.) के सहयोग से 1887 ई. में वही प्रयोग अधिक सूक्ष्मता से किया गया, किंतु ईथर का कोई पता नहीं चला (आकृति पीछे के पृष्ठ पर)। अंत में प्रकाश के वेग की स्थिरता की व्याख्या के लिए अल्बर्ट आइंस्टाइन ने 1905 ई. में "आपेक्षिकता का विशिष्ट सिद्धांत" प्रतिपादित किया। अपने महान प्रयोग के लिए माइकेल्सन को 1907 ई. का भौतिकी का नोबेल पुरस्कार मिला।

5. "ओलंपिया अकादमी" के सदस्य-मित्र कोनराड हाबिख़्ट को, जिन्होंने ज्यूरिख़ विश्वविद्यालय से गणित में 'डाक्टरेट' हासिल कर ली थी, आइंस्टाइन ने मई के अंत या जून के आरंभ (1905 ई.) में अपने पहले शोध-निबंध की सूचना देते हुए लिखा था : "यह (पहला निबंध) विकिरण व प्रकाश के ऊर्जात्मक गुणधर्मों से संबंधित है और, जैसाकि तुम देखोगे, बहुत क्रांतिकारी है, बशर्ते कि पहले तुम अपना निबंध मुझे भेजो।" आगे आइंस्टाइन ने यह जानकारी दी कि दूसरा व तीसरा निबंध ब्राउनी

गति के बारे में है और ये परमाणु के वास्तविक आकार को निर्धारित करते हैं। अंत में आइंस्टाइन लिखते हैं कि, "गतिमान पिंडों की विद्युत-गतिकी (Electrodyanamics of Moving bodies) से संबंधित चौथा निबंध तैयार हो रहा है।" यह चौथा निबंध बाद में "आपेक्षिकता का विशिष्ट सिद्धांत" कहलाया।

6. Ober einen die Erzeugung und Verwandlung der Lichtes betreffenden heuristichen Gesichtsprunkt (On a Heuristic Point of View Concerning the Production and Transformation of Light). *Annalen Der Physic* **17** (1905) 132-148.

7. प्रकाश-क्वांटम की धारणा का विरोध करने वाले माक्स प्लांक, रॉबर्ट मिलिकान और नील्स बोर जैसे चोटी के कई भौतिकवेत्ताओं का आरंभ में मत था कि व्यतिकरण (interference) और विवर्तन (diffraction) की परिघटनाओं के कारण मैक्सवेल की प्रकाश से संबंधित दृढ़ता से स्थापित व्याख्या को हर हालत में टिकाए रखना आवश्यक है; क्वांटम प्रभावों को द्रव्य और विकिरण के साथ इसकी पारस्परिक क्रिया तक ही सीमित रखना चाहिए।

   सन् 1913 में आइंस्टाइन को प्रशियाई विज्ञान अकादमी का सदस्य बनाने की सिफारिश करते समय माक्स प्लांक और अन्यों ने लिखा था : "हो सकता है कि अपनी कल्पना में बहककर वे (आइंस्टाइन) अपना लक्ष्य प्राप्त करने में भूल कर गए हों, जैसे कि प्रकाश-क्वांटम की उनकी परिकल्पना के मामले में हुआ है, मगर यह बात उनके खिलाफ नहीं जानी चाहिए; क्योंकि कभी-कभी जोख़िम उठाए बिना तथ्यात्मक विज्ञान में भी नए विचार प्रस्तुत करना संभव नहीं होता।"

   लेकिन आइंस्टाइन प्रकाश-क्वांटम की अपनी धारणा पर दृढ़ रहे, उसे परिपूर्ण बनाने में प्रयत्नशील रहे। अंत में 1916 ई. में उन्होंने प्रतिपादित किया कि बिंदु की तरह के प्रकाश-क्वांटम में संवेग (momentum) के साथ ऊर्जा भी होती है। और, तब बर्न के दिनों के अपने मित्र माइकेल बेस्सो को एक पत्र में आइंस्टाइन ने लिखा : "विकिरण क्वांटा की *वास्तविकता* में मुझे तनिक भी संदेह नहीं है, हालांकि इसे मानने वाला फिलहाल मैं अकेला ही हूं।" सन् 1923 में "कॉम्पटन प्रभाव" की खोज हुई, तो अंततः प्रकाश-क्वांटम को मान्यता मिल गई। प्रकाश-क्वांटम को "फोटॉन" (photon) नाम अमरीकी भौतिक-रसायनज्ञ गिल्बर्ट न्यूटन लेविस (Gilbert Newton Lewis : 1875-1946 ई.) ने 1926 ई. में दिया।

8. पहले एक्स-रे को केवल एक तरंग समझा जाता था। लेकिन अमरीकी भौतिकवेत्ता आर्थर कॉम्पटन (Arther Compton : 1892-1962 ई.) ने 1923 ई. में एक प्रयोग के जरिए सिद्ध किया कि एक्स-रे विकिरण तरंग तथा कण (फोटॉन), दोनों प्रकार के गुणधर्म प्रकट करता है। इसे 'कॉम्पटन प्रभाव' (Compton effect)

का नाम दिया गया, और इसके लिए आर्थर कॉम्पटन को 1927 ई. का भौतिकी का नोबेल पुरस्कार मिला।

चित्र 5.17 : आर्थर कॉम्पटन (1892-1962 ई.)

9. Ober einen die Erzeugung und Verwandlung des Lichtes betreffenden heuristisehen Gesichtsprunkt (On the Motion of Small Particles Suspended in Liquids at Rest Required by the Molecular-Kinetic Theory of Heat).

10. Eine neue Bestimmung der Molekuldimensionen (A New Determination of Molecular Dimentions). यह प्रबंध आइंस्टाइन ने 30 अप्रैल, 1905 को पूरा किया था। इस प्रबंध के लिए ज्यूरिख़ विश्वविद्यालय ने आइंस्टाइन को 'डाक्टरेट' की उपाधि प्रदान की। कुछ संशोधित रूप में यह प्रबंध "आनालेन डेर फिजिक" में अगले वर्ष (1906 ई. में) प्रकाशित हुआ।

11. ज्याँ-बाप्तिस्त पेहूरन (Jean-Baptiste Perrin : 1870-1942 ई.) : फ्रांसीसी भौतिकवेत्ता, जिन्होंने ब्राउनी गति की परिघटना के आधार पर अंततः द्रव्य के परमाणु-स्वरूप के लिए ठोस प्रमाण प्रस्तुत कर दिया। सन् 1913 में प्रकाशित पेहूरन के ग्रंथ **परमाणु** (Les Atomes) में प्रस्तुत ब्राउनी गति से संबंधित अन्वेषण के लिए उन्हें 1926 ई. का भौतिकी का नोबेल पुरस्कार मिला।

पेहूरन का जन्म लिले में और अध्ययन पेरिस में हुआ था। उन्होंने लंबे समय तक सॉरबोन विश्वविद्यालय में अध्यापन कार्य किया। दूसरे विश्वयुद्ध के दौरान, जब फ्रांस पर जर्मनी का कब्जा हो गया था, पेहूरन को अपने फासीवाद-विरोधी खुले वक्तव्यों के कारण देश छोड़कर न्यूयार्क जाना पड़ा।

चित्र 5.18 : ज्याँ-बाप्तिस्त पेहूरन (1870-1942 ई.)

12. Zur Eletrodynamik bewegter Korper (On the Elecrodynamics of Moving Bodies), *Annalen Der Physic* 17 (1905) : 891-921. आइंस्टाइन

के 'विशिष्ट आपेक्षिकता-सिद्धांत' से संबंधित दो में से पहला शोध-निबंध।

आज आइंस्टाइन अपने आपेक्षिकता-सिद्धांत (Theory of Relativity) के लिए ही सर्वाधिक विख्यात हैं। लेकिन अपने प्रथम निबंधों में उन्होंने इसे सापेक्षिकता या आपेक्षिकता का नियम (Principle of Relativity) कहा था। 'आपेक्षिकता-सिद्धांत' का प्रयोग सबसे पहले 1906 ई. में माक्स प्लांक ने किया था। आइंस्टाइन ने इसे 1907 ई. में अपनाया। फिर भी आगे कई साल तक अपने लेखों में वे इसे 'आपेक्षिकता का नियम' ही लिखते रहे। सन् 1915 में जब वे गुरुत्वाकर्षण के एक नए व्यापक सिद्धांत (General Theory) को पूरा करने जा रहे थे, तब उन्होंने दिक् व काल से संबंधित 1905 ई. के सिद्धांत को 'विशिष्ट सिद्धांत' (Special Theory) का नाम दिया।

13. Ist die Tragheit eines Körpers von seinem Energie-inhalt abhang-gig? (Does the Inertia of a Body Depend on its Energy Content?) 'विशिष्ट आपेक्षिकता-सिद्धांत' से संबंधित दूसरा शोध-निबंध।

14. विलहेल्म वीन (Wilhelm Wien : 1864-1928 ई.) : जर्मन भौतिकवेत्ता, जिनके द्वारा स्थापित 'वीन नियम' (Wien's law) के अनुसार, जो पिंड जितना ज्यादा तप्त होगा, उतना ही उसके द्वारा उत्सर्जित विकिरण का तरंग-दैर्घ्य (wave-length) न्यून होगा। विकिरण से संबंधित इस अनुसंधान के लिए वीन को 1911 ई. का भौतिकी का नोबेल पुरस्कार मिला।

चित्र 5.19 : विलहेल्म वीन (1864-1928 ई.)

अक्तूबर 1914 में, प्रथम विश्वयुद्ध शुरू होने के दो माह बाद, जर्मनी के जिन प्रमुख 93 राष्ट्रवादी बुद्धिजीवियों ने, जर्मनी की सैनिक नीतियों का समर्थन करते हुए, जिस तथाकथित "सभ्य संसार के घोषणापत्र" पर अपने हस्ताक्षर किए थे उनमें विलहेल्म वीन भी एक थे। आइंस्टाइन ने उस घोषणापत्र पर हस्ताक्षर करने से इनकार कर दिया; उन्होंने 1915 ई. में यूरोपीय संस्कृति का वास्ता देने वाले समूचे यूरोप के नाम जारी किए गए एक अलग घोषणापत्र (Manifesto to the Europeans) पर अपने हस्ताक्षर किए थे। यह आइंस्टाइन का संभवतः पहला सार्वजनिक, राजनीतिक वक्तव्य था, बहुत ही साहसपूर्ण।

15. हेन्द्रिक लॉरेंट्ज के लिए देखिए अध्याय 1, टिप्पणी 4.

16. माक्स फॉन लाउए (Max von Laue : 1879-1960 ई.) : जर्मन भौतिकवेत्ता, जिन्होंने गॉटिंगेन, म्यूनिख़ तथा बर्लिन विश्वविद्यालयों में अध्ययन किया और बर्लिन से 'डाक्टरेट' प्राप्त की। लाउए ने मणिभों (crystals) में एक्स-रे विवर्तन (X-ray diffraction) का अध्ययन करके उनके तरंग-दैर्घ्य का मापन किया था। उनके इस अनुसंधान का एक्स-रे स्पेक्ट्रोस्कॉपी और नाभिकीय भौतिकी की तकनीकों में उपयोग हुआ। जटिल जैव पदार्थों की आणविक संरचना को समझने में एक्स-रे विवर्तन का बड़ा योगदान रहा है। इस खोज के लिए लाउए को 1914 ई. का भौतिकी का नोबेल पुरस्कार दिया गया। लाउए ने कई विश्वविद्यालयों में अध्यापन-कार्य किया। अंत में 1919 ई. में वे बर्लिन विश्वविद्यालय में सैद्धांतिक भौतिकी के प्राध्यापक बने। दूसरे महायुद्ध के दौरान लाउए ने नाजीवाद का विरोध किया था और जर्मनी की एटम बम के निर्माण की योजना में सहयोग देने से भी इनकार किया था। वे देश छोड़कर चले गए और 1946 ई. में ही जर्मनी वापस लौटे।

चित्र 5.20 : माक्स फॉन लाउए (1879-1960 ई.)

17. माक्स फॉन लाउए को आइंस्टाइन जब बर्न विश्वविद्यालय में नहीं मिले, तो वे उनसे मिलने पेटेंट कार्यालय में पहुंचे। वहां आइंस्टाइन की तरुणाई, विनम्रता और कुछ फटीचर-सी दशा देखकर लाउए इतने चकित रह गए कि वे सबके सामने उनसे हाथ भी नहीं मिला पाए; प्रतीक्षा-कक्ष में पहुंचने पर ही दोनों में बातचीत हुई। "मैं यकीन नहीं कर पा रहा था कि यह व्यक्ति आपेक्षिकता-सिद्धांत का जनक हो सकता है," लाउए ने लिखा है।

    पेटेंट कार्यालय से बाहर आकर दोनों पैदल ही आइंस्टाइन के निवास की ओर चल पड़े। आइंस्टाइन ने लाउए को अपना एक पसंदीदा, सस्ता स्विस सिगार पेश किया। मगर उसका धुआं इतना गंदा था कि लाउए ने उसे सावधानीपूर्वक (आरे) नदी में गिरा दिया!

❑❑❑

अध्याय 6

ज्यूरिख़ और प्राग में प्राध्यापक

यूरोप के अनेक भौतिकवेत्ता अब आइंस्टाइन के आपेक्षिकता-सिद्धांत के महत्व को समझने लग गए थे। माक्स प्लांक ने अनुभव किया कि आइंस्टाइन जैसी प्रतिभा सदी में एकाध ही पैदा होती है। सुझाया जाने लगा कि आइंस्टाइन को ज्यूरिख़ विश्वविद्यालय में प्राध्यापक बनाया जाना चाहिए।

परंतु इसमें एक दिक्कत थी। परंपरा थी कि पहले 'प्रिवाट्डोजेंट' (Privatdozent) यानी निजी व्याख्याता रहे बगैर किसी को भी विश्वविद्यालय में प्राध्यापक नहीं बनाया जा सकता। इसलिए तय हुआ कि आइंस्टाइन पहले बर्न विश्वविद्यालय में कुछ समय तक 'प्रिवाट्डोजेंट' का काम करेंगे। आइंस्टाइन ने इस प्रस्ताव को स्वीकार कर लिया। उन्होंने भी अनुभव किया कि अब वे आगे लंबे समय तक पेटेंट कार्यालय में बने नहीं रह सकते।

सन् 1908-1909 में आइंस्टाइन 'प्रिवाट्डोजेंट' के साथ-साथ पेटेंट कार्यालय में अपनी नौकरी भी करते रहे। सन् 1909 में ही जेनेवा विश्वविद्यालय[1] ने उन्हें 'डाक्टरेट' की मानद उपाधि प्रदान की। साथ ही, उन्हें उस विश्वविद्यालय की स्थापना की 350वीं जयंती के आयोजन में भी आमंत्रित किया गया।

उसी वर्ष ज्यूरिख़ विश्वविद्यालय में सैद्धांतिक भौतिकी का प्राध्यापक पद खाली हुआ। उस पद के लिए दूसरे उम्मीदवार थे—ज्यूरिख़ पॉलिटेकनिक में आइंस्टाइन के पुराने सहपाठी फ्रीडरीख़ आडलेर (Friedrich Adler), जो उस समय विश्वविद्यालय में प्रिवाट्डोजेंट थे। रिक्त पद के लिए आडलेर का समर्थन करनेवालों की संख्या अधिक थी। मगर आडलेर ने स्पष्ट कहा कि आइंस्टाइन उनसे ज्यादा योग्य हैं, उनसे विश्वविद्यालय निश्चय ही लाभान्वित होगा, इसलिए यह पद उन्हें ही मिलना चाहिए। आइंस्टाइन ने 15 अक्तूबर, 1909 को ज्यूरिख़ विश्वविद्यालय में सैद्धांतिक भौतिकी के "विशिष्ट" प्राध्यापक का पद संभाला।

लेकिन आइंस्टाइन केवल नाम के ही "विशिष्ट" प्राध्यापक थे। वस्तुतः उनका यह पद पूर्ण प्राध्यापक से निम्न दर्जे का था और यहां मिलने वाला वेतन भी पेटेंट कार्यालय की उनकी आय से अधिक नहीं था। ज्यूरिख़ में महंगाई भी ज्यादा थी।

गृहस्थी चलाने के लिए मिलेवा को छात्र-बोर्डर स्वीकार करने पड़े। किंतु आइंस्टाइन प्रसन्न थे। उन्हें यहां कई पुराने मित्र मिले, जिनमें उनके विद्यार्थी जीवन के घनिष्ठ व सहृदय मित्र मार्सेल ग्रॉसमान (1878-1936 ई.) भी थे। उसी वर्ष जर्मन वैज्ञानिकों के वार्षिक सम्मेलन में आइंस्टाइन ने विकिरण के स्वरूप के बारे में एक शोध-निबंध प्रस्तुत किया। इसमें उन्होंने प्रतिपादित किया कि प्रकाश के तरंग-रूप और क्वांटम-रूप (कण-रूप) एक-दूसरे से भिन्न नहीं हैं। उसी सम्मेलन में आइंस्टाइन पहली बार माक्स प्लांक (1858-1947 ई.) से मिले।

ज्यूरिख़ विश्वविद्यालय में आइंस्टाइन ने जो विषय पढ़ाए, वे थे : 1909-1910 ई. के सत्र में प्रारंभिक यांत्रिकी (introduction to mechanics), तापगतिकी (thermodynamics) तथा ऊष्मा का अणुगति सिद्धांत (kinetic theory of heat); और, 1910-11 ई. के सत्र में विद्युत व चुंबकत्व और एक अतिरिक्त विषय, जिसे "सैद्धांतिक भौतिकी के चुनिंदा क्षेत्र" का नाम दिया गया था।

आइंस्टाइन को पढ़ाने में बड़ा आनंद आता था; वे अपने लेक्चर परिश्रमपूर्वक तैयार करते थे। ज्यूरिख़ पहुंचने के दो माह बाद दिसंबर 1909 में उन्होंने अपने एक मित्र को लिखा था : "मुझे अपना नया पेशा पसंद है। पढ़ाने में मुझे बड़ा सुख मिलता है, हालांकि पहली बार लेक्चर तैयार करने में काफी मेहनत भी करनी पड़ती है।"

आइंस्टाइन किस तरह के प्राध्यापक थे, इसके बारे में उस समय के उनके कई विद्यार्थियों ने अपने संस्मरण लिखे हैं। सन् 1909-1911 में उनके विद्यार्थी रहे हान्स टैनर (Hans Tanner) बताते हैं कि आइंस्टाइन का पढ़ाने का तरीका दूसरे अध्यापकों से काफी भिन्न था। उनके 'क्लास नोट्स' विजिटिंग-कार्ड के आकार के कागज के एक टुकड़े पर लिखे होते थे। कोई बात समझ में न आए, तो उन्हें लेक्चर के बीच में भी प्रश्न पूछे जा सकते थे। उन्हें विद्यार्थियों के साथ रहना अच्छा लगता था। वे किसी भी विद्यार्थी का हाथ पकड़कर उसके साथ मित्रवत् बातचीत करने लग जाते थे। भौतिकी के साप्ताहिक सेमीनारों के बाद वे अपने विद्यार्थियों से पूछते थे : "मेरे साथ 'टेरास्से काफे' कौन चलेगा?" वहां वे अक्सर गणित और भौतिकी के अलावा अन्य वैज्ञानिक विषयों पर विद्यार्थियों के साथ चर्चा करते थे।

ज्यूरिख़ में पॉलिटेकनिक के जमाने के पुराने मित्र मार्सेल ग्रॉसमान (1878-1936 ई.), के साथ आइंस्टाइन के संबंध और अधिक गहरे हो गए। आइंस्टाइन अक्सर ग्रॉसमान के साथ वैज्ञानिक चर्चाएं करते थे। परिणाम यह हुआ कि आगे दोनों ने मिलकर कई महत्वपूर्ण शोध-निबंध प्रकाशित किए। ग्रॉसमान अयूक्लिडीय

ज्यामिति[2] (non-Euclidian geometry) की समस्याओं से जूझ रहे थे।

फ्रीडरीख़ आडलेर, जिन्होंने आइंस्टाइन के लिए प्राध्यापक-पद का अपना दावा त्याग दिया था, उसी मकान में रहते थे जिसमें आइंस्टाइन-परिवार का निवास था। दोनों में अक्सर दार्शनिक विषयों पर गरमागरम बहसें होती थीं। आडलेर ऑस्ट्रिया के प्रत्यक्षवादी (positivist) विचारक व भौतिकवेत्ता अन्स्र्ट माख़[3] (1838-1916 ई.) के अनुयायी थे, और आइंस्टाइन की इस मान्यता को कि, विश्व की अपनी वस्तुगत यथार्थता है, स्वीकार नहीं करते थे; माख़ की तरह आडलेर भी आपेक्षिकता-सिद्धांत के विरोधी थे। उन दिनों के प्रसिद्ध जर्मन भौतिक-रसायनज्ञ वाल्थेर नेर्नस्ट[4] (1864-1941 ई.) की राय भी यही थी कि आइंस्टाइन के ब्राउनी

चित्र 6.1 : योहानेस् केपलर (1571-1630 ई.); पीछे दीवार पर ट्यूको ब्राए (1546-1601 ई.) का पोर्त्रेत।

गति के सिद्धांत का स्थान उनके आपेक्षिकता-सिद्धांत से कहीं ऊंचा है, क्योंकि आपेक्षिकता एक भौतिकीय सिद्धांत न होकर एक दार्शनिक सामान्यीकरण है।

ज्यूरिख़ में आइंस्टाइन लगभग एक साल ही रहे। जुलाई 1910 में उनके दूसरे पुत्र एडवर्ड ("टेटे") का जन्म हुआ। शक्ल-सूरत में वह पिता से काफी मिलता-जुलता था। आरंभ में एडवर्ड संगीत व साहित्य का शौकीन था, पर बाद में उसका झुकाव मनोचिकित्सा की ओर हुआ। एडवर्ड का आगे का जीवन काफी कष्टमय रहा।[5]

सन् 1910 के अंतिम दिनों में प्राग विश्वविद्यालय में सैद्धांतिक भौतिकी के प्राध्यापक का पद रिक्त हुआ। यह यूरोप का एक सबसे पुराना विश्वविद्यालय था (स्थापना : 1348 ई.) और इसके दो हिस्से थे—एक जर्मन और दूसरा चेक। जर्मन विश्वविद्यालय के प्रथम अध्यक्ष (रेक्टर) थे—अर्न्स्ट माख़, जिनके अनुयायियों का विश्वविद्यालय पर भारी प्रभाव था। ऐसे ही एक प्रभावशाली व्यक्ति थे आन्तोन लाम्पा, जो माख़ के शिष्य और कट्टर अनुयायी थे। परंतु लाम्पा और उनके सहयोगी यह भी चाहते थे कि उनके विश्वविद्यालय को आइंस्टाइन जैसा यूरोप का नामी प्राध्यापक उपलब्ध हो जाए। आइंस्टाइन की योग्यता के बारे में कई विख्यात भौतिकीविदों की राय ली गई। बर्लिन से माक्स प्लांक का उत्तर मिला : "यदि आइंस्टाइन का सिद्धांत सही साबित होता है, और मैं आशा रखता हूं कि ऐसा होगा, तो उन्हें 20वीं सदी का कोपर्निकस माना जाएगा।"

ज्यूरिख़ की तरह यहां प्राग विश्वविद्यालय में भी प्राध्यापक-पद के लिए आइंस्टाइन के एक प्रतिद्वंद्वी थे—गुस्ताव याउमान, जो कट्टर माख़वादी ही नहीं, बेहद दंभी भी थे। फिर भी विश्वविद्यालय के अधिकारी याउमान को प्राध्यापक पद प्रदान करने के पक्ष में थे। परंतु जब याउमान ने सुना कि प्राध्यापकी के उम्मीदवारों की जो सूची बनी है उसमें आइंस्टाइन का नाम सबसे ऊपर है, तो उन्होंने लाल-पीले होकर यह कहते हुए अपना नाम वापस ले लिया कि, "मैं ऐसे विश्वविद्यालय से कोई सरोकार नहीं रखना चाहता जहां आधुनिकता को तरजीह दी जाती है और सच्ची योग्यता की कदर नहीं है।"

प्राग विश्वविद्यालय ने आइंस्टाइन को प्राध्यापक का पद प्रदान किया। ज्यूरिख़ व स्विट्ज़रलैंड छोड़ने के विचार से मिलेवा बहुत खिन्न थीं। आइंस्टाइन भी बहुत खुश नहीं थे; परंतु पूर्ण प्राध्यापक के पद में कई सहूलतें थीं। उन्होंने 1 अप्रैल, 1911 को प्राग में प्राध्यापक का पद संभाल लिया।

तत्कालीन ऑस्ट्रियाई शासन में नियम था कि यदि कोई व्यक्ति सरकारी पद स्वीकार करता है, तो उसे पहले अपना धर्म घोषित करना होगा। नास्तिक के लिए कोई स्थान नहीं था। आइंस्टाइन ने विवशता में अपना धर्म बताया—मूसा-धर्म[6]।

प्राग नगर म्यूनिख़ या इटली अथवा स्विट्ज़रलैंड के शहरों से काफी भिन्न था। परंतु आइंस्टाइन को जल्दी ही इस पुराने नगर से लगाव हो गया। उन्होंने घूम-घूमकर नगर के विभिन्न हिस्सों को देखा। यहां के 15वीं सदी के गिरजाघर में महान वेधकर्ता ट्यूको ब्राए[7] (1546-1601 ई.) की समाधि है। यहीं प्राग में ट्यूको ब्राए अपने खगोलीय प्रेक्षणों का सारा लेखा-जोखा तथा अपने सारे खगोलीय यंत्र योहानेस केपलर[8] (1571-1630 ई.) के लिए छोड़ गए थे।

चित्र 6.2 : प्राग में आइंस्टाइन, सैद्धांतिक भौतिकी के प्राध्यापक, 1912 ई.

प्राग में आइंस्टाइन के नए मित्रों में एक थे—तरुण उपन्यासकार माक्स ब्रॉड[9] (Max Brod), जो विज्ञान के क्षेत्र की महान विभूतियों का मनोवैज्ञानिक दृष्टि से चरित्र-चित्रण करने में जुटे हुए थे। आइंस्टाइन के एक जीवनीकार फिलिप फ्रांक[10] (1884-1966 ई.) ने लिखा है कि ब्रॉड जब अपने उपन्यास "ट्यूको ब्राए की मुक्ति" (The Redemption of Tycho Brahe, 1915 ई.) की रचना कर रहे थे, तब केपलर का चित्रण करने में उन्हें आइंस्टाइन के व्यक्तित्व से प्रेरणा मिली थी। जर्मन वैज्ञानिक वाल्थेर नेर्नस्ट (1864-1941 ई.) ने माक्स ब्रॉड का यह उपन्यास पढ़ने पर आइंस्टाइन से कहा था : "इसमें केपलर तो आप ही हैं।"

सचमुच, आइंस्टाइन ने गैलीलियो और केपलर के महान योगदान की बार-बार चर्चा की है, किंतु वे वैज्ञानिक दृष्टिकोण के मामले में अपने को केपलर के ही अधिक नजदीक पाते थे। आइंस्टाइन ने लिखा भी है : "केपलर का जीवन-कार्य केवल तभी संभव हो पाया, जब उन्होंने अपने जन्मकाल की बौद्धिक परंपरा से

अपने को काफी हद तक मुक्त कर लिया। इसका अर्थ केवल चर्च के प्रभुत्व वाली धार्मिक परंपरा से ही नहीं है, बल्कि प्रकृति से संबंधित आम धारणाओं और विश्व तथा मानव-समाज के भीतर के क्रियाकलापों की सीमाओं से भी है।"

आइंस्टाइन ने केपलर के पत्रों को पढ़ा था और उनसे वे उतने ही प्रभावित हुए थे जितने कि केपलर द्वारा खोजे गए ग्रह-गति के तीन प्रसिद्ध नियमों से। लिखते हैं : "केपलर के पत्रों में हमें एक ऐसे संवेदनशील व्यक्ति के दर्शन होते हैं जो प्राकृतिक घटनाक्रमों को गहराई से समझने में तन-मन से जुटा हुआ है—एक ऐसा व्यक्ति जो, तमाम भीतरी और बाहरी कठिनाइयों के बावजूद, अपने उच्च लक्ष्य को प्राप्त करने में सफल हुआ।"

प्राग निवास के दौरान आइंस्टाइन वहां के कई प्रतिभाशाली व्यक्तियों के संपर्क में आए। उनमें एक थे—गणितज्ञ ग्यॉर्ग पिक (George Pick), जिनकी भौतिकीय समस्याओं में काफी दिलचस्पी थी और जो तरुणाई में अर्न्स्ट माख़ के सहायक रह चुके थे। लाम्पा की तरह पिक भी माख़ के अनुयायी और आपेक्षिकता-सिद्धांत के विरोधी थे। परंतु आइंस्टाइन को उनके साथ दार्शनिक चर्चा करने में बड़ा आनंद आता था।

विशिष्ट आपेक्षिकता-सिद्धांत के प्रतिपादन के बाद आइंस्टाइन अब व्यापक आपेक्षिकता-सिद्धांत (General Theory of Relativity) के सृजन में जुटे हुए थे। इसके लिए गणितीय ढांचा तैयार करने में आइंस्टाइन काफी कठिनाई महसूस कर रहे थे, और इस संबंध में ग्यॉर्ग पिक से चर्चा करने में उन्हें बहुत अच्छा लगता था। उसी दौरान पिक ने सुझाया कि आइंस्टाइन के सिद्धांत के लिए इतालवी गणितज्ञ ग्रेगोरिओ रिच्ची-कुर्बास्त्रो[11] (1853-1925 ई.) और तुलिओ लेवी-सिविता[12] (1873-1941 ई.) द्वारा विकसित किया गया गणित उपयोगी सिद्ध हो सकता है।

ग्यॉर्ग पिक अच्छे वायलिन-वादक थे। उनके जरिए आइंस्टाइन प्राग के कई संगीत-प्रेमियों के संपर्क में आए और उनके साथ वे कई संगीत-बैठकों में शरीक हुए। जब जर्मनी ने चेकोस्लोवाकिया पर कब्जा किया (1938 ई.), तब एक नाजी मृत्यु-कैंप में ग्यॉर्ग पिक का देहांत हुआ।

प्राग में आइंस्टाइन के एक और मित्र थे—मॉरिस विंटरनिट्ज,[13] जो विश्वविद्यालय में संस्कृत के प्राध्यापक थे। आइंस्टाइन अक्सर विंटरनिट्ज के घर चले जाया करते थे; उनके पांच बच्चों से वे बहुत घुल-मिल गए थे। आइंस्टाइन कभी-कभी अपने साथ वायलिन भी ले जाते थे और वहां विंटरनिट्ज की साली, जो एक संगीत-शिक्षिका थी, उनके साथ पियानो बजाती थी।

आइंस्टाइन प्राग में लगभग डेढ़ साल रहे। यह एक ऐसा दौर था जब वे

चित्र 6.3 : प्रथम सोल्वी कांग्रेस में 32 वर्षीय आइंस्टाइन (दाईं ओर से दूसरे), ब्रुसेल्स, 1911 ई.। कुछ प्रमुख वैज्ञानिक : (1) वाल्थेर नेर्नस्ट, (2) हेन्द्रिक लॉरेन्ट्ज, (3) ज्याँ-बाप्तिस्त पेहरन, (4) मारी क्यूरी, (5) ऑरी प्वाँकारे, (6) माक्स प्लांक, (7) आरनॉल्ड सोम्मेरफेल्ड, (8) अर्नेस्ट रदरफोड, व (9) अल्बर्ट आइंस्टाइन

अपना आपेक्षिकता का व्यापक सिद्धांत विकसित कर रहे थे। यहीं पर उनकी भेंट प्रतिभाशाली भौतिकवेत्ता पॉल एहरेनफेस्ट से हुई, जो उनके घनिष्ठ मित्र बन गए।

सन् 1911 में आइंस्टाइन ने ब्रुसेल्स (बेल्जियम) में आयोजित भौतिकीविदों की प्रथम सोल्वी कांग्रेस (Solvay Congress) में भाग लिया। इस कांग्रेस के लिए बेल्जियम के रसायन-इंजीनियर व व्यवसायी अर्नेस्ट सोल्वी[14] ने धन उपलब्ध कराया था। इस प्रथम सोल्वी कांग्रेस में आइंस्टाइन के अलावा माक्स प्लांक (1858-1947 ई.), ऑरी प्वाँकारे[15](1854-1912 ई.), मारी क्यूरी[16] (1867-1934 ई.), पॉल लांगेविन[17] (1872-1946 ई.), अर्नेस्ट रदरफोर्ड[18] (1871-1937 ई.), वाल्थेर नेर्नस्ट (1864-1941 ई.) और हेन्द्रिक लॉरेंट्ज[19](1853-1928 ई.) जैसे चोटी के वैज्ञानिकों ने भाग लिया। कांग्रेस में आपेक्षिकता-सिद्धांत के बारे में काफी चर्चा हुई। पर ज्यूरिख़ के अपने एक मित्र को भेजे पत्र में आइंस्टाइन ने लिखा कि सोल्वी कांग्रेस में सम्मिलित हुए भौतिकवेत्ता आपेक्षिकता की बुनियादी बातों को नहीं समझ पाए। लेकिन उन्होंने सोल्वी कांग्रेस के अध्यक्ष हेन्द्रिक लॉरेंट्ज की भूरि-भूरि प्रशंसा की : "लॉरेंट्ज बुद्धि और व्यवहार-कुशलता के मामले में एक चमत्कार हैं। मेरी दृष्टि में वे आज के सैद्धांतिक भौतिकवेत्ताओं में सबसे प्रतिभावान हैं।"

सोल्वी कांग्रेस के एक वर्ष बाद ज्यूरिख़ पॉलिटेकनिक में सैद्धांतिक भौतिकी

का प्राध्यापक-पद ग्रहण करने का आइंस्टाइन को आमंत्रण आया, जिसे उन्होंने स्वीकार कर लिया। आइंस्टाइन प्राग से ज्यूरिख़ चले गए (1912 ई.)। गणित और भौतिकी के विषयों की पढ़ाई के लिए ज्यूरिख़ पॉलिटेकनिक को यूरोप का एक श्रेष्ठ शिक्षण-संस्थान समझा जाता था; यहां का वैज्ञानिक स्तर वहीं के विश्वविद्यालय से भी अधिक ऊंचा था। बारह साल पहले जिस संस्थान से आइंस्टाइन ने स्नातक की उपाधि प्राप्त की थी, वहां प्राध्यापक बनकर लौटने से वे खुश थे, पत्नी मिलेवा भी प्रसन्न थी।

प्रसन्नता का एक और कारण था : यहां उनके विद्यार्थी जीवन के घनिष्ठ मित्र मार्सेल ग्रॉसमान (Marcel Grossmann : 1878-1936 ई.) गणित के प्राध्यापक थे; उन्हें व्यापक आपेक्षिकता के गणितीय ढांचे के सृजन में ग्रॉसमान से मदद मिल सकती थी। सन् 1913 में इस विषय पर दोनों का एक संयुक्त शोध-निबंध प्रकाशित हुआ–"व्यापक आपेक्षिकता-सिद्धांत और गुरुत्वाकर्षण के सिद्धांत का प्रारूप" (Entwurf einer verallgemeinerten Relativitätstheorie und der Theorie der Gravitation)। यह निबंध व्यापक आपेक्षिकता-सिद्धांत के सृजन की दिशा में पहला ठोस कदम था; इसमें गुरुत्वाकर्षण के ज्यामितीकरण का पहली बार प्रयास किया गया था। लेकिन अभी यह अपूर्ण था; इसमें उन्होंने रीमान की ज्यामिति या दिक्काल की वक्रता की प्रत्यक्षतः चर्चा नहीं की थी।

आइंस्टाइन ने ज्यूरिख़ पॉलिटेकनिक के अपने विद्यार्थी जीवन में गणित की उपेक्षा की थी; वे ग्रॉसमान के 'नोट्स' का उपयोग करके ही काम चला लेते थे। लेकिन अब व्यापक आपेक्षिकता-सिद्धांत के लिए उन्हें एक विशेष प्रकार के गणित–रेखाओं तथा सतहों की वक्रता (curvature) से संबंधित गणित–की आवश्यकता थी। प्राग में ग्यॉर्ग पिक ने उन्हें आपेक्षिकता-सिद्धांत के लिए कुछ ज्यामितीय धारणाओं के बारे में सुझाव दिए थे, परंतु वे अपूर्ण थे। वक्रता की धारणाओं को, न केवल रेखाओं व सतहों पर, बल्कि तीन विमाओं वाले आकाश और चार विमाओं वाले दिक्काल (space-time) पर भी लागू करना था। आपेक्षिकता के व्यापक सिद्धांत में आकाश व काल में घटित होने वाली भौतिक घटनाओं को आकाश व काल की ज्यामिति में होने वाले परिवर्तनों के रूप में ग्रहण किया गया है। ऐसे गणित के विकास के लिए ग्रॉसमान का सहयोग आवश्यक था। आपेक्षिकता-सिद्धांत के लिए आवश्यक गणितीय विधियों के बारे में आइंस्टाइन और ग्रॉसमान में लंबी चर्चाएं होती थीं।

ज्यूरिख़ पॉलिटेकनिक में आइंस्टाइन ने ये विषय पढ़ाए : 1912-13 ई. के शीतकालीन सत्र में वैश्लेषिक गणित तथा तापगतिकी (analytical mathematics

चित्र 6.4 : ज्यूरिख़ पॉलिटेकनिक में मित्रों के साथ आइंस्टाइन (बाएं से तीसरे), 1913 ई.। पीछे की पंक्ति में बाईं ओर से दूसरे हैं पॉल एहरेनफेस्ट।

and thermodynamics), 1913 ई. के ग्रीष्मकालीन सत्र में सातत्य की यांत्रिकी तथा ऊष्मा का गतिक सिद्धांत (mechanics of continuums and kinetic theory of heat) और 1913-14 ई. के शीतकालीन सत्र में विद्युत व चुंबकत्व तथा ज्यामितीय प्रकाशिकी (electricity and magnetism, geometrical optics)। इनके अलावा, वे भौतिकी की साप्ताहिक 'गोष्ठियां' भी आयोजित करते थे। इन गोष्ठियों में भौतिकी के क्षेत्र में हो रहे नए अनुसंधानों की जानकारी दी जाती थी। पॉलिटेकनिक के ही नहीं, विश्वविद्यालय के विद्यार्थी और अध्यापक भी आइंस्टाइन की इन साप्ताहिक गोष्ठियों में भाग लेते थे।

सन् 1912 में माक्स फॉन लाउए[20] ज्यूरिख़ पॉलिटेकनिक में "विशिष्ट" प्राध्यापक नियुक्त होकर आए थे। फिर 1913 ई. के वसंत में पॉल एहरेनफेस्ट (Paul Ehrenfest : 1880-1933 ई.) भी ज्यूरिख़ पहुंच गए। आपेक्षिकता के सवालों को लेकर आइंस्टाइन और एहरेनफेस्ट के बीच खूब गरमागरम बहसें होती थीं। एहरेनफेस्ट एक प्रतिभाशाली सैद्धांतिक भौतिकवेत्ता थे। यूरोप के भौतिकवेत्ताओं में एहरेनफेस्ट ही संभवतः आइंस्टाइन के सबसे घनिष्ठ मित्र थे। सन् 1933 में एहरेनफेस्ट का दुःखद अंत हुआ–उन्होंने पहले सोलह साल के अपने बीमार पुत्र को गोली मारकर खत्म कर दिया, और फिर आत्महत्या कर ली!

सन् 1913 में आइंस्टाइन ने विएना[21] में आयोजित एक विज्ञान कांग्रेस में

भाग लिया, जहां उन्होंने आपेक्षिकता के व्यापक सिद्धांत की एक सरल रूपरेखा प्रस्तुत की। यह सिद्धांत अभी पूर्ण विकसित नहीं हुआ था, इसलिए आइंस्टाइन ने इसकी मोटी-मोटी बातें ही वैज्ञानिकों के सामने रखीं। उन्होंने बताया कि यह गुरुत्वाकर्षण का एक नया सिद्धांत है। उन्होंने गुरुत्वाकर्षण के सिद्धांत की तुलना विद्युत के सिद्धांत से की। 18वीं सदी में विद्युत के बारे में केवल इतनी ही जानकारी थी कि इसका अस्तित्व आवेशों के रूप में है, जो एक-दूसरे को एक ऐसे बल के साथ आकर्षित या विकर्षित करते हैं जो उनके बीच की दूरी के वर्ग के व्युत्क्रम में घटता-बढ़ता है। आइंस्टाइन ने बताया कि गुरुत्वाकर्षण के बारे में हमारा वर्तमान ज्ञान भी उसी स्तर का है; हम सिर्फ इतना ही जानते हैं कि यह भौतिक पिंडों के बीच के आकर्षण का नियम है। लेकिन पिछले 150 वर्षों में विद्युत-विज्ञान आगे बढ़कर विद्युत-चुंबकीय क्षेत्र और विद्युत-चुंबकीय दोलनों की धारणाओं तक पहुंच गया है। स्पष्ट है कि अब समय आ गया है कि गुरुत्वाकर्षण के सिद्धांत के बारे में व्यापक धारणाएं विकसित की जाएं। आइंस्टाइन का प्रतिपादन था कि गुरुत्व को आकाश (space) की एक विशेषता, आकाश का एक ज्यामितीय गुणधर्म माना जाए।

विएना-यात्रा के दौरान आइंस्टाइन अर्न्स्ट माख़ (1838-1916 ई.) से मिले, जो उस समय 75 वर्ष के थे, विएना के एक उपनगर में रह रहे थे और पक्षाघात के रोगी थे। जैसा कि हमने पीछे बताया है, माख़ विश्व की वस्तुगत यथार्थता को स्वीकार नहीं करते थे; वे आपेक्षिकता-सिद्धांत के भी विरोधी थे।

आइंस्टाइन आपेक्षिकता के व्यापक सिद्धांत के सृजन के लिए तन-मन से जुटे हुए थे। लेकिन उस दौर में उनका पारिवारिक जीवन विखंडित होता जा रहा था; उनके और मिलेवा के बीच की दूरी बढ़ती जा रही थी।

संदर्भ और टिप्पणियां

1. जेनेवा (Geneva) : स्विट्जरलैंड के दक्षिण-पश्चिम कोने में, फ्रांस की सीमा के समीप, जेनेवा झील के पश्चिमी सिरे पर स्थित प्रसिद्ध नगर और सैरगाह। फ्रांसीसी-भाषी स्विट्जरलैंड की राजधानी। सन् 1995 में आबादी : 1,73,000। पुराना विश्वविद्यालय (स्थापना : 1559 ई.)। कैथीड्रल (12वीं सदी)। प्रथम विश्वयुद्ध के बाद 1920 ई. से 1946 ई. तक यहां राष्ट्रसंघ (League of Nations) का मुख्यालय रहा। विश्व स्वास्थ्य संगठन (WHO), रेड क्रॉस आदि अनेक अंतर्राष्ट्रीय संगठनों के मुख्यालय। उत्पादन : घड़ियां, आभूषण, विद्युत व प्रकाशिकीय उपकरण। फ्रांसीसी विचारक रूसो (Rousseau : 1712-1778 ई.) का जन्मस्थान।

जेनेवा के पास 1954 ई. में स्थापित CERN (Consell Européen pour la Recherche Nucléaire) नामक नाभिकीय अनुसंधान का यूरोपीय संस्थान है, जो अब यूरोप के कई देशों द्वारा समर्थित परमाणु कणिका-भौतिकी (Particle physics) की एक प्रमुख प्रयोगशाला है। यहां 7 किलोमीटर लंबे भूमिगत सुरंग वाला Super Proton Syncrotron (SPS) है, जो प्रोटॉन कणों को 400 GeV तक त्वरित करता है। यहां के Large Electron-Positron Collider (LEP) में 50 GeV की इलेक्ट्रॉन व प्रोटॉन पुंजें आपस में टकराती हैं। भौतिकी का यह अनुसंधान क्षेत्र आपेक्षिकता-सिद्धांत से गहराई से प्रभावित है।

2. अयूक्लिडीय ज्यामिति (non-Euclidian geometry) : ऐसी ज्यामिति जो विशेषकर यूक्लिड के इस अभिगृहीत (postulate) को स्वीकार नहीं करती कि आकाश (space) के एक बिंदु में से, एक प्रदत्त रेखा के समांतर, केवल एक ही रेखा खींची जा सकती है। उन्नीसवीं सदी में कार्ल फ्रीडरिख़ गौस (1777-1855 ई.), यानोस बोल्याई (1777-1855 ई.), निकोलाई लोबाचेवस्की (1792-1856 ई.), बेर्नहार्ड रीमान (1826-1866 ई.), और फेलिक्स क्लाइन (1849-1925 ई.) जैसे चोटी के गणितज्ञों ने विभिन्न प्रकार की अयूक्लिडीय ज्यामितियों का सृजन किया। इन गणितज्ञों के बारे में विस्तृत जानकारी के लिए देखिए मेरा ग्रंथ **संसार के महान गणितज्ञ**, पंचम संस्करण, राजकमल प्रकाशन, नई दिल्ली।

3. अर्न्स्ट माख़ (Ernst Mach : 1838-1916 ई.) का जन्म तुरास (आधुनिक चेकोस्लोवाकिया) में हुआ था और शिक्षा विएना में। उन्होंने ग्राझ, प्राग और विएना में अध्यापन-कार्य किया। सन् 1901 में पक्षाघात के शिकार हुए। माख़ आज 'माख़ नंबर'– किसी पिंड के वेग और ध्वनि के वेग के अनुपात–के लिए ज्यादा जाने जाते हैं। यदि किसी विमान का वेग 'माख़ 2' है, तो उसका मतलब है कि वह आकाश में ध्वनि के दुगुने वेग से उड़ रहा है। माख़ अपने 'माख़ नियम' (Mach Principle) के लिए भी जाने जाते हैं, जिसके अनुसार :

चित्र 6.5 : अर्न्स्ट माख़ (1838-1916 ई.)

कोई भी पिंड जड़त्व-रहित होगा यदि विश्व में अन्य कोई द्रव्य नहीं रहेगा, क्योंकि जड़त्व पिंडों की अन्योन्याश्रित क्रिया है। आरंभ में माख़ के विचारों ने आइंस्टाइन को काफी प्रभावित किया था। परंतु माख़ ने आइंस्टाइन के आपेक्षिकता-सिद्धांत को कभी स्वीकार नहीं किया। माख़ प्रत्यक्षवादी (positivist) थे।

4. वाल्थेर नेर्नस्ट (Walther Nernst : 1864-1941 ई.) का जन्म ब्रिसेन (प्रशिया, अब पोलैंड) में हुआ था और शिक्षा ग्राझ व वीर्झबर्ग में। वे गॉटिंगेन और बर्लिन विश्वविद्यालयों में रसायन के प्राध्यापक रहे। नेर्नस्ट ने रसायन के क्षेत्र में कई आविष्कार किए, किंतु उनका प्रमुख शोधकार्य तापगतिकी (thermodynamics) से संबंधित है; उन्होंने तापगतिकी का तीसरा नियम खोजा। नेर्नस्ट ने प्रथम विश्वयुद्ध में रसायनों का युद्धास्त्रों के रूप में प्रयोग करने का सुझाव दिया था।

5. सन् 1914 में आइंस्टाइन और मिलेवा जुदा हुए; आइंस्टाइन बर्लिन में रहे और मिलेवा, दोनों बच्चों के साथ, ज्यूरिख़ में। बाद में एडवर्ड का झुकाव मनोचिकित्सा और सिगमंड फ्रायड (1856-1939 ई.) के अध्ययन की ओर हुआ (आइंस्टाइन की फ्रायड के विचारों में विशेष आस्था नहीं थी)। ज्यूरिख़ विश्वविद्यालय में मनोचिकित्सा का अध्ययन करते समय एडवर्ड मानसिक रोग के शिकार हुए। उन्हें बीच-बीच में मनोचिकित्सालय में रखना पड़ा। आइंस्टाइन ने बेटे की चिकित्सा में कोई दिलचस्पी नहीं ली। दोनों की अंतिम भेंट 1933 ई. में हुई थी। आइंस्टाइन की मृत्यु (अप्रैल 1955) के समय एडवर्ड स्विट्जरलैंड में मानसिक रोगी थे। मनोचिकित्सालय में ही 1965 ई. में एडवर्ड की मृत्यु हुई।

6. मूसा-धर्म (Mosaic) : पुरानी बाइबल के अनुसार यहूदी मसीहा मूसा (ईसा-पूर्व लगभग 14वीं सदी) द्वारा प्रतिपादित धार्मिक नियम (तोरा-संहिता)। वस्तुतः आइंस्टाइन धर्म-कर्म के लिए कभी किसी यहूदी सभाघर (synagogue) में नहीं गए। प्राग में पहुंचने पर ही वे पहली बार अपने को यहूदी कहने के लिए विवश हुए थे। वे अपने को 'यहूदी कबीले' का महज एक सदस्य मानते थे। कहते भी थे : "मैं तो एक धार्मिक नास्तिक (religious nonbeliever) हूं।"

7. ट्यूको ब्राए (Tycho Brahe : 1546-1601 ई.) का जन्म स्काने (तब डेनिश शासन के अंतर्गत) के एक धनाढ्य परिवार में हुआ था और अध्ययन कोपेनहेगन, विटेनबर्ग तथा रोस्टॉक में। एक द्वंद्व-युद्ध में ब्राए की नाक कट गई, तो उन्होंने चांदी की नकली नाक लगवा ली थी। ब्राए ने 1572 ई. में आकाश में एक अधिनवतारा (supernova) खोजा, तो सारे यूरोप में उनका नाम फैल गया। सन् 1576 में डेनमार्क के शासक फ्रेडरिक-द्वितीय ने ह्वेन (Hven) द्वीप ब्राए को दान कर दिया और वहां एक भव्य वेधशाला के निर्माण के लिए राजकोष से उन्हें प्रचुर धन भी उपलब्ध कराया। वह वेधशाला 'उरानीबर्ग वेधशाला' (आकाश महल) के नाम से

विख्यात हुई। सन् 1577 में ब्राए ने आकाश में एक धूमकेतु देखा और बताया कि इसकी कक्षा ग्रहों के बीच है, न कि प्राचीन यूनानियों की सोच के अनुसार वायुमंडल में। ब्राए 1599 ई. में प्राग पहुंचे और तब केपलर भी उनके सहायक बनकर वहां पहुंच गए। प्राग में ब्राए के देहांत (1601 ई.) के बाद उनके प्रेक्षणों का सारा लेखा-जोखा केपलर को मिला, जिसके आधार पर उन्होंने सिद्ध किया कि ग्रह दीर्घवृत्ताकार कक्षाओं (elliptical orbits) में सूर्य की परिक्रमा करते हैं।

चित्र 6.6 : ट्यूको ब्राए (1546-1601 ई.)

8. योहानेस केपलर (Johannes Kepler : 1571-1630 ई.) का जन्म दक्षिण-पश्चिम जर्मनी के वाइल नगर में हुआ था और अध्ययन ट्यूबिंगेन विश्वविद्यालय में। लूथर मतावलंबी और कोपर्निकस के सूर्यकेंद्रवाद के अनुयायी होने के कारण केपलर को अनेक कठिनाइयों का सामना करना पड़ा; उन्हें कई नगर छोड़ने पड़े। अंत में 1600 ई. में केपलर प्राग पहुंचे और ट्यूको ब्राए के सहायक नियुक्त हुए। ब्राए के देहांत के बाद फ्रेडरिक-द्वितीय ने केपलर को राजगणितज्ञ नियुक्त किया। केपलर ने ग्रह-गति के तीन नियम खोज निकाले : (1) प्रत्येक ग्रह सूर्य की परिक्रमा वृत्तमार्ग में नहीं, बल्कि दीर्घवृत्तीय मार्ग में करता है और सूर्य उस दीर्घवृत्त की एक नाभि (focus) पर

चित्र 6.7 : योहानेस केपलर (1571-1630 ई.), समकालीन पोर्त्रेत

स्थित रहता है; (2) सूर्य के केंद्र और किसी ग्रह के केंद्र को जोड़ने वाली कल्पित रेखा द्वारा निर्मित क्षेत्रफल और समय में एक निश्चित संबंध होता है; (3) किसी ग्रह को सूर्य की परिक्रमा करने में जितना समय लगता है उसके वर्ग में और उस ग्रह तथा सूर्य के बीच की माध्य औसत दूरी के घन में एक निश्चित संबंध होता है।

ट्यूको ब्राए और केपलर के बारे में अधिक जानकारी के लिए देखिए किशोरों के लिए लिखी गई मेरी पुस्तक **केपलर**, राजकमल प्रकाशन, नई दिल्ली, 2004.

9. माक्स ब्रॉड ने प्राग में ही जन्मे यहूदी कवि-उपन्यासकार फ्रांत्स काफ्का (Franz Kafka : 1883-1924 ई.) का संपादन किया है। ब्रॉड ने आइंस्टाइन के बारे में लिखा है : "चर्चा में वे बड़ी सहजता से, प्रयोग के तौर पर, अपना दृष्टिकोण एकदम बदल देते थे, कभी-कभी तो समूचे सवाल को लगभग एक नए और विपरीत दृष्टिकोण से देखते थे। मैं उनके सोचने के इस तरीके से चकित था, उत्साह से भर जाता था।" ब्रॉड अक्सर ही आइंस्टाइन से मिलते थे; उन्होंने आइंस्टाइन को यहूदी धर्म की ओर खींचने का भी प्रयास किया, परंतु इसमें उन्हें सफलता नहीं मिली।

   उपन्यासकार कारेल चापेक (1890-1938 ई.) और कवि-नाटककार बेर्टोल्ट ब्रेख़्ट (1898-1956 ई.) ने भी अपनी कृतियों में आइंस्टाइन का उल्लेख किया है। **गैलीलियो** के रचनाकार ब्रेख़्ट ने अपने को "नाटक की नई विधा का आइंस्टाइन" कहा है।

10. फिलिप फ्रांक (Philipp Frank : 1884-1966 ई.) : ये प्राग विश्वविद्यालय में आइंस्टाइन के बाद उनके स्थान पर प्राध्यापक नियुक्त हुए थे। आइंस्टाइन के बारे में इनका प्रसिद्ध ग्रंथ है–**Einstein, His Life and Times**, Jonathan Cape, London, 1950.

    एक किस्सा मशहूर है। सन् 1912 में प्राग विश्वविद्यालय के भौतिकी विभाग में फिलिप फ्रांक की नियुक्ति हुई, तो विभागाध्यक्ष ने उनसे कहा : "हम आपसे सामान्य आचरण की उम्मीद रखते हैं।"

    सुनकर फिलिप फ्रांक को बड़ा अचरज हुआ। पूछा : "क्या सामान्य आचरण वाले भौतिकवेत्ता बिरले हो गए हैं?"

    "क्या आप कहेंगे कि आपके पूर्ववर्ती एक सामान्य व्यक्ति थे?" विभागाध्यक्ष ने उलटे सवाल किया।

    फिलिप फ्रांक के पूर्ववर्ती थे–**अल्बर्ट आइंस्टाइन**!

11. ग्रेगोरिओ रिच्ची-कुर्बास्त्रो (Gregorio Ricci-Curbastro : 1853-1925 ई.) : इतालवी गणितज्ञ, जिनके द्वारा विकसित निरपेक्ष अवकल गणित (absolute differential calculus) आइंस्टाइन के आपेक्षिकता-सिद्धांत के लिए उपयोगी सिद्ध हुआ। रिच्ची-कुर्बास्त्रो का जन्म लुगो (रोमाग्ना) में हुआ और उन्होंने इटली तथा जर्मनी के कई

विश्वविद्यालयों में अध्ययन किया। वे इटली के पादुआ विश्वविद्यालय में गणितीय भौतिकी के प्राध्यापक थे।

12. तुलिओ लेवी-सिविता (Tullio Levi-Civita : 1873-1941 ई.) : इतालवी गणितज्ञ, जिन्होंने अपने गुरु रिच्ची-कुर्बास्त्रो के साथ मिलकर निरपेक्ष अवकल गणित (absolute differential calculus) का विकास किया और उसे 1900 ई. में प्रकाशित कर दिया। यह एक नितांत नया अवकल गणित था, जो यूक्लिडीय व अयूक्लिडीय दोनों प्रकार के आकाश पर लागू होता था। यह गणित आइंस्टाइन के व्यापक आपेक्षिकता-सिद्धांत के लिए बुनियादी आधार बना। रिच्ची-कुर्बास्त्रो और लेवी-सिविता का यह निरपेक्ष अवकल गणित बाद में प्रदिश कलन (Tensor calculus) में विकसित हुआ। लेवी-सिविता का जन्म और अध्ययन इटली के पादुआ नगर में हुआ। पादुआ के इंजीनियरिंग स्कूल में बीस साल तक पढ़ाने के बाद वे रोम विश्वविद्यालय में उच्च गणित के प्राध्यापक बने। इटली की फासीवादी सरकार ने उन्हें विश्वविद्यालय और दूसरे सभी वैज्ञानिक संस्थानों की सदस्यता से हटा दिया, तो वे प्रिंसटन (अमरीका) चले गए थे।

13. मॉरिस विंटरनिट्ज (Maurice Winternitz) का जन्म 23 दिसंबर, 1863 को दक्षिण ऑस्ट्रिया के हॉर्न नगर में हुआ था। विएना में भाषा-विज्ञान का अध्ययन करने के बाद वे ऑक्सफोर्ड में दो साल तक मैक्स म्यूलर (1823-1900 ई.) के सहायक रहे और तदनंतर प्राग विश्वविद्यालय में भारतीय-आर्य भाषाओं के प्राध्यापक नियुक्त हुए। सन् 1921 में रवींद्रनाथ ठाकुर के निमंत्रण पर विंटरनिट्ज शांतिनिकेतन आए और एक साल तक वहां रहे। भारत की विस्तृत यात्रा करके प्राग वापस लौटे और वहीं पर 1937 ई. में विंटरनिट्ज का देहांत हुआ। विंटरनिट्ज का प्रमुख कृतित्व है—उनका जर्मन ग्रंथ *Geschichte der Indischen Literatur* (तीन खंड, 1905-1920 ई.), जो अंग्रेजी में अनूदित (*History of Indian Literature*) होकर पहले कोलकाता से छपा और फिर दिल्ली से पुनर्मुद्रित हुआ।

चित्र 6.8 : मॉरिस विंटरनिट्ज (1863-1937 ई.)

14. अर्नेस्ट सोल्वी (Ernest Solvay : 1838-1922 ई.) : बेल्जियमवासी रसायनज्ञ और उद्योगपति, जिन्होंने 1860 के दशक में सोडा बनाने की 'अमोनिया-सोडा प्रक्रिया' (**सोल्वी प्रक्रिया**) खोज निकाली और कारखाने स्थापित करके प्रचुर धन कमाया।

सोल्वी और जर्मन रसायनज्ञ वाल्थेर नेर्नस्ट ने मिलकर तय किया कि वैज्ञानिक समस्याओं पर विचार-विमर्श के लिए ब्रुसेल्स में प्रमुख भौतिकीविदों का एक सम्मेलन (जो **सोल्वी कांग्रेस** के नाम से जाना गया) आयोजित किया जाए। सोल्वी ने आयोजन का सारा व्यय वहन करना स्वीकार कर लिया। सन् 1911 में आयोजित प्रथम सोल्वी कांग्रेस के बाद भी आगे इन कांग्रेसों का सिलसिला जारी रहा।

15. आँरी प्वाँकारे (Henri Poincaré : 1854-1912 ई.) : फ्रांसीसी गणितज्ञ, जिन्होंने अवकल समीकरणों (defferential equations) का सिद्धांत विकसित किया, और आपेक्षिकता के बारे में भी कुछ प्रारंभिक सिद्धांत पेश किए थे। संस्थिति-विज्ञान (Topology : ज्यामिति की वह शाखा जिसमें आकृतियों के अपरिवर्तनीय गुणधर्मों का अध्ययन होता है) से संबंधित प्रथम निबंध प्वाँकारे ने ही प्रकाशित किया था। प्वाँकारे का जन्म फ्रांस के नान्सी नगर में हुआ था और शिक्षा पेरिस में। 1881 से मृत्यु तक वे सॉरबोन विश्वविद्यालय में प्राध्यापक रहे।

चित्र 6.9 : आँरी प्वाँकारे (1854-1912 ई.)

16. मारी क्यूरी (Marie Curie, जन्मनाम Manya Sklodowska : 1867-1934 ई.) : मारी का जन्म वारसा (पोलैंड) में हुआ था और अध्ययन पेरिस में, जहां 1895 ई. में प्येअर क्यूरी से उनका विवाह हुआ। सन् 1906 में पति की मृत्यु के बाद मारी क्यूरी सॉरबोन विश्वविद्यालय में पति के स्थान पर प्राध्यापक नियुक्त हुईं। उस विश्वविद्यालय में प्राध्यापक बनने वाली वह पहली महिला थीं। सन् 1898 में क्यूरी दम्पति ने

चित्र 6.10 : मारी, प्येअर क्यूरी और बेटी ईरेन

पिचब्लेंडे में दो नए रेडियोधर्मी तत्वों—पोलोनियम और रेडियम—की खोज की। रेडियोधर्मिता की खोजबीन के लिए पति-पत्नी को 1903 ई. का भौतिकी का नोबेल पुरस्कार मिला—नैसर्गिक रेडियोधर्मिता के खोजकर्ता आंतोन आँरी बेक्केरेल (1852-1908 ई.) के साथ। फिर 1911 ई. में पोलोनियम और रेडियम तत्वों की खोज तथा पृथक्करण के लिए अकेली मारी क्यूरी को रसायन का नोबेल पुरस्कार दिया गया। मारी क्यूरी की बेटी ईरेन और दामाद फ्रेदेरीक झॉल्यो-क्यूरी को भी 1935 ई. में रसायन का नोबेल पुरस्कार मिला—नए रेडियोधर्मी तत्वों के संश्लेषण के लिए।

प्रथम महायुद्ध में मारी क्यूरी ने एक्स-रे उपकरणों से घायलों का इलाज करने वाले दल का नेतृत्व किया। विश्वयुद्ध के बाद राष्ट्रसंघ (League of Nations) की ओर से बौद्धिक सहयोग के लिए आयोग (Commission for Intellectual Co-operation) की स्थापना हुई, तो मारी क्यूरी और अल्बर्ट आइंस्टाइन उसके सदस्य नियुक्त हुए थे।

17. पॉल लांगेविन (Paul Langevin : 1872-1946 ई.) : फ्रांसीसी भौतिकवेत्ता, जिन्होंने *पृथक्* ब्राउनी कण के लिए 'न्यूटनीय समीकरण' की रचना की (आइंस्टाइन ने 1905 ई. में ब्राउनी गति के अपने अन्वेषण में ऐसे कणों के *समूह* पर विचार किया था)। लांगेविन शुरू से ही आइंस्टाइन के आपेक्षिकता-सिद्धांत के प्रबल समर्थक थे। लांगेविन का जन्म पेरिस में हुआ था और अध्ययन पेरिस तथा कैम्ब्रिज (केवेंडिश प्रयोगशाला) में। पॉल लांगेविन प्येअर क्यूरी के विद्यार्थी थे, तो उनकी बेटी ईरेन के पति झॉल्यो-क्यूरी लांगेविन के विद्यार्थी। लांगेविन ने 'कालेज द फ्रांस' और सॉरबोन विश्वविद्यालय में अध्यापन-कार्य किया। प्रथम विश्वयुद्ध के दौरान लांगेविन ने पनडुब्बियों का पता लगाने के लिए एक उपकरण की खोज की। दूसरे विश्वयुद्ध के दौरान लांगेविन फासीवाद के विरोध में सक्रिय रहे; वे फ्रांस की कम्युनिस्ट पार्टी के सदस्य बन गए। सन् 1940 में नाजियों ने उन्हें बंदी बनाया। वे सन् 1944 में स्विट्जरलैंड भाग निकले और फ्रांस

चित्र 6.11 : पॉल लांगेविन (1872-1946 ई.)

की मुक्ति के बाद ही स्वदेश लौटे। दो साल बाद लांगेविन का देहांत हुआ, तो आइंस्टाइन के उद्गार थे : "लांगेविन मेरे एक घनिष्ठतम मित्र, एक सच्चे संत और अत्यंत प्रतिभाशाली व्यक्ति थे।" आइंस्टाइन ने यह भी लिखा है कि यदि वह स्वयं विशिष्ट आपेक्षिकता की खोज नहीं कर पाते, तो लांगेविन देर-सवेर अवश्य कर लेते।

18. अर्नेस्ट रदरफोर्ड (Ernest Rutherford : 1871-1937 ई.) : नेल्सन (न्यूजीलैंड) में जन्मे ब्रिटिश भौतिकवेत्ता और प्रयोगकर्ता, जिन्होंने रेडियोधर्मिता के क्षेत्र में महत्वपूर्ण गवेषणा-कार्य करके अल्फा, बीटा और गामा किरणों की खोज की। उन्होंने परमाणु की संरचना का एक ऐसा मॉडल प्रस्तुत किया, जिसके केंद्र में एक नाभिक (प्रोटॉन व न्यूट्रॉन) होता है और उसके गिर्द इलेक्ट्रॉन चक्कर लगाते हैं। परमाणु के नाभिक पर अल्फा कणों के प्रहार से कृत्रिम तत्वांतरण (artificial transmutation of elements) प्राप्त करने वाले रदरफोर्ड संसार के पहले वैज्ञानिक थे। वे प्रमुखतः मैंचेस्टर विश्वविद्यालय और कैम्ब्रिज की प्रख्यात केवेंडिश प्रयोगशाला से संबंधित रहे। रदरफोर्ड को 1908 ई. का रसायन का नोबेल पुरस्कार मिला।

चित्र 6.12 : अर्नेस्ट रदरफोर्ड (1871-1937 ई.)

19. हेन्ड्रिक लॉरेंट्ज के लिए देखिए अध्याय 1, टिप्पणी 4.

20. माक्स फॉन लाउए के लिए देखिए अध्याय 5, टिप्पणी 16 व 17.

21. विएना (Vienna या Wien) : वनों व बागों से घिरी, डेन्यूब नदी पर स्थित ऑस्ट्रिया की खूबसूरत राजधानी। नेपोलियन की पराजय के बाद यूरोप का नए सिरे से बंटवारा करने के लिए विएना कांग्रेस (1814-15 ई.) का आयोजन हुआ था। उद्योग, व्यापार और यातायात का प्रमुख केंद्र। विश्वविद्यालय, कैथीड्रल, प्रसिद्ध प्रेटर उद्यान। संगीत, संस्कृति और विज्ञान का प्रभावकारी केंद्र। मोट्सार्ट, बीथोवन, शुबेर्ट, फ्रायड, श्रोडिंगेर, लिसे माइटनेर आदि विभूतियों का नगर। सन् 1995 में आबादी 16 लाख।

❑❑❑

अध्याय 7

आइंस्टाइन बर्लिन में

सन् 1895 से भौतिकी के क्षेत्र में बड़ी तेजी से नए-नए आविष्कार होने लगे, भौतिकी में एक नए क्रांतिकारी युग की शुरुआत हुई। सन् 1895 में रूंटगेन ने एक्स-रे की खोज की। सन् 1896 में आंतोन आँरी बेक्केरेल ने यूरेनियम के लवण में प्राकृतिक रेडियोधर्मिता की खोज की। सन् 1898 में मारी व प्येअर क्यूरी ने रेडियम की खोज की। सन् 1900 में माक्स प्लांक ने क्वांटम सिद्धांत की नींव रख दी। सन् 1905 में आइंस्टाइन ने प्रकाश-क्वांटम (जिसे बाद में 'फोटॉन' का नाम दिया गया) की क्रांतिकारी धारणा प्रस्तुत की और विशिष्ट आपेक्षिकता-सिद्धांत प्रतिपादित किया। सन् 1911 में अर्नेस्ट रदरफोर्ड ने परमाणु के नाभिक की खोज की। भौतिकी के क्षेत्र के आविष्कारों का यह सिलसिला तेजी से आगे बढ़ता गया।

भौतिकी के क्षेत्र के ये आविष्कार प्रमुखतः विश्वविद्यालयों की प्रयोगशालाओं में हुए थे और इक्के-दुक्के वैज्ञानिकों के निजी प्रयास थे। लेकिन अब उद्योग-व्यवसाय भी भौतिकीय अनुसंधान में अपनी पूंजी लगाने को तैयार थे। प्रशिया के सम्राट की इच्छा और बैंकरों तथा उद्योगपतियों के सहयोग से 1911 ई. में बर्लिन में स्थापित ऐसा ही एक संस्थान था—कैसर विलहेल्म गेसेल्लशाफ्ट इंस्टीट्यूट (Kaiser Wilhelm Gesellschaft Institute)।[1] इस संस्थान का उद्देश्य था—श्रेष्ठतम वैज्ञानिकों को हासिल करना, उन्हें भरपूर वेतन देना, उन्हें

चित्र 7.1 : आइंस्टाइन, औपचारिक पोशाक में, बर्लिन

चित्र 7.2 : माक्स प्लांक
(1858-1947 ई.)

चित्र 7.3 : वाल्थेर नेर्नस्ट
(1864-1941 ई.)

अध्यापन-कार्य से मुक्त रखना और अपनी इच्छानुसार किसी भी अनुसंधान में जुटे रहने की पूरी आजादी देना। कैसर विलहेल्म इंस्टीट्यूट में वैज्ञानिकों की भरती करने की जिम्मेदारी माक्स प्लांक और वाल्थेर नेर्नस्ट को सौंपी गई। क्वांटम की धारणा के प्रतिपादक माक्स प्लांक (1858-1947 ई.) का जर्मन कुलीन वर्ग तथा सरकारी तंत्र में काफी सम्मान था, तो रसायनज्ञ वाल्थेर नेर्नस्ट (1864-1941 ई.) उद्योगपतियों के चहेते वैज्ञानिक थे।

बैंकर लियोपोल्ड कोप्पेल (1854-1933 ई.) ने कैसर विलहेल्म इंस्टीट्यूट की स्थापना के लिए काफी धन दिया था। सन् 1913 में कोप्पेल ने कहा कि वह भौतिकीय अनुसंधान के लिए भी धन देना चाहते हैं। तब 1913 ई. के वसंत में माक्स प्लांक और वाल्थेर नेर्नस्ट एक प्रस्ताव लेकर आइंस्टाइन से मिलने ज्यूरिख़ पहुंचे। प्रस्ताव था : आइंस्टाइन कैसर विलहेल्म इंस्टीट्यूट के अंतर्गत स्थापित होने वाले भौतिकीय अनुसंधान संस्थान के निदेशक होंगे; उन्हें प्रशियाई विज्ञान अकादमी का सदस्य बनाया जाएगा; उन्हें बर्लिन विश्वविद्यालय में प्राध्यापक नियुक्त किया जाएगा, लेकिन वे अपनी मनमर्जी के लेक्चर लेने के लिए स्वतंत्र होंगे; वे अपनी पसंद का कोई भी गवेषणा-कार्य कर सकेंगे और किसी भी अन्य संस्थान के कार्य में सहयोग दे सकेंगे।

प्रस्ताव लुभावने थे। आइंस्टाइन को लगा कि यदि वे प्रस्ताव स्वीकार कर लेते हैं, तो व्यापक आपेक्षिकता-सिद्धांत के विकास में वे अपना पूरा समय लगा सकेंगे। प्लांक और नेर्नस्ट ने यह भी कहा था कि बर्लिन में आइंस्टाइन कई श्रेष्ठ भौतिकीविदों

व गणितज्ञों के संपर्क में आएंगे। जब आइंस्टाइन ने उनसे कहा कि पॉल लांगेविन[2] के अनुसार आपेक्षिकता-सिद्धांत को ठीक से समझने वाले दुनिया में इस समय केवल बारह ही व्यक्ति हैं, तो नेर्नस्ट का उत्तर था : "इस समय उनमें से आठ बर्लिन में मौजूद हैं।"

फिर भी बर्लिन जाने के लिए आइंस्टाइन विशेष उत्साहित नहीं थे। वे ज्यूरिख़ के सहज, सरल जीवन वाले वातावरण को छोड़कर जर्मनी के सैन्यवादी और दंभी माहौल में जाने से हिचक रहे थे। लेकिन अंत में आइंस्टाइन ने प्रस्ताव को अंशतः स्वीकार कर लिया और अंतिम निर्णय के लिए कुछ समय मांगा। तय हुआ कि प्लांक और नेर्नस्ट पुनः ज्यूरिख़ आएंगे। आइंस्टाइन ने उन्हें बताया कि यदि वह लाल फूलों का गुच्छा लेकर स्टेशन पर उनसे मिलने आते हैं, तो उसका अर्थ होगा कि उनका प्रस्ताव स्वीकार कर लिया गया है; और, यदि वे सफेद फूल लेकर आते हैं, तो उसका अर्थ होगा कि प्रस्ताव मान्य नहीं है।

अगली बार प्लांक और नेर्नस्ट ज्यूरिख़ स्टेशन पहुंचे, तो आइंस्टाइन लाल फूलों का गुच्छा लेकर वहां हाजिर थे; आशय था कि उन्होंने प्रस्ताव स्वीकार कर लिया है। तलाकशुदा चचेरी-मौसेरी बहन एल्सा लोवेंथाल का बर्लिन में होना भी प्रस्ताव स्वीकार करने का आंशिक कारण था। अप्रैल 1912 में अपनी प्रथम बर्लिन-यात्रा के दौरान आइंस्टाइन एल्सा से मिले थे। तबसे दोनों के बीच प्रेम-पत्रों का आदान-प्रदान जारी था। तलाक के बाद एल्सा बर्लिन में अपने पिता रूडोल्फ आइंस्टाइन के घर रह रही थीं—अपनी दो पुत्रियों—इल्से और मारगॉट—के साथ। आइंस्टाइन के मामा याकोब कॉख़ भी 1901 ई. से बर्लिन में रह रहे थे, व्यापार-व्यवसाय कर रहे थे।

अप्रैल 1914 में आइंस्टाइन बर्लिन पहुंचे। चंद दिन बाद आइंस्टाइन अपने घनिष्ठ मित्र पॉल एहरेनफेस्ट को लिखते हैं : "अपने स्थानीय रिश्तेदारों के बीच मैं बहुत प्रसन्न हूं, विशेषकर हमउम्र चचेरी-मौसेरी बहन को पाकर, जिसके साथ मेरे पुराने मैत्री-संबंध रहे हैं। प्रमुखतः इसी कारण इस बड़े शहर (बर्लिन) में मैं अपने को अभ्यस्त बना पा रहा हूं, अन्यथा इससे मुझे नफरत है।"

कुछ दिन बाद मिलेवा भी बच्चों को लेकर बर्लिन पहुंच गईं, मगर जल्दी ही, प्रथम विश्वयुद्ध शुरू होते ही (28 जुलाई, 1914), वह बच्चों को लेकर ज्यूरिख़ वापस लौट गईं।[3] आइंस्टाइन और मिलेवा के विवाह-संबंध का अंत अब अवश्यंभावी था, किंतु कानूनी तलाक काफी बाद में, 1919 ई. में ही संभव हो सका।

बर्लिन के नए वैज्ञानिक समुदाय के साथ आइंस्टाइन के सरोकार का मुख्य संपर्क-सूत्र था—सप्ताह में एक बार आयोजित होने वाले भौतिकीय सेमीनार, जो

चित्र 7.4 : आइंस्टाइन की पहली पत्नी मिलेवा और उनके दो पुत्र : चार वर्ष का एडवर्ड (बाएं) और दस वर्ष का हान्स अल्बर्ट (दाएं), जुलाई 1914 ई. में, जब पति-पत्नी एक-दूसरे से अलग हुए।

1933 ई. में उनके जर्मनी छोड़ने तक नियमित रूप से जारी रहे। सेमीनार में आने वाले कई वैज्ञानिक आइंस्टाइन के मित्र बन गए। उनमें एक थे—माक्स फॉन लाउए[4] (1879-1960 ई.), जिन्होंने 1912 ई. में मणिभों में एक्स-रे विवर्तन (X-ray diffraction) का अध्ययन करके उनके तरंग-दैर्घ्य का मापन किया था। माक्स प्लांक और वाल्थेर नेर्नस्ट सेमीनार में आते ही थे। सेमीनार में सम्मिलित होने वाले अन्य कुछ प्रतिष्ठित भौतिकवेत्ता थे—गुस्ताफ हर्ट्ज[5], जेम्स फ्रांक[6], एरविन श्रोडिंगेर[7] और लिसे माइटनेर[8]। इन सभी वैज्ञानिकों ने अपने संस्मरणों में आइंस्टाइन के सहज, सरल स्वभाव की स्तुति की है। आइंस्टाइन को आडम्बर कतई पसंद नहीं था। वे अकादमी की बैठकों में कभी-कभी ही शामिल होते थे। उन्होंने मई, 1914 में ज्यूरिख़ के अपने एक मित्र एडोल्फ हुरविट्ज को लिखा था : "यहां जीवन उतना बुरा नहीं है, जितना कि मैं सोचता था। लेकिन मैं तब अपना धीरज खो बैठता हूं, जब मुझे बेवकूफी की बातें समझाई जाती हैं; जैसे, मुझे ऐसे कपड़े पहनने चाहिए कि लोग समझें कि मैं समाज के निम्न वर्ग से नहीं आया हूं।"

आइंस्टाइन के बर्लिन-निवास के आरंभिक दौर में उन्हें कई नए मित्र मिले। उनके कुछ विरोधी भी थे, परंतु उन पर उन्होंने कोई ध्यान नहीं दिया। उनका मस्तिष्क सदैव व्यापक आपेक्षिकता की समस्याओं—त्वरित गतियों की आपेक्षिकता, गुरुत्वाकर्षण और खगोलीय घटनाओं पर आकाश (दिक्) के ज्यामितीय गुणधर्मों की

निर्भरता—में ही उलझा रहता था। इनके बारे में वे सतत सोचते रहते थे।

एक बार का वाकया है। आइंस्टाइन से मिलने फिलिप फ्रांक[9] बर्लिन आए, तो दोनों ने बर्लिन के नजदीक के पोट्सडाम[10] नगर की खगोल-भौतिकीय (सौर) वेधशाला को देखने जाने का तय किया। यह भी तय हुआ कि दोनों पोट्सडाम के पुल पर मिलेंगे। लेकिन फिलिप फ्रांक को बर्लिन में कई सारे काम थे, इसलिए उन्होंने कहा कि पुल पर पहुंचने में उन्हें कुछ विलंब हो सकता है। आइंस्टाइन का जवाब था : "कोई बात नहीं; मैं पुल पर आपका इंतजार करूंगा।" जब फ्रांक ने सुझाया कि इसमें आइंस्टाइन का काफी समय व्यर्थ जाएगा, तो उत्तर मिला : "बिल्कुल नहीं; जिस तरह का काम मैं करता हूं, वह कहीं पर भी किया जा सकता है। अपनी समस्याओं के बारे में घर की बजाए पोट्सडाम पुल पर सोचने में भला मेरी क्षमता में किस तरह की कमी आ सकती है?"

आइंस्टाइन की 'जीवनी' में फिलिप फ्रांक बताते हैं कि उनके विचार सतत प्रवाहमान रहते थे। जिस तरह किसी बड़ी नदी में फेंका गया कोई पत्थर उसके प्रवाह में बाधक नहीं बन सकता, उसी तरह कोई भी बातचीत आइंस्टाइन की विचारधारा में रुकावट नहीं डाल सकती थी।

जर्मनी में परिस्थितियां तेजी से बदल रही थीं। आइंस्टाइन को बर्लिन पहुंचे अभी कुछ ही महीने हुए थे कि जुलाई 1914 में प्रथम विश्वयुद्ध की शुरुआत हो गई। जैसा कि पीछे हमने देखा है, आइंस्टाइन को बचपन से ही युद्ध और सैनिक तंत्र से नफरत थी। उन्होंने लिखा भी है : "सैनिक तंत्र से मुझे घृणा है। बैंड के ताल के साथ कदम से कदम मिलाकर चलने वाले सैनिक को खुश होते देखकर मुझे उससे नफरत हो जाती है। ··· मानव सभ्यता पर लगे इस कलंक को यथासंभव शीघ्र मिटा देना चाहिए। आदेश पर आधारित वीरता, निरर्थक हिंसा, और देशभक्ति के नाम पर होने वाली तमाम विनाशक मूर्खताओं से मैं नफरत करता हूं। मुझे युद्ध से भयंकर घृणा है। ऐसे घृणित कार्य में शरीक होने की बजाए मैं टुकड़ों-टुकड़ों में कट-मर जाना पसंद करूंगा। मानव-जाति के बारे में मेरे विचार बहुत उदात्त हैं; मैं मानता हूं कि यदि व्यवसायी व राजनीतिक हितों द्वारा प्रेस और पाठशालाओं के माध्यम से जनता की साधु सोच को सुव्यस्थित रूप से भ्रष्ट नहीं किया जाता, तो युद्ध का यह भूत कभी का भाग जाता।"[11]

प्रथम विश्वयुद्ध का आरंभ इस प्रकार हुआ : 28 जून (1914 ई.) को बोस्निया की राजधानी सरायेवो में एक सर्व देशभक्त ने ऑस्ट्रियाई युवराज फ्रांज़-फर्दीनांद की हत्या कर दी। 28 जुलाई को ऑस्ट्रिया-हंगेरी ने सर्विया के खिलाफ युद्ध छेड़ दिया। रूस सर्विया के समर्थन में उतर आया (28-29 अगस्त)। 1 अगस्त को जर्मनी ने

रूस के विरुद्ध युद्ध की घोषणा कर दी। 3 अगस्त को जर्मनी ने फ्रांस के विरुद्ध भी युद्ध घोषित कर दिया। और, 4 अगस्त को जर्मन सेनाएं तटस्थ देश बेल्जियम में घुस गईं, तो जर्मनी के विरुद्ध इंग्लैंड भी युद्ध में शामिल हो गया। जर्मन सेनाओं ने जल्दी ही बेल्जियम की सेनाओं को कुचल दिया और वे फ्रांस पर जा चढ़ीं।

जुलाई, 1914 में बर्लिन की सड़कों पर मार्च करते सैनिकों की टुकड़ियां नजर आने लगीं। सड़क के दोनों तरफ कैसर (सम्राट) और जर्मन युद्ध-तंत्र की प्रशंसा करने वाले लोगों की भीड़ जुटने लगी। आइंस्टाइन यह सब देखकर चकित थे, अत्यंत व्यथित थे। इस जंगली राष्ट्रवादिता ने जर्मनी के अकादमिक माहौल को भी विषाक्त बना दिया था। रसायनज्ञ ओस्टवाल्ड[12] ने जर्मन बुद्धिजीवियों के एक घोषणा-पत्र पर हस्ताक्षर करके प्रतिपादित किया कि सारे यूरोप को जर्मन साम्राज्य के अधीन लाना इतिहास का सबसे बड़ा तकाजा है। ऐसी स्थिति में माक्स प्लांक जैसे वैज्ञानिक लाचार थे।[13] आइंस्टाइन की स्थिति बड़ी विचित्र थी; वे अपने जर्मन मित्रों से अब खुलकर मिल-जुल नहीं पा रहे थे। मगर ऐसी स्थिति में वे हाथ पर हाथ धरे रहकर भी बैठे नहीं रह सकते थे। परंतु इस साम्राज्यवादी युद्ध का विरोध करने वाले क्रांतिकारी समूह उनसे काफी दूर थे। फिर भी उन्होंने फ्रांसीसी विचारक व उपन्यासकार रोमाँ रोलाँ[14] (1866-1944 ई.) से संपर्क स्थापित किया और अपने गिर्द वैज्ञानिकों तथा लेखकों का एक गुट तैयार कर लिया।

रोमाँ रोलाँ के युद्ध-विरोधी संगठन में सहयोग देने की इच्छा जताते हुए आइंस्टाइन ने मार्च, 1915 में उन्हें एक पत्र लिखा। आइंस्टाइन ने लिखा : "यूरोप में तीन सदियों की व्यापक सांस्कृतिक गतिविधियों के बाद धार्मिक उन्माद का स्थान राष्ट्रवादी उन्माद ने ले लिया है। कुछ वैज्ञानिक ऐसा व्यवहार कर रहे हैं जैसे उनके दिमाग ने सोचना एकदम बंद कर दिया है।" कई वैज्ञानिकों का तर्कबुद्धि को त्यागकर इस तरह पशुवृत्ति को अपनाना आइंस्टाइन को यूरोप के बुद्धिजीवियों की एक बहुत बड़ी त्रासदी लगी।

सन् 1915 की शरत् में आइंस्टाइन स्विट्ज़रलैंड पहुंचने में सफल रहे। वहां वे पत्नी मिलेवा और बच्चों से मिलने के लिए गए थे। स्विट्ज़रलैंड में वे जेनेवा झील के समीप के वेवी (Vevey) स्थान पर जाकर रोमाँ रोलाँ से भी मिले। रोमाँ रोलाँ के विचारों ने आइंस्टाइन को बहुत प्रभावित किया और वे अपने को अतिराष्ट्रवादिता से जनित बुराइयों का विरोध करने वाले एक अंतर्राष्ट्रीय समुदाय का सदस्य समझने लगे। रोमाँ रोलाँ ने उन्हें बताया कि सभी युद्धरत देशों में युद्ध-विरोधी दल काम कर रहे हैं। आइंस्टाइन को ऐसे लोग जर्मनी में भी मिले।

युद्ध जारी रहा। राष्ट्रवादी उन्माद वैज्ञानिक वातावरण को विषाक्त बनाता गया।

जर्मन भौतिकवेत्ताओं के एक गुट ने परिपत्र जारी करके अपने साथियों से अपील की कि वे ब्रिटिश वैज्ञानिकों की रचनाओं को उद्धृत न करें, पाद-टिप्पणियों में भी नहीं। उन्होंने दावा किया कि ब्रिटिश और फ्रांसीसी वैज्ञानिकों के सिद्धांतों की अपेक्षा जर्मन विज्ञान कहीं अधिक श्रेष्ठ है।

चित्र 7.5 : आइंस्टाइन और उनकी दूसरी पत्नी एल्सा

ऐसे उन्मादी माहौल में आइंस्टाइन बेहद परेशान थे। उन्हें सकून देने वाले साथियों की जरूरत थी। यह सकून उन्हें मिला चाचा रूडोल्फ आइंस्टाइन के घर में, जो उस समय अपनी बेटी एल्सा लॉवेंथाल[15] के साथ बर्लिन में रह रहे थे। एल्सा को आइंस्टाइन बचपन से ही जानते थे; वह अपने पति से जुदा होकर अपनी दो बेटियों (इल्से और मारगॉट) के साथ बर्लिन में रहने चली आई थीं। एल्सा और आइंस्टाइन, दोनों के स्वभाव में कई बातें समान थीं। बाद में 1919 ई. में पहली पत्नी मिलेवा से तलाक लेकर आइंस्टाइन ने एल्सा से विवाह कर लिया।

सन् 1905 में विशिष्ट आपेक्षिकता-सिद्धांत के प्रतिपादन के बाद आइंस्टाइन व्यापक आपेक्षिता-सिद्धांत के सृजन में जुट गए थे। विश्वयुद्ध के दौरान भी उनका गवेषणा-कार्य सतत जारी रहा। अंततः सन् 1916 के आरंभ में उन्होंने अपना व्यापक आपेक्षिकता-सिद्धांत प्रकाशित कर दिया।

संदर्भ और टिप्पणियां

1. दिसंबर 1870 में जर्मनी के एकीकरण व जर्मन साम्राज्य की स्थापना के बाद प्रशिया के राजा विलियम (जर्मन विलहेल्म) प्रथम ने कैसर (Kaiser) की उपाधि धारण की थी। विलियम (कैसर विलहेल्म) द्वितीय 1888 से 1918 ई. तक जर्मनी का सम्राट था। इसी सम्राट की इच्छा से 1911 ई. में कैसर विलहेल्म गेसेल्लशाफ्ट

इंस्टीट्यूट की स्थापना हुई थी।

2. पॉल लांगेविन के लिए देखिए अध्याय 6, टिप्पणी 17.

3. आइंस्टाइन मिलेवा व बच्चों को बिदा करने बर्लिन के रेलवे स्टेशन गए थे। उनके साथ थे—ज्यूरिख़ के दिनों के उनके मित्र, मशहूर रसायनज्ञ फ्रिट्ज़ हाबेर। मिलेवा और बच्चों से बिछुड़ते समय आइंस्टाइन बहुत द्रवित हो गए, रोने लग गए। हाबेर उन्हें संभालकर स्टेशन से घर वापस ले आए।

चित्र 7.6 : फ्रिट्ज हाबेर और अल्बर्ट आइंस्टाइन, भौतिकीय रसायन के कैसर विलहेल्म संस्थान में, बर्लिन, जुलाई 1914.

फ्रिट्ज़ हाबेर (Fritz Haber : 1868-1934 ई.) बर्लिन के कैसर विलहेल्म संस्थान में नए स्थापित भौतिकीय रसायन विभाग के निदेशक थे और आइंस्टाइन का ऑफिस उन्हीं के विभाग में था। हाबेर ने नाइट्रोजन व हाइड्रोजन से एमोनिया का संश्लेषण करने की विधि खोजी थी, जिसके लिए उन्हें 1918 ई. का रसायन का नोबेल पुरस्कार दिया गया। इस विधि से हाबेर ने जर्मन सेना के लिए बम-विस्फोटक भी तैयार किए थे। फिर उन्होंने विषैली गैस तैयार की, जिसका बेल्जियम में फ्रांसीसी सेना के खिलाफ इस्तेमाल हुआ। सन् 1933 में हिटलर के सत्ता में आने पर हाबेर, जो यहूदी थे, जर्मनी से निष्कासित हुए; वे इंग्लैंड चले गए। कुछ दिन बाद बासेल (स्विट्ज़रलैंड) में हाबेर की मृत्यु हुई।

हाबेर की गतिविधियों से आइंस्टाइन परिचित थे, पर विवश थे। उन्हें इस बात का बड़ा दुःख था कि बर्लिन के उनके तीन वैज्ञानिक मित्रों—माक्स प्लांक, वाल्थेर नेर्नस्ट व फ्रिट्ज़ हाबेर—ने भी अक्तूबर 1914 में जारी किए गए 93 जर्मन विद्वानों के कुख्यात "घोषणापत्र" पर हस्ताक्षर किए थे।

4. माक्स फॉन लाउए के लिए देखिए अध्याय 5, टिप्पणी 16 व 17.

5. गुस्ताफ हर्ट्ज़ (Gustav Hertz : 1887-1975 ई.) : जर्मन भौतिकवेत्ता, जिन्होंने जेम्स फ्रांक (देखिए अगली टिप्पणी) के साथ मिलकर प्रमाणित किया कि जब इलेक्ट्रॉनों से पारे (mercury) के परमाणुओं पर आघात किया जाता है, तो उनमें ऊर्जा का अवशोषण क्वांटा (ऊर्जा की पृथक् इकाइयों) के रूप में होता है। इस अवशोषण के बाद वे परमाणु प्रकाश के क्वांटम (फोटॉन) का उत्सर्जन करके अपनी पूर्वावस्था पर लौटते हैं। इस प्रयोग ने पहली बार परमाणु के क्वांटम सिद्धांत की सत्यता को प्रमाणित कर दिया। इसके लिए गुस्ताफ हर्ट्ज़ और जेम्स फ्रांक को 1925 ई. का भौतिकी का नोबेल पुरस्कार प्रदान किया गया।

चित्र 7.7 : गुस्ताफ हर्ट्ज़ (1887-1975 ई.)

गुस्ताफ हर्ट्ज़ का जन्म हॅम्बर्ग के एक यहूदी परिवार में हुआ था। बर्लिन से 'डाक्टरेट' प्राप्त करके वहां के भौतिकीय संस्थान में उन्होंने जेम्स फ्रांक के साथ मिलकर शोधकार्य किया। नाज़ी शासनकाल में हर्ट्ज़ को अपने पद त्यागने पड़े, परंतु दूसरे विश्वयुद्ध के दौरान वे जर्मनी में ही रहे। विश्वयुद्ध के बाद वे पूर्वी जर्मनी के एक भौतिकीय संस्थान के निदेशक बने। वे रेडियो-तरंगों के आविष्कारक हैनरिख़ हर्ट्ज़ (1857-1894 ई.) के भतीजे थे।

6. जेम्स फ्रांक (James Franck : 1882-1964 ई.) : देखिए ऊपर की टिप्पणी भी। जेम्स फ्रांक का जन्म हॅम्बर्ग में हुआ था और पढ़ाई हाइडेलबर्ग व बर्लिन में। खुले तौर पर नाज़ीवाद का विरोध करके 1933 ई. में वे अमरीका चले गए और वहां शिकागो विश्वविद्यालय में प्राध्यापक बने। दूसरे विश्वयुद्ध के दौरान फ्रांक ने एटम बम के निर्माण के लिए बनी 'लॉस आलमॉस योजना' में सहयोग दिया, परंतु 1945 ई. में उन्होंने जापानी नगरों पर एटम बम गिराने की अमरीकी योजना के खिलाफ 'फ्रांक याचिका' के नाम से जबरदस्त आंदोलन खड़ा किया था।

चित्र 7.8 : जेम्स फ्रांक (1882-1964 ई.)

7. एरविन श्रोडिंगेर (Erwin Schrödinger : 1887-1961 ई.) : ऑस्ट्रियाई भौतिकवेत्ता, जिन्होंने परमाणुओं में निहित इलेक्ट्रॉनों के व्यवहार को सुस्पष्ट करने के लिए तरंग-यांत्रिकी को आगे विकसित किया। श्रोडिंगेर ने 1926 ई. में क्वांटम सिद्धांत

और परमाणु की संरचना के लिए ठोस गणितीय ढांचा प्रस्तुत किया। उनके द्वारा प्रतिपादित समीकरण इलेक्ट्रॉन (कण) से संबंधित तरंग-फलन की व्याख्या करते हैं। श्रोडिंगेर को 1933 ई. का भौतिकी का नोबेल पुरस्कार मिला–ब्रिटिश भौतिकवेत्ता पॉल डिराक (1902-1984 ई.) के साथ।

चित्र 7.9 : एरविन श्रोडिंगेर, (1887-1961 ई.)

श्रोडिंगेर का जन्म व शिक्षण विएना में हुआ। वे 1921 से 1933 ई. तक ज्यूरिख़ में प्राध्यापक रहे। जर्मनी में नाज़ी उत्थान के समय 1933 ई. में श्रोडिंगेर ऑक्सफोर्ड चले गए और 1936 ई. में ग्राझ (ऑस्ट्रिया) वापस लौटे। सन् 1938 में जर्मनी ने ऑस्ट्रिया पर अधिकार कर लिया, तो श्रोडिंगेर डब्लिन (आयरलैंड) चले गए और वहां 1956 ई. तक रहे। अपने अंतिम दिन उन्होंने विएना विश्वविद्यालय में बिताए।

8. लिसे माइटनेर (Lise Meitner : 1878-1968 ई.) : जन्म और अध्ययन विएना (ऑस्ट्रिया) में। बर्लिन जाकर माक्स प्लांक के भौतिकी के लेक्चर सुने और वहां ओट्टो हान (Otto Hahn : 1879-1968 ई.) के साथ मिलकर रेडियोधर्मिता के नए क्षेत्र में अन्वेषण-कार्य आरंभ कर दिया और 1918 ई. में नए रेडियोधर्मी तत्व प्रोटैक्टिनियम (protectinium) की खोज की। महिला होने के कारण लिसे माइटनेर को बर्लिन में अपने प्रयोग करने में आरंभ में काफी कठिनाइयां झेलनी

चित्र 7.10 : लिसे माइटनेर (1878-1968 ई.)

पड़ीं। बाद में वह कैसर विलहेल्म इंस्टीट्यूट के अंतर्गत स्थापित विकिरण भौतिकी विभाग की प्रमुख बनीं और वहां 1935 ई. से ओट्टो हान के साथ मिलकर यूरेनियम के नाभिक के विखंडन पर शोधकार्य शुरू कर दिया। परंतु 1938 ई. में हिटलर द्वारा ऑस्ट्रिया को हथिया लेने के बाद, दूसरे यहूदी वैज्ञानिकों की तरह, लिसे माइटनेर का जीवन भी जर्मनी में सुरक्षित नहीं था; वह स्वीडेन चली गईं। ओट्टो हान ने बर्लिन में रहकर फ्रिट्ज स्ट्रासमान के साथ अपना शोधकार्य जारी रखा और वे 1939 ई. में यूरेनियम के नाभिक को तोड़ने में सफल रहे। इस सफल प्रयोग की सूचना मिलने पर लिसे माइटनेर और उनके भांजे (भगिनी-पुत्र) ओट्टो फ्रिश्च (Otto Frisch: 1904-1979 ई.) ने इसकी व्याख्या प्रस्तुत की–यह यूरेनियम के नाभिक का विखंडन (fission) है। इस जानकारी से अमरीका में एटम बम के निर्माण-कार्य को प्रेरणा मिली। लिसे माइटनेर ने 1960 ई. से आगे के दिन कैम्ब्रिज (इंग्लैंड) में गुजारे। लिसे माइटनेर ने एटम बम के निर्माण में सहयोग देने से इनकार किया था। कृत्रिम मूलतत्व नं. 109 को *माइटनेरियम* (meitnerium, Mt.) नाम दिया गया है।

9. फिलिप फ्रांक के लिए देखिए अध्याय 6, टिप्पणी 10.

10. पोट्सडाम (Potsdam) : बर्लिन से 29 किलोमीटर दक्षिण-पश्चिम में हावेल नदी

चित्र 7.11 : पोट्सडाम की खगोल-भौतिकीय वेधशाला का 'आइंस्टाइन टॉवर'

पर स्थित प्रसिद्ध नगर। भूतपूर्व जर्मन सम्राटों और प्रशियाई राजाओं के प्रासाद। खूबसूरत बाग व उद्यान। जुलाई-अगस्त 1945 में यहीं पर ब्रिटेन, अमरीका और सोवियत रूस के शासनाध्यक्षों में जर्मनी के भविष्य के बारे में सहमति हुई थी। मोटर-कारों व सूक्ष्म यंत्रोपकरणों का निर्माण। वर्तमान आबादी लगभग डेढ़ लाख।

सन् 1920-21 में पोट्सडाम में एक उन्नत सौर वेधशाला का निर्माण हुआ और इसे 'आइंस्टाइन टॉवर' का नाम दिया गया। यहां आइंस्टाइन की कुछ सैद्धांतिक भविष्यवाणियों का, जैसे गुरुत्वीय लाल सरकाव (gravitational red shift) का, परीक्षण हुआ। वास्तुविद एरिख़ मेंडेलसोहून (Erich Mendelsohn) द्वारा डिजाइन किए गए इस 'आइंस्टाइन टॉवर' को बहुत पसंद किया जाता है, परंतु आइंस्टाइन को यह प्रभावित नहीं कर सका था।

11. अल्बर्ट आइंस्टाइन, **Ideas and Opinions**, Rupa Paperback, पृ. 10-11.

12. विलहेल्म ओस्टवाल्ड के लिए देखिए अध्याय 3, टिप्पणी 13.

ज्यूरिख़ पॉलिटेकनिक से डिप्लोमा प्राप्त करने के बाद तरुण अल्बर्ट आइंस्टाइन जब नौकरी की तलाश में थे, तब उन्होंने अपना एक शोध-निबंध विलहेल्म ओस्टवाल्ड को भेजा था और लाइपज़िग की उनकी प्रयोगशाला में कार्य करने की इच्छा व्यक्त की थी, किंतु कोई उत्तर नहीं मिला। उन्हीं दिनों उनके पिता हेरमान आइंस्टाइन ने ओस्टवाल्ड को 13 अप्रैल, 1901 को एक पत्र लिखा था—अपने बेरोजगार बेटे पर कृपादृष्टि रखने का अनुरोध करते हुए। पत्र के लिए देखिए अध्याय 3.

13. माक्स प्लांक (1858-1947 ई.) को आगे हिटलर के नाज़ी शासन के दौरान भारी कष्ट भोगने पड़े। माक्स प्लांक की कुल सात संतानें हुईं। बड़ा बेटा कार्ल प्रथम विश्वयुद्ध में जख़्मी होकर मर गया। बेटियां भी गुजर गईं। बचा था केवल एक बेटा—एरविन। सन् 1944 के एक दिन की बर्लिन शहर की घटना है। हिटलर की गुप्तचर पुलिस माक्स प्लांक के बेटे एरविन को लेकर उनके घर पहुंचीं : "तुम्हारा बेटा 20 जुलाई, 1944 को हेर हिटलर

चित्र 7.12 : माक्स प्लांक (1858-1947 ई.)

की हत्या की कोशिश के षड्यंत्र में शामिल था। यदि तुम चाहो तो तुम्हारे बेटे की जान बच सकती है। इसके लिए तुम्हें हिटलर के शासन के प्रति अपनी निष्ठा के घोषणापत्र पर हस्ताक्षर करने होंगे।"

हिटलर के शासन के प्रति वफादारी की घोषणा के लिए माक्स प्लांक पर पहले भी कई बार दबाव डाला गया था। अब स्थिति बहुत विकट थी। परंतु पचासी वर्ष के वयोवृद्ध माक्स प्लांक को फैसला करने में ज्यादा समय नहीं लगा : "जाओ, जो चाहो करो। हिटलर के अमानुषिक शासन के प्रति मैं अपनी निष्ठा व्यक्त नहीं करूंगा।" हिटलर की पुलिस माक्स प्लांक के बेटे को वापस ले गई और उसे फांसी पर चढ़ा दिया गया!

14. रोमाँ रोलाँ (Romain Rolland : 1866-1944 ई.) : फ्रांसीसी उपन्यासकार, नाटककार, संगीत के इतिहासकार, आलोचक, जीवनीकार, समाजवादी और शांतिवादी। क्लामसी (निव्र, मध्य फ्रांस) में जन्म, पेरिस व रोम में अध्ययन और सॉरबोन (पेरिस) में कला-इतिहास के अध्यापक। दस खंडों में प्रसिद्ध उपन्यास **ज्याँ क्रिस्तोफ** (Jean Christophe) की रचना (1904-12 ई.)। रोमाँ रोलाँ को 1915 ई. का साहित्य का नोबेल पुरस्कार मिला।

चित्र 7.13 : रोमाँ रोलाँ (1866-1944 ई.)

रोमाँ रोलाँ को भारत के प्रति विशेष आकर्षण व प्रेम था, भारत के स्वातंत्र्य-संग्राम के लिए अत्यंत सहानुभूति थी। उनके लिखे महात्मा गांधी व स्वामी विवेकानंद के चरित्र काफी लोकप्रिय हुए हैं। भारत से संबंधित उनके अनुभव और विचार एक पुस्तक में संकलित हैं। अल्बर्ट आइंस्टाइन, बर्ट्राण्ड रसेल और रवींद्रनाथ ठाकुर जैसे जागतिक कीर्ति के व्यक्तियों के साथ हुआ उनका पत्र-व्यवहार भी पुस्तकाकार उपलब्ध है।

15. एल्सा के लिए देखिए अध्याय 2, टिप्पणी 10.

❑❑❑

अध्याय 8

व्यापक आपेक्षिकता-सिद्धांत

सन् 1905 में विशिष्ट आपेक्षिकता-सिद्धांत (Special Theory of Relativity) को प्रस्तुत कर देने के बाद से ही आइंस्टाइन एक बड़े, व्यापक आपेक्षिकता-सिद्धांत के सृजन में जुट गए थे। इसमें आइंस्टाइन को सबसे ज्यादा परेशान गणित ने किया।[1] लगभग एक दशक तक सतत प्रयास करने के बाद अंततः 1915 ई. के आखिरी महीनों में उन्होंने गुरुत्वाकर्षण क्षेत्र (gravitational field) के लिए सही समीकरण प्राप्त कर लिये[2] और 1916 ई. के आरंभ में अपना व्यापक आपेक्षिकता-सिद्धांत (General Theory of Relativity) प्रकाशित कर दिया।

व्यापक आपेक्षिकता-सिद्धांत का सृजन एक अत्यंत कठिन व कष्टप्रद कार्य था। इसमें आइंस्टाइन को पूरे एक दशक का समय लगा–1907 से 1916 ई. तक। आइंस्टाइन ने 1907 ई. से ही, जब वे अभी बर्न के पेटेंट कार्यालय में क्लर्क थे, गुरुत्वाकर्षण के नए सिद्धांत के बारे में सोचना शुरू कर दिया था। जापान-यात्रा के दौरान 14 दिसंबर, 1922 को क्योतो में दिए गए एक भाषण में आइंस्टाइन ने वाकया बताया था : "मैं बर्न के पेटेंट कार्यालय में बैठा था, तो एकाएक मेरे दिमाग में विचार कौंधा : यदि कोई व्यक्ति मुक्त रूप से नीचे गिरता है, तो वह

चित्र 8.1 : अल्बर्ट आइंस्टाइन
बर्लिन, 1916 ई.

अपने भार को महसूस नहीं करेगा। मैं चौंक गया। इस सरल विचार ने मेरे ऊपर गहरा असर छोड़ा। इसने मुझे गुरुत्वाकर्षण सिद्धांत की ओर प्रेरित किया।" बाद में आइंस्टाइन ने बताया था : "यह मेरे जीवन का सबसे सुखद विचार था।"

आइंस्टाइन द्वारा 1905 ई. में प्रतिपादित आपेक्षिकता-सिद्धांत न्यूटन के गुरुत्वाकर्षण सिद्धांत के अनुरूप नहीं था। न्यूटन के गुरुत्वाकर्षण के अनुसार, आकाश का कोई भी पिंड किसी भी दूसरे पिंड को तत्काल (instantaneously) प्रभावित करता है, फिर वे पिंड एक-दूसरे से कितने भी दूर क्यों न हों। इसका तात्पर्य यह था कि संकेतों को प्रकाश की गति से भी अधिक तेज गति से भेजा जा सकता है और किसी परम (absolute) या विश्वव्यापक (universal) काल का अस्तित्व है। परंतु आपेक्षिकता-सिद्धांत को ये दोनों ही बातें मान्य नहीं थीं।

यह एक बहुत बड़ी समस्या थी, जिसकी कठिनाई को आइंस्टाइन ने 1907 ई. में बर्न में ही समझ लिया था। जब वे 1911 ई. में प्राग में थे, तो इस समस्या के बारे में उन्होंने अधिक गहराई से सोचना शुरू किया। उन्होंने अनुभव किया कि त्वरण (acceleration यानी वेग-वृद्धि) और गुरुत्वाकर्षण में निकट का संबंध है। अन्य शब्दों में, गुरुत्व का अस्तित्व त्वरण के *सापेक्षिक* (relative) है। यदि कोई व्यक्ति एक कटघरे (या लिफ्ट) के भीतर बंद है, तो वह नहीं बता सकता कि वह कटघरा पृथ्वी के गुरुत्वाकर्षण क्षेत्र में स्थिर है या किसी राकेट द्वारा मुक्त आकाश में त्वरित हो रहा है (उस समय अभी राकेटयान नहीं थे, इसलिए आइंस्टाइन ने लिफ्ट की कल्पना की थी)। आइंस्टाइन त्वरण और गुरुत्व की तुल्यता (equivalence) की इस समस्या को सुलझाने में जुट गए।

आइंस्टाइन 1912 ई. में ज्यूरिख़ लौटे, तो उन्होंने एकाएक अनुभव किया कि दिक्-काल की ज्यामिति को समतलीय (यूक्लिडीय) नहीं, बल्कि वक्र (अयूक्लिडीय) मानकर तुल्यता की इस समस्या को सुलझाया जा सकता है। उन्होंने सोचा कि द्रव्यमान व ऊर्जा की उपस्थिति में दिक्-काल में वक्रता पैदा होती है; परंतु यह किस तरह होती है, इसे वे अभी निर्धारित नहीं कर पाए थे। उन्होंने ज्यूरिख़ के अपने गणितज्ञ मित्र मार्सेल ग्रासमान (1878-1936 ई.) के सहयोग से बेर्नहार्ड रीमान[3] (Bernhard Riemann : 1826-1866 ई.) द्वारा विकसित वक्र आकाश (दिक्) व वक्र सतहों की ज्यामिति का अध्ययन किया। मगर रीमान ने केवल वक्र आकाश (दिक्) का ही विवेचन किया था। परंतु आइंस्टाइन ने दिक्-काल को वक्र माना था।*

इस तरह, व्यापक आपेक्षिकता-सिद्धांत के बारे मे आइंस्टाइन के विचार परिपक्व होते गए। अंत में, 1913 ई. में आइंस्टाइन ने मार्सेल ग्रासमान के साथ मिलकर एक संयुक्त शोध-निबंध प्रकाशित किया—"व्यापक आपेक्षिकता-सिद्धांत और गुरुत्वाकर्षण

के सिद्धांत का प्रारूप"। इस निबंध में पहली बार गुरुत्वाकर्षण के ज्यामितीकरण के विचार को प्रस्तुत किया गया था; मगर अभी द्रव्यमान और ऊर्जा को दिक्काल की वक्रता के साथ जोड़ने वाले सही सूत्र प्राप्त करना संभव नहीं हुआ था।

आइंस्टाइन ने अप्रैल 1914 में बर्लिन जाकर अपना नया पद संभाला। उसके दो महीने पहले, फरवरी 1914 में, ज्यूरिख़ से अपनी भावी दूसरी पत्नी एल्सा लॉवेंथाल को वे लिखते हैं : "मैं तुम्हें लिखने के लिए समय नहीं निकाल पा रहा हूं, क्योंकि मैं इस समय अत्यंत महत्वपूर्ण समस्याओं में उलझा हुआ हूं। पिछले दो वर्षों में जिन चीजों को मैंने धीरे-धीरे खोजा है उनकी गहराई में पहुंचने के लिए मैं रात-दिन अपने दिमाग को खंगाल रहा हूं; ये चीजें भौतिकी की मूलभूत समस्याओं में अभूतपूर्व प्रगति की सूचक हैं।"

अप्रैल 1914 में बर्लिन पहुंचने पर आइंस्टाइन ने अपना अनुसंधान-कार्य जारी रखा, बावजूद इसके कि उनका पारिवारिक जीवन विघटित हो गया था (मिलेवा अपने दोनों बच्चों को लेकर ज्यूरिख़ वापस चली गई थीं), और प्रथम विश्वयुद्ध शुरू हो गया था।

आइंस्टाइन ने नवंबर 1915 में व्यापक आपेक्षिकता के अपने सिद्धांत को पूरा किया। उसके पहले ग्रीष्म में आइंस्टाइन ने प्रसिद्ध गणितज्ञ डेविड हिल्बर्ट[4] (1862-1943 ई.) के निमंत्रण पर गॉटिंगेन जाकर वहां छह व्याख्यान दिए थे। व्याख्यानों में आइंस्टाइन ने व्यापक आपेक्षिकता को अच्छी तरह समझाया, मगर गणित की कुछ छोटी-मोटी बातों का स्पष्टीकरण छोड़ दिया था। आगे नवंबर में जिस दिन आइंस्टाइन ने अपना सिद्धांत अंतिम रूप में प्रस्तुत किया उसके पांच दिन पहले हिल्बर्ट ने गणित के उस ब्योरे को पूरा करके व्यापक आपेक्षिकता का अपना निबंध प्रकाशित कर दिया। उसे देखकर आइंस्टाइन भौचक्के रह गए। दोनों का पत्र-व्यवहार चला, मगर अंत में दोनों की दोस्ती बनी रही।

हिल्बर्ट का निबंध अत्यंत जटिल गणित में था, इसलिए उसने भौतिकीविदों को विशेष आकर्षित नहीं किया। इसके विपरीत, आइंस्टाइन ने अपने निबंध में, न केवल अपने नए सिद्धांत को सुस्पष्ट किया, बल्कि ज्यामिति की भाषा के 'कखग' को भी समझाया। उदारमना हिल्बर्ट ने स्वीकार किया कि गुरुत्वाकर्षण के नए सिद्धांत को प्रतिपादित करने का श्रेय आइंस्टाइन को है; आइंस्टाइन ने ही गुरुत्वाकर्षण को दिक्-काल की वक्रता या विकृति (warping) के साथ जोड़ा है।

अंततः नवंबर 1915 में आइंस्टाइन को द्रव्यमान व ऊर्जा को दिक्काल की वक्रता के साथ जोड़ने वाले सही सूत्र प्राप्त हो गए। बर्लिन स्थित प्रशियाई विज्ञान अकादमी के भवन में 4 नवंबर, 1915 को आयोजित सदस्यों की एक बैठक में

आइंस्टाइन ने अपने व्यापक आपेक्षिकता-सिद्धांत के निष्कर्ष प्रस्तुत कर दिए। उसी दिन (4 नवंबर, 1915) अपने 11 वर्षीय बड़े बेटे हान्स अल्बर्ट को उन्होंने पत्र में लिखा : "पिछले कुछ दिनों के दौरान मैंने अपने जीवन का सर्वश्रेष्ठ शोध-निबंध तैयार किया है। जब तुम बड़े हो जाओगे, तब मैं तुम्हें इसके बारे में बताऊंगा।" यहां 'जीवन का सर्वश्रेष्ठ शोध-निबंध' से आइंस्टाइन का आशय था–व्यापक आपेक्षिकता-सिद्धांत से संबंधित शोध-निबंध। उसके 24 दिन बाद व्यापक आपेक्षिकंता के सही सूत्र प्राप्त होने की सूचना आइंस्टाइन ने आरनॉल्ड सोम्मेरफेल्ड को दी थी। आइंस्टाइन का यह युगांतरकारी शोध-निबंध–**व्यापक आपेक्षिकता-सिद्धांत के आधारतत्व** (Die Gundlage der allgemeinen Relativitätstheorie) –"आनालेन डेर फिजिक" (लाइपज़िग) में 1916 ई. के आरंभ में प्रकाशित हुआ।

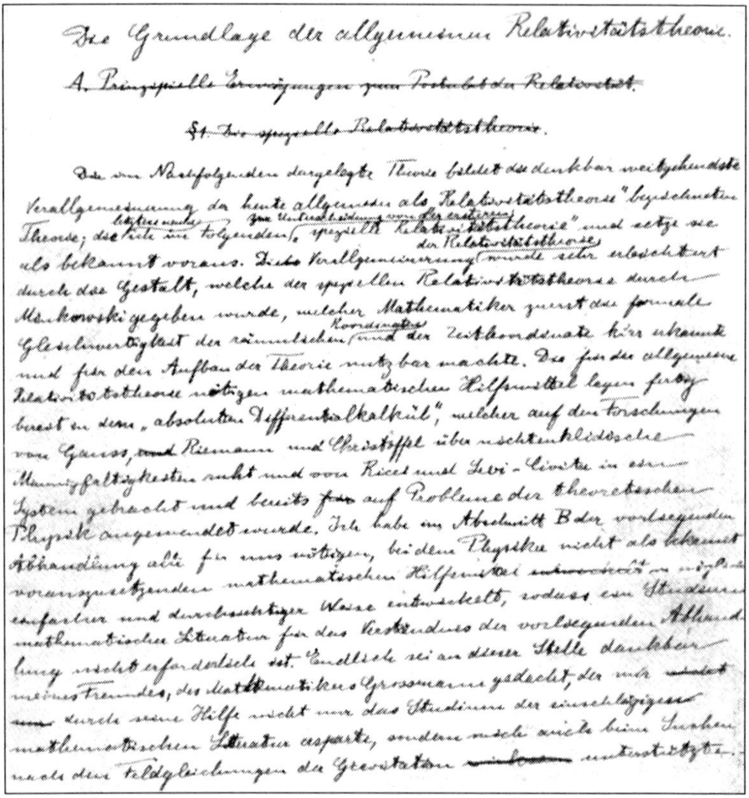

Die Grundlage der allgemeinen Relativitätstheorie.

चित्र 8.2 : आइंस्टाइन के 'व्यापक आपेक्षिकता-सिद्धांत के आधारतत्व' शोध-निबंध की मूल जर्मन हस्तलिपि के प्रथम पृष्ठ का प्रथम परिच्छेद (हिब्रू विश्वविद्यालय, येरूसलम)

इसकी शुरुआत में आइंस्टाइन ने गौस, रीमान, क्रिस्टोफेल, रिच्ची, लेवी-सिविता व मिंकोवस्की के गणितीय कृतित्व के ऋण और ग्रॉसमान के सहयोग को स्वीकार किया है। तदनंतर व्यापक आपेक्षिकता-सिद्धांत की अभिधारणाएं प्रस्तुत की गई हैं।[5]

अब हम व्यापक आपेक्षिकता के बुनियादी सिद्धांतों पर विचार करेंगे। अनेक वैज्ञानिकों ने आइंस्टाइन के व्यापक आपेक्षिकता-सिद्धांत को मानव-बुद्धि की अब तक की सबसे परिष्कृत उपलब्धि माना है।[6]

विशिष्ट आपेक्षिकता में केवल सीधी रेखा में एकसमान गति पर विचार किया गया था। परंतु कोई गतिमान पिंड जब त्वरित या मंदित होता है या सर्पिल मार्ग में घूमता है, तो क्या होता है? त्वरण का यह मामला काफी जटिल था, मगर इसकी व्याख्या करने वाला सिद्धांत ज्यादा व्यापक था, ज्यादा उपयोगी था।[7]

व्यापक आपेक्षिकता-सिद्धांत में विशिष्ट सिद्धांत की धारणाएं कायम रहती हैं; साथ ही, गुरुत्वाकर्षण को एक नए नज़रिए से देखने का मार्ग खुल जाता है, क्योंकि गुरुत्वाकर्षण ही वह बल है जिसके कारण वस्तुएं धरातल पर गिरती हैं, त्वरण व मंदन होता है और ग्रहों के चतुर्दिक उपग्रहों के मार्ग तथा सूर्य के चतुर्दिक ग्रहों के मार्ग वक्रिल हो जाते हैं।

आइंस्टाइन के विशिष्ट आपेक्षिकता-सिद्धांत की बुनियादी धारणा यह है कि

चित्र 8.3 :
एक काल्पनिक राकेटयान में अल्बर्ट आइंस्टाइन (जॉर्ज गेमोव की पुस्तक Gravity से साभार)।

आइंस्टाइन ने कल्पना की कि वे एक ऐसे राकेटयान के भीतर बंद हैं जो विशाल गुरुत्वीय द्रव्यमानों से बहुत दूर है। ऐसा यान दूर के तारों के सापेक्ष स्थिर है या एकसमान गति से भाग रहा है, तो उसके भीतर की तमाम चीजें भार-रहित हो जाएंगी। लेकिन जैसे ही राकेट-इंजन शुरू कर दिए जाएंगे और यान एक निश्चित दिशा में दौड़ने लगेगा, तो गुरुत्व-जैसे प्रभाव प्रकट होने लगेंगे।

आकाश (space) में निरपेक्ष गति (absolute motion) जैसी कोई चीज नहीं है, और एक तंत्र (system) के साथ दूसरे तंत्र की केवल सापेक्षिक गति को ही भौतिक वास्तविकता माना जा सकता है। यदि कोई प्रेक्षक किसी खिड़की-रहित यान के भीतर बंद है और वह यान एकसमान वेग से गतिमान है, तो यह बताने का कोई उपाय नहीं है कि वह व्यक्ति गतिमान है अथवा स्थिर अवस्था में है–फिर वह व्यक्ति यान के भीतर किसी भी प्रकार का कोई भी भौतिकीय प्रयोग करके क्यों न देख ले।

लेकिन त्वरित गति (accelerated motion) का मामला भिन्न है। जब कोई विमान ऊपर उठने के पहले हवाई-पट्टी (runway) पर अपनी गति बढ़ाता हुआ (त्वरण करता हुआ) दौड़ता है, तब अपनी कुर्सी की पीठ पर हमारा दबाव बढ़ जाता है; तब यह बताने के लिए कि हम त्वरित हो रहे हैं, खिड़की के बाहर देखने की आवश्यकता नहीं पड़ती। यदि उड़ान सुस्थिर है, तो विमान के भीतर की सारी स्थितियां ऐसी होंगी कि जैसे विमान जमीन पर ही खड़ा हो। लेकिन खराब मौसम के कारण विमान में किसी प्रकार का त्वरण या मंदन होता है, तो उसे यात्री अवश्य ही महसूस करेंगे। तो क्या इसका अर्थ यह है कि, जहां निरपेक्ष गतियों का कोई अस्तित्व नहीं, वहां निरपेक्ष त्वरण का एक सुनिश्चित भौतिक अर्थ है?

इसी प्रश्न के समाधान के प्रयास में आइंस्टाइन ने व्यापक आपेक्षिकता-सिद्धांत का विकास किया है। उन्होंने बताया कि **त्वरित तंत्र में देखी अथवा अनुभव की जानेवाली सभी भौतिक घटनाएं गुरुत्वीय क्षेत्र में स्थापित किसी स्थिर तंत्र में होने वाली घटनाओं के समान होती हैं**।

इस बात को समझने के लिए हम एक ऐसे राकेटयान के कक्ष में होने वाली घटनाओं पर विचार करेंगे जो खगोलीय पिंडों के गुरुत्वाकर्षण-प्रभाव से मुक्त बहुत दूर के आकाश में यात्रा कर रहा है।[8]

यदि राकेट की मोटरों को बंद कर दिया जाए, तो यान का कक्ष एकसमान गति से आकाश में यात्रा करता रहेगा (न्यूटन का गति का प्रथम नियम[9])। तब कक्ष में मौजूद यात्री तथा अन्य सभी चीजें हवा में मुक्त रूप से तरंगती नजर आएंगी, क्योंकि उन्हें किसी भी दिशा में खींचने वाला वहां कोई गुरुत्व-बल नहीं है (**आगे चित्र 8.4-अ**)।

अब कल्पना कीजिए कि राकेट की मोटरों को शुरू कर दिया जाता है और यान की गति बढ़ती जाती है। चूंकि अब यान की गति बढ़ती जा रही है, इसलिए कक्ष के भीतर मौजूद सभी चीजें उसी तरह गतिमान रहेंगी जिस तरह वे यान के आकाश में मुक्त रूप से यात्रा करते समय पहले गतिमान थीं; और अब वे सभी

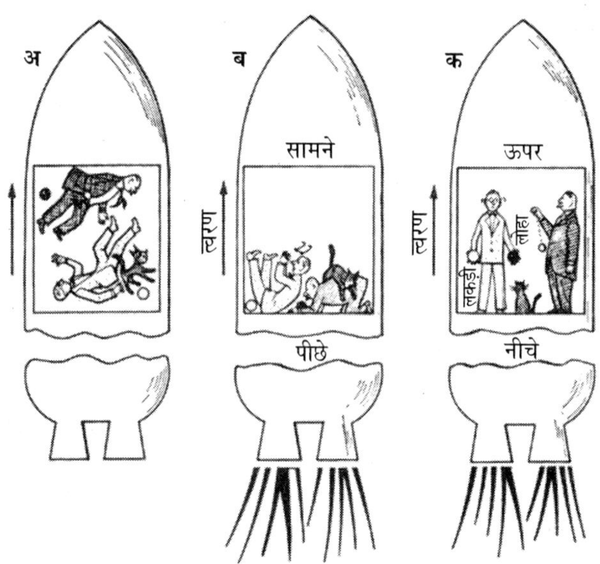

चित्र 8.4 : त्वरण-रहित राकेटयान में होने वाली घटनाएं (**अ**) और त्वरित होते राकेटयान में होने वाली घटनाएं (**ब** तथा **क**) (गेमोव के आधार पर)

त्वरण-बल के कारण कक्ष की पीछे की दीवार पर जमा हो जाएंगी (**चित्र 8.4-ब**)।

यात्री जब वस्तुस्थिति को समझ लेंगे, तब वे अपने पैरों पर खड़े हो जाएंगे और अनुभव करेंगे कि वे धरती की किसी प्रयोगशाला में फर्श पर खड़े हैं (**चित्र 8.4-क**)।

अब कल्पना कीजिए कि यान के दोनों यात्री–डा. रमेश और डा. उमेश–वैज्ञानिक हैं, और यह समझते हुए भी कि पृथ्वी वहां से बहुत दूर है, यह जानने के लिए कुछ प्रयोग करना चाहते हैं कि राकेट-मोटरों को चालू कर देने से उन पर प्रयुक्त होने वाले बल और पृथ्वी की सतह पर प्रयुक्त होने वाले गुरुत्व-बल में क्या अंतर है। यह भी कल्पना कीजिए कि यान के उस कक्ष में पहले से ही दो छोटे गोले रखे हुए हैं–एक लकड़ी का, दूसरा लोहे का। तब डा. रमेश जब लकड़ी के गेंद को उठाते हैं तो अनुभव करते हैं कि वह उनके हाथ को इस तरह दबा रहा है जैसे कि कोई चीज उसे कक्ष के 'फर्श' की ओर आकर्षित कर रही है।

डा. रमेश कहते हैं : "ठीक वैसे ही अनुभव कर रहा हूं, जैसे कि मैं पृथ्वी पर किसी गेंद को पकड़े हुए हूं।"

"बिल्कुल ठीक, *जैसे कि*", डा. उमेश बोले, "परंतु आप भलीभांति जानते हैं

कि यहां गुरुत्वाकर्षण नहीं है, और वह गेंद कक्ष की पीछे की दीवार के पास पहुंच जाएगा, क्योंकि यदि आप गेंद को छोड़ देते हैं तो वह एकसमान गति से चलता रहेगा, जबकि हमारा राकेट-यान त्वरित होता जाएगा, इसका वेग बढ़ता जाएगा।"

"अंतर क्या है?" डा. रमेश कहते हैं, "यह तो उसी तरह गिरता है। क्या यह बताने का कोई उपाय है कि यह (गेंद) हमारे राकेटयान के त्वरण के कारण गिर रहा है या हमारे पैरों के नीचे विद्यमान किसी विशाल द्रव्यराशि के गुरुत्वाकर्षण के कारण गिर रहा है?"

तब डा. उमेश सुझाव देते हैं : "क्यों न हम एक हलका और एक भारी गेंद लेकर गैलीलियो (1564-1642 ई.) के प्रयोग को दोहराएं और देखें कि दोनों गेंदों को एकसाथ छोड़ने पर क्या वे एक ही गति से नीचे गिरते हैं?"

डा. रमेश दोनों गेंदों–एक लकड़ी का और दूसरा लोहे का–को लेकर दोनों को एकसाथ नीचे छोड़ते हैं। जड़त्व के नियम (law of inertia) का पालन करते हुए, दोनों ही गेंद, उन्हें छोड़ते समय की राकेटयान की जो गति थी उस गति से *साथ-साथ* गिरते जाएंगे। कक्ष का 'फर्श', त्वरण से बढ़ती उसकी गति के कारण, उन दोनों गेंदों से एक ही समय में जाकर टकराएगा। परंतु यान के कक्ष में मौजूद यात्री महसूस करेंगे कि दोनों गेंद फर्श की ओर गिरकर उससे एकसाथ टकरा गए हैं। पीसा (इटली) की तिरछी मीनार के ऊपर से प्रयोग करके गैलीलियो ने यही परिणाम प्राप्त किया था, परंतु यह कथन कि "सभी भौतिक पिंड एक ही गति से नीचे गिरते हैं," सदियों तक एक अनबूझ पहेली बना रहा।

यूनानी दार्शनिक अरस्तू (Aristotle : 384-322 ई.पू.) ने कहा था कि भारी वस्तुएं तेज गति से गिरती हैं और हलकी वस्तुएं मंद गति से। यह मान्यता यूरोप में मध्ययुग तक प्रचलित रही। फिर गैलीलियो ने 1638 ई. में तिरछे रखे तख़्तों पर विभिन्न भारों के गेंदों को लुढ़काकर जाना कि सभी वस्तुएं, चाहे वे किसी भी पदार्थ की क्यों न बनी हों, एकसमान त्वरण से गिरती हैं। (इस किस्से के सच होने के बारे में कोई सबूत नहीं है कि गैलीलियो ने पीसा की मीनार से विभिन्न भार के गोले गिराकर यह निष्कर्ष निकाला था।)

आइंस्टाइन के शोध-निबंध का मुख्य निष्कर्ष यह था कि किसी त्वरित तंत्र में भौतिक वस्तुओं का बरताव और किसी गुरुत्वीय क्षेत्र में उनका बरताव, न केवल एक-दूसरे के बराबर, बल्कि पूर्णतः समरूप होता है। अन्य शब्दों में, **किसी बंद कक्ष में हम किसी भी प्रकार के भौतिकीय प्रयोग क्यों न करें, हम यह कभी नहीं पता लगा सकते कि वह कक्ष किसी बड़े ग्रह की सतह पर टिका हुआ है, या किन्हीं गुरुत्वीय द्रव्यमानों से बहुत दूर आकाश में त्वरित हो रहा है।**

आइंस्टाइन के इस निष्कर्ष को **आपेक्षिकता का तुल्यता का सिद्धांत** (Equivalence Principle of Relativity) का नाम दिया गया है। इस सिद्धांत के बड़े अनोखे परिणाम प्राप्त होते हैं।

एक अच्छे भौतिकीय सिद्धांत की यह विशेषता होती है कि वह न केवल ज्ञात तथ्यों की व्याख्या करता है, बल्कि ऐसी नई भविष्यवाणी भी करता है जिसे प्रयोग से जांचा जा सकता है। आइंस्टाइन द्वारा प्रतिपादित त्वरण और गुरुत्वाकर्षण की तुल्यता का मामला भी ऐसा ही था।

प्रकाश का मुड़ना

हम पुनः राकेटयान की ओर लौटते हैं और देखते हैं कि वे दो वैज्ञानिक– डा. रमेश और डा. उमेश–अपने कक्ष के भीतर प्रकाश को लेकर कुछ प्रयोग करते हैं, तो क्या-कुछ घटित होता है। प्रकाश का एक बुनियादी गुणधर्म यह है कि यह सीधी रेखा में यात्रा करता है, यानी हम टॉर्च से प्रकाश-पुंज को दीवार की ओर फेंकते हैं, तो प्रकाशित भाग प्रकाश-स्रोत के ठीक सामने होगा। लेकिन इसी प्रयोग को यदि

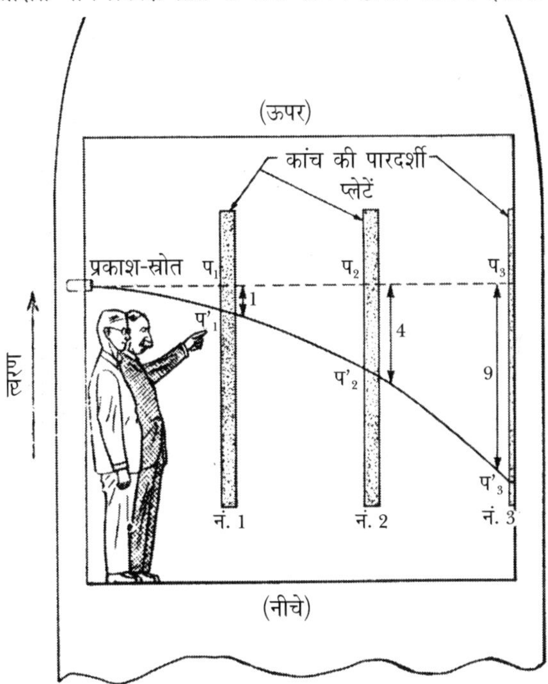

चित्र 8.5 : त्वरित होते राकेटयान में प्रकाश-पुंज का विक्षेप (मुड़ना)

हम किसी त्वरित होते राकेट-यान में करते हैं, तो स्थिति भिन्न होगी।

यदि राकेट त्वरित न हो रहा हो, तो बाईं ओर के अपने स्रोत से निकलने वाला प्रकाश-पुंज कक्ष में सीधे गमन करके प्रतिदीप्तिशील कांच की पारदर्शी प्लेटों (नं.1, नं.2 और नं.3) के $प_1$, $प_2$ व $प_3$ स्थानों पर प्रकाश-बिंब पैदा करेगा (**देखिए चित्र 8.5**)। लेकिन जब राकेट त्वरित होगा, तब प्रकाश-बिंब सीधी रेखा में नहीं होंगे। प्रकाश-पुंज बीच के अंतरालों–(स्रोत-स्थल व नं. 1), (नं. 1 व नं. 2), (नं. 2 व नं. 3)–को समान कालांतरों में पार करेगा। परंतु राकेट की त्वरित गति के कारण इन कालांतरों में स्क्रीन-प्लेटों पर स्थानांतरण $1^2 = 1$, $2^2 = 4$, $3^2 = 9$ के अनुपातों में होंगे। इस तरह, प्रकाश-पुंज की गति द्वारा निर्मित $प'_1$, $प'_2$ व $प'_3$ बिंब सीधी रेखा की बजाए एक परवलय (parabola) पर स्थित होंगे। इसलिए राकेटयान के कक्ष में मौजूद व्यक्तियों को लगेगा कि वे किसी गुरुत्वीय क्षेत्र में हैं और समझेंगे कि गुरुत्वाकर्षण के कारण प्रकाश-पुंज उसी तरह विस्थापित हुआ है जिस तरह बंदूक से दागी गई गोली विस्थापित होती है। इस तरह, यदि इन दोनों बातों–त्वरित तंत्र और गुरुत्वीय क्षेत्र में भौतिक पिंडों की गतियों–में सचमुच सादृश्य है, तो **किसी भी गुरुत्वीय क्षेत्र में से गुजरने वाली प्रकाश-किरणें प्रयुक्त बल की दिशा में मुड़ जानी चाहिए।**

आइंस्टाइन ने आपेक्षिकता की तुल्यता के सिद्धांत के आधार पर प्रकाश के

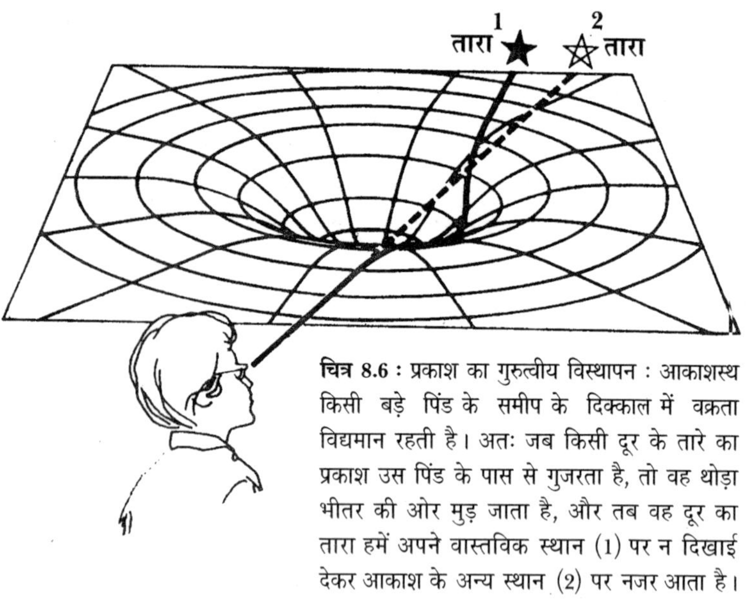

चित्र 8.6 : प्रकाश का गुरुत्वीय विस्थापन : आकाशस्थ किसी बड़े पिंड के समीप के दिक्काल में वक्रता विद्यमान रहती है। अतः जब किसी दूर के तारे का प्रकाश उस पिंड के पास से गुजरता है, तो वह थोड़ा भीतर की ओर मुड़ जाता है, और तब वह दूर का तारा हमें अपने वास्तविक स्थान (1) पर न दिखाई देकर आकाश के अन्य स्थान (2) पर नजर आता है।

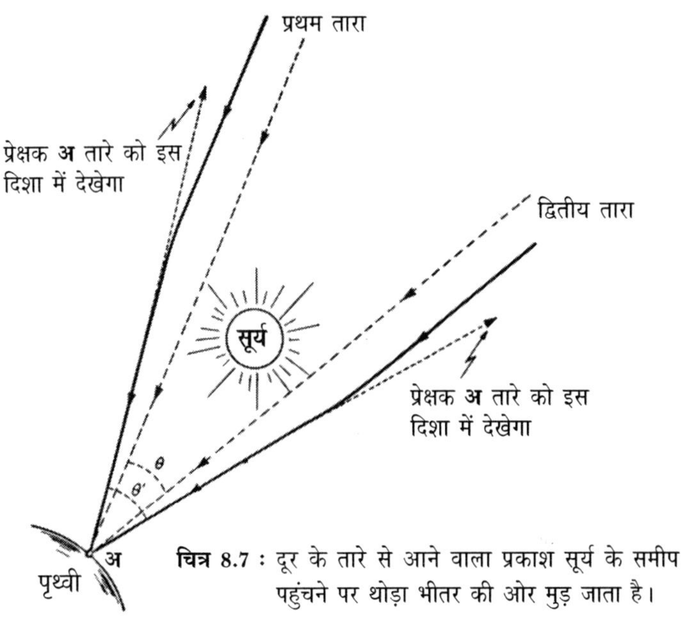

चित्र 8.7 : दूर के तारे से आने वाला प्रकाश सूर्य के समीप पहुंचने पर थोड़ा भीतर की ओर मुड़ जाता है।

गुरुत्वीय विस्थापन की भविष्यवाणी की थी। इसकी पुष्टि हुई–1919 ई. में, पश्चिम अफ्रीका व उत्तर ब्राजील में घटित सर्वग्रास सूर्य-ग्रहण के अध्ययन के लिए आयोजित ब्रिटिश वैज्ञानिकों के दो अभियान-दलों द्वारा (देखिए अध्याय 1)। उनके प्रेक्षणों से प्रमाणित हो गया कि दूर के तारों से आने वाली प्रकाश-किरणें सूर्य-जैसे विशाल पिंड के समीप से गुजरती हैं, तो थोड़ी उसकी ओर मुड़ जाती हैं।

सूर्य यदि आकाश के किसी अन्य स्थान पर हो, तो तारों का प्रकाश सीधी रेखा में संचरण करेगा और तब धरातल पर मौजूद प्रेक्षक (**अ**) तारों के बीच कोणीय अंतर θ प्राप्त करेगा (**चित्र 8.7** में बिंदुरेखाएं)। परंतु उन दो तारों का प्रकाश यदि सूर्य की परस्पर विपरीत दिशाओं से होकर गुजरता है, तो उनके पथ सूर्य की ओर थोड़े मुड़ जाएंगे (ठोस रेखाएं) और तब धरती पर खड़ा प्रेक्षक उनके बीच ज्यादा कोणीय अंतर (θ') देखेगा।

इस तरह, सूर्य का गुरुत्वीय क्षेत्र आवर्धक लेंस (magnifying glass) की तरह काम करता है–दो तारों के बीच की दूरी को वास्तविकता से बड़ा करके दिखाता है। लेकिन यह परीक्षण केवल सर्वग्रास सूर्य-ग्रहण के अवसर पर ही किया जा सकता है, अन्यथा सूर्य की चमक के कारण आकाश में तारे दिखाई नहीं देंगे।

मई 29, 1919 के सर्वग्रास सूर्य-ग्रहण और बाद के अन्य प्रेक्षणों ने प्रमाणित

कर दिया है कि सूर्य के गुरुत्वाकर्षण क्षेत्र में प्रकाश-किरणें निर्धारित रूप में मुड़ जाती हैं। जब आइंस्टाइन को 1919 ई. के सूर्य-ग्रहण के प्रेक्षणों के परिणामों की जानकारी मिली, तो एक महिला शोधार्थी ने उनसे पूछा : "यदि आपकी भविष्यवाणी की पुष्टि नहीं होती, तो आप क्या कहते?" आइंस्टाइन का सहज, सरल उत्तर था : "तब बेचारे ईश्वर पर मुझे बड़ा तरस आता। बहरहाल, मेरा सिद्धांत सही है।"

बुध की कक्षा की पहेली

जब इस बात की पुष्टि हो गई कि सूर्य के नजदीक प्रकाश-किरणें थोड़ी मुड़ जाती हैं, तो आइंस्टाइन के व्यापक आपेक्षिकता-सिद्धांत को अत्यधिक ख्याति मिली। लेकिन इस सिद्धांत के और भी निष्कर्ष थे, जिनका खगोलीय प्रेक्षणों से परीक्षण किया जा सकता था। इनमें से एक का संबंध सूर्य के गिर्द ग्रहों की गति से था। न्यूटन के गुरुत्वाकर्षण के नियम के अनुसार, सभी ग्रह नियमतः दीर्घवृत्तीय (elliptical) कक्षाओं में परिक्रमा करते हैं, सूर्य दीर्घवृत्त की एक नाभि (focus) पर स्थित रहता है और दीर्घवृत का दीर्घ अक्ष (major axis) आकाश में अपनी स्थिति को स्थायी बनाए रखता है।

लेकिन फ्रांसीसी खगोलविद लवेरिए (Le Verrier : 1811-1877 ई.) ने 1845 ई. में पता लगाया कि बुध ग्रह का रविनीच (perihelion) बिंदु अपनी कक्षा पर प्रति शताब्दी 43" कोणीय अंतर पीछे सरकता रहता है। यह अत्यल्प अंतर है, परंतु न्यूटन के सिद्धांत में इतने अंतर के लिए भी गुंजाइश नहीं थी। इस समस्या को

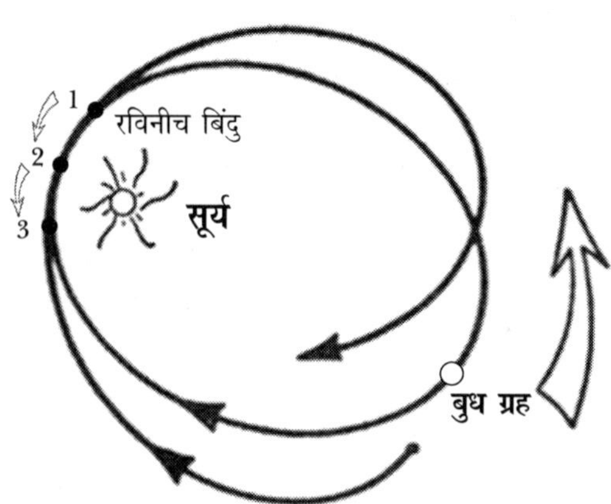

चित्र 8.8 : आइंस्टाइन के अनुसार ग्रह की दीर्घवृत्तीय कक्षा के दीर्घ अक्ष का घूर्णन अथवा रविनीच बिंदु का पश्चगमन, जो वस्तुतः बहुत अल्प होता है (यहां अत्यावर्धित)।

सुलझाने के लिए कई उपाय सुझाए गए, परंतु बुध ग्रह की कक्षा से संबंधित यह मामला एक अनबूझ पहेली बना रहा।

लेकिन आइंस्टाइन ने अपने सिद्धांत के आधार पर भविष्यवाणी की कि दीर्घवृत्त का दीर्घ अक्ष ग्रह-गति की विपरीत दिशा में धीरे-धीरे घूमना चाहिए। रविनीच बिंदु का यह पुरस्सरण या पश्चगमन (precession) सूर्य से ज्यादा दूर के ग्रहों के लिए बहुत कम है, परंतु आइंस्टाइन ने देखा कि सूर्य से सबसे नजदीक के बुध ग्रह के मामले में इसकी गणना की जा सकती है। उन्होंने गणना की कि बुध ग्रह का दीर्घ अक्ष अथवा रविनीच बिंदु प्रति शताब्दी 43 कोणीय सेकंड घूमना चाहिए।[10] आइंस्टाइन के इस निष्कर्ष की पुष्टि के लिए किसी खगोलीय प्रेक्षण की जरूरत नहीं थी; खगोलविद इसे पहले से ही जानते थे, मगर इसका वास्तविक कारण वे समझ नहीं पा रहे थे। आइंस्टाइन के सिद्धांत ने इसका खुलासा कर दिया।

घड़ियों का मंदन और तरंगों का वर्द्धन

व्यापक आपेक्षिकता-सिद्धांत का एक और महत्वपूर्ण निष्कर्ष यह था कि गुरुत्व के प्रभाव से सभी भौतिकीय प्रक्रियाओं की रफ्तार धीमी होनी चाहिए। उदाहरण के लिए, पृथ्वीतल की अपेक्षा चंद्रतल पर गुरुत्व-बल कम है, इसलिए चंद्रतल पर रखी हुई घड़ी, पृथ्वीतल पर रखी उसी प्रकार की घड़ी से कुछ तेज रफ्तार से चलनी चाहिए। उसी तरह, सूर्य की सतह पर स्थित घड़ी, पृथ्वीतल पर रखी उसी तरह की घड़ी से कम रफ्तार से चलेगी।

जैसा कि स्पष्ट है, हम मानव-निर्मित किसी घड़ी को सूर्य की सतह पर नहीं रख सकते। परंतु सौभाग्य से सूर्य पर प्राकृतिक घड़ियां पहले से मौजूद हैं। ये हैं वे परमाणु जो सुनिश्चित आवृत्तियों (frequencies) की प्रकाश-तरंगें उत्सर्जित करके समय की सूचना देते हैं। इसलिए पृथ्वी और सूर्य के एक-से परमाणु-स्रोतों द्वारा उत्सर्जित प्रकाश की आवृत्तियों की तुलना करके दोनों पिंडों की सतहों की घड़ियों के अंतर को जाना जा सकता है। इस तरह सूर्य-प्रकाश की स्पेक्ट्रम-रेखाओं की पृथ्वी के वैसे ही स्रोतों से उत्सर्जित प्रकाश के साथ तुलना करके खगोलविदों ने पता लगाया है कि सूर्य के मामले में सभी तरंगों की अवधियां लंबी (या आवृत्तियां छोटी) हो जाती हैं—लगभग 2×10^{-4} प्रतिशत, जैसी कि आइंस्टाइन के सिद्धांत ने भविष्यवाणी की थी।

आइंस्टाइन के व्यापक आपेक्षिकता-सिद्धांत द्वारा प्रतिपादित ये सभी परिवर्तन—सूर्य की स्पेक्ट्रम-रेखाओं, बुध ग्रह की कक्षीय गति और गुरुत्वीय क्षेत्र द्वारा प्रकाश-किरणों की दिशा में होने वाले परिवर्तन—अल्प मात्रा वाले हैं। लेकिन

हमें यह तथ्य स्मरण रखना चाहिए कि इन लघु परिवर्तनों की भविष्यवाणी विशुद्ध सैद्धांतिक आधार पर की गई थी और बाद में ही खगोलीय प्रेक्षणों से इनकी पुष्टि हुई है। आइंस्टाइन के व्यापक आपेक्षिकता-सिद्धांत की यह एक महान विजय थी।

गुरुत्वाकर्षण और आकाश की वक्रता

आइंस्टाइन के व्यापक आपेक्षिकता-सिद्धांत की दूसरी महान उपलब्धि थी—गुरुत्वीय क्षेत्र को गुरुत्वीय द्रव्यमानों के समीप के चार विमाओं (आयामों) वाले आकाश की वक्रता के साथ जोड़ना। चार विमाओं वाले आकाश की वक्रता की दुरूह धारणा को समझने के लिए पहले हम दो विमाओं वाली वक्र सतहों पर विचार करेंगे। हम समतल पृष्ठ (जैसे, मेज की सतह) और वक्र सतहों (जैसे, फुटबॉल या घोड़े के ज़ीन की सतह) के बीच के अंतर को भलीभांति समझते हैं। गणितज्ञों ने वक्र सतहों को दो भागों में बांटा है : *धनात्मक* वक्रता और *ऋणात्मक* वक्रता। इनके भेद को स्पष्ट करने के लिए हम वक्र सतह के एक बिंदु से स्पर्श तल (tangent plane) खीचेंगे।

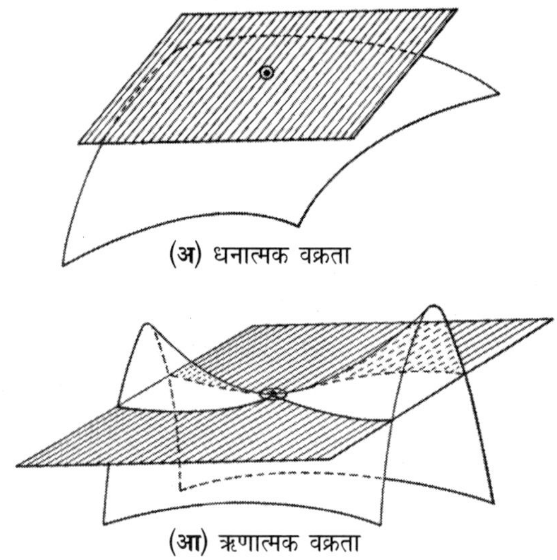

(अ) धनात्मक वक्रता

(आ) ऋणात्मक वक्रता

चित्र 8.9 : धनात्मक वक्रता वाली सतह **(अ)**, और ऋणात्मक वक्रता वाली सतह **(आ)**

यदि समूची वक्र सतह स्पर्श तल के एक ओर रहती है, तो उस सतह की वक्रता को *धनात्मक* कहते हैं (**चित्र 8.9-अ**)। और, स्पर्श तल द्वारा काटे जाने पर वक्र सतह का एक भाग तल के ऊपर और दूसरा भाग तल के नीचे रहता

है, तो उस वक्रता को *ऋणात्मक* कहते हैं (**चित्र 8.9-आ**)। इस परिभाषा के अनुसार, गोल या दीर्घवृत्तज (ellipsoid या मुर्गी के अंडे) की सतह धनात्मक वक्रता वाली और घोड़े के ज़ीन की सतह ऋणात्मक वक्रता वाली होती है।

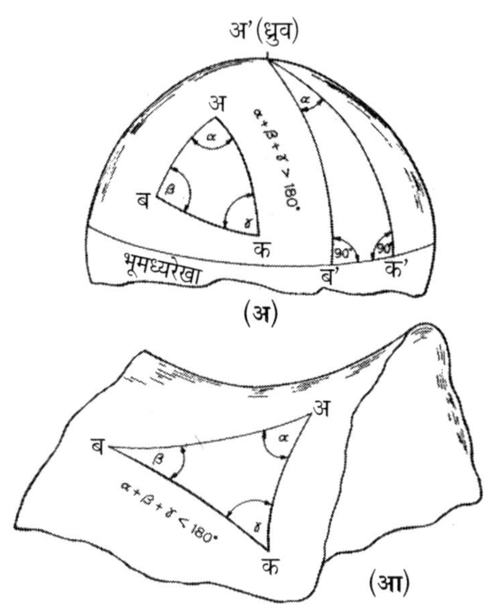

चित्र 8.10 : त्रिभुज के तीनों अंतर्कोणों का योग केवल पृष्ठ सतह पर ही दो समकोणों (180°) के बराबर होता है।

इसे आसानी से पहचाना जा सकता है कि इन धनात्मक और ऋणात्मक वक्रताओं वाली सतहों की ज्यामिति के गुणधर्मों में अंतर होता है। पृष्ठ सतहों पर यूक्लिडीय ज्यामिति के नियम लागू होते हैं, परंतु वक्र सतहों की आकृतियों पर ये नियम लागू नहीं होते। यूक्लिड की ज्यामिति का एक प्रसिद्ध प्रमेय है : त्रिभुज के तीन अंतर्कोणों का योग सदैव दो समकोणों (90° + 90° = 180°) के बराबर होता है। परंतु गोले की सतह पर **अ**, **ब** तथा **क** जैसे तीन बिंदुओं को वृहद् वृत्तों में जोड़कर बने गोलीय त्रिभुजों पर यह प्रमेय लागू नहीं होता। ऊपर के **चित्र 8.10-अ** में बने **अ' ब' क'** त्रिभुज से यह बात सहज स्पष्ट हो जाती है। यहां **अ' ब' क'** त्रिभुज के अंतर्कोणों का योग 180° से ज्यादा है। इसके विपरीत, ज़ीन के आकार की वक्र सतह पर बने त्रिभुज के तीनों अंतर्कोणों का योग 180° से कम होगा (**चित्र 8.10-आ**)।

यहां हमारे 'सामान्य बोध' के अनुसार इन दोनों त्रिभुजों की भुजाएं हमें भले ही 'सीधी' न लगती हों, परंतु वक्र सतहों पर बने इन त्रिभुजों के बिंदुओं को जोड़नेवाली ये ही 'सबसे सीधी' रेखाएं हैं। वस्तुतः ये दो प्रदत्त बिंदुओं के बीच की *न्यूनतम दूरी* की द्योतक हैं और गणित की भाषा में *अल्पांतरी रेखाएं* (geodesic lines) या सिर्फ *अल्पांतरी* कहलाती हैं। सामान्य पृष्ठ ज्यामिति में जो भूमिका सीधी रेखाएं अदा करती हैं, वही भूमिका वक्र सतहों पर अल्पांतरी रेखाएं अदा करती हैं।

अब हम तीन विमाओं (आयामों) वाले आकाश पर विचार करेंगे। चूंकि हम

स्वयं तीन विमाओं वाले प्राणी हैं और अपने तीन विमाओं वाले आकाश को *बाहर से* नहीं देख सकते, इसलिए तीन विमाओं वाले वक्र आकाश को सहजता से नहीं समझ सकते। लेकिन हमारे चतुर्दिक के तीन विमाओं वाले आकाश के गुणधर्म यदि यूक्लिड की ज्यामिति के नियमों से भिन्न प्रकट होते हैं, तो हम कह सकते हैं कि तीन विमाओं वाला आकाश वक्र है। इस तरह, आकाश में स्थित किन्हीं भी तीन बिंदुओं से निर्मित त्रिभुज के तीनों अंतर्कोणों का योग दो समकोणों (180°) से ज्यादा है, तो उस आकाश को हम धनात्मक वक्र वाला मानेंगे और विपरीत स्थिति में आकाश को ऋणात्मक वक्र वाला मानेंगे।

अब कल्पना कीजिए कि सूर्य के गिर्द के आकाश के तीन प्रेक्षण-स्थलों (तीन ग्रहों अथवा तीन अंतरिक्षयानों) पर तीन खगोलविद तैनात हैं और आकाश में स्थित उनके तीन स्थलों को जोड़ने पर **अबक** त्रिभुज बनता है (**चित्र 8.11**)। यह भी मान लीजिए कि उस **अबक** त्रिभुज के कोणों को मापने के लिए प्रत्येक खगोलविद के पास अतिसूक्ष्म उपकरण हैं। यदि सूर्य इस त्रिभुज के भीतर नहीं होगा, वहां

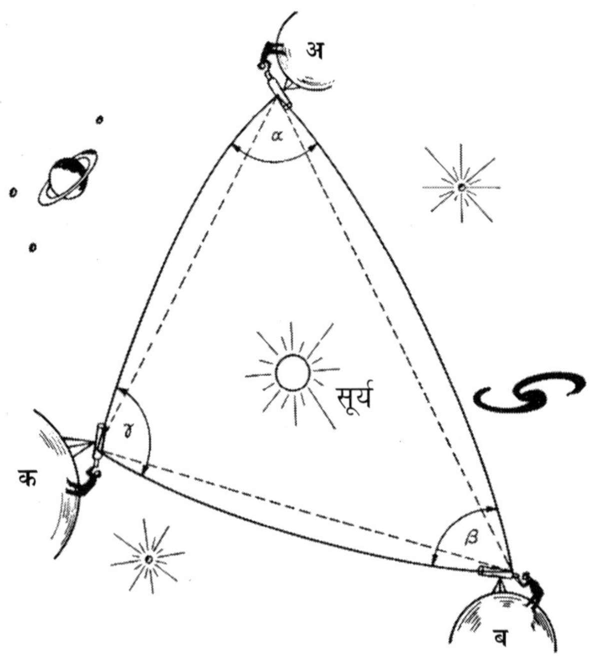

चित्र 8.11 : तीन खगोलविद सूर्य के गिर्द निर्मित त्रिभुज की यूक्लिडीय ज्यामिति की जांच कर रहे हैं। (गेमोव के आधार पर)

से बहुत दूर होगा, तब प्रकाश-किरणें सामान्य सीधी रेखाओं में संचरण करेंगी (**चित्र 8.11** की बिंदुरेखाएं), और तब वे खगोलविद चिरस्थापित यूक्लिडीय ज्यामिति के नियम लागू होने की पुष्टि करेंगे। परंतु सूर्य के गुरुत्वीय क्षेत्र की उपस्थिति के कारण प्रकाश-किरणें मुड़ जाएंगी (**चित्र 8.11** की ठोस रेखाएं) और वे खगोलविद देखेंगे कि तीनों कोणों का योग दो समकोणों से अधिक है।

आइंस्टाइन की क्रांतिकारी सोच यह थी कि उन्होंने उपर्युक्त तीन कल्पित खगोलविदों द्वारा प्राप्त परिणाम को यूक्लिडीय आकाश में संचरित प्रकाश-किरणों का विस्थापन नहीं, बल्कि चिरस्थापित यूक्लिडीय ज्यामिति से आकाश (दिक्) की ज्यामिति का ही नितांत भिन्न होना माना। अन्य शब्दों में, प्रकाश-किरणें सदैव *सबसे सीधी* (अल्पांतरी) रेखाओं में संचरित होती हैं और सूर्य के निकट के आकाश में किए गए मापन से यूक्लिडीय ज्यामिति के नियमों में जो अंतर प्रकट होता है वह सूर्य के विशाल गुरुत्वीय द्रव्यमान से जनित आकाश की वक्रता के कारण है। चूंकि इस मामले में त्रिभुज के तीन अंतर्कोणों का योग दो समकोणों से ज्यादा है, इसलिए सूर्य के समीप के आकाश की वक्रता को धनात्मक माना जाएगा।

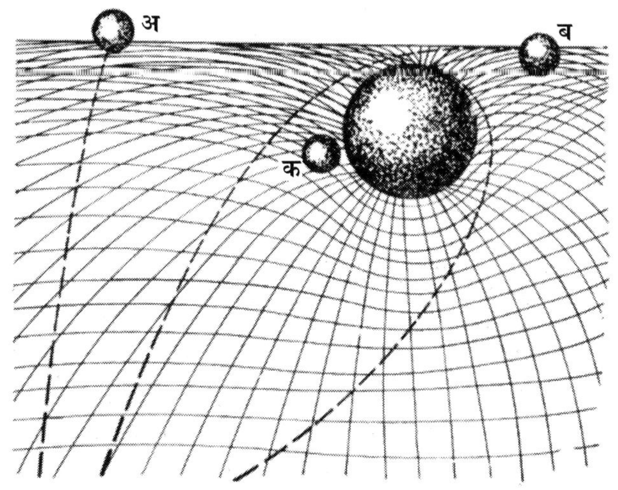

चित्र 8.12 : दिक् (आकाश) की वक्रता का प्रभाव

द्रव्यमान की मौजूदगी में आकाश के गुणधर्म किस तरह बदलते हैं, इसे एक सरल प्रयोग द्वारा समझा जा सकता है। एक सपाट रबड़-शीट लेकर उसे एक चौखट पर तान दीजिए। जैसा कि **चित्र 8.12** में दिखाया गया है, शीट पर कोई बड़ा,

भारी गेंद रखने से वह झुकेगी, शीट में गड्ढा बनेगा। अब शीट (जो कि यहां आकाश की सूचक है) पर यदि अन्य कोई छोटा और हलका गेंद रखा जाए, तो उसका पथ किस तरह का होगा? स्पष्टतः यह इस बात पर निर्भर करेगा कि वह हलका गेंद भारी गेंद से कितनी दूरी पर घूम रहा है। यदि हलका गेंद बहुत दूर है, तो वह लगभग प्रभाव-मुक्त रहकर विचरण करेगा (**चित्र 8.12-अ**)। अन्यथा उसका पथ मुड़ सकता है (**चित्र 8.12-ब**)। यह भी हो सकता है कि वह छोटा गेंद बड़े गेंद द्वारा बनाए गए गड्ढे में फंस जाए और तब बड़े गेंद के कई बार चक्कर लगाकर अंत में उस पर जाकर गिर जाए (**चित्र 8.12-क**)।

इस प्रकार, हम देखते हैं कि आइंस्टाइन ने गुरुत्वाकर्षण को नए सिरे से परिभाषित किया है। न्यूटन की चिरस्थापित भौतिकी में गुरुत्व-बल तीन विमाओं वाले आकाश में दो पिंडों के बीच की आकर्षण-शक्ति है। आपेक्षिकता-सिद्धांत में गुरुत्व-बल चार विमाओं वाले दिक्काल (four dimentional space-time) के रूप में प्रकट होता है। अर्थात्, वक्र आकाश व काल से पैदा होने वाले प्रभाव गुरुत्वीय प्रभावों के तुल्य होते हैं। प्रिंसटन के सैद्धांतिक भौतिकवेत्ता प्रो. जॉन व्हीलर (John Wheeler : 1911-2008 ई.) ने इन प्रभावों के बारे में कहा है : "द्रव्य दिक्काल को बताता है कि उसे किस तरह मुड़ना है, और बदले में दिक्काल द्रव्य को बताता है कि उसे किस तरह गतिमान होना है।"

न्यूटन ने तीन विमाओं वाले आकाश को अपनाकर गुरुत्वाकर्षण को दिक्काल में विद्यमान एक बल के रूप में ग्रहण किया। उन्होंने दिक्काल के ढांचे को द्रव्य से स्वतंत्र माना। आइंस्टाइन के आपेक्षिकता-सिद्धांत में गुरुत्वाकर्षण चार विमाओं वाले दिक्काल के ढांचे का एक अंग है। और, दिक्काल का ढांचा उसमें मौजूद द्रव्यमान से निर्धारित होता है।

वक्र दिक्काल सांतत्यक

आइंस्टाइन ने अनुभव किया कि गुरुत्वाकर्षण के प्रभाव और त्वरण के प्रभाव में अंतर खोजना संभव नहीं है। इसलिए उन्होंने गुरुत्वाकर्षण को एक बल नहीं माना। उन्होंने आकाश (दिक्) व काल में पिंडों की गतियों को एक नई भौतिक व्यवस्था के रूप में पहचाना। आइंस्टाइन के आपेक्षिकता-सिद्धांत के अनुसार, आकाश की तीन विमाओं (लंबाई, चौड़ाई और ऊंचाई) के साथ काल की चौथी विमा जुड़ जाती है और ये चार विमाएं एक होकर दिक्काल के सांतत्यक (continuum) का सृजन करती हैं।

ऊपर हमने देखा कि गुरुत्वीय द्रव्यमानों की उपस्थिति से तीन विमाओं वाले आकाश में किस प्रकार वक्रता पैदा होती है। परंतु हम जानते हैं कि

आपेक्षिकता-सिद्धांत में आकाश और काल को ऐसे चार विमाओं वाले दिक्काल के सांतत्यक में एकीकृत करना आवश्यक है, जिसके प्रत्येक बिंदु को चार निर्देशांकों (coordinates)–**क्ष**, **य**, **र** और **क** (= काल)–से निर्धारित किया गया हो। इस तरह, व्यापक आपेक्षिकता-सिद्धांत में ऊपर वर्णित गुरुत्वीय द्रव्यमानों की उपस्थिति से तीन विमाओं वाले आकाश में होने वाली वक्रता को चार विमाओं वाले दिक्काल के सांतत्यक की वक्रता का ही परिणाम माना जाता है।

इस धारणा को स्पष्टता से समझने के लिए हम सूर्य के गिर्द पृथ्वी की परिक्रमा पर विचार करेंगे। चूंकि पृथ्वी की कक्षा एक तल में रहती है, इसलिए हमें इस तल में स्थित दो निर्देशांकों (**क्ष** व **य**) की ही जरूरत होती है, और तीसरे निर्देशांक (**र**) को हम काल (**क**) से सूचित कर सकते हैं। वस्तुतः यहां काल (**क**) को प्रकाश के वेग से गुणा करना उपयुक्त होगा। इस तरह हम **चित्र 8.13** की आकृति प्राप्त करते हैं।

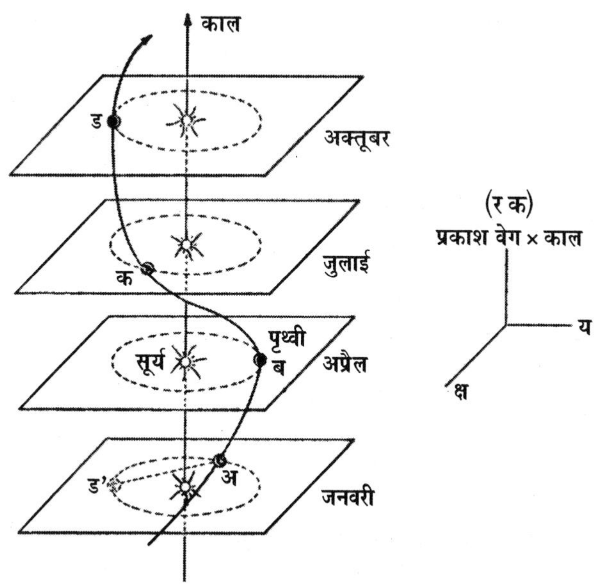

चित्र 8.13 : पृथ्वी की कक्षीय गति की 'विश्व-रेखा'

यह आकृति **र क** अक्ष के लंब में स्थित प्रत्येक तल में पृथ्वी की कक्षा-स्थिति को सूचित करती है। पृथ्वी की क्रमिक स्थितियों को एक सतत रेखा से जोड़ने पर कुंडली (helix) जैसा वक्र प्राप्त होता है, जो सूर्य से गुजरने वाले काल के

अक्ष के गिर्द घूमता जाता है। ऐसी रेखाएं, यदि हम आकाश के तीसरे निर्देशांक (**र**) को समाविष्ट करें, तो चार विमाओं वाले दिक्काल के सांतत्यक (continuum) से गुजरेंगी। ये रेखाएं उन भौतिक पिंडों की *विश्व-रेखाएं* (world lines) कहलाती हैं जिनकी गति की ये द्योतक होती हैं।

इस उदाहरण में सूर्य की विश्व-रेखा **क्ष य** तल के लंब में सीधी रेखा है, जबकि पृथ्वी की विश्व-रेखा उसके गिर्द चक्कर लगानेवाली कुंडली है। यह स्थिति यूक्लिडीय ज्यामिति के नियमों के अनुरूप हुई। मगर व्यापक आपेक्षिकता-सिद्धांत में चार विमाओं वाले दिक्काल को वक्र माना जाता है, इसलिए यूक्लिडीय ज्यामिति की सीधी रेखाओं के स्थान पर चार विमाओं वाले वक्र आकाश में अल्पांतरी रेखाओं (geodesic lines) को रखना होगा। आइंस्टाइन ने स्पष्ट किया था कि **चित्र 8.13** में पृथ्वी की जो कुंडली-नुमा विश्व-रेखा दिखाई गई है वह वस्तुतः सूर्य के गिर्द के वक्रिल आकाश में एक विश्व-रेखा या 'सीधी रेखा' है। इस तरह, समझा जा सकता है कि पृथ्वी की कक्षीय गति सूर्य द्वारा प्रदत्त बल के कारण नहीं, बल्कि सूर्य के समीप के आकाश की वक्रता के कारण है।

विश्व-व्यवस्था

व्यापक आपेक्षिकता के प्रतिपादन के तुरंत बाद आइंस्टाइन अपने सिद्धांत के परिणामों को विश्व-व्यवस्था पर लागू करने में जुट गए और उन्होंने "ससीम किंतु अपरिबद्ध" (finite but unbounded) विश्व का एक मॉडल प्रस्तुत किया।[11] उसके बाद डच खगोलविद विल्लेम डे सिट्टेर[12] (1872-1934 ई.), रूसी गणितज्ञ-खगोलविद अलेक्ज़ाद्र फ्रीडमान[13] (1888-1925 ई.) जैसे अन्य कुछ वैज्ञानिकों ने भी अपने-अपने विश्व-मॉडल प्रस्तुत किए। परंतु ये सब विश्व-मॉडल अधूरे थे, क्योंकि तब तक आकाशगंगा के परे सुदूर की मंदाकिनियों (galaxies) की खोज नहीं हुई थी और यह भी पता नहीं चला था कि सुदूर की मंदाकिनियां हमसे अधिक दूर भागती जा रही हैं, जिसकी जानकारी दूर की मंदाकिनियों से हम तक पहुंचने वाले प्रकाश के अभिरक्त विस्थापन (red-shift) की खोज से मिलने वाली थी। अमरीकी खगोलविद एडविन हबल[14] ने बीसवीं सदी के तीसरे दशक में आकाशगंगा के परे सुदूर की मंदाकिनियों की खोज करके उनके प्रकाश-स्पेक्ट्रम में अभिरक्त विस्थापन की खोज की, तभी ब्रह्मांड की व्यवस्था के बारे में नए सिद्धांत प्रस्तुत करना संभव हुआ। पहली बार 1927 ई. में बेल्जियम के खगोलविद फादर जॉर्जेस लेमाइत्रे (Georges Lemaître : 1894-1966 ई.) ने "आदिम परमाणु" में महाविस्फोट ("बिग बैंग") की कल्पना करके फैलते विश्व का सिद्धांत प्रतिपादित किया।[15]

सारांश यह कि आइंस्टाइन ने विभिन्न पिंडों के गुरुत्वीय क्षेत्रों को उन पिंडों के समीप के दिक्काल की वक्रता के रूप में देखा। दिक्काल की वक्रता के कारण ही चंद्रमा त्वरण के साथ पृथ्वी के चक्कर लगाता है और पृथ्वी सहित सभी ग्रह भी सूर्य द्वारा संवलित (warped) दिक्काल में ही परिक्रमा करते हैं।

आपेक्षिकता के कुछ अन्य निष्कर्ष

आइंस्टाइन की यह भविष्यवाणी कि सूर्य-जैसे विशाल पिंडों के समीप प्रकाश-किरणें मुड़ जाती हैं, उनके जीवनकाल में ही प्रमाणित हो गई थी, और उससे उन्हें बेहद प्रसिद्धि मिली थी।

आपेक्षिकता का सिद्धांत कृष्ण विवरों (black holes) के अस्तित्व को प्रदर्शित करता है, किंतु आइंस्टाइन ने इनकी उपेक्षा की थी। आदिम महाविस्फोट (big bang) और काल के आरंभ में भी उनकी दिलचस्पी नहीं थी। लेकिन अब भौतिकीविद इनके बारे में गहराई से खोजबीन कर रहे हैं।

आइंस्टाइन ने 1918 ई. में गुरुत्व-तरंगों (gravity waves) के अस्तित्व की भविष्यवाणी की थी। माना जाता है कि विस्फोटित होते तारों (जैसे, सुपरनोवा विस्फोट) और अन्य प्रचंड ब्रह्मांडीय विप्लवों से गुरुत्व-तरंगों का उत्सर्जन होता है—कुछ-कुछ भूकंप की तरंगों की तरह। जब ये तरंगें प्रकाश-वेग (3,00,000 किलोमीटर प्रति-सेकंड) से दिक्काल में से गुजरती हैं, तो ये अपने मार्ग की सभी चीजों को अत्यंत लघु मात्रा में विचलित करती हैं। आजकल गुरुत्व-तरंगों को पहचानने के प्रयास जोर-शोर से जारी हैं।

आइंस्टाइन ने व्यापक आपेक्षिकता के आधार पर 1915 ई. में प्रतिपादित किया था कि दूर के तारे का प्रकाश सूर्य के गुरुत्वीय क्षेत्र में पहुंचकर मुड़ जाता है, जिसकी 1919 ई. के सूर्य-ग्रहण में पुष्टि हुई थी। गुरुत्वीय लेंस के बारे में भी वे काफी पहले से सोचते आ रहे थे; दूसरे कुछ खगोलविदों ने भी गुरुत्वीय लेंस-क्रिया के बारे में अपने विचार व्यक्त किए थे। अंत में 1936 ई. में आइंस्टाइन ने एक छोटा शोध-निबंध ("गुरुत्वीय क्षेत्र में प्रकाश-विचलन से तारे की लेंस-जैसी क्रिया") प्रकाशित करके बताया कि एक विशाल पिंड का (सूर्य का नहीं) गुरुत्व दूर से आने वाले तारे के प्रकाश पर लेंस की तरह क्रिया करेगा—यदि तारे, उस विशाल पिंड और पृथ्वी के प्रेक्षक के बीच ठीक-ठीक सिधाई हो। तब दूरबीन में उस दूरस्थ तारे के दो बिंब नजर आएंगे : एक सामान्य स्थिति में और दूसरा विचलन की स्थिति में।

आइंस्टाइन के जीवनकाल में तारे के प्रकाश पर लेंस-जैसी क्रिया को खोज पाना संभव नहीं हुआ था। परंतु 1960 ई. के बाद ब्रह्मांड की दूरस्थ सीमाओं में

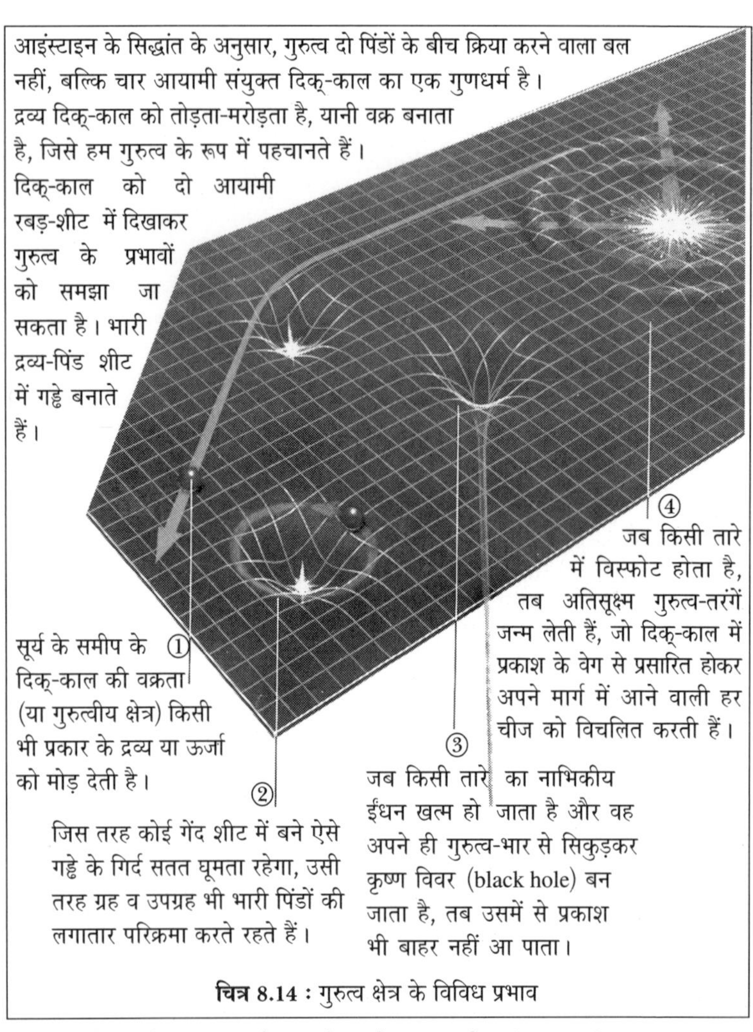

चित्र 8.14 : गुरुत्व क्षेत्र के विविध प्रभाव

तीव्र रेडियो-तरंगों का उत्सर्जन करने वाले "क्वासरों" (quasars) का पता चला, तो खगोलविदों ने इस दिशा में खोजबीन शुरू कर दी। सन् 1979 और उसके बाद युगल बिंब दरशाने वाले कई क्वासर खोजे गए। खगोलविदों को स्पष्ट हो गया कि ये युगल बिंब 'गुरुत्वीय लेंस' के कारण हैं। अतिदूर के क्वासरों की रेडियो-तरंगें जब नजदीक की किसी मंदाकिनी या मंदाकिनी-समूह के पास के आकाश में से गुजरकर पृथ्वी की ओर आगे बढ़ती हैं, तब वहां उन पर विद्युत-चुंबकीय विकिरण पर होने वाले लेंस की तरह क्रिया होती है।

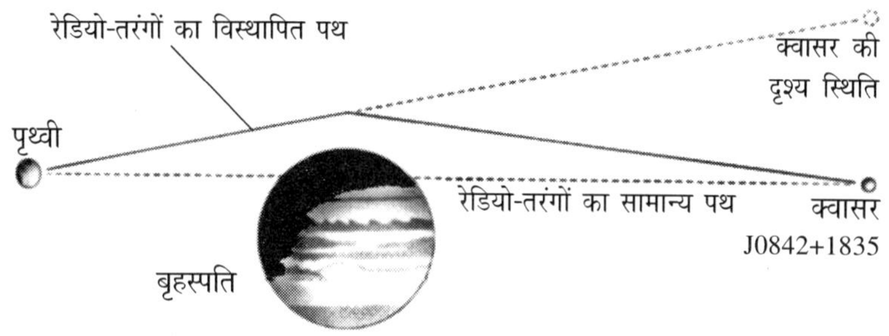

चित्र 8.15 : गुरुत्वीय लेंस की खोज का आरेख

8 सितंबर, 2002 को एक विशिष्ट क्वासर (J0842+1835) बृहस्पति ग्रह और पृथ्वी के ठीक सीध में रहा, तो एक प्रयोग के जरिए गुरुत्वीय लेंस की क्रिया को देखा गया। साथ ही, यह भी लगभग स्पष्ट हो गया कि गुरुत्व (gravity) प्रकाश की गति से दौड़ता है। आजकल गुरुत्वीय लेंस-क्रिया के बारे में व्यापक खोजबीन जारी है।

आइंस्टाइन के सिद्धांत के और भी कई निष्कर्षों की जांच के आयोजन हो रहे हैं।[16]

आइंस्टाइन ने 1938 ई. में इन्फेल्ड[17] के साथ मिलकर तैयार किए गए अपने ग्रंथ **भौतिकी का विकासक्रम** (The Evolution of Physics) में लिखा भी है : "विज्ञान एक बंद पुस्तक नहीं है, न कभी होगी। हर महत्वपूर्ण खोज नए सवालों को जन्म देती है। हर उन्नति देर-सवेर नए और गहन सवालों का सृजन करती है।"

संदर्भ और टिप्पणियां

1. आइंस्टाइन ने ज्यूरिख़ से 29 अक्तूबर, 1912 को अपने मित्र आरनॉल्ड सोम्मेरफेल्ड (1868-1951 ई.) को लिखा था : "मैं इस समय पूर्णतः गुरुत्वाकर्षण की समस्या में उलझा हुआ हूं और आशा रखता हूं कि एक स्थानीय गणितज्ञ के सहयोग से सारी कठिनाइयां दूर करने में सफल रहूंगा। हां, एक बात यकीन के साथ कह सकता हूं कि इतनी यंत्रणा मुझे पहले कभी नहीं हुई है। अब मेरे मन में गणित के लिए बहुत ज्यादा आदर पैदा हो गया है; अपनी मूर्खता में मैं अब तक गणित की बारीक बातों की उपेक्षा करता आया हूं, इन्हें महज मौज की चीजें समझता रहा हूं। इस (गुरुत्वाकर्षण) समस्या की तुलना में मूल (विशिष्ट) आपेक्षिकता-सिद्धांत की समस्याएं बच्चों का खेल हैं।"

   यहां 'स्थानीय गणितज्ञ' से आशय है, ज्यूरिख़ में गणित के प्राध्यापक मार्सेल ग्रॉसमान (Marcel Grossmann : 1878-1936 ई.), जो ज्यूरिख़ के विद्यार्थी जीवन से आइंस्टाइन के घनिष्ठ मित्र थे।

जर्मन भौतिकवेत्ता आरनॉल्ड सोम्मेरफेल्ड (Arnold Sommerfeld : 1868-1951 ई.) का जन्म कोनिग्सबर्ग, पूर्वी प्रशिया (अब कालिनिनग्राद, रूस) में हुआ था। सन् 1900 से वे म्यूनिख़ विश्वविद्यालय के सैद्धांतिक भौतिकी संस्थान के निदेशक रहे। सोम्मेरफेल्ड ने डेनिश भौतिकवेत्ता नील्स बोर (1885-1962 ई.) के परमाणु के मॉडल की कठिनाइयां दूर करके स्पष्ट किया कि इलेक्ट्रॉन केंद्रीय नाभिक की परिक्रमा वृत्तीय कक्षाओं में नहीं, दीर्घवृत्तीय कक्षाओं में करते हैं।

आरनॉल्ड सोम्मेरफेल्ड से भारतीय वैज्ञानिकों को बड़ा प्रोत्साहन मिला है। घटना 1928 ई. की है। उस साल 28 फरवरी को 'रामन् प्रभाव' की खोज होने से कुछ दिन पहले की बात है। चंद्रशेखर वेंकट रामन् (1888-1970 ई.) को सूचना मिली कि आरनॉल्ड सोम्मेरफेल्ड भारत से होते हुए पूर्व के रास्ते अमरीका जा रहे हैं। रामन् ने 11 फरवरी, 1928 को ('रामन् प्रभाव' की खोज की घोषणा के सिर्फ 17 दिन पहले) सोम्मेरफेल्ड को एक तार भेजकर उन्हें कलकत्ता विश्वविद्यालय में भाषण देने के लिए आमंत्रित किया।

सोम्मेरफेल्ड बेंगलूरु पहुंचकर बीमार पड़ गए थे, इसलिए वे अक्तूबर के आरंभ में ही कलकत्ता (कोलकाता) पहुंच पाए। सोम्मेरफेल्ड पहले विदेशी वैज्ञानिक थे जिनके सामने रामन् ने अपनी खोज का प्रदर्शन किया। उस समय यूरोप में कुछ ऐसे भी वैज्ञानिक थे जो 'रामन् प्रभाव' के परिणामों पर विश्वास नहीं कर पा रहे थे। परंतु सोम्मेरफेल्ड 'रामन् प्रभाव' के प्रयोग को प्रत्यक्ष देखकर बड़े प्रभावित हुए। उन्होंने न केवल रामन् की इस खोज की स्तुति की, बल्कि नोबेल पुरस्कार के लिए रामन् के नाम का प्रस्ताव भी भेज दिया। सोम्मेरफेल्ड की इसी भारत-यात्रा के दौरान मद्रास (चेन्नई) में सुब्रह्मण्यन् चंद्रशेखर (1910-1995 ई.) और कोलकाता में डा. का. श्री. कृष्णन् (1898-1961 ई.) उनके सम्पर्क में आए थे और उनसे बहुत प्रभावित हुए थे।

चित्र 8.16 : आरनॉल्ड सोम्मेरफेल्ड (1868-1951 ई.)

2. इसकी सूचना देते हुए आइंस्टाइन ने बर्लिन से 28 नवंबर, 1915 को आरनॉल्ड सोम्मेरफेल्ड को पत्र लिखा :

28. XI. 15

प्रिय सोम्मेरफेल्ड,

आप इस बात के लिए मुझसे नाराज नहीं होंगे कि आपके कृपालु और दिलचस्प पत्र का उत्तर मैं आज ही दे पा रहा हूं। परंतु पिछला महीना मेरे जीवन का सर्वाधिक उत्तेजक और थका देने वाला समय रहा है, साथ ही सर्वाधिक सफल भी। इसलिए उत्तर नहीं भेज सका।

मैंने अनुभव किया कि जो गुरुत्वीय क्षेत्र समीकरण (gravitational field equations) मैंने (पहले) प्राप्त किए थे वे पूर्णतः अतर्कसंगत हैं। निम्न कारणों से मैं इस निष्कर्ष पर पहुंचा हूं :

1. मैंने जाना है कि एकसमान गति से घूमने वाले तंत्र के गुरुत्वीय क्षेत्र का समाधान उन क्षेत्र समीकरणों से नहीं होता।

2. बुध ग्रह के रविनीच (perihelion) की गति प्रति शताब्दी 45" की बजाए तब 18" आई थी।

... ...

पहले के सिद्धांतों के सारे परिणामों और तरीकों में विश्वास समाप्त हो जाने के बाद मैंने स्पष्ट देखा कि व्यापक सहपरिवर्तन सिद्धांत, अर्थात्, रीमान* के सहपरिवर्ती (Riemann's covarient) के साथ संबंध स्थापित करके ही संतोषजनक हल प्राप्त किया जा सकता है। ... अंतिम परिणाम इस प्रकार है ...

... ...

फिर मैंने यह शानदार खोज की कि न केवल प्रथम कोटि सन्निकटन (first order approximation) में न्यूटन का सिद्धांत प्राप्त होता है, अपितु द्वितीय कोटि सन्निकटन में बुध ग्रह के रविनीच बिंदु की गति (43" प्रति शताब्दी) भी प्राप्त होती है। सौर प्रकाश विपथन (deflection) पहले के परिणाम के दुगुना प्राप्त हुआ है। ... ...

हार्दिक शुभकामनाएं। **– आइंस्टाइन**

---

* जर्मन गणितज्ञ बेर्नहार्ड रीमान (Bernhard Riemann : 1826-1866 ई.), जिनकी वक्र सतहों वाली अयूक्लिडीय ज्यामिति का आइंस्टाइन ने अपने व्यापक आपेक्षिकता-सिद्धांत के सृजन में उपयोग किया है (देखिए अगली टिप्पणी)।

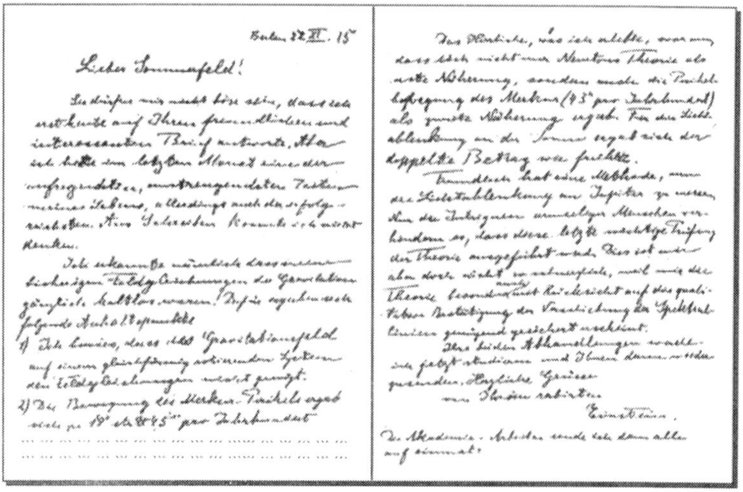

चित्र 8.17 : आइंस्टाइन द्वारा सोम्मेरफेल्ड को 28 नवंबर, 1915 को जर्मन भाषा में लिखे पत्र का वह अंश जिसका हिंदी अनुवाद पीछे दिया गया है।

3. बेर्नहार्ड रीमान (Bernhard Rieman : 1826-1866 ई.) : गॉटिंगेन (Göttingen) विश्वविद्यालय के महान गणितज्ञ। अयूक्लिडीय ज्यामिति का जन्म गॉटिंगेन में ही हुआ। कार्ल फ्रेडरिक गौस (1777-1855 ई.) इस विषय के आदि-प्रवर्तक थे। रूसी गणितज्ञ लोबाचेवस्की (1793-1856 ई.) की अयूक्लिडीय ज्यामिति का स्वागत सर्वप्रथम गॉटिंगेन के गणितज्ञों ने ही किया था। बेर्नहार्ड रीमान ने बहु-आयामी दिक् और अपनी विशिष्ट अयूक्लिडीय ज्यामिति का प्रतिपादन गॉटिंगेन में ही किया। सभी अयूक्लिडीय ज्यामितियों को एक सूत्र में बांधने का काम फेलिक्स क्लाइन (1849-1925 ई.) ने गॉटिंगेन में ही किया। गॉटिंगेन में ही डेविड हिल्बर्ट (अगली टिप्पणी) ने ज्यामिति को सुदृढ़ तार्किक आधार प्रदान किया और स्वतंत्र रूप से व्यापक आपेक्षिकता के सूत्रों का संस्कार किया था।

   सबसे महत्व की बात यह है कि आइंस्टाइन ने रीमान की अयूक्लिडीय ज्यामिति का उपयोग करके अपने व्यापक आपेक्षिकता-सिद्धांत का सृजन किया। उन्होंने हेरमान मिंकोवस्की (1864-1909 ई.) द्वारा दिक्काल के चार आयामी स्वरूप के लिए विकसित गणितीय ढांचे का उपयोग किया। मिंकोवस्की ज्यूरिख़ में आइंस्टाइन के अध्यापक रहे थे, परंतु उन्होंने दिक्काल के चार आयामी ढांचे वाला गणित 1908 ई. में तब तैयार किया जब वे गॉटिंगेन में प्राध्यापक थे।

   आइंस्टाइन भी गॉटिंगेन के गणितज्ञों से थोड़ा-बहुत आतंकित रहे हैं। उन्होंने एक बार हंसी-मजाक में कहा भी था : "गॉटिंगेन के गणितज्ञ कभी-कभी मुझे बहुत

प्रभावित करते हैं–इसलिए नहीं कि किसी चीज को सूत्रबद्ध करने में वे सहायता देते हैं, बल्कि इसलिए कि वे हम भौतिकीविदों को मानो केवल यही दिखाना चाहते हैं कि वे हमसे कितने अधिक बुद्धिमान हैं।"

चित्र 8.18 : बेर्नहार्ड रीमान (1826-1866 ई.)

ग्यॉर्ग फ्रेडरिक बेर्नहार्ड रीमान (1826-1866 ई.) का जन्म जर्मनी के हान्नोवर राज्य के एक गांव में हुआ था, ईसाई पुरोहित के एक गरीब परिवार में। स्कूल के बाद रीमान की आगे की पढ़ाई बर्लिन व गॉटिंगेन विश्वविद्यालयों में हुई। गौस के निर्देशन में उन्होंने गॉटिंगेन से 'डाक्टरेट' हासिल की और वहीं पर वे अध्यापक बने। गौस के बाद रीमान गॉटिंगेन की वेधशाला के निदेशक भी नियुक्त हुए।

रीमान ने गणित व भौतिकी के कई क्षेत्रों में महत्वपूर्ण शोधकार्य किया है, लेकिन आपेक्षिकता-सिद्धांत के संदर्भ में अयूक्लिडीय ज्यामिति के उनके कार्य को ज्यादा महत्व दिया जाता है। रीमान ने अयूक्लिडीय ज्यामिति और वक्र-पृष्ठों की धारणाओं को मिलाकर अवकल ज्यामिति (differential geometry) का एक शक्तिशाली ढांचा खड़ा किया।

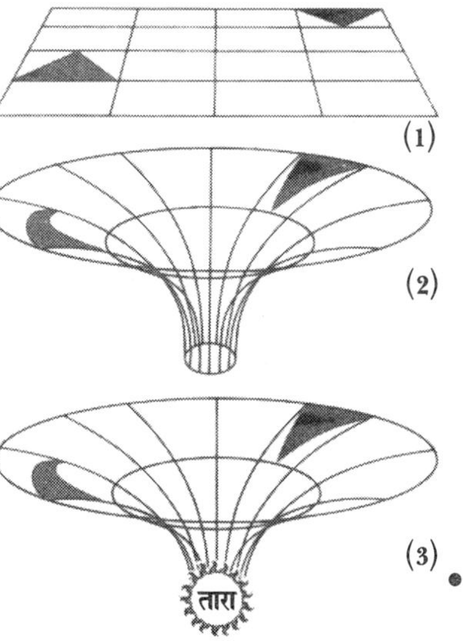

चित्र 8.19 : (1) "सपाट" दिक्; (2) रीमान का वक्र दिक्, जिसमें बिंदुओं के बीच की न्यूनतम दूरियां वक्र रेखाएं होती हैं और त्रिभुजों के कोणों का योग 180° से भिन्न रहता है; (3) आइंस्टाइन का ब्रह्मांडीय दिक्, जिसमें पिंड (यहां तारे) का द्रव्यमान वक्रता का सृजन करता है और आकाश (दिक्) की यह वक्रता, न कि किसी पिंड का आकर्षण, गुरुत्व के प्रभावों को जन्म देती है।

रीमान का यही गणितीय ढांचा उनके देहांत के पचास साल बाद आइंस्टाइन के व्यापक आपेक्षिकता-सिद्धांत के लिए उपयोगी बना। रीमान की अयूक्लिडीय ज्यामिति (दीर्घवृत्तीय ज्यामिति) में त्रिभुजों के तीन कोणों का योग 180° से अधिक होता है।

अपने आरंभिक दिनों में कुपोषण का शिकार होने के कारण रीमान का स्वास्थ्य काफी खराब रहता था; उन्हें तपेदिक ने जकड़ लिया, जिसका उस समय कोई इलाज नहीं था। स्वास्थ्यलाभ के लिए उन्हें अपना काफी समय इटली में गुजारना पड़ा। परंतु अंत में 39 साल की कम आयु में रीमान का देहांत हुआ।

बेर्नहार्ड रीमान और डेविड हिल्बर्ट के बारे में ज्यादा जानकारी के लिए देखिए मेरा ग्रंथ **संसार के महान गणितज्ञ**, पंचम संस्करण, राजकमल प्रकाशन, नई दिल्ली।

4. डेविड हिल्बर्ट (David Hilbert :1862-1943 ई.) : बुधवार, 8 अगस्त, 1900 की सुबह सॉरबोन (पेरिस) विश्वविद्यालय के एक कक्ष में दुनिया-भर के चोटी के लगभग 250 गणितज्ञ एकत्र हुए–गॉटिंगेन के विख्यात जर्मन गणितज्ञ डेविड हिल्बर्ट के भाषण को सुनने के लिए। अपने भाषण में उन्होंने आरंभ में ही प्रतिपादित किया कि, "हर सवाल का एक निर्णायक हल प्राप्त किया जा सकता है।" उसके बाद हिल्बर्ट ने 20वीं सदी के गणितज्ञों द्वारा हल किए जाने के लिए गणित के 23 महत्वपूर्ण सवाल प्रस्तुत किए। अब तक उनमें से कई सवाल हल हो चुके हैं।

चित्र 8.20 : डेविड हिल्बर्ट (1862-1943 ई.)

हिल्बर्ट ने 1898-99 ई. में ज्यामिति के लिए नए सिरे से ठोस आधार प्रस्तुत करने के प्रयोजन से **ज्यामिति के आधारतत्व** (Grundlagen der Geometrie) ग्रंथ की रचना की।

हिल्बर्ट 1900 ई. तक गणित के विविध क्षेत्रों में महत्वपूर्ण खोजकार्य कर चुके थे।

बीसवीं सदी के आरंभ तक गणित के कई विषयों के साथ हिल्बर्ट का नाम जुड़ चुका था। हिल्बर्ट के समय में गॉटिंगेन को

'गणितज्ञों की काशी' समझा जाने लगा था।

सन् 1902 में हिल्बर्ट के विद्यार्थी जीवन के मित्र हेरमान मिंकोवस्की (1864-1909 ई.) भी प्राध्यापक नियुक्त होकर गॉटिंगेन पहुंच गए। हेरमान वाइल (1885-1955 ई.) व मैक्स बोर्न (1882-1970 ई.) भी गॉटिंगेन पहुंचे। चोटी के और भी कई गणितज्ञ गॉटिंगेन पहुंच गए। फिर भी, गॉटिंगेन के ही गणित का उपयोग करके गॉटिंगेन का ही कोई भौतिकीविद आपेक्षिकता के सिद्धांत का सृजन नहीं कर पाया। कारण शायद यह था कि गॉटिंगेन के वैज्ञानिक दिक् व काल की परंपरागत धारणाओं से ही चिपके रहे। इसी बात को स्पष्ट करते हुए एक बार डेविड हिल्बर्ट ने कहा था : "हमारी इस गणितीय नगरी गॉटिंगेन की सड़कों पर चलने वाला प्रत्येक किशोर चार-आयामी ज्यामिति के बारे में आइंस्टाइन की अपेक्षा ज्यादा जानकारी रखता है। फिर भी सफलता आइंस्टाइन को ही मिली, हमारे गणितज्ञों को नहीं।" इस कथन के जरिए हिल्बर्ट यही कहना चाहते थे कि आइंस्टाइन काल व दिक् संबंधी परंपरागत धारणाओं से तनिक भी प्रभावित नहीं थे।

प्रथम विश्वयुद्ध शुरू हुआ (1914 ई.), तो जर्मनी के विख्यात विद्वानों व वैज्ञानिकों की ओर से जर्मनी की सैनिक कार्रवाइयों के समर्थन में एक घोषणापत्र जारी किया गया। माक्स प्लांक, वाल्थेर नेर्नस्ट आदि अनेक वैज्ञानिकों ने उस पर हस्ताक्षर किए; किंतु हिल्बर्ट और आइंस्टाइन ने नहीं किए। आइंस्टाइन की तरह हिल्बर्ट को भी युद्ध से घृणा थी।

जनवरी 1933 में जर्मनी में हिटलर का शासन शुरू हुआ। उसके साथ ही गॉटिंगेन के वैभवशाली युग का अवसान हो गया। अनेक वैज्ञानिकों को गॉटिंगेन छोड़ देना पड़ा; गॉटिंगेन में हिल्बर्ट लगभग अकेले रह गए। एक भोज में बगल में बैठे नए नाजी शिक्षा-मंत्री ने उनसे पूछा : "अब यहूदी प्रभाव हट गया है, तो गॉटिंगेन के गणित-संस्थान में गणित की स्थिति कैसी है?" "गॉटिंगेन में गणित?" हिल्बर्ट ने उत्तर दिया, "अब वहां गणित-जैसी कोई चीज नहीं रह गई है।"

हिल्बर्ट के लिए दूसरे विश्वयुद्ध के दिन बहुत दुखदायी रहे। युद्ध के दौरान ही (1943 ई.) उनका देहांत हुआ। मुश्किल से दस व्यक्ति उनकी अंत्येष्टि में शामिल हुए और बाहरी दुनिया को उनकी मृत्यु का समाचार कई महीने बाद मिला!

5. आइंस्टाइन के इस शोध-निबंध की 46 पृष्ठों की मूल हस्तलिपि, संभवतः सबसे मूल्यवान आइंस्टाइन-हस्तलिपि, अब येरूसलम के हिब्रू विश्वविद्यालय में है। आइंस्टाइन ने इसे हिब्रू विश्वविद्यालय को उसके उद्घाटन के अवसर पर 1926 ई. में सौंपा था।

6. • आइंस्टाइन के (व्यापक) आपेक्षिकता-सिद्धांत ने विश्व की संरचना से संबंधित हमारे विचारों को एक कदम आगे बढ़ा दिया है; मानो सत्य को हमसे पृथक् रखने वाली दीवार ढह गई है। –**हेरमान वाइल** (Hermann Weyl), 1918 ई.।

- आइंस्टाइन का व्यापक आपेक्षिकता-सिद्धांत "मानव चिंतन के इतिहास की एक महान—संभवतः महानतम—उपलब्धि है।

—**जे.जे. टॉमसन** (J.J. Thomson),
अध्यक्ष, रॉयल सोसायटी, लंदन, 1919 ई.

- आइंस्टाइन ने अपने आपेक्षिकता-सिद्धांत के जरिए भौतिकी में एक वैचारिक क्रांति पैदा की है।

—**आर्थर एडिंगटन** (Arther Eddington), 1920 ई.

- जो कोई गणितीय नियमों को समझता है, वह अवश्य ही अनुभव करेगा कि आइंस्टाइन के सिद्धांत जैसा सुंदर और परिष्कृत सिद्धांत तत्वतः सही होना चाहिए। —**पॉल डिराक** (Paul Dirac), 1971 ई.

- आपेक्षिकता-सिद्धांत के आधार पर रचित गुरुत्वीय क्षेत्रों के सिद्धांत की विशेषता यह है कि आइंस्टाइन ने इसका सृजन विशुद्ध निगमनात्मक विधि से किया है और बाद में ही खगोलीय प्रेक्षणों से इसकी पुष्टि हुई है।

—**लेव लांदाऊ** (L. Landau) व **येवगेनी लिफ्शिट्ज** (Y. Lifshitz)

- आइंस्टाइन के व्यापक आपेक्षिकता-सिद्धांत ने दिक् (आकाश) और काल से संबंधित हमारे विचारों को पूरी तरह बदल डाला है। दिक् और काल को अब हम विश्व में होने वाली घटनाओं से अप्रभावित रहकर सतत चलायमान रहने वाली निष्क्रिय सत्ताएं नहीं मान सकते। इसके विपरीत, अब वे ऐसी सक्रिय सत्ताएं हैं जो उनमें घटित होने वाली घटनाओं को प्रभावित करती हैं और स्वयं भी उनसे प्रभावित होती हैं। ⋯ आइंस्टाइन का यह विचार क्रांतिकारी था कि गुरुत्वाकर्षण, दिक् व काल की पृष्ठभूमि में काम करनेवाला महज एक बल नहीं है, बल्कि दिक्-काल में मौजूद द्रव्यमान और ऊर्जा से जनित *विकृति* है।

— **स्टीफेन हॉकिंग** (Stephen Hawking), 1991 ई.

7. आइंस्टाइन के मित्र पॉल एहरेनफेस्ट (1880-1933 ई.) ने एक विचित्र तथ्य को पहचाना : यदि कोई चकती घूम रही है, तो उसका किनारा उसके केंद्र से कहीं अधिक तेजी से घूमता है। यदि तेजी से घूमती चकती के किनारे पर एक मापपट्टी रखी जाए, तो वह (विशिष्ट आपेक्षिकता के अनुसार) सिकुड़ जाएगी। स्पष्ट है कि इस चकती पर यूक्लिड की समतल ज्यामिति काम नहीं कर सकती। आइंस्टाइन गुरुत्वाकर्षण को दिक्-काल की वक्रता से जोड़ने की समस्या के बारे में सालों तक सोचते रहे। अंत में वे इस निष्कर्ष पर पहुंचे कि न्यूटन द्वारा प्रतिपादित गुरुत्वाकर्षण-शक्ति वस्तुतः एक अधिक गहन वास्तविकता का परिणाम होनी चाहिए; अर्थात्, दिक् व काल की वक्रता (विकृति) का परिणाम होनी चाहिए।

8. आइंस्टाइन ने अपने मूल शोध-निबंध में एक ऐसे कक्ष की कल्पना की थी जिसे उसके साथ बांधी गई एक रस्सी से खींचकर आकाश में त्वरित किया जा रहा है।

9. किसी पिंड पर जब तक बाह्य बल प्रयुक्त नहीं होते, तब तक वह स्थिर अवस्था में बना रहता है या एकसमान गति से एक सीधी रेखा में आगे बढ़ता जाता है।

10. देखिए ऊपर टिप्पणी नं. 2, जहां आइंस्टाइन अपने मित्र सोम्मेरफेल्ड को 28 नवंबर, 1915 को सूचित करते हैं कि, "फिर मैंने यह शानदार खोज की कि न केवल प्रथम कोटि सन्निकटन (first order approximation) में न्यूटन का सिद्धांत प्राप्त होता है, अपितु द्वितीय कोटि सन्निकटन में बुध के रविनीच (perihelion) बिंदु की गति (43" प्रति शताब्दी) भी प्राप्त होती है।"

    नई जानकारी के अनुसार (देखिए The Hindu, 6-7-2008), हमारी आकाशगंगा-मंदाकिनी (Galaxy) में एक-दूसरे की तेजी से परिक्रमा कर रहे दो पल्सरों (देखिए परिशिष्ट-6 में 'पल्सर' शब्द) की एक ऐसी अद्भुत जुड़वां योजना (binary system) का पता चला है जो प्रबल गुरुत्वीय क्षेत्र का निर्माण करती है। इस योजना से उत्सर्जित होने वाली रेडियो-तरंगों के पुंजों का अध्ययन करके खगोलविदों ने इन पल्सरों की गतियों को जाना है। पता चला है कि इनमें से एक पल्सर, बुध ग्रह की तरह ही, पुरस्सरण या पश्चगमन (precession) दरशाता है। इससे भी 1915 ई. में आइंस्टाइन द्वारा प्रतिपादित व्यापक आपेक्षिकता सिद्धांत के इस निष्कर्ष की पुष्टि होती है।

11. आइंस्टाइन ने 1915 ई. में व्यापक आपेक्षिकता के जो समीकरण प्राप्त किए थे वे बताते थे कि विश्व या तो फैल रहा है या सिकुड़ रहा है। परंतु उस समय के खगोलविद बता रहे थे कि विश्व न फैल रहा है, न सिकुड़ रहा है; यह सुस्थिर है। खगोलविदों की राय को सही मानकर आइंस्टाइन ने अपने सुचारु समीकरणों में प्रति-गुरुत्वाकर्षण (anti-gravity) का सूचक एक अतिरिक्त घटक जोड़ दिया, जिसे उन्होंने ब्रह्मांडिकीय घटक (cosmological factor) का नाम दिया। इस तरह, आइंस्टाइन के समीकरणों से एक स्थिर विश्व का मॉडल प्राप्त करना संभव हुआ। बाद में जाकर ही यह स्पष्ट हुआ कि समय के साथ विश्व बदल रहा है, इसका निरंतर विस्तार हो रहा है (देखिए आगे टिप्पणी 13)। तब आइंस्टाइन को अपने मूल समीकरणों में 'ब्रह्मांडिकीय घटक' जोड़ने का बड़ा अफसोस हुआ। इस संबंध में उनके उद्गार थे : "यह मेरे जीवन की सबसे बड़ी भूल थी।"

    लेकिन उपग्रहों से प्राप्त सूचनाओं और स्टीफेन हॉकिंग (जन्म 1942 ई.) आदि के नए अध्ययनों से पता चला है कि 'ब्रह्मांडिकीय घटक' एकदम अनावश्यक नहीं है, शून्य नहीं है। इसे विश्व के विस्तार के त्वरण के साथ जोड़ा जा सकता है।

12. विल्लेम डे सिट्टेर (Willem de Sitter : 1872-1934 ई.) : डच खगोलविद और गणितज्ञ, जिन्होंने आरंभिक दौर में आइंस्टाइन के आपेक्षिकता-सिद्धांत को लोकप्रिय बनाने में महत्वपूर्ण भूमिका अदा की। डे सिट्टेर लाइडेन विश्वविद्यालय (हॉलैंड, नीदरलैंड्स) में खगोल-विज्ञान के प्रध्यापक थे और वहां से, प्रथम विश्वयुद्ध के दौरान, आइंस्टाइन के जर्मन शोध-निबंध आर्थर एडिंगटन को इंग्लैंड भेजा करते थे। तभी जाकर इंग्लैंड में 1919 ई. के सूर्य-ग्रहण के अध्ययन की योजना बनी थी।

चित्र 8.21 : विल्लेम डे सिट्टेर (1872-1934 ई.)

डे सिट्टेर ने 1917 ई. में आइंस्टाइन के विश्व-मॉडल में कुछ नई महत्वपूर्ण चीजें जोड़ीं। चूंकि गुरुत्व-बल के अंतर्गत प्रकाश-किरणें मुड़ जाती हैं, इसलिए डे सिट्टेर ने कहा कि वे लगातार मुड़ती जाएंगी और अंत में अपने आरंभ-स्थान पर पहुंच जाएंगी। इस तरह, डे सिट्टेर निष्कर्ष पर पहुंचे कि विश्व वस्तुतः "वक्र आकाश" से बना है। आइंस्टाइन ने विश्व को वक्र और स्थिर स्वीकार कर लिया था। लेकिन डे सिट्टेर ने आइंस्टाइन के समीकरणों की भिन्न प्रकार से व्याख्या करके परिणाम निकाला कि 'आकाश की वक्रता' की रफ्तार निरंतर घटती जा रही है और वक्र विश्व का बाहर की ओर निरंतर फैलाव हो रहा है। संक्षेप में, आइंस्टाइन के विश्व में द्रव्य था, पर गति नहीं थी; इसके विपरीत, डे सिट्टेर के विश्व में गति थी, पर द्रव्य नहीं था!

स्नीक (हॉलैंड, नीदरलैंड्स) में जन्मे विल्लेम डे सिट्टेर एक न्यायाधीश के पुत्र थे और उन्होंने ग्रॉनिंगेन विश्वविद्यालय में गणित और भौतिकी का अध्ययन किया था। वे लाइडेन विश्वविद्यालय में खगोल-विज्ञान के प्राध्यापक और लाइडेन वेधशाला के निदेशक रहे। (देखिए आइंस्टाइन, एडिंगटन, एहरेनफेस्ट व लॉरेंट्ज के साथ डे सिट्टेर का चित्र 10.1.)

13. अलेक्जांद्र फ्रीडमान (Alexandr Friedman : 1888-1925 ई.) : रूसी गणितज्ञ-खगोलविद, जिन्होंने आइंस्टाइन के व्यापक आपेक्षिकता-सिद्धांत के समीकरणों का उपयोग करके 1922 ई. में विश्व का एक नया सैद्धांतिक मॉडल प्रस्तुत किया। आइंस्टाइन ने एक "ससीम किंतु अपरिबद्ध" विश्व की धारणा प्रस्तुत की थी।

फ्रीडमान ने कई हल प्राप्त किए, जिन सब में आकाश व काल सभी बिंदुओं में और सभी दिशाओं में एकरूप हैं, परंतु काल के साथ विश्व का औसत घनत्व तथा अर्द्धव्यास, दोनों बदलते जाते हैं। इससे सूचित होता है कि विश्व या तो फैल रहा है या सिकुड़ रहा है।

एक संगीतकार के पुत्र अलेक्जांद्र फ्रीडमान का जन्म और शिक्षण सेंट पीटर्सबर्ग (लेनिनग्राद) में हुआ था। वे पेर्म विश्वविद्यालय में सैद्धांतिक यांत्रिकी के प्राध्यापक और सेंट पीटर्सबर्ग वेधशाला के निदेशक रहे। सैंतीस साल की अल्पायु में फ्रीडमान का निधन हुआ।

14. एडविन हबल (Edwin Hubble : 1889-1953 ई.) : अमरीकी खगोलविद, जिन्होंने 1923 ई. में देवयानी मंदाकिनी (Andromeda galaxy) में चरकांति सैफी (Cepheid variables) तारों की खोज करके (चरकांति सैफी तारे खगोलीय दूरियां मापने में मदद देते हैं) सिद्ध किया कि यह मंदाकिनी हमारी अपनी आकाशगंगा-मंदाकिनी से बहुत दूर है। सन् 1925 में हबल ने मंदाकिनियों को सर्पिल, दीर्घवृत्तीय आदि आकारों में वर्गीकृत किया। सन् 1929 में उन्होंने 'हबल का नियम' प्रस्तुत किया, जिसके अनुसार मंदाकिनियां एक-दूसरे से दूर भाग रही हैं, और जो मंदाकिनी जितनी दूर है वह उतनी ही तेजी से दूर भाग रही है, विश्व का विस्तार हो रहा है।

चित्र 8.22 : एडविन हबल (1889-1953 ई.)

हबल के इस प्रेक्षण से निष्कर्ष निकाला गया कि अतीत में विश्व का आरंभ एक प्रकार के महाविस्फोट (Big Bang) के साथ हुआ है। मंदाकिनी के पलायन-वेग और उसकी दूरी के अनुपात को 'हबल स्थिरांक' (Hubble constant) का नाम दिया गया है।

आइंस्टाइन ने जब हबल की खोज के बारे में सुना, तो उन्हें बड़ी खुशी हुई। आइंस्टाइन के मूल समीकरण वस्तुतः फैलते या सिकुड़ते विश्व की धारणा ही प्रस्तुत करते थे, परंतु उन्होंने तत्कालीन खगोलविदों की स्थिर विश्व की धारणा को स्वीकार करके अपने समीकरणों में एक 'ब्रह्मांडिकीय घटक' जोड़ दिया था। अब हबल की खोज से आइंस्टाइन की मूल मान्यता की पुष्टि हुई। सन् 1931 में आइंस्टाइन

अमरीका के 'काल्टेक' संस्थान में व्याख्यान देने के लिए गए थे, तब वे माऊंट विल्सन वेधशाला जाकर हबल से मिले थे और उन्हें धन्यवाद दिया था।

एडविन हबल का जन्म मार्शफिल्ड, मिसूरी (अमरीका) में हुआ था। उन्होंने शिकागो और ऑक्सफोर्ड (इंग्लैंड) में अध्ययन किया–पहले कानून का और फिर खगोल-विज्ञान का। सन् 1919 से माऊंट विल्सन वेधशाला से जुड़कर वहां के 100 इंच (250 सेंटीमीटर) व्यास के दर्पण वाली दूरबीन से जीवन के अंतिम दिनों तक वेधकार्य किया। हबल के वेधकार्य से विश्व की सीमाएं बहुत दूर तक पहुंच गईं। सन् 1990 से अंतरिक्ष में स्थापित 'हबल दूरबीन' विश्व के नए-नए नजारों का उद्घाटन कर रही है।

15. फादर जॉर्जेस लेमाइत्रे (Georges Lemaître : 1894-1966 ई.) : बेल्जियम में जन्मे लेमाइत्रे ने प्रथम विश्वयुद्ध में भाग लेने के बाद लोवेन विश्वविद्यालय से उपाधि प्राप्त की और फिर 1923 ई. में वे रोमन कैथेलिक साधु बन गए। उसके बाद उन्होंने कैम्ब्रिज में आर्थर एडिंगटन के निर्देशन में और अमरीका में हार्वर्ड वेधशाला में शोधकार्य किया। स्वदेश लौटने पर वे लोवेन विश्वविद्यालय में खगोल- विज्ञान के प्राध्यापक नियुक्त हुए और आगे अंत तक वहीं बने रहे।

आइंस्टाइन द्वारा 1916 ई. के आरंभ में प्रतिपादित व्यापक आपेक्षिकता-सिद्धांत के क्षेत्र समीकरणों से विश्व-व्यवस्था के कई मॉडल संभव थे; स्वयं आइंस्टाइन ने आरंभ में स्थिर विश्व (static universe) का मॉडल प्रस्तुत किया था। लेकिन 1927 ई. में फादर लेमाइत्रे ने (और 1922 ई. में स्वतंत्र रूप से अलेक्जांद्र फ्रीडमान ने–देखिए पीछे टिप्पणी 13) आइंस्टाइन के क्षेत्र समीकरणों का उपयोग करके एक फैलते विश्व (expanding universe) का मॉडल प्रस्तुत किया। बाद में 1929 ई. में एडविन हबल (देखिए पीछे टिप्पणी 14) के प्रेक्षणों से फैलने वाले इस विश्व-मॉडल की पुष्टि हो गई, परंतु हबल को फ्रीडमान या लेमाइत्रे के कार्य

चित्र 8.23 : आइंस्टाइन और लेमाइत्रे, पासादेना, 12 जनवरी 1933

की जानकारी नहीं थी। एडिंगटन ने 1931 ई. में लेमाइत्रे के निबंध का अंग्रेजी में अनुवाद प्रस्तुत किया, तभी खगोलविदों को उनके कार्य का पता चला।

यदि आज विश्व के समस्त द्रव्य का विस्तार हो रहा है तो, लेमाइत्रे ने सोचा, यह अतीत में एक समय काफी पास-पास रहा होगा। और, अधिक पीछे जाने पर यह समस्त द्रव्य एक 'आदिम परमाणु' (primal atom) में पुंजीभूत रहा होगा। लेमाइत्रे ने सुझाया कि रेडियोधर्मी क्षय के कारण उस 'आदिम परमाणु' में महाविस्फोट हुआ और तब से विश्व का विस्तार आरंभ हुआ। इस तरह, लेमाइत्रे ने विश्व के 'बिग बैंग' (big bang) मॉडल के लिए पृष्ठभूमि तैयार कर दी थी।

लेकिन लेमाइत्रे के फैलते विश्व के मॉडल को जल्दी मान्यता नहीं मिली। फ्रेड हॉयल, हेरमान बॉन्डी और टॉमस गोल्ड द्वारा 1945 ई. में प्रतिपादित स्थिर-स्थिति विश्व (steady state universe) मॉडल का आरंभ में कुछ ज्यादा स्वागत हुआ।

फिर 1948 ई. में जॉर्ज गेमोव (George Gamow : 1904-1968 ई.) और साथियों ने फैलते विश्व के मॉडल को पुनर्जीवित करके इसके विकासक्रम को स्पष्ट किया। साथ ही, यह भी प्रतिपादित किया कि आरंभ में विश्व का जो अत्यंत उच्च्व तापमान था वह विश्व के फैलते जाने पर अब बहुत कम रह गया है। प्रेक्षणों से पता चला है कि अब यह ब्रह्मांडीय सूक्ष्म-तरंग पृष्ठभूमि विकिरण (Cosmic Microwave Background Radiation) लगभग 3 डिग्री केल्विन है। इस तरह, विश्वोत्पत्ति के "बिग बैंग" (Big Bang) मॉडल को अब ज्यादा मान्यता मिल रही है। यह "बिग बैंग" पद फ्रेड हॉयल ने पहली बार मजाक के तौर पर अपने विरोधियों की फैलते विश्व की मान्यता के लिए इस्तेमाल किया था, लेकिन अब यह रूढ़ हो गया है।

16. व्यापक आपेक्षिकता सिद्धांत का एक निष्कर्ष यह भी है कि जब कोई पिंड अपने अक्ष पर घूमता है, तो वह अपने गिर्द के दिक्-काल को मरोड़ता जाता है, उसे घसीटता है। दिक्-काल के इस तरह से घसीटे जाने को वैज्ञानिकों ने frame dragging का नाम दिया है। सन् 2004 में Gravity Probe B नामक उपग्रह को, उसमें गोलाकार, सतत घूमते रहने वाले 4 जाइरोस्कोप स्थापित करके, धरातल से 640 किलोमीटर ऊपर स्थापित किया गया था। प्रयोजन था–पृथ्वी द्वारा दिक्काल को घसीटे जाने से उसकी कक्षा में होने वाले सूक्ष्म परिवर्तन का मापन करना। धरती से भेजी गई लेसर किरणों से भी उपग्रहों की कक्षाओं में होने वाले सूक्ष्म परिवर्तन का मापन किया गया है। प्राप्त परिणामों से आइंस्टाइन के इस निष्कर्ष की पुष्टि हुई है। उनके अन्य निष्कर्षों के परीक्षण के लिए भी योजनाएं बनी हैं।

17. लियोपोल्ड इन्फेल्ड के लिए देखिए अध्याय 9, टिप्पणी 2.

❑❑❑

अध्याय 9

ख्याति और निंदा

प्रथम विश्वयुद्ध की समाप्ति (1918 ई.) के बाद तारों के प्रकाश के गुरुत्वीय विस्थापन के सिद्धांत की परीक्षा के लिए ब्रिटिश खगोलविदों ने 1919 ई. में पश्चिम अफ्रीका व उत्तरी ब्राजील में घटित खग्रास सूर्य-ग्रहण के अध्ययन का आयोजन किया था।[1] आइंस्टाइन की भविष्यवाणी सही साबित हुई, तो उनकी कीर्ति चहुंओर फैल गई और वे एकाएक संसार के सबसे ख्यातनामा वैज्ञानिक बन गए; आज की शब्दावली में कहें तो वैज्ञानिकों के 'महानायक' (Superstar) हो गए।

चित्र 9.1 : आइंस्टाइन "हाबेरलांडस्ट्रास्से 5" (बर्लिन) के अपने निवास-स्थान के 'अध्ययन-कक्ष' के पुस्तकालय में, 1920 ई. के आसपास।

लेकिन स्वयं आइंस्टाइन अपने बारे में क्या सोचते थे? अपनी ख्याति के बारे में उनकी प्रतिक्रिया क्या थी? जनवरी 1920 में उन्होंने अपने एक अंतरंग मित्र को लिखा : "प्रकाश के विस्थापन की घोषणा के बाद मेरे गिर्द एक प्रकार का पूजा-पंथ स्थापित हो गया है और मैं एक देव-मूर्ति की तरह बन गया हूं। मगर ईश्वर की कृपा से यह दौर भी समाप्त हो जाएगा।"

फिलिप फ्रांक द्वारा लिखी उनकी जीवनी के लिए तैयार की गई अपनी 'भूमिका' में आइंस्टाइन ने 1942 ई. में लिखा था : "मैं कभी

नहीं समझ पाया कि आपेक्षिकता-सिद्धांत इतने दीर्घकाल तक विभिन्न स्तरों की जनता में इतना जीवंत व जबरदस्त अनुकंपन कैसे पैदा कर सका, बावजूद इसके कि इसकी धारणाएं और समस्याएं रोजमर्रा के जीवन से कोसों दूर हैं। ··· इस सवाल का युक्तियुक्त उत्तर मुझे अभी तक कहीं से जानने को नहीं मिला है।"

सन् 1919 में प्रकाश के विस्थापन की पुष्टि के बाद संसार-भर की पत्र-पत्रिकाओं में आइंस्टाइन और आपेक्षिकता-सिद्धांत के बारे में लेख छपने लगे। एक साल के भीतर आपेक्षिकता-सिद्धांत पर 100 से भी ज्यादा पुस्तकें प्रकाशित हुईं। विज्ञान की प्रसिद्ध मासिक पत्रिका 'साइंटिफिक अमेरिकन' (Scientific American) ने आपेक्षिकता के बारे में 3000 शब्दों का एक सबसे अच्छा, संक्षिप्त लेख आमंत्रित करके उसके लिए पांच हजार डालर का पुरस्कार घोषित किया। आइंस्टाइन की प्रतिक्रिया थी : "यकीनन, मैं ऐसा कोई लेख नहीं लिख सकता।"

आइंस्टाइन और उनके व्यापक आपेक्षिकता-सिद्धांत की चर्चा दुनिया-भर में होने लगी। सितंबर 1920 में आइंस्टाइन ने अपने मित्र मार्सेल ग्रासमान को लिखा : "आजकल हर कोचवान और हर बैरा बहस करने लगा है कि आपेक्षिकता-सिद्धांत सही है या गलत।" लोग आपेक्षिकता-सिद्धांत को समझ नहीं पा रहे थे, इसलिए आइंस्टाइन और भी अधिक रहस्यमय व्यक्ति बन गए। सन् 1944 में 'न्यूयॉर्क टाइम्स' को दिए गए इंटरव्यू में उन्होंने पूछा भी था : "क्या कारण है कि मुझे हर कोई चाहता है, पर समझता कोई नहीं?"

अपनी ख्याति से आइंस्टाइन स्वयं भी बेहद परेशान थे। उनके एक सहयोगी ने उन्हें भाषण देने के लिए आमंत्रित किया, तो फरवरी 1920 में आइंस्टाइन ने नैराश्यपूर्ण शब्दों में उन्हें लिखा था : "किसी को मना करने का मुझे सचमुच कभी साहस नहीं होता था। परंतु आज मैं जिस दुर्दशा में हूं उसमें अब धीरे-धीरे 'नहीं' कहना सीख रहा हूं। पत्र-पत्रिकाओं में लेखों की बाढ़ आ जाने से मेरे पास इतने अनुरोध और आमंत्रण आने लगे हैं कि मैं रात में सपने देखता हूं कि मैं नरक की आग में तप रहा हूं, और शैतान-रूपी पोस्टमॅन लगातार चिल्लाते हुए चिट्ठियों का एक नया बंडल मेरे सिर पर दे मारता है, क्योंकि मैंने पहले की चिट्ठियों का अभी तक उत्तर नहीं दिया है।" एक अन्य अवसर पर आइंस्टाइन ने कहा था : "पोस्टमॅन मेरा सबसे बड़ा दुश्मन है; उसकी पकड़ से मैं कभी निकल नहीं पाऊंगा।"

यूरोप के पत्रकार तो थोड़ा संयम भी बरतते थे, परंतु अमरीकी पत्र-पत्रिकाओं में आइंस्टाइन और उनके आपेक्षिकता-सिद्धांत के बारे में उन दिनों अधिकांशतः जो और जैसी बातें छप रही थीं, उससे आइंस्टाइन बहुत आहत थे। लिखते

हैं : "रिपोर्टरों ने मेरे बारे में इतने बड़े पैमाने पर झूठी और निर्लज्ज बातें ईजाद करके छापी हैं कि यदि मैं उन्हें गंभीरता से लेता, तो कभी का जमीन के अंदर धंस जाता। अपने को यही कहकर समझाता हूं कि समय की अपनी एक छलनी होती है, जिसमें से व्यर्थ की चीजें बाहर आकर विस्मृति के सागर में विलीन हो जाती हैं और उस छटनी के बाद जो बाकी बचता है वह भी प्रायः थोथा और निरर्थक होता है।"

लेकिन चिंतनीय सवाल हैं : एक सर्वग्रास सूर्य-ग्रहण के अध्ययन के लिए आयोजित वैज्ञानिक अभियान का आम जनता पर इतना असाधारण असर कैसे हुआ? आपेक्षिकता-सिद्धांत जैसे दुरूह विषय में आम जनता की इतनी ज्यादा दिलचस्पी कैसे पैदा हुई? आइंस्टाइन के बारे में इतने सारे कल्पित किस्से और मनगढ़ंत मिथक क्योंकर गढ़े गए?

इन सवालों के कई उत्तर दिए जा सकते हैं। एक सटीक उत्तर आइंस्टाइन के सहयोगी रहे पोलैंडवासी भौतिकवेत्ता लिओपोल्ड इन्फेल्ड[2] (1898-1968 ई.) ने दिया है। लोग जानते थे कि विज्ञान तत्वतः अंतर्राष्ट्रीय है और बुनियादी तौर पर राष्ट्रवाद और युद्ध का विरोधी है। इसलिए इन्फेल्ड ने लिखा : "संभवतः एक और भी महत्वपूर्ण कारण यह है—एक *जर्मन* वैज्ञानिक आइंस्टाइन ने एक नई घटना की भविष्यवाणी की थी और *अंग्रेज* खगोलविदों ने इसकी पुष्टि की थी। दो युद्धरत देशों के वैज्ञानिकों ने पुनः एक-दूसरे को सहयोग दिया था। लग रहा था कि एक नए युग की शुरुआत हुई है। मुझे लगता है कि लोगों की शांति की चाह ही आइंस्टाइन की बढ़ती ख्याति का कारण थी।"

संभवतः इस बात को आइंस्टाइन भी बखूबी समझते थे। 6 नवंबर, 1919 को लंदन की रॉयल सोसायटी और रॉयल एस्ट्रॉनॉमिकल सोसायटी की संयुक्त सभा में 29 मई, 1919 के खग्रास सूर्य-ग्रहण की रिपोर्ट प्रस्तुत की गई; बताया गया कि आइंस्टाइन की भविष्यवाणी के अनुसार ही सूर्य के समीप प्रकाश-किरणों का विस्थापन होता है। सभा में चोटी के ब्रिटिश भौतिकीविद, खगोलविद व गणितज्ञ उपस्थित थे। कैम्ब्रिज से गणितज्ञ-दार्शनिक अल्फ्रेड नॉर्थ व्हाइटहेड (1861-1947 ई.) भी आए थे। सभा में इलेक्ट्रॉन के खोजकर्ता और रॉयल सोसायटी के अध्यक्ष जे.जे. टॉमसन (1856-1940 ई.) के आपेक्षिकता के बारे में उद्‌गार थे : "यह उपलब्धि किसी अकेले द्वीप की खोज-जैसी नहीं, बल्कि वैज्ञानिक विचारों के एक महाद्वीप की खोज की तरह है। ... यह न्यूटन के बाद आपेक्षिकता-सिद्धांत से संबंधित सबसे महत्वपूर्ण परिणाम है, और यह उचित ही है कि इसे उस सोसायटी की सभा में प्रस्तुत किया जाए जिससे उनका गहरा संबंध रहा है। यदि

आइंस्टाइन का सिद्धांत टिका रहता है, तो यह मानवीय चिंतन की एक महानतम उपलब्धि मानी जाएगी।"

दूसरे दिन, 7 नवंबर को, **द लंदन टाइम्स** में दो सुर्खियां थीं : (1) **मृतकों का गौरव, युद्धविराम पालन, देश की सभी रेलगाड़ियां रुक जाएंगी**; और (2) **विज्ञान में क्रांति. ब्रह्मांड का नया सिद्धांत. न्यूटन के विचारों की पराजय**।[3] यहां प्रथम सुर्खी का संबंध जर्मनी के साथ हुई युद्ध-विराम संधि की प्रथम वर्षगांठ मनाने से संबंधित था, तो दूसरी का संबंध सूर्य-ग्रहण के परिणाम की रिपोर्ट से था।

समाचार अटलांटिक को पार करके अमरीका में पहुंचा, तो वहां 9 नवंबर (1919) के **न्यूयार्क टाइम्स** में इसे खूब बढ़ा-चढ़ाकर पेश किया गया : "आकाश में प्रकाश का तिरछापन", "तारे वहां नहीं रहते, जहां वे दिखाई देते हैं, ... लेकिन इससे किसी को चिंतित नहीं होना चाहिए", इत्यादि।

अमरीका में आपेक्षिकता-सिद्धांत का पहली बार जोर-शोर से प्रवेश हुआ था। वहां आर्थर एडिंगटन की तरह इस सिद्धांत की व्याख्या करने वाला कोई नहीं था, इसलिए अमरीकी वैज्ञानिक आपेक्षिकता-सिद्धांत को स्वीकार करने में कठिनाई महसूस कर रहे थे। अल्बर्ट माइकेलसन (1852-1931 ई.), जिन्होंने अपने महान प्रयोग (1887 ई.) के जरिए 'ईथर' के अस्तित्व को खारिज कर दिया था और जो 1907 ई. में नोबेल पुरस्कार पाने वाले प्रथम अमरीकी भौतिकवेत्ता थे, जीवन के अंतिम दिनों तक आपेक्षिकता-सिद्धांत को स्वीकार नहीं कर पाए थे। आपेक्षिकता-सिद्धांत की आलोचना करने वाले और भी कई अमरीकी वैज्ञानिक थे। लेकिन इससे आइंस्टाइन की प्रसिद्धि में बढ़ोतरी ही हुई। सन् 1921 में अपनी प्रथम अमरीका-यात्रा के दौरान आइंस्टाइन प्राकृतिक इतिहास के अमरीकी संग्रहालय में भाषण देने पहुंचे, तो उन्हें सुनने के लिए आए लोगों की भारी भीड़ को रोकने के लिए न्यूयार्क नगर की पुलिस को बहुत दिक्कत हुई थी।

फिर चंद दिन बाद **लंदन टाइम्स** ने आपेक्षिकता-सिद्धांत के बारे में एक लेख लिखने का आइंस्टाइन से अनुरोध किया, जो 18 नवंबर, 1919 को उसमें प्रकाशित हुआ। आइंस्टाइन लेख की शुरुआत करते हैं : "'लंदन टाइम्स' के लिए आपेक्षिकता के बारे में कुछ लिखने के आपके सहयोगी के अनुरोध को मैं सहर्ष स्वीकार करता हूं। विद्वानों के बीच स्थापित पुराने सक्रिय संबंधों के खेदजनक विच्छेद के बाद मुझे इंग्लैंड के खगोलविदों और भौतिकीविदों के प्रति अपनी कृतज्ञता एवं खुशी व्यक्त करने का जो अवसर मिला है उसका मैं स्वागत करता हूं। यह आपके देश के वैज्ञानिक अनुसंधान की महान एवं गौरवशाली परंपरा के सर्वथा अनुकूल ही है कि प्रतिष्ठित वैज्ञानिक काफी समय लगाकर और काफी कष्ट सहकर एक ऐसे

सिद्धांत के निष्कर्षों का परीक्षण करें जिसका सृजन एवं प्रकाशन युद्ध के दौरान आपके शत्रुओं के देश में हुआ है। इस काम में आपके वैज्ञानिक संस्थानों ने भी भरपूर सहयोग दिया है। प्रकाश-किरणों पर सूर्य के गुरुत्वीय क्षेत्र के प्रभाव का परीक्षण हालांकि एक विशुद्ध वस्तुनिष्ठ विषय है, फिर भी अपने अंग्रेज साथियों को उनके कार्य के लिए व्यक्तिगत रूप से धन्यवाद देना मैं जरूरी समझता हूं; क्योंकि यह मेरे सिद्धांत के सबसे महत्वपूर्ण परिणाम का परीक्षण था।"

लेख के अंतिम दो अनुच्छेद हैं : "आपेक्षिकता-सिद्धांत का प्रमुख आकर्षण है इसकी तार्किक परिपूर्णता। इससे निष्पन्न एक भी निष्कर्ष यदि गलत साबित होता है, तो इसे त्याग देना चाहिए। इसके समूचे ढांचे को ध्वस्त किए बिना इसमें हेर-फेर करना संभव नहीं लगता।

"साथ ही, किसी को भी यह भ्रांति नहीं होनी चाहिए कि यह या अन्य कोई सिद्धांत वस्तुतः न्यूटन के महान सिद्धांत का स्थान ले सकता है। प्राकृतिक विज्ञान के क्षेत्र की हमारी समूची आधुनिक वैचारिक संरचना के मूलाधार के तौर पर उनकी भव्य और सुबोध धारणाओं का विशिष्ट महत्व सदा के लिए कायम रहेगा।"

अपने लेख को पूरा करने के बाद आइंस्टाइन 'टिप्पणी' जोड़ते हैं : "मेरे जीवन और कार्य के संबंध में आपके अख़बार में छपे कतिपय कथन लेखक की उर्वर कल्पना-शक्ति के परिणाम हैं। पाठक की मौज के लिए प्रस्तुत है, आपेक्षिकता सिद्धांत का एक और उपयोग : आज जर्मनी में मुझे एक 'जर्मन विद्वान' और इंग्लैंड में एक 'स्विस यहूदी' कहा जाता है। इसके विपरीत, यदि मुझे (मेरे सिद्धांत को) कभी हौआ (*béte noire*) सिद्ध किया जा सके, तो जर्मनों के लिए मैं एक 'स्विस यहूदी' और अंग्रेजों के लिए एक 'जर्मन विद्वान' हो जाऊंगा।"[4]

आइंस्टाइन की ख्याति दुनिया-भर में फैली। लेकिन क्या सभी लोगों ने, सभी वैज्ञानिकों ने उनको सराहा? उनकी स्तुति की? नहीं। आइंस्टाइन के जीवन-काल में उनकी जितनी स्तुति हुई है, उतनी ही निंदा भी। उनसे घृणा करने का कारण था—उनका यहूदी होना, सैनिकतंत्र का घोर विरोधी व शांतिवादी होना, प्रजातंत्रवादी होना, गांधी के अहिंसात्मक, असहयोग के आंदोलन का समर्थक और जीवन के अंतिम दिनों में घोषित रूप से समाजवादी होना।

कई वैज्ञानिकों ने आइंस्टाइन के आपेक्षिकता-सिद्धांत की खुलकर प्रशंसा नहीं की है; कुछ ने तो इसे सही भी नहीं माना। ब्रिटिश खगोलविद आर्थर एडिंगटन (1882-1944 ई.) ने आरंभिक दौर में आइंस्टाइन के आपेक्षिकता-सिद्धांत के प्रचार-प्रसार में भले ही सर्वाधिक महत्व की भूमिका अदा की हो, परंतु उनके देश में ही ऐसे कई वैज्ञानिक थे जिनकी राय भिन्न थी।

ब्रिटिश गणितज्ञ-दार्शनिक बर्ट्राण्ड रसेल[5] (1872-1970 ई.) ने आइंस्टाइन के सिद्धांत को सरल भाषा में समझाने के लिए 1925 ई. में **The ABC of Relativity** (आपेक्षिकता-सिद्धांत का ककहरा) पुस्तक लिखी, तो गणित को तार्किक आधार प्रदान करने में उनके सहयोगी रहे गणितज्ञ-दार्शनिक अल्फ्रेड नॉर्थ व्हाइटहेड[6] (1861-1947 ई.) ने आइंस्टाइन के सिद्धांत के मूलाधारों की आलोचना करने के प्रयोजन से इस विषय पर एक स्वतंत्र पुस्तक लिखी—**The Principle of Relativity** (1922 ई.)। व्हाइटहेड शुरू में ही लिखते हैं : "आइंस्टाइन ने अपनी खोज को जिस तरह प्रस्तुत किया है उससे मैं सहमत नहीं हूं।" और, "इतने सारे विचार प्रस्तुत किए गए हैं कि आइंस्टाइन के सिद्धांतों के सूत्रीकरण को आंख मूंदकर स्वीकार करना न्यायसंगत नहीं होगा।"

आइंस्टाइन के आकाश (दिक्) व काल के सूत्रीकरण को दार्शनिक आधार पर अस्वीकार करके व्हाइटहेड ने अपना ही एक विस्तृत आपेक्षिकता-सिद्धांत प्रतिपादित किया था। परंतु बाद में उनके कई निष्कर्ष गलत साबित हुए, जबकि आइंस्टाइन के सिद्धांत की परीक्षणों से पुष्टि हो गई।

इंग्लैंड के ही एक गणितज्ञ-खगोलविद एडवर्ड मिल्ने[7] (1896-1950 ई.) ने आपेक्षिकता का अपना ही एक शुद्धगतिक सिद्धांत (kinematical theory) प्रस्तुत किया। उसमें उन्होंने लिखा : "आइंस्टाइन का गुरुत्वाकर्षण का सिद्धांत मुझे कभी विश्वसनीय नहीं लगा। ··· व्यापक आपेक्षिकता-सिद्धांत एक ऐसे बगीचे की तरह है जहां फूल और फिजूल का घास-पात साथ-साथ उगते हैं। वांछित फूलों के साथ बेकार के घास-पात को भी काट लिया जाता है और बाद में ही उसे पृथक् किया जाता है।" व्हाइटहेड और मिल्ने की तरह और भी कई वैज्ञानिकों ने गुरुत्वाकर्षण के अपने वैकल्पिक सिद्धांत प्रतिपादित किए हैं; जैसे, ब्रिटिश गणितज्ञ-खगोलविद फ्रेड हॉयल[8] (जन्म 1915 ई.) और किसी समय उनके सहयोगी रहे भारतीय गणितज्ञ-खगोलविद जयंत विष्णु नारळीकर[9] (जन्म 1938 ई.) ने निरंतर विस्तृत होते विश्व का मॉडल अस्वीकार करके स्थिर-स्थिति सिद्धांत (Steady State Theory) वाला एक ऐसा विश्व-मॉडल प्रस्तुत किया है जिसमें आदिम महाविस्फोट (Big Bang) के लिए कोई स्थान नहीं है।

प्रकाश-विस्थापन की भविष्यवाणी की पुष्टि हो जाने के बाद आर्थर एडिंगटन ने दिसंबर 1919 में आइंस्टाइन को लिखा था : "समूचे इंग्लैंड में आपके सिद्धांत की चर्चा हो रही है। ··· इसने यहां बहुत ज्यादा सनसनी फैला दी है। यह इंग्लैंड और जर्मनी के बीच के वैज्ञानिक संबंधों के लिए घटित संभवतः सबसे अच्छी चीज है।"

किंतु कई ब्रिटिश वैज्ञानिक आइंस्टाइन की ख्याति से खुश नहीं थे। नोबेल पुरस्कार विजेता भारतीय ज्योतिर्भौतिकीविद सुब्रह्मण्यन् चंद्रशेखर[10] (1910-1995 ई.) ने 1933 ई. की एक ऐसी 'बातचीत' की जानकारी दी है, जिसमें वे स्वयं उपस्थित थे।[11] एक दिन कैम्ब्रिज के ट्रिनिटी कॉलेज में रात्रि-भोजन के बाद पांच व्यक्तियों—रदरफोर्ड,[12] एडिंगटन,[13] आमोस (किसी समय मिस्र की सरकार के सलाहकार), दु वाल (गणितज्ञ) और चंद्रशेखर—में बातचीत शुरू हुई। बातचीत के दौरन आमोस एकाएक रदरफोर्ड की ओर मुखातिब होकर बोले : "मैं समझ नहीं पा रहा हूं कि लोग आपसे भी अधिक आइंस्टाइन की स्तुति क्यों कर रहे हैं। आखिर आपने परमाणु के नाभिकीय मॉडल की खोज की; और, वह मॉडल आज समूचे भौतिक-विज्ञान का आधार है और यह अपने उपयोगों में न्यूटन के गुरुत्वाकर्षण के नियम से भी अधिक विश्वव्यापी है। मान लेते हैं कि आइंस्टाइन का सिद्धांत सही है—यहां एडिंगटन की उपस्थिति में दूसरी कोई बात मैं कह भी नहीं सकता—लेकिन उनकी भविष्यवाणियां न्यूटन के सिद्धांत के परिणामों से इतनी अल्पतः भिन्न होने के बावजूद मेरी समझ में नहीं आता कि इतना हो-हल्ला क्यों मचाया जा रहा है।"

रदरफोर्ड ने एडिंगटन की ओर मुड़कर कहा : "आइंस्टाइन की प्रसिद्धि के लिए आप ही जिम्मेवार हैं।" आगे कुछ गंभीर होकर रदरफोर्ड बोले : "युद्ध अभी-अभी समाप्त हुआ था। विक्टोरिया और एडवर्ड के समय का आत्मसंतोष समाप्त हो गया था। लोगों ने अनुभव किया कि उनके सभी मूल्य और सभी आदर्श अपना आधार खो चुके हैं, चकनाचूर हो गए हैं। अब एकाएक उन्होंने जाना कि एक जर्मन वैज्ञानिक द्वारा की गई खगोलीय भविष्यवाणी की ब्रिटिश खगोलविदों द्वारा पुष्टि हुई है। खगोलीय घटनाएं लोगों को हमेशा से आकर्षित करती रही हैं। और, खगोलीय घटनाएं सांसारिक कलह से ऊपर होती हैं, इसलिए इस घटना ने भी लोगों को जोड़ने का काम किया है। रॉयल सोसायटी की बैठक में प्रस्तुत किए गए ब्रिटिश अभियानों के परिणामों को इंग्लैंड के अख़बारों ने सुर्खियों में छापा। प्रसिद्धि के इस प्रचंड तूफान ने अटलांटिक को पार किया। उसके बाद अमरीकी प्रेस ने आइंस्टाइन के नाम का खूब जोर-शोर से प्रचार-प्रसार किया।"

कई वैज्ञानिकों ने आपेक्षिकता-सिद्धांत को रहस्यमय बनाने में भी योग दिया है। अक्सर देखने को मिलता है कि कुछ वैज्ञानिक, चोटी के वैज्ञानिक भी, अपनी ढलती उम्र में 'दार्शनिक' बन जाते हैं, विज्ञान की अपनी लोकप्रिय पुस्तकों में वैज्ञानिक सिद्धांतों को रहस्य का जामा पहना देते हैं। दो ब्रिटिश वैज्ञानिकों—आर्थर एडिंगटन (1882-1944 ई.) और जेम्स जीन्स (1877-1946 ई.) ने यही किया

है। एडिंगटन ने एक तरफ आइंस्टाइन के आपेक्षिकता-सिद्धांत को प्रसिद्धि दिलाने में भरपूर योग दिया, तो दूसरी तरफ इसके बारे में कुछ मिथक भी गढ़े हैं। एडिंगटन की पुस्तक **The Nature of the Physical World** (1923 ई.) अपनी आकर्षक शैली के कारण काफी लोकप्रिय हुई है, मगर यह भौतिकी की पुस्तक नहीं है। एडिंगटन अपने पाठकों को बताते हैं कि, "विश्व की वास्तविकता मनुष्य के मस्तिष्क में मौजूद है", और "मस्तिष्क के बिना सब-कुछ निराकार अव्यवस्था है।" अन्य शब्दों में, यह विश्व मनुष्य की चेतना पर आश्रित है।

जेम्स जीन्स ने भी अपने लोकप्रिय लेखन में चैतन्यवाद की पुरजोर पैरवी की है। वे अपनी प्रसिद्ध पुस्तक **The Mysterious Universe** (1930 ई.) में लिखते हैं : "यह विश्व एक विशाल मशीन से भी अधिक एक महान विचार की तरह प्रतीत होता है।"

इन दो ब्रिटिश रहस्यवादियों–एडिंगटन व जीन्स–की लोकप्रिय कृतियों ने ब्रिटेन व अमरीका के ही नहीं, भारत के भी अंग्रेजी पाठकों को बहुत प्रभावित किया है, और इस प्रकार ये आइंस्टाइन के आपेक्षिकता-सिद्धांत को ठीक से समझाने में असफल रही हैं।

आइंस्टाइन के सिद्धांत को दिए गए व्यापक अर्थवाले भव्य नाम 'रिलेटिविटी' (relativity) ने भी इसे प्रचारित करने में खूब योग दिया है। वस्तुतः आइंस्टाइन ने आरंभ में अपने सिद्धांत को यह नाम नहीं दिया था; उन्होंने 1905 ई. में प्रकाशित 'विशिष्ट आपेक्षिकता-सिद्धांत' के अपने शोध-निबंध को "गतिमान पिंडों की विद्युत-गतिकी के बारे में" (On the Electrodynamics of Moving Bodies) नाम दिया था। मगर 1906 ई. से माक्स प्लांक और दूसरे वैज्ञानिक इसे 'रिलेटिविटी' कहने लगे थे। आइंस्टाइन को यह 'रिलेटिविटी' नाम विशेष पसंद नहीं था; वे इसे निश्चर सिद्धांत (Theory of Invariants) नाम देना ज्यादा पसंद करते। उन्होंने सितंबर 1921 में अपने एक मित्र को लिखा भी था : "मैं मानता हूं कि 'रिलेटिविटी थ्योरी' शब्द दुर्भाग्यपूर्ण है; इसने दार्शनिक आशंकाओं को जन्म दिया है।" परंतु 'रिलेटिविटी' नाम चल पड़ा, तो 1911 ई. से आइंस्टाइन ने भी इसका प्रयोग शुरू कर दिया। सन् 1916 में प्रकाशित अपने 'व्यापक आपेक्षिकता-सिद्धांत' को उन्होंने 'रिलेटिविटी थ्योरी' (Relativitätstheorie) ही कहा है।

लेकिन जनसाधारण में इस शब्द को अक्सर गलत अर्थ में ग्रहण किया जाता रहा है। आकाश व काल की सापेक्षता इस सिद्धांत का सारतत्व नहीं है, बल्कि यह है कि प्रकृति के नियम प्रेक्षक के नजरिए से सर्वथा स्वतंत्र हैं। कई लोग 'रिलेटिविटी' शब्द को नैतिक मान्यताओं पर लागू करके कह देते हैं : "संसार

में सब कुछ सापेक्षिक है", जो सही नहीं है; आइंस्टाइन ने ऐसा कभी नहीं कहा है। 'रेलिटिविटी' के लिए हमारा 'आपेक्षिकता' शब्द कुछ बेहतर है।

आपेक्षिकता और धर्म के संबंध को लेकर भी काफी ऊहापोह हुआ है। सन् 1921 में आइंस्टाइन जब लंदन पहुंचे थे, तो एक आयोजन में कैंटरबरी के आर्चबिशप ने उनसे पूछा था : "धर्म पर आपेक्षिकता-सिद्धांत का क्या प्रभाव पड़ेगा?" आइंस्टाइन का उत्तर था : "आपेक्षिकता एक विशुद्ध वैज्ञानिक मामला है और धर्म से इसका कोई सरोकार नहीं है।"

लेकिन बात इतनी सरल नहीं है। स्वयं आइंस्टाइन ने विज्ञान व धर्म के सरोकार के बारे में काफी-कुछ लिखा है।[14] उन्होंने 'ईश्वर' का भी कई तरह से जिक्र किया है, और एक प्रकार के 'विश्व-धर्म' (cosmic religion) में आस्था की भी बात की है। उन्होंने अपने एक लेख में यह भी कहा है : "धर्म के बगैर विज्ञान लंगड़ा है, विज्ञान के बगैर धर्म अंधा है।"[15]

आइंस्टाइन के ऐसे उद्गारों को बहुतों ने सिरे से नकार दिया है। उनका यह कथन भी सही नहीं है कि आपेक्षिकता विशुद्ध वैज्ञानिक मामला है। आपेक्षिकता-सिद्धांत में काल व दिक् की धारणाएं परंपरागत धारणाओं से नितांत भिन्न हैं। काल को लीजिए। आपेक्षिकता-सिद्धांत के अनुसार, काल दो घटनाओं के बीच की अवधि है और इसका अपना पृथक्, स्वतंत्र कोई अस्तित्व नहीं है। लेकिन भारतीय चिंतन-परंपरा में काल को कई तरह से कल्पित किया गया है। महान गणितज्ञ-खगोलविद आर्यभट (जन्म 476 ई.) ने काल को अनादि-अनंत माना था (**कालोऽयमनाद्यन्तः —आर्यभटीय,** 3.3.11)। भारत में काल को प्रायः 'मृत्यु' का सूचक माना जाता रहा है। **गीता** में कृष्ण ने अपने को महाकाल कहा है : **कालोऽस्मि लोकक्षयकृत्प्रवृद्धो लोकान्समाहर्तुमिह प्रवृत्तः ॥**(गीता, अध्याय 11.32.); अर्थात्, (श्रीकृष्ण बोले : हे अर्जुन!) मैं लोकों का नाश करनेवाला बढ़ा हुआ महाकाल हूं। इस समय इन लोकों को नष्ट करने के लिए प्रवृत्त हुआ हूं।

आलमोगोर्दो (न्यू मेक्सिको) में 16 जुलाई, 1945 को किए गए एटम बम के प्रथम परीक्षण के भयावह दृश्य को देखकर रॉबर्ट ओप्पेनहाइमेर (1904-1967 ई.) को **गीता** का यही श्लोक याद आया था।

दुनिया के अलग-अलग धर्मों की काल के बारे में अलग-अलग सोच रही है। ईसाई धर्म के अनुसार, काल का एक निश्चित आरंभ है, और इस्लाम के अनुसार यह सूक्ष्म कालखंडों में विभक्त है।

आपेक्षिकता के बारे में आइंस्टाइन की कुछ मजेदार उक्तियों ने भी इसका प्रचार करने में भरपूर योग दिया है। रिपोर्टर अक्सर आइंस्टाइन से सवाल करते थे :

"आप एक वाक्य में आपेक्षिकता को कैसे समझाएंगे?" आइंस्टाइन इस सवाल से परेशान थे। आखिर उन्होंने इसका हल खोज लिया और अपनी सेक्रेटरी हेलेन डुकास से कहा, "यदि कोई रिपोर्टर या अन्य कोई सामान्य व्यक्ति यह सवाल पूछे, तो तुम ही यह उत्तर दे दिया करो–'किसी पार्क की बेंच पर किसी खूबसूरत लड़की के साथ एक घंटा बैठे रहे तो लगता है कि सिर्फ एक मिनट गुजरा है, परंतु किसी गर्म अंगीठी पर एक मिनट बैठे तो लगता है कि एक घंटा गुजर गया है।'"

आरंभ में जर्मनी में भी आइंस्टाइन का खूब गौरव हुआ; जर्मन राष्ट्रवादियों ने भी उन्हें 'जर्मन विद्वान' और उनके आपेक्षिकता-सिद्धांत को 'असली जर्मन' प्रतिभा की अभिव्यक्ति माना। परंतु परिस्थिति बदलने में ज्यादा समय नहीं लगा। जर्मनी में उग्र अंधराष्ट्रवाद का उत्थान शुरू हुआ। नेशनल सोशलिस्ट (नाज़ी) पार्टी ने जर्मनों को 'सर्वश्रेष्ठ जाति' घोषित करके अन्य सभी जातियों के दमन का आह्वान किया। सबसे ज्यादा हमले यहूदियों पर होने लगे। आइंस्टाइन अभी जर्मनी में ही थे, तब 1929 ई. में एक लेख के जवाब में उन्होंने लिखा था : "पंद्रह साल पहले जब मैं बर्लिन आया, तब पहली बार जाना कि मैं एक यहूदी हूं, और मेरी इस खोज का श्रेय यहूदियों की अपेक्षा गैर-यहूदियों (Gentiles) को अधिक है। ··· मैंने देखा कि सम्मान्य यहूदियों को अपमानित किया जा रहा है। इससे मेरे दिल को गहरा आघात पहुंचा। मैंने देखा कि किस तरह स्कूलों, मजाकिया पत्र-पत्रिकाओं और बहुसंख्यक गैर-यहूदियों की अन्य अनेक ताकतों ने मेरे सबसे अच्छे सहकर्मी यहूदियों के विश्वास को भी ध्वस्त कर दिया है। मैंने अनुभव किया कि यह सब जारी नहीं रहना चाहिए।"[16]

परीक्षणों से हालांकि आपेक्षिकता-सिद्धांत की पुष्टि हो गई थी, फिर भी यह महान सिद्धांत नाज़ियों के राष्ट्रीय मिथ्याभिमान की तुष्टि करने में असफल रहा। जर्मनों के लिए आइंस्टाइन सचमुच ही एक हौआ (*béte noire*) बन गए, 'स्विस यहूदी' हो गए। जर्मनी में बुद्धिजीवियों के दमन का सिलसिला शुरू हो गया। उस समय की एक राष्ट्रवादी मासिक पत्रिका (*Der Türmer*) में छपे एक लेख का अंश है : " ··· प्रोफेसर आइंस्टाइन, तथाकथित नए कोपर्निकस, विश्वविद्यालयों के अध्यापकों को अपने प्रशंसकों में गिनते हैं। परंतु सच-सच कहें तो यह एक ऐसे घृणित वैज्ञानिक कलंक का नमूना है, जो आज के इस सबसे त्रासदीपूर्ण राजनीतिक दौर के चित्र में एकदम फिट हो जाता है।"

जर्मनी के पॉल वेलांड (Paul Weyland) नामक एक धूर्त व धोखेबाज व्यक्ति ने आइंस्टाइन और उनके सिद्धांतों का विरोध करने के लिए एक खास संगठन खड़ा किया था। वेलांड सभाएं आयोजित करके उनमें आइंस्टाइन पर राजनीतिक

चित्र 9.2 : योहान्नेस स्टार्क (1874-1957 ई.)

चित्र 9.3 : फिलिप लेनार्ड (1862-1947 ई.)

व्यंग्यबाण छोड़ते और उसके बाद आपेक्षिकता-सिद्धांत का खंडन करने के लिए भौतिकवेत्ताओं और दार्शनिकों को मंच पर आमंत्रित करते। उसी दौर में नोबेल पुरस्कार-विजेता जर्मन भौतिकवेत्ता फिलिप लेनार्ड[17] (Philipp Lenard : 1862-1947 ई.) भी आइंस्टाइन पर हमले करने वालों के संघ में शामिल हो गए। कुछ साल बाद एक अन्य जर्मन नोबेल पुरस्कार-विजेता भौतिकवेत्ता योहान्नेस स्टार्क (Johannes Stark : 1874-1957 ई.) भी नाज़ी पार्टी में शामिल होकर 'यहूदी विज्ञान' और यहूदी वैज्ञानिकों का सफाया करने में जुट गए थे।

फिलिप लेनार्ड ने आरंभिक दौर में काफी महत्वपूर्ण अनुसंधान-कार्य किया था, परंतु 1919 ई. से उन्होंने दूसरे भौतिकवेत्ताओं के अनुसंधान-कार्य को शक की नजर से देखना शुरू कर दिया। वह एक ऐसी नई 'जर्मन भौतिकी' की स्थापना के लिए दलीलें देने लगे जो यहूदी सिद्धांतों के 'कुप्रभावों' से मुक्त हो। भौतिकी को यहूदी-मुक्त करने के अपने इस प्रयास को अंजाम देने के लिए बाद में लेनार्ड ने चार खंडों में 'जर्मन भौतिकी' (*Deutsche Physik*, 1936-38 ई.) नामक एक विलक्षण ग्रंथ भी तैयार किया था। सन् 1920 में उन्होंने आपेक्षिकता-सिद्धांत पर चर्चा करने के लिए बाड नाउहाइम (Bad Nauheim) नामक स्थान पर एक सम्मेलन आयोजित किया और आइंस्टाइन पर इस बात के लिए हमले किए कि उन्होंने एक अमूर्त सिद्धांत प्रस्तुत करके लोगों को गुमराह किया है। लेनार्ड सिर्फ सामी-विरोधी (anti-Semite) ही नहीं थे; उन्होंने आइंस्टाइन के शांतिवादी, समाजवादी

और यहूदी होने के कारण भी उन पर बार-बार आक्रमण किए।

लेनार्ड ने लिखा है : "यहूदी भौतिकी की विशेषताओं को इसके सबसे प्रमुख प्रतिनिधि, शुद्धरक्त यहूदी, अल्बर्ट आइंस्टाइन की गतिविधि को याद करके समझा जा सकता है। समझा गया था कि उनका आपेक्षिकता-सिद्धांत समूची भौतिकी को बदल डालेगा, लेकिन जब वास्तविकता से इसका सामना हुआ तो यह लंगड़ा साबित हुआ। सत्य को जानने की आर्य वैज्ञानिक की सुचिंतित सोच की तुलना में यहूदी की सत्य की पहचान स्पष्टतः निम्न कोटि की है।"

लेनार्ड जैसे विरोधियों के हमलों के कारण भी आइंस्टाइन और उनके सिद्धांत को खूब ख्याति मिली।

प्रख्यात मूर्तिकार याकोब एपस्टाइन[18] (1880-1959 ई.) ने एक किस्सा बताया है : "जब मैं आइंस्टाइन की शीर्षप्रतिमा बना रहा था, तब उन्होंने उन 100 नाज़ी प्रोफेसरों पर बहुत-सी परिहास-पूर्ण टिप्पणियां की थीं जिन्होंने आपेक्षिकता-सिद्धांत की निंदा करने के लिए एक नई पुस्तक लिखी थी।"

आइंस्टाइन ने लिखा भी है : "मेरे सिद्धांत को असत्य साबित करने के लिए 100 वैज्ञानिकों की आवश्यकता नहीं थी; इसके लिए एक ही वैज्ञानिक पर्याप्त होता।"

आइंस्टाइन और उनके आपेक्षिकता-सिद्धांत के विरोध ने रॉयल स्वेडिश एकाडेमी की नोबेल समिति को भी काफी प्रभावित किया। भौतिकी के नोबेल पुरस्कार

चित्र 9.4 : अल्बर्ट आइंस्टाइन की शीर्षप्रतिमा (मूर्तिकार : याकोब एपस्टाइन)

के लिए आइंस्टाइन को 1910 ई. से 1920 ई. तक (1911 व 1915 के वर्षों को छोड़कर) नामित किया जाता रहा। सन् 1919 के सूर्य-ग्रहण में आइंस्टाइन की प्रकाश-विस्थापन की भविष्यवाणी की पुष्टि हो जाने पर उनका नाम दुनिया-भर में फैल गया। नोबेल पुरस्कार के लिए अनेक वैज्ञानिकों ने उनके नाम का प्रस्ताव पेश किया। फिर भी, नोबेल पुरस्कार की भौतिकी समिति के एक प्रमुख सदस्य का कहना था : "यदि सारी दुनिया भी मांग करती है, तब भी आइंस्टाइन को नोबेल पुरस्कार नहीं मिलना चाहिए।"

लेकिन 1922 ई. के अंत तक दवाब इतना ज्यादा बढ़ा कि 1921 ई. का भौतिकी का स्थगित नोबेल पुरस्कार आइंस्टाइन को प्रदान करने की स्वेडिश एकाडेमी को घोषणा करनी पड़ी। आइंस्टाइन के वैज्ञानिक जीवनीकार अब्राहम पाइस ने लिखा है : "स्वेडिश एकाडेमी के लिए यह दुर्भाग्यपूर्ण रहा कि उन आरंभिक दिनों में भौतिकी की उनकी समिति में ऐसा कोई सदस्य नहीं था जो आपेक्षिकता-सिद्धांत की विषयवस्तु को समझ पाता।" आइंस्टाइन को नोबेल पुरस्कार आपेक्षिकता-सिद्धांत के लिए नहीं, प्रकाश-विद्युत प्रभाव की उनकी व्याख्या के लिए दिया गया। जापान-फिलिस्तीन की यात्रा से लौटने के बाद आइंस्टाइन जुलाई 1923 में स्वीडेन गए और वहां गॉटेबोर्ग (स्वीडेन की द्वितीय राजधानी) में उन्होंने दो हजार श्रोताओं के सन्मुख, जिनमें स्वीडेन के राजा भी थे, अपना नोबेल भाषण प्रस्तुत किया और उसमें उन्होंने आपेक्षिकता-सिद्धांत की भी जानकारी दी।

प्रथम विश्वयुद्ध की समाप्ति के बाद अंतर्राष्ट्रीय सुरक्षा और शांति को बढ़ावा देने के लिए जनवरी 1920 ई. में राष्ट्रसंघ (League of Nations) की स्थापना हुई थी। राष्ट्रसंघ ने बौद्धिक सहयोग के लिए जब एक आयोग (Commission for Intellectual Co-operation) की स्थापना की, तो आइंस्टाइन को उसका सदस्य बनने के लिए आमंत्रित किया गया। तब आइंस्टाइन ने जवाब भेजा था : "मैं ठीक-ठीक नहीं ही जानता कि आयोग को किस तरह का कार्य करना है। फिर भी आयोग के आह्वान को स्वीकार करना मैं अपना कर्तव्य समझता हूं, क्योंकि इस दौर में अंतर्राष्ट्रीय सहयोग को बढ़ावा देने वाले प्रयासों में मदद देने से किसी को भी इनकार नहीं करना चाहिए।"

लेकिन एक साल में ही आइंस्टाइन राष्ट्रसंघ की कूटनीतिक गतिविधियों से हताश हो गए और उन्होंने आयोग से इस्तीफा देने की पेशकश करते हुए 1923 ई. में लिखा : "मुझे यकीन हो गया है कि अपना लक्ष्य हासिल करने के लिए राष्ट्रसंघ में न तो आवश्यक सामर्थ्य है, न ही इच्छाशक्ति। एक कायल शांतिवादी होने के नाते राष्ट्रसंघ के साथ किसी तरह का संबंध रखना मुझे ठीक नहीं लगता।"

परंतु आइंस्टाइन के समान ही विचार रखने वाली मारी क्यूरी-स्कोडोवस्का (1867-1934 ई.) जैसे अन्य सदस्यों ने उन्हें समझाया कि राष्ट्रसंघ के माध्यम से वैज्ञानिकों के अंतर्राष्ट्रीय सहयोग को बढ़ावा देना संभव होगा। ऐसे सहयोग से लोगों को राष्ट्रवाद से दूर रखा जा सकेगा। आइंस्टाइन भी समझते थे कि विज्ञान से अंधराष्ट्रवाद का मुकाबला किया जा सकता है। और फिर, आइंस्टाइन निरा नकारात्मक नजरिया रखनेवाले व्यक्ति नहीं थे। उन्होंने 1924 ई. में अपना इस्तीफा वापस ले लिया।

आयोग की बैठकें जेनेवा (स्विट्जरलैंड) में होती थीं। सन् 1925 में इतालवी फासिस्टों ने मुसोलिनी की सरकार के एक मंत्री को आयोग का सदस्य नामित किया। मारी क्यूरी ने घोषणा की कि एक स्वतंत्र बौद्धिक समुदाय में एक मंत्री के लिए कोई स्थान नहीं है। आइंस्टाइन ने भी कहा कि एक सर्वसत्तात्मक राज्य का मंत्री आयोग का उपयुक्त सदस्य नहीं हो सकता।

आयोग के काम-काज के बारे में आइंस्टाइन का मोह-भंग जारी रहा। ऐसे समय वे संगीत की शरण में चले जाते थे। एक दिन आयोग की लंबी बैठक के बाद जब वे अन्य सदस्यों के साथ जेनेवा झील के तट के समीप के एक रेस्तोराँ में बैठे थे, तो एकाएक उठकर वहां के वाद्यवृंद-दल के पास पहुंच गए और एक वाद्यवादक से उसका वायलिन मांगकर उसे बजाना शुरू कर दिया। उसके साथ ही उनके चेहरे के हाव-भाव भी बदलते गए। उन्हें काफी सकून मिला। बहुत देर होने पर उनके मित्रों ने उन्हें समय का स्मरण कराया, तो उस वादक को धन्यवाद के साथ उसका वायलिन लौटा दिया।

चित्र 9.5 : वायलिन बजाते हुए आइंस्टाइन (रेखाचित्र : एल. पास्टरनाक)

राष्ट्रसंघ के 'बौद्धिक सहयोग आयोग' में सक्रिय भूमिका अदा करने के कारण भी आइंस्टाइन की ख्याति में काफी वृद्धि हुई। सन् 1920 के दशक में आइंस्टाइन का बर्लिन स्थित निवास विभिन्न व्यवसायों और विचारों वाले लोगों के लिए एक तरह का तीर्थस्थल बन गया था। लोग अपनी गणितीय,

वैचारिक, नैतिक, धार्मिक और राजनीतिक ही नहीं, व्यक्तिगत समस्याएं लेकर भी उनके पास पहुंचने लगे। बहुत से लोग तो उनकी एक झलक पाने के लिए उनके मकान पर पहुंचते थे। बर्लिन में "हाबेरलांडस्ट्रास्से 5"[19] (Haberlandstrasse 5) की चौथी मंजिल पर स्थित उनका निवास एक अनिवार्य पर्यटन-स्थल बन गया था। उस दौर में जो लोग आइंस्टाइन से मिले उनमें से बहुतों ने उनके बारे में संस्मरण लिखे हैं।

किराये पर लिया गया "हाबेरलांडस्ट्रास्से 5" स्थित फ्लैट एक रूसी मालिक का था, जो आइंस्टाइन का बड़ा प्रशंसक था; आइंस्टाइन को किरायेदार के रूप में पाकर वह बहुत खुश था। आइंस्टाइन के फ्लैट में आठ कमरे थे, जिनमें वे पत्नी एल्सा, उनकी दो बेटियों–इल्से और मारगॉट–और नौकरानी हेरटा के साथ रहते थे। पिता हेरमान के देहांत (1902 ई.) के बाद आइंस्टाइन की मां पॉलिन कुछ

चित्र 9.6 : सन् 1907-08 में निर्मित "हाबेरलांडस्ट्रास्से 5" की इमारत के अग्रभाग का आरेख। आइंस्टाइन का निवास चौथी मंजिल पर था, जिसकी अटारी (attic) में उनका अध्ययन-कक्ष था। अटारी में एक वृत्त द्वारा वह स्थान दिखाया गया है जहां आइंस्टाइन ने अपने अध्ययन-कक्ष में खिड़की बनवाई थीं।

चित्र 9.7 : "हावेरलांडस्ट्रास्से 5" में आइंस्टाइन का 'अध्ययन-कक्ष'

साल अपने रिश्तेदारों के साथ रही थीं। लेकिन बाद में वह बेटे के पास बर्लिन चली आईं, जहां 1920 ई. में उनका निधन हुआ।

आइंस्टाइन का मकान पश्चिम बर्लिन की 'बवारिया' नामक एक अपेक्षाकृत नई और सम्पन्न बस्ती में स्थित था (इस बस्ती की सड़कों को दक्षिण जर्मनी के बवारिया प्रांत के स्थलों के नाम दिए गए थे, इसलिए इसका यह नाम)। शासन के कई नामी-गिरामी लोगों का निवास यहीं पर था। इस बस्ती में सम्पन्न यहूदी भी काफी तादाद में बसे हुए थे, इसलिए इसे कभी-कभी "यहूदी स्विट्जरलैंड" भी कहा जाता था। चौड़ी सड़कों, दोनों ओर के खूबसूरती से छाँटे गए वृक्षों और नए मकानों के कारण यह बस्ती सुखी परिवारों में काफी लोकप्रिय थी। आइंस्टाइन के मकान के सामने एक छोटा चौक था।

आइंस्टाइन के फ्लैट में विशेष सजावट-जैसी कोई चीज नहीं थी। फर्नीचर एकदम सादा और पुराना था। केवल पुस्तकालय को देखकर ही मकान में रहनेवाले के पेशे का अनुमान लगाया जा सकता था। फ्लैट के अन्य कमरों से अलग एक कोने की एक बुर्जी में एक छोटा कमरा था, जहां सीढ़ियां चढ़कर जाना पड़ता था।

यही था आइंस्टाइन का अध्ययन-कक्ष। इसमें खिड़की के पास लाल-सफेद कपड़े से ढकी हुई एक छोटी मेज थी, जिस पर कागज, पुस्तिकाएं-पत्रिकाएं और तंबाकू की राख बिखरी हुई थी। कमरे में दो सादी कुर्सियां, एक सोफा और दीवार से लगे शेल्फ थे, जिनमें वैज्ञानिक विषयों की पुस्तकें और पत्रिकाएं रखी हुई थीं। एक दीवार पर आइजेक न्यूटन (1642-1727 ई.) का चित्र टंगा हुआ था।

शेल्फ पर एक ऐसे बूढ़े यहूदी की मूर्ति रखी हुई थी जिसके सिर पर लंबे, घने बाल थे। आइंस्टाइन के सिर के बाल अब झड़कर पतले होने लग गए थे। एल्सा उन्हें बहुत-सी प्याज खाने की सलाह देती थीं, और आइंस्टाइन उनकी सलाह मानते थे। मूर्ति एल्सा की पुत्री मारगॉट ने बनाई थी और उसे उसने 'रब्बी ज़्विबेल' नाम दिया था ('रब्बी' यहूदी धर्मगुरु को कहते हैं और जर्मन में 'ज़्विबेल' का अर्थ होता है 'प्याज')। वह आइंस्टाइन से कहती : "प्याज खाने से आदमी के सिर के बाल खूब घने हो जाते हैं और दाढ़ी कमर तक पहुंच जाती है।" आइंस्टाइन को उस मूर्ति से बहुत लगाव हो गया था।

आइंस्टाइन के अध्ययन-कक्ष में आइजेक न्यूटन का चित्र और एक छोटी-सी दूरबीन थी। मुलाकाती पूछते कि क्या वे कभी उस दूरबीन का उपयोग करते हैं, तो आइंस्टाइन बताते : "नहीं भाई, मैं सितारे नहीं देखता। यह दूरबीन मेरे पहले यहां रहने वाले पंसारी की है। मैंने इसे महज एक खिलौने के तौर पर यहां रखा है।" जब कोई उनसे पूछता कि उनके अपने वैज्ञानिक यंत्र-उपकरण कहां हैं, तो उनका हाथ अपने माथे से लग जाता था। एक मुलाकाती ने जब उनकी प्रयोगशाला के बारे में जानना चाहा, तो उन्होंने अपना फाउंटेनपेन दिखा दिया।

आइंस्टाइन सामान्यतः सुबह आठ बजे जागते थे। जब तक स्नान के लिए बाथ-टब में पानी तैयार हो जाता, तब तक वे थोड़ी देर पियानो पर कोई धुन बजाते। जब एल्सा कहती कि पानी तैयार है, तो स्नानघर में चले जाते; पर अक्सर दरवाजा बंद करना भूल जाते थे और एल्सा को तुरंत जाकर उसे बंद करना पड़ता था। नाश्ते के बाद अपना पाइप भरते और अपने अध्ययन-कक्ष में चले जाते।

लोग आइंस्टाइन से अक्सर पूछते थे कि वे दिन में कितने घंटे काम करते हैं। उन्हें इस सवाल का जवाब देने में काफी कठिनाई होती थी; क्योंकि उनके लिए काम का मतलब था—चिंतन। उन्होंने एक बार अपने एक मित्र से पूछा था : "आप कितने घंटे काम करते हैं?" उत्तर मिला था : "आठ-नौ घंटे।" आइंस्टाइन ने अपने कंधे उचकाए और बोले : "मैं इतनी देर तक काम नहीं कर सकता। मैं प्रतिदिन चार या पांच घंटे से अधिक काम नहीं कर पाता। मुझे लगता है कि मैं बहुत परिश्रमी नहीं हूं।"

आइंस्टाइन जब अपने अध्ययन-कक्ष में चले जाते, तो एल्सा डाक छांटने में जुट जाती थीं।

दुनिया के कोने-कोने से आए, विभिन्न भाषाओं में लिखे, सैकड़ों पत्र—वैज्ञानिकों, राजनीतिज्ञों, सामाजिक कार्यकर्ताओं, मजदूरों, विद्यार्थियों आदि के ढेर सारे पत्र—द्वारपाल थैले में भरकर रोज आइंस्टाइन के फ्लैट में छोड़ जाता था। उनमें से बहुत-से पत्रों में सहायता या सलाह के लिए अनुरोध होता था। आविष्कारक अपने नए आविष्कारों के बारे में जानकारी भेजते थे। माता-पिता बताते थे कि उन्होंने अपने

चित्र 9.8 : महिला-मित्र ग्रेटी लेबाख़ के साथ नौका-विहार करते हुए आइंस्टाइन, 1939 ई.

नवजात शिशु को 'अल्बर्ट' नाम दिया है। एक सिगार-निर्माता ने लिखा कि उसने अपने एक नए ब्रांड का नाम 'रिलेटीविटी' रखा है।

एल्सा को डाक छांटने में काफी समय लगता था। कुछ पत्रों का उत्तर वह स्वयं दे देती थीं, पर कई पत्र अनुत्तरित ही रह जाते थे। बाकी पत्र वह आइंस्टाइन को दिखाती थीं। दिन का काफी समय पत्रों में निकल जाता था। आइंस्टाइन अपनी डाक से बहुत परेशान थे। उन्होंने एक बार कहा भी था : "डाकिया मेरा सबसे बड़ा दुश्मन है।"

आइंस्टाइन का एकमात्र शौक था—नौका-विहार। कहते थे कि जब वह नाव में होते हैं, तो फिर कोई मुलाकाती उन्हें परेशान नहीं कर सकता। अन्य किसी खेल-क्रीड़ा में उनकी दिलचस्पी नहीं थी। वह कहते भी थे : "मैं शारीरिक व्यायाम नहीं करता। ··· मैं बहुत आलसी हूं। मुझे सिर्फ नौका-विहार ही पसंद है।" और, "इस क्रीड़ा में सबसे कम परिश्रम करना पड़ता है।" नौका-विहार के लिए राजधानी बर्लिन के गिर्द कई सारी झीलें थीं।

आइंस्टाइन चिकित्सकों को अपना सबसे अच्छा मित्र मानते थे। यानोश प्लेश्च (Janosch Plesch) आइंस्टाइन के निजी चिकित्सक ही नहीं, गहरे मित्र भी थे। आइंस्टाइन कभी-कभी अकेले ही प्लेश्च के मकान में रहने चले जाते थे। सन् 1922 में यहूदी-विरोध तीव्र हुआ और अंधराष्ट्रवादियों का आंदोलन चरम सीमा पर पहुंच गया, तो आइंस्टाइन को अपनी सुरक्षा के लिए प्लेश्च के मकान में शरण लेनी पड़ी थी। पत्रकारों और अनिमंत्रित आगंतुकों से बचने के लिए उन्होंने अपना पचासवां जन्मदिन भी प्लेश्च की एक कुटीर में बिताया था।

बर्लिन में आइंस्टाइन के ऐसे ही एक सबसे अच्छे सर्जन-मित्र थे—डा. मॉरिट्ज काट्जेनस्टाइन (Moritz Katzenstein), जिनके साथ वे अक्सर नौका-विहार के लिए जाया करते थे। उनके निधन पर आइंस्टाइन ने लिखा था : "बर्लिन में मेरे कुल अठारह साल के निवास-काल के दौरान मेरे निकट मित्र बहुत कम रहे हैं, और उनमें सबसे निकटतम थे—प्रोफेसर काट्जेनस्टाइन। मैंने दस से भी अधिक साल तक ग्रीष्मकालीन महीनों का अपना फुरसत का समय अधिकतर उनकी आनंददायी नौका पर बिताया है। वहां हम अपने अनुभव और अपनी महत्वाकांक्षाएं तथा अंतरंग भावनाएं एक-दूसरे को बताया करते थे।"[20]

दूसरे डाक्टर-मित्र थे—रूडोल्फ एहर्मान, जिनके साथ आइंस्टाइन बर्लिन के उपनगरों में घूमने जाया करते थे। आइंस्टाइन की कद-काठी के बारे में एहर्मान बताते हैं : "वे मझोले कद के थे। रंग गोरा और शरीर गठीला ···। उन्हें दवाइयां लेना पसंद नहीं था, पर चिकित्सकों से उन्हें लगाव था ···। चिकित्सकों से बातें

करना उन्हें इसलिए पसंद था, क्योंकि चिकित्सक समाज के विभिन्न स्तरों के लोगों के संपर्क में आते हैं।"

बर्लिन में आइंस्टाइन के एक और साथी थे—एमान्यूअल लास्कर (Emanuel Lasker), जो एक गणितज्ञ थे और किसी समय शतरंज के विजेता-खिलाड़ी रह चुके थे; उनका निवास "हाबेरलांडस्ट्रास्से 5" के नजदीक ही था। लास्कर के बारे में आइंस्टाइन ने लिखा है : "लास्कर मेरे संपर्क में आए एक अद्‌भुत व्यक्ति थे। मानवता से संबंधित महत्वपूर्ण समस्याओं में उनकी गहरी दिलचस्पी थी। मैं शतरंज का खिलाड़ी नहीं हूं, इसलिए बता नहीं सकता कि उस खेल में कितने बुद्धिबल की आवश्यकता पड़ती है। उस नीरस खेल में अंतर्निहित स्पर्धा की भावना का मैं कभी कायल नहीं रहा।" इस स्वीकारोक्ति के बावजूद आइंस्टाइन मानते थे कि शतरंज बुद्धि की कसरत के लिए एक अच्छा खेल है।

जिन्होंने आइंस्टाइन के बारे में विस्तार से लिखा है उनमें एक प्रमुख व्यक्ति हैं—लिओपोल्ड इन्फेल्ड (Leopold Infeld : 1898-1968 ई.), जिनका जिक्र इसी अध्याय में पहले आ चुका है (देखिए इसी अध्याय की टिप्पणी नं. 2)। इन्फेल्ड 1920 ई. में आइंस्टाइन से बर्लिन में तब मिले थे जब वे पोलैंड के क्राकोव विश्वविद्यालय में पांचवें वर्ष के विद्यार्थी थे। इन्फेल्ड बर्लिन आकर माक्स प्लांक, माक्स फॉन लाउए और आइंस्टाइन की देखरेख में अपना अध्ययन पूरा करना चाहते थे, परंतु पोलैंडवासी और यहूदी होने के कारण प्रशिया के अधिकारियों के लिए वे अनचाहे थे।

अंत में हिम्मत बटोरकर इन्फेल्ड आइंस्टाइन के फ्लैट (हाबेरलांडस्ट्रास्से 5) पहुंचे और घंटी बजाई। श्रीमती आइंस्टाइन ने दरवाजा खोला, तो इन्फेल्ड ने अपने आने का मकसद बताया। एल्सा ने उन्हें बैठकर थोड़ा इंतजार करने को कहा, क्योंकि उस समय आइंस्टाइन अपने अध्ययन-कक्ष में चीन के शिक्षामंत्री से बात कर रहे थे। थोड़ी देर बाद चीनी सज्जन को बिदा करने और इन्फेल्ड को भीतर ले जाने के लिए आइंस्टाइन बाहर आए। इन्फेल्ड बताते हैं कि उस समय आइंस्टाइन प्रातःकालीन कोट और पट्टेदार पाजामा पहने हुए थे, जिसका एक महत्वपूर्ण बटन गायब था।

आगे इन्फेल्ड लिखते हैं : "मैंने कहने के लिए जो बातें सोच रखी थीं वे एकदम भूल गया। आइंस्टाइन ने मुस्कराते हुए मेरी ओर देखा और मुझे एक सिगरेट पेश की। बर्लिन आने के बाद यह पहला अवसर था जब किसी ने मेरी तरफ स्नेहपूर्ण नजर से मुस्कराते हुए देखा। मैंने उन्हें अपनी स्थिति बता दी। आइंस्टाइन ने ध्यानपूर्वक मेरी बातें सुनीं।"

"'शिक्षा मंत्रालय के लिए आपको एक सिफारिशी पत्र देने में मुझे प्रसन्नता होगी। परंतु मेरे हस्ताक्षर का अब कोई महत्व नहीं रह गया है।'

"'क्यों?'

"'क्योंकि मैं बहुत सारे सिफारिशी पत्र दे चुका हूं और'–फिर अपनी आवाज धीमी करके गोपनीय लहजे में बोले–'वे सामी-विरोधी (anti-Semites) हैं।'

"वे थोड़ी देर इधर से उधर टहलते हुए सोचते रहे।

"'चूकि आप एक भौतिकवेत्ता हैं, इसलिए मामला कुछ आसान लगता है। मैं प्रोफेसर प्लांक के लिए कुछ पंक्तियां लिख देता हूं; उनकी सिफारिश ज्यादा वजनदार होगी। हां, यह तरीका सबसे अच्छा रहेगा।'

"वे लिखने के लिए कागज खोजने लगे, हालांकि कागज उनकी मेज पर ही थे। पर मुझे बताने में संकोच हो रहा था। अंत में उन्हें कागज मिल गया और उस पर उन्होंने चंद शब्द लिख दिए। उन्होंने यह जानने की तनिक भी कोशिश नहीं की कि मुझे भौतिकी का ज्ञान है भी या नहीं।"

आइंस्टाइन की राजनीतिक गतिविधियों के कारण उन्हें अनेक नए मित्र मिले, तो कई कट्टर शत्रु भी मिले। बर्लिन-निवास के दौरान उनकी हत्या के भी प्रयास हुए। सोवियत संघ (रूस) के शिक्षामंत्री लुनाचार्स्की[21] और आइंस्टाइन के भौतिकवेत्ता मित्र पॉल एहरेनफेस्ट ने ऐसे एक-एक प्रसंग की जानकारी दी है। गॉर्डन गार्बेडियन (Gordon Garbedian) ने अपनी पुस्तक (Albert Einstein, Maker of Universes) में बताया है कि मारी डिक्सन नामक एक सिरफिरी महिला, जो एक अमरीकी की रूसी विधवा पत्नी थी और पेरिस में रहती थी, आइंस्टाइन की हत्या करने के इरादे से उनके बर्लिन-स्थित फ्लैट पहुंची थीं। परंतु एल्सा ने उसके हाव-भाव पहचानकर उसे पहले ही काबू में कर लिया और पुलिस के हवाले कर दिया। एल्सा ने यह सब इतनी सावधानी और शांति से किया कि आइंस्टाइन को कई दिन बाद ही इसका पता चला।

संदर्भ और टिप्पणियां

1. वस्तुतः जून 1911 में ही आइंस्टाइन ने व्यापक आपेक्षिकता-सिद्धांत के एक निष्कर्ष की भविष्यवाणी कर दी थी : "सूर्य द्वारा प्रकाश-किरणों का गुरुत्वीय विस्थापन होता है, सूर्य-ग्रहण के अवसर पर इसकी जांच की जानी चाहिए।" इसके लिए 21 अगस्त, 1914 को दक्षिण रूस में घटित होनेवाले खग्रास सूर्य-ग्रहण के अध्ययन की एक योजना बनी थी; बर्लिन वेधशाला के खगोलविद एरविन फ्रेउंडलिख़ (Erwin Freundlich : 1885-1964 ई.) के नेतृत्व में एक अभियान-दल का आयोजन हुआ

था। परंतु जुलाई 1914 में प्रथम विश्वयुद्ध शुरू हो गया और फ्रेउंडलिख को रूस में बंदी बना लिया गया, तो योजना विफल रही। अच्छा ही हुआ, क्योंकि उस समय गुरुत्वीय विस्थापन से संबंधित आइंस्टाइन के निष्कर्ष अभी अधूरे थे। उस समय आइंस्टाइन ने सिर्फ 0.83 कोणीय सेकंड के विस्थापन की ही भविष्यवाणी की थी। बाद में आइंस्टाइन द्वारा की गई नई गणनाओं से यह विस्थापन 1.76 कोणीय सेकंड निकला, जिसकी 1919 ई. में घटित सूर्य-ग्रहण से पुष्टि हुई।

2. लिओपोल्ड इन्फेल्ड (Leopold Infeld : 1898-1968 ई.) : पोलैंड के एक यहूदी परिवार में जन्म। तरुण लिओपोल्ड बर्लिन में 1920 ई. में पहली बार आइंस्टाइन से मिले थे। सन् 1932 में इन्फेल्ड लिवोफ विश्वविद्यालय (L'vov, उक्राइन में पोलैंड की सीमा के पास; आगे 1939 ई. में यह नगर पोलैंड से सोवियत संघ में चला गया था) में भौतिकी के सहायक प्राध्यापक बने। इन्फेल्ड ने क्षेत्र सिद्धांत (field theory) और गुरुत्वाकर्षण की समस्याओं से संबंधित अपना अधिकांश गवेषणा-कार्य पोलैंड से बाहर किया। उन्होंने 1933 ई. में कैम्ब्रिज (इंग्लैंड) जाकर मैक्स बोर्न (1882-1970 ई.) के निर्देशन में काम करके संयुक्त रूप से कुछ महत्वपूर्ण शोध-निबंध प्रकाशित किए। सन् 1936 में इन्फेल्ड प्रिंसटन (अमरीका) स्थित उच्च अध्ययन संस्थान पहुंचकर आइंस्टाइन के एक घनिष्ठतम सहयोगी बन गए। यहां दोनों ने मिलकर क्षेत्र सिद्धांत से संबंधित समस्याओं पर काम किया और शोध-निबंध प्रकाशित किए। इन्फेल्ड ने आइंस्टाइन के साथ मिलकर **The Evolution of Physics** (भौतिकी का विकासक्रम) नामक एक महत्वपूर्ण पुस्तक लिखी है (इस पुस्तक के संयुक्त रूप से लिखे जाने संबंधी किस्से के लिए आगे देखिए अध्याय 'आइंस्टाइन प्रिंसटन में')। इन्फेल्ड ने अपनी पुस्तक **The Quest : The Evolution of a Scientist** (खोज : एक वैज्ञानिक का क्रमविकास) में आइंस्टाइन की चिंतन-प्रक्रिया और उनके अंतरंग जीवन के बारे में काफी उपयोगी जानकारी दी है।

चित्र 9.9 : लिओपोल्ड इन्फेल्ड (1898-1968 ई.)

सन् 1938 में इन्फेल्ड कनाडा चले गए और वहां टोरोंटो विश्वविद्यालय में गणित के प्राध्यापक बने। सन् 1950 में वे स्वदेश (पोलैंड) लौटे और वहां वारसा विश्वविद्यालय के सैद्धांतिक भौतिकी संस्थान के निदेशक नियुक्त हुए।

3. The Glorious Dead, Armistice Observance. All Trains in the Country to Stop. और, Revolution in Science. New Theory of The Universe. Newtonian Ideas Overthrown.
4. Albert Einstein : **Ideas and Opinions**, Rupa publication, New Delhi, 2005, pp. 231-232.
5. बर्ट्राण्ड रसेल (Bertrand Russell : 1872-1970 ई.) : इंग्लैंड के एक ऊंचे कुल में जन्म। कैम्ब्रिज विश्वविद्यालय में गणित का अध्ययन और वहीं पर 1895 ई. में अध्यापक। सन् 1920 से दार्शनिक और वैज्ञानिक विषयों पर प्रचुर लेखन। सन् 1950 में साहित्य का नोबेल पुरस्कार मिला। रसेल जीवन-भर (दूसरे विश्वयुद्ध के दिनों को छोड़कर) शांतिवाद के पुरजोर समर्थक रहे; इसके लिए प्रथम विश्वयुद्ध के दौरान उन्हें छह महीने के लिए जेल भी जाना पड़ा।

चित्र 9.10 : बर्ट्राण्ड रसेल (1872-1970 ई.)

कैम्ब्रिज के दिनों में गणितीय तर्कशास्त्र (Mathematical logic) के अपेक्षाकृत नए विषय में बर्ट्राण्ड रसेल की दिलचस्पी बढ़ी। आगे जाकर उन्होंने समुच्चय सिद्धांत (Set theory) के विरोधाभासों (paradoxes) का गहराई से अध्ययन किया। उसके बाद अल्फ्रेड नॉर्थ व्हाइटहेड (अगली टिप्पणी) के साथ मिलकर उन्होंने गणित को तर्कशास्त्र से व्युत्पन्न सुदृढ़ स्वयंसिद्धियों यानी अभिगृहीतों (axioms) पर स्थापित करने का काम किया। परिणामतः व्हाइटहेड के सहयोग से **Principia Mathematica** नामक एक भव्य ग्रंथ का प्रकाशन हुआ (1910-13 ई.), जिसने गणितीय तर्कशास्त्र को एक नई ऊंचाई पर पहुंचा दिया।

दूसरे विश्वयुद्ध के बाद बर्ट्राण्ड रसेल परमाणु बमों के इस्तेमाल पर प्रतिबंध लगाने के लिए चलाए जा रहे आंदोलन के एक प्रमुख नेता बन गए। रसेल ने हाइड्रोजन बम के परीक्षण और नाभिकीय हथियारों के खतरों को उजागर करने के प्रयोजन से एक घोषणापत्र तैयार किया था। घोषणापत्र के बारे में आइंस्टाइन के विचार जानकर उस पर उनके हस्ताक्षर प्राप्त करने के लिए दोनों के बीच 1955 ई. में 11 फरवरी से 11 अप्रैल तक पत्र-व्यवहार चला था। अंत में 11 अप्रैल, 1955 को आइंस्टाइन ने घोषणापत्र पर हस्ताक्षर कर दिए और रसेल को लिखा : "आपके

5 अप्रैल के पत्र के लिए धन्यवाद। आपके उत्तम वक्तव्य पर मैं प्रसन्नतापूर्वक हस्ताक्षर कर रहा हूं। हस्ताक्षर करनेवालों की संभाव्य सूची से भी मैं सहमत हूं।"

आइंस्टाइन ने रसेल को लिखे उपर्युक्त पत्र और घोषणापत्र के नीचे 11 अप्रैल, 1955 को जो हस्ताक्षर किए वे उनके जीवन के अंतिम हस्ताक्षर थे। दो दिन बाद वे गंभीर रूप से बीमार हो गए और 15 अप्रैल को उन्हें अस्पताल में भरती किया गया। 18 अप्रैल, 1955 को आइंस्टाइन का देहांत हुआ।

18 अप्रैल, 1955 को बर्ट्राण्ड रसेल रोम से पेरिस की हवाई-यात्रा में थे। हवाई जहाज के कप्तान ने यात्रियों को आइंस्टाइन के निधन का समाचार सुनाया। रसेल को आइंस्टाइन के निधन से अपार दुःख हुआ; उन्हें अपने घोषणापत्र के विफल रहने का भी बड़ा रंज हुआ। लेकिन जब वे पेरिस में अपने होटल में पहुंचे, तो वहां उन्हें लंदन से भेजा एक पत्र मिला, जिसमें घोषणापत्र—**रसेल-आइंस्टाइन घोषणापत्र**—पर आइंस्टाइन के हस्ताक्षर थे!

6. अल्फ्रेड नॉर्थ व्हाइटहेड (Alfred North Whitehead : 1861-1947 ई.) : दार्शनिक-गणितज्ञ व्हाइटहेड का अध्ययन कैम्ब्रिज में हुआ। आगे कुछ साल उन्होंने कैम्ब्रिज में ही पढ़ाया, जहां बर्ट्राण्ड रसेल (पिछली टिप्पणी) उनके एक विद्यार्थी थे। आगे रसेल के साथ मिलकर उन्होंने **Principia Mathematica** ग्रंथ की रचना की (1910-13 ई.)। आगे व्हाइटहेड लंदन चले गए और वहां के यूनिवर्सिटी कॉलेज में उन्होंने अध्यापन-कार्य किया। सन् 1924 में वे अमरीका गए और वहां हार्वर्ड विश्वविद्यालय में काम किया। व्हाइटहेड ने आइंस्टाइन की क्षेत्र (field) की धारणा को चुनौती देकर अपना एक अलग आपेक्षिकता-सिद्धांत प्रतिपादित किया था, परंतु उसे व्यापक मान्यता नहीं मिली।

चित्र 9.11 : अल्फ्रेड नॉर्थ व्हाइटहेड (1861-1947 ई.)

7. एडवर्ड मिल्ने (Edward Milne : 1896-1950 ई.) : ब्रिटिश गणितज्ञ-खगोलविद। कैम्ब्रिज में अध्ययन और आरंभ में वहीं पर अध्यापन। फिर आगे मैंचेस्टर और ऑक्सफोर्ड में गणित के प्राध्यापक रहे। मिल्ने ने दोनों विश्वयुद्धों के दौरान युद्धास्त्रों के विकास में सहयोग दिया। आरंभ में पृथ्वी के वायुमंडल के अध्ययन से आरंभ करके मिल्ने फिर तारों के बाहरी वायुमंडल के अध्ययन में जुट गए। भारतीय

वैज्ञानिक मेघनाद साहा (1893-1956 ई.) के आयनीकरण सिद्धांत (ionization theory) का उपयोग करके मिल्ने ने तारों के ज्ञात वर्णक्रमपटों के आधार पर उनका तापमान निर्धारित करने का तरीका खोज निकाला। इस तरह, किसी तारे का वर्णक्रम-प्रकार यदि G है (जैसे, सूर्य का), तो उसका अनुमानित सतह-तापमान 5000-6000 केल्विन होगा।

मिल्ने ने आइंस्टाइन के व्यापक आपेक्षिकता-सिद्धांत के विकल्प के रूप में अपना एक शुद्धगतिकी सिद्धांत (kinematical theory) प्रतिपादित किया। फिर उसके अनुरूप एक नया ब्रह्मांडीय मॉडल प्रस्तुत किया, जिसके अनुसार विश्व को कहीं से भी देखने पर यह एकरूप नजर आता है। परंतु मिल्ने का यह ब्रह्मांडीय मॉडल सही साबित नहीं हुआ।

8. फ्रेड हॉयल (Fred Hoyle : जन्म 1915 ई.) : ब्रिटिश गणितज्ञ-खगोलविद। कैम्ब्रिज में अध्ययन और द्वितीय विश्वयुद्ध के बाद वहीं पर गणित और खगोल-विज्ञान के प्राध्यापक। बाद में हॉयल ने अमरीका और इंग्लैंड के अन्य कई विश्वविद्यालयों में अध्यापन-कार्य किया। हॉयल ने टॉमस गोल्ड और हेरमान बॉण्डी द्वारा प्रतिप्रादित विश्व-व्यवस्था के स्थिर स्थिति सिद्धांत (Steady State Theory) को अपनाकर इसके विकास और प्रचार-प्रसार में महत्वपूर्ण योगदान दिया। परंतु प्रेक्षणों से प्रमाणित न होने के कारण अब यह सिद्धांत अमान्य-सा हो गया है।

चित्र 9.12 : फ्रेड हॉयल (जन्म 1915 ई.)

फ्रेड हॉयल ने खगोल-विज्ञान पर बहुत सारी पुस्तकें लिखी हैं, जिनमें प्रमुख हैं **Frontiers of Astronomy** (1955) व **Astronomy and Cosmology** (1975)। उन्होंने श्रीलंका के वैज्ञानिक चंद्र विक्रमसिंघे और भारतीय गणितज्ञ-खगोलविद जयंत विष्णु नारळीकर के साथ मिलकर भी कुछ शोध-निबंध लिखे हैं।

9. जयंत विष्णु नारळीकर (जन्म 1938 ई.) : जन्म कोल्हापुर (महाराष्ट्र) में और आरंभिक शिक्षा काशी हिंदू विश्वविद्यालय में, जहां इनके पिता डा. विष्णु वासुदेव नारळीकर (1908-1991 ई.) गणित के प्राध्यापक थे। विष्णु नारळीकर ने आपेक्षिकता-सिद्धांत और ब्रह्मांडिकी के क्षेत्र में महत्वपूर्ण शोधकार्य किया है। जयंत नारळीकर (मराठी 'नारळीकर' को हिंदी में प्रायः 'नार्लीकर' लिखा जाता है) छात्रवृत्ति प्राप्त करके उच्च अध्ययन के लिए कैम्ब्रिज चले गए (1957 ई.), जहां बाद में फ्रेड हॉयल

के साथ शोधकार्य करके उन्होंने विश्वोत्पत्ति के स्थिर-स्थिति सिद्धांत (Steady State Theory) के विकास में योग दिया। इसके लिए उन्होंने ऋणात्मक ऊर्जा की संकल्पना का उपयोग किया। परंतु प्रेक्षणों से इस सिद्धांत की पुष्टि नहीं हुई, तो हॉयल और नारळीकर ने 1992 ई. में यथार्थ से कुछ मेल खानेवाला विश्वोत्पत्ति का एक नया सिद्धांत प्रस्तुत किया, जिसे 'स्थिरप्राय-स्थिति सिद्धांत' (Quasi-Steady State Cosmology) का नाम दिया गया है। पर इस सिद्धांत का भी कोई विशेष स्वागत नहीं हुआ है। नारळीकर ने विचार प्रतिपादित किया है कि विश्व में कृष्ण विवरों (Black holes) की तरह श्वेत विवरों (White holes) का भी अस्तित्व होना चाहिए, परंतु वे विवर न होकर द्रव्य व ऊर्जा के उद्‌गम-स्थल होंगे।

चित्र 9.13 : जयंत विष्णु नारळीकर (जन्म 1938 ई.)

भारत लौटने पर जयंत नारळीकर पहले मुंबई के टाटा मौलिक शोध संस्थान (TIFR) में खगोल-भौतिकी के प्राध्यापक और तदनंतर पुणे स्थित खगोल-विज्ञान और खगोल-भौतिकी के अंतर्विश्वविद्यालय केंद्र (Inter-University Centre for Astronomy and Astrophysics) के कई साल तक निदेशक रहे। जयंत नारळीकर ने अंग्रेजी, हिंदी व मराठी में लोकप्रिय विज्ञान पर कई पुस्तकें लिखी हैं, और कुछ बढ़िया विज्ञान-कथाएं भी।

10. सुब्रह्मण्यन् चंद्रशेखर (1910-1995 ई.) : अमरीका में जाकर बसे भारतीय ज्योतिर्भौतिकीविद, जिन्होंने तारों के विकासक्रम के लिए उनके द्रव्यमानों की सीमाएं निर्धारित कीं। पहले समझा जाता था कि अंततः सभी तारे सिकुड़कर सफेद बौने (White dwarf) बन जाएंगे। लेकिन चंद्रशेखर परिणाम पर पहुंचे कि जिस तारे में सूर्य के 1.44 गुना से ज्यादा द्रव्यमान होगा उसका विकासक्रम आगे भी जारी रहेगा, वह पहले विस्फोटित होकर और फिर सिकुड़कर अतिसघन न्यूट्रॉन तारा या कृष्ण विवर (Black hole) बन जा सकता है। सूर्य से 1.44 गुना द्रव्यमान को 'चंद्रशेखर सीमा' (Chandrasekhar Limit) का नाम दिया गया है। तारों की संरचना और उनके विकास की भौतिकीय प्रक्रियाओं से संबंधित खोजबीन के लिए सुब्रह्मण्यन् चंद्रशेखर को 1983 ई. का भौतिकी का नोबेल पुरस्कार मिला।

चंद्रशेखर का जन्म लाहौर में हुआ था, जहां उनके पिता सुब्रह्मण्यन् अय्यर रेल-विभाग

में एक बड़े अधिकारी थे। नोबेल पुरस्कार विजेता भौतिकवेत्ता चंद्रशेखर वेंकट रामन् (1888-1970 ई.) चंद्रशेखर के सगे चाचा थे। चंद्रशेखर की उच्च शिक्षा मद्रास (चेन्नई) के प्रेसीडेंसी कॉलेज में हुई। शोधकार्य के लिए सरकारी छात्रवृत्ति पाकर 1930 ई. में चंद्रशेखर कैम्ब्रिज के ट्रिनिटी कालेज में पहुंच गए। 'चंद्रशेखर सीमा' की खोज उन्होंने 1935 में ही कर ली थी।

चित्र 9.14 : सुब्रह्मण्यन् चंद्रशेखर (1910-1995 ई.)

चंद्रशेखर 1936 ई. में अमरीका जाकर वहां शिकागो विश्वविद्यालय में प्राध्यापक बने। उन्होंने खगोल-भौतिकी पर कई ग्रंथ लिखे और कई साल तक शिकागो से प्रकाशित होने वाली प्रसिद्ध शोध-पत्रिका *Astrophysical Journal* का संपादन किया। शिकागो में ही चंद्रशेखर का देहांत हुआ (1995 ई.)। ब्रह्मांड के एक्स-रे स्रोतों को खोजने के लिए अमरीका ने 1999 ई. में नए किस्म की जिस विशाल दूरबीन को अंतरिक्ष में स्थापित किया, उसका नाम 'चंद्र' (CHANDRA) है। हान्ले (लद्दाख) में 4570 मीटर की ऊंचाई पर स्थापित दूरबीन को 'हिमालय चंद्र दूरबीन' का नाम दिया गया है।

11. **Albert Einstein** (INSA & CSIR, New Delhi, 1984) में सुब्रह्मण्यन् चंद्रशेखर का लेख : *Einstein and General Relativity : Historical Perspectives.*

12. रदरफोर्ड के लिए देखिए अध्याय 6, टिप्पणी 18.

13. एडिंगटन के लिए देखिए अध्याय 1, टिप्पणी 1.

14. Albert Einstein : **Ideas and Opinions**, Rupa publication, New Delhi, 2005, pp. 36-52.

15. वही, p.46. "Science without religion is lame, religion without science is blind."

16. वही, पृ. 171.

17. फिलिप लेनार्ड या लेनाहूर्ड (Philipp Lenard : 1862-1947 ई.) : जर्मन भौतिकवेत्ता, जिनका जन्म पोज्सोनी (तब हंगेरी, अब ब्रातिस्लाव, चेकोस्लोवाकिया) में और शिक्षण हाइडेलबर्ग तथा बर्लिन में हुआ। किएल और हाइडेलबर्ग विश्वविद्यालयों में वे

प्रायोगिक भौतिकी के प्राध्यापक रहे। लेनार्ड ने कैथोड किरणों (इलेक्ट्रॉनों) के बारे में महत्वपूर्ण शोधकार्य किया और निष्कर्ष निकाला कि परमाणु के भीतर का अधिकतर स्थान रिक्त है। इस शोध के लिए 1905 ई. में उन्हें भौतिकी का नोबेल पुरस्कार मिला। लेनार्ड ने प्रकाश-विद्युत (photoelectricity) के बारे में प्रयोग करके उसके कई प्रभावों की खोज की। वे भौतिकी में 'ईथर' को कायम रखना चाहते थे।

लेनार्ड 1924 ई. में नाज़ी पार्टी के सदस्य बने और उन्होंने आइंस्टाइन और दूसरे यहूदी वैज्ञानिकों की घनघोर निंदा शुरू कर दी। उन्होंने अपना आगे का शेष जीवन यहूदी-प्रभाव से मुक्त 'विशुद्ध आर्य' (शुद्ध जर्मन) भौतिकी के सृजन में जोत दिया। उनके ऑफिस के दरवाजे पर सूचना टंगी हुई थी : "यहूदियों और जर्मन भौतिकीय सोसायटी के सदस्यों के लिए प्रवेश मना है।" लेनार्ड ने आइंस्टाइन के शांतिवादी, समाजवादी और यहूदी होने के कारण तो उनकी निंदा की ही, उन्हें सबसे ज्यादा अखरता था उनका *सैद्धांतिक* भौतिकवेत्ता होना। आइंस्टाइन जैसे वैज्ञानिकों के कारण नई भौतिकी में गणित को जो प्राधान्य मिल रहा था उससे लेनार्ड कतई खुश नहीं थे; वे एक प्रयोगकर्ता भौतिकवेत्ता थे। जब लेनार्ड को बताया गया कि विज्ञान अंतर्राष्ट्रीय है, तो उनका उत्तर था : "यह झूठ है। विज्ञान, दूसरे सभी मानवीय उत्पादों की तरह, जातीय है, रक्त से बंधा हुआ है।" लेनार्ड के हमलों के कारण बहुत-से वैज्ञानिक जर्मनी छोड़कर चले गए।

18. रूसी-पोलिश माता-पिता की संतान, प्रख्यात मूर्तिकार सर याकोब एपस्टाइन (Sir Jacob Epstein : 1880-1959 ई.) का जन्म न्यूयॉर्क में हुआ था। उनकी मनमौजी कलाकृतियां इंग्लैंड में काफी विवादास्पद बनी थीं। एपस्टाइन की प्रसिद्ध कलाकृतियां हैं : *Rima*–हाइडे पार्क, लंदन में; *Day and Night*–लंदन भूमिगत मुख्यालय में; *Genesis*–1931 ई. में प्रदर्शित; *Lazarus*–ऑक्सफोर्ड के न्यू कालेज में; *Madonna and Child*–केवेंडिश स्क्वायर, लंदन में।

19. बर्लिन की "हाबेरलांडस्ट्रास्से 5" (हाबेर की जमीन पर बना मार्ग) इमारत में आइंस्टाइन परिवार का निवास पूरे पंद्रह साल रहा–1917 से 1932 ई. के अंत तक। एल्सा अपनी दोनों बेटियों और नौकरानी के साथ पहले से ही यहां के एक फ्लैट में रह रही थीं। सन् 1917 ई. में आइंस्टाइन दो बार गंभीर रूप से बीमार पड़े, तो उनके लिए भी यहीं पर एक फ्लैट की व्यवस्था की गई। सन् 1907-08 में निर्मित इस इमारत की चौथी मंजिल पर आइंस्टाइन परिवार के पास आठ कमरे थे।

    आइंस्टाइन का मशहूर "अध्ययन-कक्ष" इमारत की अटारी में 1922 ई. में बनाया गया था। इसके तीन भाग थे : एक में पुस्तकालय था, दूसरे में एक कोठरी और तीसरा भाग वास्तविक अध्ययन-कक्ष था। बाद में 1927 ई. में अधिकारियों को

चित्र 9.15 : अपने अध्ययन-कक्ष में आइंस्टाइन

इस अनधिकृत निर्माण के बारे में पता चला, तो उन्होंने इस पर आपत्ति उठाई। मगर अंत में आइंस्टाइन की प्रतिष्ठा के कारण मामला सुलझ गया।

आइंस्टाइन और एल्सा ने "हाबेरलांडस्ट्रास्से 5" के अपने मकान को 6 दिसंबर, 1932 को अंतिम बार छोड़ दिया और वे अमरीका चले गए, और फिर बर्लिन कभी नहीं लौटे। जनवरी 1933 में जर्मनी में हिटलर का शासन शुरू होने पर गेस्टापो (गुप्तचर पुलिस) ने आइंस्टाइन व एल्सा के सारे सामान को, रोकड़ को भी, जब्त कर लिया। दूसरे विश्वयुद्ध के दौरान बर्लिन के इस बवारिया इलाके की कई इमारतें, "हाबेरलांडस्ट्रास्से 5" भी, नष्ट हो गईं।

20. Albert Einstein : **The World as I See It**, Thinker's Library, p. 17.

21. सन् 1930 में रवींद्रनाथ ठाकुर (1861-1941 ई.) बर्लिन पहुंचे थे और 14 जुलाई को आइंस्टाइन के कापुथ स्थित ग्राम-निवास जाकर उनसे मिले थे; तब दोनों के बीच लंबा वैचारिक वार्तालाप हुआ था (देखिए परिशिष्ट : **आइंस्टाइन के भारतीय सरोकार**)। ए. वी. लुनाचार्स्की (A. V. Lunacharsky : 1875-1933 ई.) भी 1930 ई. में बर्लिन जाकर आइंस्टाइन से मिले थे। उन्होंने वहां रविबाबू से भी भेंट की और उन्हें मास्को आने का आमंत्रण दिया। रविबाबू ने सितंबर 1930 में मास्को की यात्रा की।

चित्र 9.16 : ए.वी. लुनाचार्स्की (1875-1933 ई.)

बर्लिन में आइंस्टाइन के साथ भेंट-वार्ता के बाद लुनाचार्स्की ने मास्को की एक मासिक पत्रिका के लिए एक लेख लिखा था : 'महानता से एक मुलाकात'। उसमें वे आइंस्टाइन का 'चित्र' प्रस्तुत

चित्र 9.17 : एल्सा (1876-1936 ई.)

चित्र 9.18 : आइंस्टाइन (1879-1955 ई.)

करते हैं : "आइंस्टाइन के नजदीकी नजर वाले नेत्रों में एक तरह की स्वप्निल अभिव्यक्ति है, मानो उन्होंने बहुत पहले अपनी अधिकतर दृष्टि को अपने भीतरी विचारों की ओर मोड़कर उसे उधर ही टिकाए रखा है। अनुभव किया जा सकता है कि आइंस्टाइन की अधिकतर दृष्टि लगातार विचारों और गणनाओं में लगी रहती है। यही वजह है कि उनकी आंखें स्वप्निल ही नहीं, विषादमय भी नजर आती हैं। बावजूद इसके, आइंस्टाइन एक मिलनसार व्यक्ति हैं। वे अच्छा मजाक पसंद करते हैं। ''' और आसानी से बच्चों-जैसा खिल-खिलाकर हंसने लग जाते हैं, जिससे क्षण-भर के लिए उनकी आंखें बच्चों-जैसी आंखों में तब्दील हो जाती हैं। उनकी अद्‌भुत सरलता में इतना आकर्षण है कि इच्छा होती है कि उन्हें गले लगा लें या उनके हाथ को जोर से दबोच दें या उनकी पीठ पर हाथ फेर दें, जिससे उनके प्रति किसी के भी सम्मान में कोई कमी नहीं आएगी। यह एक महान और अरक्षित सरलता वाले व्यक्ति के प्रति उभरने वाला, असीम आदर से युक्त, एक अद्‌भुत कोमल अनुराग है।"

एल्सा के बारे में लुनाचार्स्की ने लिखा है : "अब उनमें तारुण्य नहीं रह गया है; घने बाल भूरे हो गए हैं। परंतु अब भी उस आकर्षक महिला में परिष्कृत सौंदर्य मौजूद है, जो शारीरिक सौंदर्य से कहीं ज्यादा है। वे अपने पति के लिए पूर्णतः समर्पित हैं, जीवन के अनुचित हस्तक्षेपों से वह उनकी रक्षा करती हैं और प्रयत्नरत रहती हैं कि अपने महान विचारों को पूर्णता पर पहुंचाने के लिए उन्हें आवश्यक मानसिक शांति उपलब्ध हो। वह अपने पति के महान उद्देश्य को भलीभांति समझती हैं, और उन्हें एक अद्‌भुत, उत्कृष्ट एवं प्रौढ़ बालक मानते हुए एक साथी, पत्नी और मां की कोमलतम भावनाओं के साथ उनकी देखभाल करती हैं।"

❑❑❑

अध्याय 10

यात्राएं

प्रथम विश्वयुद्ध की समाप्ति (1918 ई.) के बाद जर्मनी में हालात बड़े खस्ता थे। आइंस्टाइन अन्यत्र कहीं भी जा सकते थे, परंतु उन्होंने जर्मनी में ही रहना पसंद किया। सन् 1919 के सर्वग्रास सूर्य-ग्रहण के अध्ययन ने आइंस्टाइन के व्यापक आपेक्षिकता-सिद्धांत के एक निष्कर्ष की पुष्टि कर दी थी और उनका नाम सारी दुनिया में फैल गया था। साथ ही, जैसा कि पिछले अध्याय में हमने देखा है, उनके शांतिवादी-समाजवादी विचारों का और आपेक्षिकता-सिद्धांत का खुलकर विरोध भी शुरू हो गया था।

आइंस्टाइन को अपने सिद्धांतों के सही होने में तनिक भी संदेह नहीं था, क्योंकि वे तर्क और गणित के सुदृढ़ नियमों पर आधारित थे। परंतु आइंस्टाइन के सिद्धांत, न केवल विवादास्पद बन गए थे, बल्कि बहुतों को गूढ़ व रहस्यमय भी लगते थे। आइंस्टाइन ने तीव्रता से अनुभव किया कि सर्वसाधारण को आपेक्षिकता-सिद्धांत की बुनियादी बातें और इसमें अंतर्निहित सुसंगति को समझाना जरूरी है। वैज्ञानिक शोध-पत्रिकाओं के जरिए जनसाधारण से संपर्क नहीं साधा जा सकता था। नए वैज्ञानिक विश्व का चित्र प्रस्तुत करने के प्रयोजन से आइंस्टाइन ने सन् 1920 के दशक में संसार के कई देशों की यात्राएं कीं और जगह-जगह भाषण दिए। दशक के आरंभ में आइंस्टाइन-दम्पति ने हॉलैंड, चेकोस्लोवाकिया और ऑस्ट्रिया की यात्राएं कीं। सन् 1921 में अमरीका गए, तो लौटते वक्त लंदन में रुके। मार्च 1922 में पेरिस गए। फिर 1922 ई. के अंत में वे जापान की लंबी यात्रा पर गए और लौटते वक्त फिलिस्तीन व स्पेन होते हुए बर्लिन लौटे।

आइंस्टाइन और उनके सिद्धांत के बढ़ते प्रभाव को देखकर विरोधियों का खफा होना स्वाभाविक था। उन्होंने आपेक्षिकता-सिद्धांत के विरुद्ध एक पुस्तिका छापी और उसमें लिखा : “वैज्ञानिक समुदाय में जैसे-जैसे आपेक्षिकता-सिद्धांत का भ्रांतिपूर्ण स्वरूप स्पष्ट होता गया, वैसे-वैसे आइंस्टाइन आम जनता के सन्मुख अपना और अपने सिद्धांत का अधिकाधिक प्रदर्शन करने में जुट गए हैं।”

सन् 1920 में आइंस्टाइन लाइडेन[1] (हॉलैंड, नीदरलैंड्स) गए और वहां उन्होंने

डेढ़ हजार श्रोताओं के सन्मुख "ईथर और आपेक्षिकता-सिद्धांत" विषय पर व्याख्यान दिया। व्यापक आपेक्षिकता-सिद्धांत में 'ईथर' जैसे एक माध्यम को अंशतः स्वीकार किया जा सकता है, परंतु आइंस्टाइन का यह 'ईथर' वैसा नहीं था जिसकी पहले कल्पना की गई थी। इसीलिए आइंस्टाइन ने लाइडेन के अपने लेक्चर में 'ईथर' जैसे एक माध्यम की चर्चा की थी। परंतु आइंस्टाइन के विरोधियों ने इस तथाकथित 'ईथर' को लेकर उनकी काफी आलोचना की। वस्तुतः इस 'ईथर' की भी कोई आवश्यकता नहीं थी; यह बताना ही पर्याप्त था कि गुरुत्वीय क्षेत्र से ही आकाश (दिक्) के गुणधर्म बदल जाते हैं।

चित्र 10.1 : बैठे हैं : एडिंगटन (बाएं) और लॉरेंट्ज। खड़े हैं (बाएं से क्रमशः) : आइंस्टाइन, एहरेनफेस्ट और विल्लेम डे सिट्टेर, लाइडेन 1923 ई.।

आइंस्टाइन 1920 ई. में पहली बार लाइडेन गए थे। आगे उन्होंने कई बार लाइडेन की यात्रा की, वहां के विश्वविद्यालय में व्याख्यान दिए। हेन्द्रिक लॉरेंट्ज[2] (1853-1928 ई.), जिनका आइंस्टाइन बहुत आदर करते थे, लाइडेन में ही रहते थे। आइंस्टाइन के ज्यूरिख़ के 1913 ई. के दिनों के एक घनिष्ठ मित्र पॉल एहरेनफेस्ट[3] (Paul Ehrenfest : 1880-1933 ई.) भी लाइडेन में ही थे। एहरेनफेस्ट सन् 1923 में लॉरेंट्ज के उत्तराधिकारी बने, तो उन्होंने आइंस्टाइन को विश्वविद्यालय में 'अतिथि प्राध्यापक' नियुक्त किया। तब आइंस्टाइन को बर्लिन और लाइडेन के बीच कई बार चक्कर लगाने पड़े। एहरेनफेस्ट के घर के दरवाजे आइंस्टाइन-दम्पति के लिए हमेशा खुले रहते थे; वे एहरेनफेस्ट के साथ ही ठहरते थे। एहरेनफेस्ट और उनकी रूसी पत्नी तात्याना अफानासियेवा आइंस्टाइन-दम्पति का दिल खोलकर स्वागत करते थे। वहां उन्हें अपनी पसंद का भोजन मिलता था।

एहरेनफेस्ट-दम्पति को बड़ी प्रसन्नता होती थी, जब आइंस्टाइन खुश होकर यह कहते हुए उनके दरवाजे पर दस्तक देते थे : "आदमी को एक बिस्तर, एक मेज, एक कुर्सी और एक वायलिन के अलावा और भला क्या चाहिए?"

चित्र 10.2 : नील्स बोर (1885-1962 ई.), 1920 ई. के दशक का चित्र।

सन् 1920 के वसंत में बर्लिन में पहली बार आइंस्टाइन और नील्स बोर[4] (1885-1962 ई.) की मुलाकात हुई थी। यह बीसवीं सदी के दो दिग्गज वैज्ञानिकों का प्रथम मिलन था; साथ ही, दीर्घकालीन मित्रता की शुरुआत भी। वैज्ञानिक और दार्शनिक बातों को लेकर दोनों में गहरे मतभेद होने पर भी उनकी मित्रता एक मजबूत चट्टान की तरह दृढ़ बनी रही। प्रथम मुलाकात के तुरंत बाद 2 मई (1920) को आइंस्टाइन ने बोर को लिखा था : "जीवन में बहुत कम लोगों से मिलकर ऐसी प्रसन्नता होती है जैसी कि आपसे मिलकर हुई है।" जिसके उत्तर में बोर ने लिखा : "आपसे मिलना और बातचीत करना मेरे जीवन का अब तक का एक सबसे अनोखा अनुभव था।"

नील्स बोर से भेंट के बाद आइंस्टाइन ने लाइडेन के अपने मित्र एहरेनफेस्ट को लिखा था : "बोर यहां आए थे, और मेरा उनसे वैसा ही लगाव हो गया है जैसा कि आपका उनसे है। वे एक ऐसे अतिसंवेदनशील बालक की तरह हैं जो इस संसार में एक प्रकार से परमहंस बनकर विचरण कर रहा है।"

लाइडेन की प्रथम यात्रा के बाद अगले वर्ष (1921 ई. में) प्राग (चेकोस्लोवाकिया) की वैज्ञानिक संस्था 'यूरेनिया' (Urania) ने आइंस्टाइन को व्याख्यान देने के लिए आमंत्रित किया। वहां वे फिलिप फ्रांक[5] और उनकी पत्नी के अथिति थे। प्राग में आवास प्राप्त करने में काफी दिक्क्त थी, इसलिए फ्रांक-दम्पति विश्वविद्यालय की भौतिकी की प्रयोगशाला के उसी कमरे में रहते थे, जहां 1911 ई. में आइंस्टाइन का ऑफिस था। फ्रांक-दम्पति के साथ ठहरने का आइंस्टाइन को एक लाभ यह हुआ कि उनका पीछा करने वाले पत्रकारों के झुंड से उन्हें सहज छुटकारा मिल गया। आइंस्टाइन और फ्रांक ने विश्वविद्यालय को देखा और उसके बाद कई

कहवाघरों का चक्कर लगाया। मकसद था, प्राग के जीवन को नजदीक से देखना, जिसकी सड़कों पर वे कभी खूब घूमा करते थे।

चित्र 10.3 : प्राग का गोथिक शैली का प्रख्यात टॉवर-द्वार, जिसका निर्माण 1475 और 1506 ई. के बीच हुआ था।

सायंकाल को श्रोताओं से खचाखच भरे 'यूरेनिया' संस्था के हॉल में आइंस्टाइन का व्याख्यान हुआ। व्याख्यान के बाद कुछ विशिष्ट अतिथि बातचीत के लिए आइंस्टाइन के गिर्द एकत्र हुए। भाषणों का दौर चला। जब आइंस्टाइन की बारी आई, तो वह बोले : "भाषण देने की बजाए यह ज्यादा सुखद और आह्लाददायक रहेगा कि मैं वायलिन पर एक धुन बजाकर सुनाऊं।" उसके बाद आइंस्टाइन ने मोट्सार्ट[6] का एक सोनाटा सुनाया– अपनी सहज, सरल और सुस्पष्ट शैली में। आइंस्टाइन को मोट्सार्ट का संगीत बहुत प्रिय था।

चित्र 10.4 : विएना में व्याख्यान देते हुए आइंस्टाइन, 1921 ई.

प्राग से आइंस्टाइन विएना (ऑस्ट्रिया) गए, जहां एक भव्य संगीत-सभागार में तीन हजार श्रोताओं के सन्मुख उनका व्याख्यान हुआ। विएना में ही उन्हें फ्रीडरीख़ आडलेर (देखिए अध्याय 6) के बारे में एक सनसनीखेज वाकया सुनने को मिला। आडलेर ज्यूरिख़ पॉलिटेकनिक में आइंस्टाइन के सहपाठी थे। सन् 1909 में ज्यूरिख़ विश्वविद्यालय में सैद्धांतिक भौतिकी का प्राध्यापक-पद

खाली हुआ, तो आइंस्टाइन के अलावा आडलेर भी उसके लिए एक उम्मीदवार थे। आडलेर ऑस्ट्रियाई दार्शनिक व भौतिकवेत्ता अर्न्स्ट माख़[7] के अनुयायी थे, विश्व की वस्तुगत यथार्थता को अस्वीकार करते थे, और माख़ की तरह ही आपेक्षिकता-सिद्धांत के विरोधी थे। इसके बावजूद, आडलेर ने स्पष्ट कहा था कि आइंस्टाइन उनसे अधिक योग्य हैं, इसलिए प्राध्यापक-पद उन्हें ही मिलना चाहिए। ज्यूरिख़ में आडलेर उसी मकान में रहते थे जिसमें आइंस्टाइन-परिवार का निवास था। आडलेर और आइंस्टाइन में अक्सर दार्शनिक विषयों पर गरमागरम बहसें होती थीं। आइंस्टाइन को अपने विरोधियों के साथ बहस करने में बड़ा आनंद आता था।

अब विएना में आइंस्टाइन को जानकारी मिली कि विश्वयुद्ध के दौरान फ्रीडरीख़ आडलेर ने एक शानदार होटल में आयोजित रात्रि-भोज में ऑस्ट्रियाई सरकार के मुखिया को गोली मार दी थी। आडलेर को गिरफ्तार करके मौत की सजा सुनाई गई। परंतु सम्राट ने उनकी सजा को आजीवन कारावास में बदल दिया। इसकी वजह थी–इस विचार को हवा मिलना कि आडलेर ने जिस समय हत्या की, उस समय उनका दिमाग संतुलित नहीं था। इस विचार की पुष्टि के लिए एक अद्भुत तरीका खोजा गया। जैसा कि पीछे बताया गया है, माख़ की तरह आडलेर भी आपेक्षिकता-सिद्धांत के जबरदस्त विरोधी थे। जब वे कारावास में थे, तो उन्होंने आइंस्टाइन की मान्यताओं को गलत साबित करने के इरादे से एक ग्रंथ लिखा था। अदालत ने उस ग्रंथ की पांडुलिपि को यह जानने के लिए विशेषज्ञ मनोविश्लेषकों और भौतिकवेत्ताओं के पास भेजा कि क्या सचमुच आडलेर का दिमाग असंतुलित है। उनमें एक विशेषज्ञ थे फिलिप फ्रांक, जिन्होंने लिखा है कि इससे भौतिकवेत्ता बड़े धर्मसंकट में फंस गए थे। यदि आडलेर को असंतुलित दिमाग वाला बताया गया, तो उनकी सजा यकीनन कम कर दी जाती। इसके विपरीत, ग्रंथ-लेखक का यह बहुत बड़ा अपमान होता, क्योंकि आडलेर को पक्का यकीन था कि उनका ग्रंथ विज्ञान की एक श्रेष्ठ उपलब्धि है।

विएना में आइंस्टाइन ऑस्ट्रियाई भौतिकवेत्ता फेलिक्स एहरेनहाफ्ट (Felix Ehrenhaft) के साथ ठहरे। दोनों में सतत वाद-विवाद चालू रहता था। बावजूद इसके, और शायद इसलिए ही, आइंस्टाइन को उनका साथ पसंद था। एहरेनहाफ्ट की पत्नी ऑस्ट्रिया में महिलाओं की शिक्षा-व्यवस्था की एक कुशल संगठनकर्ता थीं। वह चाहती थीं कि व्याख्यान देते समय आइंस्टाइन खूब चुस्त दिखाई दें। इसलिए उन्होंने आइंस्टाइन द्वारा साथ लाए गए दो पैंटों में से एक पर इस्तरी करवा ली थी। परंतु आइंस्टाइन व्याख्यान के वक्त उसी पैंट में थे, जिस पर इस्तरी नहीं हुई थी!

सन् 1921 में ही आइंस्टाइन को सिओनवादी[8] (Zionist) आंदोलन के नेता प्रोफेसर शाइम वेइजमान[9] (1874-1952 ई.) के साथ अमरीका की यात्रा पर जाने का निमंत्रण मिला। यात्रा का प्रयोजन था—यहूदी नेशनल फंड और येरूसलम के हिब्रू विश्वविद्यालय के लिए धनराशि और साधन एकत्र करना। पहले आइंस्टाइन की धर्म में कोई दिलचस्पी नहीं थी। परंतु प्रथम विश्वयुद्ध के बाद, 1920 ई. से, जब जर्मनी में सामी-विरोध (यहूदी-विरोध) प्रखर होने लगा, तब आइंस्टाइन सिओनवादी आंदोलन के समर्थक बन गए थे।

अमरीका के लिए रवाना होने के पहले आइंस्टाइन ने 8 मार्च, 1921 को अपने मित्र मॉरिस सोलोवाइन को लिखा था : "मैं अमरीका जाने के लिए कतई उत्सुक नहीं हूं। मैं केवल सिओनवादियों के हित के लिए यह कर रहा हूं, जिन्हें येरूसलम में एक शिक्षा संस्थान स्थापित करने के लिए डालर चाहिए। मुझे उनके लिए एक पुरोहित व फंदे का काम करना है ···। मगर मुझे अपने उन कबीलाई बंधुओं की यथासामर्थ्य मदद करनी है जिन्हें सर्वत्र सताया जा रहा है।"

आइंस्टाइन 1 अप्रैल, 1921 को न्यूयॉर्क हार्बर (बंदरगाह) पहुंचे, तो एक बहुत बड़ी भीड़ ने उनका स्वागत किया। जैसे ही जहाज ने लंगर डाला, पत्रकारों का एक जत्था जहाज पर चढ़ आया और आइंस्टाइन, उनकी पत्नी एल्सा और वेइजमान को उन्होंने घेर लिया। पत्रकारों के सवालों के हमले से बच निकलने का कोई रास्ता नहीं था। आइंस्टाइन विवश थे। जब एक पत्रकार ने आपेक्षिकता-सिद्धांत को चंद वाक्यों में समझाने को कहा, तो वे बोले : "यदि आप मेरे उत्तर को बहुत गंभीरता से नहीं लेंगे और इसे एक तरह का मज़ाक ही मानेंगे, तब मैं इसे यूं समझा सकता हूं : पहले यह माना जाता था कि यदि विश्व से सभी भौतिक वस्तुएं गायब हो जाती हैं, तब भी काल और आकाश (दिक्) का अस्तित्व कायम रहेगा। किंतु आपेक्षिकता-सिद्धांत के अनुसार, वस्तुओं के गायब होने के साथ ही आकाश और काल भी गायब हो जाएंगे।"

एक पत्रकार ने आइंस्टाइन से पूछा : "क्या यह सच है कि दुनिया के केवल बारह व्यक्ति ही आपेक्षिकता-सिद्धांत को समझते हैं?" आइंस्टाइन ने कहा कि यह सच नहीं है। वस्तुतः आपेक्षिकता-सिद्धांत के आरंभिक दिनों में यह बात फ्रांसीसी भौतिकवेत्ता पॉल लांगेविन[10] ने कही थी। आइंस्टाइन का मत था कि कोई भी भौतिकवेत्ता इस सिद्धांत को पढ़ेगा, तो वह इसे सहजता से समझ जाएगा, और बर्लिन के उनके सभी विद्यार्थी इसे समझते हैं।

श्रीमती आइंस्टाइन से भी एक सवाल पूछा गया : क्या वह आपेक्षिकता-सिद्धांत को समझती हैं? उनका उत्तर था : "नहीं, हालांकि उन्होंने कई बार मुझे इसे समझाया

चित्र 10.5 : आइंस्टाइन और पत्नी एल्सा, 1921 ई. में अमरीका की प्रथम यात्रा के दौरान *रोट्टेरडाम* जहाज पर ।

है। परंतु मेरी खुशी के लिए इस सिद्धांत को समझना आवश्यक नहीं है।"

प्रो. वेइजमान से भी उसी तरह का सवाल पूछा गया, तो उनका जवाब था : "समुद्र-यात्रा के दौरान आइंस्टाइन ने मुझे प्रतिदिन आपेक्षिकता-सिद्धांत समझाया है, और जब मैं यहां पहुंचा तो मुझे पूरा यकीन हो गया कि वे इसे अच्छी तरह समझते हैं।"

आइंस्टाइन ने अमरीका में दिए गए अपने एक भाषण में कहा : "पिछले दो हजार वर्षों के दौरान यहूदी लोगों की एकमात्र सामूहिक सम्पदा थी–उनका अतीत। सारी दुनिया में बिखरे होने के कारण हमारे राष्ट्र की एक ही धरोहर थी–लोगों द्वारा बड़ी जतन से रक्षित परंपरा। व्यक्तिगत तौर पर यहूदियों ने बड़े-बड़े काम किए हैं, किंतु लगता है कि उनमें सामूहिक उपलब्धियों के लिए शक्ति शेष नहीं रह गई थी। लेकिन अब वह सब बदल गया है। इतिहास ने फिलिस्तीन के निर्माण के लिए सक्रिय सहयोग का महान व उदात्त मार्ग प्रस्तुत कर दिया है। ··· पिछले कुछ महीनों से मैं अमरीका में हिब्रू विश्वविद्यालय के लिए साधन जुटाने में प्रयत्नशील हूं। अमरीका के यहूदी डाक्टरों को मैं धन्यवाद देता हूं कि उनके

सहयोग से विश्वविद्यालय के चिकित्सा संकाय के लिए पर्याप्त धनराशि प्राप्त हुई है, और इस दिशा में शीघ्र ही कार्य शुरू होने जा रहा है।... "[11]

आइंस्टाइन ने अमरीका में कई स्थानों पर व्याख्यान दिए। उनमें सबसे महत्वपूर्ण थे प्रिंसटन विश्वविद्यालय में दिए गए चार व्याख्यान, जो पुस्तकाकार प्रकाशित हुए और आगे लंबे समय तक आपेक्षिकता-सिद्धांत की सबसे अच्छी व्याख्या के रूप में जाने जाते रहे।

अमरीका से लौटते समय आइंस्टाइन लॉर्ड हाल्डेन[12] के अनुरोध पर लंदन में रुके और वहां के किंग्स कॉलेज में उन्होंने व्याख्यान दिया। आइंस्टाइन की ख्याति हालांकि सारी दुनिया में फैल गई थी, परंतु अंग्रेजों की दृष्टि में वे 'जर्मन विज्ञान' का ही प्रतिनिधित्व कर रहे थे। ऐसी स्थिति में सभागार में तालियां बजाकर उनका स्वागत नहीं किया गया, तो इसमें आश्चर्य की कोई बात नहीं थी। आइंस्टाइन ने अपने व्याख्यान में विज्ञान की अंतर्राष्ट्रीय भूमिका, वैज्ञानिकों के बीच सरोकार, विज्ञान के विकास में ब्रिटिश लोगों का योगदान और आइजेक न्यूटन (1642-1727 ई.) की चर्चा की। आइंस्टाइन ने ब्रिटिश वैज्ञानिकों को धन्यवाद दिया और कहा कि उनके योगदान के बिना आपेक्षिकता-सिद्धांत के एक सबसे महत्वपूर्ण निष्कर्ष की पुष्टि शायद कभी नहीं हो पाती। आइंस्टाइन ने अपने व्याख्यान में वैज्ञानिकों के अंतर्राष्ट्रीय सहयोग की एक योजना प्रस्तुत की। इस तरह आइंस्टाइन ने, न केवल उपस्थित श्रोताओं को, अपितु ब्रिटेन के समूचे वैज्ञानिक समुदाय को भी प्रभावित किया। पुनः एक बार स्पष्ट हुआ कि आइंस्टाइन के विचारों का जनता और समाज पर गहरा असर पड़ता है।

आइंस्टाइन-दम्पति लंदन में लॉर्ड हाल्डेन के अतिथि थे। उन्हें हाल्डेन के महल-नुमा निवास के जिस भव्य कक्ष में ठहराया गया था वह आइंस्टाइन के बर्लिन-स्थित 8 कमरों वाले समूचे फ्लैट से भी बड़ा था। आइंस्टाइन की व्याकुलता तब घबराहट में बदल गई जब उन्होंने देखा कि उनकी खिदमत के लिए एक खास अर्दली (footman) को तैनात किया गया है। उन्होंने जब उस वर्दीधारी आदमी को देखा, तो अपनी पत्नी से धीमी आवाज में बोले : "एल्सा, यदि हम यहां से भाग निकलना चाहें, तो क्या ये लोग हमें जाने देंगे?"

रात को आइंस्टाइन-दम्पति एक ऐसे लंबे-चौड़े शयन-कक्ष में सोये, जिसकी खिड़कियों पर भारी-भरकम परदे पड़े हुए थे। अगली सुबह, अपनी आदत के अनुसार, आइंस्टाइन जल्दी उठे और परदों को हटाने की कोशिश की, मगर असफल रहे। पीछे से एल्सा बोली : "अलबर्टल, परदों को हटाने के लिए अर्दली को क्यों नहीं बुला लेते?" "नहीं, मुझे उससे डर लगता है," आइंस्टाइन का उत्तर था। अंत

में दोनों के जोर लगाने पर वे परदे हटाने में सफल हुए। उसके बाद नाश्ते के लिए नीचे के हॉल में चले गए।

उस दिन सायंकाल को आइंस्टाइन-दम्पति के सम्मान में रात्रि-भोज का आयोजन था। अतिथियों में कैंटरबरी के आर्चबिशप भी थे। उन्होंने आइंस्टाइन से जानना चाहा कि क्या आपेक्षिकता-सिद्धांत का धर्म पर कोई प्रभाव पड़ेगा। आइंस्टाइन का संक्षिप्त उत्तर था : "बिल्कुल नहीं।" आर्चबिशप संतुष्ट हो गए।

आइंस्टाइन जून 1921 में बर्लिन लौट आए। जर्मनी में आइंस्टाइन और उनके आपेक्षिकता-सिद्धांत के खिलाफ पहले से ही सामाजिक तूफान उठ रहा था। अमरीका और इंग्लैंड में आइंस्टाइन को मिले व्यापक सम्मान-गौरव से उसे और अधिक हवा मिल गई। जर्मनी में प्रतिक्रियावादी शक्तियां अब तेजी से उभर रही थीं।

जून 1922 की घटना है। विदेशी मामलों के जर्मन मंत्री वाल्थेर राथेनाउ (Walther Rathenau) की, जो सोवियत संघ के साथ मैत्रीपूर्ण संबंधों के समर्थक थे, हत्या कर दी गई। उनको दफन किए जाने वाले दिन सभी विश्वविद्यालयों में कक्षाएं रद्द कर दी गई थीं। केवल हाइडेलबर्ग विश्वविद्यालय में ही फिलिप लेनार्ड[13] ने अपने समर्थकों को नियमित लेक्चर में उपस्थित रहने का आह्वान किया। मजदूरों का एक दल लेनार्ड को लेक्चर-हॉल से बाहर खींच लाया। आइंस्टाइन और उनके आपेक्षिकता-सिद्धांत के खिलाफ हमले तेज होते गए।

कलकत्ता विश्वविद्यालय में भौतिकी के प्राध्यापक डा. मेघनाद साहा (1893-1956 ई.) अपनी खोज (तापीय आयनीकरण का सिद्धांत) की प्रायोगिक पुष्टि के लिए, फैलाशिप प्राप्त करके, 1921 ई. में यूरोप गए थे। कुछ समय लंदन में अध्ययन करने के बाद वे फरवरी 1921 में बर्लिन पहुंचे और वहां वाल्थेर नेर्नस्ट[14] (1864-1941 ई.) की प्रयोगशाला में नवंबर 1921 तक शोधकार्य किया। उस दौरान मेघनाद साहा आइंस्टाइन, माक्स फॉन लाउए और माक्स प्लांक जैसे चोटी के वैज्ञानिकों के संपर्क में आए।[15] डा. साहा ने 1919 ई. में आइंस्टाइन के विशिष्ट आपेक्षिकता-सिद्धांत के जर्मन निबंध का अंग्रेजी में अनुवाद किया था।

मार्च 1922 में आइंस्टाइन कालेज दे फ्रांस (College de France) के निमंत्रण पर पेरिस गए। निमंत्रण के पीछे आइंस्टाइन के मित्र पॉल लांगेविन[16] का हाथ था। लांगेविन और एक अन्य फ्रांसीसी भौतिकवेत्ता चार्लेस नॉर्डमान (Charles Nordmann) आइंस्टाइन को लेने रेलवे-स्टेशन पहुंचे। उन्हें पता चल गया था कि राष्ट्रवादी और राजतंत्रवादी दल आइंस्टाइन के खिलाफ स्टेशन पर उग्र प्रदर्शन करने वाले हैं, इसलिए वे आइंस्टाइन को बगल के एक अन्य फाटक से निकालकर शहर ले गए। बाद में पता चला कि स्टेशन पर जो लोग इकट्ठा हुए थे वे विद्यार्थी थे और

चित्र 10.6 : कालेज दे फ्रांस (पेरिस) में व्याख्यान देते हुए आइंस्टाइन। ब्लैकबोर्ड पर हैं व्यापक आपेक्षिकता-सिद्धांत से संबंधित समीकरण।

उन्हें लांगेविन के पुत्र प्रदर्शनकारियों का सामना करने के लिए वहां ले आए थे।

शुक्रवार, 31 मार्च (1922) को सायंकाल पांच बजे कालेज दे फ्रांस के सबसे बड़े हॉल में चुनिंदा वैज्ञानिक और कुछ विद्यार्थी आइंस्टाइन का व्याख्यान सुनने के लिए एकत्र हुए। बहुतों को यह देखकर आश्चर्य हुआ कि आइंस्टाइन को सुनने के लिए श्रोतागण बहुत बड़ी संख्या में उपस्थित नहीं थे। वस्तुतः इसका कारण यह था कि पॉल लांगेविन ने उन्हीं व्यक्तियों को टिकट दिए थे जिनकी आपेक्षिकता-सिद्धांत में गहरी दिलचस्पी थी।

आइंस्टाइन ने अपने व्याख्यान में उन गणितज्ञों की भी चर्चा की जो सूत्रों को तो स्मरण रखते हैं, मगर आपेक्षिकता-सिद्धांत के सारतत्व को नहीं समझते : "उनकी गलती यह है कि वे सिर्फ सतही संबंधों को देखते हैं, मगर गणितीय संकेतों द्वारा व्यक्त भौतिक वास्तविकताओं पर तनिक भी विचार नहीं करते।"

3 अप्रैल को कालेज दे फ्रांस के भौतिकी सभागार में वैज्ञानिकों के एक विशिष्ट समुदाय के साथ आइंस्टाइन का संवाद हुआ। आइंस्टाइन ने कहा कि एक-दूसरे के सापेक्ष गतिमान तंत्रों या प्रणालियों (systems) में देखी गई घड़ियों का समकालिक होना असंभव है। एक नामी गणितज्ञ पॉल पेनलेव (Paul Painlevé) ने उनका विरोध किया। पेनलेव ने आइंस्टाइन की प्रतिभा की तो प्रशंसा की, परंतु आपेक्षिकता सिद्धांत की बुनियादी मान्यताओं पर जबरदस्त प्रहार किया।

तीन दिन बाद, 6 अप्रैल (1922) को, आइंस्टाइन ने सॉरबोन स्थित 'फ्रांसीसी

दर्शन सोसायटी' (Société Française de Philisophie) की एक बैठक में इम्मान्यूअल कांट (Immanuel Kant : 1724-1804 ई.) के दर्शन के बारे में अपने विचार प्रकट किए। बैठक में नोबेल पुरस्कार-विजेता फ्रांसीसी दार्शनिक आँरी बर्गसाँ (Henri Bergson : 1859-1941 ई.) भी उपस्थित थे, जिनके साथ 'काल' की धारणा को लेकर आइंस्टाइन की बहस हुई। बर्गसाँ काल की स्वतंत्र सत्ता में विश्वास करते थे। एक सज्जन ने अर्न्स्ट माख़ (1838-1910 ई.) के बारे में आइंस्टाइन के विचार जानने चाहे, तो जवाब मिला : "वे एक सतही दार्शनिक हैं।"

'फ्रांसीसी दर्शन सोसायटी' की सभा में दिए गए भाषण में आइंस्टाइन ने कहा था : "यदि मेरा आपेक्षिकता-सिद्धांत सफल सिद्ध होता है, तो जर्मनी में मुझे एक जर्मन व्यक्ति माना जाएगा और फ्रांस मुझे एक विश्व-नागरिक घोषित कर देगा। अगर मेरा सिद्धांत गलत साबित होता है, तो फ्रांस में मुझे एक जर्मन व्यक्ति माना जाएगा और जर्मनी में मुझे एक यहूदी घोषित कर दिया जाएगा।" आइंस्टाइन ने नवंबर 1919 में "लंदन टाइम्स" के लिए लिखे अपने लेख में लगभग इसी आशय की 'टिप्पणी' जोड़ी थी।

आइंस्टाइन फ्रांसीसी अकादमी (Académie Royale des Sciences, स्थापना : 1666 ई.) की बैठक में नहीं गए। चूंकि इस अकादमी को स्वातंत्र्य, शांति और सामाजिक प्रगति के साथ जोड़ा जाता था, इसलिए इसके कई "दिग्गजों" के लिए में आइंस्टाइन अनचहे थे। कुछ अकादमिकों का मत था कि आपेक्षिकता-सिद्धांत चिरस्थापित विज्ञान के लिए खतरा साबित हो सकता है। आइंस्टाइन की टिप्पणी थी : "इन लोगों ने अठारह साल की आयु तक जो कुछ भी सीखा है उसे अनुभव माना जाता है। उसके बाद वे जो कुछ भी सुनते हैं उसे सिद्धांत तथा अनुमान मानते हैं।"

आइंस्टाइन फ्रांसीसी अकादमी के सदस्य नहीं थे, इसलिए कुछ सदस्यों ने कहा कि वे उनके साथ नहीं बैठ सकते, उन्हें श्रोताओं के साथ बैठना होगा। तीस सदस्यों ने तो यहां तक कहा कि यदि आइंस्टाइन अकादमी की बैठक में आते हैं, तो वे कक्ष छोड़कर चले जाएंगे। ये बातें जब आइंस्टाइन के कानों तक पहुंचीं, तो उन्होंने अकादमी की बैठक में शरीक होने का अपना कार्यक्रम त्याग दिया।

फिलिप फ्रांक की टिप्पणी है : "ठीक वे ही लोग, जिन्होंने आइंस्टाइन के स्वागत का उग्र विरोध किया था, नाज़ियों के सत्ता में आने पर जर्मनी के साथ 'सहयोग' की नीति के समर्थक बन गए थे। इन फ्रांसीसी 'देशभक्तों' ने 1940 ई. में फ्रांस की पराजय और महाद्वीप पर जर्मन प्रभुत्व के लिए मार्ग प्रशस्त किया।"

आइंस्टाइन को जापान से बार-बार निमंत्रण आ रहे थे; वहां उनके व्याख्यानों

और गोष्ठियों के लिए तैयारियां चल रही थीं। अंत में उन्होंने काइझोशा पब्लिशिंग हाउस के संपादक साहेनिको यामामोतो का निमंत्रण स्वीकार कर लिया और पेरिस से बर्लिन लौटते ही जापान-यात्रा की तैयारी शुरू कर दी। 10 अक्तूबर, 1922 को आइंस्टाइन और एल्सा फ्रांस के बंदरगाह मार्सेल (Marseilles) पहुंच गए और वहां एक जापानी जहाज *कितानो मारु*[17] में चढ़कर पूर्व की ओर जापान के लिए रवाना हो गए। भूमध्यसागर और हिंद महासागर में यात्रा करते हुए जहाज कोलंबो, सिंगापुर और शंघाई में रुका। सभी जगह लोगों ने आइंस्टाइन का स्वागत किया।

आइंस्टाइन अभी समुद्र-यात्रा में ही थे कि 10 नवंबर (1922) को समाचार मिला कि उन्हें 1921 ई. का भौतिकी का नोबेल पुरस्कार दिया गया है। 17 नवंबर (1922) को आइंस्टाइन जापान के कोबे बंदरगाह-नगर पहुंचे और अगले दिन क्योतो नगर में। ट्रेन से तोकियो पहुंचने पर वहां आइंस्टाइन का भव्य स्वागत हुआ। भाषणों, गोष्ठियों, अभिनंदनों और भ्रमणों का सिलसिला शुरू हो गया। लेकिन इस यात्रा की एक सबसे बड़ी कठिनाई यह थी कि आइंस्टाइन के प्रत्येक शब्द का जापानी में अनुवाद करना पड़ता था। आइंस्टाइन अपना भाषण जर्मन भाषा में देते थे और जापानी वैज्ञानिक उसका जापानी में अनुवाद प्रस्तुत करते थे। इस तरह की व्यवस्था से पहला ही भाषण चार घंटे तक चला, तो आइंस्टाइन श्रोताओं की दशा के बारे में सोचकर बड़े दुःखी हुए। उन्होंने अगले शहर में अपना भाषण छोटा किया, तो वह ढाई घंटों में समाप्त हुआ। मगर आइंस्टाइन जापानियों के स्वभाव से अनभिज्ञ थे। वे बड़ी उलझन में पड़ गए जब उनके जापानी साथियों ने उन्हें बताया कि भाषण की अवधि कम करने से उनके श्रोताओं ने अपमानित महसूस किया है।

जापान के हर नए शहर में अभिनंदन, व्याख्यान, गोष्ठी और उपहार का यह क्रम अनुष्ठानपूर्वक दोहराया जाता रहा। आइंस्टाइन को जापान में जो अनेक उपहार मिले उनमें एक था–*चाय का विश्वकोश*, जिसमें चायपान से संबंधित विभिन्न जापानी शिष्टाचारों का विस्तृत वर्णन था।

आइंस्टाइन जापान से बहुत प्रभावित हुए। उन्होंने पेटेंट कार्यालय (बर्न) के दिनों की 'ओलंपिया अकादमी' के सदस्य-मित्र मॉरिस सोलोवाइन को लिखा : "जापानियों का आचरण परिष्कृत है। सभी बातों में दिलचस्पी रखते हैं। कलाप्रेम और बौद्धिक निष्कपटता के साथ सहज बुद्धि के धनी हैं। एक सुंदर देश के ये सुसंस्कृत लोग।"

जापानी बच्चों के एक आयोजन में आइंस्टाइन ने उनसे कहा : "याद रखो कि स्कूल में जो ज्ञान तुम अर्जित करते हो वह एक ऐसी धरोहर है जिसमें तुम्हें अपनी ओर से नया जोड़कर आगे अपने बच्चों को सौंपना है; क्योंकि इसी तरह

चित्र 10.7 : आइंस्टाइन और एल्सा, तोकियो विश्वविद्यालय, दिसंबर 1922.

हम मर्त्य (मनुष्य) अपने को अमर्त्य साबित कर सकते हैं।"

आइंस्टाइन अपनी जापान-यात्रा से बहुत प्रसन्न हुए। लेकिन 23 साल बाद 6 अगस्त, 1945 को जब जापान के हिरोशिमा नगर पर एटम बम डाले जाने का उन्हें समाचार मिला, तो उनके उद्‍गार थे : "हाय! हन्त!" बाद में उन्होंने स्वीकार किया कि, "अगर मुझे मालूम होता कि जर्मनी में परमाणु अस्त्रों पर काम नहीं हो रहा है, तो मैं एटम बम बनाने का कतई सुझाव नहीं देता।"

सन् 1947 में नोबेल पुरस्कार-विजेता जापानी भौतिकवेत्ता हिदेकी युकावा (Hideki Yukawa : 1907-1981 ई.) प्रिंसटन (अमरीका) पहुंचे थे। तब आइंस्टाइन ने जापान के हिरोशिमा और नागासाकी नगरों पर डाले गए एटम बमों के लिए उनसे माफी मांगी थी; उस समय आइंस्टाइन की आंखों में आंसू थे।

जापान में कुछ सप्ताह गुजारने के बाद, शुभकामनाएं और ढेर सारे उपहार लेकर आइंस्टाइन और एल्सा 29 दिसंबर, 1922 को वहां से बिदा हुए और फिलिस्तीन[18] आए। यहां आइंस्टाइन व एल्सा बारह दिन रहे और उन्होंने पूरे देश का दौरा किया। फिलिस्तीन में आइंस्टाइन-दम्पति का राजकीय स्वागत हुआ; यहां ब्रिटिश उच्चायुक्त सर हर्बर्ट सैम्यूअल[19] ने उन्हें अपने यहां ठहराया और वे ही उनके मार्गदर्शक बने। यहां भी आइंस्टाइन को स्थापित औपचारिकताओं का सामना करना पड़ा। जैसे, उच्चायुक्त जब अपने निवास से बाहर जाते, तब एक तोप दागी

जाती थी। और, जब वे सड़क पर से गुजरते, तो उनके साथ घुड़सवारों का एक दल चलता था। आइंस्टाइन के सम्मान में जितने भी समारोह व भोज आयोजित हुए उन सबमें आनुष्ठानिक औपचारिकताएं बरती गईं। आइंस्टाइन तो यह सब किसी तरह गुपचुप बरदाश्त कर लेते थे, किंतु बेचारी एल्सा का बुरा हाल था।

एक दिन एल्सा पति से बोली : "मैं एक साधारण गृहिणी हूं। दिखावे की इन तमाम बातों में मेरी कोई दिलचस्पी नहीं है।"

"धीरज रखो, जल्दी ही हम अपने घर के लिए रवाना हो जाएंगे," आइंस्टाइन ने समझाते हुए कहा।

"आपके लिए धीरज रखना आसान है। आप एक मशहूर व्यक्ति हैं। आप से शिष्टाचार में कोई गलती होती है या आप अपने मन-मुताबिक कोई काम करते हैं, तो उस पर कोई ध्यान नहीं देता। लेकिन मुझ से छोटी-सी भी गलती हो जाती है, तो दूसरे दिन अखबारों में उसकी चर्चा होती है।"

आइंस्टाइन ने येरूसलम के प्रस्तावित हिब्रू विश्वविद्यालय, तेल अबीब और अन्य शहरों में व्याख्यान दिए। सभी जगह भारी तादाद में उपस्थित श्रोताओं के सन्मुख उन्होंने अपने वैज्ञानिक, दार्शनिक और राजनीतिक विचार प्रस्तुत किए।

आइंस्टाइन को येरूसलम आकर हिब्रू विश्वविद्यालय में पद ग्रहण करने का

चित्र 10.8 : तेल अबीब में आयोजित समारोह में पत्नी एल्सा के साथ आइंस्टाइन, जहां उन्हें 'सम्मानित नागरिक' बनाया गया, 8 फरवरी 1923.

अनुरोध किया गया, तो उन्होंने अपनी डायरी में लिखा : "दिल कहता है 'हां', मगर दिमाग कहता है 'नहीं'।"

मार्च 1923 में आइंस्टाइन-दम्पति फिलिस्तीन से जहाज द्वारा मार्सेल पहुंचे। वहां से वे स्पेन गए और वहां मेड्रिड विश्वविद्यालय में कई व्याख्यान दिए और अन्य कई शहरों की यात्रा की। फिर वे बर्लिन लौट आए।

बर्लिन लौटने पर आइंस्टाइन नोबेल पुरस्कार प्राप्त करने के लिए स्वीडेन गए। वहां गॉटेबोर्ग (गॉथेनबर्ग) में वैज्ञानिकों की एक सभा में आइंस्टाइन ने अपना नोबेल व्याख्यान दिया, जिसमें स्वीडेन के राजा भी उपस्थित थे।

आइंस्टाइन को नोबेल पुरस्कार दिया जाना चाहिए, यह बात बहुत दिनों से महसूस की जा रही थी। परंतु इसका फैसला करने वाली स्वेडिश अकादमी की समिति किसी निर्णय पर नहीं पहुंच पा रही थी। आपेक्षिकता-सिद्धांत के कई सारे विरोधकर्ता थे। और, अल्फ्रेड नोबेल (1833-1896 ई.) की वसीयत के अनुसार ये पुरस्कार उन्हीं आविष्कारों को दिए जाते थे जो मानव-जाति के लिए कल्याणकारी सिद्ध हों। तब तक यह स्पष्ट नहीं हुआ था कि आइंस्टाइन का प्रसिद्ध समीकरण $E = mc^2$ मानव-जाति के लिए कितना कल्याणकारी (या विनाशकारी) सिद्ध हो सकता है। स्वेडिश अकादमी की निर्णय-समिति को लगा कि यदि पुरस्कार आपेक्षिकता-सिद्धांत के लिए दिया जाता है, तो इसके राजनीतिक परिणाम हो सकते हैं, फिलिप लेनार्ड और उनके जैसे दूसरे वैज्ञानिक जबरदस्त विरोध कर सकते हैं। इसलिए पुरस्कार के लिए एक व्यापक वक्तव्य तैयार किया गया : "अल्बर्ट आइंस्टाइन को यह पुरस्कार सैद्धांतिक भौतिकी के क्षेत्र के उनके कार्य और विशेष रूप से 'प्रकाश-विद्युत प्रभाव' के नियम की उनकी खोज के लिए दिया जाता है।"

पुरस्कार से संबंधित वक्तव्य में आपेक्षिकता-सिद्धांत का कोई उल्लेख नहीं था। फिर भी लेनार्ड ने स्वेडिश अकादमी को तुरंत एक करारा पत्र लिखकर अपना विरोध व्यक्त किया। यहां यह स्मरण रखना जरूरी है कि लेनार्ड स्वयं 1905 ई. में भौतिकी का नोबेल पुरस्कार प्राप्त कर चुके थे।

आइंस्टाइन ने 1905 ई. में भौतिकी के तीन अलग-अलग विषयों से संबंधित जो क्रांतिकारी शोध-निबंध प्रकाशित किए थे उनमें से एक 'प्रकाश-विद्युत प्रभाव' से संबंधित था। उसमें आइंस्टाइन ने प्रतिपादित किया था कि प्रकाश-ऊर्जा का संचरण 'क्वांटा' यानी सूक्ष्म पुंजों (कणों) के रूप में होता है। बाद में ऊर्जा के इन सूक्ष्म पुंजों को फोटॉनों (photons) का नाम दिया गया। अमरीकी वैज्ञानिक रॉबर्ट मिलिकान (1868-1953 ई.) ने अपने प्रयोगों से आइंस्टाइन के प्रकाश-विद्युत प्रभाव के नियम की पुष्टि कर दी थी। परंतु आइंस्टाइन को 1921 ई. का भौतिकी

का नोबेल पुरस्कार देने की जब घोषणा हुई (1922 ई. के अंतिम दिनों में), तब फोटॉन के अस्तित्व में बहुत कम वैज्ञानिकों की आस्था थी। इसीलिए आइंस्टाइन को 'प्रकाश-विद्युत प्रभाव' के नियम की खोज के लिए नोबेल पुरस्कार दिए जाने पर भी उसमें 'फोटॉन' शब्द का कोई जिक्र नहीं है।

'प्रकाश-विद्युत प्रभाव' भी एक अत्यंत महत्वपूर्ण खोज थी। इस खोज ने क्वांटम सिद्धांत के क्षेत्र के आगे के शोधकार्य को बहुत गहराई से प्रभावित किया है। आइंस्टाइन की इस खोज ने स्पेक्ट्रोस्कोपी, टेलीविजन, लेसर और प्रकाश-विद्युत सेल से संबंधित अन्य अनेक तकनीकी साधन हासिल करने में योग दिया है। नोबेल पुरस्कार-विजेता भौतिकवेत्ता मैक्स बोर्न (1882-1970 ई.) ने एक बार कहा था : "आइंस्टाइन यदि आपेक्षिकता के बारे में एक पंक्ति भी नहीं लिखते, तब भी उन्हें दुनिया का एक श्रेष्ठतम सैद्धांतिक भौतिकवेत्ता माना जाता।"

आइंस्टाइन को नोबेल पुरस्कार के रूप में जो धनराशि मिली वह उन्होंने पहली पत्नी मिलेवा को सौंप दी—बच्चों की परवरिश के लिए।

स्वीडेन से बर्लिन लौटने पर आइंस्टाइन ने लोकप्रिय व्याख्यानों और वैज्ञानिक समस्याओं की ओर पहले से भी अधिक ध्यान देना शुरू किया। वे जनहित के लिए आयोजित संगीत-गोष्ठियों में भी भाग लेने लगे। एक बार ऐसी ही एक संगीत-गोष्ठी में शरीक होने के लिए वे मध्य जर्मनी के एक शहर में गए। एक अख़बार ने अपने एक नौसिखिए तरुण संवाददाता को उस संगीत-गोष्ठी की रिपोर्ट प्राप्त करने के लिए भेजा।

कार्यक्रम शुरू हुआ, तो आइंस्टाइन की बारी आने पर उस संवाददाता ने बगल में बैठी एक महिला से पूछा : "वायलिन बजा रहे ये महाशय कौन हैं?"

"ताज्जुब है! क्या तुम नहीं जानते? ये महान अल्बर्ट आइंस्टाइन हैं।"

दूसरे दिन उस अखबार में सुर्खी थी : "महान संगीतज्ञ अल्बर्ट आइंस्टाइन"; और उन्हें 'ख्यातनामा संगीतज्ञ' और 'अद्वितीय वायलिन-वादक' कहा गया था। वह अख़बार आइंस्टाइन के बर्लिन स्थित फ्लैट में पहुंचा, तो सभी लोग हंसी के ठहाके लगाने लगे, सबसे अधिक स्वयं आइंस्टाइन।

आइंस्टाइन ने अखबार में छपे उस समाचार की कटिंग काट ली और वे उसे आगे कई दिन तक अपने परिचितों को दिखाते रहे : "आप सोचते हैं कि मैं एक वैज्ञानिक हूं, है न? लेकिन देखो यह, मैं तो एक ख्यातनामा वायलिन-वादक हूं!"

सन् 1924 : भौतिकी के ही नहीं, भारतीय विज्ञान के इतिहास में भी इस वर्ष का विशेष महत्व है। ढाका (अब बांग्लादेश) से 30 वर्षीय भौतिकवेत्ता सत्येंद्रनाथ बसु (1894-1974 ई.) सिर्फ चार पृष्ठों का अपना एक शोध-निबंध

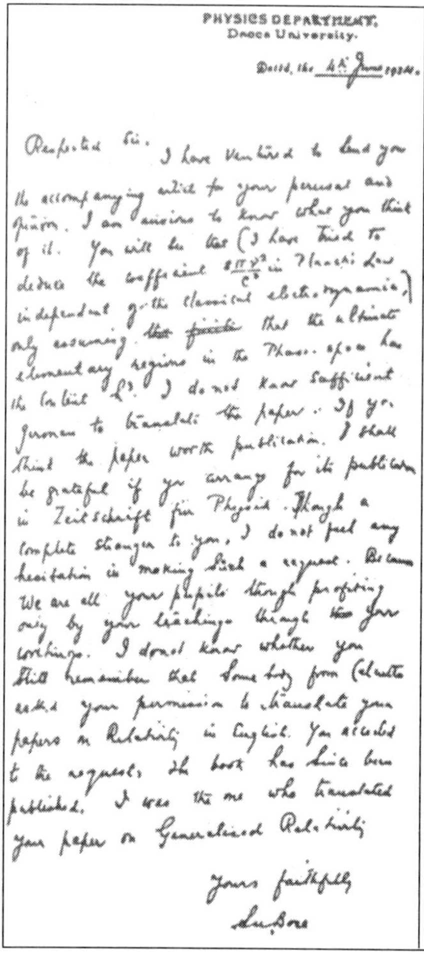

PHYSICS DEPARTMENT.
Dacca University.

Dated, the 4th June 1924.

Respected Sir, I have ventured to send you the accompanying article for your perusal and opinion. I am anxious to know what you think of it. You will see that I have tried to deduce the coefficient $8\pi\nu^2/c^3$ in Planck's Law independent of the classical electrodynamics, only assuming that the ultimate elementary regions in the Phase-space has the content h^3. I do not know sufficient German to translate the paper. If you think the paper worth publication I shall be grateful if you arrange for its publication in Zeitschrift für Physik. Though a complete stranger to you, I do not feel any hesitation in making such a request. Because we are all your pupils though profiting only by your teachings through your writings. I do not know whether you still remember that somebody from Calcutta asked your permission to translate your papers on Relativity in English. You acceded to the request. The book has since been published. I was the one who translated your paper on Generalised Relativity.

Yours faithfully
S.N. Bose

भौतिकी विभाग
ढाका विश्वविद्यालय
तिथि : 4 जून 1924

आदरणीय आचार्य,

संलग्न निबंध आपके अवलोकन और आपकी राय जानने के लिए सेवा में भेज रहा हूं। मैं जानने के लिए उत्सुक हूं कि आप इस निबंध के बारे में क्या सोचते हैं। ··· मैं इतनी जर्मन नहीं जानता कि स्वयं इस निबंध का अनुवाद कर सकूं। यदि आप इस निबंध को प्रकाशन योग्य समझते हैं, तो कृपया *जाइट्श्रिफ्ट फिर फिजिक* (Zeitschrift für Physik) में इसके प्रकाशन की व्यवस्था करेंगे। आपके लिए पूर्णतः अपरिचित होने के बावजूद, ऐसा अनुरोध करने में मुझे कोई संकोच नहीं हो रहा है। कारण यह है कि हम सब आपके शिष्य हैं, और केवल आपके लेखों को पढ़कर ही लाभान्वित हो रहे हैं। नहीं जानता कि आपको स्मरण है या नहीं कि किसी ने कलकत्ता से आपेक्षिकता-सिद्धांत से संबंधित आपके निबंधों का अंग्रेजी में अनुवाद करने की अनुमति मांगी थी। आपने मेरा अनुरोध स्वीकार कर लिया था। वह पुस्तक छप गई है। मैंने ही व्यापक आपेक्षिकता के आपके शोध-निबंध का अंग्रेजी में अनुवाद किया था।

सविनय, आपका
सत्येंद्रनाथ बसु

चित्र 10.9 : आइंस्टाइन के नाम सत्येंद्रनाथ बसु का पत्र (बाएं) और उसका हिंदी अनुवाद

("प्लांक का नियम और प्रकाश-क्वांटम परिकल्पना") आइंस्टाइन को भेजते हैं; साथ में एक पत्र भी (उपर्युक्त)।

आइंस्टाइन को रोज ढेर सारे पत्र प्राप्त होते थे, जिनमें से कई अनुत्तरित ही रह जाते थे। मगर उन्होंने सत्येन बसु के पत्र और निबंध को ध्यान से पढ़ा। बसु ने अपने निबंध में माक्स प्लांक के नियम की एक नई व्युत्पत्ति प्रस्तुत की थी। आइंस्टाइन ने बसु के निबंध के महत्व को समझा, स्वयं उसका जर्मन में अनुवाद

चित्र 10.10 : सत्येंद्रनाथ बसु (1894-1974 ई.)

किया और उसे *जाइट्श्रिफ्ट फिर फिजिक* को भेज दिया, जो उसी वर्ष उसमें प्रकाशित हुआ, अनुवादक (आइंस्टाइन) की इस टिप्पणी के साथ : "मेरी राय में बसु द्वारा प्राप्त प्लांक के सूत्र की व्युत्पत्ति एक महत्वपूर्ण उपलब्धि है। यहां प्रयुक्त की गई विधि से आदर्श गैसों (ideal gases) का सिद्धांत भी फलित होता है, जिसका विवेचन मैं अन्यत्र करूंगा।" सत्येन बसु ने जल्दी ही एक और शोध-निबंध तैयार करके आइंस्टाइन को भेजा। उसका भी अनुवाद करके आइंस्टाइन ने उसे उसी वर्ष, उसी पत्रिका में प्रकाशित करा दिया।

थोड़ी देर के लिए कल्पना कीजिए कि सत्येन बसु के पत्र व निबंध पर आइंस्टाइन ध्यान नहीं देते, उसे रद्दी की टोकरी के हवाले कर देते, तो क्या होता? गणित की महान भारतीय प्रतिभा श्रीनिवास रामानुजन् (1887-1920 ई.) द्वारा 1913 ई. में कैम्ब्रिज के प्रसिद्ध गणितज्ञ डा. जी. एच. हार्डी (1877-1947 ई.) को भेजे उनके कतिपय सूत्रों का मामला भी ऐसा ही था। हार्डी ने रामानुजन् की प्रतिभा को पहचान लिया और उन्हें इंग्लैंड बुलाने की व्यवस्था की। दोनों ने बराबरी के स्तर पर शोधकार्य करके संख्या-सिद्धांत के गणित को एक नई ऊंचाई पर पहुंचा दिया। आइंस्टाइन ने भी बसु के काम में नई चीजें जोड़ीं, जिससे 'बसु-आइंस्टाइन सांख्यिकी' ने जन्म लिया। वस्तुतः सत्येन बसु का शोधकार्य माक्स प्लांक, आइंस्टाइन व नील्स बोर के पुराने क्वांटम सिद्धांत और श्रोडिंगेर, हाइजेनबर्ग, मैक्स बोर्न, पॉल डिराक आदि की नई क्वांटम यांत्रिकी के बीच की एक अत्यंत महत्वपूर्ण कड़ी है। आइंस्टाइन के वैज्ञानिक जीवनीकार अब्राहम पाइस ने लिखा भी है : "बसु का शोध-निबंध पुराने क्वांटम सिद्धांत का चौथा और अंतिम क्रांतिकारी शोध-निबंध था।"

क्वांटम सिद्धांत के विकास में आइंस्टाइन, सत्येन बसु आदि के योगदान की विस्तृत चर्चा आगे एक स्वतंत्र अध्याय ('आइंस्टाइन और क्वांटम भौतिकी') में की जाएगी।

सत्येन बसु अक्तूबर 1924 में पेरिस पहुंचे थे–शोधकार्य के लिए। एक साल पेरिस में रहने के बाद वे अक्तूबर 1925 में बर्लिन पहुंच गए। वहां वे आइंस्टाइन से भी मिले। सन् 1926 की गर्मियों में बसु ढाका लौट आए।

उन्हीं दिनों की बात है जब सत्येन बसु यूरोप में थे। बाद के भारतीय कम्युनिस्ट

पार्टी के एक नेता डा. गंगाधर अधिकारी (1898-1981 ई.) तब बर्लिन में थे। उन्होंने बर्लिन विश्वविद्यालय के भौतिकीय रसायन विभाग के अध्यक्ष प्रो. माक्स वोल्मार (Max Vollmar) के निर्देशन में पृष्ठ-तनावों (surface tensions) पर शोधकार्य करके 1925 ई. में 'डाक्टरेट' की उपाधि प्राप्त की थी। जब आइंस्टाइन ने अपने कई मित्रों से 'भारत के एक प्रतिभाशाली तरुण शोधार्थी' के बारे में सुना, तो वे डा. अधिकारी को देखने उनकी प्रयोगशाला में पहुंच गए थे। बाद में मेरठ षड्यंत्र केस (1929-33 ई.) में अन्य 30 के साथ डा. अधिकारी को भी गिरफ्तार करके जेल में डाल दिया गया, तो आइंस्टाइन ने उनकी फौरन रिहाई के लिए अख़बारों में अपील जारी की थी।[20]

आइंस्टाइन 1925 ई. में दक्षिण अमरीका की यात्रा पर गए। उद्देश्य दो थे– जनसामान्य को आपेक्षिकता-सिद्धांत की जानकारी देना और अपने यहूदी बांधवों के समुदायों से मिलना। आर्जेंटीना की राजधानी ब्यूनस एयर्स के विश्वविद्यालय से आमंत्रण मिलने पर आइंस्टाइन 5 मार्च (1925) को हम्बर्ग से जहाज द्वारा आर्जेंटीना के लिए रवाना हो गए। इस बार की तीन महीने की लंबी विदेश-यात्रा पर आइंस्टाइन अकेले ही गए थे; पत्नी एल्सा उनके साथ नहीं थीं। आर्जेंटीना तक की बीस दिन की समुद्र-यात्रा उनके लिए काफी कष्टप्रद रही।

आइंस्टाइन ने ब्यूनस एयर्स विश्वविद्यालय में व्याख्यान दिया। वे यहूदी संगठनों के सदस्यों से भी मिले। फिर वे उरुगुए गए और वहां राजधानी मोंट विडियो में भी व्याख्यान दिया। उसके बाद आइंस्टाइन रियो डी जेनीरो (ब्राजील) गए और वहां इंजीनियरों के क्लब में व्याख्यान दिया। ब्राजील के कुछ वैज्ञानिक अब भी आपेक्षिकता-सिद्धांत को स्वीकार करने के लिए तैयार नहीं थे, हालांकि उत्तरी ब्राजील में 29 मई, 1919 को घटित खग्रास सूर्य-ग्रहण के अध्ययन से ही आपेक्षिकता-सिद्धांत के एक महत्वपूर्ण निष्कर्ष की पुष्टि हुई थी।

दक्षिण अमरीका की यात्रा ने आइंस्टाइन को बहुत थका दिया था। वापसी समुद्र-यात्रा में भरपूर आराम करते हुए वे 1 जून (1925) को बर्लिन लौट आए।

सन् 1927 ई. में यूरोप में भौतिकीविदों के दो महत्वपूर्ण सम्मेलन आयोजित हुए। क्वांटम भौतिकी की दृष्टि से इन सम्मेलनों का विशेष महत्व है। सितंबर 1927 में इतालवी वैज्ञानिक अलेस्सांद्रो वोल्टा (1745-1827 ई.) की स्मृति में कोमो (इटली) में अंतर्राष्ट्रीय भौतिकीय कांग्रेस का आयोजन हुआ। इसमें आइंस्टाइन, नील्स बोर आदि प्रमुख भौतिकवेत्ताओं को आमंत्रित किया गया था।[21] नील्स बोर पहुंचे, परंतु आइंस्टाइन नहीं जा सके, जिसका सबको अफसोस रहा।

भौतिकीविदों का दूसरा सम्मेलन था–ब्रुसेल्स (बेल्जियम) में 24-29 अक्तूबर,

1927 को आयोजित पांचवीं सोल्वी कांग्रेस।[22] आइंस्टाइन ने 1911 ई. में आयोजित प्रथम सोल्वी कांग्रेस में भाग लिया था। अब पांचवीं सोल्वी कांग्रेस में यूरोप के चोटी के 32 भौतिकीविद एकत्र हुए–हेन्ड्रिक लॉरेंट्ज (अध्यक्ष), माक्स प्लांक, आइंस्टाइन, नील्स बोर, पॉल एहरेनफेस्ट, मैक्स बोर्न, लूई दे ब्रोग्ली, श्रोडिंगेर, हाइजेनबर्ग, पॉल डिराक, वोल्फगांग पाउली, ...। आइंस्टाइन और नील्स बोर में क्वांटम सिद्धांत से संबंधित सवालों को लेकर काफी गरमागरम बहस चली। अब क्वांटम सिद्धांत भौतिकीय अनुसंधान का प्रमुख विषय बन गया था। अब तरंग यांत्रिकी (wave mechanics) चर्चा का विषय हो गई थी। हाइजेनबर्ग (1901-1978 ई.) द्वारा 1927 ई. प्रतिपादित अनिश्चितता के नियम (indetermency principle) को आइंस्टाइन स्वीकार नहीं कर पा रहे थे; वे यह मानने में कठिनाई महसूस कर रहे थे कि प्रकृति में कारण-कार्य संबंध अथवा नियतत्ववाद (determinism) काम नहीं करता। इस मामले को लेकर नील्स बोर के साथ आइंस्टाइन का वाद-विवाद 1930 ई. की सोल्वी कांग्रेस में भी जारी रहा। सन् 1933 की सोल्वी कांग्रेस में आइंस्टाइन शरीक नहीं हो सके, क्योंकि उस समय वे अमरीका जाकर बसने की तैयारी में उलझे हुए थे।

जैसा कि पहले बताया गया है, 1920 ई. के बाद से आइंस्टाइन लोकप्रिय वैज्ञानिक व्याख्यानों और परोपकारी कार्यों के लिए अपना काफी समय देने लगे थे। पूर्वी स्विट्जरलैंड में, आल्प्स पर्वत के बीच, 1478 मीटर की ऊंचाई पर डेवोस (Davos) नामक एक प्रसिद्ध स्वास्थ्यप्रद स्थल है। यहां तपेदिक के रोगियों के लिए सैनेटोरियम बने हुए हैं। इन रोगियों के लिए यहां एक अंतर्राष्ट्रीय विश्वविद्यालय-पाठ्यक्रम चलाया जा रहा था। इस पाठ्यक्रम में अपना योगदान देने के लिए, मरीजों को व्याख्यान देने के लिए, आइंस्टाइन ने डेवोस की कई बार यात्रा की। ऐसी ही एक यात्रा के दौरान, 'भौतिकी की बुनियादी धारणाएं और उनका विकास' विषय पर व्याख्यान देने के पहले आइंस्टाइन ने वहां के मरीजों को संबोधित करते हुए कहा था : "अनेक व्यक्तियों के निस्स्वार्थ सहयोग के बिना सही माने में महत्वपूर्ण कुछ भी हासिल नहीं हो सकता। इसलिए सदिच्छा रखने वाला व्यक्ति तभी आनंद का अनुभव करता है जब कोई सामूहिक कार्य जीवन व संस्कृति के लक्ष्य को सामने रखकर और भारी बलिदान देकर शुरू किया जाता है। मुझे ऐसे ही विशुद्ध आनंद का अनुभव हुआ, जब मैंने डेवोस के इस विश्वविद्यालय-पाठ्यक्रम के बारे में सुना। यहां मरीजों के उद्धार का कार्य बुद्धिमानी और सोच-समझ के साथ किया जा रहा है, भले ही इसका महत्व तुरंत सबकी समझ में न आए। बहुत से तरुण इस घाटी की रोगहर शक्ति और यहां के धूप-खिले पहाड़ों से आकर्षित

होकर स्वास्थ्यलाभ के लिए यहां आते हैं। लेकिन इस तरह लंबे समय तक अपने नियमित काम से दूर रहने के कारण वे संघर्ष करने की अपनी इच्छाशक्ति खो बैठते हैं, और स्वस्थ होकर जब अपने पुराने काम पर लौटते हैं, तो उन्हें काफी कठिनाई का सामना करना पड़ता है। विश्वविद्यालय के विद्यार्थियों पर यह बात विशेष रूप से लागू होती है। किसी तरुण के शुरुआती दौर के बौद्धिक शिक्षाक्रम में इस तरह का व्यवधान आ जाए, तो बाद में उसकी पूर्ति करना उसके लिए बहुत कठिन हो जाता है।"[23]

आइंस्टाइन ने डेवोस जाकर वहां मरीजों को बौद्धिक शिक्षा देने का कार्य शुरू किया था, किंतु सन् 1928 की एक यात्रा के दौरान वे स्वयं वहां पहुंचकर दिल के मरीज बन गए। उनका यात्राओं और व्याख्यानों का सिलसिला जारी था; इस दौड़-धूप का उनके स्वास्थ्य पर असर होना लाजिमी था। फिर, इधर वे भारी नौकाओं को खेने लग गए थे। उनके दिल पर इसका असर हुआ, उनके हृदय की शिराओं का विस्फार (dilation) हुआ। एक बात और हुई : डेवोस के जिस होटल में आइंस्टाइन ठहरते थे उसके बूढ़े कुली को वे अपना सामान उठाने की इजाजत नहीं देते थे, स्वयं अपने सूटकेस उठाकर ऊपर ले जाते थे। इसका भी उनके दिल पर काफी प्रभाव पड़ा। वे दिल के मरीज बन गए और उन्हें कई दिन बिस्तर पर बिताने पड़े। तब एल्सा ने निर्णय लिया कि आइंस्टाइन को अब एक स्थायी सहायिका की आवश्यकता है। इसके लिए कुमारी हेलेन डुकास[24] (Helen Dukas : 1896-1982 ई.) का चयन किया गया, जो सन् 1928 ई. से अंतिम समय तक आइंस्टाइन की सहायिका व सेक्रेटरी बनी रही।

सन् 1929 का वर्ष। आइंस्टाइन 50 के होने जा रहे थे। उनका जन्मदिन (14 मार्च) नजदीक आ रहा था। बड़ी संख्या में फोटोग्राफर और रिपोर्टर आइंस्टाइन को घेरते जा रहे थे। उनके हमलों से बचने के लिए जन्मदिन के कुछ दिन पहले बर्लिन के नजदीक की एक झील के किनारे एक कुटीर की व्यवस्था की गई। वहां जन्मदिन के आयोजन में केवल परिवार के निकट सदस्य ही उपस्थित थे। आइंस्टाइन के लिए उनकी पसंद के इतालवी व्यंजनों की व्यवस्था की गई। बीमारी के बाद अब वे स्वास्थ्यलाभ कर रहे थे, इसलिए कई चीजों के सेवन से उन्हें विरत रहना था। परंतु एल्सा ने जब उनके पाइप पीने पर भी पाबंदी लगानी चाही, तो वे नहीं माने, और जब-तब पाइप का उपयोग करते ही रहे। जब भी एल्सा पूछती : "आज अब तक कितने पाइप हो चुके हैं?", तो आइंस्टाइन का हमेशा एक ही जवाब होता था : "एक।"

बर्लिन की नगर परिषद ने निर्णय लिया कि आइंस्टाइन के पचासवें जन्म-दिवस

चित्र 10.11 : आइंस्टाइन, पत्नी एल्सा और बेटी मारगॉट, 1929 ई.

पर उन्हें पास के किसी गांव में एक मकान भेंट किया जाए। लेकिन दो बार कोशिश करने पर भी अधिकारी मकान के लिए भूमि प्राप्त करने में सफल नहीं हुए; जिस भूमि का चयन किया गया था वह नगरपालिका के अधिकार-क्षेत्र के बाहर की थी। अंत में आइंस्टाइन से कहा गया कि वे ही अपनी पसंद की भूमि का चयन कर लें। एल्सा ने बर्लिन से 29 किलोमीटर दक्षिण-पश्चिम में स्थित खूबसूरत पोट्सडाम (Potsdam) नगर के नजदीक के कापुथ (Caputh) गांव में एक प्लॉट पसंद किया। प्लॉट के मालिक के साथ अनुबंध हो गया। वास्तुकार कोनराड वाश्शमान से मकान का नक़्शा बनवा लिया गया और निर्माण-कार्य शुरू हो गया। परंतु इस दौरान नगर-परिषद के राष्ट्रवादी सदस्यों ने प्लॉट की खरीददारी के प्रस्ताव को चुनौती दे दी। सारा मामला विवादास्पद हो गया। आइंस्टाइन भी अपना धीरज खो बैठे। उन्होंने भेंट को अस्वीकर करते हुए नगर-परिषद को पत्र लिखा : "प्रिय श्री मेयर, मानव-जीवन अल्पकालिक है, जबकि अधिकारी-गण बहुत धीमी गति से काम करते हैं। इसलिए मैं अनुभव करता हूं कि आपके तरीकों के अनुरूप ढालने में मुझे अपना जीवन बहुत छोटा लगता है। आपकी सदाशयता के लिए मैं आपको धन्यवाद देता हूं। चूंकि अब मेरा जन्मदिन गुजर गया है, इसलिए मैं आपकी भेंट अस्वीकार करता हूं।"

मकान का निर्माण-कार्य शुरू हो चुका था। इसलिए न केवल उसके निर्माण-कार्य का, बल्कि भूमि की खरीददारी का भी पैसा आइंस्टाइन को अपने पास से चुकाना पड़ा। इस संदर्भ में एल्सा का कथन है : "इस तरह, न चाहने पर भी, हमें अपना एक खूबसूरत मकान मिल गया—झील के किनारे, पेड़ों के बीच। लेकिन इसमें हमारी अधिकांश बचत खर्च हो गई। अब हमारे पास पैसा नहीं है, परंतु

चित्र 10.12 : बर्लिन के नजदीक के कापुथ गांव में आइंस्टाइन का निजी मकान

अपनी भूमि और अपना आवास है। इससे हम काफी सुरक्षित महसूस करते हैं।"

कापुथ गांव पेड़ों से घिरी हुई एक छोटी पहाड़ी पर स्थित है। आइंस्टाइन का मकान गांव के बाहर हावेल झील से चंद मिनटों की दूरी पर था। झील के किनारे आइंस्टाइन की टुम्मलेर (Tummler = डॉलफिन) नामक एक छोटी पाल-नौका बंधी रहती थी; यह नौका उनके 50वें जन्मदिन पर मित्रों ने उन्हें भेंट की थी। कापुथ का वातावरण बहुत ही शांत था। आइंस्टाइन ने 1929 के ग्रीष्म से दिसंबर 1932 तक के ज्यादा दिन कापुथ के अपने ग्राम-निवास में गुजारे। उनके साथ थे–पत्नी एल्सा के अलावा उनकी दो बेटियां इल्से व मारगॉट, इल्से के पति रूडोल्फ कायेसर, गणितज्ञ डा. वाल्टेर मायेर, हेलेन डुकास और स्थायी नौकरानी हेरटा शिफेलबाइन।

आइंस्टाइन अपने कापुथ-निवास में बहुत प्रसन्न थे। उन्होंने लिखा भी है : "भीड़-भक्कड़ वाले माहौल में गहन चिंतन का फलना-फूलना संभव नहीं है। इसलिए विद्यार्थियों व शोधार्थियों का जीवन बड़े शहरों में अच्छा नहीं होता।"

आइंस्टाइन के कापुथ ग्राम-निवास में न कोई टेलीफोन था, न ही रेडियो। उनके पास अपनी कोई कार भी नहीं थी। उन्हें बर्लिन जाना होता था, तो वे पोट्सडाम तक बस से जाते और आगे ट्रेन से। कभी-कभी उनका कोई मित्र उनके लिए अपनी गाड़ी भेज देता था। अत्यावश्यक संदेश पड़ोसियों के टेलीफोन से उन तक पहुंच जाते थे।

आइंस्टाइन के कापुथ स्थित ग्राम-निवास में चोटी के कई वैज्ञानिक–माक्स प्लांक, वाल्थेर नेर्नस्ट, माक्स फॉन लाउए, श्रोडिंगेर, लिओ झीलार, मैक्स बोर्न, पॉल लांगेविन, फ्रिट्ज हाबेर आदि–उनसे मिलने आए, उनके अतिथि रहे। वैज्ञानिकों के अलावा, नामी साहित्यकार, शिक्षाशास्त्री व समाज-चिंतक भी कापुथ पहुंचते थे। आइंस्टाइन ने कापुथ से जॉर्ज बर्नार्ड शॉ, रोमाँ रोलाँ, सिगमंड फ्रायड[25], माक्सिम गोर्की आदि कई विभूतियों को पत्र लिखे थे।

कापुथ स्थित आइंस्टाइन के ग्राम-निवास के साथ भारत की भी स्मृतियां जुड़ी हुई हैं। इसी स्थान पर 14 जुलाई, 1930 को अपराह्न में आइंस्टाइन से रवींद्रनाथ ठाकुर (1861-1941 ई.) की दूसरी बार भेंट हुई थी, दोनों के बीच लंबी वैचारिक चर्चा हुई थी।[26]

आइंस्टाइन को उनके 50वें जन्म-दिवस पर दुनिया-भर से बहुत सारे संदेश तथा सम्मान प्राप्त हुए। उनमें एक महत्वपूर्ण सम्मान था–'प्लांक पदक'। इस संदर्भ में दिलचस्प बात यह है कि पहला 'प्लांक पदक' खुद माक्स प्लांक (1858-1947 ई.) को दिया गया और फिर उसी अवसर पर प्लांक ने दूसरा 'प्लांक पदक' आइंस्टाइन को प्रदान किया।

सन् 1929 में अकस्मात् ही बेल्जियम के राजपरिवार से आइंस्टाइन के घनिष्ठ संबंध स्थापित हो गए, जो जीवन-भर बने रहे। अपनी एक नियमित लाइडेन-यात्रा के दौरान आइंस्टाइन को ब्रुसेल्स आने के लिए बेल्जियम की रानी एलिजाबेथ का निमंत्रण मिला। रानी और राजा (अल्बर्ट-प्रथम), दोनों की विज्ञान में गहरी दिलचस्पी थी; आइंस्टाइन के लिए उनके मन में आदरभाव था; दोनों ही आइंस्टाइन से मिलने के लिए उत्सुक थे, हालांकि उस प्रथम यात्रा के वक्त राजा किसी काम से बाहर गए हुए थे। रानी को संगीत से भी लगाव था; आइंस्टाइन की तरह वह भी वायलिन-वादिका थीं।

आइंस्टाइन को उम्मीद नहीं थी कि जब वे ब्रुसेल्स स्टेशन पर उतरेंगे, तो उनके

चित्र 10.13 : आइंस्टाइन को 'प्लांक पदक' प्रदान करते हुए स्वयं माक्स प्लांक, 1929 ई.

स्वागत के लिए वहां कई बड़े अधिकारी उपस्थित होंगे। ट्रेन से चुपचाप उतरकर वे एक हाथ में सूटकेस और दूसरे हाथ में अपना वायलिन लेकर पैदल ही महल की ओर चल पड़े। इस बीच अधिकारी-गण गाड़ी लेकर महल वापस पहुंच गए थे। थोड़ी देर बाद देखा कि भूरे बालों वाला एक आदमी सड़क पर पैदल ही चला आ रहा है। रानी ने उनका स्वागत किया और पूछा : "हेर डाक्टर, आपके लिए जो कार मैंने भेजी थी उसका उपयोग आपने क्यों नहीं किया?"

आइंस्टाइन धीरे से मुस्करा दिए, और बोले : "महारानीजी, पैदल आना बहुत सुखद रहा।"

आगे आइंस्टाइन कई बार ब्रुसेल्स गए। सन् 1934 में एक दुर्घटना में राजा की मृत्यु हुई। उस समय तक आइंस्टाइन अमरीका में जाकर वहां स्थायी रूप से बस गए थे। पर रानी के साथ उनका पत्र-व्यवहार जारी रहा।

सन् 1930 में आइंस्टाइन ने इंग्लैंड की दो बार यात्रा की। एक यात्रा के दौरान आर्थर एडिंगटन से आइंस्टाइन की मुलाकात हुई। एडिंगटन ने ही 1919 ई. के खग्रास सूर्य-ग्रहण के अवसर पर पहली बार प्रकाश के गुरुत्वीय विपथन का पता लगाया था। उसी यात्रा के दौरान कैम्ब्रिज विश्वविद्यालय ने आइंस्टाइन को 'डाक्टरेट' की मानद उपाधि प्रदान की। आइंस्टाइन ने 1930 ई. में ब्रुसेल्स में आयोजित छठी सोल्वी कांग्रेस में भी भाग लिया।

सन् 1930 में ही अमरीका में पासादेना स्थित कैलिफोर्निया इंस्टीट्यूट आफ टेक्नालॉजी (संक्षेप में 'काल्टेक')[27] संस्थान ने आइंस्टाइन को अपने यहां 'अतिथि प्राध्यापक' बनने के लिए आमंत्रित किया। नोबेल पुरस्कार प्राप्त भौतिकवेत्ता रॉबर्ट मिलिकान (1868-1953 ई.)[28] उस समय काल्टेक के अध्यक्ष थे। पासादेना के नजदीक की काल्टेक द्वारा संचालित माउंट विल्सन वेधशाला[29] के खगोलविदों ने ही सुदूर की मंदाकिनियों में अभिरक्त विस्थापन यानी लाल सरकाव (red-shift) का पता लगाकर निष्कर्ष निकाला था कि ब्रह्मांड का निरंतर विस्तार हो रहा है। इस खोज का आपेक्षिकता-सिद्धांत की दृष्टि से बड़ा महत्व था। आइंस्टाइन ने काल्टेक का निमंत्रण स्वीकार कर लिया। उन्होंने सोचा कि इस बार वे अपने को विशुद्ध रूप से वैज्ञानिक विषयों तक ही सीमित रखेंगे।

आइंस्टाइन के अमरीका के लिए रवाना होने से कुछ समय पहले का वाकया है। आइंस्टाइन का नाम सारी दुनिया में फैल गया था; उन्हें आमतौर पर एक अनीश्वरवादी वैज्ञानिक माना जाने लगा था। न्यूयार्क के रब्बी एच. एस. गोल्डस्टाइन ने जब सुना कि आइंस्टाइन व्याख्यान देने के लिए अमरीका आ रहे हैं, तो वे चिंतित हो उठे। उन्होंने जर्मनी में आइंस्टाइन को तार भेजकर पूछा : "क्या आप

चित्र 10.14 : न्यूयार्क में पत्रकारों से घिरे आइंस्टाइन, दिसंबर 1930 ई.

ईश्वर में विश्वास करते हैं?" आइंस्टाइन ने उत्तर भेजा : "मैं स्पिनोजा[30] के उस ईश्वर को मानता हूं जो सभी प्राणियों के समन्वय में प्रकट होता है। मैं मनुष्यों के भाग्य और कार्यकलापों से सरोकार रखने वाले ईश्वर में यकीन नहीं करता।"

आइंस्टाइन अन्यत्र भी स्पिनोजा के ईश्वर में अपनी आस्था व्यक्त करते हैं। हालांकि स्पिनोजा के ईश्वर को मानने का अर्थ लगभग अनीश्वरवादी होना ही है, फिर भी आइंस्टाइन का उत्तर पाकर रब्बी गोल्डस्टाइन ने राहत की सांस ली। उन्हें लगा कि "आइंस्टाइन एकेश्वरवादी मसीही धर्म में मानवता के लिए कोई वैज्ञानिक फार्मूला प्राप्त कर लेंगे।"

पत्नी एल्सा को साथ लेकर आइंस्टाइन दिसंबर 1930 में अमरीका की यात्रा के लिए रवाना हो गए।[31] जहाज न्यूयार्क हार्बर (बंदरगाह) पहुंचा, तो वहां आइंस्टाइन को एक अजीबो-गरीब स्थिति का सामना करना पड़ा। जहाज ने जैसे ही लंगर डाला, लगभग सौ संवाददाता जहाज पर पहुंच गए और उन्होंने आइंस्टाइन से तरह-तरह के सवाल पूछना शुरू कर दिया : "क्या आप आपेक्षिकता-सिद्धांत को एक वाक्य में समझा सकते हैं?", "आपका वायलिन कहां है?", "क्या धर्म संसार में शांति स्थापित कर सकता है?" ("फिलहाल नहीं," आइंस्टाइन का उत्तर था), "मानव के भविष्य के बारे में आप क्या सोचते हैं?", आदि-आदि। अनजाने में ही आइंस्टाइन ने एक संवाददाता को एक घंटे का इंटरव्यू देने का वादा कर दिया। फोटोग्राफरों ने भी जमकर फोटो खींचे। अगले दिन अखबारों में आइंस्टाइन के जो फोटो छपे उनमें वे बेहद थके हुए लग रहे थे। न्यूयार्क में आइंस्टाइन के अगले पांच दिन स्वागत-समारोह, भाषण, इंटरव्यू और नगर-भ्रमण में गुजरे।

पासादेना (कैलिफोर्निया) के लिए रवाना होने से पहले आइंस्टाइन हड्सन नदी के तट पर स्थित रिवरसाइड गिरजाघर (Riverside Church) को देखने गए। उसके द्वार-मंडप की दीवार में संसार-भर की छह हजार सर्वश्रेष्ठ विभूतियों की चूना-पत्थर

चित्र 10.15 : न्यूयार्क के रिवरसाइड गिरजे में 'यहूदी संत' आइंस्टाइन की प्रतिमा (बीच में)

की प्रतिमाएं बनी हुई थीं। उनमें जिस एकमात्र जीवित व्यक्ति की प्रतिमा वहां निर्मित थी, वे थे–"यहूदी संत" अल्बर्ट आइंस्टाइन। उस समय की आइंस्टाइन की मनोदशा का सहज ही अंदाजा लगाया जा सकता है।

चित्र 10.16 : ग्रैंड केनयॉन के पास के होपी कबीले के बीच आइंस्टाइन और एल्सा, 1931 ई.

आइंस्टाइन पासादेना पहुंचे, तो वहां भी समारोहों और व्याख्यानों का दौर चलता रहा। परंतु वैज्ञानिक गोष्ठियों, सेमीनारों और बैठकों का भी आयोजन हुआ। यहां भी आइंस्टाइन-दम्पत्ति भ्रमण के लिए बाहर गए। ओरिजोना जाकर उन्होंने एक इंडियन कबीले (होपी) से मुलाकात की। कबीले ने उन्हें 'महासरदार रिलेटिव' (Great Chief Relative) का ख़िताब देकर

चित्र 10.17 : पासादेना में आयोजित एक सम्मेलन में आइंस्टाइन के साथ अमरीकी भौतिकवेत्ता (बाएं से क्रमशः) : मिल्टन हुमासॉन, एडविन हबल, चार्लेस जोहन, अल्बर्ट माइकेलसन, अल्बर्ट आइंस्टाइन, वालेस काम्पबेल व वाल्टेर सिडनी एडम्स, 14 जनवरी 1931.

अपना सदस्य बना लिया और कबीले की एक सुसज्जित पोशाक उन्हें भेंट की।

पासादेना से लगभग 80 किलोमीटर दक्षिण-पूर्व में विल्सन पर्वत (Mount Wilson) पर काल्टेक द्वारा संचालित एक वेधशाला है, जिसकी 100 इंच (254 सेंटीमीटर) व्यास के दर्पण वाली दूरबीन उस समय दुनिया में सबसे बड़ी थी। आइंस्टाइन-दम्पति विल्सन पर्वत वेधशाला देखने गए। भव्य दूरबीन को देखकर एल्सा आइंस्टाइन ने एक खगोलविद से पूछा : "यह भीमकाय यंत्र किस काम के लिए है?"

"ब्रह्मांड की संरचना को समझने के लिए।"

"मेरे पति तो यह काम किसी पुराने लिफाफे के पीछे की खाली जगह पर करते हैं," श्रीमती आइंस्टाइन के उद्‌गार थे।

पासादेना का एक महत्वपूर्ण और स्मरणीय समारोह था–आइंस्टाइन के सम्मान में आयोजित भोज, जिसमें रॉबर्ट मिलिकान और अल्बर्ट माइकेलसन[32] (1852-

चित्र 10.18 : आइंस्टाइन, चार्ली चैप्लिन व एल्सा, लॉस एंजिलेस, 30 जनवरी 1931.

1931 ई.) भी सम्मिलित हुए थे। इन अमरीकी भौतिकवेत्ताओं द्वारा किए गए प्रयोगों से आइंस्टाइन के आरंभिक कार्य–क्रमशः प्रकाश-क्वांटम नियम और विशिष्ट आपेक्षिकता-सिद्धांत–का गहरा संबंध रहा है। उस समय माइकेलसन 78 साल के थे और उनका स्वास्थ्य ठीक नहीं था; कुछ महीनों बाद उनका देहांत हुआ।

सन् 1931 की प्रथम पासादेना-यात्रा के दौरान की एक और स्मरणीय घटना है–आइंस्टाइन-दम्पति का चार्ली चैप्लिन[33](1889-1977 ई.) के साथ उनकी नई फिल्म 'सिटी लाइट्स' (City Lights) के उद्घाटन के लिए लॉस एंजिलेस जाना। दर्शकों की भीड़ ने दोनों को पहचान लिया, तो उनके स्वागत में जोर से तालियां बजने लगीं। चैप्लिन ने आइंस्टाइन से कहा : "दर्शकों ने आपके लिए इसलिए तालियां बजाईं, क्योंकि कोई भी आपको (आपके सिद्धांत को) नहीं समझता। और, मेरे लिए इसलिए कि मुझे (मेरी फिल्मों को) सब कोई समझता है।"

सन् 1931 के वसंत में आइंस्टाइन पासादेना से वापस लौटे–इस आश्वासन के साथ कि वे अगले वर्ष के आरंभ में पुनः पासादेना आएंगे।

अमरीका से लौटने के बाद आइंस्टाइन ऑक्सफोर्ड विश्वविद्यालय में व्याख्यान

देने के लिए इंग्लैंड गए। वहां उन्हें 'डाक्टरेट' की मानद उपाधि भी दी गई। साथ ही, उनसे ऑक्सफोर्ड में प्रतिवर्ष कुछ दिनों के लिए 'अतिथि फैलो' के रूप में रहने का भी अनुरोध किया गया, जिसे उन्होंने स्वीकार नहीं किया। काल्टेक संस्थान भी आइंस्टाइन को अपने यहां स्थायी रूप से रखना चाहता था। परंतु इसका मौका अमरीका के ही एक अन्य संस्थान–प्रिंसटन (न्यूजर्सी) में नए स्थापित हो रहे उच्च अध्ययन संस्थान (Institute for Advanced Study)–को मिला, जिसकी चर्चा हम आगे करेंगे।

सितंबर 1931 की घटना है। महात्मा गांधी (1869-1948 ई.) गोलमेज सम्मेलन में भाग लेने लंदन पहुंचे थे। आइंस्टाइन गांधीजी के अहिंसात्मक असहयोग आंदोलन के प्रशंसक थे। उन्होंने गांधीजी को पत्र लिखकर उनके प्रति अपनी श्रद्धा व्यक्त की और कहा कि वे किसी दिन उनसे भेंट करने की आशा रखते हैं। गांधीजी ने लंदन से ही उत्तर भेजा और चाहा कि साबरमती आश्रम (अहमदाबाद) में दोनों की भेंट हो सके, तो उन्हें बड़ी प्रसन्नता होगी।[34]

आइंस्टाइन 1931 ई. के अंत में दूसरी बार काल्टेक पहुंचे और जाड़े के दिन उन्होंने वहां के भौतिकीविदों के साथ बिताए। कैलिफोर्निया में जाड़े का मौसम काफी गर्म और सुहावना होता है। सन् 1932 के वसंत में आइंस्टाइन बर्लिन वापस लौट आए।

आइंस्टाइन-दम्पति तीसरी बार दिसंबर 1932 में पासादेना पहुंचे। परंतु इस बार की यात्रा के आरंभ में एक ऐसी घटना घटी जिसके लिए बाद में अमरीकी अधिकारियों को खेद व्यक्त करना पड़ा। पहले की अमरीका-यात्राओं के वक्त बर्लिन स्थित अमरीकी दूतावास ने, आइंस्टाइन को अपने यहां बुलाए बिना ही, उनके पासपोर्ट व वीजा से संबंधित तमाम औपचारिकताएं पूरी कर दी थीं। लेकिन इस बार राजदूत बाहर गए हुए थे, और कागज-पत्र एक ऐसे अधिकारी के पास पहुंचे जिसको आइंस्टाइन के बारे में सही जानकारी नहीं थी। उसने आइंस्टाइन को दूतावास बुलाया और उनसे सवाल पूछने शुरू कर दिए : आपका अमरीका जाने का मकसद क्या है? आप किस राजनीतिक पार्टी से सरोकार रखते हैं? इत्यादि। आइंस्टाइन का नाराज होना स्वाभाविक था। उन्होंने घोषणा कर दी : यदि ऐसी बात है तो मैं अमरीका नहीं जाऊंगा। और, वे दूतावास से वापस लौटे। बर्लिन के अमरीकी राजनयिक क्षेत्रों में खलबली मच गई। बर्लिन और वाशिंगटन के बीच सारी रात टेलीफोन लाइनें व्यस्त रहीं। अंततः दूसरे दिन सुबह एक विशेष दूत के जरिए आइंस्टाइन के निवास पर उनका पासपोर्ट पहुंचा दिया गया।

बर्लिन के अमरीकी दूतावास के उस अधिकारी के ऐसे आचरण का शायद कारण था–अमरीका के एक तथाकथित देशभक्त महिला संगठन (Society of

Patriotic Women) द्वारा आइंस्टाइन की अमरीका-यात्रा के खिलाफ शासन को लिखा गया पत्र, जिसकी प्रतिलिपि बर्लिन पहुंच गई थी। उस पत्र में आइंस्टाइन पर शांतिवादी और कम्युनिस्ट होने का आरोप लगाया गया था। बर्लिन वाली घटना से अमरीका में काफी खलबली मच गई थी। आइंस्टाइन को ढेरों टेलीग्राम मिले, जिनमें दूतावास के अधिकारी की नासमझी और देशभक्त महिलाओं के पत्र की उपेक्षा करने का अनुरोध किया गया था। दूतावास के अधिकारी की नौकरी जा सकती थी, इसलिए एल्सा ने भी मामले को भूल जाने का आइंस्टाइन से अनुरोध किया। एल्सा की इस बात का आइंस्टाइन पर असर हुआ, और वे अगले दिन अमरीका की यात्रा पर रवाना हो गए। लेकिन वे उन देशाभिमानी अमरीकी महिलाओं के संगठन को पत्र लिखने से अपने को नहीं रोक सके :

"मेरे प्रस्तावों का सुंदरियों द्वारा इतना जबरदस्त विरोध, और वह भी एक साथ इतनी अधिक संख्या में, मैंने पहले कभी नहीं झेला है।

"लेकिन क्या अमरीका की ये सजग नागरिक-महिलाएं सचमुच सही नहीं हैं? कोई अपने देश के दरवाजे ऐसे व्यक्ति के लिए क्योंकर खोल दे जो कठोर पूंजीपतियों को उसी स्वाद व चाव से खा जाता है, जिस तरह प्राचीन काल में क्रीट द्वीप का मिनाटौर (मिथकीय नर-वृषभ) सुस्वादु यूनानी कुमारियों को निगल जाता था? साथ ही, जो इतना निकृष्ट है कि हर प्रकार की लड़ाई का विरोध करता है—सिवाय अपनी पत्नी के साथ होने वाली अपरिहार्य लड़ाई के? इसलिए अपनी बुद्धिमान व देशभक्त महिलाओं की बातों पर ध्यान दीजिए और याद रखिए कि एक बार शक्तिशाली रोमन साम्राज्य की राजधानी की रक्षा निष्ठावान कलहंसिनियों के कुड़कुड़ाने के कारण ही हुई थी।"[35]

संदर्भ और टिप्पणियां

1. लाइडेन (Leiden या Leyden) : पश्चिम नीदरलैंड्स का प्रसिद्ध विश्वविद्यालय-नगर। सन् 1995 में आबादी 1,15,000। यह नगर वैज्ञानिक अनुसंधान के लिए ही नहीं, संस्कृत और भारत-विद्या के गहन अध्ययन के लिए भी प्रसिद्ध रहा है। आर्यभट (जन्म 476 ई.) का **आर्यभटीय** ग्रंथ पहली बार 1874 ई. में लाइडेन से ही प्रकाशित हुआ था। यहां भारतीय पुरालिपियों के बारे में भी काफी शोधकार्य हुआ है। प्रख्यात चित्रकार रेम्ब्रांट (Rembrandt : 1606-1669 ई.) का जन्मस्थान।
2. हेन्ड्रिक लॉरेंट्ज के लिए देखिए अध्याय 1, टिप्पणी 4.
3. पॉल एहरेनफेस्ट के लिए देखिए अध्याय 6, पृ. 102.
4. नील्स बोर (Niels Bohr : 1885-1962 ई.) : जन्म कोपेनहेगेन (डेनमार्क) के एक

सम्पन्न और सुसंस्कृत परिवार में। पिता शरीररचना-विज्ञान के प्राध्यापक, मां एक यहूदी बैंकर की बेटी और भाई हेराल्ड (Harald) एक श्रेष्ठ गणितज्ञ। नील्स बोर के बेटे आगे बोर (Aage Bohr : जन्म 1922 ई.) ने 1975 ई. का भौतिकी का नोबेल पुरस्कार प्राप्त किया। नील्स बोर का आरंभिक अध्ययन कोपेनहेगेन में हुआ। फिर इंग्लैंड जाकर पहले कैम्ब्रिज में जे.जे. टॉमसन के साथ और फिर मैंचेस्टर में रदरफोर्ड की देखरेख में गवेषणा-कार्य किया। कोपेनहेगेन लौट आने पर 1916 ई. में उन्हें विश्वविद्यालय में भौतिकी का प्राध्यापक और तदनंतर वहां नए स्थापित सैद्धांतिक भौतिकी संस्थान का निदेशक बनाया गया। आगे जाकर इस संस्थान में दुनिया के कई देशों के तरुण भौतिकवेत्ताओं ने नील्स बोर की छत्रछाया में शोधकार्य किया। सन् 1913 में बोर ने रदरफोर्ड द्वारा प्रतिपादित परमाणु के मॉडल में संशोधन करके एक नया मॉडल प्रस्तुत किया। उन्होंने क्वांटम सिद्धांत के आरंभिक विकास में भी महत्वपूर्ण योगदान दिया। सन् 1922 में नील्स बोर को भौतिकी का नोबेल पुरस्कार प्रदान किया गया (सन् 1921 व 1922 के नोबेल पुरस्कारों की घोषणा एकसाथ की गई थी, जिसमें 1921 ई. का भौतिकी का नोबेल पुरस्कार आइंस्टाइन को दिया गया था)। नील्स बोर ने 1927 ई. में *संपूरकता का सिद्धांत* (Complementarity Principle) प्रतिपादित किया, जिसके अनुसार कोई भी मूल कण वस्तुतः न कण है, न ही तरंग, बल्कि ये एक-दूसरे के पूरक हैं। सन् 1925 के बाद नील्स बोर ने क्वांटम यांत्रिकी की व्याख्या (जिसे 'कोपेनहेगेन व्याख्या' कहा गया) प्रस्तुत करने में प्रमुख भूमिका अदा की।

नाजियों ने डेनमार्क पर कब्जा किया, तो नील्स बोर ने विरोधियों के आंदोलन में सहयोग दिया। फिर 1943 ई. में वे गुप्त रूप से स्वीडेन होते हुए अमरीका चले गए। वहां उन्होंने एटम बम के निर्माण में सलाहकार का काम किया। परंतु आइंस्टाइन की तरह नील्स बोर भी शांतिवादी थे और परमाणु शस्त्रास्त्रों से उन्हें घोर नफरत थी। उन्होंने जेनेवा में 1955 ई. में पहली बार 'शांति के लिए परमाणु' सम्मेलन का आयोजन किया था। मृत्यु (1962 ई.) से दो साल पहले नील्स बोर मुंबई में आयोजित 47वीं भारतीय विज्ञान कांग्रेस में भाग लेने भारत आए थे और तब उन्होंने मुंबई, कोलकाता और दिल्ली के कई वैज्ञानिक संस्थानों की यात्रा करके व्याख्यान दिए थे।

5. फिलिप फ्रांक के लिए देखिए अध्याय 6, टिप्पणी 10.
6. मोट्सार्ट के लिए देखिए अध्याय 2, टिप्पणी 15.
7. अर्न्स्ट माख़ के लिए देखिए अध्याय 6, टिप्पणी 3.
8. सिओनवाद (Zionism) : हिब्रू शब्द Zion या Sion का अर्थ है—येरूसलम के नजदीक की एक पहाड़ी या उस पर बना मंदिर या दुर्ग। सिओनवादी आंदोलन

सदियों से विभिन्न देशों में बसे हुए यहूदियों के लिए अपने पूर्वजों की भूमि (फिलिस्तीन) में स्वराष्ट्र प्राप्त करने के प्रयोजन से खड़ा किया गया था, 1897 ई. में। इसके संस्थापक थे–हंगेरी में जन्मे और विएना में बसे पत्रकार थिओडोर हर्जल (Theodor Herzl : 1860-1904 ई.), जिनका मत था कि जब तक यहूदियों का अपना एक स्वतंत्र राष्ट्र नहीं बनता, तब तक उन्हें सुरक्षा नहीं मिल सकती। सन् 1917 में ब्रिटिश बेलफोर घोषणा (Belfour Declaration) से इस आंदोलन को समर्थन मिला और द्वितीय विश्वयुद्ध के बाद 1948 ई. में फिलिस्तीन के भीतर यहूदियों के लिए इस्राइल का एक पृथक् राज्य अस्तित्व में आ गया।

9. शाइम (या खिइम) वेइजमान (Chaim Weizman : 1874-1952 ई.) : मोटोल (रूस) के एक यहूदी परिवार में जन्मे वेइजमान ने जर्मनी के फ्राइबर्ग विश्वविद्यालय से 1899 ई. में 'डाक्टरेट' की उपाधि प्राप्त की थी। उसी दौरान वे थिओडोर हर्जल के सिओनवादी आंदोलन से प्रभावित हुए। तीन वर्ष तक जेनेवा विश्वविद्यालय में काम करने के बाद वेइजमान इंग्लैंड चले गए और 1910 ई. में वहां के नागरिक बन गए। सन् 1907 में वेइजमान मैंचेस्टर विश्वविद्यालय में जैवरसायन के व्याख्याता हो गए, तो उनका शोधकर्ता का जीवन शुरू हुआ। कृत्रिम रबड़ बनाने के प्रयास में उन्होंने एक जीवाणु (बैक्टेरियम) की मदद से बुटानोल (butanol) व एसिटोन (acetone) रसायन प्राप्त करने में सफलता पायी। कॉर्डाइट (cordite) के निर्माण में एसिटोन एक महत्वपूर्ण घटक है। सन् 1914 में प्रथम विश्वयुद्ध शुरू होने पर वेइजमान की विधि से कॉर्डाइट के निर्माण के लिए कई देशों में कारखाने स्थापित हुए। बेलफोर घोषणा (1917 ई.) के बाद वेइजमान पूर्ण रूप से सिओनवादी आंदोलन के साथ जुड़ गए। सन् 1920 में वे 'विश्व सिओनवादी आंदोलन' के प्रमुख बने। अंत में 1948 ई. में इस्राइल का निर्माण हुआ, तो प्रो. शाइम वेइजमान उसके प्रथम राष्ट्रपति निर्वाचित हुए।

चित्र 10.19 : शाइम वेइजमान (1874-1952 ई.)

आइंस्टाइन ने 1921 ई. में वेइजमान के साथ भले ही अमरीका की यात्रा की हो, परंतु बाद में वेइजमान के बारे में उनकी सोच कुछ बदल गई थी। सन् 1947

में उन्होंने अब्राहम पाइस से कहा था : "फ्रायड के शब्दों में कहूं तो वेइजमान के बारे में मेरे विचार उभयभावी (ambivalent) हैं।"

10. पॉल लांगेविन के लिए देखिए अध्याय 6, टिप्पणी 17.

11. Albert Einstein, **Ideas and Opinions**, Rupa, New Delhi, pp. 179-180.

12. लॉर्ड हाल्डेन, रिचर्ड बर्डन (Lord Haldane, Richard Burdon :1856-1928 ई.): इंग्लैंड के प्रसिद्ध हाल्डेन परिवार में जन्मे रिचर्ड बर्डन की शिक्षा एडिनबरा और गॉटिंगेन (जर्मनी) में हुई थी। वे 1885 ई. से 1911 ई. तक ब्रिटिश पार्लियामेंट के सदस्य रहे। उन्होंने शॉपनहोवर का अनुवाद किया, एडम स्मिथ की जीवनी लिखी और The Pathways of Reality शीर्षक से अपने क्लिफोर्ड व्याख्यान प्रकाशित किए (1903 ई.)। उनके अन्य ग्रंथ हैं : Reign of Relativity (1921 ई.) और Philosophy of Humanism (1922 ई.)। उनके भाई जॉन स्कॉट हाल्डेन (1860-1936 ई.), जो एक नामी शरीरक्रिया-विज्ञानी थे, प्रख्यात आनुवंशिकीविद जे.बी.एस. हाल्डेन (J.B.S. Haldane : 1892-1964 ई.) के पिता थे। जे.बी.एस. हाल्डेन 1956 ई. में भारत आए, 1961 ई. में यहां के नागरिक बने और यहीं पर भुवनेश्वर में उनका देहांत हुआ। जे.बी.एस. हाल्डेन ने आइंस्टाइन को ईसा मसीह के बाद का सबसे बड़ा यहूदी कहा था।

13. फिलिप लेनार्ड के लिए देखिए अध्याय 9, टिप्पणी 17.

14. वाल्थेर नेर्नस्ट के लिए देखिए अध्याय 6, टिप्पणी 4.

15. माक्स फॉन लाउए के लिए देखिए अध्याय 5, टिप्पणी 16-17; और माक्स प्लांक के लिए अध्याय 1, टिप्पणी 10; अध्याय 5, टिप्पणी 1; अध्याय 7, टिप्पणी 13.

16. पॉल लांगेविन के लिए देखिए अध्याय 6, टिप्पणी 17.

17. *कितानो मारु* जहाज पर सवार आइंस्टाइन व एल्सा के चित्र के लिए देखिए परिशिष्ट 1 : **आइंस्टाइन के भारतीय सरोकार**।

18. फिलिस्तीन (Palestine) : पूर्व भूमध्यसागर तट का यह प्रदेश प्रथम विश्वयुद्ध के अंत तक ओटोमान साम्राज्य के अधीन था। सन् 1918 में राष्ट्रसंघ के अधिदेश से फिलिस्तीन को ब्रिटेन के शासन में रखा गया। आइंस्टाइन-दम्पति जनवरी 1923 में जब फिलिस्तीन की यात्रा पर थे, तब सर हर्बर्ट सैम्यूअल वहां ब्रिटिश उच्चायुक्त थे। दूसरे विश्वयुद्ध के बाद संयुक्त राष्ट्रसंघ के निर्णय के अनुसार 14 मई, 1948 को फिलिस्तीन के पश्चिमी हिस्से में स्वतंत्र राज्य इस्राइल (राजधानी येरूसलम) की स्थापना हुई और ब्रिटिश उच्चायुक्त वापस लौट गया।

19. सर हर्बर्ट सैम्यूअल (Sir Herbert Samuel : 1870-1963 ई.) : यहूदी परिवार में

जन्मे उदारवादी ब्रिटिश राजनीतिज्ञ। शिक्षा ऑक्सफोर्ड में। हर्बर्ट सैम्यूअल 1920-25 ई. में फिलिस्तीन में ब्रिटिश उच्चायुक्त थे।

20. देखिए **OUR DOC**, CPI Publication, 1968, में Biographical Sketch of Dr. G. Adhikari.

21. कोमो कांग्रेस में सत्येंद्र बसु व मेघनाद साहा को भी आमंत्रित किया गया था। परंतु इतालवी सरकार ने तार "प्रो. बसु, कलकत्ता" के नाम भेजा था, और स्पष्ट नहीं किया था कि कौन-से प्रो. बसु। इसलिए गलती से कलकत्ता के प्रो. देवेंद्र मोहन (डी.एम.) बसु कोमो चले गए; डा. साहा भी गए। सत्येंद्र बसु उस समय ढाका में थे। बाद में ही खुलासा हुआ कि वस्तुतः सत्येंद्र बसु ही आमंत्रित थे। देखिए Chatterjee & Chatterjee : **Satyendra Nath Bose**, NBT, New Delhi, p. 55.

22. सोल्वी कांग्रेस के लिए देखिए अध्याय 6, टिप्पणी 14.

23. Albert Einstein, **Ideas and Opinions**, Rupa, New Delhi, pp. 54-55.

24. कुमारी हेलेन डुकास (Miss Helen Dukas : 1896-1982 ई.) : जन्म फ्राइबर्ग (ब्राइसगाउ, जर्मनी) में। सन् 1928 में हेलेन डुकास जब आइंस्टाइन की सचिव-सहायिका नियुक्त हुईं, तब वे 32 वर्ष की थीं। आइंस्टाइन 1933 ई. में जर्मनी छोड़कर प्रिंसटन (अमरीका) पहुंचे, तब पत्नी एल्सा के अलावा हेलेन डुकास भी उनके साथ थीं। सन् 1936 में एल्सा की मृत्यु के बाद आइंस्टाइन की देखरेख की जिम्मेदारी मुख्यतः हेलेन डुकास पर आ पड़ी थी। उनका काम था–आइंस्टाइन का पत्र-व्यवहार संभालना, टेलीफोन सुनना और अवांछित तत्वों (जैसे, हस्ताक्षर चाहने वालों) से आइंस्टाइन की रक्षा करना। आइंस्टाइन उन्हें ठीक ही अपनी माजीनो पंक्ति (Maginot line) कहा करते थे (द्वितीय विश्वयुद्ध के दौरान फ्रांस के युद्धनीतिज्ञों ने जर्मनी के हमले से अपने देश की रक्षा के लिए इस 'अभेद्य' रक्षापंक्ति का निर्माण किया था)। सन् 1950 ई. में आइंस्टाइन ने हेलेन डुकास को अपनी बौद्धिक सम्पत्ति का दो में से एक ट्रस्टी नियुक्त किया था–दूसरे ट्रस्टी थे ओट्टो नाथान। हेलेन डुकास ने आइंस्टाइन की मृत्यु (1955 ई.) के बाद उनके कागज-पत्रों को संभालने और उनका वर्गीकरण करने का काम बड़ी कुशलता से किया। आइंस्टाइन की 1950 ई. की अंतिम वसीयत के अनुसार, हेलेन डुकास के जीवनकाल में ही, दिसंबर 1981 में, प्रिंसटन का 'आइंस्टाइन अभिलेखागार' येरूसलम के हिब्रू विश्वविद्यालय में पहुंच गया था। कुछ दिन बाद जनवरी 1882 में प्रिंसटन में हेलेन डुकास का निधन हुआ। हेलेन डुकास ने, बानेश हॉफमान के साथ मिलकर, आइंस्टाइन के बारे में एक पुस्तक भी लिखी है : **Albert Einstein : The Human Side**, प्रिंसटन, 1979 ई.।

25. सिगमंड फ्रायड (Sigmund Freud : 1856-1939 ई.) के साथ आइंस्टाइन का जो पत्र-व्यवहार हुआ वह एक पुस्तक (**Warum Krieg?** यानी 'युद्ध क्यों'?) के रूप में 1933 ई. में राष्ट्रसंघ के बौद्धिक सहयोग संस्थान, पेरिस से प्रकाशित हुआ। कापुथ (बर्लिन) से 30 जुलाई, 1932 को आइंस्टाइन ने फ्रायड को लिखा था : "मानव-जाति को युद्ध की विपदाओं से मुक्ति दिलाने का क्या कोई उपाय है?"

चित्र 10.20 : सिगमंड फ्रायड (1856-1939 ई.)

26. देखिए परिशिष्ट-1 : **आइंस्टाइन के भारतीय सरोकार।**

27. काल्टेक (Caltech : California Institute of Technology) : एक स्कूल के रूप में पासादेना (कैलिफोर्निया राज्य) में इसकी स्थापना फादर आमोस थ्रूप ने 1886 ई. में की थी। फिर यह स्कूल 'थ्रूप पॉलिटेकनिक इंस्टीट्यूट' कहलाया। बीसवीं सदी के आरंभ में शिकागो के तरुण ज्योतिर्भौतिकीविद जॉर्ज एलेरी हाले (George Ellery Hale : 1868-1938 ई.) इस इंस्टीट्यूट से आकर जुड़े और यह कैलिफोर्निया इस्टीट्यूट ऑफ टेक्नालॉजी (काल्टेक) में तब्दील हो गया। हाले के अथक प्रयासों से ही माउंट विल्सन और माउंट पालोमर पर भव्य वेधशालाओं का निर्माण हुआ; ये वेधशालाएं काल्टेक द्वारा संचालित होती हैं। हाले के प्रयास से ही भौतिकवेत्ता रॉबर्ट मिलिकान और रसायनज्ञ आर्थर नॉयेस काल्टेक आए। मिलिकान नोबेल पुरस्कार (1923 ई.) पाने वाले काल्टेक के पहले वैज्ञानिक थे। बाद में काल्टेक के टॉमस हंट मॉरगॅन, कार्ल एंडरसन, मुर्रे गेल-मान, लिनुस पाउलिंग, रिचर्ड फाइनमॅन आदि लगभग दो दर्जन वैज्ञानिकों ने नोबेल पुरस्कार प्राप्त किए।

नासा (NASA) की आर्थिक मदद से चलने वाली पासादेना की जेट प्रॉपल्शन लैबोरेटरी (Jet Propulsion Laboratory : JPL) काल्टेक द्वारा ही संचालित होती है।

चित्र 10.21 : रॉबर्ट मिलिकान (1868-1953 ई.)

28. रॉबर्ट मिलिकान (Robert Millikan : 1868-1953 ई.) : अमरीकी भौतिकवेत्ता। कोलंबिया विश्वविद्यालय से 'डाक्टरेट' की उपाधि प्राप्त करने के बाद माक्स प्लांक के साथ शोधकार्य

करने के लिए बर्लिन गए और स्वदेश लौटने पर शिकागो विश्वविद्यालय में प्राध्यापक नियुक्त हुए। मिलिकान ने दीर्घकाल तक प्रयोग करके आइंस्टाइन द्वारा 1905 ई. में प्रतिपादित प्रकाश-विद्युत प्रभाव के सूत्र की पुष्टि के लिए प्रमाण प्रस्तुत किए। इलेक्ट्रॉन के आवेश और प्लांक के नियतांक का मान निर्धारित करने के लिए मिलिकान को 1923 ई. का भौतिकी का नोबेल पुरस्कार दिया गया। सन् 1921 में वे काल्टेक (कैलिफोर्निया इंस्टीट्यूट ऑफ टेक्नालॉजी) चले गए और वहां 1945 ई. तक बने रहे। मिलिकान ने ब्रह्मांड किरणों (cosmic rays) पर शोधकार्य करके स्पष्ट किया कि इनका आगमन अंतरिक्ष से होता है।

चित्र 10.22 : माउंट विल्सन वेधशाला का गुंबद (बाएं) और उसमें स्थापित 250 सेंमी. व्यास की हूकर दूरबीन (दाएं)

29. माउंट विल्सन वेधशाला (Mount Wilson Observatory) : पासादेना के काल्टेक संस्थान द्वारा संचालित इस वेधशाला की स्थापना जॉर्ज एलेरी हाले (George Ellery Hale : 1868-1938 ई.) के प्रयासों से हुई थी, 1917 ई. में। यह वेधशाला पासादेना से करीब 100 किलोमीटर दक्षिण-पूर्व में विल्सन पर्वत-शिखर पर स्थित है। इस वेधशाला में स्थापित दूरबीन के दर्पण का व्यास 250 सेंटीमीटर है। इसके निर्माण में लॉस एंजिलेस के पूंजीपति जॉन हूकर ने धन दिया था, इसलिए इसे 'हूकर दूरबीन' का नाम दिया गया। सन् 1948 में पास के माउंट पालोमर पर 5 मीटर व्यास के दर्पण की 'हाले दूरबीन' स्थापित होने तक 'हूकर दूरबीन' संसार में सबसे बड़ी दूरबीन थी। अमरीकी खगोलवेत्ता एडविन हबल (Edwin Hubble : 1889-1953 ई.) 1919 ई. में माउंट विल्सन वेधशाला से आकर जुड़े। हबल ने 'हूकर दूरबीन' का उपयोग करके 1923 ई. में प्रमाणित किया कि देवयानी मंदाकिनी (Andromeda

चित्र 10.23 : एडविन हबल (1889-1953 ई.)

galaxy) हमारी आकाशगंगा के परे है। उन्होंने ब्रह्मांड में अनेक मंदाकिनियों की खोज करके उनका वर्गीकरण किया–सर्पिल, दीर्घवृत्तीय आदि। फिर 1929 ई. में हबल ने यह महत्वपूर्ण खोज की कि दूर की मंदाकिनियां अधिक तेजी से दूर भागती जा रही हैं ('हबल का नियम')। इस खोज के कारण आइंस्टाइन को 'स्थिर विश्व' वाला अपना मॉडल त्यागकर हबल का 'विस्तृत होते विश्व' वाला मॉडल अपनाना पड़ा था।

30. बेनेडिक्टस या बारुख़ स्पिनोजा (Benedictus or Baruch Spinoza : 1632-1677 ई.) : आइंस्टाइन के इस पसंदीदा बुद्धिवादी दार्शनिक का जन्म एमस्टरडम (हॉलैंड, नीदरलैंड्स) के एक ऐसे यहूदी व्यापारी-परिवार में हुआ था जिसे ईसाइयों के उत्पीड़न के कारण पुर्तगाल से यहां भाग आना पड़ा था। स्पिनोजा की पढ़ाई यहूदी स्कूल में हुई। स्कूल के बाहर उन्होंने कई भाषाएं सीखीं। गणित, प्रकाशिकी (optics) और खगोल-विज्ञान में भी स्पिनोजा की गहरी दिलचस्पी थी। अभी वे तरुण ही थे कि पहले उनकी मां और फिर पिता चल बसे। वे नैतिक श्रेष्ठता एवं उत्तम चरित्रवाले व्यक्ति थे और जीविकोपार्जन के लिए चश्मे के शीशे तथा कीमती पत्थर पॉलिश करने का काम करते थे। सन् 1656 में स्पिनोजा को उनके 'नास्तिक' विचारों के कारण एमस्टरडम के यहूदी समाज ने बहिष्कृत कर दिया, तो वे अपने-जैसे विचारों वाले एक छोटे दल के नेता बनकर लाइडेन के पास के एक स्थान पर जाकर रहने लगे। उन्होंने हाइडेलबर्ग विश्वविद्यालय में दर्शनशास्त्र के प्राध्यापक का पद स्वीकार करने से इनकार कर दिया था। सन् 1670 में स्पिनोजा 'द हेग' रहने चले गए, और वहीं पर 44 वर्ष की आयु में उनका निधन हुआ।

चित्र 10.24 : स्पिनोजा (1632-1677 ई.)

स्पिनोजा के अनुसार प्रकृति एक, अनंत व असीम द्रव्य से निर्मित है; और प्रकृति ही ईश्वर है। प्रकृति अपना ही कारण है, इसके निर्माण की कोई आवश्यकता नहीं है। स्पिनोजा के अनुसार, सब कुछ कारण-कार्य संबंध से नियोजित है। मनुष्य भी प्रकृति का ही अंग है। स्पिनोजा ने अपनी कृतियों (Tractatus Theologico-Politicus और Ethica) में व्यक्तिगत ईश्वर की धारणा को अस्वीकार किया। उन्होंने आत्मा के अमरत्व को भी नहीं माना। स्पिनोजा ने बाइबल के वैज्ञानिक

अध्ययन पर जोर दिया। उनका मानना था कि सभी मौजूदा धर्म अज्ञान पर आधारित अंधविश्वासों से ग्रस्त हैं।

31. आइंस्टाइन ने अमरीका की अपनी 1930-31 ई. की यात्रा-डायरी के प्रथम पृष्ठ पर लिखा है कि जब वे बर्लिन रेलवे स्टेशन पहुंचे, तो वहां पत्रकारों व फोटोग्राफरों की इतनी भारी भीड़ थी कि उसमें पहले वे पत्नी एल्सा से बिछुड़ गए और फिर उनकी टिकटें भी कहीं खो गईं, लेकिन अंत में दोनों ही मिल गईं।

32. माइकेलसन के लिए देखिए अध्याय 5, टिप्पणी 4.

33. चार्ली चैप्लिन (Charles Chaplin : 1889-1977 ई.) : जागतिक कीर्ति के हास्य अभिनेता और फिल्म निर्माता एवं निर्देशक। लंदन में जन्म। सात साल की उम्र में पिता की मृत्यु और मां की मानसिक विकृति के कारण चार्ली का बचपन घोर दरिद्रता में गुजरा। सन् 1910 में एक नाटक कंपनी के साथ वे अमरीका गए। जल्दी ही उन्हें एक फिल्म में अभिनय करने का अवसर मिला। फिर चार्ली ने हॉलीवुड में अपनी फिल्म कंपनी स्थापित की। चार्ली चैप्लिन अभिनय के दौरान के अपने विशिष्ट विनोदी पहनावे (डर्बी हैट, ढीला-ढाला पैंट, तंग कोट, टूथब्रश-नुमा मूंछ, हाथ में छड़ी, बड़े-से जूते) के लिए पहचाने जाते हैं। *गोल्ड रश* (1925 ई.), *सिटी लाइट्स* (1931 ई.), *ग्रेट डिक्टेटर* (1940 ई.) आदि चैप्लिन की मशहूर फिल्में हैं। चैप्लिन पर कम्युनिस्ट-समर्थक होने के आरोप लगाकर 1952 ई. में उन्हें अमरीका से निष्कासित कर दिया गया था। उन्होंने अपने को 'विश्व नागरिक' घोषित करके अमरीका का नागरिकत्व त्याग दिया और सपरिवार जेनेवा (स्विट्जरलैंड) जाकर रहने लगे। बाद में अमरीका ने उन्हें ऑस्कर पुरस्कार प्रदान किया और इंग्लैंड की रानी ने 'नाइट' (सर्) की पदवी। सर् रिचर्ड एटनबोरो ने चैप्लिन के जीवन पर 1992 ई. में एक फिल्म बनाई।

चित्र 10.25 : चार्ली चैप्लिन (1889-1977 ई.)

34. अधिक जानकारी के लिए देखिए परिशिष्ट-1 : **आइंस्टाइन के भारतीय सरोकार**।

35. Albert Einstein, **Ideas and Opinions**, Rupa, New Delhi, pp. 7-8.

❑❑❑

अध्याय 11

जर्मनी में नाजी शासन

अप्रैल 1914 में आइंस्टाइन ज्यूरिख़ पॉलिटेकनिक छोड़कर बर्लिन के कैसर विलहेल्म इंस्टीट्यूट और प्रशियाई विज्ञान अकादमी के साथ जुड़ गए थे। उसी वर्ष जुलाई में प्रथम विश्वयुद्ध शुरू हुआ, जो नवंबर, 1918 में समाप्त हुआ। विश्वयुद्ध के दौरान ही आइंस्टाइन ने 1916 ई. के आरंभ में अपना व्यापक आपेक्षिकता-सिद्धांत (General Relativity Theory) प्रकाशित कर दिया था।

प्रथम विश्वयुद्ध में जर्मनी की पराजय के बाद कैसर (सम्राट) विलहेल्म-द्वितीय को सत्ताच्युत कर दिया गया और जर्मनी गणराज्य (वाइमार गणराज्य) बन गया। विश्वयुद्ध ने जर्मनी को तबाह कर दिया था; अर्थ-व्यवस्था बुरी तरह चरमरा गई थी। सारा बोझ मजदूरों व किसानों पर आ पड़ा। राजनीतिक अधिकारों और स्वतंत्रताओं पर अधिकाधिक पाबंदियां लगाई गईं। राइख़्शताग (जर्मन संसद) के अधिकारों को लगातार घटाते जाकर राजतंत्रवादी राष्ट्रपति हिंडेनबर्ग[1] उन्हें हथिया रहा था।

जर्मन शासक वर्ग का लक्ष्य था–1918 ई. की हार का बदला लेना और इसके लिए युद्ध की तैयारी करना। सन् 1928 से हिटलर के नेतृत्व में नेशनल सोशलिस्ट (नाजी)[2] पार्टी आम जनता के बीच तेजी से अपना प्रभाव बढ़ाती जा रही थी। नाजियों ने एक तरफ बेलगाम लफ्फाजी का उपयोग करके जनता को तरह-तरह के सब्ज-बाग दिखाए, तो दूसरी तरफ राजनीतिक विरोधियों के खिलाफ खूनी आतंक का दौर शुरू कर दिया। सन् 1933 के आरंभ में चुनाव हुए, तो राइख़्शताग में नाजी पार्टी को बहुमत मिला। 30 जनवरी, 1933 को जर्मनी में रक्तपिपासु नाजी पार्टी की सत्ता स्थापित हो गई। एडॉल्फ हिटलर (1889-1945 ई.) चांसलर (प्रधान मंत्री) हो गया। अगले वर्ष राष्ट्रपति हिंडेनबर्ग की मृत्यु होने पर चांसलर तथा राष्ट्रपति के पद एक कर दिए गए और हिटलर जर्मनी का तानाशाह बन बैठा।

आइंस्टाइन को इन आगामी घटनाओं का पहले ही स्पष्ट आभास हो गया था। जैसा कि पिछले अध्याय में बताया गया है, वे 1930 ई. से पासादेना (अमरीका)

स्थित कैलिफोर्निया इंस्टीट्यूट आफ टेक्नालॉजी (काल्टेक) में 'अतिथि प्राध्यापक' थे। आइंस्टाइन 1932 ई. के वसंत में अपनी दूसरी काल्टेक-यात्रा से बर्लिन लौटे। जर्मनी की राजनीतिक परिस्थितियां तेजी से बदल रही थीं। आइंस्टाइन को साफ दिखाई दे रहा था कि पूंजीवादी शक्तियां हिटलर के सत्तासीन होने के लिए मार्ग प्रशस्त कर रही हैं। उन्होंने कापुथ स्थित अपने ग्राम-निवास में चुनिंदा मित्रों को बुलाकर उनके साथ विचार-विमर्श किया। आइंस्टाइन ने सोच लिया कि अब आगे उनका जर्मनी में रह पाना संभव नहीं है।

चित्र 11.1 : बर्लिन की सड़क पर आइंस्टाइन का यह फोटो 1 दिसंबर, 1932 को लिया गया था। 6 दिसंबर को उन्होंने बर्लिन को सदा के लिए त्याग दिया और फिर कभी वापस नहीं लौटे।

दिसंबर 1932 में आइंस्टाइन सपत्नीक तीसरी बार काल्टेक की यात्रा के लिए रवाना हुए। कापुथ के अपने ग्राम-निवास से चलने के पहले आइंस्टाइन पत्नी एल्सा से बोले : "इस बार अपने निवास को छोड़ने के पहले इसे अच्छी तरह से देख लो।"

"क्यों?" एल्सा ने पूछा।

"तुम इसे फिर कभी नहीं देख पाओगी।"

जैसा कि हम आगे देखेंगे, आइंस्टाइन की भविष्यवाणी सही साबित हुई। जब वे अपनी तीसरी यात्रा के दौरान अभी काल्टेक में ही थे, तो जनवरी 1933 में हिटलर सत्तारूढ़ हो गया। जर्मनी में नाजियों का दमनचक्र आरंभ हो गया। जर्मन विश्वविद्यालयों और वैज्ञानिक संस्थानों से नाजी-विरोधियों तथा यहूदियों को निकाल

बाहर करने का सिलसिला शुरू हो गया।

सन् 1933 के आरंभ में आइंस्टाइन जर्मन कॉन्सुल से परामर्श करने के लिए पासादेना से न्यूयार्क पहुंचे। कॉन्सुल ने आइंस्टाइन से कहा कि उन्हें जर्मनी लौटने के बारे में कोई संशय या भय नहीं होना चाहिए, नई सरकार सभी के साथ न्याय करेगी। यदि आप निर्दोष हैं, तो आपको कुछ भी नहीं होगा। लेकिन आइंस्टाइन ने अपना फैसला सुना दिया कि वे तब तक जर्मनी वापस नहीं लौटेंगे, जब तक वहां नाजी शासन कायम रहेगा।

इस तरह, जब दोनों के बीच आधिकारिक बातचीत समाप्त हो गई, तब जर्मन कॉन्सुल ने निजी तौर पर आइंस्टाइन को बताया : "हेर प्रोफेसर, अब चूंकि हम निजी तौर पर बात कर रहे हैं, इसलिए मैं कहूंगा कि आपने सही निर्णय लिया है।"

आइंस्टाइन जर्मनी वापस न लौटने का पक्का निर्णय ले चुके थे। मार्च 1933 में इस आशय का एक "घोषणापत्र" भी उन्होंने जारी कर दिया :

"जब तक मेरी मर्जी चलती रहेगी, तब तक मैं केवल ऐसे देश में रहूंगा जहां राजनीतिक स्वतंत्रता, सहिष्णुता और कानून के सामने सभी नागरिक समान हैं। राजनीतिक स्वतंत्रता का अर्थ है—अपने राजनीतिक विचारों को मौखिक और लिखित रूप में व्यक्त करने की स्वतंत्रता। सहिष्णुता का अर्थ है—प्रत्येक व्यक्ति के विचारों का आदर करना। आज जर्मनी में ऐसी परिस्थितियां मौजूद नहीं हैं।"[3]

सन् 1933 के वसंत में अल्बर्ट आइंस्टाइन यूरोप लौटे, मगर वे बर्लिन नहीं गए। उन्होंने बेल्जियम के ओस्तेंद (Ostende) बंदरगाह के नजदीक के समुद्रतटीय सैरगाह ले कॉक सुर मेर (Le Coq sur Mer) को अपना बसेरा बनाया। ओस्तेंद और इंग्लैंड के बीच बहुत कम फासला है, बीच में सिर्फ डोवर की संकीर्ण खाड़ी है। इंग्लैंड को यूरोप के अन्य देशों के साथ जोड़ने वाला एक महत्वपूर्ण यात्री-मार्ग ओस्तेंद से होकर ही गुजरता है।

लेकिन आइंस्टाइन ने ले कॉक सुर मेर (ओस्तेंद, बेल्जियम) में ही ठहरना क्यों पसंद किया? एक कारण था—बेल्जियम का तटस्थ देश होना। दूसरा कारण था—बेल्जियम की सरकार तथा राजपरिवार द्वारा उन्हें प्रदान की गई समुचित सुरक्षा। सीमा-पार से आइंस्टाइन की हत्या के प्रयास हो सकते थे, इसलिए उन पर रात-दिन नजर रखने के लिए अंगरक्षक नियुक्त किए गए थे। अधिकारियों ने ले कॉक के निवासियों को सख़्त आदेश दे रखे थे कि वे बाहर के किसी भी व्यक्ति को आइंस्टाइन के निवास-स्थान के बारे में कोई जानकारी न दें। सन् 1933 के वसंत में आइंस्टाइन के मित्र और उनके एक जीवनीकार फिलिप फ्रांक[4] ओस्तेंद से गुजरे, तो उन्होंने ले कॉक जाकर वहां के निवासियों से आइंस्टाइन के निवास के बारे

में पूछना शुरू किया। आइंस्टाइन के अंगरक्षकों को सूचना मिली, तो वे सतर्क हो गए। श्रीमती आइंस्टाइन को पता चला, तो शुरू में वह भी घबरा गई थीं।

ऐसी सावधानियों से आइंस्टाइन को भले ही परेशानी हुई हो, परंतु इसकी आवश्यकता थी। नाजी गुप्तचर उनके पीछे लगे हुए थे। आइंस्टाइन का अपहरण हो सकता था, उनकी हत्या भी हो सकती थी। आंतोनिना वालेंतिन, जिनके आइंस्टाइन-दम्पति के साथ पुराने संबंध थे और जिन्होंने आइंस्टाइन के बारे में फ्रांसीसी में एक पुस्तक (Le drame d'Albert Einstein) लिखी है, 1933 ई. के वसंत में ले कॉक पहुंच गई थीं। उन्होंने एल्सा को जर्मनी में कुछ ही दिन पहले प्रकाशित एक बड़ा-सा एलबम दिखाया, जिसमें नाजी शासन के विरोधियों के चित्र छापे गए थे। उसमें प्रथम पृष्ठ पर ही आइंस्टाइन के फोटो के साथ उनके "अपराधों" की सूची थी, जिसका आरंभ आपेक्षिकता-सिद्धांत से हुआ था। सूची के अंत में सूचना थी : "अभी फांसी नहीं चढ़ा है (nach ungehängt)"।

आइंस्टाइन की सहायिका-सेक्रेटरी हेलेन डुकास और एल्सा की छोटी बेटी मारगॉट भी ले कॉक पहुंच गई थीं; बड़ी बेटी इल्से फ्रांस में थीं। आइंस्टाइन के बर्लिन छोड़ने के बाद इल्से के पति रूडोल्फ ने आइंस्टाइन के निजी कागज-पत्रों का एक हिस्सा फ्रांसीसी दूतावास के जरिए अमरीका भेजने की व्यवस्था कर दी थी।

मार्च 1933 में प्रकाशित आइंस्टाइन के "घोषणापत्र" से जब यह स्पष्ट हो गया कि वे जर्मनी वापस नहीं लौटेंगे, तो नाजी शासन बौखला गया। नाजी पुलिस आइंस्टाइन के कापुथ स्थित ग्राम-निवास पहुंची और वहां की सारी सम्पत्ति जब्त कर ली—आइंस्टाइन के बैंक-खातों से संबंधित तमाम कागज-पत्र भी। एल्सा के सेफ-डिपॉजिट बॉक्स की चीजें भी निकाल ली गईं।

आइंस्टाइन को समाचार मिला, तो उन्होंने 30 मई, 1933 को अपने मित्र मैक्स बोर्न[5] (1882-1970 ई.) को लिखा : "जर्मनी में अब एक भयावह राक्षस के रूप में मेरी पदोन्नति हो गई है, और मेरा सारा पैसा छीन लिया गया है। परंतु मैं अपने को यह कहकर सांत्वना देता हूं कि यह पैसा जल्दी ही खर्च होने वाला था, हर हालत में।"

आइंस्टाइन की पुस्तक-पुस्तिकाएं आग के हवाले कर दी गईं। साथ ही, आइंस्टाइन के सिर के लिए 1000 अमरीकी डालर का इनाम भी घोषित कर दिया गया। आइंस्टाइन ने सुना, तो मुस्कराकर बोले : "मुझे मालूम नहीं था कि मेरा सिर इतना कीमती है!"

उपर्युक्त घटना के कुछ ही दिन बाद बर्लिन के स्टेट ओपेरा हाउस के सामने के चौक में अन्य "आर्येतर और कम्युनिस्ट साहित्य" के साथ आइंस्टाइन के

चित्र 11.2 : नाजियों द्वारा आइंस्टाइन और दूसरे विरोधियों की पुस्तकों की होली, बर्लिन, 1933 ई.

दस्तावेजों की, आपेक्षिकता-सिद्धांत से संबंधित उनके लेखों की भी, सार्वजनिक रूप से होली जलाई गई।

ले कॉक में फिलिप फ्रांक के साथ हुई बातचीत में आइंस्टाइन ने कहा कि बर्लिन से छुटकारा मिल जाने से उन्हें एक तरह से मानसिक मुक्ति मिल गई है। मगर एल्सा की सोच भिन्न थी। उनका कहना था कि आइंस्टाइन का बर्लिन-निवास काफी सुखमय रहा है और वहां उन्हें श्रेष्ठ भौतिकवेत्ताओं का सहयोग मिला है। आइंस्टाइन का उत्तर था : "हां, विशुद्ध वैज्ञानिक दृष्टि से बर्लिन का जीवन काफी अच्छा था। फिर भी, मैं हमेशा महसूस करता रहा कि कोई चीज मुझे दबोच रही है, और मुझे सदैव आभास होता रहा कि अंत अच्छा नहीं होगा।"

आइंस्टाइन भलीभांति जानते थे कि नाजी शासन उन्हें देर-सवेर प्रशियाई विज्ञान अकादमी से अवश्य निष्कासित कर देगा। इससे उनके कई जर्मन वैज्ञानिक मित्र, विशेषकर माक्स प्लांक, परेशानी में पड़ जाएंगे। यदि वे आइंस्टाइन के निष्कासन का विरोध करते हैं, तो उनका उत्पीड़न होगा। वैसी नौबत आने के पहले ही आइंस्टाइन ने सदस्यता से इस्तीफा दे देना उचित समझा। उन्होंने 28 मार्च, 1933 को प्रशियाई विज्ञान अकादमी (बर्लिन) को अपना इस्तीफा भेज दिया।

बर्न-निवास के दौरान आइंस्टाइन स्विट्जरलैंड के नागरिक बने थे; बर्लिन पहुंचने पर भी उसे उन्होंने कायम रखा था। परंतु बर्लिन में प्राध्यापक और प्रशियाई विज्ञान

अकादमी का सदस्य बनाए जाने से वे अपने-आप ही जर्मन नागरिक बन गए थे; आइंस्टाइन को प्रशियाई विज्ञान अकादमी से ही वेतन मिलता था। अब उन्होंने प्रशियाई विज्ञान अकादमी की सदस्यता और दूसरे सभी पदों से इस्तीफा दे दिया, तो उनकी जर्मन नागरिकता भी अपने-आप समाप्त हो गई। परंतु नाजी अधिकारियों ने नागरिकता के इस तरह के उनके परित्याग को नहीं माना। उन्होंने घोषणा की कि वे खुद आइंस्टाइन की नागरिकता को निरस्त करेंगे। बाद में आइंस्टाइन ने नाजियों के इस कृत्य के बारे में कहा था कि यह तो मुसोलिनी को गोली मार देने के बाद उसके शव को सार्वजनिक रूप से फांसी पर लटका देने जैसा ही काम था।[6]

आइंस्टाइन के इस्तीफे से अकादमी के सदस्यों में खलबली मचना स्वाभाविक था। वाल्थेर नेर्नस्ट का मत था कि वाल्तेयर (Voltair) और देलांबर (d'Alembert) जैसे फ्रांसीसी सदस्यों से अकादमी गौरवान्वित हुई है, इसलिए किसी सदस्य के लिए यह अनिवार्य नहीं होना चाहिए कि वह राष्ट्रवादी जर्मन हो। मगर नाजियों के विरोध के सामने किसी की नहीं चली। अंत में अकादमी ने आइंस्टाइन पर जर्मनी के खिलाफ झूठा प्रचार करने का आरोप लगाकर 7 अप्रैल (1933) को उन्हें लिखा :

"आपका 28 मार्च का पत्र, जिसमें आपने अकादमी से अपनी सदस्यता के

चित्र 11.3 : बर्लिन में प्रशियाई विज्ञान अकादमी का भवन, जहां आइंस्टाइन ने अपने कई शोध-निबंध प्रस्तुत किए थे।

इस्तीफे की घोषणा की है, प्राप्त हुआ। अकादमी ने 30 मार्च, 1933 की अपनी बैठक में आपके इस्तीफे पर विचार किया। अकादमी को इस बात का बड़ा खेद है कि आपके जैसे उच्चतम वैज्ञानिक पद वाला व्यक्ति, जिन्होंने कई साल तक जर्मनों के बीच काम करके और अकादमी का सदस्य रहते हुए जर्मन स्वभाव व जर्मन विचारधारा को परखा है, अब इस वक्त विदेश के उन संगठनों का साथ दे रहा है जो हमारे विरोधी हैं। ⋯ ऐसे समय, विशेष रूप से आपकी ओर से, जर्मन लोगों के लिए चंद अच्छे शब्द कहे जाते, तो उनका विदेश में अच्छा असर होता। ⋯ आपके इस व्यवहार से हमें बड़ा दुःख हुआ है, बड़ी निराशा हुई है। ⋯ इसलिए आपका इस्तीफा न भी प्राप्त होता, तो भी हमारा संबंध-विच्छेद अवश्यंभावी था।"[7]

आइंस्टाइन ने उपर्युक्त पत्र का उत्तर देते हुए ले कॉक सुर मेर (बेल्जियम) से 12 अप्रैल, 1933 को प्रशियाई विज्ञान अकादमी को लिखा : " ⋯ आपका 7 अप्रैल का पत्र मिला। इसमें जिस मानसिक वृत्ति का परिचय दिया गया है उसे मैं अत्यंत खेदजनक मानता हूं। ⋯ आपने लिखा है कि 'जर्मन लोगों' के बारे में मेरे 'चंद अच्छे शब्द' विदेश में अच्छा असर छोड़ते। इस संबंध में मेरा उत्तर है : मेरे वैसा करने का अर्थ होता, न्याय तथा स्वातंत्र्य से संबंधित अपनी उन सभी मान्यताओं को त्याग देना जिनके लिए मैं जीवन-भर लड़ता आया हूं। ⋯ इन्हीं सब कारणों से मैं अकादमी से इस्तीफा देने के लिए विवश हुआ हूं, और आपका पत्र यही प्रमाणित करता है कि मेरा निर्णय सही था।"[8]

प्रशियाई विज्ञान अकादमी ने आइंस्टाइन को क्यों लिखा था कि 'जर्मन लोगों' के बारे में उनके 'चंद अच्छे शब्द' विदेश में अच्छा असर छोड़ते? इसकी वजह थी—जर्मनी में जारी सामी-विरोधी गतिविधियों की भर्त्सना करने के लिए कुछ दिन पहले फ्रांस में आयोजित एक सम्मेलन, जिसमें भाग लेने के लिए आइंस्टाइन को आमंत्रित किया गया था। आइंस्टाइन ने सम्मेलन के आयोजकों को जो उत्तर भेजा वह बहुत महत्व का है, उनकी न्यायिक बुद्धिमत्ता का परिचय देता है। उन्होंने लिखा :

"आपके अतिमहत्वपूर्ण प्रस्ताव पर मैंने सभी संभव पहलुओं से सावधानीपूर्वक विचार किया है। यह मेरे लिए सबसे गंभीर मामला है। परंतु मैं निष्कर्ष पर पहुंचा हूं कि इस अत्यावश्यक विरोध-प्रदर्शन में मुझे व्यक्तिगत रूप से भाग नहीं लेना चाहिए। इसके दो कारण हैं :

"पहली बात यह है कि मैं अभी भी एक जर्मन नागरिक हूं; और, दूसरी बात यह कि मैं एक यहूदी हूं। पहली बात के बारे में मैं कहना चाहूंगा कि मैं जर्मन संस्थानों में कार्यरत रहा हूं और जर्मनी में मुझ पर हमेशा पूरा भरोसा किया जाता

रहा है। आज जर्मनी में घटित हो रही भयावह घटनाएं कितनी भी खेदजनक क्यों न हों, वहां शासन की रजामंदी से हो रहे अत्याचारों की मैं कितनी भी कठोर भर्त्सना क्यों न करूं, फिर भी एक विदेशी सरकार के जिम्मेवार सदस्यों द्वारा आयोजित किसी भी कार्यकलाप में व्यक्तिगत रूप से भाग लेना मेरे लिए कतई संभव नहीं है। इस मामले को भलीभांति समझने के लिए कल्पना कीजिए कि लगभग ऐसी ही स्थिति में कोई फ्रांसीसी नागरिक प्रमुख जर्मन राजनेताओं के साथ जुड़कर फ्रांसीसी सरकार के कार्य का विरोध करता है। भले ही आप मानते हों कि विरोध तथ्यों पर आधारित है, तब भी, मैं समझता हूं, आप अपने देश के उस नागरिक के आचरण को देशद्रोह ही मानेंगे। यदि *ड्राइफुस* प्रकरण के समय झोला[9] ने फ्रांस को छोड़ देना उचित समझा, तो भी वे विरोध कर रहे जर्मन अफसरों के साथ अपने को नहीं जोड़ते, फिर उनके कार्य को वे कितना भी सही क्यों न मानते हों। वे अपने देशवासियों के लिए लज्जित अनुभव करने तक ही अपने को सीमित रखते।

"दूसरी बात यह है कि अन्याय और हिंसा के खिलाफ विरोध तभी बहुत अधिक उपयोगी साबित होता है जब वह पूर्णतः मानवीय भावनाओं और न्यायप्रेम से प्रेरित व्यक्तियों की ओर से आयोजित होता है। यह बात मेरे जैसे व्यक्ति पर, जो स्वयं एक यहूदी है और दूसरे यहूदियों को अपना बंधु मानता है, लागू नहीं होती। वह दूसरे यहूदियों के साथ किए गए अन्याय को उसी के साथ किए गए अन्याय के बराबर मानता है। उसे अपने मामले में स्वयं न्यायाधीश नहीं होना चाहिए, अपितु बाहर के तटस्थ व्यक्तियों द्वारा दिए गए फैसले का इंतजार करना चाहिए।

"यही कारण हैं कि मैं आयोजन में भाग नहीं ले पाऊंगा। परंतु मैं जोड़ना चाहूंगा कि अपनी न्यायप्रियता की उदात्त भावना के लिए विख्यात फ्रांसीसी परंपरा का मैं सदैव सम्मान करता आया हूं।"[10]

नाजी पार्टी ने जनवरी 1933 में सत्ता में आने के बाद जल्दी ही 7 अप्रैल, 1933 को एक कानून पास किया, जिसके तहत किसी भी "आर्येतर" व्यक्ति को सरकारी सेवा से निकाला जा सकता था। "आर्येतर" का अर्थ था, ऐसा व्यक्ति जिसके दादा-दादी या नाना-नानी में से कम-से-कम एक यहूदी हो और जिसकी शासन के प्रति वफादारी सुनिश्चित न हो। चूंकि जर्मन विश्वविद्यालय राज्य शासित संस्थान थे, कैसर विलहेल्म इंस्टीट्यूट जैसी संस्थाएं सरकारी अनुदान प्राप्त करती थीं, इसलिए इन पर भी यह कानून लागू हो गया। परिणामतः जर्मनी के लगभग 25 प्रतिशत वैज्ञानिकों को अपने पदों से त्यागपत्र देना पड़ा। इनमें कई तत्कालीन और भावी नोबेल पुरस्कार-विजेता भी थे।

आइंस्टाइन ने नाजी नीतियों के विरोध-स्वरूप प्रशियाई विज्ञान अकादमी को

अपना त्यागपत्र भेजा था। जल्दी ही जेम्स फ्रांक, फ्रिट्स हाबेर और एरविन श्रोडिंगेर ने भी आइंस्टाइन का अनुकरण किया। अनेक वैज्ञानिकों ने स्वयं ही अपने पद त्याग दिए। "आर्येतर" तरुण वैज्ञानिकों के लिए भी विश्वविद्यालयों व वैज्ञानिक संस्थानों के द्वार बंद हो गए थे। आइंस्टाइन के मित्र माक्स प्लांक (1858-1947 ई.) बेहद दुःखी थे; वे नाजी नीतियों के समर्थक नहीं थे, मगर विवश थे।[11] उन्हें उम्मीद थी कि नाजी उत्साह जल्दी ही ठंडा पड़ जाएगा। कई जर्मन वैज्ञानिक नाजियों के समर्थक नहीं थे। माक्स फॉन लाउए (1879-1960 ई.) अपनी नाजी-नफरत को मुश्किल से ही छिपा पा रहे थे।[12]

जर्मनी में सामी-विरोधी भावनाएं, नाजी शासन का सक्रिय सहयोग पाकर, तेजी से उभर रही थीं। यहूदी वैज्ञानिकों पर सबसे ज्यादा प्रहार हो रहे थे; उन्हें वैज्ञानिक संस्थानों और विश्वविद्यालयों से निकाल बाहर किया जा रहा था। फिलिप लेनार्ड[13] और योहान्नेस स्टार्क[14] जैसे नोबेल पुरस्कार-विजेता जर्मन भौतिकवेत्ता यहूदी वैज्ञानिकों का खुलकर विरोध कर रहे थे। लेनार्ड के यहूदी-विरोधी विचारों की चर्चा हम पहले कर चुके हैं। राजनीतिक प्रेरणा और प्रोत्साहन से चोटी के वैज्ञानिक भी किस तरह भ्रष्टमति के शिकार हो जाते हैं, इसे समझने के लिए देखिए उन्हीं दिनों स्टार्क द्वारा प्रसिद्ध विज्ञान-पत्रिका *नेचर* (Nature) को लिखा यह पत्र :

"आगे मैं भौतिकी में प्रचलित दो प्रमुख मनोवृत्तियों की चर्चा करने जा रहा हूं। मेरे निष्कर्ष अनुभव पर आधारित हैं। ... मैंने पहचाना है कि भौतिकी में मुख्यतः दो प्रकार की मनोवृत्तियां काम करती हैं। व्यावहारिक या परिणामवादी (pragmatic) मनोवृत्ति के कारण ही अतीत और वर्तमान के सफल आविष्कार हुए हैं। यह मनोवृत्ति वास्तविकता को देखती है। इसका लक्ष्य होता है, पहले से ज्ञात घटनाओं को संचालित करने वाले नियमों की पुष्टि करना और नई घटनाओं और अज्ञात पिंडों की खोज करना ...। दूसरी तरफ, मताग्रही (dogmtic) या सिद्धांतवादी भौतिकवेत्ता प्रमुखतः उनके दिमाग में उपजे विचारों से शुरुआत करते हैं या संकेतों के बीच के संबंधों को स्वेच्छा से इस तरह परिभाषित करते हैं कि उनको व्यापक भौतिकीय महत्व प्रदान किया जा सके। तार्किक तथा गणितीय क्रियाओं से वे उन्हें (संकेतों को) संयोजित करते हैं और इस तरह गणितीय सूत्रों के रूप में परिणाम प्राप्त करते हैं ...।

"आइंस्टाइन के आपेक्षिकता के सिद्धांत, जो आकाश व काल के निर्देशांकों या उनके अवकलनों की स्वैच्छिक परिभाषा पर आधारित हैं, स्पष्टतः सिद्धांतवादी सोच से उपजे हैं। इस तरह की सोच का एक और उदाहरण है, श्रोडिंगेर का तरंग-यांत्रिकी का सिद्धांत। भौतिकी व गणित की कलाबाजी के एक अनोखे प्रयास

से वे पहले अंतिम परिणाम के रूप में एक अवकल समीकरण प्राप्त करते हैं। फिर वे पूछते हैं कि उनके समीकरण से जनित फलन का क्या भौतिक महत्व हो सकता है, और इसके लिए वे जो सुझाव देते हैं उसके अनुसार परमाणु के चहुंओर एक बड़े रिक्त स्थान में इलेक्टॉन का धब्बा स्वेच्छा से विचरण करता रहता है। उसी तरह, अन्य सिद्धांतवादी भौतिकवेत्ता (बोर्न, जॉर्डान, हाइजेनबर्ग, सोम्मेरफेल्ड) भी, अनुभवाश्रित बुनियादी नियमों के विपरीत, श्रोडिंगेर के फलन को भिन्न सिद्धांतवादी स्वरूप प्रदान करते हैं। वे इलेक्ट्रॉन को परमाणु के चहुंओर अनियमित तरीके से नचाते हैं और उसे इस तरह पेश करते हैं मानो वह परमाणु के चतुर्दिक प्रत्येक बिंदु पर एकसाथ मौजूद रहता है ⋯।

"मैंने जर्मनी में इन सिद्धांतवादियों से भिड़ने का फैसला कर लिया है, क्योंकि मैं देश में भौतिकीय अनुसंधान पर पड़ रहे इनके विध्वंसक प्रभाव को लगातार देखता आ रहा हूं। इस संघर्ष में मैंने जर्मन विज्ञान को क्षति पहुंचाने वाले यहूदियों के खिलाफ अपने प्रयास शुरू कर दिए हैं, क्योंकि मैं उन्हें ही सिद्धांतवादी विज्ञान का प्रवर्तक मानता हूं। ⋯ विज्ञान के इतिहास से जाना जा सकता है कि भौतिकीय अनुसंधान के संस्थापक और गैलीलियो तथा न्यूटन से लेकर हमारे समय तक के अनुसंधानकर्ताओं में लगभग सभी आर्य रहे हैं, प्रमुखतः नॉर्डिक वंश के रहे हैं। इससे हम इस निष्कर्ष पर पहुंचते हैं कि प्रमुखतः नॉर्डिकवंशियों में ही व्यावहारिक या परिणामवादी मनोवृत्ति पाई जाती है। यदि हम आज के मताग्रही सिद्धांतों के जन्म और उनके प्रतिपादकों की जांच करें, तो पता चलता है कि इनमें यहूदीवंशियों की संख्या सबसे ज्यादा है। ⋯ हमें यह भी पता चलता है कि मार्क्सवादी और कम्युनिष्ट मताग्रहों को अधिकतर यहूदियों ने ही प्रस्तुत किया है। हमें इस तथ्य को स्वीकार करना होगा कि यहूदी मूल के लोगों में सिद्धांतवादी सोच की संभावना अधिक होती है। *Nature*, Vol. 141. pp. 770-72".[15]

नाजी शासन के दौरान सबसे ज्यादा नुकसान शिक्षा को पहुंचा, विशेषकर विज्ञान की शिक्षा को। विश्वविद्यालयों में ज्यादातर नाजी पार्टी द्वारा चुने गए अधिकारियों को नियुक्त किया गया। हिटलर का कहना था : "राष्ट्र को अपने शैक्षणिक साधनों की सारी ताकत बच्चों के दिमाग में ज्ञान-विज्ञान ठूंसने में नहीं, बल्कि उनके शरीर को पूर्ण स्वस्थ बनाने में लगा देनी चाहिए। बौद्धिक क्षमता का विकास गौण महत्त्व रखता है। हमारा प्रथम लक्ष्य होना चाहिए, चरित्र का विकास, प्रमुखतः इच्छाशक्ति का, और जिम्मेदारी ग्रहण करने के लिए सदैव तैयार रहना। वैज्ञानिक शिक्षा का नंबर काफी बाद में आता है।"–हिटलर, *Mein Kampf*, ("मेरा संघर्ष"), पृ. 542."[16]

इसके बावजूद, नाजी शासन के दौरान कुछ प्राध्यापक अपने विद्यार्थियों को आपेक्षिकता-सिद्धांत पढ़ाते रहे। वे पढ़ाते समय आइंस्टाइन और आपेक्षिकता का नाम नहीं लेते थे; वे बुनियादी धारणाओं की चर्चा किए बिना ही सिर्फ सूत्रों और निष्कर्षों को प्रस्तुत करने तक ही अपने को सीमित रखते थे। कुछ भौतिकवेत्ता लेनार्ड और उनकी आपेक्षिकता-विरोधी मान्यताओं से छुटकारा पाने के प्रयास में भी जुटे हुए थे। लेनार्ड के पूर्वज ब्रातिस्लावा (स्लोवाकिया की राजधानी) में रहते थे। कुछ नाजी-विरोधी वैज्ञानिकों का विश्वास था कि यदि ब्रातिस्लावा के अभिलेखागार को खंगाला जाए, तो वहां इस बात के सबूत मिल सकते हैं कि लेनार्ड की नसों में कुछ आर्येतर रक्त भी बहता है।

हिटलर के सत्तासीन होने पर (जनवरी 1933) आइंस्टाइन को जर्मनी का भविष्य साफ-साफ नजर आ रहा था। उन्हें दुःख था तो इस बात का कि दुनिया के सभ्य देश, अमरीका भी, इसे समझ नहीं पा रहे हैं। अंतिम बार अमरीका के लिए रवाना होने के चंद दिन पहले 1 अक्तूबर, 1933 को विएना के एक अखबार के संवाददाता से आइंस्टाइन ने कहा था : "इस आधुनिक बर्बरता के बारे में समूचे सभ्य संसार की निष्क्रिय प्रतिक्रिया को मैं समझ नहीं पा रहा हूं। क्या दुनिया नहीं देख रही है कि हिटलर का लक्ष्य युद्ध है?"

आइंस्टाइन की दृढ़ मान्यता थी कि हिटलर के शासन में यूरोप में जो कुछ हुआ उसके लिए समूची जर्मन जनता जिम्मेवार है। उन्होंने 1944 ई. में न्यूयार्क की एक पत्रिका में लिखा था : "व्यापक पैमाने की हत्याओं के लिए सारे जर्मन लोग जिम्मेवार हैं और इसके लिए उन्हें सजा मिलनी ही चाहिए। ... नाजी पार्टी के पीछे है जर्मन जनता, जिसने हिटलर को चुना, एक ऐसे आदमी को जिसने अपनी पुस्तक (Mein Kampf, 1925 ई.) में और अपने भाषणों में अपने घृणित इरादों को, बिना किसी संदेह के, एकदम स्पष्ट कर दिया था।"

संदर्भ और टिप्पणियां

1. पॉल फॉन हिंडेनबर्ग (Paul von Hindenburg : 1847-1934 ई.) : प्रथम विश्वयुद्ध के दौरान जर्मन फील्ड-मार्शल तथा सेना-प्रमुख। कई मोर्चों पर लड़ाइयां जीतने के कारण उसे राष्ट्रीय नायक समझा गया था। हिंडेनबर्ग 1925 ई. से 1934 ई. (मृत्यु) तक जर्मन गणतंत्र का राष्ट्रपति रहा। हिंडेनबर्ग ने ही 1933 ई. में हिटलर को चांसलर नियुक्त किया था।
2. नाजी : जर्मनी में 1919 ई. में स्थापित नेशनल सोशलिस्ट (Nazional-Sozialisten) पार्टी। पहले इसके चार-चार आरंभिक अक्षरों के आधार पर इसे 'नाजी-सोजी'

(Nazi-Sozi) कहा गया, जो बाद में सिर्फ 'नाजी' रह गया। सन् 1920 में एडॉल्फ हिटलर (1889-1945 ई.) नाजी पार्टी का सदस्य बना और बाद में एकमेव सर्वोच्च नेता। इसके पहले मुसोलिनी (देखिए आगे टिप्पणी 6) इटली में अपनी फासिस्ट पार्टी की सत्ता स्थापित कर चुका था, इसलिए कुछ समय नाजियों को भी फासिस्ट कहा गया, और अक्सर आज भी कहा जाता है। हालांकि मुसोलिनी के फासीवाद (फासिज्म) और हिटलर के नाजीवाद में काफी साम्य है, फिर भी नाजीवाद की अपनी कुछ पृथक् विशेषताएं हैं। नाजीवाद का केंद्रबिंदु राष्ट्र है, राष्ट्रीय समाज है; नाजीवाद के अनुसार, व्यक्ति समाज से पृथक् व स्वतंत्र नहीं है। मगर हिटलर के समाज का अभिप्राय संपूर्ण जर्मन समाज नहीं था। नाजीवाद के अनुसार, नॉर्डिक प्रजाति (जिसे हिटलर 'आर्य प्रजाति' कहता था) संसार की सर्वश्रेष्ठ मानव प्रजाति है, और उसे यानी विशुद्ध जर्मनों को दूसरी निम्न मानव प्रजातियों पर शासन करने का अधिकार है। नॉर्डिक (Nordic) शब्द जर्मन भाषा के नॉर्ड (Nord यानी 'उत्तर') से बना है। कुछ नस्लवादियों ने केवल आधुनिक उत्तर यूरोप के लंबे, नीली आंखों वाले, गौरवर्ण लोगों को ही "शुद्ध उच्च प्रजाति" या "वास्तविक आर्य" घोषित किया। यह नस्लवादी सोच नाजी प्रचार का एक सशक्त साधन बन गई। यहूदी-द्वेष नाजीवाद का एक प्रमुख अंग था। जर्मन समाज और संस्कृति के अधःपतन के लिए यहूदियों को दोषी ठहराया गया था। कम्युनिज्म के प्रसार के लिए भी यहूदियों को ही जिम्मेदार माना गया। इसलिए यहूदियों पर तरह-तरह के अमानवीय अत्याचार हुए। नाजीवाद में व्यक्ति-स्वातंत्र्य के लिए कोई स्थान नहीं था। जनवरी 1933 में सत्ता में आने के बाद जर्मनी में नाजी पार्टी ही एकमात्र राजकीय पार्टी थी और हिटलर उसका एकमात्र सर्वोच्च नेता। हमें यह सदैव स्मरण रखना होगा कि वंशवाद, अतिराष्ट्रवाद और समाज के एक विशिष्ट समुदाय के प्रति द्वेषभावना से ही घोर अमानवीय वृत्तियों वाले नाजीवाद का निर्माण हुआ था।

आइंस्टाइन ने जर्मनी में हिटलर के उत्थान को प्रत्यक्ष देखा था। सन् 1935 में ही उन्होंने लिखा था : "हिटलर के रूप में हमारे सामने एक ऐसा आदमी है जिसकी बौद्धिक क्षमता सीमित है, जो कोई भी उपयोगी काम करने के लिए अक्षम है, जिसके मन में उन सभी के प्रति ईर्ष्या व कटुता भरी हुई है जिन्हें परिस्थिति और प्रकृति ने उससे बेहतर स्थिति प्रदान की है ···। उसने सड़कों व शराबखानों से लफंगों को पकड़ा और उन्हें अपने गिर्द संगठित किया। इसी तरह वह राजनेता बना है।"

3. Albert Einstein, **Ideas and Opinions**, Rupa, New Delhi, p. 205.
4. फिलिप फ्रांक के लिए देखिए अध्याय 6, टिप्पणी 10.
5. मैक्स बोर्न के लिए देखिए अध्याय 13, टिप्पणी 33.

6. बेनीतो मुसोलिनी (Benito Mussolini : 1883-1945 ई.) : इटली का तानाशाह और फासीवाद का प्रवर्तक। 28 अप्रैल, 1945 को मुसोलिनी के विरोधियों ने दोंगो (कोमो) में उसे और उसके साथियों को पकड़ा और गोली मारकर उनकी हत्या कर दी। फिर सार्वजनिक प्रदर्शन के लिए उनके शवों को फांसी लगाकर टांग दिया गया।

7. Albert Einstein, **Ideas and Opinions**, pp. 207-208.

8. वही, पृ. 209.

चित्र 11.4 : एमिल झोला (1840-1902 ई.)

9. एमिल झोला (Emil Zola : 1840-1902 ई.) : पेरिस में जन्मे इतालवी इंजीनियर के पुत्र। प्रसिद्ध फ्रांसीसी प्रकृतिवादी उपन्यासकार। झोला ने ड्राइफुस (Dreyfus) के समर्थन में एक पत्रक प्रकाशित करके उसमें इस निरपराध यहूदी को दिए जा रहे दंड को अन्यायपूर्ण बताया था। इसके लिए सैनिक अधिकारियों ने झोला को सजा सुनाकर जेल में डाल दिया, परंतु वे भागकर एक साल के लिए इंग्लैंड चले गए थे। अल्फ्रेड ड्राइफुस (1859-1935 ई.) एक धनी यहूदी के बेटे थे और पेरिस आने पर सेना में कैप्टन नियुक्त हुए थे। उन पर राष्ट्रीय सुरक्षा से संबंधित दस्तावेज एक विदेशी सत्ता को सौंपने का झूठा आरोप लगाया गया था; सैनिक अदालत में मुकदमा चलाकर उन्हें जेल में डाल दिया गया था। इस सजा के खिलाफ ड्राइफुस की पत्नी और मित्रों ने जबरदस्त आंदोलन खड़ा किया, तो फ्रांस का सैन्यवादी और सामी-विरोधी दृष्टिकोण उजागर हो गया। बाद में ड्राइफुस को छोड़ दिया गया, उन्हें सम्मानित भी किया गया। कार्बन मोनोक्साइड (CO) गैस की विषबाधा से झोला की मृत्यु हुई। उनके जीवन पर The Life of Emil Zola नाम से प्रसिद्ध फिल्म बनी है (1937 ई.)। प्रिंसटन-निवास के दौरान आइंस्टाइन अपने सहयोगी लिओपोल्ड इन्फेल्ड के साथ इस फिल्म को देखने गए थे (देखिए अगला अध्याय)।

10. Albert Einstein, **Ideas and Opinions**, pp. 211-212.

11. देखिए अध्याय 7, टिप्पणी 13.

12. माक्स फॉन लाउए के लिए देखिए अध्याय 5, टिप्पणी 16 व 17.

वाकया है : माक्स फॉन लाउए आपेक्षिकता-सिद्धांत पर भाषण देने स्वीडेन गए। स्वदेश लौटे, तो नाजी शासन ने उन्हें इस बात के लिए फटकार लगाई कि अपने भाषण में उन्होंने स्पष्ट जिक्र नहीं किया कि जर्मन भौतिकवेत्ताओं ने आपेक्षिकता-सिद्धांत को स्वीकार नहीं किया है। तब नाजी शासन से कुछ समझौता कर लेने वाले भौतिकवेत्ता कार्ल फ्रीडरिख फॉन वाइज्झेकेर (देखिए अध्याय 14, टिप्पणी 17) ने फॉन लाउए को जवाब सुझाया था—कह दीजिए कि आइंस्टाइन के पहले आपेक्षिकता-सिद्धांत अधिकांशतः आर्यवंशी हेन्द्रिक लॉरेंट्ज और आंरी प्वांकारे ने विकसित किया था। लेकिन फॉन लाउए ने वह सलाह नहीं मानी और आपेक्षिकता-सिद्धांत पर एक निबंध तैयार करके उसे एक वैज्ञानिक पत्रिका में प्रकाशनार्थ भेज दिया, और फॉन वाइज्झेकेर को लिखा : 'यह है मेरा जवाब।' सन् 1911 में विशिष्ट आपेक्षिकता पर पहली पुस्तक माक्स फॉन लाउए ने ही लिखी थी।

13. फिलिप लेनार्ड के लिए देखिए अध्याय 9, टिप्पणी 17.

14. योहान्नेस स्टार्क (Johannes Stark : 1874-1957 ई.) : जर्मन भौतिकवेत्ता। दक्षिण जर्मनी के बवारिया प्रांत में जन्म। म्यूनिख़ विश्वविद्यालय में अध्ययन और गॉटिंगेन, हान्नोवर व विर्जबर्ग विश्वविद्यालयों में अध्यापन। सन् 1902 में स्टार्क ने बताया कि धनात्मक आयनों की उच्चगतिक किरणें (कनाल किरणें) डॉप्लर प्रभाव दर्शाएंगी। सन् 1913 में उन्होंने प्रदर्शित किया कि एक प्रबल विद्युत क्षेत्र, परमाणु द्वारा उत्सर्जित प्रकाश के तरंगदैर्घ्य को बदल सकता है (स्टार्क प्रभाव), जिसके लिए उन्हें 1919 ई. का भौतिकी का नोबेल पुरस्कार दिया गया। (देखिए स्टार्क का चित्र 9.2.)

    अवकाश ग्रहण करने के बाद स्टार्क ने पोर्सिलिन का अपना उद्योग शुरू किया, किंतु उसमें वे असफल रहे। अकादमिक जीवन में पुनः उनका स्वागत नहीं हुआ, तो उन्होंने लेनार्ड की तरह क्वांटम सिद्धांत तथा आइंस्टाइन के सिद्धांतों को "यहूदी सिद्धांत" बताकर इनका प्रखर विरोध शुरू कर दिया और 1930 ई. में नाजी पार्टी के सदस्य बन गए। स्टार्क ने जर्मन विज्ञान पर अपना वर्चस्व स्थापित करने का हर संभव प्रयास किया। इस महत्वाकांक्षी प्रयास में उनका नाजी पार्टी और शासन के उच्चाधिकारियों से टकराव हुआ। परिणामतः स्टार्क को 1939 ई. में अपने पदों से इस्तीफा देना पड़ा। जर्मनी की पराजय के बाद एक नाजी-जांच अदालत ने 1947 ई. में स्टार्क को चार साल के कारावास की सजा सुनाई।

15. J. D. Bernal : **The Social Functions of Science** (London, 1946), p. 215 से उद्धृत।

16. वही, पृ. 217.

❑❑❑

अध्याय 12

आइंस्टाइन प्रिंसटन में

आइंस्टाइन ने जब पक्का फैसला कर लिया कि वे जर्मनी वापस नहीं लौटेंगे, इस आशय का "घोषणापत्र" जारी कर दिया, अपनी जर्मन नागरिकता भी त्याग दी, तब उन्हें फ्रांस, इंग्लैंड आदि कई देशों के चोटी के विश्वविद्यालयों से, येरूसलम के हिब्रू विश्वविद्यालय (स्थापना 1925 ई.) से भी, प्राध्यापक-पद ग्रहण करने के लिए आमंत्रण आने लगे।[1] परंतु आइंस्टाइन ने पसंद किया, न्यूजर्सी (अमरीका) के प्रिंसटन कस्बे को, जहां एक नए संस्थान—उच्च अध्ययन संस्थान (Institute for Advanced Study)—की स्थापना हो रही थी। आइंस्टाइन 1921 ई. में अपनी प्रथम अमरीका-यात्रा के दौरान प्रिंसटन विश्वविद्यालय गए थे और वहां उन्होंने आपेक्षिकता-सिद्धांत पर चार व्याख्यान दिए थे। आइंस्टाइन को प्रिंसटन के हरे-भरे पेड़ों वाला परिसर भा गया था। उस समय उन्होंने कहा भी था : "प्रिंसटन उरा पाइप की तरह है जिसे अभी पिया नहीं गया है; एकदम तरुण व ताजा।"

बर्लिन में आइंस्टाइन जिस कैसर विलहेल्म इंस्टीट्यूट से जुड़ गए थे उसकी स्थापना वाल्थेर नेर्नस्ट व माक्स प्लांक जैसे वैज्ञानिकों के सुझाव पर स्वयं कैसर विलहेल्म-द्वितीय ने की थी, और उसमें जर्मन उद्योगपतियों ने अपना सहयोग दिया था। अमरीका में भी ऐसे कई शोध-संस्थान थे जिनकी स्थापना में चोटी के उद्योगपतियों का हाथ था। लेकिन अब ऐसे संस्थान की आवश्यकता महसूस की जा रही थी जिसमें मौलिक अनुसंधान के लिए अधिक संघटनात्मक स्वायत्तता उपलब्ध हो। सन् 1930 में यहूदी अमरीकी लुई बांबेरगर (Louis Bamberger) और उनकी विधवा बहन फेलिक्स फुल्ड (Felix Fuld) ने ऐसे एक अनुसंधान संस्थान के आयोजन के बारे में अमरीकी शिक्षाविद डा. अब्राहम फ्लेक्सनेर (Abraham Flexner) से सलाह-मशविरा किया। डा. फ्लेक्सनेर ने अमरीकी शिक्षा प्रणाली को सुधारने की दिशा में महत्वपूर्ण कार्य किया था। उन्होंने एक नए संघटनात्मक ढांचे वाले अनुसंधान संस्थान की स्थापना का सुझाव दिया। नए संस्थान को The Institute for Advanced Study (उच्च अध्ययन संस्थान) नाम दिया गया और उसके आयोजन की जिम्मेवारी फ्लेक्सनेर को सौंपी गई।

फ्लेक्सनेर का सपना था, नए संस्थान से चोटी के ऐसे वैज्ञानिकों को जोड़ना जो शैक्षणिक और प्रशासनिक जिम्मेदारियों से पूर्णतः मुक्त हों। साथ ही, वैज्ञानिकों को भौतिक साधन-सुविधा की कोई कमी न रहे, ताकि वे व्यापक और मौलिक समस्याओं को सुलझाने में अपना पूरा समय दे सकें। संस्थान में चोटी के इन वैज्ञानिकों के साथ तरुण शोधार्थियों के समूह रहेंगे। फ्लेक्सनेर ने यह भी स्पष्ट कर दिया था कि जो वैज्ञानिक नए संस्थान से जुड़ेगा उसे अपना शोधकार्य करने की पूरी आजादी रहेगी। फ्लेक्सनेर ने एक बार कहा भी था : "संस्थान एक ऐसा स्वर्ग होना चाहिए जहां वैज्ञानिक और शोधार्थी रोजमर्रा की समस्याओं के भंवर में न फंसकर विश्व और इसकी घटनाओं को अपनी प्रयोगशाला समझें।" नए संस्थान का प्रबंधन प्रिंसटन विश्वविद्यालय से सर्वथा पृथक् था।

फ्लेक्सनेर चाहते थे कि शुरू में संस्थान के साथ ऐसे वैज्ञानिक जुड़े जिनके शोधकार्य का सरोकार मुख्यतः गणित से हो। संस्थान की शुरुआत प्रिंसटन विश्वविद्यालय के खूबसूरत परिसर में गणित विभाग की गोथिक शैली की 'फाइन हॉल' (Fine Hall) नामक इमारत के एक हिस्से में हुई।[2] विश्वविद्यालय परिसर से लगभग एक किलोमीटर की दूरी पर उच्च अध्ययन संस्थान की अपनी इमारत 1940 ई. में बनकर तैयार हुई।

आइंस्टाइन को प्रिंसटन के उच्च अध्ययन संस्थान के साथ जोड़ना एकाएक संभव नहीं हुआ। वे 'अतिथि प्राध्यापक' के तौर पर 1931 ई. के अंत में दूसरी बार काल्टेक (पासादेना) पहुंचे थे। तब काल्टेक के अध्यक्ष रॉबर्ट मिलिकान ने डा. फ्लेक्सनेर को सलाह दी थी कि वे प्रिंसटन में स्थापित किए जा रहे नए उच्च अध्ययन संस्थान के बारे में आइंस्टाइन से बातचीत करें। फ्लेक्सनेर बताते हैं कि आइंस्टाइन से बात करने में आरंभ में उन्हें बड़ी हिचक हुई, परंतु आइंस्टाइन के सहज, सरल स्वभाव ने जल्दी ही उन्हें मोह लिया।

कुछ दिन बाद ऑक्सफोर्ड (इंग्लैंड) में दोनों की पुनः भेंट हुई। फ्लेक्सनेर ने प्रिंसटन के नए संस्थान में आने के लिए आइंस्टाइन को आमंत्रित किया। तय हुआ कि दोनों के बीच बातचीत जारी रहेगी। लेकिन 1932 ई. की शरत् में आइंस्टाइन जब तीसरी बार काल्टेक पहुंचे, तो स्पष्ट हो गया कि उन्हें जर्मनी वापस नहीं लौटना है। जनवरी 1933 में जर्मनी में हिटलर की नाजी पार्टी की सत्ता स्थापित हो गई थी। आइंस्टाइन ने 1933 ई. में मार्च से अक्तूबर के आरंभ तक के दिन बेल्जियम के समुद्रतटीय सैरगाह ले कॉक सुर मेर (Le Coq sur Mer) में गुजारे। उस दौरान उन्होंने आगे प्रिंसटन में बसने का निश्चय कर लिया।

आइंस्टाइन ले कॉक सुर मेर से इंग्लैंड गए। वहां लंदन में 3 अक्तूबर (1933)

को रॉयल अल्बर्ट हॉल में दिए गए अपने भाषण के प्रथम ड्राफ्ट में आइंस्टाइन ने लिखा : "राष्ट्रवाद, मेरी दृष्टि में, सैनिकवाद और आक्रमण के लिए पेश किए जाने वाले तर्कपरक आदर्शवाद से अधिक कुछ नहीं है।"

आइंस्टाइन 7 अक्तूबर, 1933 को दक्षिण इंग्लैंड के साउथम्पटन बंदरगाह से जहाज में चढ़कर अमरीका के लिए रवाना हो गए। उनके साथ थीं, उनकी पत्नी एल्सा और निजी सेक्रेटरी हेलेन डुकास, जो 1928 ई. से उनकी मदद करती आ रही थीं। गणितज्ञ-सहायक डा. वाल्टेर मायेर भी उनके साथ ही अमरीका गए।[3]

जहाज 17 अक्तूबर (1933) को न्यूयार्क हार्बर पहुंचा, तो वहां रिपोर्टर और फोटोग्राफर बड़ी संख्या में एकत्र थे। लेकिन इस बार आइंस्टाइन उन्हें चकमा देने में सफल रहे। डा. फ्लेक्सनेर की "गुप्त योजना" के अनुसार, आइंस्टाइन और उनके साथी, जहाज के तट पर पहुंचने से पहले ही, एक बोट में उतरकर दूसरे स्थान पर चले गए। पहले की अपनी अमरीकी यात्राओं के दौरान फोटोग्राफरों और पत्रकारों ने उन्हें बहुत परेशान किया था। उनका चेहरा बहुत परिचित हो गया था। मगर एक बार संयोग से एक अजनबी ने उन्हें उनका पेशा पूछा, तो उनका मज़ाकिया उत्तर था : "मैं एक मॉडल हूं।"

चित्र 12.1 : आइंस्टाइन : "मैं एक मॉडल हूं"

आइंस्टाइन प्रिंसटन पहुंच गए और वहां उच्च अध्ययन संस्थान में उन्होंने अपना अनुसंधान-कार्य आरंभ कर दिया। जब पहली बार आइंस्टाइन के वेतन का सवाल उठा था, तो डा. फ्लेक्सनेर ने उन्हें ही अपनी रकम बताने के लिए कहा था। आइंस्टाइन ने कहा कि प्रतिवर्ष 3000 डालर का वेतन ठीक रहेगा। फिर बोले : "क्या मैं इससे कम पर गुजारा कर सकूंगा?"[4]

सुनकर फ्लेक्सनेर भौचक्के रह गए। वे जानते थे कि किसी भी अच्छे अमरीकी वैज्ञानिक को वे इतने कम वेतन पर अपने यहां नहीं ला सकते। फिर वे उस स्थिति का भी सामना नहीं कर सकते कि उनके संस्थान में जिस पद पर संसार का एक श्रेष्ठतम वैज्ञानिक काम कर रहा है, उसी पद पर बैठे अन्य अमरीकी संस्थानों के वैज्ञानिक ज्यादा वेतन प्राप्त करें (पता चलता है कि भौतिकवेत्ता रॉबर्ट मिलिकान को अनुसंधान-कार्य के लिए प्रतिवर्ष 1,00,000 डालर देना तय हुआ, तभी वे शिकागो से काल्टेक आए थे)।

फ्लेक्सनेर जानते थे कि पारिवारिक खर्च से संबंधित मामले एल्सा संभालती हैं, इसलिए बोले : "इस मामले को मैं और श्रीमती आइंस्टाइन मिलकर तय कर लेंगे।" अंत में आइंस्टाइन का वेतन 15,000 डालर प्रतिवर्ष तय हुआ (उस समय के अनुसार काफी बड़ी रकम)। यह भी तय हुआ कि आइंस्टाइन के अवकाश ग्रहण करने पर उन्हें प्रतिवर्ष 5000 डालर पेंशन मिलेगी। आइंस्टाइन प्रिंसटन के उच्च अध्ययन संस्थान में नियुक्त हुए पहले प्राध्यापक थे। अब्राहम फ्लेक्सनेर संस्थान के निदेशक थे।

फ्लेक्सनेर चाहते थे कि आइंस्टाइन सिर्फ अपने अध्ययन व अनुसंधान में जुटे रहें, और राजनीति में कोई भाग न लें; वे आइंस्टाइन की गतिविधियों को संस्थान तक ही सीमित देखना चाहते थे। लेकिन, जैसा कि जल्दी ही स्पष्ट हो गया, आइंस्टाइन राजनीति से पूर्णतः विरत रहने वाले वैज्ञानिक नहीं थे। उन्होंने संस्थान में उनके एक तरुण सहायक अर्न्स्ट स्ट्राउस (Ernst Straus) से एक बार कहा भी था : "वैज्ञानिक को अपना समय राजनीति और समीकरणों में विभाजित करना चाहिए। परंतु मेरे लिए समीकरण बहुत ज्यादा महत्वपूर्ण हैं, क्योंकि राजनीति वर्तमान के लिए होती है, जबकि हमारे समीकरण अनंत काल के लिए होते हैं।"

आइंस्टाइन की ख्याति व सृजनात्मकता को अपने संस्थान तक सीमित रखने के इरादे से फ्लेक्सनेर बीच में ही उनकी डाक खोलते और कहीं से कोई निमंत्रण आया हो, तो स्वयं ही उत्तर दे देते थे कि प्रोफेसर केवल वैज्ञानिक अनुसंधान के लिए अमरीका आए हैं। आइंस्टाइन के प्रिंसटन पहुंचने के कुछ दिन बाद का वाकया है। प्रेसीडेंट रूजवेल्ट[5] ने आइंस्टाइन व उनकी पत्नी एल्सा को व्हाइट हाउस आमंत्रित किया—संस्थान के निदेशक के ऑफिस के जरिए। लेकिन फ्लेक्सनेर ने, आइंस्टाइन को बिना बताए, सुरक्षा के नाम पर, आमंत्रण अस्वीकार कर दिया।

बाद में आइंस्टाइन को पता चला, तो उन्होंने फ्लेक्सनेर की करतूतों के बारे में संस्थान के न्यासियों को पत्र लिखा और इस्तीफा तक देने की बात कह दी। परिणामतः आइंस्टाइन को अपने लिए पूर्ण आजादी मिल गई, लेकिन संस्थान के संचालन में उनका प्रभाव जाता रहा।

आइंस्टाइन ने राष्ट्रपति रूजवेल्ट को चिट्ठी लिखकर न आने के लिए खेद व्यक्त किया। उन्हें दुबारा निमंत्रण मिला। आइंस्टाइन और एल्सा राष्ट्रपति से मिलने, उनके साथ भोजन करने 24 जनवरी, 1934 को व्हाइट हाउस गए। हेलेन डुकास ने बताया है कि तब भी आइंस्टाइन ने मोजे नहीं पहने थे।[6]

आइंस्टाइन अपने प्रिंसटन-निवास के आरंभिक महीनों में यही सोचते रहे कि वे तो "उड़ते पंछी" हैं। सोचते रहे कि वे वैज्ञानिक सम्मेलनों तथा सेमीनारों में

भाग लेने और अपने वैज्ञानिक मित्रों से मिलने बीच-बीच में यूरोप जाया करेंगे। परंतु जैसे-जैसे हिटलर के अत्याचारों के काले बादल यूरोप के आसमान में फैलते गए, वैसे-वैसे चोटी के वैज्ञानिकों ने स्वदेश से भागना शुरू कर दिया। उनमें से अनेक वैज्ञानिक अमरीका चले आए और आइंस्टाइन से मिले। आइंस्टाइन का बीच-बीच में यूरोप लौटने का सपना समाप्त हो गया। अक्तूबर 1933 में अमरीका पहुंचने के बाद आइंस्टाइन फिर कभी यूरोप नहीं लौटे, उन्होंने अपनी जन्मभूमि जर्मनी में पुनः कभी पैर नहीं रखे। लगता है कि आइंस्टाइन ने अपनी मृत्यु तक जर्मनी को उसके कुकृत्यों के लिए क्षमा नहीं किया था।

दूसरा विश्वयुद्ध समाप्त होने के बाद, जब कई निर्वासित वैज्ञानिक यूरोप वापस लौट रहे थे, आइंस्टाइन ने 14 दिसंबर, 1946 को अपने मित्र आरनॉल्ड सोम्मेरफेल्ड[7] (1868-1951 ई.) को लिखा था : "चूंकि जर्मनों ने मेरे यहूदी बांधवों का कत्लेआम किया है, इसलिए मैं जर्मनों से कोई सरोकार नहीं रखना चाहता—अपेक्षाकृत अहानिकर अकादमी के साथ भी। इसमें वे चंद जर्मन शामिल नहीं हैं जिन्होंने यथासामर्थ्य नाजीवाद का डटकर मुकाबला किया।" आइंस्टाइन के अनुसार उन चंद जर्मनों में थे—माक्स फॉन लाउए, ओट्टो हान, माक्स प्लांक व आरनॉल्ड सोम्मेरफेल्ड।

प्रिंसटन में आइंस्टाइन का एक नया जीवन शुरू हो गया। सांस्कृतिक दृष्टि से वे एक यूरोपीय व्यक्ति बने रहे; उन्हें अपने को जर्मन भाषा में ही व्यक्त करने में सुविधा होती थी। प्रिंसटन में सुस्थिर हो जाने के बाद वे पुनः एकीकृत क्षेत्र सिद्धांत (Unified Field Theory) के अनुसंधान-कार्य में जुट गए।

प्रिंसटन में आइंस्टाइन को अनुसंधान-कार्य के लिए पूर्ण आजादी थी, फिर भी वहां वे अपनी स्थिति से पूर्णतः संतुष्ट नहीं थे। वे कहते थे कि कोई शैक्षणिक कार्य न करना पड़े और सिर्फ अनुसंधान के लिए ही वेतन मिले, यह उन्हें पसंद नहीं था। बर्लिन में अनुसंधान-कार्य करने के साथ-साथ वे वैज्ञानिक गोष्ठियों में भाग लेते थे, व्याख्यान देते थे और यदा-कदा विश्वविद्यालय में पढ़ाने भी जाते थे। प्राग और ज्यूरिख़ में तो उन्हें बाकायदा कक्षाओं में पढ़ाना पड़ता था। परंतु यहां प्रिंसटन में अपने अनुसंधान-कार्य के अलावा उनके जिम्मे अन्य कोई काम नहीं था। लेकिन कोई इलाज भी नहीं था। वे एकीकृत क्षेत्र सिद्धांत के विकास में जुटे हुए थे; चाहने पर भी अब वे दूसरे कामों के लिए अपना समय नहीं दे सकते थे। जल्दी ही उनके अनुसंधान-कार्य में दिलचस्पी रखनेवाले कई तरुण वैज्ञानिक उनके गिर्द एकत्र हो गए। ऑस्ट्रियाई गणितज्ञ डा. वाल्टेर मायेर 1929 ई. से 1934 ई. तक आइंस्टाइन के सहयोगी रहे; वे बर्लिन से उन्हें अपने साथ ले आए थे। प्रिंसटन में आइंस्टाइन के अन्य सहयोगी थे : नाथान रोसेन (1934-1935 ई.), पीटर बेर्गमान (1937-

1938 ई.), वेलंटिन बेर्गमान (1938-1943 ई.), जॉन केमेनी (1948-1949 ई.) और ब्रुरिया काउफमान (1951-1955 ई.)। लिओपोल्ड इन्फेल्ड[8], जिन्होंने आइंस्टाइन की जीवनी लिखी है, 1936-37 ई. में प्रिंसटन में आइंस्टाइन के साथ थे। जब आइंस्टाइन को कई सारे सहयोगी मिल गए, तो वे अपना अकेलापन भूल गए, भूल गए कि वे एक निर्वासित व्यक्ति हैं, और उन्होंने प्रिंसटन के शांत परिसर और छतरी-नुमा पेड़ों वाली वीथियों और सड़कों के साथ अपने को समरूप कर लिया।

दरअसल, आइंस्टाइन का जीवन काफी हद तक एकाकी व्यक्ति का जीवन था। उन्होंने लिखा भी है : "वस्तुतः, मैं एक 'एकाकी यात्री' हूं, और पूरे दिल से कभी भी अपने देश, अपने घर, अपने मित्रों, यहां तक कि अपने परिवार के निकट सदस्यों का भी नहीं हुआ हूं। इन सब संबंधों के बावजूद, मैं अलगाव और एकांत की आवश्यकता को कभी त्याग नहीं पाया हूं—बल्कि गुजरते समय के साथ इसमें वृद्धि ही होती गई।"[9] उनका व्यक्तिगत जीवन बहुत ही सहज-सरल था, उनका

चित्र 12.2 : प्रिंसटन (न्यूजर्सी) में 112 मेर्सेर स्ट्रीट का आइंस्टाइन का मकान

खान-पान भी सादा था, और अपने पहनावे के मामले में तो वे बहुत ही लापरवाह थे। उनके दो ही शौक थे—नौका-विहार और वायलिन-वादन।

दुनिया-भर के अनेक संगठन आइंस्टाइन से सहयोग की अपील करते रहे। परंतु वे शांति-स्थापना, सिओनवाद और यूरोप में संकट के दौर से गुजर रहे यहूदियों की रक्षा जैसे कुछ ही कार्यों में मदद दे पाए। आइंस्टाइन ने वैज्ञानिक अनुसंधान को कभी नहीं छोड़ा, छोड़ भी नहीं सकते थे, क्योंकि भौतिक विश्व की मूलभूत संरचना को समझना उनके जीवन का सदैव प्रमुख लक्ष्य बना रहा।

आइंस्टाइन के प्रिंसटन पहुंचने के कुछ दिन बाद ही एल्सा को यूरोप लौटना पड़ा। उनकी बड़ी बेटी इल्से पेरिस में बहुत बीमार थीं, अपने जीवन की अंतिम घड़ियां गिन रही थीं। इल्से की मृत्यु एल्सा के लिए एक जबरदस्त आघात था, जिससे वे कभी उबर नहीं पाईं। वह इल्से की अस्थियों को लेकर प्रिंसटन लौटीं, साथ में छोटी बेटी मारगॉट भी।

सन् 1935 के वसंत में आइंस्टाइन, एल्सा, हेलेन डुकास और मारगॉट ने अमरीका की नागरिकता के लिए आवेदन किया, जिसे वे विधिवत् 1940 ई. में ही प्राप्त कर सके। सन् 1935 में ही गर्मियों में उन्होंने प्रिंसटन में 112 मेर्सेर स्ट्रीट (112 Mercer Street) पर एक काफी पुराना मकान खरीदा, जहां पर आइंस्टाइन ने आगे के अपने जीवन के 20 वर्ष बिताए।

एल्सा ने अपने नए मकान को फर्नीचर आदि से सजाया-संवारा, परंतु अपनी बेटी की मृत्यु के सदमे से वह कभी उबर नहीं पाईं। उन्हें हृदय-रोग हो गया और उनके गुरदे भी खराब हो गए। कुछ दिन न्यूयार्क में रहने के बाद मारगॉट प्रिंसटन लौटीं, तो उन्होंने अपनी मां को बहुत कमजोर हालत में बिस्तर पर लेटे देखा। "उसने जीने की आशा छोड़ दी है," आइंस्टाइन ने बेटी को बताया। आइंस्टाइन का चेहरा पीला पड़ गया था और उनकी आंखें गहरे विषाद में डूबी हुई थीं।

एल्सा की हालत बिगड़ती गई। एक पत्र में एल्सा ने अंतोनिना वालेंतिन को लिखा : "मैं पहले कभी नहीं समझ पाई कि उन्हें (आइंस्टाइन को) मेरी इतनी ज्यादा जरूरत है। अब इसे जानकर मुझे खुशी हो रही है।"

सन् 1936 की गर्मियों में आइंस्टाइन ने मॉन्ट्रियल (कनाडा) के नजदीक की झील के तट पर एक पुराना खूबसूरत मकान किराए पर लिया। एल्सा को वहां कुछ आराम मिला, उनकी तबीयत में थोड़ा सुधार हुआ। लेकिन वह सदैव अपने पति के बारे में ही सोचती रहीं। अंतोनिना वालेंतिन को उन्होंने लिखा : "वे (आइंस्टाइन) ठीक-ठाक हैं। इधर उन्होंने कुछ महत्वपूर्ण सवाल हल किए हैं। लेकिन उन्होंने जो काम किया है उस सारे को समझाने और उपयोग में लाने में कुछ

समय लगेगा। वे स्वयं सोचते हैं कि यह उनकी सबसे बड़ी और सबसे महत्वपूर्ण उपलब्धि है।”

परंतु एल्सा पुनः स्वास्थ्यलाभ नहीं कर सकीं। सन् 1936 में प्रिंसटन में उनका निधन हुआ। लिओपोल्ड इन्फेल्ड (1898-1968 ई.) उस समय प्रिंसटन पहुंच गए थे। वे आइंस्टाइन की उस समय की जीवन-चर्या तथा मनोदशा की जानकारी देते हैं जब एल्सा मृत्युशय्या पर लेटी हुई थीं। उनके मकान की निचली मंजिल अस्पताल में तब्दील हो गई थी। आइंस्टाइन ऊपरी मंजिल के अपने अध्ययन-कक्ष में काम करते थे। अपने जीवन के सबसे प्रिय व्यक्ति से जल्दी ही बिछड़ जाने की वास्तविकता को जानकर आइंस्टाइन गहरे विषाद में डूब गए थे। परंतु वे पहले की तरह ही तेजी से अपना काम करते रहे। एल्सा के देहांत के कुछ दिन बाद उन्होंने संस्थान के ‘फाइन हॉल’ में अपना काम भी शुरू कर दिया। वे बहुत थके हुए लग रहे थे और उनका चेहरा पहले से अधिक फीका नजर आ रहा था। परंतु उन्होंने गति के समीकरणों के विकास के बारे में अपने सहयोगियों से जल्दी ही पुनः विचार-विमर्श शुरू कर दिया। आइंस्टाइन के लिए सोचना उसी तरह अत्यावश्यक था, जैसा कि सांस लेना।

पोलैंडवासी भौतिकवेत्ता लिओपोल्ड इन्फेल्ड 1936-37 ई. में प्रिंसटन में आइंस्टाइन के एक निकट सहयोगी थे। उन्होंने अपने संस्मरणात्मक ग्रंथ (The Quest : The Evolution of a Scientist) में आइंस्टाइन की चिंतन-प्रक्रिया और उनके अंतरंग जीवन के बारे में काफी उपयोगी जानकारी दी है। वे पहली बार 1920 ई. में आइंस्टाइन से बर्लिन में मिले थे और अब ल’वोव विश्वविद्यालय में भौतिकी के प्राध्यापक थे।

चित्र 12.3 : लिओपोल्ड इन्फेल्ड (1898-1968 ई.)

सन् 1936 में पोलैंड में प्रतिक्रियावादी शक्तियां तेजी से उभर रही थीं। इन्फेल्ड ने जब महसूस किया कि उन्हें जल्दी ही

विश्वविद्यालय छोड़ देना पड़ सकता है, तो उन्होंने आइंस्टाइन को लिखा। आइंस्टाइन ने इन्फेल्ड को प्रिंसटन बुलाया और उनके लिए एक साल की सामान्य फैलोशिप की व्यवस्था कर दी। इन्फेल्ड ने प्रिंसटन पहुंचकर आइंस्टाइन के फाइन हॉल स्थित कमरा नं. 209 में प्रवेश किया। वे सोलह साल बाद आइंस्टाइन से मिल रहे थे। बताते हैं कि आइंस्टाइन अब वृद्ध लग रहे थे, परंतु उनकी आंखों में अभी भी पहले की तरह ही चमक थी।

इन्फेल्ड ने सोचा था कि प्रथम भेंट में आइंस्टाइन उनसे कुछ निजी सवाल पूछेंगे, पूछेंगे कि पोलैंड से प्रिंसटन तक की उनकी यात्रा कैसी रही। मगर उन्होंने सीधे उन समस्याओं के बारे में बातचीत शुरू कर दी जिन पर वे काम कर रहे थे। उस पहली मुलाकात में आइंस्टाइन ने इन्फेल्ड को बताया कि वे एकीकृत क्षेत्र सिद्धांत की अपनी खोजबीन में कहां तक पहुंचे हैं। उसी वक्त इतालवी गणितज्ञ लेवी-सिविता[10], जिनके गणित का आइंस्टाइन ने अपने व्यापक आपेक्षिकता-सिद्धांत के विकास में उपयोग किया था, कमरे में दाखिल हुए। वे छोटे कद के, दुबले-पतले व्यक्ति थे। इटली की फासीवादी सरकार के प्रति निष्ठा व्यक्त करने से इनकार करने के कारण उन्हें देश छोड़कर यहां प्रिंसटन में शरण लेनी पड़ी थी। जब उन्होंने आइंस्टाइन को इन्फेल्ड के साथ चर्चा करते हुए देखा, तो वे कमरे से वापस जाने लगे। लेकिन आइंस्टाइन ने इशारे से उन्हें बैठकर चर्चा में भाग लेने को कहा। इन्फेल्ड लिखते हैं :

"मैंने धीर-गंभीर आइंस्टाइन और दुबले-पतले लेवी-सिविला को ब्लैकबोर्ड पर लिखे सूत्रों की ओर इशारे करते हुए एक ऐसी भाषा में बोलते हुए देखा जिसे वे समझते थे कि अंग्रेजी है।''' आइंस्टाइन हर चंद सेकंडों के बाद अपने ढीले-ढाले पेंट को ऊपर उठाते जा रहे थे। बहुत ही विनोदी नजारा था। मैं उसे कभी नहीं भूल सकता। मैं हंसी को रोकते हुए अपने को समझा रहा था : 'यहां तुम संसार के सबसे ख्यातनामा वैज्ञानिक के साथ भौतिकी के बारे में बातचीत कर रहे हो और तुम इसलिए उन पर हंसना चाहते हो, क्योंकि उन्होंने सस्पेंडर्स (suspenders, यानी पैंट को पकड़कर रखने वाले पट्टे) नहीं बांधे हैं।' मैंने अपनी हंसी को रोका और आइंस्टाइन अपने नए अनुसंधान-कार्य के बारे में बताते रहे।"

सस्पेंडर्स का इस्तेमाल न किए जाने वाला यह प्रसंग विनोदी भले ही लगता हो, परंतु इसे हास्यास्पद नहीं कहा जा सकता। आइंस्टाइन का बौद्धिक जीवन ही इतना गहन-गंभीर था कि उन्हें बाहरी दिखावे से कोई मतलब ही नहीं रह गया था। एक बार इन्फेल्ड के एक परिचित ने उनसे पूछा कि क्या वजह है कि आइंस्टाइन लंबे बाल रखते हैं, मोजों, कॉलरों तथा सस्पेंडर्स का इस्तेमाल नहीं करते

और चमड़े का विचित्र-सा जैकेट पहनते हैं। इन्फेल्ड बोले :

"उत्तर है, उनका अलगाव और बाह्य जगत से अपने सरोकार को कम करने की इच्छा। इसके पीछे उनकी सोच है, अपनी आवश्यकताओं को कम करके अपनी आजादी में इजाफा करना। हम हजारों चीजों के गुलाम हैं और हमारी गुलामी में निरंतर वृद्धि होती जाती है ···। हम स्नानघरों के, कारों के, रेडियो के और हजारों अन्य चीजों के गुलाम हैं। आइंस्टाइन ने अपनी आवश्यकताओं को न्यूनतम कर लिया था। लंबे बाल नाई की गरज को कम कर देते हैं। मोजों से मजे में मुक्ति पाई जा सकती है। चमड़े के जैकेट से कोट के बिना सालों तक काम चलाया जा सकता है। सस्पेंडर्स और नाइट ड्रेस के कुरते-पाजामे भी निरर्थक हैं। आइंस्टाइन ने न्यूनतम की समस्या सुलझाई है। जूते, पैंट, शर्ट और जैकेट अत्यावश्यक चीजें हैं। इनमें और कमी कर पाना कठिन है।"[11]

अब तो लंबे बाल रखना एक फैशन भी बन गया है, परंतु आइंस्टाइन के मामले में इसका कारण यह था कि वे बाल कटवाने के लिए समय गंवाना व्यर्थ समझते थे। वे कभी-कभी हैट पहनकर भी संस्थान जाते थे। लेकिन जाते-आते समय यदि बारिश होती थी, तो प्रिंसटन के उनके पड़ोसी देखते कि आइंस्टाइन ने अपना हैट उतारकर उसे अपने कोट के भीतर छिपा लिया है। क्यों?

"यदि मेरे बाल गीले हो जाते हैं, तो सूख जाएंगे। लेकिन यदि मेरा हैट गीला हो जाता है, तो वह खराब हो जाएगा," आइंस्टाइन का जवाब होता था।

अपनी आवश्यकताओं को सरल व सीमित रखने के पीछे काम करती थी आइंस्टाइन की सामाजिक न्याय की स्पष्ट सोच। उन्होंने लिखा भी है : "मैं प्रतिदिन सौ बार अपने को स्मरण कराता हूं कि मेरा आंतरिक और बाह्य जीवन दूसरे आदमियों—जीवित व मृत—के श्रम पर आश्रित है; और, मुझे उसी मात्रा में बदला चुकाने के लिए प्रयत्नशील रहना चाहिए, जिस मात्रा में मैंने उनसे प्राप्त किया है और अब प्राप्त कर रहा हूं। मुझे मितव्ययी जीवन पसंद है और मैं अक्सर तीव्रता से अनुभव करता हूं कि मैं अपने बांधवों के श्रम का नाहक ही आनंद उठा रहा हूं। मैं वर्ग-विभेद को अन्यायपूर्ण मानता हूं, और मानता हूं कि यह अंततः बलप्रयोग पर आधारित है। मैं यह भी मानता हूं कि सरल व विनीत जीवन सभी के लिए अच्छा है—शारीरिक और मानसिक, दोनों दृष्टियों से।"[12]

सन् 1936-37 के दौरान प्रायः प्रतिदिन ही आइंस्टाइन और इन्फेल्ड की मुलाकात होती थी। दोनों प्रिंसटन परिसर और उसके आसपास के इलाके में टहलते हुए भौतिकी की समस्याओं पर गंभीर चर्चा करते थे। क्षेत्र सिद्धांत में इन्फेल्ड की गहरी दिलचस्पी थी। उस समय आइंस्टाइन गुरुत्वीय क्षेत्र में कणों की गति की

समस्या पर काम कर रहे थे, क्षेत्र समीकरणों से गति के समीकरण प्राप्त करने के प्रयास में जुटे हुए थे। चिरस्थापित भौतिकी में क्षेत्र समीकरण और गति के समीकरण एक-दूसरे से पृथक् हैं। परंतु आइंस्टाइन के गुरुत्वाकर्षण सिद्धांत में गति के समीकरणों और क्षेत्र समीकरणों को एक-दूसरे से स्वतंत्र नहीं माना जा सकता। आइंस्टाइन और इन्फेल्ड ने मिलकर क्षेत्र समीकरणों से गति के समीकरण प्राप्त करने की इस महत्वपूर्ण समस्या को सुलझाया।

इन्फेल्ड ने अपने संस्मरणों में आइंस्टाइन के बारे में लिखा है : "मैंने भौतिकी के क्षेत्र में आइंस्टाइन से काफी सीखा है। परंतु उनके संपर्क में जो सबसे मूल्यवान चीज मैंने सीखी है उसका संबंध वैज्ञानिक क्षेत्र की बजाए मानवीय पक्ष से है। मेरी दृष्टि में वे संसार के सबसे कृपालु, सबसे विवेकी और मददगार व्यक्ति हैं।" कई उदाहरणों से इस बात की पुष्टि हो जाती है। आइंस्टाइन के चिकित्सक गुस्ताफ बुकी बताते हैं कि उन्हें पोर्त्रेत बनाने वालों के लिए बैठना बिल्कुल पसंद नहीं था। लेकिन जब कोई कलाकार कहता कि उनके पोर्त्रेत से उसे कुछ आय हो जाएगी, तो वे उस गरजी कलाकार के लिए घंटों बैठने के लिए तुरंत तैयार हो जाते थे।

इन्फेल्ड बताते हैं : "प्रिंसटन में भी आइंस्टाइन को हर कोई क्षुधित और विस्मित आंखों से देखता है। हम अक्सर भीड़ वाली सड़कों को छोड़कर खेतों में और सूनी पगडंडियों पर टहलने निकल जाते थे। एक बार एक कार ने हमें रोका, एक प्रौढ़ महिला हाथ में कैमेरा लेकर उसमें से उतरी और कुछ उत्तेजित होकर बोली : 'प्रोफेसर आइंस्टाइन, क्या मैं आपका एक फोटो ले सकती हूं?'

"'हां, अवश्य।'

"आइंस्टाइन क्षणभर के लिए शांत खड़े रहे। उसके बाद उन्होंने अपनी चर्चा पूर्ववत् जारी रखी। फोटो वाले दृश्य का उनके लिए कोई अस्तित्व नहीं था, और मुझे पूरा यकीन है कि कुछ समय बाद वे उसे एकदम भूल गए।"

इन्फेल्ड एक और किस्सा बताते हैं। एक बार आइंस्टाइन और इन्फेल्ड प्रिंसटन में The Life of Emil Zola (एमिल झोला[13] का जीवन) फिल्म देखने गए। टिकट खरीदने के बाद वे एक भीड़-भरे प्रतीक्षालय में पहुंचे, तो पता चला कि फिल्म शुरू होने में पंद्रह मिनट ज्यादा लगेंगे। तब आइंस्टाइन ने बाहर जाकर थोड़ा टहल आने का सुझाव दिया। जब वे बाहर जाने लगे, तो इन्फेल्ड दरबान से बोले : "हम कुछ मिनट बाद लौट आएंगे।"

मगर आइंस्टाइन कुछ चिंतित नजर आए और उन्होंने बहुत ही सीधेपन से दरबान से पूछा : "अब हमारे पास अपने टिकट नहीं हैं। क्या आप हमें

पहचान लेंगे।”

दरबान को लगा कि आइंस्टाइन उससे मज़ाक कर रहे हैं। मुस्कराकर बोला : “हां, प्रोफेसर आइंस्टाइन, मैं पहचान लूंगा।”

बवारिया (दक्षिण जर्मनी) के कलाकार जोसेफ शार्ल, जिन्होंने 1927 ई. में आइंस्टाइन का एक पोर्त्रेत बनाया था, नाजी जेल से भाग निकलकर 1938 ई. में प्रिंसटन पहुंच गए थे। शार्ल ने प्रिंसटन के एक वृद्ध व्यक्ति को पूछा : “आप आइंस्टाइन के सिद्धांतों को बिल्कुल नहीं समझते, तब भी आप उनका इतना अधिक सम्मान क्यों करते हैं?”

“जब मैं प्रोफेसर आइंस्टाइन के बारे में सोचता हूं, तो मुझे महसूस होता है कि मैं अकेला नहीं हूं।”

आइंस्टाइन के सहायक के रूप में लिओपोल्ड इन्फेल्ड की प्रिंसटन शोधवृत्ति सिर्फ एक साल के लिए थी। आइंस्टाइन ने काफी कोशिश की कि इन्फेल्ड की शोधवृत्ति आगे भी जारी रहे, परंतु इसमें वे असफल रहे; अब संस्थान में उनका इतना प्रभाव नहीं रह गया था कि वे अपने किसी सहायक को स्थायी पद दिला सकें। मगर इन्फेल्ड के मामले में संकट की इस स्थिति का अंत सुखद ही रहा।

इन्फेल्ड को एक उपाय सूझा। उन्होंने आइंस्टाइन के साथ मिलकर सरल भाषा में विज्ञान पर एक पुस्तक लिखने के बारे में सोचा। आइंस्टाइन को सह-लेखक के रूप में देखकर कोई भी प्रकाशक आधी रॉयल्टी पेशगी में देने के लिए सहर्ष तैयार हो जाएगा। उतने में इन्फेल्ड आगे एक साल तक प्रिंसटन में अपना गुजारा कर ले सकेंगे। काफी सोचने के बाद इन्फेल्ड ने आइंस्टाइन के सामने अपना प्रस्ताव पेश किया। आइंस्टाइन ने इन्फेल्ड की बात शांति से सुनी और बोले : “विचार बुरा नहीं है।” फिर आइंस्टाइन उठे, इन्फेल्ड से हाथ मिलाया और कहा : “हां, हम इसे करेंगे।”

आइंस्टाइन आपेक्षिकता पर कोई लोकप्रिय पुस्तक नहीं लिखना चाहते थे। वे भौतिकी की बुनियादी धारणाओं को उनके तार्किक विकासक्रम में प्रस्तुत करना चाहते थे—केवल भौतिकीय धारणाओं को, बिना गणित के। ऐतिहासिक विवेचन से स्पष्ट हो जाता है कि भौतिकीय धारणाएं, गणितीय ढांचे में प्रस्तुत किए जाने के पहले, किस तरह जन्म लेती हैं और किस तरह विकसित होती हैं। ऐतिहासिक विवेचन से शोध का महत्व और विचारों का संघर्ष उभरकर सामने आ जाता है।

पुस्तक की रचना में आइंस्टाइन ने भरपूर सहयोग दिया। पुस्तक को नाम दिया गया—**The Evolution of Physics** (भौतिकी का विकासक्रम), जो पहली बार 1938 ई. में प्रकाशित हुई। इन्फेल्ड बताते हैं कि पुस्तक की तैयारी में आइंस्टाइन

ने सक्रिय भाग लिया, लेकिन जैसे ही पांडुलिपि प्रेस के लिए तैयार हो गई, उसमें उनकी दिलचस्पी समाप्त हो गई। उन्होंने एक बार भी पुस्तक के प्रूफ नहीं देखे। प्रकाशक के संतोष के लिए इन्फेल्ड ने उसे बताया कि आइंस्टाइन ने छपी पुस्तक को बहुत पसंद किया है। वस्तुतः आइंस्टाइन ने छपी पुस्तक को खोलकर भी नहीं देखा था।[14] 'न्यूयार्क टाइम्स' के एक संवाददाता ने पुस्तक के बारे में कुछ कहने का आइंस्टाइन से अनुरोध किया, तो उनका जवाब था : "पुस्तक के बारे में मुझे जो कहना है वह सब उसमें मौजूद है।"

सन् 1938 में लिओपोल्ड इन्फेल्ड प्रिंसटन से टोरोंटो (कनाडा) चले गए और वहां विश्वविद्यालय में गणित के प्राध्यापक बने। आगे 1950 ई. में वे अपने देश पोलैंड लौटे और वहां वारसा विश्वविद्यालय के सैद्धांतिक भौतिकी संस्थान के निदेशक नियुक्त हुए।

आइंस्टाइन के प्रिंसटन के जीवन के बारे में इधर के वर्षों में उपलब्ध हुए योहान्ना फांतोवा (Johanna Fantova) के संस्मरण भी बड़े दिलचस्प हैं।[15] फांतोवा चेकोस्लोवाकिया की निवासी थीं और उम्र में आइंस्टाइन से 22 साल छोटी। पहली बार दोनों की मुलाकात बर्लिन में 1929 ई. में हुई थी। फांतोवा के पति के पिता का प्राग में 'फांता सैलों' नामक एक गोष्ठी-हॉल (Salon) था, जिसके एक समय आइंस्टाइन और फ्रांज काफ्का[16] भी सदस्य रहे थे। फांतोवा 1933 ई. में नाजी जर्मनी से शरणार्थी बनकर अमरीका आई थीं और 1939 ई. में प्रिंसटन पहुंची थीं। आइंस्टाइन की पत्नी एल्सा का देहांत 1936 ई. में हो चुका था। मगर आइंस्टाइन की छोटी बहन माया उनके साथ रहने 1939 ई. में प्रिंसटन पहुंच गई थी।

आइंस्टाइन ने अपने निजी पुस्तकालय को संभालने का काम फांतोवा को सौंपा। उनके बाल काटने का काम भी उसी के जिम्मे था। वे साथ-साथ नौका-विहार के लिए जाते, आइंस्टाइन से मिलने आने वाले लोगों के बारे में फोन पर चर्चा करते। फांतोवा की जर्मन भाषा में लिखी हुई 62 पृष्ठों की एक "डायरी" मिली है, जिसमें आइंस्टाइन की मृत्यु (अप्रैल 1955) से पहले के अंतिम डेढ़ वर्ष की जानकारी है। 'भूमिका' में फांतोवा लिखती हैं : मैं "आइंस्टाइन के जीवन पर कुछ अतिरिक्त रोशनी डालना चाहती हूं—उस आइंस्टाइन पर नहीं जो अपने जीवनकाल में ही आख्यान-पुरुष बन गए थे, विख्यात वैज्ञानिक आइंस्टाइन पर भी नहीं, बल्कि उस आइंस्टाइन पर जो मानवतावादी थे।"

फांतोवा की सूचना के बिना शायद ही कभी पता चल पाता कि आइंस्टाइन बिबो (Bibo) से खूब बतियाते थे। बिबो उनके तोते का नाम था, जो एक चिकित्सा संस्थान ने उन्हें जन्मदिन पर भेंट में दिया था। जब भी आइंस्टाइन देखते

चित्र 12.4 : पालतू 'चिको' के साथ आइंस्टाइन और हेलेन डुकास

कि बिबो कुछ उदास-सा है, तो वे उसे खुश करने के लिए भद्दे मजाक सुनाया करते थे। नतीजा यह हुआ कि इस संसर्ग से आइंस्टाइन संक्रमण के शिकार हो गए।

आइंस्टाइन-निवास में एक पालतू कुत्ता ('चिको') और एक पालतू बिल्ला ('टाइगर') भी था।

फांतोवा बताती हैं कि आइंस्टाइन हमेशा अमूर्त चिंतन में ही खोए नहीं रहते थे; वे समकालीन घटनाओं पर भी नजर रखते थे। वे राष्ट्रपति पद के उम्मीदवार अदलाई स्टिवेन्सन[17] के आलोचक थे और उन्होंने अमरीका में एटम बम के निर्माण-कार्य का नेतृत्व करने वाले नाभिकीय वैज्ञानिक रॉबर्ट ओप्पेनहाइमेर[18] की सिनेटर जोसेफ मैकार्थी[19] के हमलों से रक्षा की थी।

बहुत से लोग आइंस्टाइन का 'दर्शन' करने उनके प्रिंसटन स्थित निवास पर पहुंचते थे। उनसे बचने के लिए आइंस्टाइन अक्सर बीमार होने का बहाना बनाते थे–फांतोवा बताती हैं। परंतु पत्र लिखने वालों से बचने का कोई उपाय नहीं था। "दुनिया-भर के सिर-फिरे मुझे पत्र लिखते हैं," वे फांतोवा से कहते थे। आइंस्टाइन भरसक शिष्ट उत्तर देने की कोशिश करते। उदाहरण के लिए, दिल्ली के एक तरुण ने जुलाई 1953 में आइंस्टाइन को सहायता की आशा से एक पत्र लिखा, तो उन्होंने उसे अंग्रेजी में सलाह व सांत्वना का एक लंबा उत्तर भेजा था।[20] दूसरी तरफ, एक पत्र में आइंस्टाइन को ईसाई बनने की सलाह दी गई, तो उन्होंने उसका शिष्टता से ही दो टूक जवाब दिया था।

आइंस्टाइन सबसे ज्यादा परेशान रहते थे–हस्ताक्षर चाहनेवालों से। वे इसे नरभक्षण-प्रथा का अंतिम अवशेष मानते थे। उनकी सेक्रेटरी हेलेन डुकास, जिन्हें ऐसे लोगों से आइंस्टाइन की रक्षा करने में सबसे ज्यादा कठिनाई होती थी, बताती हैं : "यह एक महामारी की तरह है। लोग सोचते हैं कि कोई व्यक्ति यदि मशहूर है, तो वह आम जनता की सम्पत्ति हो जाता है। वे नहीं सोचते कि यह दरअसल एक दंड है–किसी महान कार्य को करने के लिए दिया जाने वाला दंड।"

चित्र 12.5 : आइंस्टाइन के प्रिंसटन निवास (112 मेर्सेर स्ट्रीट) में उनका अध्ययन-कक्ष : बड़ी मेज, बड़ी खिड़की और उसके बाहर हरे-भरे पेड़ों का खूबसूरत नजारा।

आइंस्टाइन का दो-मंजिला मकान (112 मेर्सेर स्ट्रीट) प्रिंसटन के दूसरे अनेक प्राध्यापकों के मकानों से किसी भी मायने में विशेष नहीं था। मगर इसके लिये गए बहुत-सारे फोटो के कारण आइंस्टाइन का वह मकान दुनिया-भर में लोगों के लिए जाना-पहचाना हो गया है। बाहरी बाड़े की एक खुली जगह से होकर रास्ता मकान के दरवाजे तक पहुंचता है। भीतर जाने पर बाईं ओर की दीवार के साथ लकड़ी की एक सीढ़ी है, जो ऊपरी मंजिल पर पहुंचा देती है। आइंस्टाइन के अध्ययन-कक्ष के बाहर एक दिशा में कई पुराने खूबसूरत पेड़ों वाला बगीचा था। घर पर आइंस्टाइन अपना अधिकतर समय इसी कक्ष में गुजारते थे। उनकी काम करने की बड़ी-सी मेज कक्ष के बीचोंबीच थी। पास की एक छोटी मेज पर धूम्रपान के कई पाइप रखे रहते थे। लेकिन आइंस्टाइन जब गणनाएं करने में जुटे हुए होते, तो अपनी मनपसंद आरामकुरसी पर बैठकर ही घुटनों पर कागज का पैड रखकर लिखा करते थे। हेलेन डुकास बताती हैं : "उन्हें जरूरत होती थी, केवल कागज व पेंसिल की, और अपने दिमाग की।"

आइंस्टाइन के अध्ययन-कक्ष की पूरी दो दीवारें पुस्तकों के शेल्फों से भरी हुई थीं। खिड़की के बाईं ओर के एक छोटे स्थान में गांधीजी का पोर्त्रेत टंगा हुआ था, जो आइंस्टाइन की मृत्यु के बाद भी वहां बना रहा। दरवाजे से भीतर जाने पर दाईं ओर का एक दरवाजा छज्जे में खुलता था और दूसरा आइंस्टाइन के शयन-कक्ष में। दीवार पर बवारिया (जर्मनी) के चित्रकार जोसेफ शार्ल द्वारा बनाए

गए माइकेल फैराडे और जेम्स क्लार्क मैक्सवेल के पोर्त्रेत टंगे हुए थे।

आइंस्टाइन चाहते थे कि उनके मकान को संग्रहालय बनाकर न रखा जाए। फिर भी, उनकी मृत्यु के बाद वहां सब कुछ यथावत् कायम रहा।

प्रिंसटन-निवास के दौरान आइंस्टाइन की दिनचर्या लगभग एक-सी रही। वे आमतौर पर सुबह साढ़े आठ-नौ तक जाग जाते थे और नाश्ते के साथ ही *द न्यूयार्क टाइम्स* भी पढ़ते थे। उनके नाश्ते में प्रायः होते थे दो उबले अंडे, टोस्ट और कॉफी। उसके बाद वे संस्थान के अपने ऑफिस के लिए रवाना हो जाते थे। उच्च अध्ययन संस्थान का अपना भवन 1940 ई. में बनकर तैयार हुआ। उसके पहले संस्थान प्रिंसटन विश्वविद्यालय के 'फाइन हॉल' में था। आइंस्टाइन के मकान से फाइन हॉल लगभग एक किलोमीटर उत्तर की ओर था। सन् 1940 में बनकर तैयार हुए उच्च अध्ययन संस्थान का नया भवन आइंस्टाइन के मकान के दक्षिण में था—लगभग उतनी ही दूर।

चित्र 12.6 : प्रिंसटन की सड़क पर अकेले पैदल जाते आइंस्टाइन

नाश्ते के बाद आइंस्टाइन संस्थान के अपने ऑफिस के लिए रवाना हो जाते थे। जाड़े या बारिश के दिनों में वे बस से जाते थे। बाकी दिनों में वे पैदल ही मेर्सेर स्ट्रीट और आगे छायादार वृक्षों से आच्छादित गलियों से होकर संस्थान पहुंचते थे। ऑफिस की दीवारों में लगे ब्लैकबोर्ड गणितीय गणनाओं से भरे रहते थे। इन गणनाओं में कई तरुण गणितज्ञ उन्हें सहयोग दे रहे थे। प्रिंसटन-निवास के दौरान

आइंस्टाइन प्रमुखतः एकीकृत क्षेत्र सिद्धांत (Unified Field Theory) की समस्याओं को सुलझाने में जुटे हुए थे। इसमें उन्हें विश्व को नियंत्रित करनेवाले दो प्रमुख ज्ञात बलों—गुरुत्वाकर्षण बल और विद्युत-चुंबकीय बल—से संबंधित भौतिक नियमों के समीकरणों में परस्पर सुसंगति स्थापित करनी थी। परमाणु के भीतर दृढ़ नाभिकीय बल और क्षीण नाभिकीय बल की खोज बाद में हुई।

आइंस्टाइन संस्थान में अपने सहयोगियों के साथ दोपहर को लगभग एक बजे तक काम करते थे। उसके बाद, मौसम ठीक रहा तो, वे 112 मेर्सेर स्ट्रीट के अपने निवास पर पैदल वापस लौटते थे। आइंस्टाइन के निवास के सामने, सड़क के उस पार, प्रिंसटन में भौतिकी विभाग के अध्यक्ष डा. आलेन शेनस्टोन (Allen Shenstone) का मकान था। उनके मकान से अक्सर दिखाई देने वाले एक दृश्य की डा. शेनस्टोन ने जानकारी दी है : "आइंस्टाइन समय का खूब ख्याल रखते थे। यदि मैं अपनी खिड़की से बाहर झांकता, तो उन्हें दोपहर के भोजन के लिए ठीक समय पर संस्थान से घर लौटते देखता। वे अपने किसी सहयोगी के साथ सड़क पर आते दिखाई देते और जब अपने घर के पास पहुंचते, तो वहां उन्हें बगल की पटरी पर खड़े रहकर बात करते हुए देखा जा सकता था। अक्सर वे बातचीत में इतने अधिक खोये रहते थे कि मुड़कर संस्थान की ओर वापस लौटना शुरू कर देते थे। यदि हेलेन डुकास आइंस्टाइन को वापस जाते देख लेती, तो वह दौड़कर बाहर आती और उन्हें पकड़कर भोजन के लिए भीतर ले जाती।"

दोपहर का भोजन ही दिन का मुख्य भोजन होता था। आइंस्टाइन को इतालवी व्यंजन (spaghetti या macaroni) विशेष पसंद थे। इसका शायद कारण था, बचपन में माता-पिता के साथ मिलान में बिताए गए उनके सुखद दिन। भोजन के बाद वे ऊपर अपने अध्ययन-कक्ष में चले जाते और कभी-कभी थोड़ी झपकी ले लेते, अन्यथा अधिकतर अपनी गणनाओं में जुट जाते थे। रात्रि को बहुत हलका भोजन करते। यदि कोई अतिथि न हो, तो वे अपने अध्ययन-कक्ष में चले जाते और देर रात तक अपनी गवेषणाओं में जुटे रहते ।

प्रिंसटन के अपने शुरू के दिनों में आइंस्टाइन अक्सर अपना प्रिय वायलिन लेकर मित्रों और पड़ोसियों के घरों में आयोजित समूह-वाद्य संगीत (chamber music) की बैठकों में शरीक हो जाते थे। आइंस्टाइन को मोट्सार्ट[21] का संगीत सबसे अधिक प्रिय था। साठ की आयु पार करने पर उन्होंने समूह-वाद्य संगीत में भाग लेना लगभग बंद कर दिया था; वे अब बीच-बीच में गलतियां भी करने लग गए थे। उनकी बेटी मारगॉट बताती है कि जब उनसे कोई गलती हो जाती, तो वे नकली रोष में बोल पड़ते थे : "देखो, यहां मोट्सार्ट ने कैसी गलत रचना की है!"

आइंस्टाइन ने समूह-वाद्य संगीत के आयोजनों में जाना भले ही छोड़ दिया हो, मगर उनका अकेले का अपना वायलिन-वादन जारी रहा। एक क्रिसमस-पूर्व दिन की बात है। कुछ वृंदगायक उनके घर के सामने उपस्थित हुए, तो वे फौरन अपना वायलिन लेकर बाहर बरामदे में निकल आए और कड़ाके की सर्दी के बावजूद उनके आनंदगान में साथ दिया।

अपने प्रिंसटन निवास के दौरान आइंस्टाइन ने कइयों की कई तरह से मदद की–प्रतिभाशाली विद्यार्थियों की, नौकरी चाहने वालों की, अपनी पुस्तकों के लिए 'दो शब्द' लिखवाने वालों की, और विशेषकर उन शरणार्थियों की जो उनके सहयोग के आश्वासन के बिना विज़ा प्राप्त नहीं कर सकते थे। प्रिंसटन में ऐसी भी कई कथाएं जन्मीं कि आइंस्टाइन स्थानीय बच्चों को उनके अंकगणित के सवाल हल करने में मदद करते थे। लेकिन ये कथाएं प्रामाणिक नहीं हैं। हां, एक वाकया सच्चा है, जिसकी जानकारी हेलेन डुकास ने दी है। एक दिन दोपहर को एक पड़ोसी की बेटी हाथ में एक कागज लेकर आई और कहा कि वह प्रोफेसर आइंस्टाइन से मिलना चाहती है। उसे ऊपर आइंस्टाइन के अध्ययन-कक्ष में भेज दिया गया। उसने वह कागज आइंस्टाइन के सामने पेश करके कहा : "कृपया क्या आप मेरे होमवर्क में मदद करेंगे?" आइंस्टाइन ने उस कागज को बड़े प्रेम से ग्रहण

चित्र 12.7 : 1 अक्तूबर, 1940 को अमरीका की नागरिकता प्राप्त करते समय निष्ठा की शपथ लेते हुए आइंस्टाइन, हेलेन डुकास (बाएं) और मारगॉट (दाएं)।

कर लिया, मगर मदद करने से इनकार कर दिया, यह कहते हुए–"ऐसा करना तुम्हारे अध्यापक के प्रति अन्याय होगा।"

ऐसी बात नहीं है कि अमरीका के सभी लोग आइंस्टाइन के प्रति आदरभाव रखते थे। उनके बारे में अलग-अलग समुदायों की अलग-अलग सोच थी। हमने देखा है कि अमरीका में स्थायी रूप से बस जाने के पहले ही एक महिला संगठन ने उनका जबरदस्त विरोध किया था। कुछ लोग उन्हें Red यानी "लाल" (कम्युनिस्ट) मानते थे। कुछ धर्माचार्य कहते थे कि एक "शरणार्थी" उनसे उनका निजी ईश्वर छीन लेना चाहता है। कई अमरीकी आइंस्टाइन के शांतिवादी विचारों के विरोधी थे। लेकिन कुल मिलाकर देखें, तो अधिकांश अमरीकी आइंस्टाइन के वक्तव्यों में गहरी दिलचस्पी लेते थे, उन पर गंभीरता से विचार करते थे।

प्रिंसटन में भी आइंस्टाइन के प्रति लोगों के मिश्रित भाव को देखा जा सकता था। छायादार वृक्षों वाली सड़क पर से आइंस्टाइन का संस्थान में आना-जाना प्रिंसटन के परिदृश्य का एक अभिन्न अंग बन गया था। कॉफी-हाउस का मालिक और वहां आने वाले लोग आइंस्टाइन की पसंद व आदतों से अच्छी तरह परिचित थे। वे आइंस्टाइन के साथ उसी सहजता से बात करते थे, जैसे दूसरे प्रिंसटनवासियों के साथ करते थे। लेकिन यह भी सच है कि प्रिंसटन के लोग आइंस्टाइन को बीसवीं सदी का एक आख्यान-पुरुष मानते थे। आइंस्टाइन उनके लिए एक अजूबा ही थे। उनकी मनोदशा ब्रिटिश कोलंबिया के एक स्कूल में पढ़ने वाली उस बालिका की तरह थी जिसने आइंस्टाइन को लिखा था : "मैं आपको इसलिए लिख रही हूं कि मैं जानना चाहती हूं कि आप सचमुच हैं भी या नहीं?"

प्रिंसटन में चोटी के अनेक वैज्ञानिकों का वास्तव्य रहा है। परंतु उनमें से कोई भी "सामान्य" और "आख्यान पुरुष", दोनों साथ-साथ नहीं रहा।

प्रिंसटन में बस जाने के बाद आइंस्टाइन अपनी पूरी शक्ति और दृढ़निश्चय के साथ एकीकृत क्षेत्र सिद्धांत (Unified Field Theory) के सृजन में जुट गए थे। आइंस्टाइन के बीच-बीच के नैराश्यपूर्ण क्षणों के बारे में मारगॉट बताती हैं : "ऐसे भी दिन होते थे जब वे दोपहर के भोजन के लिए अकेले ही घर लौटते थे और घर पर अन्य कोई नहीं होता, तो हम लोग एक शब्द भी नहीं बोलते थे। उनके बेहद थके और पीले पड़े चेहरे को देखकर हम समझ जाते कि वे चुपचाप रहना चाहते हैं। वे कहते : 'क्या घूमने चलोगी?' और, जब हम घूमने निकलते तो वे प्रकृति की छोटी-छोटी बातें बड़े सरल व सुंदर तरीके से समझाते जाते। उनकी बच्चों-जैसी उन्मुक्त हंसी आज भी मुझे याद है।"

क्या वजह थी कि प्रिंसटन-निवास की उस ढलती उम्र में भी आइंस्टाइन ने

अपने को अनुसंधान-कार्य में जोर-शोर से जोत रखा था? आइंस्टाइन यह मानने के लिए तैयार नहीं थे कि विश्व की व्याख्या करने वाले आधुनिक विज्ञान के दो महान सिद्धांत–आपेक्षिकता-सिद्धांत और क्वांटम-सिद्धांत–अलग-अलग बुनियादी धारणाओं पर आधारित हैं और गणित की अलग-अलग "भाषाओं" में अपने को प्रस्तुत करते हैं। आपेक्षिकता-सिद्धांत अतिविशाल जगत (तारों व मंदाकिनियों का बाह्य विश्व) को संचालित करने वाले भौतिकीय नियम प्रस्तुत करता है, तो क्वांटम-सिद्धांत अतिसूक्ष्म जगत (परमाणु और उसके भीतर के नाभिकीय कणों के अदृश्य जगत) की। आइंस्टाइन का प्रयास था–इन दो सैद्धांतिक पद्धतियों के बीच के, अतिसूक्ष्म व अतिविशाल के बीच के अंतर को पाटना और एक ऐसा एकीकृत ब्रह्मांडीय सिद्धांत प्रस्तुत करना जिससे प्रकृति की विविध लीलाओं को एकसाथ समझा जा सके। वे यह स्वीकार नहीं कर पा रहे थे कि विश्व को जानने के लिए एक-दूसरे से स्वतंत्र दो "खिड़कियों" की आवश्यकता है।

संदर्भ और टिप्पणियां

1. आइंस्टाइन 1931-1933 ई. में 'अतिथि प्राध्यापक' बनकर तीन बार काल्टेक (कैलिफोर्निया इंस्टीट्यूट आफ टेक्नालॉजी) गए थे, परंतु पता चलता है कि वहां स्थायी पद स्वीकार करने के लिए उनसे अनुरोध नहीं किया गया। एक कारण था, उन दिनों काल्टेक की आर्थिक हालत खस्ता होना। दूसरी बात यह थी कि काल्टेक के तत्कालीन अध्यक्ष नोबेल पुरस्कार-विजेता भौतिकवेत्ता रॉबर्ट मिलिकान (1868-1953 ई.) को आइंस्टाइन द्वारा सिओनवाद (Zionism) और विश्व निरस्त्रीकरण के समर्थन में व्यक्त किए जाने वाले विचार पसंद नहीं थे; उन्हें भय था कि आइंस्टाइन के इन विचारों से काल्टेक के कुछ उद्योगपति-संरक्षक नाराज हो सकते हैं।
2. 'फाइन हॉल' अब 'जोन्स हॉल' कहलाता है, और यहां 'पूर्वी एशियाई अध्ययन केंद्र' है।
3. आइंस्टाइन के मित्र, फ्रांसीसी भौतिकवेत्ता पॉल लांगेविन (1872-1946 ई.) ने आइंस्टाइन के अमरीका जाकर बसने के बारे में टिप्पणी की थी : "यह वैसी ही महत्वपूर्ण घटना है, जैसी कि वेटिकन की रोम से अमरीका में स्थानांतरण की होती। भौतिकी का पोप वहां चला गया है; अब आगे अमरीका प्राकृतिक विज्ञानों का केंद्र बन जाएगा।" और, हुआ भी ऐसा ही। नाजी नीतियों के कारण, आइंस्टाइन के अलावा, यूरोप के चोटी के अनेक वैज्ञानिक अमरीका पहुंच गए। उसके बाद ही वहां विज्ञान का तेजी से विकास हुआ।
4. आइंस्टाइन को भौतिकी के कैसर विलहेल्म संस्थान (बर्लिन) के निदेशक के रूप

में प्रतिवर्ष 5000 जर्मन मार्क वेतन मिलता था।

5. फ्रैंकलिन डी. रूजवेल्ट के लिए देखिए अध्याय 14, टिप्पणी 1.

6. पैरों में मोजे न पहनने की आइंस्टाइन की आदत का काफी जिक्र होता है। इसके बारे में उन्होंने एक बार अपने एक अमरीकी पड़ोसी को कहा था : "मेरी उम्र अब इतनी हो गई है कि यदि मुझे कोई मोजे पहनने को कहता है, तो उसे मानना जरूरी नहीं है।" मोजे न पहनने का उन्होंने एक यह कारण भी बताया था : "जब मैं तरुण था, तब मैंने जाना कि मेरे पैरों के अंगूठे हमेशा ही मेरे मोजों में छेद कर देते हैं। इसलिए मैंने मोजे पहनना छोड़ दिया।"
   लगता है कि रूजवेल्ट के साथ आइंस्टाइन की मुलाकात काफी सुखद रही। बाद में उन्होंने अपनी एक महिला-मित्र को लिखा था : "मुझे अफसोस है कि रूजवेल्ट राष्ट्रपति हैं, अन्यथा मैं उनसे अक्सर मुलाकात करता।"

7. आरनॉल्ड सोम्मेरफेल्ड के लिए देखिए अध्याय 8, टिप्पणी 1 व 2.

8. लिओपोल्ड इन्फेल्ड के लिए देखिए अध्याय 9, टिप्पणी 2.

9. Albert Einstein, **Ideas and Opinions**, p. 9.

10. लेवी-सिविता के लिए देखिए अध्याय 6, टिप्पणी 12.

11 आइंस्टाइन के वैज्ञानिक जीवनीकार अब्राहम पाइस ने उनका एक कथन उद्धृत किया है : "मुझे न नए कपड़े पसंद हैं, न ही नए प्रकार के भोजन-व्यंजन।"

12. Albert Einstein, **Ideas and Opinions**, p. 8.

13. एमिल झोला के लिए देखिए अध्याय 11, टिप्पणी 9.

14. लगभग ऐसा ही एक उदाहरण फ्रांस के महान गणितज्ञ जोसफ-लुई लाग्राँज (1736-1815 ई.) का है। बाद में लाग्राँज को गणित से इतनी विरक्ति हो गई थी कि 1788 ई. में जब उनकी महान कृति "वैश्लेषिक यांत्रिकी" छपकर आई, तो लाग्राँज ने आगे के दो साल तक उसे एक बार भी खोलकर नहीं देखा!

15. फांतोवा और उसके संस्मरणों के बारे में यहां दी जा रही जानकारी The Hindu में 28 अप्रैल, 2004 को प्रकाशित लॉस एंजिलेस के डान ग्लेइस्टर के एक छोटे लेख पर आधारित है।

16. फ्रांज काफ्का (Franz Kafka : 1883-1924 ई.) : प्राग में जन्म; यहूदी माता-पिता की संतान। काव्य और मनोवैज्ञानिक एवं दार्शनिक कथानकों की रचना की।

17. अदलाई स्टिवेन्सन (Adlai Stevenson : 1900-1965 ई.) : अमरीका के इलिनॉय राज्य के गवर्नर (1949-53 ई.)। राष्ट्रपति-पद के लिए आइजेनहोवर के खिलाफ दो बार (1952 व 1956 ई.) चुनाव लड़ा, मगर असफल रहे।

18. रॉबर्ट ओप्पेनहाइमेर के लिए देखिए अध्याय 14, टिप्पणी 27, और परिशिष्ट-1 (**आइंस्टाइन के भारतीय सरोकार**), टिप्पणी 35.

19. जोसेफ मैकार्थी के लिए देखिए परिशिष्ट-1 (**आइंस्टाइन के भारतीय सरोकार**), टिप्पणी 9.

20. देखिए परिशिष्ट-1 : **आइंस्टाइन के भारतीय सरोकार**।

21. मोट्सार्ट के लिए देखिए अध्याय 2, टिप्पणी 15.

    आइंस्टाइन ने लिखा है : "मोट्सार्ट का संगीत इतना शुद्ध है कि लगता है जैसे यह विश्व में सदैव विद्यमान रहा है, और किसी उत्कृष्ट कलाकार द्वारा खोजे जाने की प्रतीक्षा में था।" आइंस्टाइन भौतिकी के बारे में भी कुछ इसी तरह सोचते थे–सिद्धांतों और प्रेक्षणों के परे एक संगीतमय ब्रह्मांड है। प्रकृति के नियम, जैसे, आपेक्षिकता का सिद्धांत, ब्रह्मांड में से खोज निकालने के किए किसी सुरप्रेमी वैज्ञानिक की प्रतीक्षा में हैं। इसीलिए आइंस्टाइन अपने सिद्धांतों की खोज का श्रेय गणनाओं को कम और "विशुद्ध चिंतन" को ज्यादा देते थे। सन् 1915 में, जब आइंस्टाइन व्यापक आपेक्षिकता-सिद्धांत के सृजन के समय अत्यंत जटिल गणित से जूझ रहे थे, तब वे अक्सर मोट्सार्ट के सहज व सरल संगीत की शरण में चले जाते थे। आइंस्टाइन के बड़े बेटे हान्स अल्बर्ट ने लिखा भी है : "जब भी उन्हें आगे बढ़ने का कोई रास्ता नहीं सूझता या किसी जटिल समस्या से उनका सामना होता, तो वे संगीत की शरण में चले जाते थे। तब उनकी सारी कठिनाई प्रायः दूर हो जाती थीं।"

❑❑❑

अध्याय 13

आइंस्टाइन और क्वांटम सिद्धांत[1]

आपेक्षिकता-सिद्धांत और क्वांटम सिद्धांत बीसवीं सदी के भौतिक-विज्ञान की दो महान उपलब्धियां हैं। इन क्रांतिकारी सिद्धांतों ने हमें एक ओर अतिविशाल जगत की अतल गहराइयों के दर्शन कराए हैं, तो दूसरी ओर अतिसूक्ष्म जगत की विलक्षण व्यवस्था के।[2] जहां तक आपेक्षिकता-सिद्धांत की बात है, इसके सृजन का पूर्ण श्रेय अल्बर्ट आइंस्टाइन को ही है। मगर क्वांटम सिद्धांत की सुदृढ़ स्थापना और इसके विकास में आइंस्टाइन के बुनियादी योगदान को अक्सर कम करके आंका जाता है; समझा जाता है कि उन्होंने क्वांटम सिद्धांत के आगे के विकास–क्वांटम यांत्रिकी (quantum mechanics) की विधियों और अनिश्चितता/अनिर्धार्यता के नियम (indeterminacy/uncertainty principle)–को स्वीकार नहीं किया था। इसलिए साधारणतः यही मान लिया जाता है कि आइंस्टाइन ने क्वांटम सिद्धांत का विरोध किया था।

चित्र 13.1 : अल्बर्ट आइंस्टाइन

परंतु वस्तुस्थिति भिन्न है। आइंस्टाइन क्वांटम सिद्धांत के विरोधी नहीं थे। दरअसल, उन्हें इस सिद्धांत में परमाणु-कणों के सूक्ष्म जगत पर लागू किए गए प्रायिकता या संभाविता (probabilitiy) तथा सांख्यिकी (statistics) के नियम और उनके आधार पर भौतिक वास्तविकता (reality) के बारे में निकाले गए कतिपय तात्विक निष्कर्ष मान्य नहीं थे। उनका कहना था कि क्वांटम सिद्धांत वस्तुगत यथार्थता (दिक्काल में सुनिर्धारित निर्देशांकों और घटनाओं के कार्य-कारण संबंध) की अपूर्ण

व्याख्या प्रस्तुत करता है। आइंस्टाइन का मत था कि सूक्ष्म जगत की व्याख्या के लिए क्वांटम सिद्धांत आज भले ही उपयोगी साबित हो रहा हो, परंतु यह परिपूर्ण नहीं है। आशा की जानी चाहिए कि जब एक बेहतर सिद्धांत उपलब्ध हो जाएगा, तब उसमें अनिश्चितता/अनिर्धार्यता के लिए कोई स्थान नहीं होगा।[3]

चित्र 13.2 : नील्स बोर (1885-1962 ई.)

आपेक्षिकता-सिद्धांत और क्वांटम सिद्धांत के निष्कर्ष बहुतों को, कई वैज्ञानिकों को भी, पहेली-जैसे प्रतीत होते हैं—क्वांटम सिद्धांत के कुछ ज्यादा ही। क्वांटम सिद्धांत के परिणाम प्रायः हमारे "सामान्य बोध" और रोजमर्रा के अनुभवों से मेल नहीं खाते। क्वांटम विद्युत-गतिकी (quantum elecrodynamics) के एक संस्थापक रिचर्ड फाइनमॅन (Richard Feynman : 1918-1988 ई.) ने 1967 ई. में लिखा था : "मैं सहजता से कह सकता हूं कि क्वांटम यांत्रिकी को कोई नहीं समझता।" इस कथन के पीछे फाइनमॅन का आशय था कि क्वांटम यांत्रिकी को भले ही न समझा जाता हो, मगर इसका मजे में उपयोग किया जा सकता है। आइंस्टाइन भी अक्सर कहते थे कि क्वांटम सिद्धांत के बारे में सोचकर उनका सिर चकरा जाता है।

क्वांटम की धारणा को द्रव्य की भौतिकी पर लागू करके एक नए परमाणु सिद्धांत को जन्म देने वाले डेनिश भौतिकवेत्ता नील्स बोर[4] (1885-1962 ई.) ने भी स्वीकार किया था कि क्वांटम सिद्धांत में 'रहस्यात्मकता' अंतर्निहित है। एक बार एक सज्जन, शिकायत के तौर पर, बोर से बोले : "क्वांटम सिद्धांत के निष्कर्षों के बारे में सोचता हूं, तो मेरा दिमाग चकरा जाता है।"

बोर को कुछ धीमी आवाज में, रुक-रुककर बोलने की आदत थी। कुछ-कुछ हकलाते हुए बोले : "लेकिन, ⋯ लेकिन, ⋯ लेकिन, ⋯ यदि कोई कहता है कि बिना दिमाग चकराए ही वह क्वांटम सिद्धांत को समझ सकता है, तो इससे यही जाहिर होता है कि वह इस सिद्धांत की बुनियादी बातों को नहीं समझ पाया है।"

मगर आपेक्षिकता-सिद्धांत और क्वांटम सिद्धांत की बुनियादी बातों को समझने

में पूर्व के देशों के पाठकों को उतनी कठिनाई नहीं होनी चाहिए, जितनी कि पश्चिम के पाठकों को होती है। एक बार जापान के नोबेल पुरस्कार-विजेता भौतिकवेत्ता हिदेकी युकावा[5] (1907-1981 ई.) से किसी ने पूछा : "क्या जापान के तरुण भौतिकवेत्ताओं को संपूरकता (complimentarity) के विचार को समझने में उतनी ही कठिनाई होती है, जितनी कि पश्चिम के भौतिकवेत्ताओं को होती है?" युकावा का जवाब था कि नील्स बोर की संपूरकता की धारणा जापानी विद्यार्थियों को हमेशा ही सहज, सुस्पष्ट लगी है। फिर बोले : "हम जापानवासी अरस्तू (यूनानी दार्शनिक अरस्तू की तर्क-प्रणाली) से पथभ्रष्ट नहीं हुए हैं।"

सचमुच, पूर्व के देशों के भौतिकी के विद्यार्थियों को आपेक्षिकता-सिद्धांत और क्वांटम सिद्धांत की बुनियादी बातों को समझने में काफी आसानी होनी चाहिए। 'यिन-याङ' की चीनी धारणा क्वांटम सिद्धांत के संपूरकता के नियम को सहज स्वीकार करने में सहायक बनती है।[6] उसी प्रकार, बौद्ध व जैन दर्शन की कुछ तर्क-प्रणालियां भौतिकी के भारतीय विद्यार्थियों के लिए आपेक्षिकता व क्वांटम सिद्धांत की बुनियादी बातों को समझने में सहायता दे सकती हैं।[7] मगर इस मामले में काफी सावधानी बरतनी जरूरी है। यह समझना गलत होगा कि हमारे प्राचीन चिंतकों ने सदियों पहले नए उच्च गणित पर आधारित आज के आपेक्षिकता-सिद्धांत या क्वांटम सिद्धांत की खोज कर ली थी।

क्वांटम सिद्धांत का जन्म प्रकाश के अन्वेषण से हुआ। प्राचीन काल से ही समस्या रही है–प्रकाश क्या है? यह किस चीज से बना है? किस तरह बना है? बाह्य विश्व के बारे में अधिकांश जानकारी (लगभग नब्बे प्रतिशत) प्रकाश के माध्यम से ही हमारी आंखों तक पहुंचती है, इसलिए इसके स्वरूप को समझना जरूरी था।

प्राचीन काल से ही वैज्ञानिक व विचारक प्रकाश के स्वरूप के बारे में चिंतन करते आए हैं। यूनानी गणितज्ञ-दार्शनिक पाइथेगोरस (Pythagoras : लगभग 540 ई. पू.) का मत था कि प्रकाश कणों से बना है। उनके अनुसार, नजर आने वाली हर वस्तु से लगातार कणों की एक धारा निकलती है, जो हमारी आंखों पर उन कणों की बौछार करती रहती है। इसके विपरीत, यूनानी दार्शनिक अफलातून (Plato : 427-347 ई.पू.) का मत था कि आंखों से निकलने वाले प्रकाश से हमें वस्तुएं दिखाई देती हैं।[8] यूक्लिड (लगभग 300 ई.पू.) और टॉलमी (लगभग 150 ई.) जैसे महान वैज्ञानिक भी यही मत रखते थे। मगर अफलातून के शिष्य अरस्तू (Aristotle : 384-322 ई.पू.) ने प्रश्न पूछा था : "प्रकाश यदि आंखों से निकलता है, तो फिर हम अंधेरे में क्यों नहीं देख पाते?" अरस्तू की मान्यता थी

कि प्रकाश तरंगों-जैसी किसी चीज में गतिमान होता है।

अफलातून की ही तरह कई प्राचीन भारतीय विचारक भी यही मानते थे कि आंखों से निकली हुई रोशनी जब किसी वस्तु पर पड़ती है, तभी हम उसे देख पाते हैं। वात्स्यायन (पांचवीं सदी ई.) ने अपने **न्यायभाष्य** में यही मत व्यक्त किया है। साथ ही, मीमांसकों की यह भी मान्यता थी कि ज्वाला वस्तुतः तीव्र गति वाले बहुत-से प्रकाश-कणों से निर्मित होती है।[9]

प्रकाश के स्रोत के बारे में पहली बार सही विचार प्रस्तुत किए महान अरबी वैज्ञानिक अल-हसन या अल-हाजेन[10] (Alhazen : 965-1038 ई.) ने। प्रकाश और लेंसों के बारे में कई तरह के प्रयोग करके अल-हसन ने सिद्ध किया कि प्रकाश वस्तु से निकलकर ही आंख के लेंस तक पहुंचता है।

चित्र 13.3 : आइजेक न्यूटन सूर्य-प्रकाश को प्रिज्म द्वारा स्पेक्ट्रम-रंगों में विभक्त कर रहे हैं।

यूरोप में 17वीं सदी के उत्तरार्ध में प्रकाश के स्वरूप के बारे में गहन अध्ययन शुरू हुआ, तो दो प्रमुख सिद्धांत सामने आए। आइजेक न्यूटन (1642-1727 ई.) ने प्रकाश को एक पदार्थ माना; मगर कहा कि यह सतत प्रवाहमान पदार्थ नहीं है, बल्कि छोटे-छोटे कणों या कणिकाओं (cospuscles) की धारा है, जो सीधी रेखा में संचरण करती है। न्यूटन ने 1664 ई. में एक प्रयोग करके यह भी जाना कि सूर्य-प्रकाश सात रंगों से निर्मित होता है।

प्रकाश के बारे में दूसरा सिद्धांत न्यूटन के समकालीन डच भौतिकवेत्ता क्रिस्तियान हाइगेन्स[11] (1629-1695 ई.) ने प्रस्तुत किया, 1678 ई. में। हाइगेन्स के अनुसार, प्रकाश तरंगों से बना है और ये तरंगें एक सर्वव्यापी, लोचदार माध्यम "ईथर" (ether) में संचरण करती हैं। ध्वनि-तरंगों के प्रसारण के लिए वायु के माध्यम की आवश्यकता होती है, उसी तरह प्रकाश-तरंगों के संचरण के लिए "ईथर" जैसे किसी माध्यम का अस्तित्व अवश्य होना चाहिए, प्रकाश व ईथर एक-दूसरे से अभिन्न हैं–हाइगेन्स ने सोचा। मगर स्वयं हाइगेन्स को भी यह स्पष्ट नहीं था कि यह "ईथर" वस्तुतः क्या चीज है।

हाइगेन्स को अपना तरंग-सिद्धांत प्रस्तुत करने की प्रेरणा संभवतः डेनिश खगोलविद ओले रोमर[12] (1644-1710 ई.) की प्रकाश की गति की खोज से मिली थी। उस समय अधिकतर वैज्ञानिक यही मानते थे कि प्रकाश का संचरण तत्काल (instantaneously) होता है। परंतु रोमर ने 1676 ई. में बृहस्पति के चंद्रों को उनके ग्रह (बृहस्पति) द्वारा लगने वाले ग्रहणों का प्रेक्षण करके जाना कि इनके घटित होने का समय हमेशा एक-सा नहीं है, बल्कि यह पृथ्वी और बृहस्पति के बीच की घटती-बढ़ती दूरियों पर निर्भर करता है। इस प्रकार, ओले रोमर ने इतिहास में पहली बार प्रकाश के वेग का एक काफी सही मान–लगभग 2,25,000 किलोमीटर प्रति-सेकंड–प्राप्त किया। आज हम जानते हैं कि प्रकाश का वेग लगभग 3,00,000 (अधिक सही 2,99,792.458) किलोमीटर प्रति-सेकंड है। प्रकाश का वेग, आइंस्टाइन के आपेक्षिकता-सिद्धांत के अनुसार, प्रकृति में महत्तम वेग है, भौतिक विश्व का एक अत्यंत महत्वपूर्ण बुनियादी नियतांक (constant) है।

न्यूटन का कण-सिद्धांत प्रकाश के परावर्तन (reflection) और अपवर्तन (refraction) की तो व्याख्या करता था, परंतु प्रकाश से संबंधित अन्य परिघटनाओं की व्याख्या इस कण-सिद्धांत से संभव नहीं थी। दूसरी तरफ, हाइगेन्स का तरंग-सिद्धांत प्रकाश के विवर्तन (diffraction) व ध्रुवण (polarisation) की भी व्याख्या कर सकता था। फिर भी हाइगेन्स का तरंग-सिद्धांत काफी अरसे तक उपेक्षित पड़ा रहा; न्यूटन के कण-सिद्धांत को ही प्राधान्य मिला। वजह थी–गणित,

यांत्रिकी व खगोल-विज्ञान के क्षेत्र में न्यूटन का महान योगदान। वृद्धावस्था में मूलतः अंग्रेजी में लिखा गया न्यूटन का प्रसिद्ध ग्रंथ **Opticks**[13] (प्रकाशिकी) 1704 ई. में प्रकाशित हुआ, हाइगेन्स की मृत्यु के बाद (न्यूटन ने 1687 ई. में प्रकाशित अपना महान ग्रंथ **प्रिंसिपिया मैथेमेटिका** लैटिन में लिखा है)।

न्यूटन ने अपने कण-सिद्धांत को अंतिम नहीं माना था, मगर वे हाइगेन्स के तरंग-सिद्धांत को खुलकर स्वीकार करने के लिए तैयार नहीं थे। उनका कहना था कि प्रकाश की तरंग-गति स्पष्ट छायाएं प्रदर्शित नहीं कर सकतीं; और, यदि प्रकाश को तरंग माना जाए, तो इसे वस्तु के कोने पर मुड़ जाना चाहिए (बाद में ही पता चला कि कोने पर प्रकाश थोड़ा मुड़ जाता है)। वस्तुतः, न्यूटन ने अपने एक प्रयोग ('Newtonian rings') के जरिए प्रकाश के विवर्तन (diffraction) को, यानी किनारों पर प्रकाश के थोड़े मुड़ने की परिघटना को भी पहचान लिया था। प्रकाश के विवर्तन की व्याख्या कण-सिद्धांत से नहीं, केवल तरंग-सिद्धांत से ही संभव थी। मगर न्यूटन ने इस प्रयोग की उपेक्षा की और वे अपने कण-सिद्धांत पर ही कायम रहे।

दरअसल, न्यूटन और हाइगेन्स के भी पहले इतालवी भौतिकवेत्ता फ्रांसेस्को ग्रिमाल्डी[14] (1618-1663 ई.) ने अपने एक ग्रंथ (जो उनकी मृत्यु के दो साल बाद 1665 ई. में प्रकाशित हुआ) में प्रकाश के विवर्तन (diffraction) से संबंधित अपने एक प्रयोग का विवरण प्रस्तुत कर दिया था। ग्रिमाल्डी ने देखा कि प्रकाश का कोई पुंज जब किन्हीं दो छोटे, गोलाकार छिद्रों में से गुजरकर पीछे रखे हुए परदे पर गिरता है, तब उसकी छाया का व्यास कुछ बड़ा हो जाता है, जिससे स्पष्ट होता है कि यहां प्रकाश थोड़ा मुड़ गया है, फैल गया है। ग्रिमाल्डी ने इस परिघटना को diffractio (diffraction यानी विवर्तन) नाम दिया और प्रतिपादित किया कि प्रकाश तरंत-जैसी गति दरशाता है। परंतु न्यूटन के कण-सिद्धांत के सामने ग्रिमाल्डी के तरंग-सिद्धांत को किसी ने महत्व नहीं दिया।

मगर अभी प्रकाश से संबंधित सभी परिघटनाओं की व्याख्या संभव नहीं हुई थी। सन् 1801 में ब्रिटिश वैज्ञानिक टॉमस यंग[15] (1773-1829 ई.) ने एक प्रयोग करके प्रकाश के व्यतिकरण (interference) की व्याख्या प्रस्तुत कर दी, तो तरंग-सिद्धांत को नया बल मिल गया। अंत में फ्रांसीसी भौतिकवेत्ता आग्यूस्तीन फ्रेनेल[16] (1788-1827 ई.) ने प्रयोगों के आधार पर तरंग-सिद्धांत का एक ऐसा गणितीय मॉडल प्रस्तुत किया, जिसके जरिए प्रकाश के परावर्तन, अपवर्तन, व्यतिकरण, विवर्तव व ध्रुवण (polarisation) की व्याख्या संभव हुई। दूसरी ओर, कण-सिद्धांत प्रकाश के परावर्तन व अपवर्तन की तो व्याख्या कर सकता था, परंतु

इसके जरिए प्रकाश के व्यतिकरण, विवर्तव व ध्रुवण की व्याख्या संभव नहीं थी।

यह एक प्रकार से प्रकाश के "कण-सिद्धांत" पर "तरंग-सिद्धांत" की विजय थी। आगे तरंग-सिद्धांत को और अधिक बल मिला ब्रिटिश वैज्ञानिक माइकेल फैराडे[17] (1791-1867 ई.) और जेम्स क्लार्क मैक्सवेल[18](1831-1879 ई.) के अनुसंधानों से। फैराडे ने 1832 ई. में पहली बार विद्युत और चुंबकत्व के संबंध की, यानी प्रकाश और विद्युत के संबंध की खोज की और इसे विद्युत-चुंबकीय प्रेरण (electromagnetic induction) का नाम दिया। फिर 1873 ई. में मैक्सवेल ने विद्युत-चुंबकत्व के एक एकीकृत सिद्धांत का सृजन करके उसे सूत्रबद्ध किया।

मैक्सवेल के ये समीकरण विद्युत-चुंबकत्व के सिद्धांत की व्याख्या करते हैं। इन समीकरणों के आधार पर मैक्सवेल ने प्रकाश के वेग की सही भविष्यवाणी की, तो यह भी स्पष्ट हुआ कि प्रकाश वस्तुतः एक प्रकार का विद्युत-चुंबकीय विकिरण है। मैक्सवेल के समीकरणों से प्रकाश द्वारा प्रदर्शित सभी ज्ञात घटनाओं–परावर्तन, अपवर्तन, व्यतिकरण, विवर्तव व ध्रुवण–की व्याख्या संभव हुई। इस तरह, प्रकाश का तरंग-सिद्धांत पक्के तौर पर स्थापित हो गया था।

परंतु अभी प्रकाश के बारे में सारी बातें सुस्पष्ट नहीं हुई थीं। मैक्सवेल ने अपने गणितीय सिद्धांत से सिद्ध कर दिया था कि प्रकाश भी एक विद्युत-चुंबकीय तरंग है। यह एक अत्यंत महत्वपूर्ण खोज थी, मगर इसे प्रयोग द्वारा प्रमाणित करना अभी बाकी था। यह काम किया जर्मन भौतिकवेत्ता हैनरिख़ हर्ट्ज[19] (1857-1894 ई.) ने–1888 ई. में। उन्होंने अपने प्रयोगों से रेडियो-तरंगों को पैदा किया। साथ ही, यह भी प्रमाणित किया कि विद्युत-चुंबकीय तरंगों को परावर्तित, अपवर्तित व विवर्तित किया जा सकता है। और, यह भी कि उनका व्यतिकरण व ध्रुवीकरण भी संभव है। अर्थात्, हर्ट्ज ने प्रमाणित कर दिया कि विद्युत-चुंबकीय तरंगों में वे सभी गुणधर्म मौजूद हैं जो प्रकाश में होते हैं।

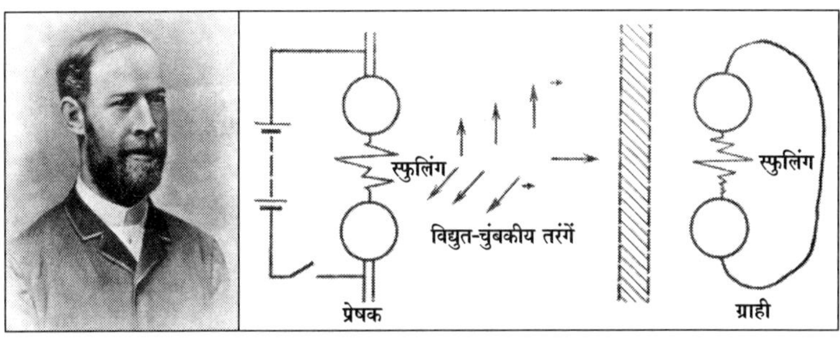

चित्र 13.4 : हैनरिख हर्ट्ज का ऐतिहासिक प्रयोग (1888 ई.)

हर्ट्ज के प्रयोगों के बाद मैक्सवेल का सिद्धांत सही होने में किसी को संदेह नहीं रहा। अधिकांश भौतिकीविद मानने लगे कि प्रकाश का स्वरूप अब पूर्णतः स्पष्ट हो गया है। माइकेलसन व मॉर्ली के प्रयोग (1887 ई.) ने लगभग सिद्ध कर दिया था कि "ईथर" का कोई अस्तित्व नहीं है (देखिए अध्याय 5); फिर भी अभी कई भौतिकवेत्ता किसी-न-कसी प्रकार के अदृश्य "ईथर" में यकीन करते रहे; "ईथर" की परिकल्पना तरंग-सिद्धांत का ही समर्थन कर रही थी; हालांकि मैक्सवेल के सिद्धांत की प्रामाणिकता के लिए "ईथर" की कोई आवश्यकता नहीं थी।

मगर जल्दी ही प्रकाश का तरंग-सिद्धांत गंभीर संकट में फंस गया। हर्ट्ज के ही एक अन्य प्रयोग से प्रसंगवश पता चला कि तरंग-सिद्धांत प्रकाश के सभी गुणधर्मों की व्याख्या नहीं कर सकता। हर्ट्ज ने अपने उपर्युक्त ऐतिहासिक प्रयोग में तरंगें ग्रहण करने वाले सिरे पर जस्ते (ज़िंक) के दो छोटे गोलों का उपयोग किया था। उन्होंने जब उनमें से एक गोले पर पराबैंगनी प्रकाश छोड़ा, तो दोनों गोलों के बीच में स्फुलिंग (spark) पैदा हो गए। इसकी वजह यह थी कि पराबैंगनी प्रकाश ने ज़िंक के गोले की सतह से इलेक्ट्रॉनों को बाहर निकाला था। उस समय अभी इलेक्ट्रॉनों का स्वरूप स्पष्ट नहीं हुआ था (परमाणु के भीतर इलेक्ट्रॉन की खोज जे. जे. टॉमसन ने 1897 ई. में की), इसलिए हर्ट्ज ने अपने उस प्रयोग को

क्रिया		तरंगरूप	कणरूप
परावर्तन (reflection)	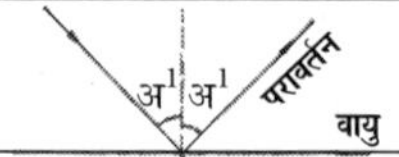 अ[1] अ[1] परावर्तन वायु	हां	हां
अपवर्तन (refraction)	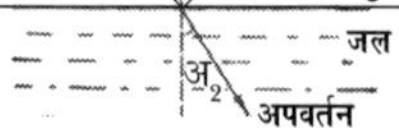 जल $अ_2$ अपवर्तन	हां	हां
व्यतिकरण (interference)	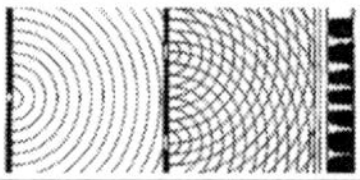	हां	नहीं
विवर्तन (diffraction)	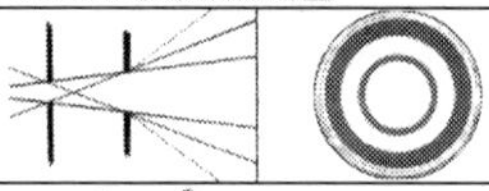	हां	नहीं
ध्रुवण (polarisation)	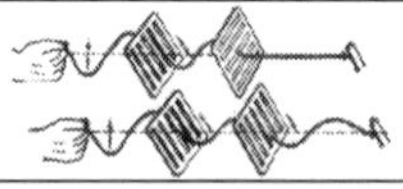	हां	नहीं
प्रकाश-विद्युत प्रभाव (photo-electric effect)	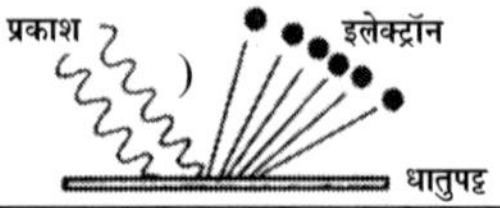 प्रकाश इलेक्ट्रॉन धातुपट्ट	नहीं	हां

चित्र 13.5 : प्रकाश : तरंगरूप या कणरूप

आगे नहीं बढ़ाया। बाद में पता चला कि धातु की सतह से बाहर आने वाले इलेक्ट्रॉनों की ऊर्जा (गति) प्रकाश की तीव्रता पर नहीं, अपितु प्रकाश के तरंग-दैर्घ्य (अथवा इसकी आवृत्ति) पर निर्भर करती है।

विकिरण-पुंज (दृश्य प्रकाश सहित) द्वारा धातु की सतह से इलेक्ट्रॉनों के बाहर निकाले जाने को प्रकाश-विद्युत प्रभाव (photoelectric effect) का नाम दिया गया है। और, प्रकाश को तरंग मानकर नहीं, बल्कि कण मानकर ही इस प्रकाश-विद्युत प्रभाव की व्याख्या संभव है। प्रकाश के तरंग-सिद्धांत पर प्रश्नचिह्न लग गया।

तरंग-सिद्धांत के खिलाफ एक और गंभीर मामला प्रकट हुआ। सभी जानते हैं कि वस्तुओं को तपाया जाए, तो वे चमकने लगती हैं। और, जैसे-जैसे किसी तप्त पिंड का तापमान बढ़ता जाता है, वैसे-वैसे उसका रंग बदलता जाता है। मगर तरंग-सिद्धांत इस परिघटना की व्याख्या नहीं कर सकता। पिंड द्वारा अवशोषित ताप (विकिरण) की मात्रा व तरंग-दैर्घ्य से उसके द्वारा उत्सर्जित किए जानेवाले विकिरण की मात्रा व तरंग-दैर्घ्य (रंग) को निर्धारित कर पाना असंभव है। लंबे तरंग-दैर्घ्यों के लिए काम करने वाले सूत्र लघु तरंग-दैर्घ्यों के लिए काम नहीं करते।

वैज्ञानिकों के सामने एक नई समस्या पैदा हो गई–उत्सर्जित तरंगों में ऊर्जा के वितरण की व्याख्या कैसे की जाए?

इस नई समस्या के अध्ययन के लिए वैज्ञानिकों ने एक ऐसे पिंड की कल्पना की जो विकिरण का सबसे अच्छा अवशोषक है, और इसलिए सबसे अच्छा उत्सर्जक भी। ऐसे 'आदर्श' पिंड को कृष्णिका या कृष्ण पिंड (black body) का नाम दिया गया।

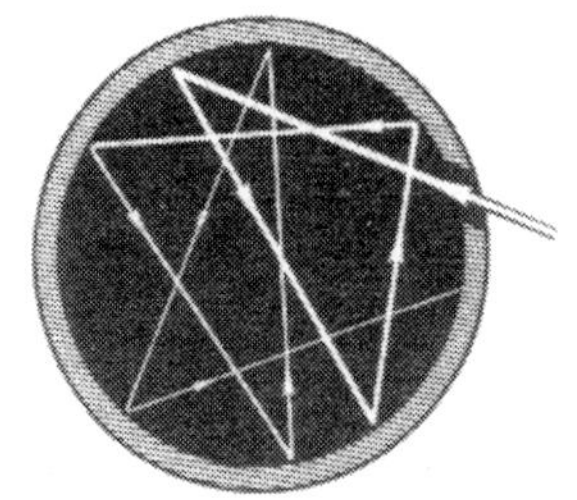

चित्र 13.6 : 'आदर्श' कृष्ण पिंड

तप्त पिंडों की इस समस्या को एक शुद्ध गणितीय युक्ति से, आंशिक रूप से सुलझाया माक्स प्लांक[20] (1858-1947 ई.) ने, दिसंबर 1900 ई. में। प्लांक ने मान लिया कि तप्त पिंड ऊर्जा का अवशोषण तथा उत्सर्जन लगातार नहीं, बल्कि ऊर्जा के पृथक्-पृथक् पुंजों या कणिकाओं में करते हैं, जिन्हें उन्होंने 'क्वांटा' (quanta, जो quantum का बहुवचन है, और जिसका शाब्दिक अर्थ है 'कितनी मात्रा?') का नाम दिया। माक्स प्लांक द्वारा प्रस्तुत सूत्र है :

$$E = nh\nu$$

जहां E ऊर्जा है, h आनुपातिक स्थिरांक (नियतांक) है, ν (ग्रीक अक्षर 'न्यू') विकिरण की आवृत्ति है और n = 1, 2, 3, 4, आदि। इस सूत्र से प्रकट होता

है कि प्रकृति में ऊर्जा का उत्सर्जन और अवशोषण $h\nu$ के गुणजों में होता है। आनुपातिक स्थिरांक h, जिसे बाद में 'प्लांक का स्थिरांक' (Planck's constant) कहा गया, अत्यंत लघु है।

चित्र 13.7 : जर्मन डाक-टिकट पर माक्स प्लांक (1858-1947 ई.)

इस सूत्र की विलक्षण बात यह है कि इसमें ν अक्षर का प्रयोग तरंगों की आवृत्ति (frequency) के अर्थ में किया है। इस 'आवृत्ति' (एक सेकंड में उत्सर्जित तरंगों की संख्या) शब्द का प्रयोग ऊर्जा के सातत्य वाले पुराने तरंग-सिद्धांत में भी होता था। परंतु प्लांक के सूत्र में यही शब्द ऊर्जा के कणिकीय स्वरूप को प्रतिपादित करने के लिए किया गया है। इसलिए इस द्विविध स्वरूप के कारण शुरू में बहुत कम भौतिकवेत्ता माक्स प्लांक के इस सूत्र को समझ पाए थे। आरंभ में स्वयं प्लांक भी अपने इस सूत्र और इसमें अंतर्निहित क्वांटम की धारणा के प्रति एक प्रकार की दुविधा की स्थिति में रहे हैं।

माक्स प्लांक द्वारा दिसंबर 1900 में प्रस्तुत सूत्र $E = nh\nu$ में प्रतिपादित क्वांटम की धारणा आगे के पांच साल तक उपेक्षित पड़ी रही, किसी भी भौतिकीविद ने उसे महत्व नहीं दिया। प्लांक ने बताया था कि प्रकाश का उत्सर्जन पृथक्-पृथक् पुंजों या पैकेटों (packets) में होता है। प्लांक की इस धारणा को संशोधित किया, या कहें कि नितांत नए रूप में प्रस्तुत किया अल्बर्ट आइंस्टाइन ने, 1905 ई. में। जैसा कि हम जानते हैं, बर्न (स्विट्‌जरलैंड) के सरकारी पेटेंट कार्यालय में तृतीय श्रेणी के क्लर्क के रूप में काम करने वाले 26 वर्षीय तरुण आइंस्टाइन ने 1905 ई. में चार क्रांतिकारी शोध-निबंध प्रकाशित करके भौतिकी का स्वरूप ही बदल दिया (देखिए अध्याय 5 : 'भौतिकी का चमत्कारी वर्ष')।

भौतिकी के उस "चमत्कारी वर्ष" का आइंस्टाइन का पहला शोध-निबंध[21] प्रकाश-क्वांटम से संबंधित था और 1888 ई. में हैनरिख़ हर्ट्‌ज द्वारा खोजे गए "प्रकाश-विद्युत प्रभाव" की सही व्याख्या प्रस्तुत करता था। यह शोध-निबंध आइंस्टाइन ने मार्च 1905 में "आनालेन डेर फिजिक" पत्रिका को भेजा था और तीन महीने बाद जून में यह उसमें प्रकाशित हुआ।

आइंस्टाइन ने 1905 ई. में जो चार प्रमुख शोध-निबंध प्रस्तुत किए उनमें प्रकाश-क्वांटम से संबंधित इसी एक निबंध को उन्होंने स्वयं "क्रांतिकारी" बताया है। इस निबंध को प्रकाशन के लिए भेजने के बाद मई के अंत या जून के आरंभ में उन्होंने "ओलंपिया अकादमी" के सदस्य-मित्र कोनराड हाबिख़्ट को लिखा था : "इस (शोध-निबंध) में विकिरण और प्रकाश की ऊर्जा के गुणधर्मों का विवेचन है और यह, जैसा कि तुम देखोगे, बहुत क्रांतिकारी है ⋯।"

आइंस्टाइन ने, माक्स प्लांक से आगे बढ़कर, अपने शोध-निबंध में पहली बार प्रतिपादित किया कि प्रकाश का न केवल उत्सर्जन और अवशोषण, बल्कि *संचरण* भी पृथक्-पृथक् पुंजों (क्वांटा) में ही होता है। उन्होंने कहा कि विशेष तरंग-दैर्घ्य वाला प्रकाश सुनिश्चित ऊर्जा वाले पुंजों से निर्मित होता है। जब कोई ऊर्जा-क्वांटम धातु के किसी परमाणु पर आघात करता है, तो वह परमाणु एक निश्चित ऊर्जा-मात्रा के इलेक्ट्रॉन को उत्सर्जित करता है, किसी अन्य को नहीं। तीव्र प्रकाश में ज्यादा क्वांटा होते हैं, वे ज्यादा इलेक्ट्रॉनों का उत्सर्जन करते हैं, मगर उनकी ऊर्जा-मात्रा वही बनी रहती है। प्रकाश का तरंग-दैर्घ्य जितना ही कम होता है (यानी प्रकाश की आवृत्ति जितनी ही ज्यादा होती है), उसके क्वांटा में उतनी ही अधिक ऊर्जा-मात्रा होती है, और उससे उत्सर्जित होने वाले इलेक्ट्रॉनों में ऊर्जा-मात्रा भी उतनी ही अधिक होती है। बहुत उच्च तरंग-दैर्घ्य (निम्न आवृत्ति) वाले प्रकाश के क्वांटा काफी कम ऊर्जा-मात्रा वाले होंगे; कुछ स्थितियों में यह ऊर्जा-मात्रा इतनी कम होगी कि इनके द्वारा इलेक्ट्रॉनों का उत्सर्जन भी संभव नहीं होगा। यह अवस्था इलेक्ट्रॉन उत्सर्जित करने वाली धातु पर भी निर्भर करती है (देखिए **चित्र 5.6 :** प्रकाश-विद्युत प्रभाव)।

माक्स प्लांक की परिकल्पना के अनुसार, प्रकाश-क्वांटम की ऊर्जा $E = h\nu$ होती है। आइंस्टाइन ने आगे बढ़कर प्रतिपादित किया कि इस ऊर्जा का कुछ अंश परमाणु में से इलेक्ट्रॉन को बाहर निकालने में खर्च होता है, और बाकी ऊर्जा उस बाहर निकले हुए इलेक्ट्रॉन को गति देने में काम आती है। इस तरह, समीकरणों में प्रस्तुत आइंस्टाइन की यह व्यवस्था प्रकाश-विद्युत प्रभाव की स्पष्ट व्याख्या प्रस्तुत कर देती है। सोलह साल बाद प्रकाश-विद्युत प्रभाव की इसी व्याख्या के लिए आइंस्टाइन को भौतिकी का 1921 ई. का नोबेल पुरस्कार प्रदान किया गया।

लेकिन 1905 ई. में जब आइंस्टाइन ने अपने समीकरण प्रस्तुत किए, तब लगभग सभी भौतिकवेत्ताओं ने उन्हें मानने से इनकार किया, प्लांक ने भी! परंतु प्लांक को आइंस्टाइन से लगाव था, इसलिए उन्होंने आइंस्टाइन को प्रशियाई विज्ञान अकादमी का सदस्य बनाने की सिफारिश करते हुए लिखा था : "प्रकाश-विद्युत

प्रभाव की आइंस्टाइन की परिकल्पना के लिए उन्हें कठोरता से नहीं परखना चाहिए।"

प्लांक की स्थिति बड़ी विचित्र थी। उन्होंने स्थापित परंपरा के विरुद्ध जाकर, और न चाहने पर भी, कर्म-क्वांटम (quantum of action) की धारणा प्रस्तुत की थी। अपने इस प्रतिपादन को वे धीरे-धीरे ही आत्मसात कर पाए। सन् 1909 में उन्होंने आइंस्टाइन से कहा भी था : "मैं अभी भी कर्म-क्वांटम की वास्तविकता में पूर्णतः यकीन नहीं करता।"

माक्स प्लांक ने कर्म-क्वांटम का भले ही प्रतिपादन कर दिया हो, परंतु वे दृढ़ता से स्थापित तरंग-प्रकाशिकी (wave optics) को कोई क्षति नहीं पहुंचाना चाहते थे। इसलिए प्लांक ने कहा कि प्रकाश का केवल उत्सर्जन और अवशोषण ही क्वांटा में होता है, परंतु इसका संचरण पहले की तरह तरंग में ही होता है। इस तरह, तरंग-प्रकाशिकी के सभी नियम कायम रखे जा सकते थे।

आइंस्टाइन भी प्रकाशिकी के इतिहास से भलीभांति परिचित थे, परंतु उन्होंने प्रकाश-विद्युत प्रभाव की घटना पर एक नितांत नए नजरिए से विचार किया। उन्होंने पहचाना कि प्रकाश-क्वांटम (जिसे बाद में 'फोटॉन' (photon) का नाम दिया गया) की धारणा से ही प्रकाश-विद्युत प्रभाव की परिघटना का सही समाधान संभव है। माक्स प्लांक ने प्रकाश-क्वांटम की एक विशुद्ध गणितीय परिभाषा प्रस्तुत की थी, और इसकी भौतिक सत्ता के बारे में कुछ नहीं कहा था; उन्होंने केवल इसकी ऊर्जा की जानकारी दी थी। आइंस्टाइन के पहले किसी ने यह नहीं बताया था कि प्रकाश-क्वांटम (फोटॉन) दिक् (आकाश) में किस तरह कार्य करता है, या इसका स्वरूप कैसा है।

आइंस्टाइन ने अपने आपेक्षिकता-सिद्धांत के आधार पर प्रकाश-क्वांटम की धारणा को स्पष्ट किया, बताया कि इसका द्रव्यमान होता है। हां, फोटॉन का विराम द्रव्यमान (rest mass) नहीं होता। इसे स्थिर नहीं माना जा सकता। यह आकाश में प्रकाश के वेग (3,00,000 किलोमीटर प्रति-सेकंड) से यात्रा करता है; क्योंकि यह प्रकाश है, प्रकाश का कण है। लेकिन यह आइजेक न्यूटन द्वारा परिकल्पित कण (corpuscle) नहीं है, जिसे एक लचीला और आकाश में स्थिर व काल में अपरिवर्तनशील माना गया था। आइंस्टाइन का प्रकाश-क्वांटम सदैव गतिमान रहता है, गति से अलग इसका कोई अस्तित्व नहीं है।

आइंस्टाइन ने प्रकाश के कणरूप का प्रतिपादन किया था, परंतु उन्होंने तरंग प्रकाशिकी के अस्तित्व से इनकार नहीं किया था। प्रकाश को तरंग-रूप प्रमाणित करने वाले प्रयोगों को भी उन्होंने नकारा नहीं था। उन्होंने सिर्फ इनके बीच में उभरे विरोधाभास को उजागर कर दिया था। साथ ही, 1909 ई. में साल्जबर्ग

(ऑस्ट्रिया) में आयोजित भौतिकीय सोसायटी के 81वें सम्मेलन में आइंस्टाइन ने एक तरह की भविष्यवाणी करते हुए कहा था : "सैद्धांतिक भौतिकी के विकास के अगले दौर में हमें प्रकाश का एक ऐसा सिद्धांत हासिल होगा, जो एक प्रकार से प्रकाश के तरंग-सिद्धांत और कण-सिद्धांत का मिला-जुला रूप होगा।" यहां किसी वैज्ञानिक ने पहली बार प्रकृति में तरंग-कण की द्विविधता (duality) के अस्तित्व का प्रतिपादन किया था। करीब दो दशक बाद आइंस्टाइन की यह भविष्यवाणी सही साबित हुई।

आइंस्टाइन द्वारा 1905 ई. में प्रकाश-क्वांटम की धारणा प्रस्तुत किए जाने के बाद इसका विरोध जारी रहा, मगर इसे अब त्याग देना संभव नहीं था।

परमाणु की भीतरी व्यवस्था को सुस्पष्ट करने के लिए माक्स प्लांक की क्वांटम की धारणा का उपयोग किया डेनमार्क के प्रख्यात वैज्ञानिक नील्स बोर (1885-1962 ई.) ने, 1913 ई. में। न्यूजीलैंड में जन्मे ब्रिटिश भौतिकवेत्ता रदरफोर्ड (1871-1937 ई.) ने 1911 ई. में परमाणु का जो मॉडल प्रस्तुत किया था वह सौर मंडल (ग्रह-मालिका) की तरह का था। उस मॉडल के अनुसार, परमाणु के केंद्रभाग में एक धनावेशी नाभिक होता है और ऋणावेशी इलेक्ट्रॉन उसकी परिक्रमा करते हैं, जैसे ग्रह केंद्रीय सूर्य की परिक्रमा करते हैं। मगर उस मॉडल में एक बुनियादी समस्या थी। उन्नीसवीं सदी में फैराडे और मैक्सवेल ने स्पष्ट किया था कि जब कोई विद्युतावेशी कण सीधे पथ से विचलित होता है, तो वह विकिरण उत्सर्जित करता है। वृत्ताकार मार्ग में परिक्रमा कर रहा इलेक्ट्रॉन, यदि उसे बाहर से ऊर्जा नहीं मिलती, तो वह चक्कर लगाते हुए जल्दी ही परमाणु के नाभिक में जाकर गिरेगा। रदरफोर्ड के पास इस समस्या का कोई समाधान नहीं था।

और, वैज्ञानिक अब यह भी भलीभांति जानते थे कि विभिन्न तत्वों के परमाणु निश्चित आवृत्ति (या तरंग-दैर्घ्य) के विद्युत-चुंबकीय विकिरण का उत्सर्जन या अवशोषण करके विद्युत-चुंबकीय स्पेक्ट्रम में सुस्पष्ट चमकीली व काली रेखाओं का सृजन करते हैं। प्रत्येक तत्व का अपना एक सुनिश्चित विद्युत-चुंबकीय स्पेक्ट्रम होता है, जैसे कि प्रत्येक व्यक्ति की अपनी एक विशिष्ट अंगुलीछाप होती है, जो उसकी स्पष्ट पहचान बनती है। रदरफोर्ड का मॉडल इन परमाणु स्पेक्ट्रा (atomic spectra) की व्याख्या करने में समर्थ नहीं था।

इस समस्या का हल खोजा नील्स बोर ने, जो रदरफोर्ड की देखरेख में परमाणु की संरचना पर शोधकार्य करने के लिए 1912 ई. में मैंचेस्टर पहुंचे थे। बोर ने 1913 ई. में परमाणु का एक नया मॉडल प्रस्तुत किया।

इस मॉडल के अनुसार, परमाणु के भीतर के इलेक्ट्रॉन केवल निश्चित कक्षाओं

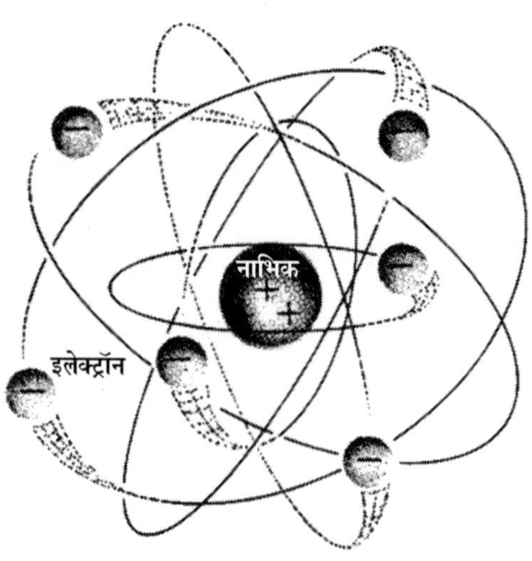

चित्र 13.8 : नील्स बोर का परमाणु मॉडल, जिसमें इलेक्ट्रॉन नाभिक के गिर्द की अपनी विशिष्ट वृत्ताकार कक्षाओं में बने रहते हैं।

में ही बने रहते हैं, न कि निरंतर बदलती कक्षाओं में। जब कोई इलेक्ट्रॉन अपनी निर्धारित कक्षा से नाभिक की ओर की निम्न-ऊर्जा वाली कक्षा में 'छलांग' लगाता है, तब प्रकाश का उत्सर्जन होता है, स्पेक्ट्रम में एक चमकीली रेखा पैदा होती है। इस प्रक्रिया में इलेक्ट्रॉन की ऊर्जा घट जाती है; इसकी बाकी आरंभिक ऊर्जा विशिष्ट आवृत्ति के विकिरण के रूप में उत्सर्जित हो जाती है। जब इसके विपरीत क्रिया होती है, यानी प्रकाश का अवशोषण होने पर इलेक्ट्रॉन उच्चतर कक्षा में पहुंचता है, तब स्पेक्ट्रम में एक काली रेखा प्रकट होती है।

बोर ने परमाणु के अपने मॉडल के लिए दो अभिधारणाएं स्वीकार की थीं : (1) परमाणु के भीतर इलेक्ट्रॉन अपनी निर्धारित वृत्ताकार कक्षाओं में सुस्थिर रहते हैं, और (2) इन सुस्थिर कक्षाओं में बदलाव होते समय (यानी इन इलेक्ट्रॉनों के ऊपर या नीचे छलांग लगाने पर) विकिरण का जो अवशोषण या उत्सर्जन होता है, वह प्लांक के समीकरण ($E = h\nu$) के अनुसार होता है। इस तरह, बोर ने एक इलेक्ट्रॉन वाले हाइड्रोजन परमाणु के स्पेक्ट्रम की काफी हद तक सही व्याख्या प्रस्तुत कर दी। आइंस्टाइन को जब बोर की इस व्याख्या की जानकारी मिली, तो उन्होंने इसे एक अद्‌भुत उपलब्धि बताया।

लेकिन बोर के इस परमाणु मॉडल में अभी कई त्रुटियां थीं। जैसे, यद्यपि इलेक्ट्रॉनों की कक्षाओं के साथ क्वांटा जोड़ दिए गए थे, परंतु देखा जा रहा था

चित्र 13.9 : डेनमार्क के एक डाक-टिकट पर नील्स बोर और हाइड्रोजन परमाणु के स्पेक्ट्रम की उनकी व्याख्या

कि इलेक्ट्रॉनों द्वारा विकिरण का उत्सर्जन और अवशोषण तरंगों में ही होता है। आइंस्टाइन के प्रकाश-क्वांटम (फोटॉन) में बोर की अभी कोई आस्था नहीं थी।

नील्स बोर के मॉडल में आंशिक सुधार किया आरनॉल्ड सोम्मेरफेल्ड[22] (1868-1951 ई.) ने। बोर ने इलेक्ट्रॉनों के लिए वृत्तीय कक्षाओं की परिकल्पना की थी; मगर सोम्मेरफेल्ड ने इन्हें दीर्घवृत्तीय बताया। साथ ही, हाइड्रोजन के परमाणु की बारीक बातों की व्याख्या के लिए उन्होंने विशिष्ट आपेक्षिकता सिद्धांत का भी इस्तेमाल किया। आइंस्टाइन ने उनके इस प्रयास को एक तरह का 'रहस्योद्‍घाटन' बताया और बोर ने इसे अतिसुंदर कृतित्व बताकर इसकी सराहना की।

पूर्ण समाधान प्रस्तुत किया आइंस्टाइन ने, 1916-17 ई. में प्रकाशित अपने तीन शोध-निबंधों में। आइंस्टाइन ने बोर के सिद्धांत का उपयोग करके प्रतिपादित किया कि एक प्रकाश-क्वांटम परमाणु को उद्दीप्त करके दो प्रकाश-क्वांटम को जन्म देता है। यह प्रकाश का प्रवर्धन था, जिसे बाद में 'लेसर' (*laser* -- 'Light Amplification by Stimulated Emmition of Radiation') का नाम दिया गया। पहली बार आइंस्टाइन ने ही पहचाना था कि यदि परमाणुओं द्वारा फोटॉनों का अवशोषण होता है और उन्हें उच्चतर ऊर्जा-स्तरों पर उठाया जाता है, तब प्रकाश के जरिए परमाणु को ऊर्जा छोड़ने के लिए विवश करके निम्न स्तर पर भी पहुंचाया जा सकता है। इसके बाद आइंस्टाइन को प्रकाश-क्वांटम के अस्तित्व में पूरा यकीन हो गया। उन्होंने 1916 ई. में यह बात अपने मित्र माइकेल बेस्सो से भी कही थी।

मगर अब भी माक्स प्लांक, नील्स बोर व रॉबर्ट मिलिकान[23] जैसे चोटी के कई भौतिकवेत्ता आइंस्टाइन द्वारा प्रतिपादित प्रकाश-क्वांटम (फोटॉन) के अस्तित्व को स्वीकार करने के लिए तैयार नहीं थे। मिलिकान ने 1911 ई. में आइंस्टाइन के समीकरण का परीक्षण करके प्लांक के स्थिरांक (h) का मान भी प्राप्त किया था, फिर भी वे प्रकाश-क्वांटम की वास्तविकता को स्वीकार नहीं कर पा रहे थे।

अंत में 1923 ई. में अमरीकी भौतिकवेत्ता आर्थर कॉम्पटन (1892-1962 ई.) ने अपने प्रयोगों ('कॉम्पटन प्रभाव') से प्रकाश-क्वांटम की धारणा को प्रमाणित कर दिया[24]। फिर 1926 ई. में अमरीकी रसायनज्ञ गिल्बर्ट लेविस (1875-1946 ई.) ने आइंस्टाइन के प्रकाश-क्वांटम को 'फोटॉन' (photon) नाम देने का प्रस्ताव रखा। उसके बाद एक-एक करके सभी संदेहवादी वैज्ञानिकों ने आइंस्टाइन की प्रकाश-क्वांटम की धारणा को स्वीकार कर लिया।

तो अंततः प्रकाश क्या है? यह तरंगों से बना है या कि कणों से? लगता है कि यह दोनों ही है। कभी यह तरंग की तरह काम करता है (जैसे कि विवर्तन में) और कभी कण की तरह (जैसे, प्रकाश-विद्युत प्रभाव में)। संक्षेप में, प्रकाश के व्यवहार में एक प्रकार की द्विविधता (duality) है। यह एक बड़ी ही विचित्र स्थिति थी। लग रहा था कि यह सवाल पूछने का कोई अर्थ ही नहीं रह गया है कि, "प्रकाश तरंगों से बना है या कणों से?" परिस्थिति के अनुसार, प्रकाश कभी तरंग की तरह व्यवहार करता है, तो कभी कण की तरह। प्रकृति का यह रहस्योद्घाटन सब को चकित कर देने वाला था। ब्रिटिश भौतिकवेत्ता विलियम ब्रॅग (William Bragg : 1890-1971 ई.) ने तो एक बार मजाक-मजाक में यहां तक सुझाया था कि सोमवार, बुधवार व शुक्रवार को कण-सिद्धांत का इस्तेमाल करना चाहिए और मंगलवार, बृहस्पतिवार व शनिवार को तरंग-सिद्धांत का!

लेकिन अभी यह मात्र शुरुआत ही थी। जल्दी ही इससे भी बड़ा एक रहस्योद्घाटन होने वाला था : यह द्विविधता केवल प्रकाश में ही नहीं, द्रव्य में भी मौजूद है। मगर इस खोज की चर्चा हम आगे करेंगे।

आइंस्टाइन शुरू से ही प्लांक के नियम ($E = h\nu$) की सैद्धांतिक व्युत्पत्ति से संतुष्ट नहीं थे। उन्होंने स्वयं बोर के द्रव्य-सिद्धांत के आधार पर 1916 ई. में प्लांक के नियम को प्राप्त करने का प्रयास किया था, परंतु उससे भी वे संतुष्ट नहीं थे। तब 1924 ई. में भारत से एक अपरिचित व्यक्ति का उन्हें चार पन्नों का एक शोध-निबंध मिला—"प्लांक का नियम और प्रकाश-क्वांटम परिकल्पना" (Planck's law and the light quantum hypothesis), 4 जून, 1924 को लिखे एक पत्र के साथ।[25]

वे अपरिचित भारतीय थे—तीस वर्षीय सत्येंद्रनाथ बसु (1894-1974 ई.), जो उस समय ढाका विश्वविद्यालय (अब बांग्लादेश) में भौतिकी के रीडर थे। अपने शोध-निबंध में सत्येन बसु ने माक्स प्लांक के विकिरण नियम की सैद्धांतिक व्युत्पत्ति का एक नया सांख्यिकीय तरीका सुझाया था। सत्येन बसु ने प्लांक के विकिरण नियम को स्थापित विद्युत-गतिकी (classical electrodynamics) से

चित्र 13.10 : सत्येंद्रनाथ बसु (1894-1974 ई.) बर्लिन, 1926 ई.

नहीं, बल्कि विकिरण को प्रकाश-क्वांटा (फोटॉनों) से निर्मित गैस मानकर एक ऐसी नई सांख्यिकीय विधि से प्राप्त किया था जिसमें फोटॉनों को एक ही क्वांटम अवस्था में बने रहने की आजादी होती है।

आइंस्टाइन तत्काल समझ गए कि क्वांटम सिद्धांत के लिए सत्येन बसु की इस खोज का विशेष महत्व है। उन्होंने बसु के उस निबंध का जर्मन भाषा में स्वयं अनुवाद करके उसे प्रकाशित कराया।[26] फिर आइंस्टाइन ने बसु के निबंध से प्रेरित होकर स्वयं दो निबंध लिखे, जिनमें उन्होंने बसु के तरीके को परमाणुओं पर लागू किया। परिणामतः "बोस-आइंस्टाइन सांख्यिकी" (Bose-Einstein Statistics) का सृजन हुआ और "बोसोन" (Boson)[27] नामक परमाणु-कणों की धारणा ने जन्म लिया। सन् 1925 में आइंस्टाइन ने यह भविष्यवाणी भी की थी कि अतिनिम्न तापमान की विशिष्ट परिस्थितियों में "बोसोन" कण द्रव्य की एक नई अवस्था ('सुपरएटम') को जन्म दे सकते हैं।[28]

आइंस्टाइन के सहयोगी व जीवनीकार अब्राहिम पाइस (1919-2000 ई.) ने लिखा है : "'बोसोन' ने सत्येंद्रनाथ बसु को आधुनिक भौतिकी की एक चिरस्थापित प्रतिमा बना दिया है। प्लांक, आइंस्टाइन और नील्स बोर के बाद पुराने क्वांटम सिद्धांत का चौथा और अंतिम क्रांतिकारी शोध-निबंध सत्येंद्रनाथ बसु का ही था।"

'बोस-आइंस्टाइन सांख्यिकी' के साथ ही 'पुराने' क्वांटम सिद्धांत का दौर समाप्त हो जाता है और क्वांटम यांत्रिकी (quantum mechanics) के नए दौर की शुरुआत होती है। यह एक तरह से क्वांटम सिद्धांत के विकास में आइंस्टाइन की केंद्रीय भूमिका का भी अंत था; सन् 1926 के बाद वे क्वांटम यांत्रिकी के आलोचक बन जाते हैं।

यहां क्वांटम यांत्रिकी के क्षेत्र की एक महत्वपूर्ण आरंभिक उपलब्धि का उल्लेख जरूरी है। यह है, वोल्फगांग पाउली[29] (1900-1958 ई.) द्वारा 1924 ई. के अंत में

प्रतिपादित अपवर्जन नियम (Exclusion principle)। इसके अनुसार, परमाणु के भीतर की प्रत्येक क्वांटम कक्षा में एकसाथ दो इलेक्ट्रॉन नहीं रह सकते, यानी वे एक ही ऊर्जा अवस्था के नहीं हो सकते। एक बार रिक्त कक्षा के भर जाने के बाद दूसरे इलेक्ट्रॉन अन्य कक्षाओं में ही स्थान पा सकते हैं। इस प्रकार, परमाणु की कक्षाओं में इलेक्ट्रॉनों के वितरण का नियम स्पष्ट हो गया।

चित्र 13.11 : वोल्फगांग पाउली (1900-1958 ई.)

पाउली के अपवर्जन नियम से यह भी स्पष्ट हो गया कि परमाणु के भीतर के सभी इलेक्ट्रॉन नाभिक के सबसे नजदीक की उस कक्षा में जाकर क्यों नहीं गिरते, जहां एक कक्षा पूरी करने के लिए सबसे कम ऊर्जा की आवश्यकता होती है। जब कोई इलेक्ट्रॉन किसी एक कक्षा में स्थान पा लेता है, तब कोई भी अन्य इलेक्ट्रॉन उस कक्षा में स्थान नहीं पा सकता। पाउली का यह अपवर्जन नियम आगे की क्वांटम यांत्रिकी का एक आधारभूत सिद्धांत बन गया। इसके लिए पाउली को, कुछ देरी से ही सही, 1945 ई. का भौतिकी का नोबेल पुरस्कार मिला।

पाउली ने परमाणु जगत की एक और पहेली का समाधान प्रस्तुत किया। जब परमाणुओं से बीटा-कणों (तीव्र इलेक्ट्रॉनों) का उत्सर्जन होता था, तो कुछ ऊर्जा "गायब" होती प्रतीत होती थी। तो क्या दृढ़ता से स्थापित 'ऊर्जा की अविनाशिता का नियम' (Law of Conservation of Energy) यहां टूट रहा है? अन्य सभी ऊर्जा-प्रक्रियाओं में सफलता से काम करने वाले इस नियम को वैज्ञानिक त्यागने को तैयार नहीं थे। पाउली ने 1931 ई. में परिकल्पना प्रस्तुत की कि बीटा-कणों के साथ ही एक अन्य आवेश-रहित, और संभवतः द्रव्यमान-रहित, कण का भी उत्सर्जन होता है, जो "गायब" हुई ऊर्जा को उड़ा ले जाता है। अगले वर्ष एनरिको फर्मी[30] (1901-1954 ई.) ने पाउली द्वारा परिकल्पित इस कण को न्यूट्रिनो (neutrino)

नाम दिया, जिसका इतालवी भाषा में अर्थ होता है–“निष्पक्ष नन्हा”। न्यूट्रिनो इतने छोटे कण हैं कि आगे कई साल तक इनके अस्तित्व को प्रमाणित करना संभव नहीं हुआ। कुछ वैज्ञानिक पाउली के प्रतिपादन को उनकी दिमागी उड़ान भी मानने लग गए थे। लेकिन 1956 ई. में आयोजित एक व्यापक प्रयोग के जरिए अंततः न्यूट्रिनो कण को खोज लिया गया, और पाउली सही साबित हो गए।

सन् 1924-25 में जब वोल्फगांग पाउली अपने अपवर्जन नियम को प्रस्तुत कर रहे थे, तब यूरोप के कई प्रतिभाशाली तरुण भौतिकवेत्ता परमाणु के सूक्ष्म जगत के अध्ययन-अन्वेषण में जुटे हुए थे, प्रकाश के यथार्थ स्वरूप को समझने का प्रयास कर रहे थे।।

उन्नीसवीं सदी में यह मान लिया गया था कि प्रकाश तरंग-रूप है। फिर 1905 ई. में आइंस्टाइन ने प्रतिपादित किया कि प्रकाश कभी तरंगों की तरह काम करता है, तो कभी कणों (प्रकाश-क्वांटम) की तरह। अन्य शब्दों में, प्रकाश द्विरूपी है। यह कैसे संभव है?

प्रकाश की इस द्विविधता को समझने में भौतिकीविदों को काफी समय लगा (जो गणितीय भौतिकी से अनभिज्ञ हैं, वे आज भी इसे सहजता से समझ नहीं पाते)। लेकिन धीरे-धीरे इस विचित्र स्थिति को स्पष्ट करने वाले गणितीय नियम खोजे गए। ये नियम भलीभांति काम करते हैं; इनका उपयोग करके बताया जा सकता है कि परमाणु के सूक्ष्म जगत में क्या घटित हो सकता है; और ठीक वैसा ही घटित होता है।

सन् 1923-24 में फ्रांस के तरुण गणितज्ञ लुई दे ब्रोग्ली[31] (1892-1987 ई.) प्रकाश की इसी द्विविधता के बारे में गंभीरता से चिंतन कर रहे थे। उन्होंने अपने बड़े भाई मॉरिस दे ब्रोग्ली (1875-1960 ई.) के साथ मिलकर एक्स-किरणों पर शोधकार्य किया था, और अब वे फोटॉनों के बारे में विचार कर रहे थे। सोच रहे थे : प्रकाश द्विरूपी है, तो क्या द्रव्य भी द्विरूपी नहीं हो सकता? जैसा कि

चित्र 13.12 : लुई दे ब्रोग्ली (1892-1987 ई.)

बाद में स्वयं दे ब्रोग्ली ने लिखा है : "एकांत में ध्यानमग्न होकर लंबे समय तक सोचने के बाद मुझे एकाएक विचार सुझा कि आइंस्टाइन द्वारा 1905 ई. में की गई प्रकाश-क्वांटम की खोज को सभी द्रव्यकणों पर, विशेषकर इलेक्ट्रॉन पर, लागू करके व्यापक बना देना चाहिए।"

दे ब्रोग्ली ने इस दिशा में खोजबीन आरंभ कर दी, और अंत में ऐसे अद्भुत समीकरण प्राप्त किए जो तरंगों को कण मानने पर काम करते थे और कणों को तरंगें मानने पर भी काम करते थे। इससे दे ब्रोग्ली निष्कर्ष पर पहुंचे : यदि तरंगें कण हो सकती हैं, तो कण भी अवश्य तरंगें हो सकते हैं। अतः इलेक्ट्रॉन, और परमाणु भी, जो यथार्थ में कण हैं, कभी-कभी तरंगों की तरह कार्यक्षम होने चाहिए। अन्य शब्दों में, द्रव्य भी द्विरूपी है।

इलेक्ट्रॉन के तरंग-रूप के लिए प्रमाण भी जल्दी ही मिल गए। अमरीका में क्लिंटन जोसेफ डेविस्सन (1881-1958 ई.) और इंग्लैंड में जॉर्ज पेजेट टॉमसन (1892-1975 ई.) ने 1927 ई. में इलेक्ट्रॉन के विवर्तन (diffraction) के चित्र प्राप्त किए। अर्थात्, सिद्ध किया कि इलेक्ट्रॉन, जो वस्तुतः एक परमाणु-कण है, तरंग की तरह भी कार्य करता है। डेविस्सन और टॉमसन को इलेक्ट्रॉन विवर्तन की खोज के लिए संयुक्त रूप से 1937 ई. का भौतिकी का नोबेल पुरस्कार मिला।

चित्र 13.13 : प्रकाश का विवर्तन (बाएं) और इलेक्ट्रॉन का विवर्तन (दाएं)

दिलचस्प बात यह है कि जॉर्ज पेजेट टॉमसन 1897 ई. में इलेक्ट्रॉन की खोज करने वाले प्रसिद्ध ब्रिटिश भौतिकवेत्ता जे.जे. टॉमसन (1856-1940 ई.) के पुत्र थे। जे.जे. टॉमसन ने इलेक्ट्रॉन को परमाणु-कण बताया था। परंतु तीस साल बाद उनके पुत्र ने प्रमाणित किया कि इलेक्ट्रॉन तरंग भी है। पिता-पुत्र दोनों ही सही हैं, और दोनों ने ही भौतिकी के नोबेल पुरस्कार हासिल किए हैं!

निष्कर्ष : ऊर्जा ज्यादातर तरंगों की तरह काम करती है, मगर कभी-कभी यह कणों की तरह भी बरताव करती है। आइंस्टाइन के प्रसिद्ध समीकरण $E = mc^2$ से भी यही निष्कर्ष निकाला जा सकता था, जो स्पष्ट बताता है कि ऊर्जा और द्रव्य वस्तुतः एक ही भौतिक सत्ता के दो भिन्न पहलू हैं।

लुई दे ब्रोग्ली के विचारों ने जिन भौतिकीविदों को प्रभावित किया उनमें एक थे ऑस्ट्रिया के एरविन श्रोडिंगेर[32](1887-1961 ई.), जो उस समय ज्यूरिख़

(स्विट्ज़रलैंड) में प्राध्यापक थे। श्रोडिंगेर ने दे ब्रोग्ली द्वारा प्रतिपादित द्रव्य-तरंगों (matter waves) की धारणा के लिए गणितीय सूत्रों का सृजन करके एक नई तरंग-यांत्रिकी (wave mechanics) को जन्म दिया–1926 ई. में। गणितीय दृष्टि से श्रोडिंगेर का सिद्धांत सही था, उनके समीकरण भलीभांति काम कर रहे थे, इसलिए भौतिकीविद खुश थे।

चित्र 13.14 : एरविन श्रोडिंगेर (1887-1961 ई.)

परंतु श्रोडिंगेर के समीकरणों में एक कमी थी। उन्होंने माना था कि इलेक्ट्रॉन तरंगें हैं, एक प्रकार की "द्रव्य-तरंगें" हैं। तब जर्मन भौतिकवेत्ता मैक्स बोर्न[33] (1882-1970 ई.) ने विचार प्रस्तुत किया कि श्रोडिंगेर ने अपने समीकरण में जिस चीज को पेश किया है वह वस्तुतः खुद इलेक्ट्रॉन नहीं है, बल्कि किसी स्थान-विशेष पर इलेक्ट्रॉन को प्राप्त करने की संभाविता या प्रायिकता (probability) है। उदाहरण के लिए, जब इलेक्ट्रॉन किसी बाधा का सामना करते हैं, तो कुछ इलेक्ट्रॉन उस बाधा के भीतर चले जाएंगे और कुछ वापस लौटेंगे (जैसे, जब कांच की किसी खिड़की पर प्रकाश पड़ता है, तो कुछ प्रकाश वापस लौटेगा और तब आप उसमें एक प्रतिबिंब देखेंगे; और साथ ही, आप खिड़की के भीतर भी देख सकते हैं)। ऐसी स्थिति में मैक्स बोर्न का प्रतिपादन था कि श्रोडिंगेर का समीकरण वस्तुतः इलेक्ट्रॉन की नहीं, बल्कि इसकी संभाविता या प्रायिकता की स्थिति की ही व्याख्या कर सकता है। अन्य शब्दों में, किसी इलेक्ट्रॉन का तरंग-फलन इस संभाविता से जुड़ा है कि उस इलेक्ट्रॉन को किसी भी बिंदु पर प्राप्त किया जा सकता है।

श्रोडिंगेर के समीकरण की मैक्स बोर्न द्वारा की गई इस प्रायिकतात्मक व्याख्या (probabilistic interpretation) से भौतिकी के क्षेत्र में एक नए वाद-विवाद की शुरुआत हो गई। बोर्न की 'संभाविता' या 'प्रायिकता' का स्पष्ट अर्थ था कि न्यूटन के भौतिकी के स्थापित नियमों में अब निर्धार्यता या नियतत्ववाद (determinism) के लिए कोई जगह नहीं रह गई है। पहली बार क्वांटम यांत्रिकी की

प्रायिकतात्मक व्याख्या प्रस्तुत करने का श्रेय मैक्स बोर्न को ही है, न कि नील्स बोर को, जैसा कि प्रायः समझा जाता है। 'quantum mechanics' (क्वांटम यांत्रिकी) शब्द भी मैक्स बोर्न ने ही चलाया था।

बोर्न के इस प्रतिपादन से श्रोडिंगेर और उस समय के अन्य कई भौतिकीविद खुश नहीं थे। मैक्स बोर्न आइंस्टाइन के घनिष्ट मित्र थे, मगर वे बोर्न की इस व्याख्या से प्रसन्न नहीं थे, बल्कि बड़े व्यथित थे। इस समस्या को लेकर दोनों में लंबे समय तक पत्र-व्यवहार चला, जो अब पुस्तकाकार भी उपलब्ध है।[34]

चित्र 13.15 : मैक्स बोर्न (1882-1970 ई.)

मैक्स बोर्न की इलेक्ट्रॉन की प्रायिकतात्मक व्याख्या (probabilistic interpretation) को नील्स बोर और उनके सहयोगियों ने सहजता से स्वीकार कर लिया। नील्स बोर क्वांटम यांत्रिकी के क्षेत्र की गवेषणाओं के प्रमुख प्रवक्ता बन गए। कोपेनहेगेन (डेनमार्क) स्थित उनका सैद्धांतिक भौतिकी संस्थान इस क्षेत्र के अनुसंधान का मुख्य केंद्र हो गया। यही कारण है कि प्रायिकतात्मक व्याख्या को प्रायः "कोपेनहेगेन व्याख्या" (Copenhagen interpretation) के नाम से जाना जाता है।

सरल शब्दों में कहें तो क्वांटम यांत्रिकी का अर्थ है–परमाणु के भीतर इलेक्ट्रॉनों की गति का विज्ञान। हमने पीछे देखा है कि लुई दे ब्रोग्ली और अल्बर्ट आइंस्टाइन से प्रेरणा पाकर एरविन श्रोडिंगेर ने ऐसी एक यांत्रिकी–तरंग-यांत्रिकी (wave mechanics)–का सृजन किया था। उसके कुछ ही महीने पहले मैक्स बोर्न व नील्स बोर से प्रेरणा पाकर वेर्नेर हाइजेनबर्ग[35] (1901-1976 ई.) ने एक अन्य क्वांटम-यांत्रिकी का निर्माण किया था, जिसे आव्यूह यांत्रिकी (matrix mechanics) के नाम से जाना जाता है (इसमें राशियों को एक आयताकार व्यूह में रखा जाता है, इसलिए यह नाम)।

आरंभ में श्रोडिंगेर की तरंग-यांत्रिकी और हाइजेनबर्ग की आव्यूह-यांत्रिकी भले ही दो भिन्न व्यवस्थाएं प्रतीत हुई हों, परंतु श्रोडिंगेर ने जल्दी ही प्रमाणित कर दिया कि ये दोनों यांत्रिकियां एकदम समान हैं, एक तरह से क्वांटम यांत्रिकी की

चित्र 13.16 : नील्स बोर का सैद्धांतिक भौतिकी संस्थान, कोपेनहेगेन

दो वैकल्पिक विधियां हैं।

क्वांटम भौतिकी के क्षेत्र में हाइजेनबर्ग का दूसरा महत्वपूर्ण, चमत्कारिक योगदान है–अनिश्चितता/अनिर्धार्यता का नियम (uncertainty/indeterminancy principle), जो उन्होंने 1927 ई. में प्रतिपादित किया। इस नियम के अनुसार, परमाणु के जगत में किसी कण की ठीक-ठीक स्थिति और वेग (संवेग), दोनों का एकसाथ सूक्ष्मता से मापन कतई संभव नहीं है। यदि इनमें से एक को सूक्ष्मता से जानने का प्रयास करते हैं, तो दूसरे के मापन में अनिश्चितता रहती है। अन्य शब्दों में, यदि किसी इलेक्ट्रॉन पर चोट की जाती है, तो आप नहीं बता पाएंगे कि वह कहां जाएगा; आप उसकी स्थिति को केवल उसकी संभावना (probability) से ही व्यक्त कर पाएंगे।

अनिश्चितता के नियम ने वैज्ञानिक चिंतन को बहुत गहराई से प्रभावित किया है, क्योंकि यह नियम चिरस्थापित भौतिकी में दृढ़ता से स्थापित कारण-कार्य संबंध को परमाणु के स्तर पर स्वीकार नहीं करता।

आइंस्टाइन ने अनिश्चितता के नियम को कभी स्वीकार नहीं किया। इसको लेकर आइंस्टाइन और नील्स बोर के बीच लंबे समय तक वाद-विवाद चला। दोनों मित्र एक-दूसरे की प्रतिभा का सम्मान करते थे, परंतु आइंस्टाइन के अंतिम दिनों तक अनिश्चितता के नियम को लेकर दोनों में वैचारिक मतभेद बना रहा।

आइंस्टाइन के निधन (1955 ई.) के बाद भी नील्स बोर ऐसे उदाहरणों का सृजन करते रहे, जो उनके दिवंगत मित्र को अनिश्चितता के नियम की वास्तविकता का यकीन दिला सकें। निधन (18 नवंबर 1962) के एक दिन पहले नील्स बोर ने अपने अध्ययन-कक्ष के ब्लैकबोर्ड पर जो आकृति बनाई थी वह भी आइंस्टाइन के साथ उनकी कल्पित चर्चा की ही द्योतक थी।

चित्र 13.17 : वेर्नेर हाइजेनबर्ग (1901-1976 ई.)

आइंस्टाइन ने कभी स्वीकार नहीं किया कि प्रकृति में अनिश्चितता हो सकती है। भौतिक वास्तविकता में, निर्धार्यता (determinism) में उनकी पक्की आस्था थी। उनका एक प्रसिद्ध कथन है : "मैं नहीं मानता कि *वह* विश्व के साथ पांसें खेलता है।"

यह कथन उस पत्र का अंश है जो आइंस्टाइन ने 4 दिसंबर, 1926 को अपने मित्र मैक्स बोर्न को लिखा था। पूरा कथन है : "क्वांटम यांत्रिकी काबिले-तारीफ है। मगर मेरा अंतर्मन कहता है कि यह अभी भी सही रास्ता नहीं है। इस सिद्धांत से काफी-कुछ पता चलता है, परंतु यह हमें उस *बूढ़े* के रहस्यों को जानने में मदद नहीं दे सकता। बहरहाल, मैं नहीं मानता कि *वह* विश्व के साथ पांसें खेलता है।"

यहां आइंस्टाइन द्वारा प्रयुक्त *बूढ़ा* (*Old One*) और *वह* (*He*) शब्द एक प्रकार से 'विश्व-विधाता' या 'ईश्वर' के सूचक हैं। इसी आशय के अपने अन्य कुछ कथनों में आइंस्टाइन ने ईश्वर (God) शब्द का प्रयोग किया है। जैसे, "मैं ऐसे ईश्वर में यकीन नहीं करता, जो अपना सारा समय जुआ खेलने में खर्च करता है।" और, आइंस्टाइन ने 1942 ई. में अपने मित्र कॉर्नेल लांकझोस को लिखा था : "चोरी-छिपे ईश्वर के पत्तों की एक झलक प्राप्त करना कठिन है। लेकिन मैं एक क्षण के लिए भी यकीन नहीं कर सकता कि वह विश्व के साथ पांसें खेलता है।"

आइंस्टाइन के ये कथन क्वांटम सिद्धांत (वस्तुतः क्वांटम यांत्रिकी और

अनिश्चितता के नियम) के प्रति उनके दृष्टिकोण को व्यक्त करते हैं। क्वांटम सिद्धांत के अनुसार, परमाणु के अतिसूक्ष्म जगत की घटनाएं संभाविता (probability) पर आधारित हैं, सांख्यिकीय (statistical) नियमों से निर्धारित होती हैं। आइंस्टाइन को प्रकृति के मूल में इस तरह की अनिर्धार्यता की मौजूदगी मान्य नहीं थी।[36]

अनिश्चितता के नियम के प्रतिपादन (1927 ई.) और उससे जनित वाद-विवाद के बाद क्वांटम यांत्रिकी का विकास रुका नहीं। आगे के वर्षों में क्वांटम यात्रिकी में कई नई विधियां खोजी गईं और उन्हें सफलता से उपयोग में लाया गया।

श्रोडिंगेर और हाइजेनबर्ग की क्वांटम यांत्रिकियों में आइंस्टाइन के आपेक्षिकता-सिद्धांत के लिए कोई स्थान नहीं था। तरुण ब्रिटिश भौतिकवेत्ता पॉल डिराक[37] (1902-1984 ई.) ने 1927 ई. के आरंभ में विशिष्ट आपेक्षिकता-सिद्धांत का समावेश करके इलेक्ट्रॉन व हाइड्रोजन-जैसे परमाणुओं के लिए एक नई क्वांटम यांत्रिकी–क्वांटम विद्युत-गतिकी (quantum electrodynamics)–को जन्म दिया। डिराक के प्रथम शोध-निबंध का शीर्षक था–'विकिरण के उत्सर्जन और अवशोषण का क्वांटम सिद्धांत' (The Quantum Theory of the Emission and Absorpsion of Radiation)। इसमें डिराक ने विकिरण को एक क्वांटम क्षेत्र माना है, और यह नई क्वांटम विद्युत-गतिकी का प्रथम रूप था।

फिर दूसरे महायुद्ध के दौरान तीन सैद्धांतिक भौतिकीविदों ने स्वतंत्र रूप से आधुनिक क्वांटम विद्युत-गतिकी का सृजन किया। ये भौतिकीविद हैं–जापान के शिन-इतिरो तोमोनागा[38] (1906-1979 ई.) और अमरीका के रिचर्ड फाइनमॅन[39] (1918-1988 ई.) व ज्यूलियन श्विंगेर[40] (1918-1994 ई.)। तीनों को उनके योगदान के लिए एकसाथ 1965 ई. का भौतिकी का नोबेल पुरस्कार प्रदान किया गया।

इन भौतिकीविदों ने क्वांटम विद्युत-गतिकी में मैक्सवेल के विद्युत-चुंबकीय क्षेत्र का समावेश कर दिया। अन्य शब्दों में, क्वांटम विद्युत-गतिकी का आधार मैक्सवेल समीकरणों का क्वांटमित सिद्धांत और डिराक का आपेक्षिकीय इलेक्ट्रॉन सिद्धांत है। परिणामतः नई क्वांटम विद्युत-गतिकी के अंतर्गत परमाणु-संरचना, विकिरण, परमाणु-कणों का सृजन व विध्वंस, ठोस-स्थिति भौतिकी, प्लाज्मा भौतिकी, लेसर टेक्नालॉजी, स्पेक्ट्रोस्कोपी, इलेक्ट्रॉनिकी व रसायन के नियमों की सुचारु व्याख्या करना अब संभव हो गया है। इस तरह, क्वांटम विद्युत-गतिकी ने भौतिकी के एक बड़े हिस्से में तारतम्य स्थापित कर दिया है। क्वांटम विद्युत-गतिकी अब आधुनिक भौतिकी का शीर्षस्थ सिद्धांत बन गया है।

मगर क्वांटम यांत्रिकी की आधारभूत धारणाओं और अनिश्चितता के नियम को लेकर वैज्ञानिकों में वाद-विवाद आज भी जारी है।

इस अध्याय की शुरुआत प्रकाश के अध्ययन से हुई थी। क्वांटम सिद्धांत का जन्म प्रकाश के अन्वेषण से हुआ है। मगर एक सदी से अधिक का लंबा अरसा गुजर जाने पर भी भौतिकीविद आज यह दावा नहीं कर सकते कि उन्होंने प्रकाश (और इलेक्ट्रॉन) के गुणधर्मों को पूरी तरह जान लिया है।

संदर्भ और टिप्पणियां

1. इस अध्याय की कुछ स्थापनाएं पाठकों को विरोधाभासी और कुछ चमत्कारिक-सी लग सकती हैं, इसलिए इसे एक या दो बार पुनः पढ़ना ठीक रहेगा।
2. हमारे देश के कई वेदांती प्रचारक **कठोपनिषद्** (2.20) के **अणोरणीयान्महतो महीयान्** (अर्थात्, अणु से अत्यंत अणु, महान से अत्यंत महान) वचन को पेश करके झट दावा कर देते हैं कि प्राचीन काल के हमारे ऋषि-मुनियों ने अपनी 'दिव्यदृष्टि' से विश्व की अतिविशाल और अतिसूक्ष्म सीमाओं के 'दर्शन' कर लिये थे। लेकिन ये प्रचारक यह स्पष्ट नहीं करते कि यह वचन वस्तुतः विश्व के स्वरूप से नहीं, बल्कि 'आत्मा' से संबंधित है, क्योंकि इसके ठीक आगे का बाकी अंश है : ··· **आत्मास्य अन्तोर्निहितो गुहायाम्** (ऐसा वह आत्मा जन्तु (जीव) की गुहा (हृदय) में रहता है)।

   आधुनिक विज्ञान की महान उपलब्धियों का श्रेय प्राचीन काल के विचारकों की काल्पनिक उड़ान को प्रदान करना उचित नहीं है, यह उलटी गंगा बहाने-जैसा है। इस बात को जाने अभी सौ साल भी नहीं हुए हैं कि हमारी आकाशगंगा-मंदाकिनी (Milkyway, Galaxy) में लगभग 200 अरब तारे हैं, आकाशगंगा के परे ऐसी अरबों मंदाकिनियों का अस्तित्व है और इस विश्व का निरंतर विस्तार हो रहा है। परमाणु की संरचना को समझना पिछली एक सदी से ही संभव हो रहा है; अब तक परमाणु के भीतर तीन सौ से भी ज्यादा प्राथमिक कण (elementary particles) खोजे गए हैं।
3. आइंस्टाइन को 28 जून, 1929 को बर्लिन में आयोजित एक समारोह में "प्लांक पदक" प्रदान किया गया—स्वयं माक्स प्लांक के हाथों से (देखिए चित्र : 10.13)। उस अवसर पर दिए गए अपने भाषण में आइंस्टाइन ने कहा था : "मैं तरुण भौतिकीविदों की उन उपलब्धियों का बहुत सम्मान करता हूं जिन्हें क्वांटम यांत्रिकी के नाम से जाना जाता है, और इस सिद्धांत में अंतर्निहित गहन सत्य में यकीन करता हूं, किंतु मेरी मान्यता है कि *सांख्यिकीय नियमों* में इसकी घेराबंदी अस्थायी है।"

4. नील्स बोर के लिए देखिए अध्याय 10, टिप्पणी 4.

चित्र 13.18 : हिदेकी युकावा (1907-1981 ई.)

5. हिदेकी युकावा (Hideki Yukawa : 1907-1981 ई.) : जापानी भौतिकवेत्ता, जिन्होंने 1935 ई. में परमाणु के नाभिक के भीतर धनावेशी प्रोटॉनों व निरावेशी न्यूट्रॉनों को मजबूती से बांधे रखने वाले दृढ़ नाभिकीय बल (strong nuclear force) का प्रतिपादन करके इस बल (अन्योन्यक्रिया) के लिए कारणीभूत मेसॉन (meson) नामक परमाणु-कणों के अस्तित्व की भविष्यवाणी की थी। युकावा ने क्वांटम सिद्धांत और आइंस्टाइन के सूत्र $E = mc^2$ का उपयोग करके इस परिकल्पित कण का द्रव्यमान निर्धारित किया (लगभग 200 इलेक्ट्रॉनों के बराबर) और बताया कि दृढ़ नाभिकीय बल नाभिक के भीतर लगभग 10^{-12} सेंमी. की दूरी तक काम करता है। दो साल बाद, 1937 ई. में, कार्ल एंडरसन (Carl Anderson : 1905-1991 ई.) ने ब्रह्मांड किरणों में मेसॉन-जैसे एक कण की खोज कर ली। बाद में, 1947 ई. में ब्रिटिश भौतिकवेत्ता सिसिल पावेल (Cecil Powell : 1903-1969 ई.) ने दृढ़ नाभिकीय बल के लिए वस्तुतः कारणीभूत पाई-मेसॉन या संक्षेप में 'पिऑन' (π-meson or pion) नामक कण की ब्रह्मांड किरणों में खोज की, तो युकावा की परिकल्पना की पुष्टि हो गई। युकावा को 1949 ई. का भौतिकी का नोबेल पुरस्कार मिला; नोबेल पुरस्कार पाने वाले वे पहले जापानी वैज्ञानिक थे।

हिदेकी युकावा का जन्म क्योतो में हुआ और शिक्षण क्योतो व ओसाका विश्वविद्यालयों में। सन् 1939 में वे क्योतो विश्वविद्यालय में प्राध्यापक नियुक्त हुए, और 1970 ई. में अवकाश ग्रहण करने तक वहीं बने रहे। सन् 1932 में सुमिको युकावा से विवाह करने के बाद उन्होंने अपना पहले का 'आगावा' कुलनाम 'युकावा' में बदल डाला।

सन् 1949 में युकावा आमंत्रित होकर प्रिंसटन स्थित उच्च अध्ययन संस्थान पहुंचे थे। प्रिंसटन में आइंस्टाइन और डा. होमी भाभा के साथ युकावा के चित्र के लिए देखिए **परिशिष्ट-1**, टिप्पणी 13.

6. नील्स बोर द्वारा प्रतिपादत क्वांटम यांत्रिकी के संपूरकता के नियम के अनुसार, प्रकृति में तरंग और कण के संपूरक रूप पाए जाते हैं। नील्स बोर ने अपने कुलचिह्न

(coat-of-arms) के लिए 'यिन' व 'याङ' के संयुक्त चीनी चिह्न को पसंद किया था। समझा गया था कि, चूंकि ये दो तत्व एक-दूसरे के विपरीत हैं, साथ ही एक-दूसरे के संपूरक भी, इसलिए ये दोनों मिलकर भौतिक विश्व की सृष्टि करते हैं। नील्स बोर ने सोचा कि 'यिन-याङ' का यह चीनी प्रतीक-चिह्न उनके द्वारा प्रतिपादित संपूरकता के नियम (complimentarity principle) का अच्छा प्रतिनिधित्व करता है। जापानी भी 'यिन-याङ' की धारणा से भलीभांति परिचित हैं। 'यिन-याङ' के चिह्न के लिए देखिए अध्याय 15, टिप्पणी 2.

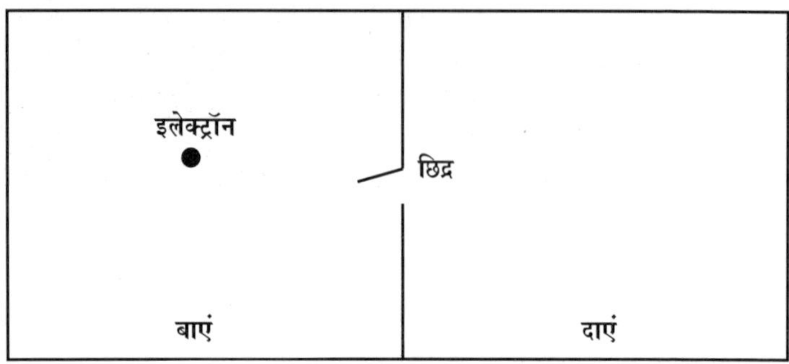

चित्र 13.19 : इलेक्ट्रॉन एकसाथ दोनों कक्षों में

7. एक 'आदर्श' प्रयोग पर विचार कीजिए : एक बंद बक्से में एक 'इलेक्ट्रॉन' को स्थापित किया गया है। उस बक्से को एक दीवार द्वारा दो समान भागों में विभक्त किया गया है। दीवार में इलेक्ट्रॉन के आवागमन के लिए एक अत्यंत छोटा छिद्र बनाया गया है, जिसे एक शटर के जरिए इच्छानुसार खोला व बंद किया जा सकता है। तब स्थापित तर्क-प्रणाली के अनुसार, वह इलेक्ट्रॉन या तो बाएं कक्ष में रहेगा या फिर दाएं कक्ष में; तीसरी कोई संभावना नहीं है। मगर क्वांटम भौतिकी हमें प्रयोगों के परिणामों की व्याख्या पर आधारित अन्य संभावनाओं को स्वीकार करने के लिए विवश करती है। हमें कितना भी विलक्षण क्यों न लगे, किंतु स्वीकार करना पड़ता है कि *वही एक इलेक्ट्रॉन, उसी एक समय में, दोनों कक्षों में मौजूद रहता है*। यहां इसका अर्थ यह नहीं है कि वह इलेक्ट्रॉन कभी बाएं कक्ष में रहता है और कभी दाएं कक्ष में, बल्कि यह है कि वह *एक ही समय में* दोनों कक्षों में मौजूद रहता है। इस स्थिति को सामान्य भाषा में प्रस्तुत नहीं किया जा सकता; इसे केवल गणित के संकेतों में ही ठीक-ठीक व्यक्त किया जा सकता है।

   इस 'विलक्षण' स्थिति को समझने में जैन दर्शन की **स्याद्वाद्** वचनशैली कुछ मदद दे सकती है। इसके अनुसार, एक ही वस्तु 'है भी' कही जा सकती है; और 'नहीं भी'। दोनों अभिप्रायों के मेल से 'हां-ना' का एक मिश्रित वचनभंग भी बनता है,

इसलिए इसे **अवक्तव्य** भी कहते हैं। इस तरह, स्याद्वाद् न्याय-प्रणाली के अनुसार 'इलेक्ट्रॉन' की सत्ता के बारे में सात संभावनाएं बन सकती हैं :

(1) इलेक्ट्रॉन यहां है?– शायद है (स्याद् अस्ति)।

(2) इलेक्ट्रॉन यहां नहीं है?– नहीं भी हो सकता है (स्याद् नास्ति)।

(3) क्या इलेक्ट्रॉन यहां है भी, और नहीं भी है?– है भी और नहीं भी हो सकता है (स्याद् अस्ति च नास्ति च)।

(4) 'हो सकता है' (स्याद्) क्या यह कहा जा सकता (वक्तव्य) है?–नहीं, 'स्याद्' यह अ-वक्तव्य है।

(5) इलेक्ट्रॉन यहां 'हो सकता है' (स्याद् अस्ति), क्या यह कहा जा सकता है?– नहीं, 'इलेक्ट्रॉन यहां हो सकता है', यह नहीं कहा जा सकता।

(6) इलेक्ट्रॉन यहां 'नहीं हो सकता है' (स्याद् नास्ति), क्या यह कहा जा सकता है?–नहीं, 'इलेक्ट्रॉन यहां नहीं हो सकता है, यह नहीं कहा जा सकता।

(7) इलेक्ट्रॉन यहां 'हो भी सकता है, नहीं भी हो सकता है', क्या यह कहा जा सकता है?–नहीं, 'इलेक्ट्रॉन यहां हो भी सकता है, नहीं भी हो सकता है', यह नहीं कहा जा सकता।

'स्याद्' का अर्थ है–'एक संभावना यह भी है'। यह पद जैन न्याय की अनेकांत विचारशैली को व्यक्त करता है; यह अनिश्चितता का सूचक नहीं है।

8. अफलातून ने अपने ग्रंथ Timaeus में कहा है : "उन्होंने (देवताओं ने) अवयवों के रूप में सबसे पहले *प्रकाश पैदा करने वाली* आंखों का सृजन किया।"

9. देखिए **A Concise History of Science in India**, INSA, New Delhi, 1971, p. 480.

10. अल-हसन या यूरोपवालों के अल-हाजेन (Alhazen : 965-1038 ई.) : बसरा (इराक) में जन्मे, मगर बाद में काहिरा (मिस्र) में जाकर बसे अरबी वैज्ञानिक। उनका वास्तविक नाम अबू अली मुहम्मद अल-हसन इब्न अल-हैशम था, मगर यूरोप में वे 'अल-हाजेन' के नाम से जाने गए। आंख और प्रकाश के बारे में अनेकानेक प्रयोग करके अल-हसन ने 'अल-मनाजिर' (रोशनी, दृष्टि) नामक ग्रंथ की रचना की थी। बाद में, 1200 ई. के आसपास, इस अरबी ग्रंथ का लैटिन में अनुवाद हुआ (Opticæ Thesaurus) और यूरोप के विश्वविद्यालयों में इसे पाठ्य-पुस्तक का दर्जा मिला। वहां सत्रहवीं सदी तक यह ग्रंथ खूब मशहूर रहा। रोजर बेकन, लियोनार्दो-द-विंची, केपलर, रेने दकार्त जैसे यूरोप के महान वैज्ञानिकों को इस ग्रंथ ने प्रभावित किया। अल-हसन ने प्रकाश का स्रोत वस्तु में माना, न कि आंख में। वे प्रकाश के परावर्तन व अपवर्तन से भलीभांति परिचित थे। उन्होंने कई किस्म के दर्पणों के बारे में प्रयोग किए थे। अल-हसन ने आवर्धक लेंसों के बारे में

प्रयोग करके अपने ग्रंथ में इनके बारे में जानकारी दी। इसी जानकारी के आधार पर बाद में यूरोप में चश्मे और दूरबीनें बनने लगी थीं। 'कैमेरा ऑब्सक्यूरा' (camera obscura) की जानकारी देने वाले अल-हसन संसार के पहले वैज्ञानिक हैं। अल-हसन ने अपने जीवन के अंतिम वर्ष काहिरा की प्रसिद्ध अल-अजहर मस्जिद (विद्यापीठ) में गुजारे।

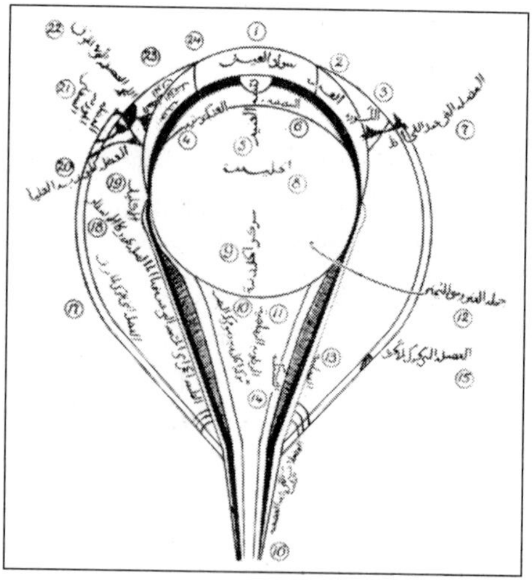

चित्र 13.20 : अल-हसन की 'अल-मनाजिर' पुस्तक की सबसे प्राचीन उपलब्ध हस्तलिपि में आंख की आकृति

11. क्रिस्तियान हाइगेन्स (Christian Huygens : 1629-1695 ई.) : डच गणितज्ञ, भौतिकवेत्ता व खगोलविद। द हेग में जन्म और लाइडेन तथा ब्रेडा में अध्ययन। डेढ़ दशक तक पेरिस में रहकर शोधकार्य किया। हाइगेन्स ने पेंडुलम घड़ी का विकास किया। उन्होंने प्रकाश के ध्रुवण (polarisation) की खोज करके तरंग-सिद्धांत का प्रतिपादन किया। शनि के वलयों का अध्ययन करके उसके टाइटन (Titan) चंद्र की खोज की। हाइगेन्स ने गणित के विकास में भी महत्वपूर्ण योगदान दिया है। विज्ञान के कुछ इतिहासकार हाइगेन्स को 17वीं सदी के उत्तरार्ध का, न्यूटन के बाद का सबसे बड़ा वैज्ञानिक मानते हैं।

चित्र 13.21 : क्रिस्तियान हाइगेन्स (1629-1695 ई.)

12. ओले रोमर (Ole Roemer : 1644-1710 ई.) : डेनमार्क में जन्मे ओले रोमर कोपेनहेगेन विश्वविद्यालय में खगोल-विज्ञान के प्राध्यापक थे। आमंत्रित होकर 1671 ई. में वे फ्रांस चले गए और पेरिस वेधशाला से जुड़ गए। वहां बृहस्पति के चंद्रों का अध्ययन करते हुए रोमर ने जाना कि उन्हें अपने ग्रह (बृहस्पति) द्वारा पहले या बाद में ग्रहण लगना इस बात पर निर्भर करता है कि पृथ्वी बृहस्पति के नजदीक पहुंच रही है या उससे दूर हटती जा रही है (उस समय तक पृथ्वी से बृहस्पति की दूरी मालूम कर ली गई थी)। इस तरह, बृहस्पति के चंद्र ('आइओ') के पृथ्वी पर पहुंचने वाले प्रकाश के समयों के अंतर की गणना करके रोमर ने प्रकाश का वेग निर्धारित किया–2,25,000 किलोमीटर प्रति-सेकंड, जो वास्तविकता से काफी कम है, मगर एक अत्यंत महत्वपूर्ण वैज्ञानिक उपलब्धि है।

चित्र 13.22 : ओले रोमर (1644-1710 ई.)

13. अल्बर्ट आइंस्टाइन ने उन कई सवालों के समाधान खोजे जो न्यूटन की भौतिकी में अनुत्तरित रह गए थे। न्यूटन के ग्रंथ **Opticks** के पुनर्मुद्रण (1931 ई.) की अपनी "प्रस्तावना" में आइंस्टाइन लिखते हैं : "न्यूटन के लिए प्रकृति एक खुली पुस्तक थी, जिसके अक्षर वे सुगमता से पढ़ सकते थे। अनुभवजन्य वस्तुओं में तारतम्य स्थापित करने के लिए उन्होंने जिन धारणाओं का उपयोग किया, वे स्वयं अनुभव से और खेल की तरह किए गए तथा विस्तृत विवरण के साथ प्रस्तुत उनके सुंदर प्रयोगों से सहजता से फलित होती हैं। वे एकसाथ प्रयोगकर्ता, सिद्धांतकार, यांत्रिकीविद और अपनी प्रस्तुति में एक कलाकार की तरह थे। वे सुदृढ़, सुस्पष्ट और अकेले हैं। सृजन का उनका सुख और उनकी सुस्पष्टता उनके प्रत्येक शब्द तथा प्रत्येक आकृति में व्यक्त होती है।"

सचमुच, न्यूटन संसार के एक महान वैज्ञानिक थे। आइंस्टाइन के बर्लिन व प्रिंसटन स्थित निवास के अध्ययन-कक्ष में न्यूटन के पोर्त्रेत टंगे हुए थे।

14. फ्रांसेस्को ग्रिमाल्डी (Fransesco Grimaldi : 1618-1663 ई.) : बोलोना (इटली) में जन्मे जेसुइटपंथी फ्रांसेस्को ग्रिमाल्डी स्थानीय जेसुइट कालेज में गणित के

प्राध्यापक थे। प्रकाश के बारे में कई प्रयोग करके उन्होंने, पहली बार, जाना कि प्रकाश-पुंज जब दो छोटे छिद्रों में से गुजरता है, तो वह थोड़ा फैल जाता है। प्रकाश के इस गुणधर्म को उन्होंने diffractio (diffraction) यानी 'विवर्तन' कहा। प्रकाश से संबंधित अपने विभिन्न प्रयोगों का विवरण ग्रिमाल्डी ने एक पुस्तक ('प्रकाश, इंद्रधनुष व रंगों से संबंधित गणित-भौतिकीय अध्ययन') में प्रस्तुत किया, परंतु वह पुस्तक उनके देहांत के दो साल बाद ही प्रकाशित हो सकी–1665 ई. में।

चित्र 13.23 : फ्रांसेस्को ग्रिमाल्डी (1618-1663 ई.)

15. टॉमस यंग (Thomas Young : 1773-1829 ई.) : दक्षिण-पश्चिम इंग्लैंड के मिलवेर्टन स्थान मे पैदा हुए टॉमस यंग एक बाल-प्रतिभा थे। दो वर्ष की आयु में ही वह अच्छी तरह पढ़ने लग गए थे और 20 वर्ष के होने तक उन्होंने संसार की कई आधुनिक व प्राचीन भाषाएं सीख ली थीं। साथ ही, उस आयु तक ग्रीक व लैटिन पर अधिकार प्राप्त करके टॉमस यंग ने न्यूटन के ग्रंथों ('प्रिंसिपिया' व 'ऑप्टिक्स') का गहन अध्ययन आरंभ कर दिया था। उन्होंने लंदन, एडिनबरा व गॉटिंगेन (जर्मनी) में चिकित्सा-विज्ञान का अध्ययन किया और 1811 ई. से वे लंदन के सेंट जॉर्ज अस्पताल में चिकित्सक रहे। यंग ने प्राचीन मिस्र की हाइरोग्लिफिक लिपि के उद्घाटन में भी महत्वपूर्ण योग दिया।

टॉमस यंग ने 1801 ई. में प्रकाश के व्यतिकरण (interference) की परिघटना की खोज करके तरंग-सिद्धांत को पुनर्जीवित किया। व्यतिकरण वह परिघटना है जिसमें समान लंबाई की दो या अधिक तरंगें मिलकर वे बड़े या छोटे आयाम (amplitude) वाली एक तरंग को जन्म देती हैं। प्रकाश के इस व्यतिकरण को उन्होंने प्रयोगों से भी प्रमाणित कर दिया। यंग ने यह भी प्रतिपादित किया था कि अलग-अलग रंग अलग-अलग आवृत्तियों वाले होते हैं।

चित्र 13.24 : टॉमस यंग (1773-1829 ई.)

16. आग्यूस्तीन फ्रेनेल (Augustin Fresnel : 1788-1827 ई.) : फ्रांसीसी भौतिकीविद, जिनका जन्म नॉर्मंडी के ब्रॉल्यी स्थान पर और शिक्षण पेरिस में हुआ। तदनंतर उन्होंने इंजीनियर के रूप में कई सरकारी विभागों में कार्य किया। जब नेपोलियन बोनापार्ट 1815 ई. में एल्बा से फ्रांस लौटा, तो फ्रेनेल ने विरोध में अपना सरकारी पद त्याग दिया। तब उन्हें एक मकान में नजरबंद करके रखा गया। इस एकांतवास का लाभ उठाकर फ्रेनेल ने प्रकाश के तरंगरूप से संबंधित अपने विचारों को परिष्कृत करके एक व्यापक गणितीय सिद्धांत का सृजन किया। कुछ महीनों बाद नेपोलियन की पराजय हुई, उसे सेंट हेलेना निर्वासित कर दिया गया, तो फ्रेनेल को पुनः उनका सरकारी पद मिल गया और उन्होंने प्रकाश संबंधी अपने अनुसंधान को जारी रखा। उन्होंने प्रकाश से संबंधित अपने नए विचारों का उपयोग करके प्रकाश-स्तंभों के लिए नए किस्म के लेंसों के उपयोग का सुझाव दिया।

चित्र 13.25 : आग्यूस्तीन फ्रेनेल (1788-1827 ई.)

फ्रेनेल के अनुसंधान-कार्य को उनके जीवन के अंतिम वर्षों में ही थोड़ा गौरव हासिल हुआ। पेरिस के पास क्षयरोग से उनका देहांत हुआ–39 वर्ष की अल्पायु में।

17. माइकेल फैराडे के लिए देखिए अध्याय 5, टिप्पणी 2.
18. जेम्स क्लार्क मैक्सवेल के लिए देखिए अध्याय 5, टिप्पणी 3.
19. हैनरिख़ हर्ट्ज के लिए देखिए अध्याय 15, टिप्पणी 4.
20. माक्स प्लांक के लिए देखिए अध्याय 5, टिप्पणी 1 और अध्याय 7, टिप्पणी 13.
21. Ober einen die Erzeugung und Verwandlung der Lichtes betreffenden heuristichen Gesichtsprunkt (On a Heuristic Point of View Concerning the Production and Transformation of Light). *Annalen Der Physic* 17 (1905) 132-148.
22. आरनॉल्ड सोम्मेरफेल्ड के लिए देखिए अध्याय 8, टिप्पणियां 1 व 2.
23. रॉबर्ट मिलिकान के लिए देखिए अध्याय 10, टिप्पणी 28.
24. आर्थर कॉम्पटन और 'कॉम्पटन प्रभाव' की उनकी सचित्र व्याख्या के लिए देखिए अध्याय 14, टिप्पणी 24 व चित्र 14.36.
25. आइंस्टाइन के नाम सत्येन बसु के पत्र के चित्र और उसके हिंदी अनुवाद के लिए देखिए अध्याय 10, चित्र 10.9.

26. देखिए परिशिष्ट 1 : 'आइंस्टाइन के भारतीय सरोकार', टिप्पणी 22.

27. बोसोन (Boson) : 'बोस-आइंस्टाइन सांख्यिकी' का पालन करने वाले परमाणु-कण (जैसे, फोटॉन, अल्फा कण, मेसॉन आदि), जो पूर्णांक चक्रण (integral spin) वाले होते हैं।

28. प्रयोगशाला में 'बोस-आइंस्टाइन संघनित' या 'सुपरएटम' प्राप्त करना, पूरे 70 साल बाद, 1995 ई. में ही संभव हुआ, जिसके लिए 1997 ई. और 2001 ई. में संयुक्त रूप से तीन-तीन भौतिकवेत्ताओं को नोबेल पुरस्कार दिए गए।

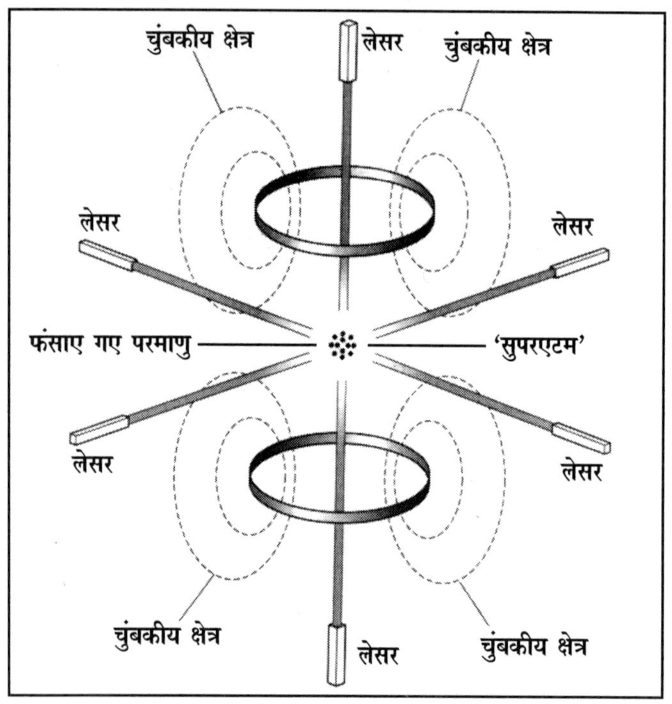

चित्र 13.26 : प्रयोगशाला में बोस-आइंस्टाइन संघनन

यहां चुंबकीय क्षेत्रों और छह लेसरों का उपयोग करके रूबिडियम (rubidium) के परमाणुओं को मंद करके एक छोटे-से स्थान में फंसाया गया है। वे परमाणु जितनी ही मंद गति वाले होंगे, उतना ही उनका तापमान कम होगा। अंत में परम शून्य तापमान (–273.15° सेंटीग्रेड) से मात्र एक डिग्री के 2,00,000,00,000वें हिस्से के बराबर के ऊंचे तापमान पर करीब 2000 रूबिडियम परमाणु संबद्ध होकर एक परमाणु ('सुपरएटम') के समान बन जाते हैं। यह द्रव्य की एक नई (पांचवीं)

अवस्था है (अन्य चार अवस्थाएं हैं—ठोस, द्रव, गैस व प्लाज्मा), जो संभवतः विश्व में अन्यत्र प्राकृतिक रूप में कहीं उपलब्ध नहीं है।

29. वोल्फगांग पाउली (Wolfgang Pauli : 1900-1958 ई.) : विएना (ऑस्ट्रिया) में जन्मे भौतिकवेत्ता। वोल्फगांग के पिता वहां भौतिकीय रसायन के प्राध्यापक थे और प्रसिद्ध वैज्ञानिक-विचारक अर्न्स्ट माख़ उनके दादा (या नाना) थे (माख़ के लिए देखिए अध्याय 6, टिप्पणी 3)। पाउली का अध्ययन म्यूनिख़, कोपेनहेगेन (नील्स बोर के सान्निध्य में) और गॉटिंगेन (मैक्स बोर्न के सान्निध्य में) में हुआ। फिर पाउली ने हाइडेलबर्ग और ज्यूरिख़ पॉलिटेकनिक में अध्यापन-कार्य किया। दूसरे महायुद्ध के दौरान पाउली आइंस्टाइन के निकट प्रिंसटन के उच्च अध्ययन संस्थान पहुंच गए और वहीं पर उनका निधन हुआ। वोल्फगांग पाउली एक प्रखर व स्पष्टवादी वैज्ञानिक थे।

30. एनरिको फर्मी के लिए देखिए अध्याय 14, टिप्पणी 9.

31. लुई दे ब्रोग्ली (Louis de Broglie : 1892-1987 ई.) : फ्रांस के राजपरिवार में जन्मे दे ब्रोग्ली का पूरा नाम है—लुई विक्तोर प्येअर रेमाँ, प्रिंस दे ब्रोग्ली (Louis Victor Pierre Remond, Prince de Broglie)। स्कूल की पढ़ाई पूरी करने के बाद लुई दे ब्रोग्ली ने आरंभ में सॉरबोन विश्वविद्यालय में इतिहास का अध्ययन किया। प्रथम विश्वयुद्ध (1914-18 ई.) के दौरान लुई दे ब्रोग्ली को सैनिक-सेवा करनी पड़ी; उन्हें सिग्नल यूनिट के एक सदस्य के रूप में पेरिस के प्रसिद्ध इफेल टॉवर में तैनात किया गया था। उस दौरान भौतिकी के अध्ययन में उनकी दिलचस्पी बढ़ी। विश्वयुद्ध के बाद लुई दे ब्रोग्ली ने अपने बड़े भाई मॉरिस की प्रयोगशाला में शोधकार्य शुरू कर दिया। मॉरिस मूलतत्वों के एक्स-रे स्पेस्ट्रा (वर्णक्रमों) पर खोजबीन कर रहे थे, इसलिए उनकी प्रयोगशाला में नील्स बोर का शोधकार्य भलीभांति ज्ञात था। मॉरिस ने 1911 ई. में ब्रुसेल्स में आयोजित भौतिकीविदों के सोल्वी सम्मेलन में सेक्रेटरी की जिम्मेदारी संभाली थी।

लुई दे ब्रोग्ली ने 1924 ई. में सॉरबोन से भौतिकी में 'डाक्टरेट' की उपाधि हासिल की। आइंस्टाइन के कार्य से प्रेरित होकर लुई दे ब्रोग्ली ने अपने प्रबंध में प्रतिपादित किया था कि जैसे तरंगें कणों की तरह बरताव करती हैं, उसी तरह कण (द्रव्य) भी तरंगों की तरह बरताव कर सकते हैं (तरंग-कण द्विविधता)। उदाहरणार्थ, उन्होंने कहा कि इलेक्ट्रॉन इस तरह बरताव कर सकता है मानो यह एक तरंग-गति हो, और तब इसका तरंग-दैर्घ्य होता है h/p, जहां p इलेक्ट्रॉन का संवेग है और h प्लांक का स्थिरांक है। आइंस्टाइन ने दे ब्रोग्ली के प्रबंध को देखकर कहा था : "यह अंधेरे में आशा की एक छोटी-सी किरण है।"

बाद में जॉर्ज टॉमसन और क्लिंटन डेविस्सन ने लुई दे ब्रोग्ली के प्रतिपादन (कणों

के तरंगों की तरह के बरताव) की अपने प्रयोगों से पुष्टि कर दी। और फिर, कणों द्वारा तरंगों की तरह के इस बरताव को आधार बनाकर एरविन श्रोडिंगेर ने अपनी तरंग-यांत्रिकी (wave mechanics) का सृजन किया। श्रोडिंगेर और लुई दे ब्रोग्ली की मान्यता थी कि क्वांटम यांत्रिकी की भौतिकीय प्रक्रियाओं में निर्धार्यता (determinism) अंतर्निहित है।

लुई दे ब्रोग्ली ने 1926-28 ई. में सॉरबोन में भौतिकी विषय पढ़ाया और 1928-62 ई. में वे आँरी प्वाँकारे संस्थान में सैद्धांतिक भौतिकी के प्राध्यापक रहे। सन् 1929 ई. में उन्हें भौतिकी का नोबेल पुरस्कार मिला। लोकप्रिय विज्ञान के लिए एक भारतीय द्वारा संस्थापित यूनेस्को का कलिंग पुरस्कार पहली बार 1956 ई. में लुई दे ब्रोग्ली को प्रदान किया गया था। दे ब्रोग्ली की भौतिकी के दार्शनिक पक्ष में गहरी दिलचस्पी थी। उनकी एक प्रसिद्ध पुस्तक है : Matter and Light, The New Physics.

32. श्रोडिंगेर के लिए देखिए अध्याय 7, टिप्पणी 7.

33. मैक्स बोर्न (Max Born : 1882-1970 ई.) : जर्मन भौतिकवेत्ता, जिनका जन्म ब्रेसलाव (अब व्रॉसलाव, पोलैंड) में हुआ था। जर्मनी के दो-तीन विश्वविद्यालयों में अध्ययन करने के बाद बोर्न ने गॉटिंगेन से पीएच.डी. की और 1909 ई. से 1933 ई. तक वे वहीं पर अध्यापक रहे। सन् 1914 में प्रथम विश्वयुद्ध शुरू हुआ, तो दूसरे अधिकांश वैज्ञानिकों की तरह बोर्न को भी सैनिक सेवा में जाना पड़ा। उस दौरान भी, फुरसत के समय में, उन्होंने अपने मित्र थिओडोर फॉन कारमान (Theodor von Karman) के साथ मिलकर मणिभ-जाली (crystal lattice) में परमाणुओं के कंपन के सिद्धांत पर अनुसंधान किया।

जनवरी 1933 में जर्मनी में हिटलर का शासन शुरू हुआ, तो बोर्न को स्वदेश छोड़कर इंग्लैंड चले जाना पड़ा। उस समय जर्मनी और ऑस्ट्रिया-हंगेरी के अनेक वैज्ञानिक विदेशों में शरण ले रहे थे। चंद्रशेखर वेंकट रामन् (1888-1970 ई.) उस समय बेंगलूर के 'भारतीय विज्ञान संस्थान' के निदेशक थे और उन्होंने स्वदेश छोड़ रहे कुछ श्रेष्ठ वैज्ञानिकों को भारत में बुलाने की एक योजना बनाई थी। सबसे पहले उन्होंने तरंग-यांत्रिकी के जनक एरविन श्रोडिंगेर (1887-1961 ई.) को पत्र लिखा। मगर उन्होंने पहले ही इंग्लैंड में एक अध्यापक-पद स्वीकार कर लिया था, इसलिए भारत न आ सकने के लिए अफसोस जाहिर किया।

मैक्स बोर्न रामन् का आमंत्रण स्वीकार करके 1935 ई. के अंतिम दिनों में बेंगलूर पहुंच गए थे, सपत्नीक। बोर्न और उनकी पत्नी का भारत में मन भी रम गया था। तब रामन् ने बोर्न से अनुरोध किया कि वे संस्थान में स्थायी पद स्वीकार कर लें। बोर्न मान गए। इस नियुक्ति का अनुमोदन करने के लिए कौंसिल की बैठक बुलाई गई। बैठक में रामन् ने एक श्रेष्ठ वैज्ञानिक, अध्यापक व व्यक्ति के

रूप में मैक्स बोर्न का परिचय कराया। तभी एक अनहोनी घटना घटी। बैठक में उपस्थित एक अंग्रेज इंजीनियर ने, जिसका विज्ञान के क्षेत्र में कोई उल्लेखनीय योगदान नहीं था और केवल शासक-वर्ग का सदस्य होने के नाते उसने संस्थान में हैसियत का पद पाया था, मैक्स बोर्न की निंदा की। उसने बोर्न को स्वदेश से भागा हुआ एक घटिया वैज्ञानिक बताया और कहा कि वे बेंगलूर के 'भारतीय विज्ञान संस्थान' में पद पाने की योग्यता नहीं रखते।

जैसा कि स्वाभाविक था, मैक्स बोर्न इस अपमान को सहन नहीं कर पाए। वे भारत से वापस चले गए। मैक्स बोर्न के साथ किए गए बदसलूक की जानकारी मिलने पर रामन् का निमंत्रण स्वीकार कर चुके हंगेरी के रसायनज्ञ ग्यॉर्ग फॉन हेवेसी (1885-1966 ई.) और क्रिस्टल-रसायनज्ञ विक्टोर मॉरिट्ज गोल्डश्मिड्ट (1888-1947 ई.) ने भी भारत आने का अपना इरादा बदल दिया। रामन् की योजना असफल रही।

मैक्स बोर्न यूरोप लौटे और 1936 ई. में एडिनबरा विश्वविद्यालय में प्राध्यापक नियुक्त हुए। वहां से 1953 ई. में अवकाश ग्रहण करने पर वे जर्मनी वापस लौटे। काफी देरी से ही सही, 1954 ई. में बोर्न को भौतिकी का नोबेल पुरस्कार मिला। गॉटिंगेन में 1970 ई. में बोर्न का निधन हुआ।

34. देखिए Max Born, *The Born-Einstein Letters*, MacMillan, 1971.

35. हाइजेनबर्ग के लिए देखिए अध्याय 14, टिप्पणी 19.

36. आइंस्टाइन ने एरविन श्रोडिंगेर को 31 मई, 1928 के एक पत्र में लिखा था : हाइजेनबर्ग-बोर का सुखदायी दर्शन–मजहब?–इतनी बारीकी से रचा गया है कि फिलहाल यह इसके सच्चे आस्तिक के लिए एक मुलायम तकिया प्रदान करता है, जिस पर से उसे हटाना आसान नहीं है। इसलिए उसे वहां लेटे रहने दीजिए।

37. पॉल डिराक (Paul Dirac : 1902-1984 ई.) : ब्रिटिश मां तथा स्विस पिता की संतान पॉल डिराक ने ब्रिस्टल विश्वविद्यालय में विद्युत इंजीनियरी और कैम्ब्रिज में गणित का अध्ययन किया। उन्होंने कैम्ब्रिज से 1926 ई. में पीएच.डी. हासिल की और 1932 ई. में वे वहीं पर गणित के लुकाशियन प्राध्यापक नियुक्त हुए (न्यूटन पहले इसी पद पर आसीन थे) और 1969 ई. में अवकाश ग्रहण करने तक उसी पद पर बने रहे।

एरविन श्रोडिंगेर ने इलेक्ट्रॉन के बरताव के लिए जो समीकरण प्रस्तुत किए थे वे आपेक्षिकता-युक्त नहीं थे; वे इलेक्ट्रॉन के चक्रण (spin) की व्याख्या करने में समर्थ नहीं थे। डिराक ने विशिष्ट आपेक्षिकता का समावेश करके उन समीकरणों को पुनः लिखा और उनके आधार पर इलेक्ट्रॉन से संबंधित कई समस्याओं को सुलझाया।

चित्र 13.27 : पॉल डिराक (1902-1984 ई.)

डिराक ने अपने उन समीकरणों के आधार पर 1930 ई. में इलेक्ट्रॉन से विपरीत ऊर्जा वाले कण (धनावेशी इलेक्ट्रॉन) के अस्तित्व की घोषणा कर दी। उन्होंने यह भी बताया कि इन दोनों कणों–इलेक्ट्रॉन व पॉजिट्रॉन–की टक्कर होने पर इनका विध्वंस हो जाता है, ऊर्जा में तबादला हो जाता है। दो साल बाद 1932 ई. में कार्ल एंडरसन (Carl Anderson : 1905-1991 ई.) ने पॉजिट्रॉन (positron) को खोज लिया। आगे जाकर डिराक की धारणा को सभी प्राथमिक कणों पर लागू कर दिया गया, और इस प्रकार विश्व के द्रव्य में प्रति-द्रव्य (anti-matter) का एक नया आयाम जुड़ गया।

सन् 1930 में प्रकाशित पॉल डिराक के The Principles of Quantum Mechanics को इस विषय का एक सर्वोत्तम ग्रंथ माना जाता है। सन् 1933 में एरविन श्रोडिंगेर के साथ पॉल डिराक को भौतिकी का नोबेल पुरस्कार मिला। कई विश्वविद्यालय डिराक को 'डाक्टरेट' की मानद उपाधि देना चाहते थे, परंतु उन्होंने ऐसे प्रस्ताव अस्वीकार कर दिए।

सन् 1955 में पॉल डिराक भारत-यात्रा पर आए थे। उन्हें यह जानकर बड़ा आश्चर्य हुआ कि सत्येंद्रनाथ बसु अभी रॉयल सोसायटी के फैलो भी नहीं हैं। इंग्लैंड लौटकर डिराक ने बसु का नाम प्रस्तावित किया, और वे फौरन फैलो चुन लिये गए।

उस यात्रा में डिराक ने क्वांटम भौतिकी पर भारत के कई शहरों में भाषण दिए। इलाहाबाद विश्वविद्यालय में भी उनका लेक्चर हुआ, जिसमें मैं (विद्यार्थी) मौजूद था। डिराक की संत-जैसी छवि मुझे आज भी स्मरण है।

38. शिन-इतिरो तोमोनागा (Sin-itiro Tomonaga : 1906-1979 ई.) : जापानी भौतिकवेत्ता, जिनका जन्म तोकियो में और अध्ययन क्योतो में हुआ, जहां विश्वविद्यालय में उनके पिता दर्शनशास्त्र के प्राध्यापक थे। हिदेकी युकावा (1907-1981 ई.), जिन्होंने बाद में, 1949 ई. में, भौतिकी का नोबेल पुरस्कार प्राप्त किया, क्योतो विश्वविद्यालय में तोमोनागा के सहपाठी थे। आगे दोनों को ही क्योतो

विश्वविद्यालय में अध्यापन का अवसर मिला। फिर प्रसिद्ध जापानी भौतिकवेत्ता योशिओ निशिना, परमाणु भौतिकी के शोधकार्य में तोमोनागा की रुचि को देखकर, उन्हें तोकियो ले गए।

चित्र 13.28 : शिन-इतिरो तोमोनागा (1906-1979 ई.)

सन् 1937 में तोमोनागा लाइपझिग (जर्मनी) गए–वेर्नेर हाइजेनबर्ग की देखरेख में शोधकार्य करने के लिए। वहां दो साल रहकर उन्होंने टोकियो विश्वविद्यालय के लिए अपना प्रबंध तैयार किया, और स्वदेश वापस लौटने पर 1940 ई. में 'डाक्टरेट' प्राप्त की। अगले वर्ष तोमोनागा टोकियो विश्वविद्यालय में प्राध्यापक नियुक्त हुए, तो उन्होंने आगे का अपना शोधकार्य शुरू कर दिया। आगे जाकर वे तोकियो विश्वविद्यालय के अध्यक्ष भी बने।

तोमोनागा उन आरंभिक भौतिकवेत्ताओं में से एक हैं जिन्होंने आपेक्षिकीय क्वांटम विद्युत-गतिकी का एक सुसंगत सिद्धांत प्रतिपादित किया। उस समय तक उच्च ऊर्जा वाले परमाणु कणों के लिए कोई क्वांटम सिद्धांत नहीं था। तोमोनागा ने 1941 ई. व 1943 ई. के बीच में विशिष्ट आपेक्षिकता का उपयोग करके ऐसा एक सिद्धांत विकसित कर लिया। और, द्वितीय विश्वयुद्ध के उन संकटग्रस्त दिनों में, 1943 ई. में. तोमोनागा ने स्वदेश में ही क्वांटम विद्युत-गतिकी से संबंधित अपना शोध-निबंध प्रकाशित कर दिया–अपनी जापानी भाषा में। साथ ही, दूसरे जापानी वैज्ञानिकों की तरह तोमोनागा को भी विश्वयुद्ध में अपना योगदान देना पड़ा, और काफी कष्ट भी झेलने पड़े।

विश्वयुद्ध की समाप्ति के बाद पश्चिम के देशों में तोमोनागा के शोधकार्य को पहचाना गया और उसकी खूब स्तुति भी हुई। दिलचस्प बात यह है कि तोमोनागा के कृतित्व के महत्व को सबसे पहले पहचाना, उसे प्रकाश में लाया रॉबर्ट ओप्पेनहाइमेर (1901-1967 ई.) ने, जिनकी देखरेख में अमरीका द्वारा जापान के हिरोशिमा और नागासाकी नगरों पर डाले गए एटम बम बने थे। बाद में ओप्पेनहाइमेर ने तोमोनागा को प्रिंसटन के उच्च अध्ययन संस्थान में कुछ समय गुजारने के लिए आमंत्रित किया था।

शिन-इतिरो तोमोनागा को रिचर्ड फाइनमॅन और ज्यूलियन श्विंगेर के साथ 1965 ई. का भौतिकी का नोबेल पुरस्कार प्रदान किया गया।

चित्र 13.29 : रिचर्ड फाइनमॅन (1918-1988 ई.)

39. रिचर्ड फाइनमॅन (Richard Feynman : 1918-1988 ई.) के लिए देखिए अध्याय 14, टिप्पणी 29.

40. ज्यूलियन श्विंगेर (Julian Schwinger : 1918-1994 ई.) : न्यूयार्क में जन्मे ज्यूलियन श्विंगेर गज़ब की स्मरणशक्ति वाले एक बाल-प्रतिभा थे। पंद्रह वर्ष की आयु में हाईस्कूल करने के बाद श्विंगेर ने कोलंबिया विश्वविद्यालय में सैद्धांतिक भौतिकी के लेक्चर सुनने शुरू कर दिए थे। सन् 1936 में स्नातक की उपाधि प्राप्त करने तक उनके कई शोध-निबंध छप चुके थे। उस समय तक श्विंगेर ने पीएच.डी. का अपना प्रबंध भी तैयार कर लिया था, परंतु नियमानुसार वह दो साल बाद ही स्वीकृत हुआ। ज्यूलियन श्विंगेर ने अमरीका के कई विश्वविद्यालयों में पढ़ाया। अंत में 29 साल की छोटी आयु में वे हार्वर्ड विश्वविद्यालय में पूर्ण प्राध्यापक नियुक्त हुए।

चित्र 13.30 : ज्यूलियन श्विंगेर (1918-1994 ई.)

भौतिकी के क्षेत्र में श्विंगेर का सबसे महत्वपूर्ण कार्य है, विद्युत-चुंबकीय सिद्धांत और क्वांटम सिद्धांत का संयोजन, जिसकी आधारशिला पॉल डिराक, वेर्नेर हाइजेनबर्ग और वोल्फगांग पाउली ने रख दी थी। स्वतंत्र रूप से यही कार्य रिचर्ड फाइनमॅन और शिन-इतिरो तोमोनागा ने भी किया। क्वांटम विद्युत-गतिकी के सृजन के लिए इन तीनों भौतिकीविदों को संयुक्त रूप से 1965 ई. का भौतिकी का नोबेल पुरस्कार मिला।

❑❑❑

अध्याय 14

आइंस्टाइन और एटम बम

बहुत-से लोग आइंस्टाइन को 'एटम बम का जनक' मानते हैं। समझा जाता है कि आइंस्टाइन द्वारा 2 अगस्त, 1939 को अमरीका के तत्कालीन राष्ट्रपति फ्रैंकलिन रूजवेल्ट[1] (1882-1945 ई.) को भेजे गए पत्र के कारण ही वहां एटम बम बनाने का कार्य शुरू हुआ था। जो लोग आपेक्षिकता-सिद्धांत के बारे में कुछ नहीं जानते, वे भी आइंस्टाइन द्वारा प्रतिपादित प्रसिद्ध समीकरण $E = mc^2$ से परिचित हैं, और सोचते हैं कि एटम बम की बुनियाद में यही समीकरण काम करता है, भले ही वे न जानते हों कि E, m और c^2 का ठीक-ठीक अर्थ क्या है।

लेकिन यह सोच काफी हद तक मिथकीय है। अमरीकी राष्ट्रपति रूजवेल्ट को भेजने के लिए तैयार हुए पत्र पर आइंस्टाइन ने हस्ताक्षर अवश्य किए थे, किंतु उन्होंने नाभिकीय भौतिकी के क्षेत्र में कभी कोई काम नहीं किया, न ही एटम

बम के निर्माण में उनकी कोई सक्रिय भूमिका रही। यह भी सच नहीं है कि उनके समीकरण $E = mc^2$ के कारण ही एटम बम बने हैं। वस्तुतः, आइंस्टाइन यदि अपने विशिष्ट आपेक्षिकता-सिद्धांत से इस समीकरण को प्राप्त नहीं करते, तब भी नाभिकीय विखंडन (nuclear fission) की खोज और एटम बम का निर्माण संभव था। अतः एटम बम के निर्माण के साथ आइंस्टाइन के सरोकार को स्पष्ट करने के लिए समूचे मामले को ठीक से समझना आवश्यक है। सबसे पहले समीकरण $E = mc^2$ को लेते हैं।

आइंस्टाइन ने 1905 ई. के एक ही वर्ष में चार अत्यंत महत्वपूर्ण शोध-निबंध प्रकाशित किए थे। इनमें तीसरा निबंध विशिष्ट आपेक्षिकता-सिद्धांत (Special Theory of Relativity) से संबंधित था। इसमें आइंस्टाइन ने प्रतिपादित किया कि प्रकाश की सापेक्षिक गति एक-सी बनी रहती है, यह स्थिर है; परंतु द्रव्यमान, दिक् और काल–इनमें गति के अनुसार बदल होता है।

भौतिक विश्व की व्यवस्था का वर्णन करने के लिए द्रव्यमान, दिक् और काल –इन्हीं तीन चीजों की जरूरत पड़ती है। चूंकि दिक् (अंतराल) व काल सापेक्ष चीजें हैं, गति के अनुसार इनमें परिवर्तन होता है, इसलिए यह कल्पना करना स्वाभाविक था कि गति के अनुसार पिंड के द्रव्यमान में भी परिवर्तन होता है। आपेक्षिकता-सिद्धांत का यह एक अत्यंत महत्वपूर्ण निष्कर्ष था।

सामान्यतः द्रव्यमान (mass) और भार (weight) को हम एक ही अर्थ में ग्रहण करते हैं, परंतु भौतिकी में द्रव्यमान को वस्तु के जड़त्व (inertia; अर्थात्, गति में परिवर्तन का विरोध करने का वस्तु का गुणधर्म) के मापन के अर्थ में ग्रहण किया जाता है। न्यूटन की भौतिकी में वस्तु का द्रव्यमान स्थिर रहता है, फिर वह वस्तु चाहे एक स्थान पर टिकी हुई हो या 10,000 किलोमीटर प्रति-सेकंड के वेग से बाह्य अंतरिक्ष में प्रक्षेपित की गई हो। परंतु आपेक्षिकता-सिद्धांत दृढ़ता से प्रतिपादित करता है कि गतिमान पिंड का द्रव्यमान स्थिर नहीं रहता, बल्कि उसकी गति में होने वाली वृद्धि के साथ-साथ उसके द्रव्यमान में भी वृद्धि होती जाती है।[2] हमारे रोजमर्रा के जीवन की गतियों में यह वृद्धि अत्यल्प होती है, परंतु जब कोई पिंड प्रकाश-वेग (3,00,000 किलोमीटर प्रति-सेकंड) के तुल्य वेग से गतिमान होता है, तब उसके द्रव्यमान में होने वाली वृद्धि को मापा जा सकता है।

आइंस्टाइन ने द्रव्यमान में होने वाली वृद्धि के लिए जिस महत्वपूर्ण समीकरण की खोज की, वह है :

$$m = \frac{m_0}{\sqrt{\left(1-\frac{v^2}{c^2}\right)}}$$

यहां m गतिमान पिंड का द्रव्यमान है, m_0 उसकी स्थिरावस्था का द्रव्यमान है, v उसका वेग है, और c प्रकाश का वेग है। जिसे भी प्रारंभिक बीजगणित की जानकारी है, वह उपर्युक्त समीकरण से सहजता से समझ जाएगा कि यदि वेग v कम है, जैसे कि हमारे रोजमर्रा के अनुभव के सभी वेग हैं, तब m व m_0 के बीच का अंतर लगभग शून्य के बराबर होता है। परंतु जब v का मान c के नजदीक पहुंचता है, तब गतिमान पिंड (m) का द्रव्यमान बहुत ज्यादा हो जाता है। वस्तुतः जब गतिमान पिंड का वेग प्रकाश के वेग के नजदीक पहुंचता है, तब उसका द्रव्यमान असीम हो जाता है। चूंकि असीम द्रव्यमान वाला पिंड गति के विरुद्ध असीम प्रतिरोध पैदा करेगा, इसलिए यहां भी निष्कर्ष निकलता है कि कोई भी भौतिक पिंड प्रकाश के वेग से गतिमान नहीं हो सकता।

आपेक्षिकता-सिद्धांत का द्रव्यमान में वृद्धि का निष्कर्ष अब प्रयोगों से प्रमाणित हो चुका है। जब शक्तिशाली विद्युत-क्षेत्रों से गुजरने वाले इलेक्ट्रॉन और रेडियोधर्मी पदार्थों के नाभिकों द्वारा उत्सर्जित होने वाले बीटा-कण प्रकाश-वेग के 99 प्रतिशत तक वेग प्राप्त करते हैं, तब उनके द्रव्यमानों में वृद्धि होती है और इस वृद्धि को ध्यान में रखकर ही परमाणु-कणों को त्वरित करने वाले यंत्रोपकरण तैयार किए जाते हैं।

चित्र 14.2 : आइंस्टाइन और उनका समीकरण $E = mc^2$ (चीन का डाक-टिकट)

आइंस्टाइन ने आगे बढ़कर द्रव्यमान की इस सापेक्षिकता के आधार पर एक अत्यंत महत्वपूर्ण निष्कर्ष निकाला। उन्होंने सोचा : चूंकि किसी गतिमान पिंड के वेग में वृद्धि होने से उसके द्रव्यमान में वृद्धि होती है, और चूंकि गति वस्तुतः ऊर्जा (गतिज ऊर्जा) का ही एक रूप है, इसलिए गतिमान पिंड के द्रव्यमान में जो वृद्धि होती है वह उसकी ऊर्जा में होने वाली वृद्धि के कारण होनी चाहिए। अन्य शब्दों में, ऊर्जा का अपना द्रव्यमान है, ऊर्जा द्रव्य है। इसी तर्क के आधार पर आइंस्टाइन ने गणितीय गणनाएं करके अंत में द्रव्यमान (m) और ऊर्जा (E) के संबंध को व्यक्त करने वाला समीकरण प्राप्त किया : $E = mc^2$, विज्ञान के इतिहास का संभवतः सबसे प्रसिद्ध समीकरण।

स्वयं आइंस्टाइन ने अपने इस समीकरण के बारे में लिखा है : "विशिष्ट

आपेक्षिकता-सिद्धांत से व्यापक स्वरूप का जो सबसे महत्वपूर्ण परिणाम प्राप्त हुआ है, उसका संबंध द्रव्यमान की धारणा से है। आपेक्षिकता के प्रतिपादन के पहले भौतिकी में अविनाशिता (conservation) के, मूलभूत महत्व के, दो नियम मान्य थे–ऊर्जा की अविनाशिता का नियम और द्रव्य की अविनाशिता का नियम। ये दो मूलभूत नियम एक-दूसरे से सर्वथा स्वतंत्र प्रतीत होते थे। आपेक्षिकता-सिद्धांत ने इन्हें एक नियम में बांध दिया है।"[3]

आइंस्टाइन के $E = mc^2$ समीकरण ने भौतिकी की कई पुरानी समस्याओं को सुलझाया है। यह समीकरण बताता है कि रेडियम व यूरेनियम जैसे रेडियोधर्मी पदार्थ किस तरह भीषण वेगों से परमाणु-कणों का सतत उत्सर्जन करते जाते हैं–लाखों-करोड़ों साल तक। यह समीकरण बताता है कि किस तरह सूर्य और अन्य तारे करोड़ों-अरबों साल तक प्रकाश और ऊष्मा का निरंतर उत्सर्जन करते रहते हैं। यह समीकरण बताता है कि परमाणुओं के नाभिकों में ऊर्जा की कितनी मात्रा अंतर्निहित है। और, यह समीकरण यह भविष्यवाणी भी करता है कि किसी नगर को नष्ट करने के लिए बनाए जाने वाले एटम बम में यूरेनियम या प्लूटोनियम की कितनी मात्रा होनी चाहिए।

आइंस्टाइन का यह समीकरण भौतिक वास्तविकता से संबंधित कई मूलभूत तथ्यों का उद्‌घाटन करता है। आपेक्षिकता के प्रतिपादन के पहले वैज्ञानिकों की मान्यता थी कि यह विश्व दो स्वतंत्र सत्ताओं से निर्मित है–द्रव्य और ऊर्जा। द्रव्य निष्क्रिय है, जड़ है, मूर्त है, और इसका द्रव्यमान होता है। दूसरी तरफ, ऊर्जा सक्रिय है, अमूर्त है, और द्रव्यमान-रहित है। परंतु आइंस्टाइन ने प्रमाणित किया कि द्रव्यमान और ऊर्जा समान हैं; जिसे हम द्रव्यमान कहते हैं वह संकेंद्रित ऊर्जा है। अन्य शब्दों में, द्रव्य ऊर्जा है और ऊर्जा द्रव्य है; दोनों के बीच का अंतर अस्थायी है। यदि द्रव्य अपने द्रव्यमान को बिखेर देता है और यह प्रकाश के वेग से दौड़ने लगता है, तब इसे हम विकिरण या ऊर्जा कहते हैं। इसके विपरीत, ऊर्जा यदि संकेंद्रित हो जाती है, निष्क्रिय हो जाती है, और हम इसके द्रव्यमान को निर्धारित कर सकते हैं, तब हम इसे द्रव्य कहते हैं।

लेकिन 16 जुलाई, 1945 से द्रव्य और ऊर्ज़ा के सरोकार का एक नया युग आरंभ हुआ। उस दिन सूर्योदय से कुछ समय पहले आलमोगोर्दो (न्यू मेक्सिको, अमरीका) के बंजर क्षेत्र में आदमी को पहली बार द्रव्य की एक पर्याप्त मात्रा को प्रकाश, ऊष्मा, ध्वनि, रेडियोधर्मिता और गति में रूपांतरित करने में सफलता मिली। यह बड़े पैमाने पर द्रव्य को ऊर्जा में रूपांतरित करने का पहला सफल प्रयोग था, मानव-इतिहास में पहले एटम बम का परीक्षण था।

परंतु यह समझना गलत होगा कि एटम बम के निर्माण की प्रक्रिया 1905 ई. में तभी शुरू हो गई थी जब आइंस्टाइन ने अपना समीकरण $E = mc^2$ प्रस्तुत कर दिया था। वस्तुतः आइंस्टाइन के इस समीकरण के प्रतिपादन के पहले ही पहचान लिया गया था कि एटम के भीतर भीषण ऊर्जा संचित है। यह जानकारी रेडियोधर्मिता से संबंधित प्रयोगों से मिली थी, न कि आपेक्षिकता-सिद्धांत से। आइंस्टाइन द्वारा अपना प्रसिद्ध समीकरण प्रस्तुत किए जाने के एक साल पहले, 1904 ई. में नोबेल पुरस्कार-विजेता ब्रिटिश भौतिक-रसायनज्ञ फ्रेडरिक सोड्डी[4] (Frederick Soddy : 1877-1956 ई.) ने अपने एक भाषण में कहा था : "यह संभव है कि भारी तत्वों के परमाणुओं की संरचना में उसी प्रकार की ऊर्जा-मात्रा छिपी हुई है, जैसी कि रेडियम में मौजूद है। यदि इस ऊर्जा को हासिल करके नियंत्रित किया जाए, तो यह दुनिया के भाग्य को निर्धारित कर सकती है।" फिर पांच साल बाद सोड्डी ने अपनी पुस्तक "रेडियम की व्याख्या" में लिखा : "जो देश द्रव्य को ऊर्जा में रूपांतरित करने में सफल होगा, वह विशाल मरुक्षेत्रों को बदल सकता है, ध्रुव-प्रदेशों के बर्फ को पिघला सकता है और समूची धरती को एक खूबसूरत बगीचे में तब्दील कर दे सकता है।"

वस्तुतः जनवरी 1939 तक किसी ने भी, आइंस्टाइन ने भी, नहीं सोचा था कि एटम बम का निर्माण संभव है। सन् 1920 में आइंस्टाइन ने कहा था : "फिलहाल इस बात की तनिक भी संभावना नहीं कि परमाणु ऊर्जा प्राप्त होगी, या भविष्य में प्राप्त की जा सकेगी।" सन् 1933 में रदरफोर्ड ने "लंदन टाइम्स" को बताया था कि, "नाभिकीय ऊर्जा की बात बकवास है।" सन् 1934 में आइंस्टाइन ने एक भाषण के दौरान संवाददाताओं से अपने खास अंदाज में कहा था : "परमाणु के नाभिक पर प्रहार करके परमाणु ऊर्जा प्राप्त करना वैसा ही है जैसे अंधेरे में बंदूक चलाकर पक्षियों का शिकार करना, और वह भी ऐसी जगह जहां केवल चंद पक्षी ही मौजूद हों।"

आइंस्टाइन ने नवंबर 1945 में अपने एक लेख "परमाणु युद्ध या शांति" में स्पष्ट लिखा था : "मैं अपने को परमाणु ऊर्जा की उपलब्धि का पिता नहीं मानता। इसमें मेरी भूमिका अप्रत्यक्ष ही रही है। वस्तुतः मैंने नहीं सोचा था कि यह ऊर्जा मेरे जीवनकाल में हासिल होगी। मैंने सिर्फ इतना ही सोचा था कि यह सिद्धांततः संभव है। इसे प्राप्त करना तभी संभव हुआ, जब संयोग से शृंखलाबद्ध अभिक्रिया की खोज हुई; और, इस खोज की भविष्यवाणी करना मेरे लिए संभव नहीं था।"

आइंस्टाइन ने ठीक ही कहा है। वस्तुतः एटम बम की सोच की शुरुआत 1938 ई. में तब हुई जब न्यूट्रॉन कण के प्रहार से यूरेनियम के परमाणु का लगभग

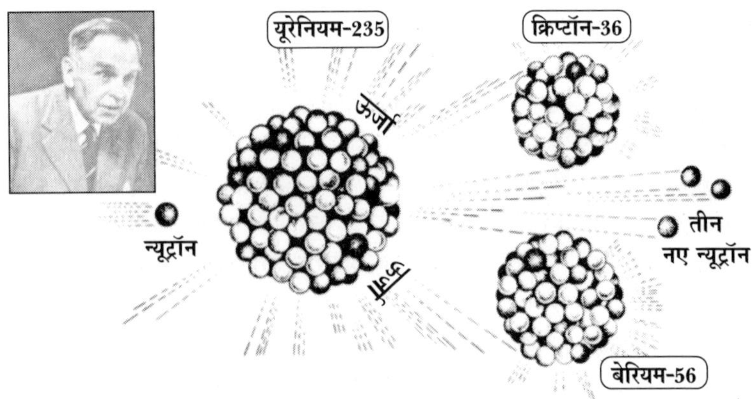

चित्र 14.3 : यूरेनियम के नाभिकीय विखंडन से दो नितांत भिन्न तत्वों (बेरियम व क्रिप्टॉन) के परमाणु-नाभिकों का निर्माण। परिणाम को देखकर चकित हैं ओट्टो हान (बाईं ओर ऊपर)।

दो बराबर भागों में विखंडन (fission) संभव हुआ। परमाणु के नाभिक में आवेश-रहित न्यू ट्रॉन कण की खोज ब्रिटिश भौतिकवेत्ता जेम्स चाडविक[5] ने 1932 ई. में की थी। परमाणु-ऊर्जा को संभव बनाने में न्यूट्रॉन कण द्वारा यूरेनियम के विखंडन की खोज का बुनियादी महत्व है, इसलिए इसकी पृष्ठभूमि पर एक नजर डाल लेना उपयोगी होगा।

बर्लिन की कैसर विलहेल्म इंस्टीट्यूट की रसायन प्रयोगशाला में कई वर्षों से ओट्टो हान[6] और लिसे माइटनेर[7] यूरेनियम के परमाणुओं पर प्रहार करके उनके रेडियोधर्मी उत्पादों का अध्ययन करते आ रहे थे। बाद में रसायनज्ञ फ्रिट्स स्ट्रासमान[8] भी उनसे आकर मिल गए। उधर इटली में एनरिको फर्मी[9] और फ्रांस में फ्रेदेरीक झॉल्यो-क्यूरी[10] तथा उनकी पत्नी ईरेन[10] (मारी क्यूरी की बेटी) भी यूरेनियम पर प्रयोग करने में जुटे हुए थे।

जनवरी 1933 से जर्मनी में हिटलर की नाजी पार्टी का शासन शुरू हुआ था। जुलाई 1938 में लिसे माइटनेर को जब उनके मित्रों से पता चला कि यहूदी होने के कारण उसे बंदी बनाया जा सकता है, तो वह बर्लिन छोड़कर चुपचाप स्टॉकहोम (स्वीडेन) चली गईं। माइटनेर के बिना ही ओट्टो हान और स्ट्रासमान ने धीमी गति के न्यूट्रॉनों से यूरेनियम पर प्रहार करने के अपने प्रयोग जारी रखे। कुछ दिन बाद प्रयोगों में उन्होंने पाया कि यूरेनियम का परमाणु लगभग दो बराबर भागों में टूट गया है और उनमें एक भाग बेरियम-जैसा है (यूरेनियम का परमाणु-क्रमांक 92 तथा परमाणु-द्रव्यमान 238 है और बेरियम का परमाणु-क्रमांक 56 तथा

परमाणु-द्रव्यमान 139 है)। उन्हें अपने इस प्रयोग के परिणाम पर यकीन नहीं हो रहा था। फिर उन्होंने अपने प्रयोग के बारे में एक शोधपत्र तैयार करके उसे प्रकाशन के लिए भेज दिया, जो 6 जनवरी (1939) को प्रकाशित हुआ। साथ ही, ओट्टो हान ने एक पत्र लिखकर लिसे माइटनेर को भी उस प्रयोग के परिणामों की जानकारी दी। लिसे माइटनेर उस समय स्वीडेन के एक छोटे देहात में थीं। उस समय उनके तरुण भांजे (भगिनी-पुत्र) ओट्टो फ्रिश्च[11] (1904-1979 ई.) भी कोपेनहेगेन से वहां पहुंच गए थे। ओट्टो हान का शोध-निबंध प्रकाशित होने के पहले ही उनका पत्र लिसे माइटनेर के पास पहुंच गया था। मूलतः भौतिकीविद होने के कारण माइटनेर को यह समझने में देर नहीं लगी कि ओट्टो हान व स्ट्रासमान को यूरेनियम के परमाणु को लगभग दो बराबर भागों में विखंडित करने में सफलता मिल गई है। जर्मनी के बाहर इस महत्वपूर्ण खोज की जानकारी प्राप्त करने वाली लिसे माइटनेर पहली वैज्ञानिक थीं। उन्होंने अपने भौतिकवेत्ता भतीजे ओट्टो फ्रिश्च के साथ भी विचार-विमर्श किया। दोनों निष्कर्ष पर पहुंचे कि धीमी गति के न्यूट्रॉनों के प्रहार से यूरेनियम के कुछ परमाणु लगभग दो बराबर भागों में विखंडित हो गए हैं (दूसरा भाग क्रिप्टॉन गैस है, यह बाद में जाना गया। क्रिप्टॉन का परमाणु-क्रमांक 36 है और बेरियम का परमाणु-क्रमांक 56 है; दोनों को जोड़ने पर यूरेनियम का परमाणु-क्रमांक 92 प्राप्त होता है)। यूरेनियम के लगभग दो भागों में इस तरह टूटने की प्रक्रिया को पहली बार nuclear fission (नाभिकीय विखंडन) नाम लिसे माइटनेर और ओट्टो फ्रिश्च ने ही दिया था। वे यह भी समझ गए थे कि जब यूरेनियम का परमाणु लगभग दो बराबर भागों में विखंडित होता है, तो बड़ी मात्रा में ऊर्जा पैदा होती है और टूटे हुए दोनों भाग भयंकर वेग से भागते हैं। उन्होंने ठीक ही सोचा कि विखंडन की इस प्रक्रिया में ऊर्जा का अपार भंडार छिपा हुआ है।

ओट्टो हान और स्ट्रासमान की इस महत्वपूर्ण खोज को लिसे माइटनेर अपने तक गोपनीय नहीं रखना चाहती थीं। उन्होंने इस खोज के बारे में इंग्लैंड की विज्ञान-पत्रिका Nature को एक पत्र भेज दिया, जो 11 फरवरी (1939) को ही उसमें प्रकाशित हो सका। साथ ही, इस खोज के बारे में अधिक चर्चा करने के लिए माइटनेर ने ओट्टो फ्रिश्च को नील्स बोर[12] के पास कोपेनहेगन भेज दिया– जनवरी 1939 के शुरू के एक दिन। नील्स बोर आइंस्टाइन से मिलने के लिए उसी दिन प्रिंसटन (अमरीका) के लिए रवाना होने वाले थे। ओट्टो फ्रिश्च से यूरेनियम के विखंडन की जानकारी मिली, तो नील्स बोर के उद्‌गार थे : "हम सब कितने मूर्ख थे! ओह, लेकिन यह तो अद्‌भुत है। ठीक ऐसा ही तो होना था।"

यूरेनियम के विखंडन के बारे में ओट्टो फ्रिश्च के साथ चर्चा करने में नील्स बोर इतने मशगूल रहे कि जहाज तक पहुंचने के लिए बड़ी मुश्किल से ही ट्रेन पकड़ पाए। अमरीका जाते समय मार्ग में नील्स बोर ने अपने एक मित्र को इस महत्वपूर्ण आविष्कार की जानकारी दी, अनजाने में ही। अमरीका पहुंचने पर 16 जनवरी, (1939) को आयोजित एक मीटिंग के दौरान यह समाचार दूसरे वैज्ञानिकों को भी मिला। अमरीका के कई विश्वविद्यालयों के रसायनज्ञ और भौतिकवेत्ता प्रयोग को दोहराने में जुट गए, और उन्होंने जाना कि समाचार सच है : परमाणु विखंडित हो गया है!

चित्र 14.4 : नील्स बोर (1885-1961 ई.)

उधर हिटलर युद्ध शुरू करने की तैयारी में था। अनेक जर्मन वैज्ञानिक अपना देश छोड़ चुके थे। इटली, ऑस्ट्रिया और हंगेरी के कई वैज्ञानिक अपने-अपने देश छोड़कर अमरीका या इंग्लैंड पहुंच गए थे। नील्स बोर के अमरीका पहुंचने के दो सप्ताह पहले ही इतालवी भौतिकवेत्ता एनरिको फर्मी सपरिवार न्यूयार्क पहुंच गए थे और वहां के कोलंबिया विश्वविद्यालय में प्राध्यापक के पद पर उनकी नियुक्ति हुई थी। फर्मी ने 25 जनवरी (1939) को प्रयोग करके उसी प्रकार के परिणाम प्राप्त किए, जैसे कि बर्लिन में ओट्टो हान और स्ट्रासमान में प्राप्त किए थे। उधर पेरिस में भी झॉल्यो-क्यूरी व ईरेन ने प्रयोग करके ठीक उसी तरह के परिणाम प्राप्त किए। इस तरह, फरवरी (1939) के आरंभ में यूरोप और अमरीका के अनेक भौतिकवेत्ताओं को यह स्पष्ट हो गया कि धीमी गति के न्यूट्रॉनों द्वारा यूरेनियम के परमाणुओं का लगभग दो समान भागों में विखंडन होने पर ऊर्जा की जितनी मात्रा उपलब्ध होती है उतनी पहले किसी भी स्रोत से नहीं हुई थी।

एनरिको फर्मी ने प्रयोग करके यह भी जाना कि यूरेनियम के विखंडन की प्रक्रिया में जो नए न्यूट्रॉन जन्म लेते हैं वे अपने निकट के यूरेनियम के परमाणुओं को विखंडित करने में समर्थ होते हैं। उधर फ्रांस में भी इसी तरह के परिणाम झॉल्यो-क्यूरी ने प्राप्त किए। स्पष्ट हो गया कि यूरेनियम के परमाणुओं में विखंडन की श्रृंखलाबद्ध प्रक्रिया (chain reaction) संभव है, यानी व्यावहारिक स्तर पर

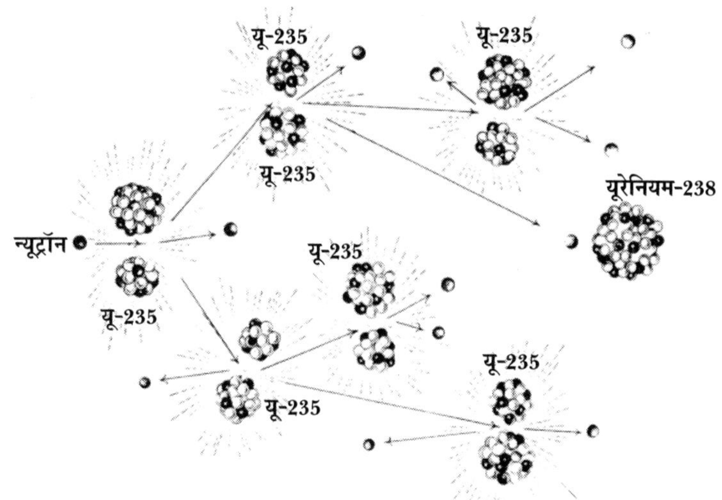

चित्र 14.5 : यूरेनियम में विखंडन की शृंखलाबद्ध प्रक्रिया शुरू करने के लिए केवल एक न्यूट्रॉन की जरूरत होती है।

नाभिकीय ऊर्जा हासिल की जा सकती है। उसके बाद यह सोचना स्वाभाविक ही था कि नाभिकीय ऊर्जा को विस्फोट यानी एटम बम के रूप में भी प्राप्त किया सकता है।

नाभिकीय ऊर्जा की सैनिक संभावनाएं स्पष्ट होने लगीं। इसे यूरोप के उन भौतिकवेत्ताओं–एनरिको फर्मी, लिओ झीलार[13], यूजेन विग्नेर[14], एडवर्ड टेलेर[15], आदि–ने अधिक तीव्रता से अनुभव किया, जिन्होंने नाजी व फासिस्ट अत्याचारों के कारण अमरीका में शरण ले रखी थी। इन्होंने ही सबसे पहले पहचाना कि यूरोप में तेजी से युद्ध का वातावरण तैयार हो रहा है। सन् 1939 में नाभिकीय ऊर्जा के बारे में यूरोप व अमरीका में कई शोधपत्र प्रकाशित हुए, परंतु अप्रैल 1940 से सभी अमरीकी भौतिकीविदों ने इनके प्रकाशन पर स्वेच्छा से पूर्ण प्रतिबंध स्वीकार कर लिया।

अमरीका में आकर बसे हुए यूरोप के भौतिकीविदों को लग रहा था कि नाजी जर्मनी में भी शायद एटम बम के निर्माण से संबंधित शोधकार्य शुरू हो गया है। यह भयंकर चिंता की बात थी। अमरीकी प्रशासन इस मामले में कोई दिलचस्पी नहीं दिखा रहा था। अंत में यूजेन विग्नेर और लिओ झीलार ने आइंस्टाइन का सहयोग प्राप्त करने का फैसला किया। जुलाई 1939 के एक दिन वे न्यूयार्क के नजदीक के लॉंग आइलैंड (Long Island) पहुंच गए, जहां आइंस्टाइन गरमी के दिन गुजारने के लिए प्रायः हर साल चले जाते थे।

विग्नेर और झीलार ने अपनी गाड़ी से कई चक्कर लगाए, मगर उन्हें आइंस्टाइन का निवास-स्थान नहीं मिला। तब एकाएक झीलार बोल पड़े : "चलो, छोड़ देते हैं, और वापस चलते हैं। भाग्य को शायद यही मंजूर है। इस तरह के मामले में शासन के किसी उच्च पदाधिकारी से निवेदन करने में आइंस्टाइन की मदद लेना संभवतः हमारी एक भयावह भूल साबित हो सकती है। एक बार किसी चीज पर सरकार का कब्जा हो जाए, तो फिर वह उसे कभी नहीं छोड़ती।"

"मगर यह कदम उठाना हमारा फर्ज है। एक भयावह संकट को रोकने के लिए यह हमारा महत्वपूर्ण योगदान होगा," विग्नेर का जवाब था।

अंत में सात साल के एक बालक ने विग्नेर और झीलार को बताया कि आइंस्टाइन कहां रहते हैं। उसने यह भी कहा कि वह आइंस्टाइन को अच्छी तरह जानता है। बच्चे ने उन्हें आइंस्टाइन के निवास पर पहुंचा दिया।

झीलार ने आइंस्टाइन को जानकारी दी कि यूरेनियम में विखंडन की शृंखलाबद्ध प्रक्रिया प्राप्त करना संभव है। यूरेनियम के सबसे उत्तम भंडार बेल्जियन कांगो[16] में थे। झीलार चाहते थे कि आइंस्टाइन बेल्जियम की रानी को लिखें कि यूरेनियम के वे भंडार जर्मनी के हाथ न लग पाएं। रानी आइंस्टाइन का आदर करती थीं।

आइंस्टाइन के साथ हुई चर्चा के बारे में झीलार ने लिखा है : "आइंस्टाइन को यह संभव नहीं लग रहा था कि यूरेनियम में विखंडन की शृंखलाबद्ध प्रक्रिया संभव हो सकती है, परंतु जैसे ही मैंने उन्हें इस संबंध में बताना शुरू किया, वे

चित्र 14.6 : लिओ झीलार (दाएं) के साथ आइंस्टाइन अपने लॉंग आइलैंड स्थित निवास में रूजवेल्ट को भेजे जाने वाले पत्र का प्रारूप तैयार करते हुए। हूबहू दोहराया गया यह दृश्य 1946 ई. के एक टी.वी. कार्यक्रम का है।

समझ गए कि इसके क्या परिणाम हो सकते हैं, और सहयोग देने के लिए तैयार हो गए ···। परंतु बेल्जियम की सरकार को लिखने के पहले वाशिंगटन के स्टेट डिपार्टमेंट को इसके बारे में सूचित कर देना आवश्यक समझा गया ···। इसी निर्णय के साथ मैं और विग्नेर लाँग आइलैंड स्थित आइंस्टाइन के निवास से वापस लौटे।"

उसके बाद झीलार अमरीकी राष्ट्रपति रूजवेल्ट के मित्र व निजी सलाहकार, अर्थशास्त्री अलेक्जेंडर साक्स (Alexander Sachs) से मिले। तय हुआ कि अल्बर्ट आइंस्टाइन को सीधे राष्ट्रपति रूजवेल्ट को ही पत्र भेजना चाहिए, और पत्र का मसौदा भी तैयार कर लिया गया। उसके बाद झीलार और एडवर्ड टेलेर 2 अगस्त (1939) को आइंस्टाइन के पास पहुंचे। रूजवेल्ट को भेजे गए पत्र का अंतिम प्रारूप किस तरह तैयार हुआ, इस बात को लेकर काफी भ्रम है। झीलार ने लिखा है : "जहां तक मुझे स्मरण है, आइंस्टाइन ने टेलेर को जर्मन में पत्र डिक्टेट करवाया, जिसके आधार पर मैंने राष्ट्रपति को भेजने के लिए दो और ड्राफ्ट तैयार किए– एक कुछ छोटा और दूसरा थोड़ा बड़ा। साथ ही, आइंस्टाइन के पत्र के साथ भेजे जाने के लिए मैंने ज्ञापन-पत्र भी तैयार कर दिया।"

लेकिन एडवर्ड टेलेर का कहना है कि वे जो पत्र अपने साथ तैयार करके लाये थे उस पर आइंस्टाइन ने सिर्फ अपने हस्ताक्षर कर दिए। आइंस्टाइन का भी यही कहना था।

चित्र 14.7 : अल्बर्ट आइंस्टाइन

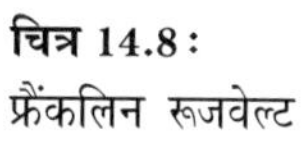

चित्र 14.8 : फ्रैंकलिन रूजवेल्ट

आइंस्टाइन के हस्ताक्षर वाला दो पृष्ठों का वह ऐतिहासिक पत्र है :

अल्बर्ट आइंस्टाइन
ओल्ड ग्रोव रोड, नस्साऊ प्वाइंट
प्रेसोनिक, लाँग आइलैंड, 2 अगस्त 1939

एफ. डी. रूजवेल्ट
राष्ट्रपति, संयुक्त राज्य
व्हाइट हाउस, वाशिंगटन, डी.सी.

महोदय,

एनरिको फर्मी और लिओ झीलार के हाल के शोधकार्य से, जिसकी मुझे लेख के रूप में जानकारी दी गई है, मुझे लगता कि निकट भविष्य में यूरेनियम तत्व को ऊर्जा

के एक नए और महत्वपूर्ण स्रोत में तब्दील करना संभव हो सकता है। इस मामले के कुछ पहलुओं पर प्रशासन को कड़ी नजर रखनी होगी, और आवश्यकता पड़े तो तुरंत कार्रवाई करनी होगी। इसलिए मैं इसे अपना कर्तव्य समझता हूं कि निम्न तथ्य और सुझाव आपके विचारार्थ प्रस्तुत करूं :

पिछले चार महीनों के शोधकार्य से—फ्रांस में झॉल्यो के और अमरीका में फर्मी तथा झीलार के शोधकार्य से—प्रतीत होता है कि यूरेनियम की एक बड़ी मात्रा में श्रृंखलाबद्ध नाभिकीय प्रक्रिया शुरू करके बड़े पैमाने पर ऊर्जा और रेडियम-जैसे नए तत्वों का उत्पादन हो सकेगा। अब यह लगभग निश्चित लगता है कि इसे निकट भविष्य में हासिल किया जा सकेगा।

इस नई उपलब्धि से बमों का भी निर्माण हो सकेगा; यह भी संभव है कि नए किस्म के अतिशक्तिशाली बम बनाए जा सकेंगे, हालांकि इसे पूरे यकीन के साथ नहीं कहा जा सकता। इस तरह के एक ही बम को नौका से ले जाकर किसी बंदरगाह में विस्फोटित किया जाए, तो वह पूरा बंदरगाह और आसपास का कुछ क्षेत्र नष्ट हो जाएगा। लेकिन इन भारी बमों को विमानों से ले जाने में दिक्कत हो सकती है।

अमरीका में जिस यूरेनियम खनिज की मामूली मात्रा उपलब्ध है वह अच्छे किस्म का नहीं है। कनाडा और पहले के चेकोस्लोवाकिया में अच्छे खनिज उपलब्ध हैं, परंतु यूरेनियम के सबसे महत्वपूर्ण स्रोत बेल्जियन कांगो में हैं।

ऐसी स्थिति में आप इसे उपयुक्त समझेंगे कि अमरीकी प्रशासन और अमरीका में श्रृंखलाबद्ध प्रक्रिया पर काम करने वाले भौतिकवेत्ताओं के समूह के साथ किसी स्थायी प्रकार के संपर्क की व्यवस्था हो जाए। इसे हासिल करने का एक संभव उपाय यह हो सकता है कि आप यह काम एक ऐसे व्यक्ति को सौंप दें जिस पर आपका पूरा विश्वास हो और जो शायद गैर-सरकारी तौर पर काम करे। उस व्यक्ति के निम्न काम होंगे :

(अ) सरकारी विभागों से संपर्क बनाए रखना, उन्हें नई उपलब्धियों की जानकारी देते रहना, और सरकारी क्रियान्वयन के लिए सुझाव देना—विशेषकर अमरीका के लिए यूरेनियम की प्राप्ति पर विशेष ध्यान देने के बारे में।

(आ) आज सीमित बजट में विश्वविद्यालयों की प्रयोगशालाओं में जो शोधकार्य हो रहा है उसे गति देने के लिए, यदि आवश्यकता है तो, फंड उपलब्ध कराना—ऐसे निजी लोगों से जिनके साथ उनके संबंध हैं और जो ऐसे काम के लिए खुशी से मदद दे सकते हैं, और उन औद्योगिक प्रयोगशालाओं का भी सहयोग लिया जा सकता है जिनके पास आवश्यक यंत्र-साधन उपलब्ध हैं।

मेरी जानकारी के अनुसार, जर्मनी ने चेकोस्लोवाकिया की जिन खानों पर कब्जा किया है उनके यूरेनियम की बिक्री पर उन्होंने रोक लगा दी है। इतनी जल्दी इस कदम के उठाए जाने की वजह शायद यह हो सकती है कि जर्मन राज्य के अवर-सचिव

फॉन वाइज्झेकेर का पुत्र[17] *बर्लिन की कैसर विलहेल्म इंस्टीट्यूट से संबंधित है, और उस इंस्टीट्यूट में यूरेनियम पर इस समय अमरीका की तरह का कुछ काम दोहराया जा रहा है*

भवदीय

A. Einstein

(अल्बर्ट आइंस्टाइन)

पत्र पर हस्ताक्षर करने के पहले आइंस्टाइन के उद्गार थे : "इतिहास में यह पहला अवसर होगा जब मनुष्य ऐसी ऊर्जा का उपयोग करेगा जो हमें सूर्य से हासिल नहीं हुई है।"

अमरीकी शासन के लिए यह पत्र एक गंभीर चेतावनी था। जैसा कि इस पत्र के अंतिम वाक्य से स्पष्ट पता चलता है, अगस्त 1939 में आइंस्टाइन के सामने सबसे बड़ा खतरा था–हिटलर-शासित जर्मनी में एटम बम बनाए जाने की संभावना। इसलिए, मूलतः शांतिवादी होने पर भी, उन्होंने अमरीकी राष्ट्रपति को भेजे जाने वाले पत्र पर अपने हस्ताक्षर कर दिए थे। मगर अमरीकी शासकों पर भी उनका पूरा भरोसा नहीं था। सितंबर 1940 से ही आइंस्टाइन कहने लग गए थे कि रूजवेल्ट को पत्र भेजना उनके जीवन की एक सबसे दुर्भाग्यपूर्ण घटना है। उन्होंने अमरीकी वैज्ञानिक लिनुस पाउलिंग[18](1901-1994 ई.) से कहा भी था : "जब मैंने एटम बम बनाने के लिए राष्ट्रपति रूजवेल्ट को भेजे गए पत्र पर हस्ताक्षर किए, तो वह मेरे जीवन की सबसे बड़ी भूल हो सकती है। परंतु इसके लिए मुझे शायद क्षमा किया जा सकता है, क्योंकि इस बात की काफी संभावना थी कि जर्मन इस समस्या पर काम कर रहे हैं और वे इसमें सफल होकर एटम बम का उपयोग करके दुनिया के मालिक बन जा सकते हैं।" फिर, 10 मार्च, 1947 को आइंस्टाइन ने "न्यूजवीक" पत्रिका को भी लिखा था : "यदि मुझे पता होता कि एटम बम बनाने में जर्मन सफल नहीं होंगे, तो मैं इसमें अपना लेशमात्र भी सहयोग नहीं देता।"

वस्तुतः हिटलर द्वारा एटम बम हासिल किए जाने की संभावना लगभग नहीं के बराबर थी। चोटी के अनेक भौतिकवेत्ता जर्मनी छोड़कर चले गए थे। जो भौतिकवेत्ता पीछे रह गए थे उनमें भी कई ऐसे थे जो इस बात के लिए प्रयत्नशील थे कि हिटलर को एटम बम हासिल न हो। उदाहरण के लिए, जर्मन भौतिकवेत्ता फ्रिट्ज हाउटेरमान्स (Fritz Houtermans) यूरेनियम में विखंडन की श्रृंखलाबद्ध प्रक्रिया पर खोजबीन कर रहे थे, परंतु जब उन्हें पता चला कि वेर्नेर हाइजेनबर्ग[19] और फॉन वाइज्झेकेर भी उसी तरह की खोजबीन में जुटे हुए हैं, तो उन्होंने अपने

शोधकार्य को गोपनीय रखा। फिर भी, जर्मनी में एटम बम बनाए जाने की थोड़ी-बहुत संभावना थी ही। आइंस्टाइन सारी बातों को नहीं जानते थे, न ही जान सकते थे। नाजी एटम बम की काली छाया उनके दिमाग में सतत मंडराती रही।

सितंबर 1, 1939 को हिटलर की सेनाओं ने पोलैंड पर आक्रमण कर दिया। दो दिन बाद इंग्लैंड व फ्रांस ने पोलैंड की सहायता के लिए आने के अपने वादे को निभाते हुए जर्मनी के विरुद्ध युद्ध की घोषणा कर दी। यूरोप में दूसरा विश्वयुद्ध शुरू हुआ, जो आगे छह साल तक चला।

आइंस्टाइन का पत्र अलेक्जेंडर साक्स के पास पहुंचा दिया गया था। परंतु साक्स ने रूजवेल्ट को वह पत्र 11 सितंबर (1939) को ही सौंपा। उस दिन राष्ट्रपति ने उसमें कोई दिलचस्पी नहीं दिखाई। मगर अगले दिन नाश्ते के समय साक्स ने रूजवेल्ट को एक किस्सा सुनाया : रॉबर्ट फुल्टोन[20] (Robert Fulton : 1765-1815 ई.) ने पेरिस पहुंचकर फ्रांस के सम्राट नेपोलियन के सामने प्रस्ताव रखा था कि जल्दी से इंग्लैंड पहुंचने के लिए वह उन्हें अगिन-नौकाओं (स्टीमरों) का एक बेड़ा तैयार कर दे सकता है। परंतु नेपोलियन ने फुल्टोन का प्रस्ताव ठुकरा दिया। साक्स की टिप्पणी रही : "नेपोलियन यदि दूरदृष्टि से काम लेता और कुछ नम्रता दिखाता, तो 19वीं सदी का इतिहास कुछ दूसरा ही होता।"

साक्स के किस्से को सुनने के बाद रूजवेल्ट ने अपने सैनिक-सहायक जनरल वाट्सन को बुला भेजा। राष्ट्रपति ने शासन और भौतिकीविदों के बीच समन्वय स्थापित करने के लिए एक "यूरेनियम कमिटी" गठित कर दी। यह एटम बम के निर्माण की दिशा में पहला कदम था।

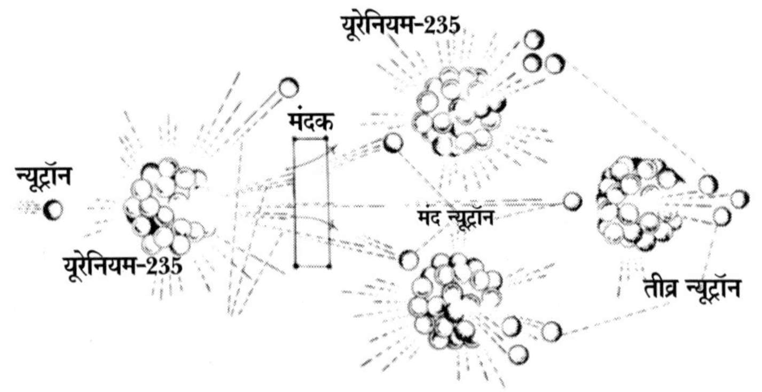

चित्र 14.9 : किसी मंदक (moderator) से न्यूट्रॉनों को धीमा करने के बाद ही यूरेनियम-235 में नियंत्रित शृंखलाबद्ध प्रक्रिया संभव है।

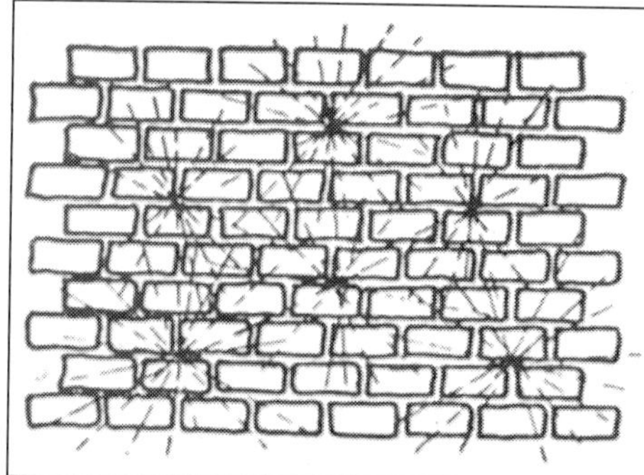

यहां ग्रेफाइट (कार्बन) की ईंटों के बीच में सामान्य यूरेनियम के टुकड़े रखे गए हैं। किसी भी टुकड़े के यू-235 से निकले तीव्र न्यूट्रॉनों को यूरेनियम के दूसरे टुकड़े तक पहुंचने के लिए ग्रेफाइट के कई मंदकों से गुजरना पड़ेगा। इस तरह मंद पड़े न्यूट्रॉन ही अन्य टुकड़े के यू-235 द्वारा पकड़े जा सकते हैं।

चित्र 14.10 : जाली-नुमा ग्रेफाइट पाइल

फरवरी 1940 में कोलंबिया विश्वविद्यालय को कुछ धनराशि उपलब्ध कराई गई। वहां झीलार व फर्मी के नेतृत्व में भौतिकीविदों का एक छोटा दल न्यूट्रॉनों से यूरेनियम के विखंडन के शोधकार्य में जुटा हुआ था। स्पष्ट हुआ कि यूरेनियम के तीन समस्थानिकों (isotopes) में से केवल यूरेनियम-235 में ही विखंडन की श्रृंखलाबद्ध अभिक्रिया संभव है (यूरेनियम के दो अन्य समस्थानिक हैं, यू-238 और यू-234)। साथ ही, यह भी पता चला कि न्यूट्रॉन कणों की गति को मंद करके ही यूरेनियम-235 के परमाणु सफलतापूर्वक तोड़े जा सकते हैं। न्यूट्रॉनों की गति को मंद करने के लिए ग्रेफाइट (कार्बन) को पसंद किया गया। इस तरह, ग्रेफाइट की ईंटों का एक छोटा 'पाइल' (pile) खड़ा करके फर्मी ने धीमी गति के न्यूट्रॉनों से यूरेनियम के विखंडन के अपने प्रयोग जारी रखे। अमरीकी वैज्ञानिक हेरॉल्ड उरे[21] (Harold Urey : 1893-1981 ई.) यू-238 से यू-235 को पृथक् करने के प्रयास में जुट गए।

रूजवेल्ट के सहयोग के बावजूद अमरीका में यूरेनियम के अनुसंधान का काम तेजी से आगे नहीं बढ़ पा रहा था। शासन के अधिकारी और औद्योगिक संस्थान वैज्ञानिकों की सैद्धांतिक सोच को कोई खास महत्व नहीं दे रहे थे। कुछ चुनिंदा भौतिकीविदों व इंजीनियरों के उत्साह से ही काम आगे बढ़ रहा था। मार्च 1940 में आइंस्टाइन ने रूजवेल्ट को पुनः एक पत्र लिखा, जिसमें उन्होंने बताया कि जर्मनी में यूरेनियम के अनुसंधान पर ज्यादा ध्यान दिया जा रहा है।

इंग्लैंड में भी एटम बम के निर्माण के बारे में सोचा जा रहा था। न्यूट्रॉन की खोज करनेवाले वैज्ञानिक जेम्स चाडविक को पूरा यकीन था कि यू-235 से एटम बम बनाया जा सकता है। इसलिए ब्रिटिश वैज्ञानिक-दल यू-238 से यू-235 को पृथक् करने पर ज्यादा ध्यान दे रहा था (सामान्य यूरेनियम में यू-238 की मात्रा

99.27 प्रतिशत और यू-235 की मात्रा केवल 0.72 प्रतिशत होती है)। यह भी पता चला था कि प्लूटोनियम से भी एटम बम बनाया जा सकता है। न्यूट्रॉनों के मंदक (moderator) के रूप में ग्रेफाइट के अलावा भारी पानी (heavy water) का भी उपयोग हो सकता था। इसलिए इंग्लैंड में भारी पानी का कारखाना खड़ा किया जा रहा था। फ्रांस में झॉल्यो-क्यूरी ने भी भारी पानी के महत्व को भलीभांति समझ लिया था और वे प्रयत्नशील थे कि यह जर्मनों के हाथ न लग पाए।

कोलंबिया विश्वविद्यालय में फर्मी व झीलार के नेतृत्व में यूरेनियम के विखंडन पर काम हो रहा था, तो केलिफोर्निया विश्वविद्यालय में अर्नेस्ट लॉरेंस[22] (Ernest Lawrence : 1901-1958 ई.) और एमिलिओ सेग्रे[23] (Emilio Segré : 1905-1989 ई.) के नेतृत्व में यू-238 से प्लूटोनियम प्राप्त करने पर खोजबीन हो रही थी। सन् 1941 के अंत तक केलिफोर्निया के इस दल ने जान लिया कि यू-238 द्वारा न्यूट्रॉन को पकड़ लेने के बाद पहले यह तत्व नेपच्यूनियम (Neptunium) तत्व में बदल जाता है और तदनंतर प्लूटोनियम-239 में। और, यू-235 की तरह प्लूटोनियम-239 को भी मंद न्यूट्रॉनों से विखंडित किया जा सकता है। अर्थात्, प्लूटोनियम-239 से भी एटम बम बनाया जा सकता है।

इस तरह, एटम बम बनाने के लिए अब दो पदार्थ उपलब्ध हो गए : यूरेनियम-235 और प्लूटोनियम-239। यू-238 से यू-235 को पृथक् करने के प्रयास बड़े पैमाने पर शुरू हो गए। साथ ही, यू-238 से प्लूटोनियम-239 प्राप्त करने के साधन भी जुटाए गए।

सन् 1941 के शरद में कोलंबिया विश्वविद्यालय के वैज्ञानिक हेरॉल्ड उरे और जॉर्ज पेग्राम इंग्लैंड की यात्रा पर गए। वहां उन्हें जानकारी मिली कि जर्मनी में भी एटम बम के निर्माण की दिशा में काम चल रहा है। उन्होंने अमरीका लौटकर राष्ट्रपति रूजवेल्ट तक यह जानकारी पहुंचाई। दिसंबर 1941 में अमरीका में यूरेनिमय के अनुसंधान को विस्तार दिया गया, काफी धनराशि उपलब्ध कराई गई।

दिसंबर 7, 1941 को जापान ने पर्ल हार्बर (हवाई द्वीपसमूह) के अमरीकी नौसैनिक अड्डे पर जबरदस्त हमला बोल दिया। अगले दिन अमरीका ने जापान के विरुद्ध युद्ध की घोषणा कर दी। फिर जर्मनी व इटली ने भी अमरीका के विरुद्ध और अमरीका ने जर्मनी व इटली के विरुद्ध युद्ध की घोषणा कर दी। साथ ही, अमरीका में यूरेनियम के कार्यक्रम का विस्तार हुआ और इसके लिए एक विशेष निधि से धनराशि उपलब्ध हुई। अमरीका में एटम बम के निर्माण के कार्य ने रफ्तार पकड़ी–सन् 1942 के आरंभ से। सितंबर 1942 में एटम बम के निर्माण के लिए बड़े पैमाने की "मैनहैटन योजना" (Manhattan Project) अस्तित्व में आई। मेजर-जनरल

लेसली ग्रोव्स (Leslie Groves) को इस योजना का मुखिया बनाया गया।

जनवरी 1942 तक यूरेनियम में शृंखलाबद्ध अभिक्रिया अभी स्थापित नहीं हुई थी। वजह थी, 'पाइल' (रिएक्टर) बनाने के लिए पर्याप्त मात्रा में यूरेनियम का उपलब्ध न होना।

तब फर्मी व झीलार के दल को शिकागो विश्वविद्यालय में स्थानांतरित करके आर्थर कॉम्पटन[24] (Arthur Compton : 1892-1962 ई.) के नेतृत्व में वहां बड़े पैमाने पर काम शुरू हुआ, जिसे "मेटेलुर्जिकल लेबोरेटरी" (संक्षेप में, 'मेट लैब') का नाम दिया गया। शिकागो विश्वविद्यालय के स्टेडियम के स्टैंड के नीचे के क्वैश-कोर्ट में फर्मी और उनके सहयोगियों ने एक बड़े 'पाइल' का निर्माण किया। इसमें ग्रेफाइट की ईंटों के बीच में समान अंतर पर यूरेनियम के टुकड़े रखे गए थे। पाइल के विभिन्न भागों में कैडमियम के 'नियंत्रक-दंड' डालने की व्यवस्था की गई थी। ये कैडमियम-दंड न्यूट्रॉनों का शोषण करके शृंखलाबद्ध अभिक्रिया को नियंत्रित करने के लिए थे।

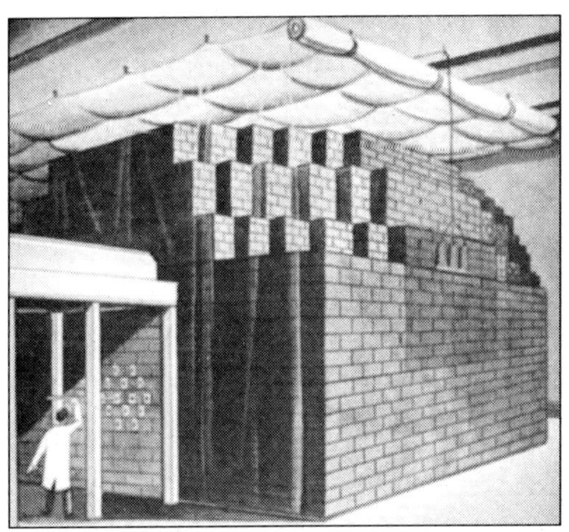

चित्र 14.11 : शिकागो में बना पहला कार्यक्षम रिएक्टर (पाइल)

अंत में 2 दिसंबर, 1942 को सुबह पाइल को शुरू किया गया। पाइल ने सुचारु रूप से काम किया। इतिहास में पहली बार मानव को स्वनिर्भर शृंखलाबद्ध नाभिकीय प्रक्रिया शुरू करने में सफलता मिली। उसी दिन दोपहर को आर्थर कॉम्पटन ने जेम्स कोनेन्ट[25] (James Conant : 1892-1962 ई.) को कैम्ब्रिज (मैसेच्यूसेट्स) में टेलीफोन पर सूचना दी : "इतालवी नाविक अभी-अभी नई दुनिया में पहुंच गए हैं।"

"ऐसी बात है!" कोनेन्ट ने पूछा, "नेटिव का व्यवहार कैसा था?"

"सभी सकुशल उतर गए हैं।"

इस गुप्त संदेश का आशय था : फर्मी के 'पाइल' ने सफलतापूर्वक काम किया है। शृंखलाबद्ध नाभिकीय प्रक्रिया को हासिल करने में सफलता मिल गई है।

कुछ साल बाद उस क्वैश-कोर्ट के प्रवेश-द्वार के पास दीवार पर एक धातु-फलक लगाया गया, जिस पर अंकित है :[26]

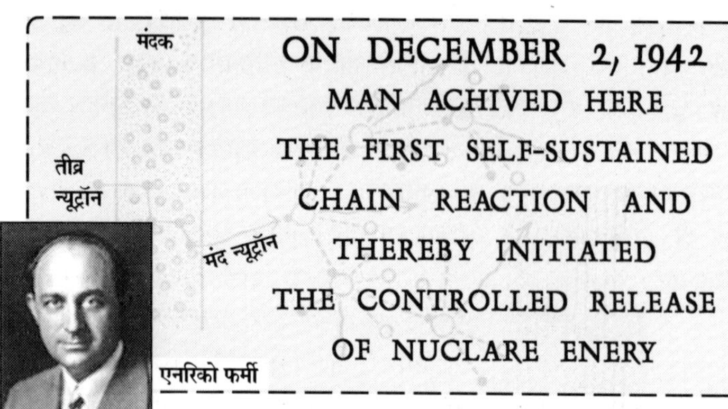

चित्र 14.12 : दिसंबर 2, 1942 को स्वनिर्भर शृंखलाबद्ध प्रक्रिया संभव हुई।

दो बातें स्पष्ट हुईं : एक, यूरेनियम-235 में शृंखलाबद्ध प्रक्रिया संभव है, इसलिए एक ओर नाभिक में से धीरे-धीरे ऊर्जा प्राप्त की जा सकती है, तो दूसरी ओर इसे विस्फोट के रूप में भी हासिल किया जा सकता है। दूसरी बात यह पता चली कि पाइल (रिएक्टर) में प्लूटोनियम को पैदा किया जा सकता है।

मैनहैटन योजना के प्रमुख जनरल ग्रोव्स ने वैज्ञानिकों को काम करते हुए देखा था; वैज्ञानिकों के सफल होने में उन्हें पूरा यकीन था। इसलिए 2 दिसंबर, 1942 की सफलता के पहले ही उन्होंने आगे के बड़े पैमाने के कामों के लिए तीन गुप्त शहरों के निर्माण का काम शुरू कर दिया था। हानफोर्ड (Hanford) में पाइल खड़े करके वहां से प्लूटोनियम-239 प्राप्त करने की व्यवस्था की गई। ओक रिज (Oak Ridge) में यूरेनियम-235 को पृथक् करने के साधन जुटाए गए।

लेकिन केवल विखंडनीय प्लूटोनियम-239 और यूरेनियम-235 के प्राप्त होने से ही एटम बम नहीं बन सकते थे। उसके पहले ढेर सारे सवालों के हल प्राप्त करना अत्यावश्यक था; जैसे, एटम बम में यू-235 या प्लूटोनियम-239 की कितनी मात्रा किस तरह रखनी होगी, बम से कितनी ऊर्जा पैदा होगी, बम को कहां विस्फोटित किया जाए–जमीन पर, पानी के नीचे या ऊपर हवा में, बम का आकार

क्या हो, इत्यादि। इसके लिए बहुत सारे प्रयोग और जटिल गणनाएं करना आवश्यक था। निर्णय लिया गया कि इन कामों के लिए एक पृथक् शहर स्थापित करके वहां एक उन्नत प्रयोगशाला खड़ी की जाए।

गोपनीयता और सुरक्षा की दृष्टि से सर्वाधिक महत्व के इस तीसरे शहर के लिए न्यू मेक्सिको के सांता फे नगर से कोई 65 किलोमीटर दूर के लॉस आलमॉस (Los Alamos) गांव के पास के वीरान मरुक्षेत्र का चयन किया गया। यहां आकर बसे हुए देश-विदेश के वैज्ञानिक और इंजीनियर इसे लॉस आलमॉस के नाम से जानते थे, मगर उनके मित्रों व परिजनों के लिए इस स्थान का पता था–पी.ओ. बॉक्स नं. 1663, सांता फे।

कोलंबिया विश्वविद्यालय के भौतिकवेत्ता जे. रॉबर्ट ओप्पेनहाइमेर[27] को लॉस आलमॉस में स्थापित प्रयोगशाला का निदेशक नियुक्त किया गया और मार्च 1943 में वे वहां पहुंच गए। उनके बाद फर्मी, सेग्रे, विग्नेर, चाडविक, नील्स बोर, लॉरेंस, हान्स बेथे[28], फाइनमॅन[29] आदि चोटी के भौतिकीविद भी लॉस आलमॉस पहुंच गए। फॉन न्यूमान[30] और स्तानिस्लाव उलाम[31] जैसे विख्यात गणितज्ञ भी वहां अपना सहयोग देने गए थे। ओप्पेनहाइमेर को उनके मित्र प्रायः "ओप्पी" (Oppie) कहते थे। सुरक्षा की दृष्टि से नील्स बोर को "मि. निकोलस बेकर" नाम दिया गया था, परंतु उन्हें जानने वाले उन्हें अक्सर "अंकल निक" कहकर ही संबोधित करते थे। ओप्पेनहाइमेर के नेतृत्व में मैनहैटन योजना में लगभग 1,30,000 व्यक्ति कार्यरत थे, जिनमें ब्रिटेन व कनाडा के वैज्ञानिक भी शामिल थे।

चित्र 14.13 : रॉबर्ट ओप्पेनहाइमेर (1904-1967 ई.)

लॉस आलमॉस में भारी गोपनीयता के बीच एटम बम के निर्माण का कार्य सन् 1943 में शुरू हुआ और सन् 1945 के मध्य तक बम बनकर तैयार हो गए। दो प्रकार के एटम बम बनाए गए। एक, जिसे 'लिटल बॉय' (Little Boy) कहा गया, यूरेनियम बम था और इसे यू-235 के एक गोले में यू-235 का 'बुलेट' दागकर विस्फोटित करना था। दूसरा, जिसे 'फैट मैन' (Fat Man) का नाम दिया गया, प्लूटोनियम के अंतःस्फोट (implosion) वाला बम था। इसके केंद्रभाग में प्लूटोनियम और बाहरी घेरे में फन्नी के आकार के प्लूटोनियम विस्फोटक थे। जुलाई 1945 तक चार बम बनकर तैयार हो गए। इनमें एक प्लूटोनियम बम परीक्षण

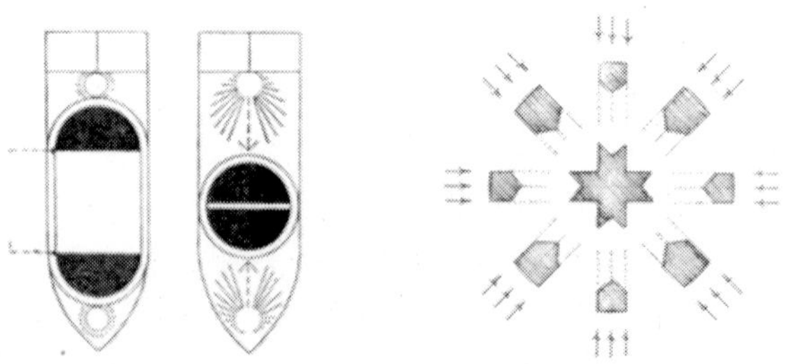

चित्र 14.14 : दो प्रकार के एटम बम विस्फोट : बुलेट (बाएं) व अंतःस्फोट (दाएं)

के लिए था। दो बम (एक यूरेनियम व एक प्लूटोनियम) संभाव्य इस्तेमाल के लिए थे। और, एक प्लूटोनियम बम रिजर्व में रखना था।

लेकिन एटम बम के प्रथम परीक्षण के पहले ही 8 मई, 1945 को जर्मनी ने आत्मसमर्पण कर दिया। जर्मनी द्वारा एटम बम के निर्माण की संभावना को ध्यान में रखकर जिन वैज्ञानिकों ने अमरीकी एटम बम बनाने में सहयोग दिया था वह अब एकाएक खत्म हो गया। चोटी के कई वैज्ञानिक चाहते थे कि एटम बमों पर अंतर्राष्ट्रीय नियंत्रण रहे और इसकी जानकारी सोवियत रूस को भी दी जाए। लिओ झीलार ने इस संबंध में 25 मार्च, 1945 को राष्ट्रपति रूजवेल्ट को एक ज्ञापन भी भेजा था; साथ में राष्ट्रपति के नाम आइंस्टाइन का भी पत्र था। नील्स बोर भी चाहते थे कि कम-से-कम सोवियत रूस को एटम बमों की जानकारी अवश्य दी जानी चाहिए। इसी तरह का एक अन्य ज्ञापन नोबेल पुरस्कर विजेता वैज्ञानिक जेम्स फ्रांक[32] (James Franck : 1882-1964 ई.) ने जून 1945 में अमरीका के युद्ध सचिव को दिया था (फ्रांक रिपोर्ट)।

मगर विश्वयुद्ध अभी समाप्त नहीं हुआ था। प्रशांत महासागर क्षेत्र में जापान के साथ जबरदस्त जंग जारी थी। एटम बम के निर्माण-कार्य से जुड़े कई वैज्ञानिक चाहते थे कि जापान के विरुद्ध एटम बम का प्रयोग न किया

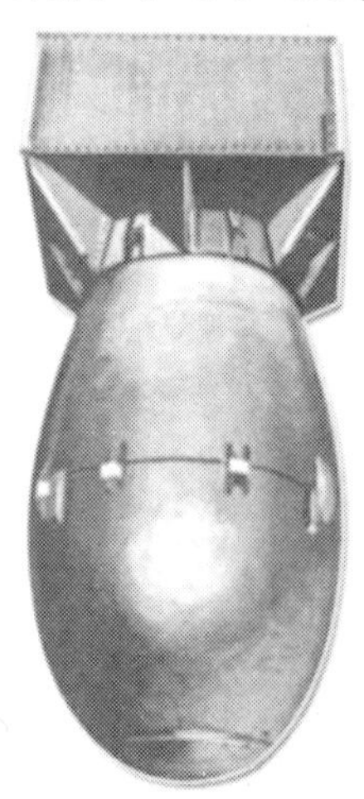

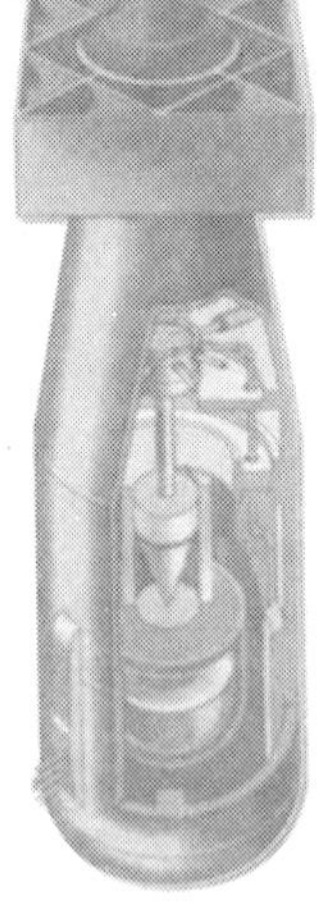

चित्र 14.15 : प्लूटोनियम बम ('फैट मैन', बाएं) और यूरेनियम बम ('लिटल बॉय', दाएं)

चित्र 14.16 : (बाएं से क्रमशः) नील्स बोर, जेम्स फ्रांक और अल्बर्ट आइंस्टाइन

जाए। जैसा कि पीछे बताया गया है, आइंस्टाइन ने भी इस आशय का एक पत्र 25 मार्च, 1945 को रूजवेल्ट को भेजा था, मगर उसे देखने के पहले ही 12 अप्रैल, 1945 को रूजवेल्ट की मृत्यु हो गई। राष्ट्रपति का पद ट्रुमैन ने संभाला। ट्रुमैन और अमरीकी सैनिक-तंत्र जापान के विरुद्ध एटम बम का प्रयोग करके युद्ध को जल्दी खत्म करने के पक्ष में थे।

चित्र 14.17 : आलमोगोर्दो में एटम बम के प्रथम परीक्षण (बाएं) के दौरान जनरल ग्रोव्स और रॉबर्ट ओप्पेनहाइमेर (दाएं)

अंत में 16 जुलाई, 1945 को सुबह 5.30 बजे न्यू मेक्सिको की मरुभूमि के आलमोगोर्दो स्थान पर एटम बम का पहली बार परीक्षण हुआ। परीक्षण के लिए प्लूटोनियम से निर्मित "फैट मैन" बम को इस्पात के बने एक ऊंचे टॉवर पर रखा गया था। कई किलोमीटर दूर नियंत्रण-कक्ष में ओप्पेनहाइमेर एक खंभे को पकड़े खड़े थे। उस समय उन्हें **भगवद्गीता** का यह श्लोक स्मरण हो आया[33] :

दिवि सूर्यसहस्रस्य भवेद्युगपदुत्थिता।
यदि भाः सदृशी सास्याद्भासस्तस्य महात्मनः॥—गीता, अध्याय 11.12.

अर्थात्, आकाश में हजारों सूर्यों के एकसाथ उदय होने से जो प्रकाश उत्पन्न होगा, वह भी उस विश्वरूप के सदृश शायद ही हो।

और, एटम बम के विस्फोट के बाद आसमान में ऊपर उठे विशाल बादल को देखकर ओप्पेनहाइमेर को पुनः **गीता** का एक श्लोकार्ध याद आया[33] :

कालोऽस्मि लोकक्षयकृत्प्रवृद्धो
लोकान्समाहर्तुमिह प्रवृत्तः ॥–गीता, अध्याय 11.32.

अर्थात्, (श्रीकृष्ण बोले : हे अर्जुन!) मैं लोकों का नाश करनेवाला बढ़ा हुआ महाकाल हूं। इस समय इन लोकों को नष्ट करने के लिए प्रवृत्त हुआ हूं।

आलमोगोर्दो में किए गए एटम बम के प्रथम परीक्षण का इतिहास सर्वविदित है। उसके महज बीस दिन बाद 6 अगस्त, 1945 को जापान के हिरोशिमा नगर पर यूरेनियम से निर्मित "लिटल बॉय" नामक एटम बम डाला गया। नगर की नब्बे प्रतिशत इमारतें तत्काल नष्ट हो गईं और बाद में यहां मरनेवालों की संख्या 1,40,000 पर पहुंच गई। उसके तीन दिन बाद एक प्लूटोनियम बम ("फैट मैन") जापान के नागासाकी नगर पर डाला गया। समूचा नगर नष्ट हो गया और 40,000 लोगों की तत्काल मृत्यु हो गई। अंत में जापान के सम्राट हिरोहितो ने 14 अगस्त, 1945 को आत्मसमर्पण की घोषणा कर दी। सितंबर 2, 1945 को आधिकारिक रूप से दूसरा विश्वयुद्ध समाप्त हो गया।

हिरोशिमा व नागासाकी की विनाशलीला से उन वैज्ञानिकों को बेहद मानसिक क्लेष हुआ जिन्होंने एटम बम के निर्माण में सहयोग दिया था। एटम बम की भयावह, विनाशक क्षमता से ओप्पेनहाइमेर शेष जीवन-भर मानसिक यंत्रणा में रहे। लॉस आलमॉस में अपने एक अंतिम भाषण में उन्होंने कहा था : "यदि युद्धरत राष्ट्रों के शस्त्रागारों में एटम बम जमा होते हैं, तो एक समय आएगा जब मानव-जाति लॉस आलमॉस को शाप देगी।"[34]

हिरोशिमा पर एटम बम गिराए जाने का रेडियो समाचार पहले आइंस्टाइन की सहायिका हेलेन डुकास ने सुना। आइंस्टाइन चाय के लिए नीचे आए, तो हेलेन ने उन्हें इसकी जानकारी दी। अपार विषाद के साथ अपनी जर्मन बोली में आइंस्टाइन के मंद उद्गार थे : Oh weh!, जिसका आशय है : "हाय! हन्त!"

संदर्भ और टिप्पणियां

1. फ्रैंकलिन डी. रूजवेल्ट (Franklin D. Roosevelt : 1882-1945 ई.) : अमरीका के डेमोक्रेट राजनेता और 32वें राष्ट्रपति (1933-45 ई.)। तीन बार चुने गए अमरीका के अकेले राष्ट्रपति। अमरीका के नौसैनिक अड्डे पर्ल हार्बर (हवाई द्वीपसमूह) पर

जापानी हमले (7 दिसंबर, 1941) के बाद ही अमरीका द्वितीय महायुद्ध में कूदा था। रूजवेल्ट की चर्चिल व स्तालिन से तेहरान (1943 ई.) और याल्ता (1945 ई.) में मुलाकात हुई। 12 अप्रैल, 1945 को रूजवेल्ट का देहांत हुआ—जर्मनी के आत्मसमर्पण के तीन सप्ताह पहले और आलमोगोर्दो (न्यू मेक्सिको) में एटम बम के प्रथम परीक्षण (16 जुलाई, 1946) के तीन माह पहले। एटम बम का दुरुपयोग न करने के संबंध में 25 मार्च, 1945 को आइंस्टाइन ने लिओ झीलार के जरिए रूजवेल्ट को जो पत्र भेजा था, वह उनकी मेज पर बिना खोले ही रह गया!

2. आपेक्षिकता-सिद्धांत के अनुसार, वस्तु के वेग में वृद्धि के साथ उसकी लंबाई में संकुचन (contraction) होता है। अतः सवाल उठ सकता है : कोई वस्तु एकसाथ छोटी और भारी, दोनों कैसे हो सकती है? लेकिन हमें स्मरण रखना चाहिए कि यह संकुचन सिर्फ गति की दिशा (लंबाई) में होता है, चौड़ाई की दिशा में नहीं। और, द्रव्यमान का अर्थ "भारीपन" नहीं, बल्कि गति के विरोध का गुणधर्म, यानी जड़त्व (inertia) है।

3. Albert Einstein, **Relativity** (The Special and The General Theory), University Paperbacks, Methuen, London, 1962, pp. 45-46.

4. फ्रेडरिक सोड्डी (Frederick Soddy : 1877-1956 ई.) : ब्रिटिश भौतिक-रसायनज्ञ, जिन्होंने परमाणु के विघटन के बारे में शोधकार्य किया और isotope (समस्थानिक) शब्द गढ़ा। समस्थानिकों के उद्‌भव व स्वरूप को स्पष्ट करने और रेडियोधर्मी तत्वों की व्याख्या के लिए सोड्डी को 1921 ई. का रसायन का नोबेल पुरस्कार दिया गया (उसी वर्ष का भौतिकी का नोबेल पुरस्कार आइंस्टाइन को मिला)।

   सोड्डी का अध्ययन ऑक्सफोर्ड में हुआ और बाद में वे वहां प्राध्यापक भी रहे। उन्होंने रदरफोर्ड के साथ शोधकार्य किया। सोड्डी ने परमाणु ऊर्जा के सैनिक उपयोग का विरोध किया था। उनकी दो प्रसिद्ध पुस्तकें हैं : The Interpretation of the Atom (1932) और The Story of Atomic Energy (1949)।

5. जेम्स चाडविक (James Chadwick : 1891-1974 ई.) : ब्रिटिश भौतिकवेत्ता, जिन्होंने 1932 ई. में परमाणु के नाभिक में न्यूट्रॉन नामक आवेश-रहित कण की खोज की। इसके लिए 1935 ई. में उन्हें भौतिकी का नोबेल पुरस्कार मिला। दूसरे विश्वयुद्ध के दौरान एटम बम के निर्माण के लिए अमरीका में बनी मैनहैटन योजना में सहयोग देनेवाले ब्रिटिश

चित्र 14.18 : जेम्स चाडविक (1891-1974 ई.)

दल का नेतृत्व जेम्स चाडविक ने किया था।

जेम्स चाडविक का जन्म चेशायर में और अध्ययन मैंचेस्टर में हुआ–अर्नेस्ट रदरफोर्ड (1871-1937 ई.) की देखरेख में। सन् 1913 में वे जर्मन भौतिकवेत्ता हान्स गाइगेर (1882-1945 ई.) के साथ शोधकार्य करने के लिए बर्लिन गए, मगर प्रथम विश्वयुद्ध के उन दिनों में उन्हें शत्रुपक्ष का मानकर बंदी बना लिया गया था। इंग्लैंड लौटने पर चाडविक ने कैम्ब्रिज में रदरफोर्ड के साथ शोधकार्य किया। द्वितीय विश्वयुद्ध के बाद चाडविक ने लिवरपूल में एक साइक्लोट्रॉन (cyclotron) स्थापित करने और वहां नाभिकीय भौतिकी के शोधकार्य को आगे बढ़ाने का काम किया।

6. ओट्टो हान (Otto Hahn : 1879-1968 ई.) : जर्मन रसायनज्ञ, जिन्होंने फ्रिट्स स्ट्रासमान (देखिए आगे टिप्पणी) के साथ मिलकर 1938 ई. में खोज की कि धीमी गति वाले न्यूट्रॉन कण से प्रहार करने पर यूरेनियम का नाभिक विखंडित हो जाता है। इस खोज के लिए हान को 1944 ई. में रसायन का नोबेल पुरस्कार प्रदान किया गया। ओट्टो हान का जन्म फ्रांकफुर्ट और अध्ययन मारबुर्ग में हुआ। फिर उन्होंने पहले लंदन में रसायनज्ञ विलियम रामसे (William Ramsay : 1879-1968 ई.) के निर्देशन में और तदनंतर मॉन्ट्रियल (कनाडा) में अर्नेस्ट रदरफोर्ड के निर्देशन में शोधकार्य करके रेडियो-रसायन के क्षेत्र में विशेषज्ञता हासिल की। सन् 1907 में बर्लिन लौटने पर वहां पहले विश्वविद्यालय में और फिर रसायन के कैसर विलहेल्म संस्थान में उनकी नियुक्ति हुई। साथ ही, लिसे माइटनेर (1878-1968 ई.) के साथ उनके शोधकार्य का लंबा दौर भी शुरू हो गया। दोनों ने मिलकर 1918 ई. में एक नया तत्व खोजा – प्रोटैक्टिनियम (protactinium), परमाणु-क्रमांक 91। माइटनेर जब बर्लिन छोड़कर चली गईं, तो हान ने फ्रिट्स स्ट्रासमान के साथ मिलकर यूरेनियम के नाभिक के विखंडन में सफलता प्राप्त की (1938 ई.)। हान 1928-44 ई. में बर्लिन स्थित रसायन के कैसर

चित्र 14.19 : ओट्टो हान (1879-1968 ई.)

चित्र 14.20 : लिसे माइटनेर (1878-1968 ई.)

विलहेल्म संस्थान के निदेशक और तदनंतर माक्स प्लांक संस्थान (गॉटिंगेन) के अध्यक्ष रहे। ओट्टो हान ने जर्मनी की एटम बम के निर्माण की योजना में कोई सहयोग नहीं दिया। आइंस्टाइन के अनुसार, ओट्टो हान उन चंद जर्मन वैज्ञानिकों में एक थे, जिन्होंने नाजी नीतियों का समर्थन नहीं किया।

7. लिसे माइटनेर (Lise Meitner : 1878-1968 ई.) के लिए देखिए अध्याय 7, टिप्पणी 8.

8. फ्रिट्स स्ट्रासमान (Fritz Strassmann : 1902-1980 ई.) : जर्मन रसायनज्ञ, जिन्होंने 1938 ई. में यूरेनियम के नाभिक के विखंडन के सफल प्रयोग में ओट्टो हान (देखिए पीछे टिप्पणी) को सहयोग दिया था। स्ट्रासमान का जन्म बोप्पार्ड में और अध्ययन हान्नोवर में हुआ। हान्नोवर में अध्यापन-कार्य करने के बाद बर्लिन के कैसर विलहेल्म संस्थान में उनकी नियुक्ति हुई थी। सन् 1946 में वे माइंज विश्वविद्यालय में नाभिकीय रसायन के प्राध्यापक और तदनंतर रसायन के माक्स प्लांक संस्थान के अध्यक्ष रहे।

चित्र 14.21: फ्रिट्स स्ट्रासमान (1902-1980 ई.)

9. एनरिको फर्मी (Enrico Fermi : 1901-1954 ई.) : रोम में जन्मे इतालवी भौतिकवेत्ता। आरंभिक अध्ययन पीसा के प्रसिद्ध स्कूल व विश्वविद्यालय में, जहां से उन्होंने 1924 ई. में पीएच. डी. की उपाधि हासिल की। तदनंतर गॉटिंगेन (जर्मनी) और लाइडेन (नीदरलैंड्स, हॉलैंड) में उच्च अध्ययन। इटली लौटने पर एनरिको फर्मी रोम विश्वविद्यालय में सैद्धांतिक भौतिकी के प्राध्यापक नियुक्त हुए (1926-38 ई.)। सन् 1928 में उन्होंने विज्ञान की एक यहूदी छात्रा लौरा (Laura) से विवाह किया। उसके बाद अपने सहयोगियों के साथ वे अनुसंधान में जुट गए। फर्मी ने जेम्स चाडविक द्वारा 1932 ई. खोजे गए

चित्र 14.22 : एनरिको फर्मी (1901-1954 ई.)

न्यूटॉन कण का उपयोग करते हुए अनेक तत्वों पर प्रहार करके प्राप्त कृत्रिम रेडियोधर्मी समस्थानिकों के गुणधर्मों का अध्ययन आरंभ कर दिया। सन् 1938 में "नए रेडियोधर्मी तत्वों के अस्तित्व के प्रदर्शन और धीमी गति वाले न्यूट्रॉनों से जनित नाभिकीय प्रक्रिया की खोज के लिए" फर्मी को भौतिकी का नोबेल पुरस्कार दिया गया। फर्मी और उनके साथियों ने यूरेनियम पर धीमे न्यूट्रॉनों से भी प्रहार किया था, पर तब वे नाभिकीय विखंडन की प्रक्रिया को नहीं समझ पाए थे।

इटली में फासीवाद का तांडव शुरू हो गया था। फर्मी दिसंबर 1938 में नोबेल पुरस्कार ग्रहण करने स्वीडेन गए, तो अपने साथ पत्नी लौरा, दो बच्चों और परिचारिका को भी साथ लेकर गए। तब वे उधर से ही न्यूयार्क सिटी (अमरीका) पहुंच गए, जहां कोलंबिया विश्वविद्यालय में भौतिकी के प्राध्यापक-पद पर उनकी नियुक्ति हुई। उसके बाद जल्दी ही वे शृंखलाबद्ध नाभिकीय प्रक्रिया की खोजबीन में जुट गए। दिसंबर 1942 में फर्मी संसार का पहला परमाणु 'पाइल' (Pile, यानी atomic reactor) बनाने में सफल रहे। फर्मी ने एटम बम के निर्माण में सक्रिय सहयोग दिया। 16 जुलाई, 1945 को आलमोगोर्दो (न्यू मेक्सिको) में किए गए एटम बम के प्रथम परीक्षण के वक्त फर्मी वहां मौजूद थे। विश्वयुद्ध के बाद, उदर के कैंसर की व्याधि से 1954 ई. में मृत्यु होने तक, फर्मी शिकागो विश्वविद्यालय में भौतिकी के प्राध्यापक रहे। फर्मी ने सैद्धांतिक भौतिकी के क्षेत्र में भी महत्वपूर्ण शोधकार्य किया है; जैसे, उनका बीटा-क्षय (beta decay) का सिद्धांत, जिसके आधार पर प्रकृति में एक नए बल—क्षीण नाभिकीय बल (weak nuclear force)—की खोज हुई। फर्मी की स्मृति में तत्व नं. 100 को 'फर्मीयूम' (fermium) नाम दिया गया है। फर्मी ने क्वांटम सांख्यिकी के क्षेत्र में भी काम किया है; एक विशेष किस्म के परमाणु-कण 'फर्मिओन' (fermion) कहलाते हैं। शिकागो के नजदीक की एक प्रसिद्ध प्रयोगशाला को 'फर्मीलैब' (Fermilab) कहा जाता है। एनरिको फर्मी को गैलीलियो (1564-1642 ई.) के बाद का सबसे बड़ा इतालवी वैज्ञानिक माना जाता है।

10. ईरेन (Irène : 1897-1956 ई.) व फ्रेदेरीक (झाँ) झॉल्यो-क्यूरी (Frèdèric (Jean) Jolio-Curie : 1900-1958 ई.) : फ्रांसीसी भौतिकवेत्ता, जिन्होंने कृत्रिम रेडियोधर्मिता (arificial redioactivity) की खोज की और जिसके लिए उन्हें संयुक्त रूप से 1935 ई. का रसायन का नोबेल पुरस्कार दिया गया।

प्येअर व मारी क्यूरी की पुत्री ईरेन का जन्म पेरिस में और अध्ययन सॉरबोन विश्वविद्यालय में हुआ। उन्होंने 1921 ई. से अपनी मां के रेडियम संस्थान में शोधकार्य शुरू किया। वहीं पर मारी क्यूरी के विद्यार्थी फ्रेदेरीक झॉल्यो के वे संपर्क में आईं और 1926 ई. में दोनों का विवाह हुआ। दोनों ने मिलकर खोज की कि विकिरण के प्रभाव में कुछ तत्व रेडियोधर्मी बन जाते हैं, यानी कण व विकिरण

का उत्सर्जन करते हैं। कृत्रिम रडियोधर्मिता की इस खोज के लिए दोनों को नोबेल पुरस्कार मिला। सन् 1937 में ईरेन सॉरबोन में प्रोफेसर बनीं। सन् 1947 में वे रेडियम संस्थान की निदेशक नियुक्त हुईं। कई वर्ष तक रेडियोधर्मी तत्वों के संपर्क में आने के कारण 1956 ई. में रक्त-कैंसर से ईरेन का देहांत हुआ।

चित्र 14.23: ईरेन क्यूरी (1897-1956 ई.)

फ्रेदेरीक झॉल्यो का जन्म व शिक्षण पेरिस में हुआ। वे प्येअर क्यूरी (1859-1906 ई.) के विद्यार्थी रह चुके प्रसिद्ध वामपंथी वैज्ञानिक पॉल लांगेविन (देखिए अध्याय 6, टिप्पणी 17) के प्रिय शिष्य थे। रसायन व इंजीनियरी का अध्ययन करने के बाद फ्रेदेरीक झॉल्यो, मारी क्यूरी के रेडियम संस्थान से जुड़ गए। सन् 1926 में मारी क्यूरी की बेटी ईरेन के साथ विवाह होने के बाद फ्रेदेरीक ने 'क्यूरी' नाम जोड़कर अपने को 'झॉल्यो-क्यूरी' बना लिया। पति-पत्नी ने अपना शोधकार्य आगे जारी रखा। फ्रेदेरीक झॉल्यो-क्यूरी ने जेम्स चाडविक के पहले न्यूट्रॉन कण की लगभग खोज कर ली थी। वे न्यूट्रॉनों से शृंखलाबद्ध विखंडन प्राप्त करने के परिणाम पर भी पहुंच गए थे।

चित्र 14.24 : फ्रेदेरीक झॉल्यो-क्यूरी (1900-1958 ई.)

फ्रेदेरीक झॉल्यो-क्यूरी 1937 ई. में कालेज दे फ्रांस में भौतिकी के प्राध्यापक बने। फरवरी 1939 में अमरीका से लिओ झीलार ने झॉल्यो-क्यूरी को लिखा था कि वह नाभिकीय विखंडन से संबंधित अपने अनुसंधान-कार्य को प्रकाशित न करें। परंतु झॉल्यो-क्यूरी ने मौलिक अनुसंधान को गोपनीय रखने से इनकार कर दिया। सितंबर 1939 में फ्रांस द्वारा जर्मनी के विरुद्ध युद्ध की घोषणा करने तक वे अपने शोध-निबंध प्रकाशित करते रहे। विश्वयुद्ध के बाद फ्रांसीसी परमाणु ऊर्जा समिति के उच्चाधिकारी के रूप में उनकी नियुक्ति हुई। परंतु कम्युनिस्ट-समर्थक होने के कारण बाद में उन्हें पदत्याग करना पड़ा। सन् 1956 में पत्नी के स्थान पर फ्रेदेरीक झॉल्यो-क्यूरी रेडियम संस्थान के निदेशक नियुक्त हुए। दो साल बाद रक्तस्राव से उनका देहांत हुआ।

11. ओट्टो फ्रिश्च (Otto Frisch : 1904-1979 ई.) : विएना (ऑस्ट्रिया) में जन्म और

अध्ययन। हम्बर्ग विश्वविद्यालय में शोधकार्य करते समय हिटलर की नस्लवादी नीतियों के तहत 1933 ई. में पद से हटाए जाने पर पहले इंग्लैंड और तदनंतर नील्स बोर के संस्थान में कोपेनहेगेन (डेनमार्क) चले गए। द्वितीय विश्वयुद्ध के आरंभ में डेनमार्क पर जर्मनी का कब्जा हो जाने पर फ्रिश्च इग्लैंड चले गए। आगे उन्होंने 1943-45 ई. की कालावधि में लॉस आलमॉस (न्यू मेक्सिको, अमरीका) में एटम बम के निर्माण में सहयोग दिया। विश्वयुद्ध के बाद इंग्लैंड लौटने पर कैम्ब्रिज विश्वविद्यालय में प्राध्यापक नियुक्त हुए।

लिसे माइटनेर और ओट्टो फ्रिश्च पहले भौतिकवेत्ता थे जिन्होंने यूरेनियम परमाणु के लगभग दो बराबर भागों में विखंडित होने और इस प्रक्रिया में बड़ी मात्रा में ऊर्जा के पैदा होने की बात को समझा। इस प्रक्रिया को नाभिकीय विखंडन (nuclear fission) नाम इन्होंने ही दिया था। फ्रिश्च ने इंग्लैंड लौटने पर नाभिकीय विखंडन के क्षेत्र में अपना शोधकार्य जारी रखा और एटम बम बनाने में ब्रिटिश सरकार को सहयोग दिया।

12. नील्स बोर के लिए देखिए अध्याय 10, टिप्पणी 4.

13. लिओ झीलार (Lio Szilard : 1898-1964 ई.) : बुडापेस्ट (हंगेरी) में जन्मे और अमरीकी में पहुंचे भौतिकवेत्ता। बुडापेस्ट व बर्लिन में अध्ययन। बर्लिन में झीलार आइंस्टाइन के निकट संपर्क में आए; तब दोनों ने मिलकर एक नए किस्म का रेफ्रीजरेटर बनाया था और उसका पेटेंट भी लिया था। सन् 1933 में हिटलर के सत्ता में आने के बाद झीलार ने इंग्लैंड जाकर ऑक्सफोर्ड व लंदन में शोधकार्य किया। सन् 1938 में वे अमरीका चले गए। झीलार संसार के पहले भौतिकवेत्ता थे जिन्होंने सन् 1934 में नाभिकीय विखंडन की प्रक्रिया (न्यूट्रॉन कण द्वारा किसी तत्व को विखंडित किए जाने पर दो नए न्यूट्रॉन पैदा होते जाएंगे और इस प्रकार शृंखलाबद्ध नाभिकीय प्रक्रिया शुरू हो जाएगी) को समझा था और राष्ट्रपति रूजवेल्ट को इसके महत्व के बारे में जानकारी दी थी। सन् 1938-39 में झीलार को जब ओट्टो हान और लिसे माइटनेर के शोधकार्य (यूरेनियम के विखंडन) की जानकारी मिली, तो वे फौरन उसके महत्व को समझ गए; साथ ही उनकी चिंता भी बढ़ गई। वे चाहते थे कि हिटलर द्वारा एटम बम हासिल किए जाने के पहले अमरीका उसे बना ले। इसके लिए उन्होंने आइंस्टाइन का

चित्र 14.25: लिओ झीलार (1898-1964 ई.)

सहयोग प्राप्त किया; अमरीकी राष्ट्रपति रूजवेल्ट के नाम लिखे पत्र पर आइंस्टाइन के हस्ताक्षर प्राप्त किए। विश्वयुद्ध के दौरान झीलार ने एनरिको फर्मी के साथ कार्य करके संसार के पहले यूरेनियम-ग्रेफाइट रिएक्टर (pile) के निर्माण में योग दिया; साथ ही, लॉस आलमॉस (न्यू मेक्सिको) की प्रयोगशाला में एटम बम बनाने में भी सक्रिय सहयोग दिया। लेकिन जर्मनी की पराजय के बाद झीलार एटम बम का प्रयोग जापान के विरुद्ध करने के विरोधी थे। भौतिकी के क्षेत्र में महत्वपूर्ण खोजबीन करने के बावजूद, विश्वयुद्ध के बाद झीलार ने अपना विषय बदला, आणविक जैविकी का नए सिरे से अध्ययन किया और उसमें महत्वपूर्ण शोधकार्य किया।

14. यूजेन विग्नेर (Eugene Wigner : 1902-1995 ई.) : बुडापेस्ट (हंगेरी) में जन्मे और अमरीका में पहुंचे भौतिकवेत्ता। बर्लिन में अध्ययन करते समय पहली बार तरुण विग्नेर आइंस्टाइन के संपर्क में आए थे। सन् 1930 में वे अमरीका चले गए और वहां प्रिंसटन विश्वविद्यालय में सैद्धांतिक भौतिकी के अध्यापक/प्राध्यापक बने। विग्नेर ने नाभिकीय भौतिकी में समता अथवा सममिति (parity) की धारणा (अर्थात्, सभी नाभिकीय प्रक्रियाएं उनके दर्पण-प्रतिबिंबों से अभिन्न होती हैं) प्रस्तुत की। इस तथा नाभिकीय संरचना से संबंधित अन्य शोधकार्य के लिए विग्नेर को, दो अन्य वैज्ञानिकों के साथ, 1963 ई. का भौतिकी का नोबेल पुरस्कार दिया गया। विग्नेर अपने प्रिंसटन-निवास के दौरान आइंस्टाइन के अधिक निकट आए। पहली बार झीलार और विग्नेर ने ही राष्ट्रपति रूजवेल्ट को पत्र लिखने का प्रस्ताव आइंस्टाइन के सामने रखा था। विश्वयुद्ध के दौरान विग्नेर ने प्रिंसटन विश्वविद्यालय से छुट्टी लेकर एटम बम के निर्माण के लिए बनी मैनहैटन योजना में अपना सक्रिय सहयोग दिया। सन् 1971 में अवकाश ग्रहण करने तक विग्नेर प्रिंसटन में बने रहे।

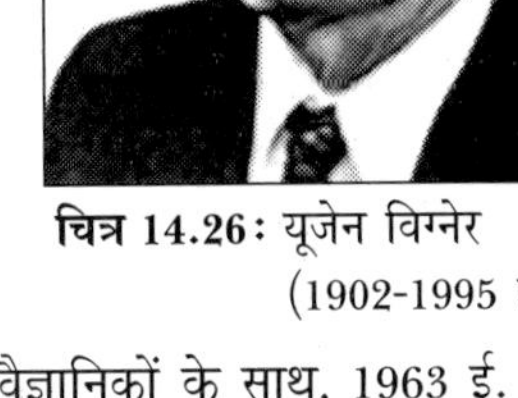

चित्र 14.26 : यूजेन विग्नेर (1902-1995 ई.)

चित्र 14.27 : एडवर्ड टेलेर (1908-2003 ई.)

15. एडवर्ड टेलेर (Edward Teller : 1908-2003 ई.) : बुडापेस्ट (हंगेरी) में जन्मे और अमरीका में पहुंचे भौतिकवेत्ता। बुडापेस्ट और

जर्मन विश्वविद्यालयों में अध्ययन। सन् 1933 में हिटलर के सत्तासीन होने पर टेलेर पहले इंग्लैंड और फिर अमरीका चले गए, जहां जॉर्ज वाशिंगटन विश्वविद्यालय में वे भौतिकी के प्राध्यापक बने। दूसरे विश्वयुद्ध के दौरान टेलेर ने लॉस आलमॉस (न्यू मेक्सिको) में एटम बम के विकास में योग दिया। बाद में एडवर्ड टेलेर ने अमरीका में हाइड्रोजन बम के निर्माण में भी प्रमुख भूमिका अदा की; उन्हें प्रायः 'हाइड्रोजन बम का पिता' कहा जाता है। जब अमरीकी शासन द्वारा रॉबर्ट ओप्पेनहाइमेर को 'सुरक्षा के लिए खतरा' समझा गया, तो टेलेर ने उनके खिलाफ गवाही दी थी, जिससे उनके कई पुराने वैज्ञानिक साथी व मित्र उनसे बेहद नाराज थे। टेलेर अमरीका की "स्टार वार्स" (star wars) योजना के भी प्रबल समर्थक थे।

16. बेल्जियन कांगो (Belgian Congo) : पश्चिम अफ्रीका का यह प्रदेश (राजधानी किंशाशा) सन् 1908 से 1960 ई. तक बेल्जियम के अधिकार में रहा, इसलिए 'बेल्जियन कांगो' कहलाता था। सन् 1960 से यहां गणराज्य स्थापित हुआ और अब यह जाहीर गणराज्य (Republic of Zaire) कहलाता है। कांगो के कतांगा (Katanga) प्रांत में यूरेनियम के खनिज बड़ी मात्रा में मिलते हैं।

17. कार्ल फ्रीडरिख़ फॉन वाइज्झेकेर (Carl Friedrich von Weizsäcker : जन्म 1912 ई.) : जर्मन राज्य के अवर-सचिव फॉन वाइज्झेकेर के पुत्र, सैद्धांतिक भौतिकवेत्ता, जो दूसरे महायुद्ध के दौरान हिटलर की जर्मनी में नाभिकीय ऊर्जा और एटम बम की प्राप्ति के लिए गठित अनुसंधान-दल के सदस्य थे; मगर वे नहीं चाहते थे कि उनका दल नाजी शासन के लिए एटम बम बनाए।

चित्र 14.28 : कार्ल फ्रीडरिख फॉन वाइज्झेकेर, 1949 ई.

कार्ल फ्रीडरिख फॉन वाइज्झेकेर का जन्म कील या किएल (Kiel) में और अध्ययन लाइपझिग में हुआ। उन्होंने तारों के केंद्रभाग में पैदा होने वाली भीषण ऊर्जा के बारे में अनुसंधान किया और ग्रह-मालिकाओं के निर्माण के बारे में एक सिद्धांत प्रस्तुत किया। विश्वयुद्ध की समाप्ति के बाद वाइज्झेकेर माक्स प्लांक इंस्टीट्यूट (गॉटिंगेन) से संबंधित रहे।

18. लिनुस कार्ल पाउलिंग (Linus Carl Pauling : 1901-1994 ई.) : अमरीकी रसायनज्ञ व जीवविज्ञानी, जिन्होंने दो नोबेल पुरस्कार प्राप्त किए : एक, रासायनिक बंधों (chemical bonds) संबंधी अनुसंधान के लिए 1954 ई. में रसायन का; और दूसरा, परमाणु बमों के परीक्षणों पर प्रतिबंध लगाने के लिए किए गए प्रयासों के

चित्र 14.29 : लिनुस पाउलिंग (1901-1994 ई.)

लिए 1962 ई. का नोबेल शांति पुरस्कार।

पाउलिंग का जन्म पोर्टलैंड (ओरेगॉन) में हुआ और उन्होंने 'काल्टेक' से डाक्टरेट हासिल की। यूरोप के कई परमाणु वैज्ञानिकों के साथ काम करके पाउलिंग अमरीका लौटे और 'काल्टेक' में प्राध्यापक बने (1928 ई.)। उन्होंने आनुवंशिकी (genetics) और क्वांटम यांत्रिकी के क्षेत्रों में भी महत्वपूर्ण शोधकार्य किया। पाउलिंग का प्रसिद्ध ग्रंथ है : The Nature of the Chemical Bond (1939 ई.)।

पाउलिंग ने 1950 के दशक से वायुमंडल में किए जानेवाले परमाणु बमों के परीक्षणों के खिलाफ जबरदस्त आंदोलन छेड़ दिया। उनका कहना था कि ऐसे परीक्षणों के दूरगामी, भयावह आनुवंशिक खतरे हैं। पाउलिंग ने एक प्रभावशाली ग्रंथ लिखा– No More War! (1958 ई.) और 49 देशों के 11,021 वैज्ञानिकों का एक ज्ञापन संयुक्त राष्ट्रसंघ को दिया। परिणामतः पाउलिंग को अमरीकी शासन का कोपभाजन होना पड़ा; उन्होंने 1964 ई. में काल्टेक संस्थान छोड़ दिया। उसके बाद पाउलिंग ने कई व्याधियों के उन्मूलन में विटामिन-सी (Vitamin-C) की उपयोगिता का पुरजोर प्रचार किया, कई पुस्तकें लिखीं।

19. वेर्नर हाइजेनबर्ग (Werner Heisenberg : 1901-1976 ई.) : जर्मन भौतिकवेत्ता, जिन्होंने क्वांटम सिद्धांत के विकास में योग दिया और अनिश्चितता का नियम (uncertainty principle) का प्रतिपादन किया। इस नियम के अनुसार, किसी कण की स्थिति और संवेग (momentum, यानी द्रव्यमान × गति), दोनों का एकसाथ सूक्ष्मता से मापन संभव नहीं है। यदि एक को सूक्ष्मता से जानने का प्रयास करते हैं, तो दूसरे के मापन में अनिश्चितता रहती है। क्रिया-प्रभाव के परिणाम को केवल संभावना (probability) से ही व्यक्त किया जा सकता है। हाइजेनबर्ग ने 24 वर्ष की आयु में क्वांटम सिद्धांत के लिए आव्यूह यांत्रिकी (Matrix Mechanics) का सृजन किया, जिसे बाद में

चित्र 14.30 : वेर्नर हाइजेनबर्ग (1901-1976 ई.)

एरविन श्रोडिंगेर ने तरंग यांत्रिकी (Wave Mechanics) में तब्दील कर दिया। सन् 1932 में हाइजेनबर्ग को क्वांटम यांत्रिकी के सृजन के लिए भौतिकी का नोबेल पुरस्कार मिला।

हाइजेनबर्ग का जन्म विर्ट्जबर्ग में और अध्ययन म्यूनिख़ में हुआ। उन्होंने गॉटिंगेन में मैक्स बोर्न और कोपेनहेगेन में नील्स बोर की देखरेख में भी अनुसंधान-कार्य किया। वे लाइपझिग में भौतिकी के प्राध्यापक और माक्स प्लांक इंस्टीट्यूट के भौतिकी विभाग के निदेशक रहे।

जनवरी 1933 में जर्मनी में हिटलर की सत्ता स्थापित होने पर बहुत-से वैज्ञानिक देश छोड़कर चले गए, मगर हाइजेनबर्ग नहीं गए। नाजी जर्मनी में आपेक्षिकता-सिद्धांत व क्वांटम सिद्धांत को "यहूदी भौतिकी" करार दिया गया था। हाइजेनबर्ग ने विरोध किया, तो उन्हें "श्वेत यहूदी" (White Jew) समझा गया, हालांकि वे यहूदी नहीं थे।

सितंबर 1939 में दूसरा विश्वयुद्ध शुरू हुआ, तो हाइजेनबर्ग को जर्मनी की नाभिकीय विखंडन अनुसंधान योजना में शामिल कर लिया गया। यह बताना कठिन है कि हाइजेनबर्ग ने हिटलर की एटम बम के निर्माण की योजना में किस तरह का सहयोग दिया। योजना विफल रही। पता चलता है कि हाइजेनबर्ग सितंबर 1941 में गुप्त रूप से कोपेनहेगेन (डेनमार्क) पहुंचे थे—नील्स बोर से मिलने के लिए। माइकेल फ्रायन (Michael Frayn) के मशहूर नाटक "कोपेनहेगेन" में दूसरे विश्वयुद्ध के दौरान हाइजेनबर्ग की 'भूमिका' का वर्णन है।

दूसरे महायुद्ध के बाद अमरीकी सेना के एक विशेष दल ने जर्मन वैज्ञानिकों की जांच-पड़ताल शुरू कर दी। तब हाइजेनबर्ग को बंदी बनाकर इंग्लैंड भेज दिया गया था। सन् 1946 में वहां से मुक्त होने पर हाइजेनबर्ग जर्मन विज्ञान को पुनर्गठित करने में जुट गए। वे माक्स प्लांक इंस्टीट्यूट (म्यूनिख़) के निदेशक नियुक्त हुए; म्यूनिख़ में ही 1976 ई. में कैंसर की व्याधि से उनका देहांत हुआ। वे एक कुशल पियानो-वादक थे और टेबल-टेनिस के भी शौकीन थे, जिसे वे बाएं हाथ से खेलते थे।

20. रॉबर्ट फुल्टोन (Robert Fulton : 1765-1815 ई.) : आयरिश माता-पिता की संतान रॉबर्ट फुल्टोन का जन्म अमरीका के पेंसिलवेनिया राज्य में हुआ था। आरंभ में उन्होंने चित्रकार के पेशे को अपनाया, मगर बाद में लंदन जाकर यांत्रिकी का अध्ययन करके इंजीनियर बने। फुल्टोन ने कई तरह की स्वचालित मशीनें बनाईं

चित्र 14.31 : फुल्टोन की अगिन-बोट 'क्लेमॉन' की हड्सन नदी पर प्रथम यात्रा

और उनके पेटेंट लिये। सन् 1797 में पेरिस जाकर फुल्टोन ने दो छोटी अगिन-बोटें (स्टीमर) तैयार कीं और वहां साइन नदी पर उनका सफल परीक्षण किया। मगर फ्रांस व इंग्लैंड, दोनों ही देशों ने फुल्टोन के इस आविष्कार में कोई दिलचस्पी नहीं ली। फुल्टोन न्यूयार्क लौटे और 17 अगस्त, 1807 को हड्सन नदी में स्टीमर चलाकर दिखाई। अमरीकी शासन ने फुल्टोन को स्टीमरें बनाने का काम सौंपा। तब से अमरीका की कई नदियों पर स्टीमरें चलनी शुरू हो गईं।

21. हेरॉल्ड उरे (Harold Urey : 1893-1981 ई.) : अमरीकी रसायनज्ञ, जिन्होंने 1932 ई. में भारी हाइड्रोजन या ड्यूटेरियम (हाइड्रोजन का समस्थानिक, जिसके नाभिक में एक प्रोटॉन व एक न्यूट्रॉन होता है) की खोज की और भारी पानी (heavy water, जिसके अणु में ड्यूटेरियम के दो परमाणु होते हैं) को पृथक् किया। इस खोज के लिए उन्हें 1934 ई. का रसायन का नोबेल पुरस्कार मिला। भारी पानी न्यूट्रॉनों का एक उत्तम मंदक है। उरे पहले कोलंबिया विश्वविद्यालय में और तदनंतर शिकागो विश्वविद्यालय में रसायन के प्राध्यापक रहे। दूसरे विश्वयुद्ध के दौरान वे एटम बम के निर्माण के लिए बनी मैनहैटन योजना के सदस्य थे। लेकिन बाद में वे परमाणु शस्त्रों पर पाबंदी लगाने के पक्ष में थे।

चित्र 14.32 : हेरॉल्ड उरे (1893-1981 ई.)

22. अर्नेस्ट लॉरेंस (Ernest Lawrence : 1901-1958 ई.) : अमरीकी भौतिकवेत्ता, जिन्होंने परमाणु-कणों को त्वरित करने के लिए 'साइक्लोट्रॉन' (cyclotron) नामक उपकरण तैयार किया, कृत्रिम रेडियोधर्मी समस्थानिक तैयार किए और

चित्र 14.33 : अर्नेस्ट लॉरेंस (1901-1958 ई.)

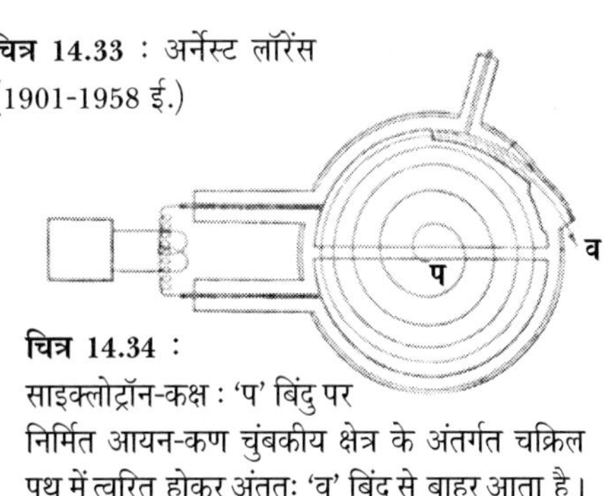

चित्र 14.34 : साइक्लोट्रॉन-कक्ष : 'प' बिंदु पर निर्मित आयन-कण चुंबकीय क्षेत्र के अंतर्गत चक्रिल पथ में त्वरित होकर अंततः 'व' बिंदु से बाहर आता है।

यूरेनियम के परे के (परायूरेनियम) तत्वों को संश्लेषित किया। सन् 1939 में उन्हें भौतिकी का नोबेल पुरस्कार मिला।

दूसरे विश्वयुद्ध के दौरान लॉरेंस ने एटम बम के लिए यूरेनियम-235 और प्लूटोनियम को पृथक् करने में योग दिया। उन्होंने लॉस आलमॉस की प्रयोगशाला में काम किया और विश्वयुद्ध के बाद भी वे परमाणु अस्त्रों के निर्माण के समर्थक बने रहे।

23. एमिलिओ सेग्रे (Emilio Segré : 1905-1989 ई.) : इटली में जन्मे और अमरीका में पहुंचे भौतिकवेत्ता, जिन्होंने 1955 ई. में परमाणु के भीतर ऋणावेशी कण एंटीप्रोटॉन (anti-proton, एक प्रकार का प्रतिद्रव्य) की खोज करके पॉल डिराक (Paul Dirac : 1902-1984 ई.) के आपेक्षिकीय क्वांटम सिद्धांत की पुष्टि कर दी। सन् 1937 में उन्होंने टेक्नेटियम (technetium, No. 43) नामक तत्व का संश्लेषण किया। सेग्रे ने 1959 ई. में भौतिकी का नोबेल पुरस्कार हासिल किया।

चित्र 14.35 : एमिलिओ सेग्रे (1905-1989 ई.)

सेग्रे का जन्म तिवोली में और अध्ययन रोम में हुआ। रोम में उन्होंने एनरिको फर्मी के साथ काम किया। बाद में इटली के फासिस्ट शासन के कारण वे अमरीका पहुंच गए (1938 ई.)। उन्होंने पहले बर्कले के कैलिफोर्निया विश्वविद्यालय में और बाद में लॉस आलमॉस (न्यू मेक्सिको) की प्रयोगशाला में काम किया।

24. आर्थर कॉम्पटन (Arthur Compton : 1892-1962 ई.) : अमरीकी भौतिकवेत्ता,

चित्र में दाईं ओर ऊपर दिखाया गया है कि इलेक्ट्रॉन (e) के साथ प्रकाश-क्वांटम यानी फोटॉन (hν) की टक्कर के बाद दूसरी दिशा में गए फोटॉन (hν') की ऊर्जा कम और तदनुरूप तरंग-दैर्घ्य ज्यादा होता है।

चित्र 14.36 : आर्थर कॉम्पटन (1892-1962 ई.)

जिन्होंने 1923 ई. में खोज की कि एक्स-किरणें तरंग तथा कण, दोनों के ही गुणधर्मों का प्रदर्शन करती हैं। इसे "कॉम्पटन प्रभाव" का नाम दिया गया और इसके लिए कॉम्पटन को 1927 ई. का भौतिकी का नोबेल पुरस्कार मिला। कॉम्पटन ने स्पष्ट किया कि जिन एक्स-किरणों को केवल तरंगें समझा गया था वे विद्युत-चुंबकीय विकिरण के एक कण यानी 'फोटॉन' (photon) के रूप में बेहतर काम करती हैं। यह आइंस्टाइन द्वारा 1905 ई. में प्रतिपादित 'प्रकाश-विद्युत प्रभाव' के लिए एक ठोस सबूत था।

दूसरे विश्वयुद्ध के दौरान शिकागो विश्वविश्वालय में 'मैनहैटन योजना' के अंतर्गत एटम बम से संबंधित अनुसंधान-कार्य आर्थर कॉम्पटन की देखरेख में ही हुआ था। उन्होंने 1942 ई. में शृंखलाबद्ध नाभिकीय अभिक्रिया प्राप्त करने में एनरिको फर्मी को सहयोग दिया था।

25. जेम्स कोनेन्ट (James Conant : 1893-1977 ई.) : अमरीकी रसायनज्ञ, जो 1933 ई. में हार्वर्ड विश्वविद्यालय के अध्यक्ष नियुक्त हुए। उन्होंने अमरीकी विज्ञान व शिक्षण के विकास में महत्वपूर्ण योगदान दिया। दूसरे महायुद्ध के दौरान कोनेन्ट राष्ट्रीय सुरक्षा अनुसंधान समिति के अध्यक्ष थे।

26. अर्थात्, "यहां 2 दिसंबर, 1942 को पहली बार मनुष्य ने स्वनिर्भर शृंखलाबद्ध अभिक्रिया को प्राप्त किया और इस प्रकार नियंत्रित नाभिकीय ऊर्जा का सूत्रपात किया।"

27. अमरीकी भौतिकवेत्ता जे (ज्यूलियस) रॉबर्ट ओप्पेनहाइमेर (J. Robert Oppenheimer : 1904-1967 ई.) दूसरे महायुद्ध के दौरान एटम बम के निर्माण के लिए बनी मैनहैटन योजना के प्रमुख और लॉस आलमॉस (न्यू मेक्सिको) प्रयोगशाला के निदेशक (1943-1945 ई.) थे। बाद में जब उन्होंने रेडियोधर्मिता के खतरों को पहचाना, तो हाइड्रोजन बम के विकास का विरोध किया।

चित्र 14.37 : रॉबर्ट ओप्पेनहाइमेर (1904-1967 ई.)

ओप्पेनहाइमेर का जन्म न्यूयार्क में हुआ था– जर्मन-यहूदी मूल के एक धनाढ्य परिवार में। हार्वर्ड, कैम्ब्रिज (इंग्लैंड) और गॉटिंगेन (जर्मनी) विश्वविद्यालयों में उन्होंने अध्ययन किया था। बर्कले के कैलिफोर्निया विश्वविद्यालय और 'काल्टेक' में उन्होंने अध्यापन-कार्य किया। सन् 1947 में उन्हें

प्रिंसटन के उच्च अध्ययन संस्थान का निदेशक नियुक्त किया गया, जहां वे जीवन के अंतिम दिनों तक अपने पद पर बने रहे। सन् 1953 में अमरीकी शासन ने उन्हें कम्युनिस्ट करार देकर 'देश की सुरक्षा के लिए खतरा' घोषित कर दिया था।

ओप्पेनहाइमेर जब बर्कले में थे, तो वहां के संस्कृतज्ञ आर्थर राइडर (Arther Ryder) से उनकी मित्रता हो गई थी। ओप्पेनहाइमेर ने राइडर से संस्कृत सीखी, **भगवद्गीता** पढ़ी। इसीलिए 16 जुलाई, 1945 को आलमोगोर्दो (न्यू मेक्सिको) में किए गए एटम बम के प्रथम परीक्षण का भयावह नजारा देखकर उन्हें **गीता** के श्लोक याद आए थे।

28. हान्स आलब्रेख़्ट बेथे (Hans Albrecht Bethe : 1906-2005 ई.) स्ट्रासबोर्ग (तब जर्मनी, अब फ्रांस) में जन्म। फ्रांकफुर्ट व म्यूनिख़ के विश्वविद्यालयों में अध्ययन। सन् 1933 में जर्मनी छोड़कर पहले इंग्लैंड में और फिर 1935 ई. में अमरीका पहुंच गए, जहां वे कॉर्नेल विश्वविद्यालय (इथाका, न्यूयार्क) में सैद्धांतिक भौतिकी के प्राध्यापक नियुक्त हुए। संगलन (fusion) की नाभिकीय अभिक्रियाओं के अन्वेषण और तारों में ऊर्जा के उत्पादन से संबंधित खोजबीन के लिए बेथे को 1968 ई. का भौतिकी का नोबेल पुरस्कार प्रदान किया गया।

चित्र 14.38 : हान्स आलब्रेख़्ट बेथे (1906-2005 ई.)

हान्स बेथे लॉस आलमॉस (न्यू मेक्सिको) की 'एटम बम योजना' में सैद्धांतिक विभाग के प्रमुख थे। बाद में उन्होंने वैज्ञानिकों को अपने सामाजिक दायित्व को समझने के लिए पुरजोर आवाज उठाई थी और अमरीका की 'स्टार वार्स' (Star Wars) योजना का जबरदस्त विरोध किया था।

29. रिचर्ड फाइनमॅन (Richard Feynman : 1918-1988 ई.) : अमरीकी भौतिकवेत्ता, जिन्हें क्वांटम इलेक्ट्रोडायनेमिक्स के क्षेत्र के उनके मौलिक कार्य के लिए, दो अन्य भौतिकीविदों के साथ, 1965 ई. में भौतिकी का नोबेल पुरस्कार दिया

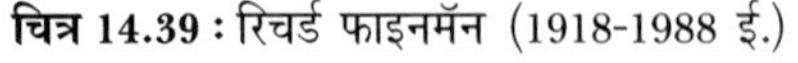

चित्र 14.39 : रिचर्ड फाइनमॅन (1918-1988 ई.)

गया। फाइनमॅन ने अतितरलता, कणिका भौतिकी, क्वार्क सिद्धांत और क्षीण नाभिकीय बल के बारे में भी महत्वपूर्ण शोधकार्य किया है। उन्होंने बताया था कि प्रोटॉन व न्यूट्रॉन प्राथमिक कण नहीं हैं; बाद में पता चला कि ये दोनों ही कण क्वार्कों (quarks) से बने हैं।

न्यूयार्क में जन्मे फाइनमॅन का शिक्षण मैसेच्यूसेट्स इंस्टीट्यूट आफ टेक्नालॉजी और प्रिंसटन में हुआ। दूसरे विश्वयुद्ध के दौरान उन्होंने लॉस आलमॉस में एटम बम के विस्फोट में न्यूट्रॉनों की क्रियाविधि को स्पष्ट करने का काम किया। सन् 1950 से मृत्यु तक फाइनमॅन काल्टेक में सैद्धांतिक भौतिकी के प्राध्यापक रहे।

फाइनमॅन के आत्मचरित्र के दो खंड हैं : Surely You're Joking, Mr Feynman (1985) और What Do You Care What Other People Think (1988)। उनके Feynman Lectures on Physics को भौतिकी का एक मानक ग्रंथ माना जाता है।

30. जॉन फॉन न्यूमान (John Von Neumann : 1903-1957 ई.) : बुडापेस्ट (हंगेरी) में जन्म और जर्मनी व स्विट्ज़रलैंड में अध्ययन। सन् 1930 में न्यूमान अमरीका में पहुंचे और पहले प्रिंसटन विश्वविद्यालय में और फिर 1933 ई. में वहां के उच्च अध्ययन संस्थान (जहां आइंस्टाइन भी थे) में प्राध्यापक नियुक्त हुए। न्यूमान ने संस्थान में संसार के पहले कंप्यूटर (MANIAC-1) का निर्माण किया; उसी के आधार पर बाद के सारे प्रोग्राम-युक्त कंप्यूटर बने हैं। सन् 1943 से न्यूमान एटम बम योजना के सलाहकार रहे।

चित्र 14.40 : जॉन फॉन न्यूमान (1903-1957 ई.)

फॉन न्यूमान एक प्रतिभाशाली गणितज्ञ थे। वे अपने दिमाग में ही गणित के जटिल सवाल हल करने के लिए प्रसिद्ध थे। उन्होंने समुच्चय सिद्धांत (Set theory), खेल सिद्धांत (Game theory) और क्वांटम यांत्रिकी के विकास में महत्वपूर्ण योगदान दिया है। खेल सिद्धांत का उपयोग, न केवल व्यापार में, बल्कि युद्ध-प्रणालियों में भी होता है।

31. स्तानिस्लाव उलाम (Stanislaw Ulam : 1909-1986 ई.) : ल'वोव (पोलैंड) में जन्म और वहीं पर अध्ययन करके 'डाक्टरेट' की उपाधि प्राप्त की। एक मौलिक गणितज्ञ के रूप में ख्याति मिली, तो 1936 ई. में फॉन न्यूमान ने उलाम को प्रिंसटन के उच्च अध्ययन संस्थान में आमंत्रित किया। आगे वे अमरीका में ही बस गए,

चित्र 14.41 : स्तानिस्लाव उलाम (1909-1986 ई.)

वहां के नागरिक बने। उलाम ने हार्वर्ड, विस्कांसिन व कोलोराडो विश्वविद्यालयों में गणित के प्राध्यापक के रूप में काम किया। उलाम को एटम बम के निर्माण-कार्य में सहयोग देने के लिए लॉस आलमॉस (न्यू मेक्सिको) में आमंत्रित किया गया। वहां उन्होंने न्यूट्रॉनों द्वारा होने वाले नाभिकीय विखंडनों की प्रक्रिया पर काम किया, उसके लिए 'मॉन्टे कार्लो' नामक एक गणितीय मॉडल तैयार किया। विश्वयुद्ध के बाद उलाम ने हाइड्रोजन बम के विकास में एडवर्ड टेलेर के साथ काम किया। किसी ने एक बार उलाम से पूछा कि क्या उन्होंने टेलेर के साथ काम किया है, तो उनका उत्तर था : "नहीं, डा. टेलेर ने मेरे साथ काम किया है।"

32. जेम्स फ्रांक (1882-1964 ई.) के लिए देखिए अध्याय 7, टिप्पणी 6.

33. देखिए Robert Jungk की पुस्तक *Brighter than a Thousand Suns.*

34. सन् 1945 के बाद एटम बम बनाने वाले देश : रूस (1949 ई.), ब्रिटेन (1952 ई.), फ्रांस (1959 ई.), चीन (1964 ई.), भारत (1974 ई.), पाकिस्तान (1998 ई.), उत्तरी कोरिया (2006 ई.)। अब ईरान एटम बम बनाने की तैयारी में है। इस्राइल के पास भी एटम बम हो सकते हैं। हाइड्रोजन बम का प्रथम परीक्षण अमरीका ने 1952 ई. में, रूस ने 1953 ई. में और ब्रिटेन ने 1956 ई. में किया। फ्रांस और चीन के पास भी हाइड्रोजन बम हैं। प्रथम नाभिकीय रिएक्टर रूस में बना और उसने जून 1954 से बिजली का उत्पादन शुरू किया।

❑❑❑

अध्याय 15

आइंस्टाइन का अंतिम सपना एकीकृत क्षेत्र सिद्धांत

आइंस्टाइन ने 1905 ई. में दिक् और काल की धारणाओं को एकीकृत किया। फिर इन एकीकृत धारणाओं को व्यापकता प्रदान करते हुए 1915 ई. के अंत में उन्होंने स्पष्ट किया कि न्यूटन द्वारा प्रतिपादित गुरुत्वाकर्षण वस्तुतः दिक्काल की वक्रता का ही द्योतक है; द्रव्य व ऊर्जा की उपस्थिति से आकाश वक्र हो जाता है। साथ ही, उन्होंने तीन विमाओं (आयामों) वाले आकाश (दिक्) के साथ काल के एक आयाम को संयुक्त करके चार विमाओं वाले दिक्काल का प्रतिपादन किया।

आइंस्टाइन ने अपना 'व्यापक आपेक्षिकता-सिद्धांत' 1916 ई. के आरंभ में प्रकाशित कर दिया था। लगभग उसी समय से उन्होंने गुरुत्व व विद्युत-चुंबकत्व को एकीकृत करने वाले एक व्यापक सिद्धांत के बारे में भी सोचना शुरू कर दिया था। उन्हें यह मान्यता स्वीकार नहीं थी कि आकाश (दिक्) की, एक-दूसरे से स्वतंत्र, दो संरचनाओं—गुरुत्व और विद्युत-चुंबकत्व—का अस्तित्व हो सकता है। आइंस्टाइन ने इन दो बलों (क्षेत्रों) को मिलाकर एक संयुक्त सिद्धांत—एकीकृत क्षेत्र सिद्धांत (Unified Field Theory)—को प्राप्त करना अपने जीवन का लक्ष्य बना लिया, और जीवन के अंतिम समय तक वे इसमें जुटे रहे।

अपने सपने, अपने लक्ष्य के बारे में आइंस्टाइन ने एक बार खगोलविद फ्रिट्ज ज्विकी[1] (Fritz Zwicky : 1898-1974 ई.) को बताया था : मेरा लक्ष्य है, "एक ऐसा फार्मूला प्राप्त करना जो पेड़ से नीचे जमीन पर आ गिरने वाले न्यूटन के सेब की, प्रकाश व रेडियो-तरंगों के संचरण की और तारों तथा द्रव्य के संयोजन की एकसाथ व्याख्या कर सकेगा।"

पुरातन काल से ही मनुष्य प्रकृति के विविध रूपों को समझने, उन्हें एकीकृत धारणाओं में प्रस्तुत करने का प्रयास करता आ रहा है। प्राचीन भारत, चीन व यूनान के कई विचारकों ने कार्य-कारण संबंधों पर चिंतन करके एक ऐसे मूलतत्व को जानने का प्रयास किया, जो अपने परिवर्तनों और रूपांतरों से समस्त दृश्य

परिघटनाओं की सृष्टि करता है।

ऋग्वेद के 'नासदीय सूक्त' (10.129) में पहली बार विश्व के मूलतत्व को जानने के प्रयास की थोड़ी झलक देखने को मिलती है। वहां कहा गया है कि आरंभ में यह विश्व भेद-रहित जल था (सलिलं सर्वदा इदम्)। इसी बात को आगे अधिक स्पष्टता से **बृहदारण्यक उपनिषद** (5.5.1) में कहा गया है : आप एव इदमग्र आसुः (आरंभ में जल ही था)।

उधर यूनान में भी मिलेतुस (एशिया माइनर) के भौतिकवादी दार्शनिक थेलस (Thales : ईसा-पूर्व छठी सदी) का मत था कि विश्व का समस्त द्रव्य जल से निर्मित है। अनाक्सिमेनेस (Anaximenes : ईसा-पूर्व 5वीं सदी) ने माना कि वायु आदिम द्रव्य है, तो हेराक्लितस (Heraclitus : लगभग 400 ई.पू.) के अनुसार मूलतत्व अग्नि है। एम्पेडोक्लेस (Empedocles : ईसा-पूर्व 5वीं सदी) के अनुसार, अग्नि, वायु, जल व पृथ्वी–इन चार मूलतत्वों के मेल-जोल से ही संसार की सारी चीजें बनी हैं। बाद में इन चार मूलतत्वों को अरस्तू (Aristotle : 384-322 ई.पू.) ने भी स्वीकार किया।

यूनानी विचारक देमोक्रितस (Democritus: 460-370 ई.पू.) व एपिक्यूरस (Epicurus : 341-270 ई.पू.) और रोमन कवि ल्यूक्रेटियस (Lucretius: प्रथम सदी ई.पू.) की मान्यता थी कि निर्वात में गतिमान परमाणु (atoms) ही संसार की सभी वस्तुओं और सभी प्राकृतिक घटनाओं के मूलाधार हैं।

भारत में वैशेषिक दर्शन के प्रणेता कणाद मुनि (लगभग ईसा-पूर्व चौथी सदी) ने सूक्ष्म कणों (परमाणुओं) को सभी पदार्थों का मूलाधार माना था। भौतिकवादी लोकायतिकों और गणितज्ञ-खगोलविद आर्यभट (499 ई.) ने चार मूलतत्वों–जल, वायु, अग्नि व पृथ्वी–का प्रतिपादन किया, तो दूसरे भारतीय विचारकों ने 'आकाश'-सहित पंचतत्व का, जिसका धार्मिक जगत में आज भी बोलबाला है।

प्राचीन चीन में दो विपरीत और संपूरक तत्वों–यिन (yin) व याङ (yang)–को मूलाधार माना गया था। 'याङ' को पुरुष, ताप, प्रकाश आदि के साथ जोड़ा गया था, तो 'यिन' को नारी, शीत, अंधकार आदि के साथ। माना गया था कि यिन व याङ शक्तियां अधिकांश वस्तुओं में विद्यमान रहती हैं और इन्हीं के कारण उनमें परिवर्तन होता रहता है।[2]

फिर एक लंबे अंतराल के बाद यूरोप में गैलीलियो (1564-1642 ई.) के समय से भौतिकी में एकीकरण के तत्वों की तलाश नए सिरे से शुरू हुई। गैलीलियो ने खोज की कि मुक्त रूप से गिरने वाली वस्तु का वेग उसके द्रव्यमान पर निर्भर

चित्र 15.1 : गैलीलियो (1564-1642 ई.)

चित्र 15.2 : आइजेक न्यूटन (1642-1727 ई.)

नहीं होता। गैलीलियो ने घोषणा की कि भौतिकी के जो नियम पृथ्वी पर खोजे गए हैं ये विश्व में अन्यत्र घटित होने वाली घटनाओं पर भी लागू होते हैं। प्रकृति की एकता में यह आस्था आज भी समूचे विज्ञान का आधार है।

आइजेक न्यूटन (1642-1727 ई.) ने गैलीलियो के विचारों से प्रेरणा लेकर गुरुत्वाकर्षण के नियम की खोज की और पार्थिव गुरुत्वाकर्षण को खगोलीय गुरुत्वाकर्षण के साथ एकीकृत कर दिया। गुरुत्वाकर्षण समूचे विश्व में व्याप्त है। इसके कारण पके हुए सेब या आम नीचे आ गिरते हैं। इसके कारण चंद्रमा पृथ्वी के चक्कर लगाता है, और पृथ्वी सूर्य का चक्कर लगाती है। गुरुत्वाकर्षण के कारण ही आकाशगंगा के करीब 200 अरब तारे एक-दूसरे के साथ बंधे हुए हैं।

न्यूटन के लगभग डेढ़ सौ साल बाद माइकेल फैराडे (1791-1867 ई.) ने विद्युत और चुंबकत्व के बारे में कई महत्वपूर्ण तथ्य खोज निकाले। उन्होंने बताया कि चुंबकों के गिर्द और विद्युत-धारा प्रवाहित

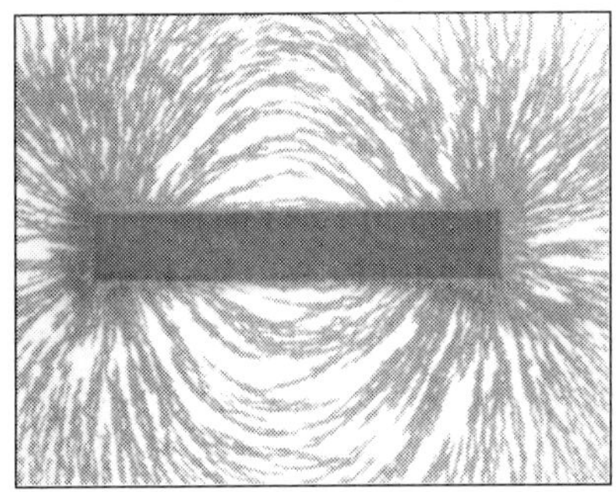

चित्र 15.3 : चुंबक-दंड के गिर्द लोहे के टुकड़ों का फैलाव चुंबकीय क्षेत्र के अस्तित्व को प्रमाणित करते हैं।

करने वाले तारों (wires) के गिर्द क्षेत्र (field) होते हैं, यानी चुंबकीय व विद्युत बलों की धाराएं होती हैं। इस तरह, फैराडे ने पहली बार क्षेत्र-सिद्धांत का प्रतिपादन किया।

चित्र 15.4 : माइकेल फैराडे (1791-1867 ई.)

फैराडे ने यह भी स्पष्ट किया कि गतिमान विद्युत-आवेशों से चुंबकीय बलों का सृजन होता है। यह प्रकृति के दो पृथक् बलों—क्षेत्रों (fields)—को एकीकृत करने की दिशा में एक महत्वपूर्ण कदम था। फैराडे एक महान प्रयोगकर्ता तो थे, मगर वे गणितज्ञ नहीं थे। विद्युत व चुंबकत्व को, और साथ में प्रकाश को भी, एकीकृत करके विद्युत-चुंबकत्व के एक गणितीय सिद्धांत का सृजन जेम्स क्लार्क मैक्सवेल ने किया।

फैराडे ने विद्युत व चुंबकत्व को गुरुत्व के साथ एकीकृत करने की दिशा में भी प्रयास किए थे। उन्होंने 1849 ई. में प्रयोगशाला की अपनी डायरी में लिखा था : "गुरुत्वाकर्षण। यकीनन इस बल को प्रयोग के जरिए विद्युत, चुंबकत्व और अन्य बलों के साथ संयुक्त करना संभव होना चाहिए। ··· इस दिशा में प्रयास किए जाने चाहिए।" फैराडे ने इन बलों के बीच संबंध खोजने के लिए कई प्रयोग किए, किंतु इसमें उन्हें सफलता नहीं मिली। अंत में उन्होंने डायरी में लिखा : "यहां मेरे प्रयोगों का अंत होता है। परिणाम प्रतिकूल रहे हैं। लेकिन इससे मेरा दृढ़ विश्वास नहीं डिग सकता कि गुरुत्व और विद्युत के बीच एक संबंध है, हालांकि इसका कोई सबूत मुझे नहीं मिल रहा है।"

चुंबक और विद्युत-धारा से निर्मित क्षेत्रों (fields) की फैराडे की मान्यता को जेम्स क्लार्क मैक्सवेल[3] (1831-1879 ई.) ने स्वीकार किया, उसे महत्व दिया। फैराडे गणित में निपुण नहीं थे, इसलिए वे अपने विद्युत-चुंबकीय क्षेत्र को गणितीय जामा पहनाने में असमर्थ थे। यह काम किया मैक्सवेल ने। उन्होंने ऐसे समीकरण तैयार किए, जिनके जरिए किसी चुंबक या विद्युत-धारा के गिर्द के क्षेत्र में किसी भी बिंदु पर क्षेत्र-बल (field-force) की गणना की जा सकती है।

फिर जर्मन भौतिकवेत्ता हैनरिख़ हर्ट्ज[4] (1857-1894 ई.) ने 1887 ई. में प्रयोग द्वारा विद्युत-चुंबकीय तरंगों के अस्तित्व को प्रमाणित किया और यह भी जाना कि ये तरंगें निर्वात में संचरण करती हैं। हर्ट्ज ने यह भी प्रदर्शित किया

कि प्रकाश-किरणें, रेडियो-तरंगें व ऊष्मा-उत्सर्जन–ये सभी विद्युत-चुंबकीय तरंगें हैं, और परावर्तन (reflection), अपवर्तन (refraction) तथा व्यतिकरण (interference) दरशाती हैं। इस तरह, हर्ट्ज के प्रयोगों ने मैक्सवेल के सिद्धांत की पुष्टि कर दी। स्पष्ट हो गया कि विद्युत-चुंबकीय क्षेत्र, विद्युत व चुंबकीय बलों को एक परिमित वेग–प्रकाश के वेग–से संचारित करता है।

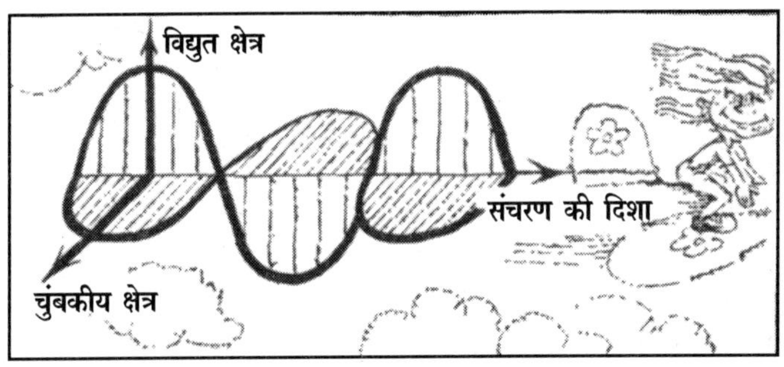

चित्र 15.5 : विद्युत-चुंबकीय तरंग; जैसे, प्रकाश या ऊष्मा की तरंग। तरंग के विद्युत और चुंबकीय घटक एक-दूसरे के समकोण वाले तलों में और तरंग के संचरण के लंब में घटते-बढ़ते हैं।

इतना ही नहीं, फिर उन्हीं समीकरणों से मैक्सवेल ने विद्युत-चुंबकीय तरंग की गति की गणना की, तो उन्हें पता चला कि यह प्रकाश की गति (3,00,000 किलोमीटर प्रति-सेकंड) के बराबर है। इससे मैक्सवेल निष्कर्ष पर पहुंचे कि संभवतः प्रकाश भी विद्युत-चुंबकीय तरंगें हैं। बाद में विद्युत-चुंबकीय विकिरण में एक्स-रे, गामा-रे आदि का भी समावेश हो गया।

चित्र 15.6 : हैनरिख़ हर्ट्ज (1857-1894 ई.)

चित्र 15.7 : जेम्स क्लार्क मैक्सवेल (1831-1879 ई.)

मैक्सवेल ने एक ओर फैराडे के विद्युत-चुंबकीय क्षेत्र-सिद्धांत की पुष्टि कर दी, तो दूसरी ओर आइंस्टाइन के अनुसंधान के लिए भी मार्ग प्रशस्त कर दिया। आइंस्टाइन ने न्यूटन के गुरुत्वाकर्षण के सिद्धांत को, जिसमें गुरुत्व-बल को "दूर के खिंचाव" (action at distance) के रूप में प्रस्तुत किया है, एक ऐसे नए सिद्धांत में तब्दील कर दिया, जिसमें इसे विश्व में विद्यमान सभी पिंडों से घिरे गुरुत्वीय "क्षेत्र" के परिणाम के रूप में प्रस्तुत किया गया है।

आइंस्टाइन ने 1905 ई. में दिक् और काल की धारणाओं को एकीकृत किया। फिर दस साल बाद, 1915 ई. के अंत में, उन्होंने प्रमाणित किया कि न्यूटन का गुरुत्व-बल वस्तुतः एकीकृत दिक्-काल की वक्रता का ही द्योतक है। फिर उन्होंने सवाल उठाया : जिस तरह मैक्सवेल ने विद्युत और चुंबक को एकीकृत किया, क्या उसी तरह मैक्सवेल के विद्युत-चुंबकत्व और न्यूटन के गुरुत्व-बल को भी एकीकृत किया जा सकता है? यदि यह संभव है, तो मैक्सवेल के विद्युत-चुंबकत्व को भी दिक्-काल की किसी विशिष्ट ज्यामिति के रूप में प्रस्तुत करना संभव होना चाहिए (जैसे कि आइंस्टाइन ने न्यूटन के गुरुत्व-बल को दिक्-काल की वक्रता के रूप में प्रतिपादित कर दिया था)।

आइंस्टाइन को यकीन हो गया था कि गुरुत्व और विद्युत-चुंबकत्व वस्तुतः एक ही मूल बल के दो रूप होने चाहिए। उन्होंने गॉटेबोर्ग (स्वीडेन) में 11 जुलाई, 1923 को दिए गए अपने नोबेल-भाषण में कहा भी था : "एकीकृत क्षेत्र सिद्धांत की खोज के लिए मस्तिष्क यह मानकर नहीं चल सकता कि, अपने स्वरूप में एक-दूसरे से सर्वथा स्वतंत्र, दो पृथक् क्षेत्रों (fields) का अस्तित्व है।"

आइंस्टाइन इन दो बलों (क्षेत्रों) को एकीकृत करने में जुट गए। यह कार्य उनके जीवन का लक्ष्य हो गया, उनका एक सपना बन गया।

एकीकृत क्षेत्र सिद्धांत के सृजन के लिए आइंस्टाइन द्वारा किए गए दीर्घकालीन प्रयासों को समझने के लिए यह जानना उपयोगी होगा कि अब तक प्रकृति में किस तरह के चार बलों (forces) अथवा अन्योन्यक्रियाओं (interactions) का पता चला है। ये चार बल द्रव्य की प्रमुखतः चार मूलभूत इकाइयों (परमाणु-कणों) के बीच काम करते हैं : प्रोटॉन (*P*), न्यूट्रॉन (*N*), इलेक्ट्रॉन (*e*) व न्यूट्रिनो (*ν*)।[5]

और, चार ज्ञात बल ये हैं :

(1) **गुरुत्वाकर्षण** : चारों कण (*P, N, e, ν*) एक-दूसरे को एक ऐसे बल से आकर्षित करते हैं, जो उनके *द्रव्यमान* के अनुपात में होता है। गुरुत्वाकर्षण समूचे विश्व में व्याप्त है। यह बल ग्रहों, तारों व मंदाकिनियों को नियंत्रित करता है, विश्व के समग्र स्वरूप को निर्धारित करता है।

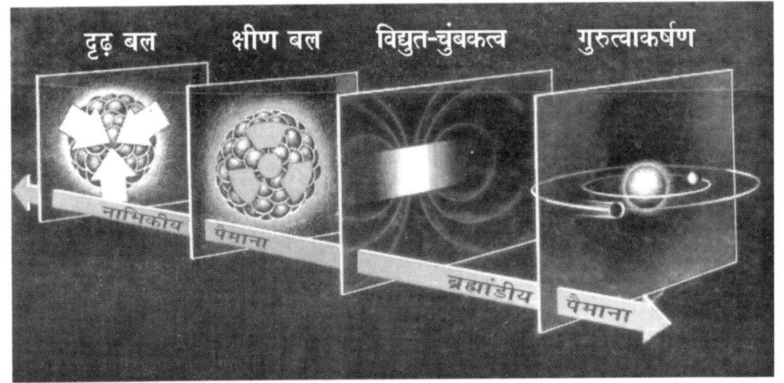

चित्र 15.8 : प्रकृति में अब तक खोजे गए चार बल : गुरुत्वाकर्षण, विद्युत-चुंबकत्व, क्षीण बल और दृढ़ बल

(2) **विद्युत-चुंबकत्व** : इस बल को हम विद्युत, चुंबकत्व व प्रकाश के रूप में पहचानते हैं। चार मूलभूत कणों में दो–प्रोटॉन (*P*) व इलेक्ट्रॉन (*N*)–विद्युत-आवेशी हैं। शेष दो कण–न्यूट्रॉन (*N*) व न्यूट्रिनो (ν)–विद्युत-उदासीन हैं। प्रोटॉन इलेक्ट्रॉनों को आकर्षित करते हैं; दोनों के बीच का विद्युत-चुंबकीय बल इनके विद्युतावेशों के अनुपात में होता है। यह प्रोटॉन-इलेक्ट्रॉन बल परमाणुओं को एक-दूसरे के साथ बां धे रखता है। धरती के समस्त ज्ञात जीव-जगत के क्रिया-कलापों को प्रमुखतः यही बल नियंत्रित करता है।

गुरुत्वाकर्षण भले ही विश्वव्यापी हो, समूचे विश्व पर शासन करता हो, परंतु ज्ञात बलों में यही सबसे कमजोर बल है; दूसरे बल इससे अरबों-खरबों गुना शक्तिशाली हैं। जैसे, गुरुत्व बल, विद्युत-चुंबकीय बल से कोई 10^{40} गुना कमजोर है। एक छोटा चुंबक लीजिए : चंद सेंटीमीटर की दूरी तक इसका विद्युत-चुंबकीय क्षेत्र समूची पृथ्वी के गुरुत्वाकर्षण क्षेत्र से अधिक शक्तिशाली होता है। पृथ्वी का गुरुत्व-बल इतना कमजोर है कि जब आप कोई पत्थर उठाते हैं, तो आपकी मांसपेशियां पृथ्वी के समूचे भार के खिंचाव को पछाड़ देती हैं।

गुरुत्वाकर्षण की एक और विशेषता है : यही अकेला बल है जिसे हम नियंत्रित नहीं कर सकते। हम दूसरे बलों को घटा सकते हैं, बढ़ा सकते हैं, कभी-कभी पलट भी सकते हैं, परंतु गुरुत्वाकर्षण के साथ ऐसा संभव नहीं है। इसे मोड़ा नहीं जा सकता, रोका या धीमा नहीं किया सकता। गुरुत्व हमेशा आकर्षित करता है, विकर्षित कभी नहीं।

(3) **क्षीण नाभिकीय बल** : सभी कण (*P, N, e*, ν), एक क्षीण नाभिकीय बल

के जरिए, एक-दूसरे के साथ अन्योन्यक्रिया करते हैं, बशर्ते कि वे एक-दूसरे के 10^{-16} सेंटीमीटर से अधिक नजदीक हों, और उसी वाम ध्रुवण (left polarisation) की अवस्था में हों। यह बल बीटा-रेडियोधर्मिता यानी बीटा-क्षय (β-decay) की परिघटना में प्रकट होता है। इसी बल के कारण धरती पर और विश्व के अन्य भागों में भारी तत्व अस्तित्व में आए हैं। यह बल विद्युत-चुंबकीय बल से करीब 10^{10} गुना कमजोर है।

(3) **दृढ़ नाभिकीय बल** : प्रोटॉन (*P*) और न्यूट्रॉन (*N*) कणों के, क्षीण नाभिकीय आवेशों के अलावा, प्रबल नाभिकीय आवेश भी होते हैं। ये कण जब 10^{-13} सेंटीमीटर से अधिक नजदीक होते हैं, तब एक-दूसरे को दृढ़ता से आकर्षित करते हैं। यह बल विद्युत-चुंबकीय बल से करीब 10^{2} गुना ज्यादा शक्तिशाली होता है। इस दृढ़ या प्रबल नाभिकीय बल के कारण ही हीलियम, बेरियम, कार्बन, यूरेनियम आदि तत्वों के नाभिक बंधे हुए रहते हैं। विखंडन (fission) और संगलन (fusion) की घटनाएं इसी बल से संबंधित हैं।

आइंस्टाइन ने इन चार बलों में से एक बल–गुरुत्वाकर्षण–को आकाश (दिक्) की *वक्रता* के रूप में बदलकर प्रस्तुत कर दिया। इसी तरह, क्या अन्य बलों के क्षेत्रों को भी आकाश के अन्य ज्यामितीय गुणधर्मों के रूप में प्रस्तुत करना संभव नहीं है? क्या सभी बलों के क्षेत्रों को संयुक्त ज्यामितीय संबंधों में बांधकर एक एकीकृत क्षेत्र में प्रस्तुत करना संभव नहीं हो सकता?

जब पहली बार ये सवाल उठाए गए, तब दो प्रकार के ही बल (क्षेत्र) ज्ञात थे–गुरुत्वाकर्षण और विद्युत-चुंबकत्व। आइंस्टाइन द्वारा गुरुत्व-बल का 'ज्यामितीकरण' किए जाने के बाद अन्य कई वैज्ञानिकों को उस समय तक ज्ञात अन्य बल (विद्युत-चुंबकत्व) का भी 'ज्यामितीकरण' करने की प्रेरणा मिली, और वे इस काम में जुट गए। इसके लिए तार्किक परिकल्पना पहले ही प्रस्तुत की जा चुकी थी। व्यापक आपेक्षिकता-सिद्धांत की स्थापना और अयूक्लिडीय ज्यामिति वाले आकाश के भौतिकीय प्रभावों के विवेचन के काफी पहले ब्रिटिश गणितज्ञ विलियम किंगडन क्लिफोर्ड[6] (1845-1879 ई.) और अन्य कुछ वैज्ञानिकों ने विद्युत-चुंबकीय प्रभावों और वास्तविक विश्व की ज्यामिति के बीच संबंधों की तलाश शुरू कर दी थी।

आइंस्टाइन द्वारा व्यापक आपेक्षिकता से संबंधित शोध-निबंधों के प्रकाशन (1916-1917 ई.) के तुरंत बाद जर्मन गणितज्ञ हेरमान वाइल[7] (1885-1955 ई.) ने सुझाया कि रीमानीय ज्यामिति को व्यापक रूप देकर उसमें एक ऐसे अतिरिक्त ज्यामितीय क्षेत्र का सृजन किया जाए जो विद्युत-चुंबकत्व का द्योतक हो। फिर

आर्थर एडिंगटन[8] (1882-1944 ई.) ने हेरमान वाइल के ज्यामितीय विचारों को थोड़ा और व्यापक बनाने का सुझाव दिया। जर्मन गणितज्ञ-भौतिकीविद थियोडोर कालुजा[9](1885-1954 ई.) ने आइंस्टाइन के गुरुत्वाकर्षण और विद्युत-चुंबकत्व को संयुक्त करने के प्रयास में पांच-आयामी आकाश (दिक्) वाली रीमानीय ज्यामितियों का अध्ययन आरंभ कर दिया। आइंस्टाइन भी गुरुत्वाकर्षण और विद्युत-चुंबकत्व का ज्यामितीकरण करके इन्हें एक एकीकृत क्षेत्र सिद्धांत में सूत्रबद्ध करने में जुट गए, और शेष जीवन-भर इसमें लगे रहे।

आइंस्टाइन की मान्यता थी कि एकीकृत सिद्धांत के लिए "क्षेत्र" (field) आधारभूत धारणा होनी चाहिए। मैक्सवेल के समीकरणों और व्यापक आपेक्षिकता में क्षेत्र की धारणा सफल सिद्ध हुई है। आइंस्टाइन ने द्रव्य के कणों के स्थान पर अत्यंत तीव्र क्षेत्र वाले प्रदेशों (regions) की कल्पना की। सन् 1938 में उन्होंने लिखा भी था :

"क्या हम द्रव्य की धारणा को अस्वीकार करके एक शुद्ध क्षेत्र भौतिकी (field physics) का सृजन नहीं कर सकते? जिसे हमारी इंद्रियां द्रव्य समझती हैं, वह वस्तुतः एक अपेक्षाकृत छोटी-सी जगह पर ऊर्जा का भारी संकेंद्रण है। हम द्रव्य को दिक् (आकाश) के ऐसे स्थल मान सकते हैं जहां क्षेत्र (field) बहुत शक्तिशाली होता है। इस तरह, एक नई दार्शनिक पृष्ठभमि तैयार की जा सकती है। इसका अंतिम लक्ष्य होगा, प्रकृति की सभी घटनाओं की ऐसे संरचनात्मक नियमों से व्याख्या करना जो सदैव व सर्वत्र मान्य होंगे। ··· हमारी नई भौतिकी में केवल क्षेत्र ही वास्तविकता होगी, इसमें एकसाथ दोनों–क्षेत्र और द्रव्य–के लिए स्थान नहीं होगा।"

जैसा कि पहले बताया गया है, आइंस्टाइन ने गुरुत्व और विद्युत-चुंबकत्व के एकीकरण के ऐसे एक क्षेत्र सिद्धांत के बारे में 1918 ई. से ही सोचना शुरू कर दिया था; सन् 1923 में तो उन्होंने अपने नोबेल-भाषण में इसका स्पष्ट उल्लेख भी किया था। सन् 1921 में जर्मन गणितज्ञ थियोडोर कालुजा ने अपने एक शोध-निबंध में सुझाया था कि चार-आयामी दिक्-काल की बजाए पांच-आयामी दिक्-काल में विद्युत-चुंबकत्व को गुरुत्व की एक अवस्था के रूप में समझा जा सकता है। आरंभ में आइंस्टाइन इस विचार की ओर आकर्षित हुए, 1923 ई. में इनके एकीकरण पर उन्होंने अपना पहला शोध-निबंध भी प्रकाशित किया; परंतु जल्दी ही उन्हें इसकी त्रुटियां स्पष्ट हुईं, तो इसे उन्होंने ख़ारिज कर दिया। दो साल बाद, 1925 ई. में, आइंस्टाइन ने पुनः एक निबंध प्रकाशित किया–"गुरुत्व और विद्युत का एकीकृत क्षेत्र सिद्धांत"। परंतु चंद सप्ताह बाद ही उन्होंने इसे भी "ठीक नहीं" करार दिया।

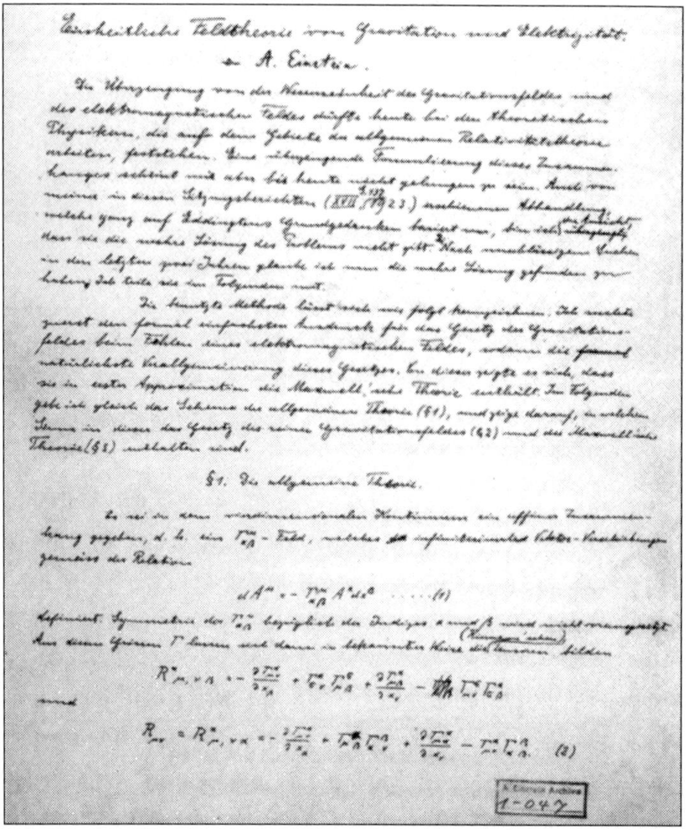

चित्र 15.9 : आइंस्टाइन के निबंध "गुरुत्व और विद्युत का एकीकृत क्षेत्र सिद्धांत" की हस्तलिपि, 1925 ई. (आइंस्टाइन अभिलेखागार, हिब्रू विश्वविद्यालय, येरूसलम)

दुनिया-भर के वैज्ञानिक, और बहुत-से आम पाठक भी, अब जान गए थे कि आइंस्टाइन ब्रह्मांड के ज्ञात बलों को एकीकृत करने वाले एक महान सिद्धांत की खोज में जुटे हुए हैं। इसलिए आइंस्टाइन के हर नए शोध-निबंध की बड़ी आतुरता से प्रतीक्षा की जा रही थी। आइंस्टाइन द्वारा जनवरी 1929 में प्रस्तुत किए गए अपने नए निबंध के पहले का वाकया है। *न्यूयार्क टाइम्स* के 4 नवंबर, 1928 के अंक में प्रमुखता से समाचार छपा : "आइंस्टाइन जल्दी ही एक महान खोज करने जा रहे हैं, मगर नहीं चाहते कि कोई उनके काम में व्यवधान डाले।" दस दिन बाद उसी अख़बार में छपा : "आइंस्टाइन ने अपनी नई खोज के बारे में चुप्पी साध ली है; वे किसी अपूर्ण चीज को जाहिर नहीं करना चाहते।"

लोगों की नजर से बचने और अपने शोधकार्य पर सारा ध्यान केंद्रित करने के प्रयोजन से आइंस्टाइन अज्ञातवास में चले गए, बर्लिन छोड़कर अकेले ही अपने एक मित्र के मकान में रहे। जैसा कि उन्होंने अपने मित्र माइकेल बेस्सो को लिखा : "पूरे जाड़े-भर मैंने अपना भोजन स्वयं पकाया—पुराने जमाने के आश्रमवासियों की तरह।"

"एकीकृत क्षेत्र सिद्धांत पर" नया शोध-निबंध तैयार हुआ, तो उसे स्वयं आइंस्टाइन ने नहीं, बल्कि उनकी ओर से माक्स प्लांक ने 10 जनवरी, 1929 को बर्लिन की प्रशियाई विज्ञान अकादमी के सन्मुख प्रस्तुत किया। दुनिया-भर के अख़बारों के संवाददाता वहां एकत्र हुए थे। कहा जा रहा था कि आइंस्टाइन ने "ब्रह्मांड की पहेली" को सुलझा लिया है। जानकारी हासिल करने के लिए दुनिया-भर से टेलीग्राम बर्लिन पहुंचने लगे। सौ से अधिक रिपोर्टर मुद्रित प्रतियों की प्रतीक्षा में थे। आमतौर पर अकादमी शोध-निबंध प्रस्तुत किए जाने के तीन सप्ताह बाद उसकी सौ प्रतियां प्रिंट करती थीं। परंतु इस बार मांग इतनी ज्यादा थी कि आइंस्टाइन के छह पृष्ठों के निबंध की 1000 प्रतियां छापी गईं। वे प्रतियां शीघ्र ही बिक गईं, तो जल्दी में और तीन बार हजार-हजार प्रतियां छापनी पड़ीं!

3 व 4 फरवरी (1929) को *न्यूयार्क टाइम्स* और *लंदन टाइम्स* ने आइंस्टाइन के "नए क्षेत्र सिद्धांत" के बारे में पूरे पृष्ठ के लेख प्रकाशित किए। फिर *न्यूयार्क हेराल्ड ट्रिब्यून* ने आइंस्टाइन का छह पृष्ठों का पूरा शोध-निबंध ही प्रकाशित कर दिया—सारे गणितीय चिह्नों के साथ!

लेकिन आइंस्टाइन के शोध-निबंध का सबसे अद्भुत प्रदर्शन लंदन के एक डिपार्टमेंट स्टोर में देखने को मिला। वहां ग्राहकों व राहगीरों के उपयोग के लिए आइंस्टाइन के निबंध के छह पन्नों को दुकान की बाहरी खिड़कियों पर साथ-साथ चिपका दिया गया। आर्थर एडिंगटन ने 11 फरवरी (1929) के अपने पत्र में आइंस्टाइन को लिखा : "आपके शोध-निबंध को पढ़ने के लिए लोग बड़ी संख्या में स्टोर की खिड़कियों के सामने जमा होते हैं।"

सन् 1929 के बाद 1931 व 1950 ई. में भी आइंस्टाइन ने एकीकृत क्षेत्र सिद्धांत के बारे में अपने शोध-निबंध प्रकाशित किए, किंतु बाद में उन्हें भी उन्होंने अस्वीकार कर दिया। जीवन के अंतिम दिनों में वे एक नए शोध-निबंध पर काम कर रहे थे।

आइंस्टाइन जैसे-जैसे एकीकृत सिद्धांत की अपनी खोजबीन में आगे बढ़ते गए, वैसे-वैसे वे विशुद्ध गणित पर ज्यादा और भौतिक वास्तविकता पर कम आश्रित रहने लगे; एकीकृत सिद्धांत के लिए गणित प्रमुख आधार बन गया। अपने विद्यार्थी

जीवन में आइंस्टाइन ने गणित की काफी उपेक्षा की थी, किंतु व्यापक आपेक्षिकता के विकास के दौरान उन्होंने गणित की शक्ति को भलीभांति समझ लिया था। अब वे गणित को वास्तविकता से भी ज्यादा महत्वपूर्ण मानने लग गए थे। सन् 1933 में ऑक्सफोर्ड विश्वविद्यालय में दिए गए अपने एक भाषण में आइंस्टाइन ने कहा था : "अब तक के अनुभव के आधार पर यह कहना न्यायसंगत लगता है कि सरलतम गणितीय विचार भी प्रकृति में फलित होते हैं। मेरा विश्वास है कि विशुद्ध गणितीय संरचनाओं में भी प्राकृतिक घटनाओं को समझा जा सकता है। ··· यकीनन, गणितीय संरचना की भौतिक उपयोगिता की एकमात्र कसौटी अनुभव ही है। परंतु गणित में सृजनात्मक सिद्धांत अंतर्निहित रहते हैं। अतः एक तरह से इसे भी सच माना जा सकता है कि विशुद्ध चिंतन से वास्तविकता को समझा जा सकता है–जैसा कि प्राचीन काल के विचारक कल्पना करते थे।"

एकीकृत क्षेत्र सिद्धांत से संबंधित अपनी कठिनाइयों के बारे में आइंस्टाइन ने 28 सितंबर, 1937 को अपने मित्र ओट्टो ज्यूलियसबर्गर (Otto Juliusburger) को लिखा था : "मैं अभी भी दस साल पहले की उसी समस्या से जूझ रहा हूं। छोटे-मोटे मामलों में तो मुझे सफलता मिल जाती है, मगर वास्तविक लक्ष्य अभी भी दूर है, हालांकि कभी-कभी यह काफी नजदीक नजर आता है। प्रयास कठिन है, परंतु लाभप्रद है। कठिन इसलिए कि लक्ष्य मेरी क्षमताओं से परे हैं; परंतु लाभप्रद इसलिए कि यह मनुष्य को प्रतिदिन के उसके चित्तविक्षेपों से दूर रखता है।"

आइंस्टाइन को यकीन था कि वे एकीकृत क्षेत्र सिद्धांत से परमाणु के सूक्ष्म-जगत में काम करने वाले क्वांटम-सांख्यिकीय नियम प्राप्त कर सकेंगे। सन् 1938 में उन्होंने अपने मित्र सोलोवाइन को लिखा था : "मैं अपने तरुण सहयोगियों के साथ एक अत्यंत दिलचस्प सिद्धांत पर काम कर रहा हूं। मुझे आशा है कि इस सिद्धांत से हम संभाविता (probability) की वर्तमान रहस्यात्मकता और भौतिकी में स्वीकृत वास्तविकता (reality) के विचार से भटकाव, दोनों को दूर कर पाएंगे।"

लेकिन दो साल बाद (1940 ई. में) सोलोवाइन को पुनः लिखे एक पत्र में आइंस्टाइन अपने प्रयास के बारे में काफी हतोत्साहित नजर आते हैं। लिखते हैं : "एकीकृत क्षेत्र सिद्धांत अब खत्म हो गया है ··· बहुत सारा अन्वेषण करने पर भी मैं इसे प्रमाणित करने में असमर्थ हूं। यह स्थिति आगे कई साल तक बनी रहेगी, विशेष रूप से इसलिए भी कि भौतिकवेत्ता तार्किक अथवा दार्शनिक दलीलें स्वीकार नहीं करते।"

मगर आइंस्टाइन ने सफलता की उम्मीद नहीं छोड़ी; वे और अधिक उत्साह से अपने अन्वेषण में जुट गए। सन् 1942 के ग्रीष्म में आइंस्टाइन ने अपने मित्र

चित्र 15.10 : सहयोगी गणितज्ञ पीटर बर्गमान[10] के साथ एकीकृत क्षेत्र सिद्धांत से संबंधित गणित करते हुए आइंस्टाइन, 1940 ई.

हान्स म्यूहसाम[11] को लिखा : "मैं एक बूढ़ा आदमी हूं, जो प्रमुखतः अपने सनकी स्वभाव और पैरों में मोजे न पहनने के लिए जाना जाता है। परंतु मैं पहले से भी कहीं ज्यादा तेजी से काम कर रहा हूं, और मुझे अब भी आशा है कि एकीकृत भौतिकीय सिद्धांत की अपनी प्रिय समस्या को मैं सुलझा लूंगा। मैं अनुभव करता हूं कि मैं ऊंचे आसमान में एक हवाई जहाज में उड़ रहा हूं, और नहीं जानता कि कब व कैसे धरती पर पहुंच पाऊंगा।"

दो साल बाद, 1944 ई. में, आइंस्टाइन ने पुनः म्यूहसाम को लिखा : "मैं अभी भी आशा रखता हूं कि अपने समीकरणों को सही साबित होते देख पाऊंगा। यह केवल आशा ही है, क्योंकि हर रद्दोबदल में भारी गणितीय कठिनाइयों का सामना करना पड़ता है। तहेदिल से चाहने पर भी मैंने लंबे समय से आपको नहीं लिखा, तो इसका कारण है—गणितीय कठिनाइयों की यंत्रणा, जिससे मुझे मुक्ति नहीं मिल रही है। समय बचाने के लिए मैं कहीं बाहर भी नहीं जाता, और अन्य कामों को स्थगित रखा है ...। जैसा कि आप देख रहे हैं, मैं कंजूस हो गया हूं, हालांकि बीच-बीच के सुखद क्षणों में समय के बारे में अपने लोभ की व्यर्थता व मूर्खता

को महसूस भी करता हूं।"

आइंस्टाइन ने एकीकृत क्षेत्र सिद्धांत से संबंधित अपने अन्वेषण को अंतिम बार 1950 ई. में प्रकाशित किया था। तब प्रसिद्ध वैज्ञानिक मासिक *साइंटिफिक अमेरिकन* ने उन्हें अपने नए अन्वेषण के बारे में एक लेख लिखने को कहा था। आइंस्टाइन उसमें आरंभ में लिखते हैं : "हम नए-नए सिद्धांतों की स्थापना के लिए क्यों प्रेरित होते हैं? आखिर हम सिद्धांतों का सृजन ही क्यों करते हैं? दूसरे सवाल का सहज उत्तर है : हमें 'व्यापक रूप से समझना' अच्छा लगता है, अर्थात्, घटनाओं को तर्क-प्रक्रिया के जरिए पहले से सुस्पष्ट या ज्ञात रूपों में परिणत करना। सर्वप्रथम, नए सिद्धांत तब आवश्यक होते हैं, जब हमारा सामना ऐसे नए तथ्यों से होता है जिनकी 'व्याख्या' विद्यमान सिद्धांतों से संभव नहीं होती। लेकिन नए सिद्धांतों की स्थापना की ऐसी प्रेरणा एक प्रकार से सतही होती है, बाहर से आरोपित होती है। एक अधिक सूक्ष्म और कम-से-कम उतनी ही महत्वपूर्ण एक अन्य प्रेरणा भी होती है। यह है, समग्र रूप से सिद्धांत के आधार-तत्वों के एकीकरण और सरलीकरण का प्रयास करना। ... ...

"जहां तक मेरे इस नए सैद्धांतिक अन्वेषण का सवाल है, मैं इसका विस्तृत विवेचन विज्ञान में दिलचस्पी रखने वाले एक बड़े पाठक-समुदाय के सन्मुख प्रस्तुत करना उचित नहीं समझता। ऐसा केवल उन्हीं सिद्धांतों के बारे में किया जाना चाहिए जिनकी अनुभव से समुचित पुष्टि हो चुकी है। फिलहाल, प्रमुखतः इसके आधार-तत्वों की सरलता और पहले से ज्ञात (विशुद्ध गुरुत्वीय क्षेत्र के नियमों) के साथ इसके गहरे संबंध ही यहां विवेचित इस सिद्धांत का समर्थन करते हैं।"

इसके बाद आइंस्टाइन एकीकृत क्षेत्र सिद्धांत के सृजन में आने वाली गणितीय कठिनाइयों की चर्चा करते हैं और बताते हैं कि उन्होंने इनका सामना किस तरह किया है। लेख के अंत में आइंस्टाइन लिखते हैं : "संदेहवादी कह सकता है : 'तार्किक दृष्टि से यह समीकरण-प्रणाली सही हो सकती है, लेकिन इससे सिद्ध नहीं होता कि यह प्रकृति के अनुरूप है।' प्रिय संदेहवादी, तुम ठीक कहते हो। केवल अनुभव ही सत्य का निर्णायक है। लेकिन यदि हम किसी सवाल का ठीक-ठीक और सार्थक सूत्रीकरण करने में सफल होते हैं, तब भी काफी-कुछ हासिल कर लेते हैं। ज्ञात अनुभवाश्रित तथ्यों की बहुलता के बावजूद, समर्थन या खंडन आसान नहीं होगा। इन समीकरणों से प्राप्त निष्कर्षों का अनुभव से सामना कराने में काफी प्रयास करने होंगे और इसके लिए संभवतः नई गणितीय विधियों की आवश्यकता पड़ेगी।"[12]

आइंस्टाइन मानते थे कि उनका आपेक्षिकता का सिद्धांत अभी परिपूर्ण नहीं

चित्र 15.11 : वयोवृद्ध अल्बर्ट आइंस्टाइन (1879-1955 ई.)

है, और इस बात को वे खुलकर भी कहते थे। मृत्यु से करीब दो महीने पहले की, फरवरी 1955 की बात है। आपेक्षिकता सिद्धांत की पचासवीं बर्षगांठ के अवसर पर बर्लिन में एक सम्मेलन का आयोजन किया गया था। आइंस्टाइन के पुराने मित्र माक्स फॉन लाउए[13] ने उन्हें सम्मेलन में आमंत्रित किया। आइंस्टाइन ने लिखा : "बुढ़ापा और खराब स्वास्थ्य के कारण यह यात्रा करना मेरे लिए असंभव है। और, इसके लिए मैं क्षमा भी नहीं मांगना चाहूंगा, क्योंकि व्यक्तिपूजा-जैसी चीज को मैंने कभी भी पसंद नहीं किया है। जहां तक मौजूदा मामले का प्रश्न है, इस सिद्धांत के विकास में कई व्यक्तियों ने अपना योगदान दिया है, और यह अपनी परिपूर्णता से अभी काफी दूर है ⋯। यदि अनेक वर्षों के अनुसंधान से मैंने कुछ सीखा है, तो वह यह है कि, (आपको छोड़कर) बहुतों की सोच के विपरीत, मूल कणों (elementary particles) के बारे में हमारी समझ अभी काफी अधूरी है, इसलिए ऐसी स्थिति में इस तरह के समारोह के आयोजन को उचित नहीं माना जा सकता।"

एकीकृत क्षेत्र सिद्धांत के बारे में आइंस्टाइन का अंतिम उपलब्ध वक्तव्य विशेष महत्व का है। ज्यूरिख़ पॉलिटेकनिक (स्थापना 1855 ई.) की शतवार्षिकी के अवसर पर प्रकाशित होने वाले एक स्मारक-ग्रंथ के लिए आइंस्टाइन ने मार्च 1955 में, मृत्यु से एक महीना पहले, चंद पृष्ठों का एक *आत्मकथात्मक निबंध* लिखा था। आरंभ में आराउ और ज्यूरिख़ के दिनों को स्मरण करने के बाद आइंस्टाइन अपनी इस संक्षिप्त "आत्मकथा" के अंत में एकीकृत सिद्धांत के बारे में लिखते हैं :

"गुरुत्वाकर्षण (व्यापक आपेक्षिकता) के सिद्धांत को पूर्ण किए चालीस वर्ष बीत गए हैं। ये तमाम वर्ष गुरुत्वाकर्षण सिद्धांत के व्यापकीकरण और एक ऐसे क्षेत्र सिद्धांत को विकसित करने में व्यतीत हुए, जो संपूर्ण भौतिकी का आधार बन सकता है। कई व्यक्तियों ने इस दिशा में प्रयास किए हैं। कई विचार, जो आरंभ में आशाजनक लग रहे थे, बाद में त्यागने पड़े। परंतु पिछले दस वर्षों के

प्रयासों में मैंने एक ऐसे सिद्धांत का विकास किया है जो मुझे स्वाभाविक और आशाजनक लगता है, हालांकि मैं अभी भी यह बताने में समर्थ नहीं हूं कि यह भौतिकी के लिए उपयोगी साबित होगा या नहीं। इस अनिश्चितता का कारण है–गणित की दुर्लंघ्य कठिनाइयां, जो किसी भी अरैखिक क्षेत्र सिद्धांत[14] (non-linear field theory) में अपरिहार्य हैं। साथ ही, इस बात में संदेह है कि (चिरस्थापित) क्षेत्र सिद्धांत से विकिरण तथा द्रव्य की परमाणविक संरचना और क्वांटम परिघटना को स्पष्ट करना संभव हो पाएगा। अधिकांश भौतिकीविद दृढ़ता के साथ कहेंगे "नहीं", क्योंकि वे सोचते हैं कि क्वांटम समस्या का हल सिद्धांततः अन्य तरीकों से खोजा गया है।"

इस परिच्छेद के अंत में आइंस्टाइन ने जर्मन लेखक गॉटहोल्ड इफ्राइम लेस्सिंग (Gotthold Ephraim Lessing : 1729-1781 ई.) का एक कथन उद्धृत किया है : "सत्य की खोज का प्रयास इसकी प्राप्ति से कहीं अधिक मूल्यवान है।"

आइंस्टाइन नहीं समझते थे कि एकीकृत क्षेत्र सिद्धांत विश्व-संरचना की एक सुस्पष्ट व्याख्या प्रस्तुत करता है। वे अपने सिद्धांत की अंतरिम स्थिति को भलीभांति समझते थे, और यह बात उनके उपर्युक्त कई कथनों से भी जाहिर हो जाती है। उन्हें "सत्य" की प्राप्ति नहीं हुई थी, इसीलिए वे "सत्य की खोज" को जारी रखने पर बल देते हैं, इसे अधिक मूल्यवान मानते हैं।

क्या वजह है कि लगभग तीस वर्षों के अनवरत प्रयास के बाद भी आइंस्टाइन एक परिपूर्ण एकीकृत क्षेत्र सिद्धांत को प्राप्त नहीं कर पाए? आइंस्टाइन जैसी महान प्रतिभा भी अपने लक्ष्य को हासिल करने में क्यों असफल रही?

समझना कठिन नहीं है। जब आइंस्टाइन अपने एकीकृत क्षेत्र सिद्धांत की तलाश में जुटे हुए थे, ठीक उसी दौरान नए-नए मूल कणों (elementary particles) और उनसे संबंधित क्षेत्रों (fields) की भी खोज हो रही थी। परमाणु के भीतर ऋणावेशी इलेक्ट्रॉन कण की खोज जे. जे. टॉमसन ने 1897 ई. में की थी। फिर 1911 ई. में रदरफोर्ड ने प्रतिपादित किया कि परमाणु के केंद्र का नाभिक धनावेशी प्रोटॉन कणों से निर्मित है। सन् 1928 में तरुण पॉल डिराक ने आइंस्टाइन के विशिष्ट आपेक्षिकता-सिद्धांत का उपयोग करके परमाणु के भीतर पॉसिट्रॉन (positron) कण (इलेक्ट्रॉन के प्रति-कण) के अस्तित्व की भविष्यवाणी कर दी; और, 1932 ई. में इसे खोज भी लिया गया। परंतु इस महत्वपूर्ण खोज का आइंस्टाइन पर कोई खास असर नहीं हुआ, हालांकि उन्होंने डिराक के गणितीय सिद्धांत (आपेक्षिकीय क्वांटम समीकरण) की स्तुति अवश्य की थी। आज हम

जानते हैं कि परमाणु के भीतर प्रत्येक कण के लिए एक प्रति-कण (समान द्रव्यमान और विपरीत आवेश वाले कण) का भी अस्तित्व है। सन् 1932 में जेम्स चाडविक ने निरावेशी न्यूट्रॉन कण की खोज की। उसके बाद विलक्षण-से नाम वाले नए-नए नाभिकीय कणों की बाढ़-सी आ गई–म्यूऑन, न्यूट्रिनो, पाइऑन, ग्लुऑन, इत्यादि। इन नए कणों की विशेषताएं–द्रव्यमान, प्रचक्रण (spin), आवेश, क्वांटम नंबर आदि–आइंस्टाइन के नए समीकरणों से फलित नहीं होती थीं। अब तक ज्ञात मूल कणों को उनकी विशेषताओं के आधार पर कुछ स्पष्ट समूहों में विभक्त किया गया है; जैसे, लेप्टॉन, हेड्रॉन (मेसॉन व बेरिऑन), क्वार्क, इत्यादि ।

आइंस्टाइन ने जब अपना अनुसंधान आरंभ किया था, तब केवल दो ही बल या क्षेत्र ज्ञात थे–गुरुत्वाकर्षण और विद्युत-चुंबकत्व। प्रमुखतः परमाणु के नाभिक के भीतर काम करने वाले दो नए बलों या अन्योन्यक्रियाओं–क्षीण बल व दृढ़ बल–के बारे में जानकारी 1930 ई. के बाद मिली है। जापानी भौतिकवेत्ता हिदेकी युकावा (1907-1981 ई.) ने 1935 ई. में नाभिक के भीतर धनावेशी प्रोटॉनों और आवेश-रहित न्यूट्रॉनों को मजबूती से बांधे रखने वाले बल (दृढ़ बल) का प्रतिपादन किया। फिर यह भी स्पष्ट हुआ कि नाभिक व कणों के बीटा-क्षय (β-decay) की प्रक्रिया के लिए क्षीण बल जिम्मेवार है। यह भी पता चला है कि ये चारों बल चार मूल कणों के माध्यम से अपनी अन्योन्यक्रियाएं सम्पन्न करते हैं; यथा :

अन्योन्यक्रिया	**मध्यस्थ कण**	**विराम द्रव्यमान**	**आवेश**
दृढ़	ग्लुऑन	0	0
विद्युत-चुंबकत्व	फोटॉन	0	0
क्षीण	W^+, W^-, Z^0	81, 81, 92	+1,–1, 0
गुरुत्वाकर्षण	ग्रेविटॉन	0	0

क्वांटम गुरुत्व के मौजूदा सिद्धांत गुरुत्वीय अन्योन्यक्रिया की मध्यस्थता के लिए एक कण–ग्रेविटॉन (graviton)–के अस्तित्व की जानकारी तो देते हैं, मगर अब तक इसको खोज पाना संभव नहीं हुआ है।

आइंस्टाइन ने 1930 ई. के बाद नए-नए खोजे जा रहे इन मूल कणों और इनसे संबंधित नाभिकीय बलों की ओर कोई विशेष ध्यान नहीं दिया; वे केवल दो बुनियादी बलों–गुरुत्व व विद्युत-चुंबकत्व–के एकीकरण में ही जुटे रहे, लगभग अकेले, भौतिकीय अनुसंधान की मुख्यधारा से अलग-थलग रहकर।

दूसरी तरफ, कई भौतिकवेत्ता विद्युत-चुंबकत्व और नाभिकीय बलों (क्षीण व दृढ़) को एकीकृत करने के प्रयास में जुटे हुए थे। अंत में, 1967 ई. में, स्वतंत्र

रूप से, पाकिस्तानी भौतिकवेत्ता अब्दुस सलाम[15] और अमरीकी भौतिकवेत्ता स्टेवेन वाइनबर्ग को एक संयुक्त विद्युत-क्षीण बल (electroweak force) के गणितीय मॉडल के प्रतिपादन में सफलता मिल गई। फिर अगले वर्ष अमरीकी भौतिकवेत्ता शेल्डोन ग्लाशोव ने इस मॉडल का परिष्कार किया। विद्युत-क्षीण बल का यह सिद्धांत इतना प्रभावशाली था कि, इसके द्वारा सूचित कणों (W^+, W^-, Z^0) की खोज होने के पहले ही इन तीन भौतिकवेत्ताओं को संयुक्त रूप से 1979 ई. का नोबेल पुरस्कार प्रदान किया गया। विद्युत-क्षीण सिद्धांत द्वारा जिन कणों की भविष्यवाणी की गई थी, उनकी खोज CERN प्रयोगशाला (जेनेवा) के एक वैज्ञानिक-दल ने की, 1983 ई. में। इस तरह, एकीकृत विद्युत-क्षीण बल के लिए सबूत भी मिल गया। अब प्रकृति में केवल तीन ही बुनियादी बलों का अस्तित्व रह गया है– गुरुत्व, विद्युत-क्षीण बल और दृढ़ बल।

विद्युत-क्षीण बल के साथ दृढ़ बल को एकीकृत करने के भी प्रयास जारी हैं, और इसके लिए प्रायोगिक प्रमाण भी खोजे जा रहे हैं। यदि इसमें सफलता मिलती है, जिसकी काफी उम्मीद है, तो यह प्रकृति में पाए गए चार बलों में से तीन बलों–विद्युत-चुंबकत्व और नाभिकीय (क्षीण व दृढ़)–का भव्य एकीकरण होगा।

परंतु आइंस्टाइन का सपना था, विद्युत-चुंबकत्व (अब संयुक्त विद्युत-नाभिकीय बल) को गुरुत्व के साथ एकीकृत करके इसे दिक्काल की एक विशिष्ट संरचना के रूप में प्रस्तुत करना। आज के भौतिकीय अनुसंधान का माहौल देखने से लगता है कि नातिदूर भविष्य में यह सपना भी पूरा हो जाएगा। संभव है कि दिक्काल के चार से भी ज्यादा आयाम हों। भौतिकीविद नए विकसित किए जा रहे तंतु सिद्धांत (string theory) में गुरुत्व और अन्य बलों के एकीकरण की तलाश कर रहे हैं। इस सिद्धांत के अनुसार, प्रकृति के मूल घटक कण या क्षेत्र नहीं हैं, बल्कि तंतु (string) हैं। बिंदुसम कण की तरह के इन एक आयामी अतिसूक्ष्म तंतुओं को हम देख नहीं सकते, परंतु इनके विभिन्न प्रकार के कंपनों के जरिए विविध किस्म के कण हमारे लिए गोचर हो जाते हैं।

विशेष बात यह है कि फिलहाल इन तंतु सिद्धांतों का स्वाभाविक सूत्रीकरण दस आयामी दिक्काल में ही संभव प्रतीत होता है, न कि चार आयामी दिक्काल में। जैसा कि हमने देखा है, आरंभ में आइंस्टाइन ने कालुजा-क्लाइन के विचार के आधार पर एक अतिरिक्त आयाम (पांचवें आयाम) को अपनाया था। परंतु तंतु सिद्धांत में छह अतिरिक्त आयामों को अपनाना पड़ता है।

संभव है कि तंतु सिद्धांत के सूत्रीकरण में आयामों की संख्या घट जाए और तब सारे ज्ञात बलों के भव्य एकीकरण का आइंस्टाइन का सपना भी पूरा हो जाए।

संदर्भ और टिप्पणियां

1. फ्रिट्ज ज्विकी (Fritz Zwicky : 1898-1974 ई.) : जन्म बुल्गारिया में और अध्ययन ज्यूरिख़ पॉलिटेकनिक में, जहां कुछ समय आइंस्टाइन उनके अध्यापक थे। सन् 1925 में वे अमरीका चले गए और वहां उन्होंने काल्टेक और माउंट विल्सन वेधशाला में कार्य किया। ज्विकी ने न्यूट्रॉन तारों, सुपरनोवाओं, मंदाकिनियों और मंदाकिनी-गुच्छों के बारे में महत्वपूर्ण खोजबीन की है। सन् 1933 में उन्होंने विश्व में बड़ी मात्रा में अदृश्य 'कृष्ण द्रव्य' (जिसे उन्होंने *dunkle Materie* यानी dark matter कहा था) मौजूद होने का विचार प्रस्तुत किया था। यह अदृश्य 'कृष्ण द्रव्य', जो विश्व के संपूर्ण द्रव्य का नब्बे प्रतिशत तक हो सकता है, न तो प्रकाश-किरणें उत्सर्जित करता है, न ही इसे एक्स-किरणों व रेडियो-तरंगों में खोजा जा सकता है। मगर इसके गुरुत्वीय प्रभाव को हम पहचान सकते हैं। आजकल कृष्ण द्रव्य (dark matter) की जोर-शोर से तलाश जारी है।

चित्र 15.12 : फ्रिट्ज ज्विकी (1898-1974 ई.)

2. सन् 1947 में डेनिश भौतिकवेत्ता नील्स बोर (Niels Bohr : 1885-1962 ई.) को Danish Order of the Elephant से सम्मानित किया गया। आमतौर पर यह सम्मान राजपरिवार के सदस्यों और विदेशी राष्ट्राध्यक्षों को ही प्रदान किया जाता है। इस अवसर के लिए एक कुलचिह्न (coat-of-arms) तैयार किया जाता है, जिसे परंपरा के अनुसार हिल्लेरॉड के किले के गिरजे में रखा जाता है। नील्स बोर ने अपने कुलचिह्न के लिए 'यिन' व 'याङ' के संयुक्त चीनी प्रतीक-चिह्न को पसंद किया।

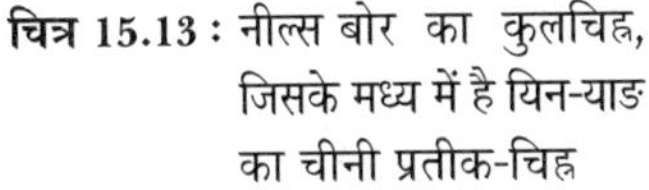

चित्र 15.13 : नील्स बोर का कुलचिह्न, जिसके मध्य में है यिन-याङ का चीनी प्रतीक-चिह्न

चूंकि ये दो तत्व एक-दूसरे के विपरीत हैं, साथ ही एक-दूसरे के संपूरक भी, इसलिए माना जाता है कि ये दोनों मिलकर भौतिक विश्व की सृष्टि करते हैं। नील्स बोर ने सोचा कि 'यिन-याङ' का यह चीनी प्रतीक-चिह्न उनके द्वारा प्रतिपादित संपूरकता के नियम (complimentarity principle) का अच्छा प्रतिनिधित्व करता है।

3. जेम्स क्लार्क मैक्सवेल के लिए देखिए अध्याय 5, टिप्पणी 3.

4. हैनरिख़ हर्ट्ज (Heinrich Hertz : 1857-1894 ई.) : जर्मन भौतिकवेत्ता, जिन्होंने मैक्सवेल के विद्युत-चुंबकीय तरंगों के सिद्धांत को अपने प्रयोगों से प्रमाणित किया, इन तरंगों का वेग निर्धारित किया (इन्हें ही बाद में 'रेडियो-तरंगें' कहा गया)। हर्ट्ज के सफल प्रयोगों के बाद कई देशों के वैज्ञानिक—मारकोनी, जगदीशचंद्र बसु, अलेक्जांडर पोपोव (रूस) आदि—वायरलेस संबंधी अपने शोधकार्य में जुट गए थे। जगदीश बसु (1858-1937 ई.) ने 1895 ई. में, हर्ट्ज की मृत्यु के एक साल बाद, कोलकाता के टाउन हॉल में बेतार की संचार-प्रणाली का पहला सार्वजनिक प्रयोग प्रस्तुत किया। आइंस्टाइन ने आचार्य बसु के आविष्कारों से मुग्ध होकर कहा था : "जगदीश बसु ने जो अमूल्य तथ्य संसार को भेंट किए उनमें से एक के लिए भी विजय-स्तंभ स्थापित करना उचित होगा।" हर्ट्ज ने 1888 ई. में 'प्रकाश-विद्युत प्रभाव' की खोज की, जिसकी आइंस्टाइन ने 1905 ई. में व्याख्या प्रस्तुत की।

   हैनरिख़ हर्ट्ज का जन्म हम्बर्ग में और अध्ययन म्यूनिख़ व बर्लिन में हुआ। वे कार्लश्रुहे और बोन में प्राध्यापक रहे। रक्तविषाक्तता से अल्पायु में हर्ट्ज का देहांत हुआ। आवृत्ति (frequency) की इकाई को ***हर्ट्ज (hertz)*** नाम दिया गया है।

5. परमाणु के भीतर अब तक तीन सौ से भी अधिक मूल कण (elementary particles) खोजे गए हैं, लेकिन यहां हम शुरू में खोजे गए चार प्रमुख मूल कणों पर ही विचार कर रहे हैं।

6. विलियम किंगडन क्लिफोर्ड (William Kingdon Cliford : 1845-1879 ई.) : प्रतिभाशाली ब्रिटिश गणितज्ञ। लंदन व कैम्ब्रिज में अध्ययन करने के बाद क्लिफोर्ड यूनिवर्सिटी कालेज, लंदन में गणित के प्राध्यापक बने। उनका प्रमुख कार्य रीमान तलों (Riemann surfaces) से संबंधित है। उन्होंने प्रतिपादित किया कि यूक्लिड की ज्यामिति के सामान्य नियम वास्तविक दिक् (space) पर लागू नहीं होते, क्योंकि दिक् की वक्रता न केवल स्थान-स्थान पर बदलती रहती है, बल्कि द्रव्य की गति के कारण क्षण-क्षण भी बदलती रहती है। क्लिफोर्ड ने बलपूर्वक कहा कि दिक् की इन 'पहाड़ियों' की उपेक्षा करके भौतिकीय नियमों का अन्वेषण करना संभव नहीं है। उन्होंने 1870 ई. में सुझाया था कि द्रव्य वस्तुतः दिक् की एक प्रकार की वक्रता का ही द्योतक है। क्लिफोर्ड ने अपने ग्रंथ Common Sense of the Exact

चित्र 15.14 : विलियम क्लिफोर्ड (1845-1879 ई.)

Sciences में गणित के आधारतत्वों का विवेचन किया और सभी भौतिकीय मापनों के लिए सापेक्षिकता के विचार का सुझाव दिया। आइंस्टाइन जब बर्न के पेटेंट कार्यालय में नौकरी कर रहे थे, तब 'ओलंपिया अकादमी' के सदस्य-मित्रों के साथ मिलकर उन्होंने विलियम क्लिफोर्ड की कृतियों का अध्ययन किया था (देखिए अध्याय 4, टिप्पणी 7)।

केवल 34 वर्ष की छोटी आयु में क्लिफोर्ड का निधन हुआ। मगर उन्होंने आइंस्टाइन के व्यापक आपेक्षिकता-सिद्धांत के सृजन के लिए मार्ग प्रशस्त कर दिया था।

7. वाइल, हेरमान (Hermann Weyl : 1885-1955 ई.) : जर्मन गणितज्ञ, जिन्होंने गॉटिंगेन में डेविड हिल्बर्ट (1862-1943 ई.) के सान्निध्य में अध्ययन किया। वाइल ने ज्यूरिख़ पॉलिटेकनिक में 1913 से 1930 ई. तक और तदनंतर गॉटिंगेन में अध्यापन-कार्य किया। सन् 1933 में जर्मनी में नाजी शासन स्थापित होने पर गॉटिंगेन का बदला हुआ माहौल असह्य हो गया, तो वाइल प्रिंसटन (अमरीका) के उच्च अध्ययन संस्थान में चले गए, वहां आइंस्टाइन के सहयोगी बन गए।

हेरमान वाइल जब ज्यूरिख़ पॉलिटेकनिक के दिनों में आइंस्टाइन के संपर्क में आए, तो व्यापक आपेक्षिकता-सिद्धांत के गणित में उनकी दिलचस्पी बढ़ी। फिर उन्होंने गुरुत्वाकर्षण और विद्युत-चुंबकत्व के एकीकरण की दिशा में भी प्रयास किए। वाइल का प्रमुख शोधकार्य रीमान ज्यामिति के व्यापकीकरण से संबंधित है।

चित्र 15.15 : हेरमान वाइल (1885-1955 ई.)

व्यापक आपेक्षिकता-सिद्धांत के बारे में हेरमान वाइल का प्रसिद्ध ग्रंथ है – **दिक्-काल-द्रव्य** (Raum-Zeit-Materie / Space-Time-Matter, 1918 ई.)। आइंस्टाइन ने अप्रैल 1920 ई. में 'ओलंपिया अकादमी' के सदस्य-मित्र मॉरिस सोलोवाइन को लिखा था कि व्यापक आपेक्षिकता के बारे में वाइल का **दिक्-काल-द्रव्य** एक अत्युत्तम ग्रंथ है।

8. आर्थर एडिंगटन के लिए देखिए अध्याय 1, टिप्पणी 1.

9. थियोडोर कालुजा (Theodor Kaluza : 1885-1954 ई.) : जर्मन गणितज्ञ-भौतिकीविद। जन्म जर्मनी के रेटिबोर शहर में और अध्ययन कोनिग्सबर्ग विश्वविद्यालय में, जहां वे लंबे समय तक प्रिवाटडोझेंट रहे (1902-29 ई.)। आइंस्टाइन की सिफारिश पर 1929 ई. में कालुजा किएल विश्वविद्यालय में प्राध्यापक नियुक्त हुए। सन् 1935 में उनकी नियुक्ति गॉटिंगेन विश्वविद्यालय में हुई।

चित्र 15.16 : थियोडोर कालुजा (1885-1954 ई.)

आइंस्टाइन का व्यापक आपेक्षिकता-सिद्धांत दिक् और काल को जोड़कर चार आयामों वाले दिक्काल में प्रस्तुत किया गया है। कालुजा ने 1921 ई. में आइंस्टाइन की इस व्यवस्था (मॉडल) में दिक् के पांचवें आयाम को जोड़ने का निर्णय लिया। इस व्यवस्था में आइंस्टाइन के चार आयामी गुरुत्वीय समीकरणों और विद्युत-चुंबकीय क्षेत्र के समीकरणों, दोनों को प्राप्त करना संभव हुआ। इस तरह, पांच-आयामी विश्व में गुरुत्व और विद्युत-चुंबकत्व अलग-अलग बल नहीं रहे। मगर कालुजा के इस सिद्धांत में दो प्रमुख त्रुटियां थीं। प्रथम, वे इस पांचवें आयाम के स्वरूप को स्पष्ट नहीं कर पाए। दूसरे, इसमें क्वांटम यांत्रिकीय प्रभावों पर विचार नहीं किया गया था। सन् 1926 में ओस्कार क्लाइन (Oskar Klein) ने इन त्रुटियों को दूर करने का प्रयास किया। परिणामतः जो 'कालुजा-क्लाइन सिद्धांत' अस्तित्व में आया, वह अब तंतु सिद्धांतों (string theories) के लिए उपयोगी साबित हो रहा है।

10. पीटर बेर्गमान (Peter Bergmann : 1915-2002 ई.) : जर्मन गणितज्ञ-भौतिकवेत्ता, जो प्रिंसटन के उच्च अध्ययन संस्थान में 1936 ई. से 1941 ई. तक आइंस्टाइन के सहयोगी रहे। आइंस्टाइन और बेर्गमान ने 1938 ई. में प्रकाशित एक संयुक्त निबंध में पहली बार सुझाया था कि दिक्काल का पांचवां आयाम एक वास्तविकता है, परंतु अपने सीमित सूक्ष्म आकार के कारण यह हमारे लिए अगोचर है। गुरुत्वाकर्षण और विद्युत-चुंबकत्व के एकीकरण के लिए पांचवें आयाम का प्रतिपादन सर्वप्रथम कालुजा और क्लाइन ने किया था (देखिए पिछली टिप्पणी)। आजकल उच्चतर आयामों वाले एकीकृत सिद्धांतों पर काफी शोधकार्य चल रहा है।

पीटर बेर्गमान का जन्म बर्लिन में और अध्ययन प्राग के जर्मन विश्वविद्यालय में हुआ था। तरुण बेर्गमान 1936 ई. में प्रिंसटन पहुंच गए, और वहां आगे के पांच साल तक आइंस्टाइन के सहयोगी बनकर रहे। बेर्गमान ने गुरुत्व व विद्युत-चुंबकत्व के एकीकरण के सिद्धांत में भी आइंस्टाइन को सहयोग दिया। दोनों ने मिलकर

कुछ संयुक्त शोध-निबंध भी प्रकाशित किए। बेर्गमान व्यापक आपेक्षिकता और क्वांटम सिद्धांत, दोनों के विशेषज्ञ थे। सन् 1947 में वे साइराक्यूज विश्वविद्यालय चले गए और वहां उन्होंने अमरीका में पहली बार व्यापक आपेक्षिकता के अध्ययन-अध्यापन की नींव रखी। बेर्गमान ने व्यापक आपेक्षिकता पर एक ग्रंथ (1942 ई.) भी लिखा, जिसमें आइंस्टाइन की भूमिका है।

11. हान्स म्यूहसाम (Hans Mühsam या Muehsam) : आइंस्टाइन के ये वयोवृद्ध डाक्टर-मित्र उस समय हाइफा (इस्राइल) में रह रहे थे, पक्षाघात से पीड़ित थे। आइंस्टाइन ने म्यूहसाम को समय-समय पर जो पत्र लिखे वे उनकी व्यक्तिगत सोच की दृष्टि से बड़े महत्व के हैं। जैसे, आइंस्टाइन ने 4 मार्च, 1953 को म्यूहसाम को लिखा था : "मुझमें कोई विशेष योग्यता नहीं है; बस, मुझमें सिर्फ जबरदस्त जिज्ञासा है।" फिर 30 मार्च, 1954 के पत्र में उन्होंने लिखा : "मैं एक 'धार्मिक नास्तिक' हूं; ''यह एक तरह का नया धर्म है।" फिर उसी पत्र में आगे आइंस्टाइन ने लिखा : "आजकल मैं वसा, मांस व मछली के बिना गुजारा कर रहा हूं; मगर इस तरह मैं काफी ठीक-ठाक महसूस कर रहा हूं। मुझे लग रहा है कि आदमी मांसभक्षी बनने के लिए पैदा नहीं हुआ था।"

    वस्तुतः आइंस्टाइन काफी पहले से शाकाहारियों के प्रति सहानुभूति रखते थे। उन्होंने 3 अगस्त, 1953 को माक्स कारिएल (Max Kariel) को लिखा भी था : "मैंने मांस का सेवन करते समय हमेशा ही कुछ हद तक एक अपराधी की तरह महसूस किया है।" सन् 1954 के आरंभ से वे पूर्णतः शाकाहारी बन गए थे।

12. Albert Einstein, *On the Generalized Theory of Gravitation*, **Ideas and Opinions**, Rupa, New Delhi, pp. 341-56.

13. माक्स फॉन लाउए के लिए देखिए अध्याय 5, टिप्पणियां 16 व 17.

14. अर्थात्, ऐसा सिद्धांत जिसमें अत्यंत जटिल अरैखिक अवकल समीकरणों (non-linear differential equations) का सामना करना पड़ता है।

15. अब्दुस सलाम (Abdus Salam : 1926-1996) : पाकिस्तानी भौतिकवेत्ता, जिनका जन्म अविभाजित भारत में पश्चिम पंजाब के एक छोटे शहर झंग-मरियाना में हुआ था—एक सामान्य परिवार में। उनके पिता पहले स्कूल अध्यापक और बाद में एक सरकारी दफ्तर में मुख्य क्लर्क थे। सात भाई और दो बहनों वाला यह बड़ा परिवार एक ही कमरे के मकान में गुजारा करता था। झंग के स्कूल में पढ़ते समय सलाम को केवल दो ही बलों के बारे में जानकारी मिली थी—गुरुत्वाकर्षण और केशिकत्व (केशिका बल, capillarity); विद्युत-चुंबकीय बल (बिजली) दूर लाहौर में था और नाभिकीय बलों (nuclear forces) की जानकारी अभी यूरोप तक ही सीमित थी। झंग में कालेज की आरंभिक पढ़ाई करके सलाम लाहौर गए और वहां से गणित में

चित्र 15.17: अब्दुस सलाम (1926-1996 ई.)

चित्र 15.18 : शेल्डोन ग्लाशोव (जन्म 1932 ई.)

चित्र 15.19 : स्टेवेन वाइनबर्ग (जन्म 1933 ई.)

विशेष योग्यता के साथ एम.ए. की डिग्री हासिल की। सन् 1946 में, भारत विभाजन के एक साल पहले, उन्हें कैम्ब्रिज में अध्ययन के लिए छात्रवृत्ति मिली और वे इंग्लैंड चले गए। वहां वे प्रख्यात भौतिकवेत्ता पॉल डिराक (1902-1984 ई.) के संपर्क में आए। सलाम को 1952 ई. में पीएच. डी. की उपाधि मिली। उनका शोधकार्य क्वांटम विद्युत-गतिकी के सिद्धांत से संबंधित था, और बहुत महत्वपूर्ण था।

अब्दुस सलाम की जीवन-कथा काफी हद तक सुब्रह्मण्यन् चंद्रशेखर (1910-1995 ई.) और हरगोबिंद खुराना (जन्म 1922 ई.) की तरह है–स्वदेश में उपेक्षा और विदेश में गौरव! हां, अब्दुस सलाम ने अपने देश की नागरिकता नही छोड़ी।

सलाम 1951 ई. में पाकिस्तान लौटे और लाहौर के अपने कालेज में गणित के विभागाध्यक्ष बने। परंतु वहां शोधकार्य के लिए न तो कोई अनुकूल वातावरण था, न ही प्रोत्साहन; ऊपर से प्रशासन का रूखापन। सलाम इस्लाम के अहमदिया संप्रदाय (मिर्जा गुलाम अहमद द्वारा 1889 ई. में संस्थापित) के अनुयायी थे, मगर मुख्य धारा के मुसलमान इस समन्वयवादी संप्रदाय को हेय दृष्टि से देखते थे, शासन भी इसकी उपेक्षा करता था। पाकिस्तान में 1953 ई. में अहमदिया-विरोधी दंगे हुए, तो सलाम अगले वर्ष इंग्लैंड वापस चले गए। वहां वे पहले कैम्ब्रिज में अध्यापक रहे और तदनंतर 1957 ई. में लंदन के इंपीरियल कालेज में सैद्धांतिक भौतिकी विभाग में प्राध्यापक नियुक्त हुए। अब्दुस सलाम के प्रयास से ही 1964 ई. में ट्रिस्टी (इटली) में The International Centre for Theoretical Physics की स्थापना हुई–प्रमुखतः विकासशील देशों के भौतिकवेत्ताओं के प्रशिक्षण के लिए। सलाम का आगे का समय इंग्लैंड और इटली के बीच आवागमन में गुजरा।

अब्दुस सलाम को विद्युत-चुंबकत्व और क्षीण बल के एकीकरण के लिए दो अन्य भौतिकवेत्ताओं–स्टेवेन वाइनबर्ग (Steven Weinberg) और शेल्डोन ग्लाशोव (Sheldon Glashow)–के साथ 1979 ई. का भौतिकी का नोबेल पुरस्कार मिला।

❑❑❑

अध्याय 16

महाप्रस्थान

चित्र 16.1 : शताब्दी-पुरुष : अल्बर्ट आइंस्टाइन (1879-1955 ई.)

अक्तूबर 1933 में प्रिंसटन के उच्च अध्ययन संस्थान से जुड़ जाने के बाद आइंस्टाइन के जीवन के एक नए अध्याय की शुरुआत हुई थी। उन्हें प्रिंसटन का परिसर बहुत पसंद आया था–शांत और एकदम नया-नवेला। सन् 1935 में उन्होंने प्रिंसटन में अपने लिए एक मकान (112 मेर्सेर स्ट्रीट) खरीदा और 1940 ई. में वे अमरीका के नागरिक बन गए।

फिर 1945 ई. में नई परिस्थितियों तथा घटनाओं ने आइंस्टाइन के समाज-चितंन को एक नया मोड़ प्रदान किया। उस वर्ष उन्हें उच्च अध्ययन संस्थान से अवकाश मिल गया, मगर वे नियमित रूप से पूर्ववत् अपने कार्यालय में जाते रहे, एकीकृत क्षेत्र सिद्धांत के सृजन में जुटे रहे। मगर उसी वर्ष की अन्य घटनाओं ने उन्हें बहुत विचलित कर दिया था। अगस्त 1945 में जापान के हिरोशिमा व नागासाकी नगरों पर डाले गए एटम बमों की विनाश-लीला से वे बहुत व्यथित थे और इसके लिए वे काफी हद तक अपने को कसूरवार मानते थे।

आइंस्टाइन बुनियादी तौर पर शांतिवादी थे, सैनिकतंत्र के घोर विरोधी थे, बचपन से। मगर दूसरे विश्वयुद्ध के दौरान, हिटलर की दुष्ट नीयत और उसके अमानवीय अत्याचारों को देखकर वे सैनिक कार्रवाई के समर्थक बन गए थे। सितंबर 1945 में दूसरा विश्वयुद्ध आधिकारिक रूप से समाप्त हो गया, तो आइंस्टाइन पुनः संसार

में शांति स्थापित करने के प्रयासों में जुट गए, जोर-शोर से। उन्होंने शस्त्र-नियंत्रण और एक विश्व सरकार की स्थापना के लिए आवाज उठाना आरंभ कर दिया। वे अमरीका की सैनिक व शासकीय नीतियों के भी आलोचक बन गए। सन् 1950 में उनकी आलोचना ने प्रखर रूप धारण कर लिया, जिसका अमरीकी जनता को एक तीखा जायका मिला 13 फरवरी, 1950 को, एक टेलीविजन प्रोग्राम में।

वे अमरीका में टेलीविजन उन्माद के शुरुआती दिन थे। NBC टेलीविजन ने फरवरी 1950 के एक रविवार को Today with Mrs Roosevelt (आज का दिन श्रीमती रूजवेल्ट[1] के साथ) कार्यक्रम का आयोजन किया। श्रीमती रूजवेल्ट के आतिथेय में आयोजित इस कार्यक्रम में आइंस्टाइन ने 'अतिथि वक्ता' बनना स्वीकार कर लिया। कार्यक्रम उनके प्रिंसटन स्थित निवास में रिकार्ड हुआ।

आइंस्टाइन ने अगस्त 1939 में राष्ट्रपति रूजवेल्ट को पत्र लिखकर एटम बम बनाने का सुझाव दिया था। अब कुछ दिन पहले, 30 जनवरी, 1950 को, अमरीकी राष्ट्रपति हैरी ट्रुमॅन ने घोषणा की थी कि एटम बम से भी अधिक शक्तिशाली एक हथियार (हाइड्रोजन बम) यथासंभव शीघ्र बना लिया जाएगा। अमरीकी जनता जानने के लिए बहुत उत्सुक थी कि ट्रुमॅन की इस घोषणा के बारे में आइंस्टाइन की क्या प्रतिक्रिया है। 13 फरवरी(1950) को शासन की घातक सैनिक नीतियों और हाइड्रोजन बम के भयावह परिणामों को उजागर करते हुए आइंस्टाइन ने जो प्रखर टी.वी. वक्तव्य दिया, उसने अमरीकी शासन और जनता को झकझोर दिया :

चित्र 16.2 : प्रिंसटन के अपने निवास में टी.वी. वक्तव्य रिकार्ड करते हुए अल्बर्ट आइंस्टाइन, 13 फरवरी 1950.

"श्रीमती रूजवेल्ट, इस सर्वाधिक महत्वपूर्ण राजनीतिक सवाल के बारे में अपनी दृढ़ धारणा को व्यक्त करने का जो अवसर मुझे मिला है, उसके लिए मैं आपको धन्यवाद देता हूं।

"राष्ट्रीय शस्त्रीकरण के जरिए सुरक्षा हासिल करने का विचार, सैनिक तकनीक की आज की स्थिति में, एक घातक भ्रम है। अमरीका के मामले

में इस भ्रम को विशेष रूप से इसलिए फैलाया गया, क्योंकि इसी देश को सबसे पहले एटम बम बनाने में सफ़लता मिली थी। यह विश्वास बनता गया कि अंत में निर्णायक सैनिक श्रेष्ठता प्राप्त करना संभव हो जाएगा। इस तरह, किसी भी संभावित विरोधी को डराया-धमकाया जा सकेगा, और हमारे तथा सारी मानवता के लिए सुरक्षा अर्जित की जाएगी, जिसकी प्राप्ति के लिए हम सब उत्सुक हैं। पिछले पांच वर्षों में जिस नीति का हम अनुकरण करते रहे हैं, वह है, संक्षेप में : श्रेष्ठतर सैनिक शक्ति के जरिए सुरक्षा हासिल करना, कीमत चाहे जो भी चुकानी पड़े।

"इस यांत्रिक, तकनीकी-सैनिक, मनोवैज्ञानिक नजरिए के परिणाम अवश्यंभावी थे। विदेश नीति से संबंधित (अमरीका का) प्रत्येक कार्य केवल एक ही प्रकार की सोच से निर्धारित होता है : युद्ध के दौरान विरोधी को स्पष्ट मात देने के लिए हमें किस तरह तैयारी करनी चाहिए? युद्ध की दृष्टि से महत्वपूर्ण दुनिया-भर के सभी संभव स्थलों पर सैनिक अड्डे स्थापित करना। संभावित मित्र देशों को सैनिक व आर्थिक मदद देकर उन्हें मजबूत बनाना। और, देश के भीतर लागू नीति है : सेना के हाथों में भारी आर्थिक शक्ति का केंद्रीकरण; तरुणों का सैनिकीकरण; नागरिकों की, विशेषकर सरकारी नौकरों की निष्ठा पर पैनी नजर—एक ऐसी पुलिस-शक्ति द्वारा, जो दिनोंदिन बढ़ती ही जा रही है; स्वतंत्र राजनीतिक सोच वाले लोगों को डराना-धमकाना। सार्वजनिक रेडियो, प्रेस व स्कूलों के जरिए जनता को चालाकीपूर्ण शिक्षा देना। सैनिक गोपनीयता के दबाव में जन-सूचनाओं को अधिकाधिक सीमित करना। ...

"जनता अब जानती है कि निकट भविष्य में हाइड्रोजन बम को बनाना संभव हो जाएगा। इसे तेजी से बनाए जाने की राष्ट्रपति ने विधिवत् घोषणा कर दी है। यदि इसमें सफलता मिलती है, तो रेडियोधर्मिता से वायुमंडल विषाक्त बन जाएगा और इस प्रकार धरती पर मौजूद हर प्रकार के जीवन का विनाश तकनीकी संभावनाओं के दायरे में पहुंच जाएगा। ... "[2]

आइंस्टाइन अपने वक्तव्य में यह भी जोड़ सकते थे कि अब अमरीका की परिस्थितियां 1914-18 के वर्षों की जर्मनी से काफी मिलती-जुलती हैं, पर इससे वे विरत रहे। मगर वे ऐसा सोचते थे, इसमें संदेह नहीं। हाइफा (इस्राइल) में पक्षाघात से पीड़ित अपने पुराने डाक्टर-मित्र हान्स म्यूहसाम (Hans Mühsam) को मार्च 1948 में ही आइंस्टाइन ने लिखा था : "(यहूदियों और गैर-यहूदियों के बीच) जैसा विभाजन पश्चिमी यूरोप की किसी भी जगह पर, जर्मनी में भी, कभी रहा,

उससे अधिक स्पष्ट यहां (अमरीका में) नजर आता है।" फिर आइंस्टाइन ने 15 जुलाई, 1950 को, उपर्युक्त टी.वी. वक्तव्य के पांच महीने बाद, गेरत्रुद वारशावेर (Gertrud Warschauer) को लिखा था : "इस समय मैं जनता से जैसा अलगाव महसूस कर रहा हूं, वैसा पहले कभी अनुभव नहीं किया ...। सबसे बुरी बात यह है कि कहीं भी ऐसी कोई चीज नहीं है जिसके साथ सरोकार स्थापित किया जा सके। सर्वत्र क्रूरता और झूठ का बोलबाला है।"

आइंस्टाइन अब अमरीका के बारे में सचमुच ऐसा सोचते थे, यह बात 6 जनवरी, 1951 को बेल्जियम की रानी को लिखे उनके पत्र से भी जाहिर होती है : "कई साल पहले की जर्मन विपदा (यहां अमरीका में) दोहराई जा रही है। लोग बिना किसी विरोध के चुपचाप अपनी सहमति दे देते हैं और दुष्ट शक्तियों के साथ जुड़ जाते हैं।"

आइंस्टाइन के उपर्युक्त टी.वी. वक्तव्य का अमरीकी शासन और जनता पर जबरदस्त असर होना स्वाभाविक था। आइंस्टाइन का टी.वी. वक्तव्य अखबारों की सुर्खियां बना, तो अगले दिन ही संघीय जांच व्यूरो (FBI) के निदेशक जे. एडगर हूवर[3] (J. Edgar Hoover) ने अपने सभी अधिकारियों को आइंस्टाइन के बारे में सभी तरह की "आपत्तिजनक सूचनाएं" एकत्र करने का अतिगोपनीय आदेश दे दिया। कुछ सप्ताह बाद आप्रवासी नागरिकों से संबंधित सरकारी एजंसी ने भी आइंस्टाइन के बारे में अपनी स्वतंत्र जांच शुरू कर दी। उद्देश्य था—यदि आइंस्टाइन के खिलाफ पर्याप्त सबूत मिल जाते हैं, तो उनकी अमरीकी नागरिकता निरस्त करके उन्हें देश से बाहर कर देना।

आगे के पांच साल तक, वस्तुतः 1955 ई. में आइंस्टाइन के निधन तक, ये दोनों सरकारी एजंसियां यह सिद्ध करने के लिए कि आइंस्टाइन कम्युनिस्ट थे, सोवियत संघ के जासूस थे, सबूत जुटाने में लगी रहीं; FBI की "आइंस्टाइन फाइल" में नए-नए मेमो जुड़ते गए, मगर इतने गोपनीय तरीके से कि बाहर किसी को भी पता नहीं चला। हूवर भलीभांति जानता था कि यदि यह रहस्योद्घाटन हो जाए कि वह संसार के सबसे ख्यातनामा वैज्ञानिक और नाजी जर्मनी के सबसे विख्यात शरणार्थी की खुफिया जांच कर रहा है, तो उसके और उसकी एजंसी के खिलाफ, और समूचे अमरीकी शासनतंत्र के खिलाफ भी, दुनिया-भर में भयंकर बवंडर उठ खड़ा होगा।

FBI की "आइंस्टाइन फाइल" का उद्घाटन आइंस्टाइन की मृत्यु के करीब चालीस साल बाद हुआ। इसमें वे सब झूठी, बेबुनियाद बातें दर्ज हैं जो कि अक्सर जासूसी की ऐसी सरकारी फाइलों में होती हैं। जैसे : आइंस्टाइन का कम-से-कम

35 कम्युनिस्ट-समर्थक संगठनों से संबंध रहा है; आइंस्टाइन की सोवियत संघ के साथ सहानुभूति है; एल्सा आइंस्टाइन के बेटे हान्स अल्बर्ट को 1944 ई. में रूस में बंदी बना लिये जाने से परेशान थी (हालांकि एल्सा 1936 ई. में ही गुजर गई थीं और हान्स उनका सौतेला बेटा था); सोवियत कम्युनिस्ट एजंट आइंस्टाइन के बर्लिन-स्थित कार्यालय का टेलीग्राम-पते के रूप में इस्तेमाल करते थे और हेलेन डुकास की सोवियत संघ के प्रति सहानुभूति थी; आदि-आदि।

आइंस्टाइन का जीवन एक खुली किताब थी; उसमें गोपनीय जैसा कुछ भी नहीं था, इसलिए भी FBI उनके खिलाफ कोई कदम नहीं उठा सकती थी। लगभग 1500 पन्नों की "आइंस्टाइन फाइल" अब इंटरनेट पर भी उपलब्ध है।

राष्ट्रपति रूजवेल्ट को अगस्त 1939 में भेजे गए आइंस्टाइन के ऐतिहासिक पत्र ने एटम बम के निर्माण में अहम भूमिका अदा की थी। जब एटम बम बन गए, तो आइंस्टाइन नाभिकीय हथियारों के विकास पर रोक लगाने के प्रयास में जुट गए थे। यहां आइंस्टाइन की तुलना उन भौतिकीविदों के साथ, अन्य यहूदी वैज्ञानिकों के साथ भी, करके देखना दिलचस्प होगा जिन्होंने एटम बम के निर्माण में सक्रिय सहयोग दिया था (विस्तृत विवेचन के लिए देखिए अध्याय 14 : **आइंस्टाइन और एटम बम**)। एटम बम के निर्माण के लिए बनी मैनहैटन योजना के प्रमुख और लॉस आलमॉस (न्यू मेक्सिको) प्रयोगशाला के निदेशक जे. रॉबर्ट ओप्पेनहाइमेर[4] (1904-1967 ई.) 1947 ई. में प्रिंसटन के उच्च अध्ययन संस्थान के निदेशक नियुक्त हुए थे, वहां वे आइंस्टाइन के सहयोगी बन

चित्र 16.3 : आइंस्टाइन के साथ जे. रॉबर्ट ओप्पेनहाइमेर (दाएं), जब वे प्रिंसटन के उच्च अध्ययन संस्थान के निदेशक थे।

गए थे। मगर दोनों के स्वभाव और दृष्टिकोण में बहुत अंतर था। आइंस्टाइन घोषित रूप से कम्युनिस्ट नहीं थे[5], मगर ओपेनहाइमेर पर आरोप लगाए गए थे कि वे कम्युनिस्टों के साथ सहानुभूति रखते हैं। उन पर 1942 ई. से ही नजर रखी जा रही थी। फिर भी उन्हें एटम बम बनाने वाली मैनहैटन योजना का प्रमुख बनाया गया था। एटम बम के बन जाने के बाद जहां अन्य अनेक भौतिकवेत्ता पुनः अपने-अपने अनुसंधान-कार्य से जुड़ गए थे, वहां ओप्पेनहाइमेर नाभिकीय ऊर्जा के विकास से संबंधित सरकारी पदों पर बने रहे। जब उन्होंने हाइड्रोजन बम के निर्माण का विरोध किया, तो शासन और उनके कई पुराने साथी उनके विरोधी बन गए।

सन् 1954 में अमरीकी शासन ने ओप्पेनहाइमेर को 'सुरक्षा के लिए ख़तरा' करार देकर सताना शुरू कर दिया, तो ओप्पेनहाइमेर के समर्थन में वक्तव्य देने का आइंस्टाइन से अनुरोध किया गया। तब आइंस्टाइन जोर से हंसे थे, और उन्होंने निजी तौर पर कहा था : "ओप्पेनहाइमेर को इतना भर करना है कि वे वाशिंगटन डीसी जाकर वहां के अधिकारियों से कहें कि वे मूर्ख हैं।"

परंतु थोड़ी देर सोचकर उन्होंने एक वक्तव्य तैयार किया और उसे टेलीफोन पर प्रेस के लिए स्वयं पढ़ा : "मैं कहना चाहूंगा कि डा. ओप्पेनहाइमेर के लिए मेरे मन में बड़ा आदर है। न केवल एक वैज्ञानिक के तौर पर, बल्कि उनके मानवीय गुणों के लिए भी मैं उनका प्रशंसक हूं।"

आइंस्टाइन अमरीका की रंगभेद नीति से भी बड़े व्यथित थे। मई 1946 में काले लोगों के लिए स्थापित लिंकन विश्वविद्यालय (पेंसिलवेनिया) से 'डाक्टरेट' की मानद उपाधि प्राप्त करते समय आइंस्टाइन ने कहा था : "अमरीकियों के सामाजिक नजरिए के बारे में एक निराशाजनक बात यह है कि समानता और मानव-प्रतिष्ठा से संबंधित उनका व्यवहार केवल सफेद चमड़ी तक सीमित है ...। मैं अपने को जितना ही ज्यादा अमरीकी महसूस करता हूं, उतना ही ज्यादा इस दशा को देखकर मुझे दुःख होता है।" फिर उसी वर्ष सितंबर में उन्होंने कहा था : "नीग्रो के साथ पक्षपात हमारे देश (अमरीका) के समाज की सबसे खतरनाक बीमारी है।" इतना ही नहीं, उसी महीने आइंस्टाइन ने पॉल रॉबसन[6] (Paul Robeson) के हाथों राष्ट्रपति हैरी ट्रुमॅन को भेजे पत्र में लिखा था : "बेकायदा मार डालने (lynching) के खिलाफ सुरक्षा हमारी पीढ़ी का सबसे महत्वपूर्ण कार्य है।"

आइंस्टाइन समाजवादी रुझान के व्यक्ति थे और अपने विचारों को खुलकर व्यक्त करते थे। अपने अंतिम वर्षों में वे निरस्त्रीकरण आंदोलन के साथ जुड़ गए थे और

चाहते थे कि गोपनीय रखी गई नाभिकीय सूचनाओं पर एक विश्व सरकार का आधिपत्य होना चाहिए। उनके ऐसे विचारों के कारण अमरीका का एक वर्ग उनकी कटु आलोचना करने लग गया था। अमरीका में जब मैकार्थीवाद[7] का उत्थान हुआ, तो आइंस्टाइन पर हमले तेज होते गए। परंतु उन्होंने इसकी तनिक भी परवाह नहीं की। तथाकथित अमरीकी-विरोधियों को दंडित करने के प्रयोजन से हैरी ट्रुमॅन (अमरीकी राष्ट्रपति : 1945-1953 ई.) के शासन में एक 'आंतरिक सुरक्षा समिति' का गठन किया गया था। समिति के सामने उपस्थित होकर गवाही देने का मतलब था, शासन के प्रति अपनी वफादारी का, कम्युनिस्ट-समर्थक न होने का, सबूत देना। आइंस्टाइन इसे अनुचित समझते थे। आइंस्टाइन ने नागरिकों और बुद्धिजीवियों से अपील की कि वे इस सुरक्षा समिति के सामने उपस्थित होकर गवाही न दें।[8]

उसी दौरान मई 1953 में ब्रुकलिन (न्यूयार्क) के अंग्रेजी के एक अध्यापक विलियम फ्राउएनग्लास (William Frauenglass) का आइंस्टाइन को एक पत्र मिला। फ्राउएनग्लास को 'आंतरिक सुरक्षा समिति' के सन्मुख उपस्थित होकर अपने राजनीतिक विचार स्पष्ट करने को कहा गया था, जिसे उन्होंने अस्वीकार कर दिया। फ्राउएनग्लास अब मुसीबत में थे, उनकी नौकरी जाने वाली थी, इसलिए उन्होंने सलाह के लिए आइंस्टाइन को पत्र लिखा था।

आइंस्टाइन ने 16 मई, 1953 को जर्मन भाषा में फ्राउएनग्लास को जो उत्तर भेजा वह अंग्रेजी में अनूदित होकर, उनकी अनुमति से, 12 जून, 1953 के 'न्यूयार्क टाइम्स' में प्रकाशित हुआ (आइंस्टाइन ने पत्र के अंत में लिखा था कि 'इसे गोपनीय न समझा जाए')। पत्र का प्रमुख अंश है :

"इस देश (अमरीका) के बुद्धिजीवियों के सामने एक गंभीर समस्या पैदा हो गई है। यहां के प्रतिक्रियावादी राजनेताओं ने बाहरी खतरे का खयाली भय पैदा करके जनता की नजर में सभी बौद्धिक क्रियाकलापों के प्रति संदेह पैदा कर दिया है। इसमें सफल हो जाने के बाद अब वे शिक्षा की आजादी को कुचलने और न झुकने वालों को उनके पदों से हटाने, उन्हें भूखा मारने के प्रयास में जुटे हुए हैं। अल्पसंख्यक बुद्धिजीवी इस दुष्टता का सामना किस तरह कर सकते हैं? इसके लिए मुझे स्पष्टतः एक उपाय नजर आता है—गांधी का असहयोग का क्रांतिकारी मार्ग। जिस किसी को भी समिति के सन्मुख गवाही देने के लिए बुलाया जाएगा, उसे उपस्थित होने से इनकार कर देना चाहिए। अर्थात्, उसे जेल जाने और आर्थिक नुकसान भोगने के लिए तैयार रहना चाहिए। ... यदि यह गंभीर कदम उठाने के लिए पर्याप्त लोग सामने आते हैं, तो उन्हें अवश्य सफलता मिलेगी। लेकिन यदि वे ऐसा नहीं करते, तो इस देश के बुद्धिजीवियों के लिए गुलामी को गले लगाने के अलावा और

कोई चीज बाकी नहीं बचेगी।"[9]

पत्र के प्रकाशन के तुरंत बाद मैकार्थी ने 'न्यूयार्क टाइम्स' को बताया : "जो कोई भी फ्राउएनग्लास जैसों को आइंस्टाइन की तरह की सलाह देता है, वह स्वयं अमरीका का शत्रु है।" बाद में मैकार्थी को थोड़ी अक्ल आई, तो उन्होंने "अमरीका का शत्रु" को "अमरीका के प्रति निष्ठाहीन" में बदल दिया।

चित्र 16.4 : सन् 1951 में आइंस्टाइन के 72वें जन्मदिन पर लिया गया उनका मशहूर फोटो, जिसमें वे जीभ दिखाकर शायद अपनी खीज जाहिर कर रहे हैं।[10]

सारांश यह कि आइंस्टाइन के मामले में हूवर और मैकार्थी को ही मुंह की खानी पड़ी। सन् 1953-54 में मैकार्थीवाद का जो अवसान हुआ, उसमें आइंस्टाइन की महत्वपूर्ण भूमिका रही है। अपनी इस भूमिका को आइंस्टाइन भी भलीभांति समझते थे। उन्होंने मार्च 1954 में बेल्जियम की रानी को लिखा था : "चुप न रहने और और यहां घटित होने वाली हर बात को सहन न कर सकने के कारण अपनी इस नई भूमि में मैं एक तरह से "भयावह व्यक्ति" बन गया हूं।"

आइंस्टाइन ने जापान-यात्रा से लौटते हुए, पत्नी एल्सा के साथ, जनवरी 1923 में फिलिस्तीन[11] की 12 दिन की यात्रा की थी–पहली और अंतिम बार। उसके भी पहले, अप्रैल-मई 1921 में उन्होंने सिओनवादी[12] आंदोलन के नेता प्रो. शाइम वेइजमान[13] के साथ पहली बार अमरीका की यात्रा की थी–प्रमुखतः येरूसलम के हिब्रू विश्वविद्यालय के लिए धनराशि एकत्र करने के प्रयोजन से। आइंस्टाइन आरंभ में यहूदियों के लिए एक स्वतंत्र इस्राइल राष्ट्र की स्थापना के समर्थक नहीं थे। वे एक यहूदी राष्ट्र की स्थापना की बजाए अरबों के साथ शांतिपूर्ण सहअस्तित्व के समर्थक थे।[14] उन्होंने 25 नवंबर, 1929 को इस्राइल के भावी राष्ट्रपति शाइम वेइजमान से भी कहा था : "यदि हम अरबों के साथ निष्कपट सहयोग के सच्चे संबंध स्थापित नहीं कर पाते, तो फिर हमने कष्टों से भरे अपने 2000 वर्षों के इतिहास से कुछ भी नहीं सीखा है; और, हमें इसके नतीजे भी भुगतने पड़ेंगे।"

चित्र 16.5 : यहूदी शरणार्थी बच्चों के साथ आइंस्टाइन, अपने प्रिंसटन निवास में, 1949 ई.

आइंस्टाइन अपनी मृत्यु के तीन महीने पहले तक भी इस्राइल में यहूदी-अरब संबंधों को लेकर बहुत चिंतित थे। उन्होंने 5 जनवरी, 1955 को ज्वी लुरी (Zvi Lurie) को लिखा था : "हमारी (इस्राइल की) नीति का सबसे महत्वपूर्ण मुद्दा होना चाहिए—हमारे साथ रहने वाले अरब नागरिकों को पूर्ण स्वतंत्रता प्रदान करने की हमारी सतत व स्पष्ट सदिच्छा। ··· अरब अल्पसंख्यकों के प्रति जो रवैया हम अख़्तियार करते हैं, वह हम लोगों के नैतिक मानदंड का सच्चा परिचायक बनेगा।"

आइंस्टाइन ने इस्राइल के अस्तित्व को मजबूरन स्वीकार कर लिया था। यहूदी तरुणों की शिक्षा में, विशेषकर येरूसलम के हिब्रू विश्वविद्यालय के आयोजन में उनकी ज्यादा दिलचस्पी थी। परंतु इस विश्वविद्यालय की शिक्षा-व्यवस्था में अमरीकी पद्धतियों को लागू किया जाने लगा, तो वे बहुत खफ़ा हो गए थे; उन्होंने इस्तीफा देकर विश्वविद्यालय के मामलों से अपने को अलग कर लिया था।[15] लेकिन बाद में उनकी बातों को स्वीकार कर लिया गया, तो वे पुनः विश्वविद्यालय की गतिविधियों से जुड़ गए थे। सन् 1950 में बनी वसीयत में आइंस्टाइन ने अपने सारे मूल कागज-पत्र ('आइंस्टाइन अभिलेखागार') हिब्रू विश्वविद्यालय को सौंप दिए थे।[16]

आइंस्टाइन की दिलचस्पी प्रमुखतः यहूदी संस्कृति में थी, न कि यहूदी राजनीति में। नवंबर 1952 में इस्राइल के प्रथम राष्ट्रपति शाइम वेइजमान का निधन हुआ,

तो उसके चंद दिन बाद ही प्रधान-मंत्री डेविड बेन-गुरिओन (Devid Ben-Gurion : 1886-1973 ई.) ने आइंस्टाइन के सामने इस्राइल का राष्ट्रपति बनने का प्रस्ताव रखा। आइंस्टाइन ने प्रस्ताव को तत्काल अस्वीकार करते हुए बेन-गुरिओन को 18 नबंबर (1952) को लिखा : "अपने इस्राइल राष्ट्र का राष्ट्रपति बनने का जो प्रस्ताव मेरे सामने रखा गया है, उससे मैं अपने को बड़ा सौभाग्यशाली समझता हूं, मगर साथ ही दुःख व अफसोस के साथ कहना चाहूंगा कि मैं इसे स्वीकार नहीं कर सकता। जीवन-भर मेरा सरोकार वस्तुनिष्ठ मामलों से रहा है, इसलिए जनता के साथ जुड़कर ठीक से काम करने की और सरकारी काम-काज को संभालने की, न मुझमें स्वाभाविक योग्यता है, न ही इसका मुझे अनुभव है। केवल इन्हीं कारणों को देखा जाए, बढ़ती उम्र के साथ घटती जा रही शक्ति को छोड़ भी दें, तो भी मैं उस ऊंचे पद की जिम्मेदारियों को संभालने के लिए अपने को अयोग्य पाता हूं।"

राष्ट्रपति-पद के प्रस्ताव को अस्वीकार करने का निर्णय लेने के बाद आइंस्टाइन ने कठबेटी मारगॉट से कहा था : "यदि मैं राष्ट्रपति बनता, तो कभी-कभी मुझे ऐसी बातें कहनी पड़तीं, जिन्हें इस्राइल के लोग सुनना पसंद नहीं करते।"

बेन-गुरिओन ने राष्ट्रपति बनने के लिए आइंस्टाइन के सामने प्रस्ताव तो पेश कर दिया था, मगर इस मामले को लेकर वे काफी चिंतित भी थे। उन्होंने इज़ाक नवोन (Yitzac Navon) से कहा था : "यदि वे (आइंस्टाइन) स्वीकार करते हैं, तो बताइए क्या करें? तब मुझे उन्हें राष्ट्रपति का पद सौंपना ही पड़ेगा, क्योंकि नहीं सौंपना असंभव है। लेकिन वे यदि पद स्वीकार कर लेते हैं, तो फिर हमारी मुसीबत है।"

आइंस्टाइन ने राष्ट्रपति-पद अस्वीकार कर दिया, तो बेन-गुरिओन ने राहत की सांस ली।

चित्र 16.6 : पांच इस्राइली पाउंड के नोट पर आइंस्टाइन का पोर्त्रेत, 1968 ई.

आइंस्टाइन ने अपना कोई आत्मचरित्र नहीं लिखा है। "आत्मकथा" के नाम पर उनके केवल दो निबंध उपलब्ध हैं। एक निबंध ("आत्मकथात्मक टिप्पणियां")

उन्होंने मूल जर्मन में 1946 ई. में लिखा था। इसके आरंभ में वे लिखते हैं : "यहां मैं एक प्रकार से अपना 'मृत्यु-संवाद' (obituary) लिखने बैठा हूं, 67 वर्ष की आयु में। ..." इस निबंध में उन्होंने अपने जीवन के पूर्वार्ध की कुछ घटनाओं और अपने विचारों का जिक्र किया है।

आइंस्टाइन ने अपना दूसरा निबंध ("आत्मकथात्मक रेखाचित्र") मार्च 1955 में लिखा–मृत्यु से लगभग एक माह पहले। यह निबंध उन्होंने ज्यूरिख़ पॉलिटेकनिक (स्थापना 1855 ई.) के शताब्दी-समारोह के एक प्रकाशन के लिए लिखा था। लेकिन इस निबंध में आत्मकथा-जैसी कोई चीज नहीं है। इसमें वे आरंभ में आराउ के स्कूल और ज्यूरिख़ पॉलिटेकनिक के दिनों को याद करने के बाद आगे प्रमुखतः अपने वैज्ञानिक अनुसंधान का ही संक्षिप्त उल्लेख करते हैं। निबंध के अंत में वे उस "एकीकृत क्षेत्र सिद्धांत" की चर्चा करते हैं जिस पर वे जीवन के अंतिम दिन तक काम करते रहे : "गुरुत्वाकर्षण सिद्धांत (व्यापक आपेक्षिकता सिद्धांत) को पूर्ण करने के बाद चालीस वर्ष गुजर गए हैं। इस लंबी अवधि में (मेरा) एकमात्र प्रयास रहा है–गुरुत्वाकर्षण का व्यापकीकरण करके एक ऐसा क्षेत्र सिद्धांत विकसित करना जो समूची भौतिकी के लिए आधार बन सके।"

आगे आइंस्टाइन संक्षेप में एकीकृत क्षेत्र सिद्धांत के सृजन की कठिनाइयां बताते हैं और निबंध के अंत में जर्मन साहित्यकार लेरिसंग (Gotthold Ephraim Lessing : 1729-1781 ई.) के सांत्वनादायी शब्दों को उद्धृत करते हैं : "सत्य की खोज के लिए किया जाने वाला संघर्ष इसकी प्राप्ति से कहीं ज्यादा मूल्यवान है।"

आइंस्टाइन द्वारा यहां प्रयुक्त 'सत्य की खोज' और 'सत्य की प्राप्ति' शब्द, न केवल एकीकृत क्षेत्र सिद्धांत पर, बल्कि समग्र रूप से उनके जीवन-कार्य पर भी लागू होते हैं।[17]

आइंस्टाइन की मृत्यु के लगभग एक माह पहले की घटना है। उन्हें बर्न के दिनों के उनके एक घनिष्ठतम मित्र माइकेल बेस्सो (Michele Besso) की 82 वर्ष की आयु में मृत्यु हो जाने का दुःखद समाचार मिला। बेस्सो वह एकमात्र व्यक्ति हैं जिनका आइंस्टाइन ने 1905 ई. में प्रकाशित "विशिष्ट आपेक्षिकता" के अपने शोध-निबंध के अंत में ऋण स्वीकार किया है–उनके सहयोग और कई उपयोगी सुझावों के लिए।[18]

आइंस्टाइन ने 21 मार्च, 1955 को बेस्सो-परिवार को संवेदना का पत्र लिखा : "एक मनुष्य के रूप में उनमें जो सबसे स्तुत्य बात मैंने देखी, वह यह है कि उन्होंने एक ही स्त्री के साथ इतने सारे साल, न केवल शांतिपूर्वक, बल्कि प्रगाढ़

मैत्री के साथ बिताए हैं—एक ऐसा उत्तरदायित्व जिसमें मैं दो बार बुरी तरह असफल रहा हूं।" फिर उसी पत्र में आइंस्टाइन आगे लिखते हैं : "वे मुझसे कुछ समय पहले ही इस अनोखे संसार से चले गए हैं। लेकिन इसमें विशेष बात कोई नहीं हैं। क्योंकि हम 'आस्थावान' भौतिकीविदों के लिए अतीत, वर्तमान व भविष्य के बीच का अंतर दृढ़ता से स्थापित महज एक स्थायी दृष्टिभ्रम है।"

विज्ञान के इतिहास में आइंस्टाइन की गहरी दिलचस्पी थी। लिओपोल्ड इन्फेल्ड के साथ लिखे गए उनके ग्रंथ (The Evolution of Physics, 1938 ई.) में प्रमुखतः सैद्धांतिक भौतिकी के विकासक्रम की ही विवेचना है। आइंस्टाइन वैज्ञानिकों के जीवन की घटनाओं और उनकी अनुसंधान-प्रक्रिया के बारे में भी जानने के लिए उत्सुक रहते थे। इसीलिए उन्होंने अप्रैल 1955 में, मृत्यु से करीब दो सप्ताह पहले, हार्वर्ड में विज्ञान के इतिहास के प्राध्यापक बेर्नार्ड कोहेन (Bernard Cohen : 1914-2003 ई.) को इंटरव्यू देना स्वीकार किया था; कोहेन ने बेंजामिन फ्रैंकलिन (1706-1790 ई.) और आइजेक न्यूटन (1642-1727 ई.) पर पुस्तकें लिखी हैं।

कोहेन अपने निबंध की शुरुआत करते हैं : "अप्रैल (1955) के एक रविवार की सुबह, अल्बर्ट आइंस्टाइन के देहांत के दो सप्ताह पहले, मैंने उनके साथ वैठकर वैज्ञानिक चिंतन के इतिहास और अतीत के महान भौतिकीविदों के बारे में बातचीत की।

"मैं सुबह 10 बजे आइंस्टाइन-निवास पहुंचा। आइंस्टाइन की सेक्रेटरी-सहायिका हेलेन डुकास ने मेरा स्वागत किया और मुझे मकान की ऊपरी मंजिल के पिछवाड़े में स्थित आइंस्टाइन के अध्ययन-कक्ष में पहुंचा दिया। कक्ष की दो दीवारें फर्श से छत तक किताबों से भरी हुई थीं। कमरे में एक बड़ी मेज थी, जिस पर कागज, पेंसिलें, किताबें, ··· और धूम्रपान के कई सारे पुराने पाइप रखे हुए थे। कमरे में एक फोनोग्राफ और कुछ रिकार्ड भी थे। बाकी दो दीवारों पर विद्युत-चुंबकीय सिद्धांत के दो संस्थापकों—माइकेल फैराडे और जेम्स क्लार्क मैक्सवेल—के चित्र टंगे हुए थे।[19]

"कुछ क्षण बाद आइंस्टाइन कक्ष में पहुंचे और हेलेन डुकास ने मेरा परिचय दिया। उन्होंने मुस्कराकर मेरा स्वागत किया। फिर बगल के कमरे में जाकर वे अपने पाइप में तंबाकू भरकर लौटे और अपनी कुर्सी पर बैठ गए। वे खुला शर्ट, नीला स्वेटर, भूरा पाजामा और चमड़े की चप्पलें पहने हुए थे। मौसम में कुछ ठंडी थी, इसलिए आइंस्टाइन ने अपने पैरों पर कंबल डाल लिया। उनके चिंतातुर चेहरे पर गहरी लकीरें थीं, परंतु उनकी चमकदार आंखें उन्हें चिरयुवा घोषित कर रही थीं। उनकी आंखें लगातार गीली हो रही थीं; हंसी आने पर वे अपने आंसू को

चित्र 16.7 : हेलेन डुकास के साथ आइंस्टाइन, अपने अध्ययन-कक्ष में, 1940 ई. (देखिए आइंस्टाइन के जूता पहने पैर को, बिना मोजे के!)

हाथ के पिछले हिस्से से पोंछ लेते थे। वे धीमे से साफ-साफ बोलते थे। उनकी अंग्रेजी काफी अच्छी थी, हालांकि उसमें जर्मन लहजे का पुट था। उनकी मधुर बोली और उनकी गूंजनेवाली हंसी में काफी अंतर था। उन्हें मज़ाक सुनाने में मजा आता था। जब भी वे कोई मज़ाकिया बात सुनाते या सुनते, तो ठहाके की ऐसी हंसी सुनने को मिलती जो पूरे कक्ष में गूंज उठती।

"हम मेज के नजदीक पास-पास बैठ गए। सामने थी एक बड़ी खिड़की और उसके बाहर हरा-भरा दृश्य। ..." (देखिए चित्र 12.5 में आइंस्टाइन का अध्ययन-कक्ष और खिड़की के बाहर का नजारा)

कोहेन के साथ हुई बातचीत में आइंस्टाइन ने न्यूटन, फ्रैंकलिन, माख़, माक्स प्लांक, लॉरेंट्ज़, गैलीलियो, केपलर आदि के बारे में अपने विचार व्यक्त किए।

कोहेन ने अपने निबंध के अंत में बताया कि बातचीत के दौरान ऐसा कुछ नजर नहीं आ रहा था कि आइंस्टाइन अब कुछ ही दिनों के मेहमान हैं। उनका

दिमाग सतर्क था, बुद्धि प्रखर थी और वे बहुत प्रसन्न लग रहे थे। फिर कोहेन इंटरव्यू वाले उस दिन के बाद के पहले शनिवार की, आइंस्टाइन को अस्पताल में भरती किए जाने के सिर्फ एक सप्ताह पहले की, एक घटना का उल्लेख करते हैं : "आइंस्टाइन की बेटी मारगॉट को, जो गृध्रसी (sciatica) की व्याधि से पीड़ित थी, प्रिंसटन के अस्पताल में भरती किया गया था। आइंस्टाइन प्रिंसटन के अपने एक पुराने मित्र के साथ मारगॉट को देखने अस्पताल गए। मित्र ने लिखा है (कोहेन उनका नाम नहीं बताते) : उस शनिवार को अस्पताल से बाहर आने के बाद "हम दूर तक टहलने निकल गए। अजीब बात है कि हम मृत्यु के प्रति अपने दृष्टिकोण के बारे में चर्चा करने लगे। मैंने जेम्स फ्रेजर [20] (James Frazer) का एक उद्धरण पेश किया, जिसमें उन्होंने कहा है कि, मृत्यु का भय ही आदिम धर्म का मूलाधार है। मगर मेरे लिए तो मृत्यु एक वास्तविकता और एक रहस्य, दोनों है। आइंस्टाइन ने जोड़ा : 'और मुक्ति भी।'"[21] यहां 'मुक्ति' को हम 'निर्वाण' के अर्थ में ग्रहण कर सकते हैं।

बर्ट्राण्ड रसेल[22] (1872-1970 ई.) ने हाइड्रोजन बम के परीक्षण और नाभिकीय हथियारों के खतरों को उजागर करने के प्रयोजन से एक घोषणापत्र तैयार किया था। घोषणापत्र के बारे में आइंस्टाइन के विचार जानकर उस पर उनके हस्ताक्षर प्राप्त करने के लिए दोनों के बीच 1955 ई. में 11 फरवरी से 11 अप्रैल तक पत्र-व्यवहार चला था। अंत में 11 अप्रैल, 1955 को आइंस्टाइन ने घोषणापत्र–"रसेल-आइंस्टाइन घोषणापत्र"–पर हस्ताक्षर कर दिए, और रसेल को लिखा : "आपके 5 अप्रैल के पत्र के लिए धन्यवाद। आपके उत्तम वक्तव्य पर मैं प्रसन्नतापूर्वक हस्ताक्षर कर रहा हूं। हस्ताक्षर करनेवालों की संभाव्य सूची से भी मैं सहमत हूं।"

रसेल ने यह "रसेल-आइंस्टाइन घोषणापत्र" 9 जुलाई, 1955 को लंदन में जारी कर दिया।

आइंस्टाइन ने रसेल को लिखे उपर्युक्त पत्र और घोषणापत्र के नीचे 11 अप्रैल, 1955 को जो हस्ताक्षर किए वे उनके जीवन के अंतिम हस्ताक्षर थे।[23]

13 अप्रैल, 1955 को आइंस्टाइन के उदर के दाएं हिस्से में तेज दर्द उठा। उन्हें प्रिंसटन के अस्पताल में भरती किया गया। डाक्टरों ने जांच करके बताया कि पित्ताशय में सूजन आ गई है। शल्य-चिकित्सा का सुझाव दिया गया, लेकिन आइंस्टाइन ने इनकार कर दिया।

आइंस्टाइन को मृत्यु का तनिक भी भय नहीं था। काफी पहले, सन् 1916-17 में आइंस्टाइन जब बर्लिन में थे, तो वे गंभीर रूप से दो बार बीमार पड़े थे और उनका जीवन भारी खतरे में पड़ गया था। एल्सा ने रात-दिन उनकी सेवा की, तो वे बच गए। हेडविग बोर्न (मैक्स बोर्न की पत्नी) बीमार आइंस्टाइन को देखने गईं, तो उन्हें अपनी मृत्यु की संभावना के बारे में चर्चा करते हुए पाया। तब श्रीमती बोर्न ने उन्हें पूछा था : "क्या मृत्यु से आपको डर लगता है?" आइंस्टाइन का उत्तर था : "नहीं, मैं अपने को सजीव सृष्टि का एक अभिन्न अंग मानता हूं, और इस सृष्टि के अनंत प्रवाह में किसी व्यक्ति के साकार अस्तित्व के आरंभ या अंत से तनिक भी उद्विग्न नहीं हूं।"

एक बार एक मुलाकाती ने आइंस्टाइन से बेढंगा-सा सवाल पूछा था : "अपनी मृत्युशय्या पर आप इस सवाल का क्या उत्तर देंगे–'आपका जीवन सफल रहा या विफल?'" आइंस्टाइन का सीधा उत्तर था–"ऐसे सवाल में न तो मृत्युशय्या पर मेरी कोई दिलचस्पी होगी, न ही अन्य किसी समय। क्योंकि मैं तो प्रकृति का महज एक छोटा-सा कणमात्र हूं।"

एक बार लिओपोल्ड इन्फेल्ड के साथ बातचीत में आइंस्टाइन ने कहा था : "जीवन एक उत्तेजक प्रदर्शन है। मैं इसका उपभोग करता हूं। यह अद्‍भुत है। लेकिन मुझे यदि पता चले कि मैं तीन घंटे बाद मर जाऊंगा, तो इसका मेरे ऊपर बहुत कम असर होगा। मैं सोचूंगा कि अंतिम तीन घंटों का किस तरह सर्वोत्तम उपयोग किया जाए और उसके बाद अपने कागजों को ठीक से समेटकर शांतिपूर्वक लेट जाऊंगा।"

आइंस्टाइन का यह कथन हमें भौतिकवादी यूनानी दार्शनिक एपिक्यूरस (Epicurus : लगभग 341-270 ई.पू.) का स्मरण कराता है, जिन्हें नाहक ही भोगवादी मान लिया गया है। एपिक्यूरस ने सुखभोग को भले ही महत्व दिया हो, मगर वे और उनके मित्र सादा व शांत जीवन ही पसंद करते थे। एपिक्यूरस के अनुसार, मनुष्य के सबसे बड़े शत्रु दो हैं–देवताओं का भय और मृत्यु का भय। मृत्यु के भय के विरुद्ध एपिक्यूरस का तर्क था : "जब हम होते हैं, मृत्यु नहीं होती; जब मृत्यु होती है, हम नहीं होते।"

आइंस्टाइन चिकित्सा के जरिए अपनी आयु को बढ़ाने के पक्ष में नहीं थे। उन्होंने अपनी सेक्रेटरी-सहायिका हेलेन डुकास से एक बार कहा भी था : "जब मैं जाना चाहूंगा, चला जाऊंगा। कृत्रिम साधनों से जीवन को लंबा खींचना व्यर्थ है। मैंने अपने हिस्से का काम कर लिया है; जब जाने का समय आएगा, तब शान से जाऊंगा।"

गृध्रसी की व्याधि से पीड़ित कठबेटी मारगॉट उसी अस्पताल में भरती थीं। उन्हें 17 अप्रैल को सायंकाल को पहियों वाली कुर्सी पर बिठाकर आइंस्टाइन के बिस्तर के पास लाया गया। आइंस्टाइन ने थोड़ा अच्छा महसूस किया, उन्होंने मारगॉट से बातचीत की और फिर उसे 'शुभ रात्रि' कहकर बिदा किया। हेलेन डुकास पहले ही अस्पताल से चली गई थीं।

आइंस्टाइन के ज्येष्ठ पुत्र हान्स अल्बर्ट 1938 ई. में अमरीका पहुंच गए थे और बर्कले के कैलिफोर्निया विश्वविद्यालय में द्रवचालिकी के प्रोफेसर थे।[24] पता चलता है कि आइंस्टाइन को अस्पताल में भरती किए जाने तक किसी ने हान्स को उनके पिता के बारे में सूचना नहीं दी थी; हेलेन डुकास के साथ उनके संबंध मधुर नहीं थे। जब बीमार मारगॉट ने अस्पताल से कैलिफोर्निया में टेलिफोन करके हान्स को प्रिंसटन बुलाया, तभी वे आए। हान्स से मिलकर आइंस्टाइन प्रसन्न नजर आए। दोनों में विज्ञान के बारे में बातचीत हुई। आइंस्टाइन की मृत्यु के बाद और आगे के वर्षों में भी हान्स ने अपने पिता के बारे में कोई सार्वजनिक वक्तव्य नहीं दिया। अंत में 1973 ई. में अपनी मृत्यु के पहले हान्स ने अपने पिता के बारे में इतना भर कहा था : "संभवतः मैं ही वह अकेला प्रोजेक्ट था जिसका उन्होंने परित्याग किया। उन्होंने मुझे सलाह देने की कोशिश की, लेकिन वे जल्दी ही जान गए कि मैं बहुत जिद्दी हूं और वे फिजूल में अपना वक्त बरबाद कर रहे हैं।"

17 अप्रैल (1955) को मध्यरात्रि के कुछ समय बाद अस्पताल की नर्स अल्बर्टा रोजेल (Alberta Rozsel) ने देखा कि आइंस्टाइन नींद में जोर-जोर से लंबी सांसें ले रहे हैं। वह डाक्टर को बुलाने दरवाजे तक दौड़ी। एकाएक आइंस्टाइन के मुंह से कुछ जर्मन शब्द निकले; नर्स रोजेल उन्हें नहीं सुन पाई और वह तेजी से आइंस्टाइन के बिस्तर के पास लौट आई। आइंस्टाइन की जीवन-लीला समाप्त हो गई। समय था : सुबह 1 बजकर 15 मिनट, 18 अप्रैल, 1955 । उस समय आइंस्टाइन की आयु थी–76 वर्ष, 1 माह और 4 दिन। बाद की जांच से पता चला कि आइंस्टाइन की मृत्यु उनके उदर की महाधमनी में रक्तस्राव होने से हुई है।

इस तरह, अस्पताल में भरती होने पर, एक सप्ताह से भी कम समय के भीतर आइंस्टाइन ने मृत्यु को वरण कर लिया। अस्पताल के बिस्तर पर भी वे एकीकृत क्षेत्र सिद्धांत से संबंधित गणनाएं करते रहे।

कठबेटी मारगॉट ने उसी महीने हेडविग बोर्न (मैक्स बोर्न की पत्नी) को लिखा : "उन्होंने (आइंस्टाइन ने) ··· अपने अंत को एक आसन्न प्राकृतिक घटना के रूप में देखा। उन्होंने शांत और विनीत भाव से मृत्यु का सामना किया; वे भयमुक्त थे, जैसेकि वे जीवन-भर रहे। उन्होंने बिना किसी भावुकता के और बिना किसी

पछतावे के इस दुनिया से बिदा ली।"

सुबह होने पर आइंस्टाइन की वसीयत पढ़ी गई। उन्होंने अनुरोध किया था कि उनका अंतिम संस्कार किसी धार्मिक अनुष्ठान या समारोह के बिना किया जाए। उनकी अंत्येष्टि का समय और स्थान, सिवाय कुछ निकट मित्रों के, गोपनीय रखा जाए। आइंस्टाइन ने यह भी इच्छा व्यक्त की थी कि उनका दाह-संस्कार हो, ताकि लोग उनकी 'हड्डियों' की पूजा न करने लग जाएं।

आइंस्टाइन का अंतिम संस्कार प्रिंसटन के एक शवदाहगृह में उनकी इच्छानुसार ही सम्पन्न हुआ—उनकी मृत्यु के दिन ही। दो मित्रों ने उनकी 'राख' को प्रिंसटन के पास के एक अज्ञात स्थान पर बिखेर दिया।

चित्र 16.8 : अल्बर्ट आइंस्टाइन, प्रिंसटन

लेकिन सब-कुछ आइंस्टाइन की इच्छानुसार नहीं हुआ। प्रिंसटन अस्पताल के रोगविज्ञानी डा. टॉमस स्टोल्ट्ज हार्वे (Dr. Thomas Stoltz Harvey) ने आइंस्टाइन की शव-परीक्षा करते समय उनका मस्तिष्क निकालकर रख लिया, बिना किसी की इजाजत के। एक अन्य रोगविज्ञानी डा. हेनरी अब्राम्स (Dr. Henry Abrams) ने, अस्पताल के अधिकारियों की अनुमति से, आइंस्टाइन की आंखें निकालकर रख लीं। आइंस्टाइन ने इच्छा व्यक्त की थी कि उनके शरीर का दाह-संस्कार किया जाए, इसलिए मित्रों ने इस तरह आइंस्टाइन के अंगों को निकाल लेना उनकी इच्छा के विरुद्ध समझा। दाह-संस्कार के बाद परिवार के सदस्यों को पता चला, तो उन्होंने डा. टॉमस हार्वे को आइंस्टाइन का मस्तिष्क रखने की

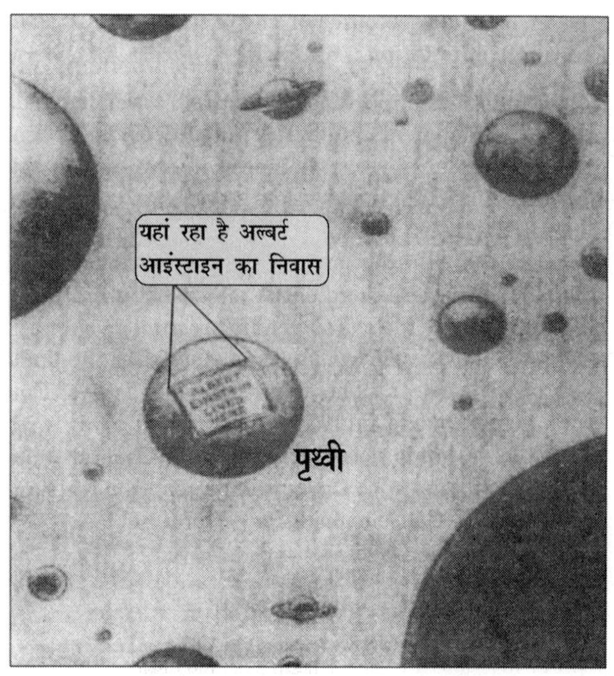

चित्र 16.9 : व्यंग्य-चित्रकार हेरब्लॉक का रेखाचित्र

इजाजत दे दी, इस शर्त पर कि वे उसका केवल वैज्ञानिक अध्ययन के लिए उपयोग करेंगे, न कि किसी तरह के व्यावसायिक लाभ के लिए।[25]

आइंस्टाइन के निधन के बाद दुनिया-भर के लोगों–वैज्ञानिकों, राजनेताओं, मित्रों आदि–ने उन्हें अपनी श्रद्धांजलि अर्पित की। एक तरह से सभी की भावनाओं को समेटते हुए, व्यंग्य-चित्रकार हेरब्लॉक (Herblock) ने आइंस्टाइन के देहांत के तुरंत बाद एक सरल-सा रेखाचित्र "वाशिंगटन पोस्ट" में प्रस्तुत किया : कई आकाशीय पिंड अनाम ही अंतरिक्ष में विचरण कर रहे हैं; अपवाद है तो केवल पृथ्वी, जिस पर लगे एक फलक पर अंकित है–ALBERT EINSTEIN LIVED HERE (यहां रहा है अल्बर्ट आइंस्टाइन का निवास)।

आइंस्टाइन का कृतित्व सचमुच ही ब्रह्मांडीय महत्व का था।

आइंस्टाइन की मृत्यु के चंद महीने बाद, अगस्त 1955 में, नए खोजे गए एक परायूरेनियम रेडियोधर्मी तत्व (नंबर 99) को "आइंस्टाइनियम" (einsteinium, संकेत Es) नाम दिया गया–अल्बर्ट आइंस्टाइन के सम्मान में। इस धात्विक तत्व को अमरीका द्वारा 1952 ई. में किए गए हाइड्रोजन बम के प्रथम विस्फोट की

'राख' में खोजा गया था। विडंबना यह है कि जिस हाइड्रोजन बम के निर्माण का आइंस्टाइन ने जबरदस्त विरोध किया था, उसी के विस्फोट में खोजे गए एक नए तत्व को उनका नाम दिया गया![26] फिर 2001 ई. में नए खोजे गए एक लघुग्रह (asteroid) को 'आइंस्टाइन' नाम दिया गया।

आइंस्टाइन की जीवन-लीला समाप्त हुई, परंतु उनका एकीकृत क्षेत्र सिद्धांत–ब्रह्मांड के सभी ज्ञात बलों को आपस में जोड़ने का उनका सपना–अपूर्ण ही रह गया। वस्तुतः संपूर्ण प्रकृति की व्याख्या करने वाली पुस्तक का आखिरी अध्याय लिखना किसी भी व्यक्ति के लिए संभव नहीं है, महान आइंस्टाइन के लिए भी संभव नहीं था। लिओपोल्ड इल्फेल्ड के साथ लिखी गई अपनी पुस्तक **भौतिकी का विकासक्रम** (**The Evolution of Physics**, 1938 ई.) में आइंस्टाइन ने कहा भी है : "विज्ञान एक बंद पुस्तक नहीं है, न कभी होगी। प्रत्येक महत्वपूर्ण प्रगति नए प्रश्नों को पैदा करती है। विकास का प्रत्येक दौर अंततः नई और ज्यादा जटिल समस्याओं को जन्म देता है।"

आइंस्टाइन इस वस्तुस्थिति को भलीभांति जानते थे। उन्होंने लिखा भी है : "अपने लंबे जीवन में मैंने एक बात सीखी है–यथार्थता के मानदंड से परखें, तो हमारा समूचा विज्ञान अभी आदिम और बालोचित अवस्था में ही है; फिर भी, यही हमारी सबसे मूल्यवान् धरोहर है।"

संदर्भ और टिप्पणियां

1. एलियानोर रूजवेल्ट (Eleanor Roosevelt : 1884-1962 ई.) : राष्ट्रपति फ्रैंक्लिन रूजवेल्ट (1882-1945 ई.) की पत्नी, जिनका अपने पति की नीतियों के निर्धारण में महत्वपूर्ण योगदान रहा था। पति की मृत्यु के बाद वे डेमोक्रेटिक पार्टी की एक प्रमुख नेता थीं।
2. Albert Einstein, **Ideas and Opinions**, *National Security*, pp. 159-160.
3. जे. एडगर हूवर (J. Edgar Hoover : 1895-1972 ई.) : वाशिंगटन में जन्मे एडगर हूवर 1924 ई. में FBI के निदेशक बने, और मृत्यु तक बने रहे। दूसरे विश्वयुद्ध के बाद के वर्षों में उन्होंने कम्युनिस्टों से हमदर्दी रखनेवालों के विरुद्ध सख़्त कदम उठाए थे।
4. जे. रॉबर्ट ओपेनहाइमेर के लिए देखिए अध्याय 14, टिप्पणी 27.
5. आइंस्टाइन ने 10 जुलाई, 1950 को लिडिया हेवेस (Lydia Heves) को लिखा था : "मैं कम्युनिस्ट कभी नहीं रहा; मगर होता, तो इसके लिए लज्जित नहीं होता।"

चित्र 16.10 : (बाएं से क्रमशः) फ्रांक किंगडन (पत्रकार), आइंस्टाइन, हेनरी वैलेस (राष्ट्रपति-पद के लिए वामपंथी उम्मीदवार) और पॉल रॉबसन।

6. पॉल रॉबसन (Paul Robeson : 1898-1976 ई.) : प्रिंसटन में जन्मे प्रसिद्ध नीग्रो गायक, अभिनेता व वामपंथी आंदोलनकर्ता। रॉबसन के साथ आइंस्टाइन के गहरे संबंधों के कारण FBI की "आइंस्टाइन फाइल" के एक मेमो में आइंस्टाइन को कम्युनिस्ट बताया गया था। रॉबसन-आइंस्टाइन दोस्ती का दौर बीस साल तक चला।
7. मैकार्थीवाद (McCarthyism) : सन् 1946 में विस्कॉन्सिन राज्य से अमरीकी सिनेट के लिए चुने गए रिपब्लिकन राजनेता जोसेफ मैकार्थी (Joseph McCarthy : 1909-1957 ई.) ने सन् 1950 में यह कहकर तहलका मचा दिया था कि अमरीका के स्टेट डिपार्टमेंट में 205 कम्युनिस्ट मौजूद हैं। परिणामतः अमरीका में बहुत-से उदारवादियों और राजनीतिक दृष्टि से निष्पक्ष व्यक्तियों पर सोवियत रूस के जासूस व कम्युनिस्ट होने के आरोप लगाए गए और उन्हें दंडित किया गया।
8. जब वयोवृद्ध नीग्रो इतिहासकार और समाजवादी आंदोलनकर्त्ता विलियम दू बॉय (William E.B. Du Bois : 1868-1963 ई.) पर कम्युनिस्ट जासूस होने का आरोप लगाया गया, तो आइंस्टाइन ने उनके सदाचारी होने का साक्ष्य देकर उन्हें मुक्त कराया था।
9. Albert Einstein : **Ideas and Opinions**, *Modern Inquisitional Methods*, p. 33-34.
10. इस प्रसिद्ध फोटो की पृष्ठभूमि है : सन् 1951 में आइंस्टाइन के 72वें जन्मदिन के अवसर पर यूपीआई के फोटोग्राफर आर्थर सास्से आइंस्टाइन को कैमेरे की ओर देखकर थोड़ा मुस्कराने का बार-बार अनुरोध कर रहे थे। परंतु उस दिन फोटोग्राफरों के लिए अनेक बार मुस्कराने के बाद अब उन्होंने मुस्कराने की बजाए अपनी जीभ बाहर निकाल दी!

11. फिलिस्तीन (Palestine) : पूर्वी भूमध्यसागर-तट का, पश्चिमी एशिया का यह प्रदेश प्रथम विश्वयुद्ध के अंत तक तुर्की के ओटोमान साम्राज्य के अधीन था। सन् 1918 में राष्ट्रसंघ के अधिदेश से फिलिस्तीन को ब्रिटेन के शासन में रखा गया। आइंस्टाइन-दम्पति ने जनवरी 1923 में 12 दिन तक फिलिस्तीन की यात्रा की थी। दूसरे विश्वयुद्ध के बाद संयुक्त राष्टसंघ के निर्णय के अनुसार 14 मई, 1948 को फिलिस्तीन के पश्चिमी हिस्से में एक स्वतंत्र राज्य इस्राइल (राजधानी येरूसलम) की स्थापना हुई।

12. सिओनवादी (Zionist) आंदोलन के लिए देखिए अध्याय 10, टिप्पणी 8.

13. प्रो. शाइम वेइजमान (1874-1952 ई.) के लिए देखिए अध्याय 10, टिप्पणी 9.

14. आइंस्टाइन फिलिस्तीन को अरब और यहूदी देशों में विभक्त करने के विरोधी थे। अप्रैल 17, 1938 को न्यूयार्क में आयोजित एक समारोह में उन्होंने कहा था : "मुझे डर है कि इससे यहूदी धर्म को आंतरिक क्षति पहुंचेगी–विशेषकर इससे हमारे अपने समुदायों में पैदा होने वाली संकीर्ण राष्ट्रीयता के कारण, जिसके खिलाफ, अपना कोई यहूदी राष्ट्र न होने पर भी, हमें जबरदस्त लड़ाई लड़नी पड़ी है।"–Albert Einstein : **Ideas and Opinions**, *Our Debt to Zionism,* p. 188.

    आइंस्टाइन अन्यत्र लिखते हैं : "जिस बंधन ने यहूदियों को हजारों साल तक एकजुट रखा और आज भी एकजुट रख रहा है, वह है सामाजिक न्याय का प्रजातांत्रिक आदर्श–साथ ही, पारस्परिक सहयोग व सहिष्णुता का आदर्श। ... मूसा, स्पिनोजा और कार्ल मार्क्स जैसे व्यक्तित्व, भले ही वे एक-दूसरे से भिन्न रहे हों, सामाजिक न्याय के आदर्श के लिए ही समर्पित रहे हैं।"–Albert Einstein : **Ideas and Opinions**, *Just What is a Jew?,* p. 195.

    इसी पुस्तक में आइंस्टाइन पुनः दोहराते हैं कि आधुनिक काल में स्पिनोजा और कार्ल मार्क्स का जीवन सामाजिक न्याय की इसी आदर्श परंपरा के लिए समर्पित रहा है।–वही, *The Jewish Community,* p. 174.

15. इसी तरह का एक अन्य वाकया है : सन् 1946 में अमरीका के कुछ प्रभावशाली यहूदियों ने, आइंस्टाइन के सहयोग से, 'अल्बर्ट आइंस्टाइन फाउंडेशन' की स्थापना करके मिडलसेक्स में एक यहूदी-समर्थित धर्म-निरपेक्ष विश्वविद्यालय स्थापित किया था। लक्ष्य था–शिक्षा में यहूदी संस्कृति और प्रजातांत्रिक परंपरा को विशेष महत्व देना। लेकिन संचालकों में जल्दी ही मतभेद पैदा हो गए। अंत में आइंस्टाइन ने प्रसिद्ध ब्रिटिश अर्थशास्त्री व समाजवादी विचारक हैराल्ड जे. लास्की (1893-1950 ई.) को विश्वविद्यालय का अध्यक्ष नियुक्त करने का सुझाव दिया, तो संचालक-मंडल के एक सदस्य ने लिखा : "लास्की कम्युनिस्ट हैं, प्रजातंत्र के अमरीकी सिद्धांतों के लिए एकदम परकीय हैं।" आइंस्टाइन ने अपना समर्थन वापस

ले लिया और उनके नाम का उपयोग न करने की हिदायत दे दी। विश्वविद्यालय 1948 ई. में खुला–ब्रांडेइस विश्वविद्यालय के नाम से। सन् 1953 में ब्रांडेइस विश्वविद्यालय ने आइंस्टाइन को डाक्टरेट की मानद उपाधि देनी चाही, मगर उन्होंने लेने से साफ इनकार कर दिया।

आइंस्टाइन अपने उसूलों पर कायम रहने वाले व्यक्ति थे। सिओनवादी आंदोलन के नेता व इस्राइल के प्रथम राष्ट्रपति शाइम वेइजमान, प्रसिद्ध भौतिकवेत्ता रॉबर्ट ओप्पेनहाइमेर और प्रिंसटन स्थित उच्च अध्ययन संस्थान के अध्यक्ष अब्राहम फ्लेक्सनेर जैसे कई नामी यहूदियों से आइंस्टाइन के वैचारिक मतभेद रहे हैं।

16. हिब्रू विश्वविद्यालय के 'आइंस्टाइन अभिलेखागार' में 1912 से 1955 ई. के बीच के आइंस्टाइन के निजी पत्र-व्यवहार के लगभग 3500 पेज मूल दस्तावेज संगृहीत हैं। इनमें सत्येन बसु, रवि ठाकुर, गांधीजी, नेहरू आदि अनेक भारतीयों के साथ हुए आइंस्टाइन के पत्र-व्यवहार के मूल दस्तावेज भी अवश्य सुरक्षित होने चाहिए।

17. आइंस्टाइन के 50वें जन्म-दिवस के मौके पर, 1929 ई. में, एक जापानी विद्वान ने उनसे कुछ सवाल पूछे थे। तब 'सत्य' के बारे में उनका उत्तर था : "'वैज्ञानिक सत्य' शब्द को भी ठीक-ठीक अर्थ प्रदान करना कठिन है। वस्तुतः 'सत्य' शब्द का अर्थ इस बात पर निर्भर करता है कि हम इसे किस पर लागू करते हैं–किसी अनुभवाश्रित तथ्य, किसी गणितीय साध्य या किसी वैज्ञानिक सिद्धांत पर। 'धार्मिक सत्य' में मुझे कतई कोई स्पष्टता दिखाई नहीं देती।" (देखिए आइंस्टाइन, **Ideas and Opinions** में *On Scientific Truth,* पृ. 261)।

18. माइकेल बेस्सो के लिए देखिए अध्याय 4 और चित्र 4.8.

19. आइंस्टाइन के अध्ययन-कक्ष में फैराडे व मैक्सवेल के चित्रों के अलावा महात्मा गांधी का फोटो भी लगा हुआ था; कई स्रोतों से इस तथ्य की पुष्टि होती है। परंतु लगता है कि गांधीजी के फोटो-फ्रेम पर विज्ञान के इतिहासकार कोहेन की नजर नहीं पड़ी। गांधीजी की "आत्मकथा" आइंस्टाइन की एक प्रिय पुस्तक थी।

20. सर् जेम्स जॉर्ज फ्रेजर (Sir James George Frazer : 1854-1941 ई.) : नृतत्व और लोक-साहित्य के विख्यात ब्रिटिश विद्वान, जिन्होंने 12 खंडों में The Golden Bough (1911-1915 ई.) नामक ग्रंथ लिखा है।

चित्र 16.11 : जेम्स जॉर्ज फ्रेजर (1854-1941 ई.)

21. देखिए Andrew Robinson , **EINSTEIN** : A Hundred Years of Relativity में Bernard Cohen's article *Einstein's Last Interview*, p. 225.

22. बर्ट्राण्ड रसेल के लिए देखिए अध्याय 9, टिप्पणी 5.

23. इस "रसेल-आइंस्टाइन घोषणापत्र" से ही वैज्ञानिकों के प्रसिद्ध "पगवाश सम्मेलन" (Pugwash Conference) नामक आंदोलन का जन्म हुआ है—मानव जाति के लिए नाभिकीय हथियारों के भयावह खतरों को उजागर करने के प्रयोजन से। इस आंदोलन का पहला सम्मेलन 1957 ई. में पगवाश (नोवा स्कोटिया, कनाडा) में हुआ था, इसलिए इसका यह नाम। उसके बाद कई देशों में "पगवाश सम्मेलन" का आयोजन हुआ है—भारत में भी। "पगवाश सम्मेलन" आंदोलन को 1995 ई. का नोबेल शांति पुरस्कार प्रदान किया गया।

24. हान्स अल्बर्ट के लिए देखिए अध्याय 4, टिप्पणी 6.

25. डा. टॉमस हार्वे ने आइंस्टाइन के मस्तिष्क के कई खंड करके उनमें से कम-से-कम तीन खंड अन्य वैज्ञानिकों को दिए। उनमें से एक वैज्ञानिक, कैलिफोर्निया विश्वविद्यालय (बर्कले) की प्रो. मारियन डायमंड (Prof. Marian Diamond) ने 1985 ई. में प्रकाशित अपने शोध-निबंध में बताया कि आइंस्टाइन के मस्तिष्क के बाएं गोलार्ध के उस भाग में, जिसे गणितीय व भाषाई प्रवीणता का नियंत्रक माना जाता है, ग्लायाल कोशिकाओं (glial cells) की संख्या औसत से कुछ ज्यादा है। ग्लायाल कोशिकाएं न्यूरॉनों (neurons) को पोषकतत्व (ऊर्जा) पहुंचाती हैं। ज्यादा ग्लायल कोशिकाएं न्यूरानों के बीच ज्यादा परिपथ स्थापित करके एक ज्यादा जटिल संरचना वाले मस्तिष्क का निर्माण करती हैं।

    फिर 1999 ई. में कनाडा के ओंटारिओ विश्वविद्यालय के डा. सांद्रा विटेलसन (Dr. Sandra Witelson) ने आइंस्टाइन के मस्तिष्क का अपना अध्ययन प्रकाशित किया। उन्होंने सामान्य बुद्धिवाले 35 पुरुषों और 56 महिलाओं के सुरक्षित मस्तिष्कों के साथ आइंस्टाइन के मस्तिष्क की तुलना करके जाना कि जिस हिस्से को गणितीय चिंतन के साथ जोड़ा जाता है वह आइंस्टाइन के मामले में दोनों ओर सामान्य से 13 प्रतिशत ज्यादा चौड़ा है। डा. विटेलसन ने यह भी जाना कि सामान्यतः मस्तिष्क के अग्रभाग से इसके पिछवाड़े तक जाने वाली सिल्वइन दरार (Sylvian fissure) आइंस्टाइन के मामले में अपनी पूरी लंबाई तक नहीं गई है। आइंस्टाइन की विशिष्ट प्रतिभा का कारण उनके मस्तिष्क की यह कम लंबी दरार हो सकती है, क्योंकि इस क्षेत्र के ज्यादा न्यूरॉनों को एक-दूसरे के साथ संपर्क स्थापित करके अधिक आसानी ने मिल-जुलकर काम करने का अवसर मिलता होगा। आइंस्टाइन के मस्तिष्क के अन्य भाग औसत से कुछ छोटे थे। इस तरह, कुल मिलाकर आइंस्टाइन

के मस्तिष्क का आकार और भार लगभग सामान्य ही था।

नई जानकारी के अनुसार (The Hindu, 22-2-2007), लाउसान्ने विश्वविद्यालय (स्विट्जरलैंड) के एक वैज्ञानिक-दल ने पता लगया है कि ग्लायाल कोशिकाएं आसपास के न्यूरानों को कैल्सियम की आपूर्ति करते रहकर मस्तिष्क के भीतर संदेशों को नियंत्रित करती हैं।

जो भी हो, इस समूचे अन्वेषण को निर्णायक नहीं माना जा सकता। आइंस्टाइन एक महान भौतिकवेत्ता ही नहीं, एक सजग व सक्रिय समाज-चिंतक भी थे। आइंस्टाइन को बनाने वाली सामाजिक व राजनीतिक परिस्थितियों को भी ध्यान में रखना जरूरी है। और, आइंस्टाइन को एक 'महान गणितज्ञ' नहीं ही माना जा सकता। उन्होंने अपने सिद्धांतों के सृजन में मिंकोवस्की, रीमान, लेवी-सिविटा आदि के गणित का उपयोग किया है। कई गणितज्ञ उन्हें सतत अपना सहयोग देते रहे हैं। आइंस्टाइन को बहुभाषाविद भी नहीं कहा जा सकता। जे. रॉबर्ट ओप्पेनहाइमेर कहीं अधिक भाषाएं जानते थे।

और फिर, आइंस्टाइन ने स्वयं बताया है : "भाषा या शब्द, जैसाकि उन्हें लिखा या बोला जाता है, मेरी चिंतन-प्रक्रिया में कोई भूमिका अदा करते प्रतीत नहीं होते। जो मानसिक तत्व मेरे चिंतन के सक्रिय घटक जान पड़ते हैं, वे हैं कुछ निश्चित चिह्न और कमोबेश स्पष्ट बिंब, जिनका 'स्वेच्छा से' सृजन और संयोजन किया जा सकता है।" देखिए Jacques Hadamard : **The Psychology of Invension in the Mathematical Field,** ***Appendix II*** **:** *A Testimonial from Professor Einstein*, Dover edition, 1954, pp.144-45.

26. हाइड्रोजन बम के उसी प्रथम विस्फोट की 'राख' में एक और परायूरेनियम रेडियोधर्मी तत्व की खोज हुई थी। नंबर 100 के उस धात्विक तत्व को इतालवी भौतिकवेत्ता एनरिको फर्मी (1901-1954 ई.) के सम्मान में "फर्मियम" (fermium, संकेत Fm) नाम दिया गया। दोनों तत्वों—आइंस्टाइनियम व फर्मियम—के खोजकर्ताओं का कथन था कि आइंस्टाइन और फर्मी, दोनों ने "परमाणु युग के उद्घाटन में महत्व की भूमिका अदा की है।"

❑❑❑

परिशिष्ट

Science is not and will never be a closed book. Every important advance brings new questions. Every development reveals, in the long run, new and deeper difficulties.

A. Einstein and L. Infeld
The Evolution of Physics, 1938

विज्ञान एक बंद पुस्तक नहीं है, और न कभी होगी। हर महत्वपूर्ण खोज के साथ नए प्रश्न पैदा होते हैं। विकास का हर दौर, अंततोगत्वा, नई और गहन समस्याओं को जन्म देता है।

–अल्बर्ट आइंस्टाइन व लिओपोल्ड इन्फेल्ड
भौतिकी का विकासक्रम, 1938 ई.

परिशिष्ट-1

आइंस्टाइन के भारतीय सरोकार[1]

सन् 1922 की शरत् ऋतु में आइंस्टाइन, अपनी दूसरी पत्नी एल्सा के साथ, जापान की यात्रा पर गए थे। वे फ्रांस के मार्सेल बंदरगाह से *कितानो मारु* नामक जापानी जहाज पर चढ़े और पूर्व की ओर रवाना हो गए। जहाज भूमध्यसागर व लाल सागर पार करके हिंद महासागर में आगे बढ़ा। जहाज कोलंबो (श्रीलंका) में रुका, तो आइंस्टाइन ने अवश्य सोचा होगा : "काश! भारत में भी कुछ दिन गुजार सकता, तो 'रब्बी टैगोर' (Rabbi Tagore) से पुनः भेंट हो जाती।"

आइंस्टाइन ने सचमुच ही ऐसा सोचा होगा, तो इसमें ताज्जुब की कोई बात नहीं है। भारत और भारतीयों के प्रति उनके मन में विशेष लगाव था, यह बात कई प्रसंगों से प्रमाणित हो जाती है। प्रिंसटन-निवास के उनके अध्ययन-कक्ष में माइकेल फैराडे (1791-1867 ई.) और जेम्स क्लार्क मैक्सवेल (1831-1879 ई.) जैसे महान वैज्ञानिकों के अलावा महात्मा गांधी (1869-1948 ई.) का भी चित्र टंगा हुआ था। आइंस्टाइन ने अनेक अवसरों पर गांधीजी की स्तुति की है। पर दोनों की भेंट कभी नहीं हुई, हालांकि दोनों ही एक-दूसरे से मिलने के लिए उत्सुक थे।

चित्र परि.-1.1 : जापान की यात्रा पर जाते समय आइंस्टाइन और पत्नी एल्सा *कितानो मारु* जहाज पर, 1922 ई.

लेकिन आइंस्टाइन से रवींद्रनाथ ठाकुर (1861-1941 ई.) की भेंट कम-से-कम तीन बार हुई। पहली बार दोनों की भेंट प्रथम विश्वयुद्ध (1914-1918 ई.) आरंभ होने के कुछ समय पहले बर्लिन में हुई थी। रविबाबू को साहित्य का नोबेल पुरस्कार 1913 ई. में दिया गया था और आइंस्टाइन को 1921 ई. का भौतिकी का नोबेल पुरस्कार देने की घोषणा 1922 ई. के अंत में हुई थी, जिसे उन्होंने जापान-यात्रा से लौटने के बाद 1923 ई. के आरंभ में स्वीडेन जाकर ग्रहण किया। अल्बर्ट आइंस्टाइन (1879-1955 ई.) रविबाबू से अठारह साल छोटे थे। सन् 1927 से आइंस्टाइन के अंतिम दिन तक उनकी सेक्रेटरी-सहायिका रही हेलेन डुकास (Helen Dukas) ने जानकारी दी है कि आइंस्टाइन रवि ठाकुर को "रब्बी टैगोर" कहते थे।

यहूदी धर्मगुरु को रब्बी (Rabbi) कहते हैं और इब्रानी (हिब्रू) भाषा में इसका अर्थ होता है : "मेरे गुरु"। अतः "रब्बी" एक तरह से "गुरुदेव" का ही पर्यायवाची है।

पता चलता है कि आइंस्टाइन से रविबाबू की दूसरी बार भेंट बर्लिन में 1926 ई. में हुई थी। रविबाबू आमंत्रित होकर जून 1926 में इटली पहुंचे थे—पुत्रवधू के साथ। उसी समय प्रो. प्रशांत महालनोबिस (1893-1972 ई.) और उनकी पत्नी निर्मल कुमारी ('रानी') भी कोलंबो होते हुए रोम पहुंच गए। फिर सबने मिलकर यूरोप के कई देशों की यात्रा की, कई नामी व्यक्तियों से भेंट की। वे बर्लिन में आइंस्टाइन से भी मिले।[2]

रवींद्रनाथ ठाकुर द्वारा अल्बर्ट आइंस्टाइन को 22 दिसंबर, 1929 को लिखे एक पोस्टकार्ड की प्रति प्रिंसटन के

चित्र परि.-1.2 : (बैठे हुए) : रवींद्रनाथ ठाकुर, आइंस्टाइन और उनके बीच में आइंस्टाइन की पत्नी एल्सा। पीछे खड़े हैं (दाईं ओर से क्रमशः) : रविबाबू की पुत्रवधू, निर्मल कुमारी ('रानी') व उनके पति प्रशांत महालनोबिस, मारगॉट (एल्सा की बेटी) और डा. लोवेंथाल।

चित्र परि.-1.3: रवींद्रनाथ ठाकुर और अल्बर्ट आइंस्टाइन, कापुथ, जर्मनी, 1930 ई.

'आइंस्टाइन अभिलेखागार' में मौजूद है। उसमें रविबाबू ने लिखा है : "उन्हें मेरा अभिवादन, जो मुझे अधूरा जानते हैं और मुझे स्नेह करते हैं। हार्दिक शुभकामनाएं।"[3]

अगली बार आइंस्टाइन से रविबाबू की भेंट 14 जुलाई, 1930 को अपराह्न में हुई थी—बर्लिन के नजदीक के कापुथ गांव में बने आइंस्टाइन के निवास-स्थान पर। रविबाबू को सन् 1930 में "मानव-धर्म" (The Religion of Man) विषय पर 'हिबर्ट व्याख्यान' देने के लिए ऑक्सफोर्ड विश्वविद्यालय ने आमंत्रित किया था। उसके बाद रविबाबू आइंस्टाइन से मिलने कापुथ (बर्लिन) गए थे। भेंट के दौरान दोनों के बीच हुई चर्चा का वैचारिक दृष्टि से विशेष महत्व है। दोनों के बीच इस बात को लेकर स्पष्ट मतभेद रहा कि विश्व में किसी मानवेतर 'सत्य' का अस्तित्व है या नहीं। बातचीत के प्रमुख अंश हैं :

आइंस्टाइन : "क्या आप मानते हैं कि विश्व से पृथक् किसी दैवी शक्ति का अस्तित्व है?"

रविबाबू : "पृथक् नहीं। मानव का अनंत व्यक्तित्व विश्व को समझता है। ऐसा कुछ भी नहीं है जिसे मानव के व्यक्तित्व में शामिल नहीं किया जा सकता। अतः प्रमाणित होता है कि विश्व का सत्य मानवीय सत्य है।

"मैंने एक वैज्ञानिक तथ्य लेकर इस बात की व्याख्या की है। द्रव्य प्रोटॉनों तथा इलेक्ट्रॉनों से निर्मित है, और इनके बीच में रिक्त स्थान हैं। परंतु अलग-अलग इलेक्ट्रॉनों और प्रोटॉनों के बीच के अंतरालों को जोड़ने वाली श्रृंखलाओं के बिना द्रव्य ठोस प्रतीत हो सकता है। उसी तरह, मानवता व्यक्तियों का समूह है; फिर भी मानवीय संबंधों के कारण वे एक-दूसरे से जुड़े होते हैं, और इसी से मानवीय विश्व की एक जीवंत इकाई बनती है। इसी तरह, समूचा विश्व हमारे साथ, प्रत्येक व्यक्ति के साथ, जुड़ा हुआ है; यह एक मानवीय विश्व है। मैंने इस विचार की खोज कला, साहित्य और मानव की धार्मिक चेतना में की है।"

आइंस्टाइन : "विश्व के स्वरूप के बारे में दो अलग-अलग धारणाएं प्रचलित हैं : (1) मानवाश्रित एकरूप विश्व, और (2) मानवेतर यथार्थ विश्व।"

रविबाबू : "जब विश्व के साथ, अनंत के साथ, हमारा तादात्म्य स्थापित हो जाता है, तब इसे हम सत्य के रूप में पहचानते हैं, इसे सौंदर्य के रूप में अनुभव करते हैं।"

आइंस्टाइन : "विश्व के बारे में यह एक विशुद्ध मानवीय धारणा है।"

रविबाबू : "इसके अलावा अन्य कोई धारणा नहीं हो सकती। यह विश्व मानवीय विश्व है। ··· इसलिए हमसे पृथक् किसी विश्व का अस्तित्व नहीं है; यह अपनी वास्तविकता के लिए हमारी चेतना पर आश्रित एक सापेक्षिक विश्व है ··· ।"

आइंस्टाइन : "तब तो सत्य या सुंदरता मानव से पृथक् नहीं है?"

रविबाबू : "नहीं।"

आइंस्टाइन : "जब कोई भी आदमी नहीं होगा, तब क्या अपोलो बेल्वेदेर (Apollo Belveder)[4] की सुंदरता भी नहीं रहेगी?"

रविबाबू : "नहीं।"

आइंस्टाइन : "सुंदरता से संबंधित इस धारणा से मैं सहमत हूं, मगर सत्य के मामले में नहीं।"

रविबाबू : "क्यों नहीं? मनुष्य को ही तो सत्य की अनुभूति होती है।"

आइंस्टाइन : "मैं अपनी धारणा को प्रमाणित नहीं कर सकता, परंतु यह मेरा धर्म है।"

दोनों के बीच आगे का संवाद है :

आइंस्टाइन : "दैनंदिन जीवन में इस्तेमाल होने वाली वस्तुओं की मानवेतर यथार्थता

को हमें स्वीकार करना पड़ता है। जैसे, यदि इस मकान में कोई भी मनुष्य न हो, तब भी वह मेज वहीं पर रहेगी जहां वह अब है।"

रविबाबू : "हां, वह (मेज) व्यक्ति के मस्तिष्क के परे तो रहती है, परंतु विश्व-मस्तिष्क के परे नहीं।"

समूचे संवाद का सारांश यह रहा कि रवि ठाकुर के मतानुसार, विश्व का सत्य वस्तुतः मानवीय सत्य है। मगर आइंस्टाइन की मान्यता थी कि सत्य का मानवेतर अस्तित्व है। इसे ही अन्यत्र उन्होंने 'वस्तुगत यथार्थता' कहा है। आइंस्टाइन आगे भी 'रब्बी टैगोर' जैसे व्यक्तियों के इस "मानवकेंद्रित सत्य" पर सतत चिंतन करते रहे। सन् 1950 में एक दिन आइंस्टाइन पैदल ही प्रिंसटन स्थित उच्च अध्ययन संस्थान से अपने घर लौट रहे थे, तो एकाएक रुककर उनके साथ चल रहे अब्राहम पाइस (आइंस्टाइन के वैज्ञानिक जीवनीकार) से उन्होंने पूछा था : "क्या आप सचमुच मानते हैं कि जब मैं चंद्रमा को देखता हूं, तभी केवल उसका अस्तित्व रहता है?"

आइंस्टाइन और रविबाबू के बीच बर्लिन में 14 जुलाई, 1930 ई. को हुए उपर्युक्त संवाद के साक्षी पत्रकार दिमित्री मारियानोफ (मारगॉट के पति) ने लिखा है : "दोनों को एकसाथ देखना एक अविस्मरणीय अनुभव था। टैगोर–कवि, किंतु एक विचारक का मस्तिष्क; आइंस्टाइन–विचारक, किंतु एक कवि का मस्तिष्क। दर्शक को लग रहा था, मानो दो ग्रहों के बीच संवाद चल रहा है।"[5]

उसी वर्ष (1930 ई.) 19 अगस्त को रविबाबू बर्लिन में दुबारा आइंस्टाइन से मिले। इस बार दोनों के बीच पूर्व और पश्चिम के संगीत के बारे में विस्तृत बातचीत हुई। दोनों ही संगीत के प्रेमी थे।

सन् 1930 में सोवियत रूस के शिक्षामंत्री ए. वी. लुनाचार्स्की (A. V. Lunacharsky) भी बर्लिन जाकर आइंस्टाइन से मिले थे (देखिए अध्याय 9 व उसकी टिप्पणी 21)। उन्होंने वहां रविबाबू से भी भेंट की और उन्हें मास्को आने का आमंत्रण दिया। रविबाबू ने 11-25 सितंबर, 1930 को मास्को की यात्रा की।

सन् 1931 में रविबाबू सत्तर साल के होने जा रहे थे। उस अवसर पर फ्रांस के महान साहित्यकार रोमाँ रोलाँ (1866-1944 ई.)[6] रविवाबू के सम्मान में एक ग्रंथ प्रकाशित करना चाहते थे। उन्होंने 30 सितंबर, 1930 को एक पत्र लिखकर आइंस्टाइन से इस ग्रंथ के लिए लेख लिखने का अनुरोध किया। 10 अक्तूबर, 1930 के अपने पत्र में आइंस्टाइन ने लिखा कि वे ग्रंथ के लिए लेख लिखेंगे। साथ ही, उन्होंने जोड़ा कि जिन्होंने विशिष्ट बौद्धिक उपलब्धियों के लिए ख्याति अर्जित की है उनका यह फर्ज़ बनता है कि वे अनिवार्य सैनिक-सेवा का विरोध करें। आइंस्टाइन जबरदस्ती की सैनिक भरती के घोर विरोधी थे।

इस पत्र के दो दिन बाद ही आइंस्टाइन, रवींद्रनाथ ठाकुर और रोमाँ रोलाँ की ओर से एक संयुक्त घोषणापत्र जारी हुआ, जिसमें जबरदस्ती की सैनिक भरती और तरुणों की सैनिक-सेवा के विरुद्ध अपील की गई थी।[7] रविबाबू को भेंट किया गया ग्रंथ (The Golden Book of Tagore) 1931 ई. में प्रकाशित हुआ, जिसकी 'प्रस्तावना' के अंत में अल्बर्ट आइंस्टाइन, महात्मा गांधी और रोमाँ रोलाँ के नाम थे।

आइंस्टाइन से रविबाबू की संभवतः अंतिम भेंट न्यूयार्क में हुई थी, 14 दिसंबर, 1930 को। आइंस्टाइन कैलिफोर्निया इंस्टीट्यूट ऑफ टेक्नॉलॉजी (काल्टेक, पासादेना, अमरीका) में 'अतिथि प्राध्यापक' नियुक्त होने पर न्यूयार्क पहुंचे थे। उस समय आइंस्टाइन और रविबाबू के बीच जो बातचीत हुई, उसका विवरण नहीं मिलता। मगर आइंस्टाइन ने अपनी वापसी यात्रा के दौरान जहाज से रवि ठाकुर को जो टेलीग्राम भेजा था उसकी प्रतिलिपि प्रिंसटन के 'आइंस्टाइन अभिलेखागार' में उपलब्ध है : "आपसे जो भेंट हुई उसके लिए मैं तहे-दिल से आपको धन्यवाद देता हूं। मैं यह भी कामना करता हूं कि देशों को एक-दूसरे के नजदीक लाने के अपने आदर्श कार्य में टैगोर सफलता प्राप्त करें। —अल्बर्ट आइंस्टाइन।"

दिसंबर 1930 के बाद आइंस्टाइन और रवि ठाकुर की पुनः भेंट नहीं हुई। रविबाबू ने 1931 ई. के बाद पुनः पाश्चात्य देशों की यात्रा नहीं की। 1933 ई. में प्रिंसटन में बस जाने के बाद आइंस्टाइन पुनः यूरोप या एशिया के देशों में नहीं गए।

सन् 1932 में रवि ठाकुर तेहरान की यात्रा पर गए थे। तब एक ईरानी गणितज्ञ सैयद जलालुद्दीन तेहरानी ने उनसे आइंस्टाइन के बारे में उनकी राय पूछी थी। रविबाबू का जवाब था : "गणित और विज्ञान में उनकी ख्याति के अलावा वे एक अच्छे और सहृदय इंसान हैं; उन्होंने दुनिया और इसके ऊपरी दिखावे से अपने को अलग रखा है। वे मानवता और शांति के लिए समर्पित हैं। वे शांति के पुरजोर समर्थक हैं और इस कार्य के लिए उन्होंने अपना जीवन अर्पित कर दिया है। अमरीका में दिए गए अपने भाषणों में उन्होंने युद्ध की हानियों और शांति के लाभों को उजागर किया है। वे सचमुच ही एक महामानव हैं। वे जाति के बारे में कतई कट्टर नहीं हैं और सभी लोगों को एक-जैसा समझते हैं। आइंस्टाइन वर्तमान युग के सबसे बड़े विचारक हैं।"

रवींद्रनाथ ठाकुर की वैज्ञानिक विषयों में गहरी दिलचस्पी थी। उन्होंने 1937 ई. में बांग्ला भाषा में **विश्व-परिचय** नामक एक पुस्तक लिखी थी, जिसमें उन्होंने न्यूटन के गुरुत्वाकर्षण सिद्धांत, आइंस्टाइन के आपेक्षिकता-सिद्धांत, विश्व की संरचना आदि की सरल जानकारी दी है। सत्येंद्रनाथ बसु विज्ञान की शिक्षा मातृभाषा में देने के पक्षधर थे; रविबाबू ने अपनी पुस्तक सत्येंद्र बसु को भेंट की है।

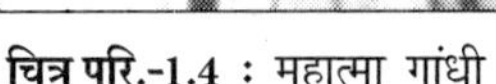

चित्र परि.-1.4 : महात्मा गांधी

चित्र परि.-1.5: अल्बर्ट आइंस्टाइन

महात्मा गांधी (1869-1948 ई.) और आइंस्टाइन (1879-1955 ई.) के बीच पहली बार, और शायद अंतिम बार, 1931 ई. में पत्र-व्यवहार हुआ था। गांधीजी भारतीय राष्ट्रीय कांग्रेस के प्रतिनिधि नियुक्त होकर गोलमेज सम्मेलन में भाग लेने लंदन पहुंचे थे–भारतीय संविधान में सुधार पर बातचीत करने के लिए। उन दिनों गांधीजी के सुंदरम् नाम के एक परिचित व्यक्ति बर्लिन गए हुए थे। आइंस्टाइन ने उन्हीं के हाथों 27 सितंबर, 1931 को गांधीजी को पत्र भेजा :

"आपने अब तक किए गए अपने कार्य से प्रमाणित कर दिया है कि हिंसा को अपनाए बिना भी हम अपने लक्ष्य को हासिल कर सकते हैं; हम हिंसा के उपासक को अहिंसा के तरीकों से हरा सकते हैं। आपका उदाहरण मानवता के लिए प्रेरणा का काम करेगा और अंतर्राष्ट्रीय सहयोग से हिंसा पर आधारित कलहों को समाप्त करके संसार में शांति स्थापित करने में योग देगा। आपके प्रति अपनी श्रद्धा अभिव्यक्त करते हुए मैं आशा करता हूं कि किसी दिन आपसे साक्षात् भेंट कर सकूंगा।" आइंस्टाइन ने गांधीजी की आत्मकथा पढ़ी थी।

आइंस्टाइन के इस पत्र का गांधीजी ने लंदन से ही 10 अक्तूबर, 1931 को उत्तर भेजा :

"सुंदरम् के जरिए भेजे हुए आपके सुंदर पत्र को पाकर मुझे अति प्रसन्नता हुई। मेरे लिए यह बड़े हर्ष की बात है कि मैं जो कार्य कर रहा हूं उसे आप अच्छा समझते हैं। मैं भी आपसे आमने-सामने मिलने के लिए उत्सुक हूं, और वह भी

भारत में, मेरे आश्रम में।" उस समय गांधीजी का निवास अभी साबरमती आश्रम (अहमदाबाद) में ही था।

आइंस्टाइन ने गांधीजी के अहिंसात्मक आंदोलन की भले ही प्रशंसा की हो, परंतु वे गांधीजी के आर्थिक विचारों से पूर्णतः सहमत नहीं थे। उन्होंने 1935 ई. में ही गांधीजी के आर्थिक कार्यक्रमों की दो कमजोरियों को स्पष्ट कर दिया था : "अहिंसात्मक आंदोलन को आदर्श परिस्थितियों में ही चलाया जा सकता है। भारत में अंग्रेजों के विरुद्ध इसे चलाना संभव हो सकता है, मगर आज के जर्मनी में नाज़ियों के खिलाफ इसे अपनाना संभव नहीं है। और, आज के युग में मशीनी उत्पादन को खत्म करने या कम करने की गांधी की कोशिश व्यर्थ है। मशीनी उत्पादन एक वास्तविकता है, और इसे हमें स्वीकार कर लेना चाहिए।"

गांधीजी के आर्थिक कार्यक्रमों के आलोचक होने पर भी आइंस्टाइन के मन में गांधीजी के जीवन-दर्शन और उनके अहिंसात्मक आंदोलन के लिए अगाध श्रद्धा थी। सन् 1939 में गांधीजी सत्तर साल के हो रहे थे। उस समय सर्वपल्लि राधाकृष्णन् (1888-1975 ई.) ऑक्सफोर्ड में प्राच्य धर्म के प्राध्यापक थे और गांधीजी को एक लेख-संकलन भेंट करना चाहते थे। उन्होंने 12 जनवरी, 1939 को आइंस्टाइन को एक पत्र लिखकर लेख भेजने का अनुरोध किया। आइंस्टाइन ने अनुरोध को सहर्ष स्वीकार करके गांधी-ग्रंथ (Mahatma Gandhi : Essays and Reflections on His Life and Work Presented to Him on His Seventieth Anniversary, 2 October 1939) के लिए लिखा :

"राजनीतिक इतिहास में महात्मा गांधी का जीवन-कार्य अद्वितीय है। उन्होंने पराधीन बनाए गए अपने देशवासियों की मुक्ति के लिए संघर्ष का एक नया और मानवीय तरीका अपनाया है और इसे वे पूरी शक्ति व श्रद्धा के साथ लागू कर रहे हैं। ... हम सबको इस बात के लिए खुश होना चाहिए कि एक ऐसा श्रेष्ठ व्यक्ति हमारा समकालीन है, जो आने वाली पीढ़ियों के लिए एक मिसाल बनेगा।"

उसी अवसर पर आइंस्टाइन ने गांधीजी के बारे में एक वक्तव्य जारी किया था : "गांधी अपने लोगों के एक ऐसे नेता हैं जिनके पास कोई सत्तात्मक अधिकार नहीं है; वे ऐसे राजनेता हैं जिनकी सफलता किसी तरह की तिकड़म या तकनीकी साधनों पर नहीं, बल्कि महज अपने व्यक्तित्व की विश्वासोत्पादक शक्ति पर निर्भर है। वे एक ऐसे विजयी योद्धा हैं जिन्होंने कभी बल का प्रयोग नहीं किया। उनमें विवेक है, नम्रता है, दृढ़ता है, सुसंगतता है। उन्होंने अपनी सारी शक्ति अपने लोगों के कल्याण और उत्थान में लगा दी है। यूरोप की पाशविकता को उन्होंने आम आदमियों की प्रतिष्ठा से टक्कर दी और इस प्रकार सदा के लिए श्रेष्ठत्व प्राप्त किया।

"आगे आनेवाली पीढ़ियां, संभव है, मुश्किल से यकीन कर पाएंगी कि हाड़-मांस का ऐसा भी कोई आदमी इस धरती पर पैदा हुआ था।"[8]

गांधीजी के प्रति आइंस्टाइन की श्रद्धा अंतिम दिनों तक बनी रही। उनके प्रिंसटन-निवास के अध्ययन-कक्ष में गांधीजी का जो चित्र टंगा हुआ था वह आज भी वहां मौजूद है। 3-6 नवंबर, 1952 को हिरोशिमा में आयोजित विश्व राज्यसंघ के एशियाई सम्मेलन (Asian Congress for World Federation) को भेजे अपने संदेश में आइंस्टाइन ने लिखा था :

"गांधी हमारे समय की सबसे बड़ी राजनीतिक प्रतिभा हैं और उन्होंने बता दिया है कि हमें किस मार्ग पर चलना है। उन्होंने प्रमाणित कर दिया है कि सही मार्ग को खोज लेने के बाद मनुष्य कितना त्याग कर सकता है। भारत की आजादी के लिए उन्होंने जो कार्य किया है वह इस तथ्य का जीवंत साक्ष्य है कि दृढ़ विश्वास पर आधारित मनुष्य की इच्छाशक्ति अपराजेय लगने वाली भौतिक शक्तियों से अधिक बलशाली होती है।"

आइंस्टाइन समाजवादी रुझान के व्यक्ति थे और अपने विचारों को खुलकर व्यक्त करते थे। अपने अंतिम वर्षों में वे निरस्त्रीकरण आंदोलन के साथ जुड़ गए थे और चाहते थे कि गोपनीय रखी गई नाभिकीय जानकारियों पर एक विश्व सरकार का आधिपत्य होना चाहिए। उनके ऐसे विचारों के कारण अमरीका का एक वर्ग उनकी कटु आलोचना करने लग गया था। अमरीका में जब मैकार्थीवाद (McCarthyism)[9] का उत्थान हुआ, तो आइंस्टाइन पर हमले तेज होते गए। परंतु उन्होंने इसकी तनिक भी परवाह नहीं की। तथाकथित अमरीकी-विरोधियों को दंडित करने के प्रयोजन से हैरी ट्रुमॅन (अमरीकी राष्ट्रपति : 1945-1953 ई.) के शासन में एक 'आंतरिक सुरक्षा समिति' का गठन किया गया था। समिति के सामने उपस्थित होकर गवाही देने का मतलब था, अपनी वफादारी का सबूत देना। आइंस्टाइन इसे अनुचित समझते थे। आइंस्टाइन ने नागरिकों और बुद्धिजीवियों से अपील की कि वे इस सुरक्षा समिति के सामने उपस्थित होकर गवाही न दें।

उसी दौरान मई 1953 में ब्रुकलिन (न्यूयार्क) के एक अध्यापक विलियम फ्राउएनग्लास (William Frauenglass) का आइंस्टाइन को एक पत्र मिला। फ्राउएनग्लास को 'आंतरिक सुरक्षा समिति' के सन्मुख उपस्थित होकर अपने राजनीतिक विचार स्पष्ट करने को कहा गया था, जिसे उन्होंने अस्वीकार कर दिया। फ्राउएनग्लास अब मुसीबत में थे, इसलिए उन्होंने सलाह के लिए आइंस्टाइन को पत्र लिखा था।

आइंस्टाइन ने 16 मई, 1953 को जर्मन भाषा में फ्राउएनग्लास को जो उत्तर

भेजा वह अंग्रेजी में अनूदित होकर, उनकी अनुमति से, 12 जून, 1953 के 'न्यूयार्क टाइम्स' में प्रकाशित हुआ (आइंस्टाइन ने पत्र के अंत में लिखा था कि 'इसे गोपनीय न समझा जाए')। पत्र का प्रमुख अंश है :[10]

"इस देश (अमरीका) के बुद्धिजीवियों के सामने एक गंभीर समस्या पैदा हो गई है। यहां के प्रतिक्रियावादी राजनेताओं ने बाहरी खतरे का खयाली भय पैदा करके जनता की नजर में सभी बौद्धिक क्रियाकलापों के प्रति संदेह पैदा कर दिया है। इसमें सफल हो जाने के बाद अब वे शिक्षा की आजादी को कुचलने और न झुकने वालों को उनके पदों से हटाने, उन्हें भूखा मारने के प्रयास में जुटे हुए हैं। अल्पसंख्यक बुद्धिजीवी इस दुष्टता का सामना किस तरह कर सकते हैं? इसके लिए मुझे स्पष्टतः एक उपाय नजर आता है—गांधी का असहयोग का क्रांतिकारी मार्ग। जिस किसी को भी समिति के सन्मुख गवाही देने के लिए बुलाया जाएगा, उसे उपस्थित होने से इनकार कर देना चाहिए। अर्थात्, उसे जेल जाने और आर्थिक नुकसान भोगने के लिए तैयार रहना चाहिए। ··· यदि यह गंभीर कदम उठाने के लिए पर्याप्त लोग सामने आते हैं, तो उन्हें अवश्य सफलता मिलेगी। लेकिन यदि वे ऐसा नहीं करते, तो इस देश के बुद्धिजीवियों के लिए गुलामी को गले लगाने के अलावा और कोई चीज बाकी नहीं बचेगी।"

30 जनवरी, 1948 को गांधीजी की हत्या हुई। तीन सप्ताह बाद उनकी स्मृति में वाशिंगटन डी.सी. में आयोजित एक समारोह में आइंस्टाइन ने कहा : "जो कोई भी मानवता के बेहतर भविष्य की कामना करता है उसे गांधी के दुःखद निधन से अवश्य ही आघात पहुंचा होगा। वे अपने ही सिद्धांत—अहिंसा के सिद्धांत—के शिकार हुए हैं। वे मरे, क्योंकि उनके देश में व्याप्त व्यापक अशांति और अव्यवस्था के दौर में भी उन्होंने अपने लिए किसी तरह की सशस्त्र सुरक्षा की मांग नहीं की। इस बात में उनकी अटूट आस्था थी कि बल-प्रयोग अपने आप में एक पाप है,

Was soll die Minderheit der Intellektuellen tun
gegen das Übel? Ich sehe offen gestanden nur den
revolutionären Weg der Non-cooperation im Sinne Ghandi's.
Jeder Intellektuelle, der vor eines der Comités vorgeladen
wird, müsste jede Aussage verweigern, d. h. bereit sein,

चित्र परि.-1.6 : 12 जून, 1953 को 'न्यूयार्क टाइम्स' में छपे आइंस्टाइन के मूल जर्मन में लिखे 16 मई के पत्र का वह अंश जिसमें गांधीजी और उनके असहयोग के क्रांतिकारी मार्ग का उल्लेख है। ऊपर से तीसरी पंक्ति में दाईं ओर है गांधी का नाम।

और पूर्ण न्याय के लिए संघर्ष करने वालों को इससे दूर रहना चाहिए।

"उनका संपूर्ण जीवन इसी विश्वास के लिए समर्पित था, और इसी विश्वास को दिल व दिमाग में रखकर उन्होंने अपने महान देश को स्वाधीनता दिलाई। उन्होंने सिद्ध कर दिखाया कि केवल राजनीतिक छल-कपट से नहीं, बल्कि उच्च आदर्श वाली नैतिक जीवन-चर्या से भी लोगों की निष्ठा अर्जित की जा सकती है।"

उसी वर्ष 2 नवंबर, 1948 को आइंस्टाइन ने 'भारतीय शांति सम्मेलन' को संदेश भेजा : "इसके पहले कि बहुत ज्यादा देर हो जाए, हमें अपनी सारी शक्ति इस बात में लगा देनी चाहिए कि दुनिया के सारे लोग गांधी के सिद्धांत को अपनी बुनियादी नीति मानकर अपना लें।"

गांधी की हत्या के बाद कोलकाता के एक कलाकार और अंबाला के भौतिकी के एक प्राध्यापक ने आइंस्टाइन को पत्र लिखकर गांधी के विज्ञान-विरोधी और औद्योगीकरण-विरोधी विचारों का उल्लेख करके आश्चर्य व्यक्त किया था कि आइंस्टाइन ऐसे अविवेकी व्यक्ति की स्तुति कैसे कर सकते हैं। कोलकाता के कलाकार को आइंस्टाइन ने लिखा : "टेक्नालॉजी के प्रति गांधी के दृष्टिकोण की आपकी आलोचना में कुछ सच्चाई हो सकती है। परंतु मेरे विचार से भारत की मुक्ति के लिए किए गए उनके कार्य और अहिंसा के उनके सिद्धांत का महत्व इतना ज्यादा और इतना विशिष्ट है कि ऐसे महापुरुष में ऐसी मामूली कमजोरी की तलाश न्यायसंगत नहीं है।" और, भौतिकी के प्राध्यापक को आइंस्टाइन का जवाब था : " ··· गांधी का आत्मचरित्र इस बात का सबसे बड़ा सबूत है कि वे एक महामानव थे। ··· क्या आप ऐसे आदमी की हत्या करना उचित समझते हैं जिसके कुछ विचार आपके विचार से मेल नहीं खाते?" अंबाला के उस प्राध्यापक ने आइंस्टाइन को दो और पत्र भेजे, जिनमें गांधी को हिटलर कहा गया और उनकी हत्या को जायज बताया। आइंस्टाइन ने उन पत्रों को जवाब देने लायक नहीं समझा।

गांधी के प्रति आइंस्टाइन की श्रद्धा अंतिम दिनों तक कायम रही। संयुक्त राष्ट्रसंघ द्वारा 18 जुलाई, 1950 को प्रसारित 'शांति का प्रयास' कार्यक्रम में आइंस्टाइन ने कहा था : "हमारे समय के आज के तमाम राजनीतिक व्यक्तियों में गांधी के विचार सबसे प्रबुद्ध हैं। हमें उनकी भावनाओं के अनुरूप कार्य करने चाहिए; हमें अपने लक्ष्य-साधन में हिंसा का प्रयोग नहीं करना चाहिए और ऐसे किसी काम में भाग नहीं लेना चाहिए जिसे हम अनुचित समझते हैं।"

पं. जवाहरलाल नेहरू (1889-1964 ई.) ने कैम्ब्रिज विश्वविद्यालय में वैज्ञानिक विषयों (रसायन, भूगर्भ-विज्ञान व वनस्पति-विज्ञान) का अध्ययन किया था। वे आधुनिक

विज्ञान से बहुत प्रभावित थे, इसलिए आइंस्टाइन और उनके आपेक्षिकता सिद्धांत के महत्व को भलीभांति समझते थे। उन्होंने अपने ग्रंथ **विश्व इतिहास की झलक** (Glimpses of World History) में आपेक्षिकता-सिद्धांत का उल्लेख किया है और आइंस्टाइन को "आज का सबसे बड़ा वैज्ञानिक" बताया है।

इतिहास में भी नेहरूजी की गहरी दिलचस्पी थी। भारत की आजादी के आंदोलन के दौरान लिखी गई उनकी पुस्तकों ने देश-विदेश के अनेकानेक पाठकों को इतिहास व भारत से परिचित क़राया है। अपने ग्रंथ **भारत की खोज** (Discovery of India) में नेहरूजी आइंस्टाइन को उद्धृत करते हैं : "आज के हमारे भौतिकवादी युग में विवेकशील विज्ञानकर्मी ही सच्चे धर्मपरायण व्यक्ति हैं।" फिर नेहरू अपनी ओर से टिप्पणी जोड़ते हैं : "आज से पचास साल पहले विवेकानंद ने आधुनिक विज्ञान को वास्तविक धर्म-भावना की अभिव्यक्ति माना था, क्योंकि यह (विज्ञान) सत्य को जानने के लिए ईमानदारी से प्रयास करता है।"[11]

आगे नेहरू ने अपने इसी ग्रंथ में लिखा है : "आइंस्टाइन, जिनका वैज्ञानिकों में सर्वोच्च स्थान है, हमें बताते हैं कि 'आज मानव-जाति का भविष्य इसके नैतिक बल पर पहले से कहीं अधिक आश्रित है। त्याग और आत्म-संयम के जरिए ही

चित्र परि.-1.7: जवाहरलाल नेहरू, अल्बर्ट आइंस्टाइन और इंदिरा गांधी, प्रिंसटन, अक्तूबर 1949 ई.

सुख और प्रसन्नता की प्राप्ति संभव है।' वे हमें आज के गौरवशाली वैज्ञानिक युग से एकाएक पुराने दार्शनिकों के युग में पीछे ले जाते हैं; सत्ता-लोलुपता और धन-प्रेरकता के परित्याग की उस भावना का स्मरण कराते हैं जिससे भारत भलीभांति परिचित रहा है। संभवतः आज के अन्य अनेक वैज्ञानिक उनके इस विचार से या इस कथन से भी सहमत नहीं होंगे कि, 'मुझे पूरा यकीन है कि दुनिया की कोई भी सम्पदा मानवता को आगे बढ़ाने में मदद नहीं दे सकती, फिर वह सम्पदा इस क्षेत्र में काम करने वाले सबसे समर्पित कार्यकर्ताओं के अधिकार में भी क्यों न हो। केवल महान और विशुद्ध व्यक्तित्व ही उदात्त विचारों और श्रेष्ठ कार्यों का सृजन कर सकते हैं। धन सिर्फ स्वार्थ को ही जन्म देता है और इसके धारकों को इसके दुरुपयोग के लिए सदैव प्रेरित करता रहता है।'"[12]

अक्तूबर 1949 में प्रधानमंत्री नेहरू अमरीका की यात्रा पर गए थे। तब नेहरू ने प्रिंसटन जाकर आइंस्टाइन से भेंट की थी और उन्हें अपनी पुस्तक 'भारत की खोज' (Discovery of India) भेंट की थी। तब श्रीमती इंदिरा गांधी (1917-1984 ई.) और श्रीमती विजयलक्ष्मी पंडित भी उनके साथ थीं। पुस्तक को पढ़ने के बाद आइंस्टाइन ने 18 फरवरी, 1950 को नेहरू को पत्र लिखा था :

"प्रिय श्री नेहरू,

आपके अद्भुत ग्रंथ 'भारत की खोज' ***(The Discovery of India)*** *को मैंने बड़े चाव से पढ़ा है। एक पश्चिमवासी के लिए इस ग्रंथ के पूर्वार्ध का पठन आसान नहीं है। परंतु यह आपके महान देश की गौरवशाली बौद्धिक एवं आध्यात्मिक परंपरा की पहचान कराता है। ग्रंथ के उत्तरार्ध में आपने ब्रिटिश शासन के अनर्थकारी प्रभाव और उसके द्वारा अपनाई गई जबरदस्ती की नीतियों से हुए आर्थिक, नैतिक व बौद्धिक पतन का और भारतीय जनता के अनैतिक शोषण का जो वर्णन किया है उसने मुझे बहुत प्रभावित किया है। अहिंसा और असहयोग का मार्ग अपनाकर गांधी और आपने मुक्ति के लिए जो कार्य किया है वह मेरी नजर में और भी अधिक महत्वपूर्ण हो गया है। ... आपने अपनी अत्युत्तम कृति मुझे भेजी, इसके लिए धन्यवाद।*

स्नेहपूर्ण आपका

A. Einstein

(अल्बर्ट आइंस्टाइन)

पुनश्च : कृपया अपनी पुत्री को मेरा स्मरण कराएंगे।"

आइंस्टाइन कई भारतीय वैज्ञानिकों के संपर्क में आए, विशेषकर उनके प्रिंसटन निवासकाल (1933-55 ई.) के दौरान। सन् 1947 में आइंस्टाइन और दो अन्य नामी वैज्ञानिकों के साथ टहलते हुए डा. होमी भाभा (1909-1966 ई.) का एक फोटो है।[13] लेकिन भाभा और आइंस्टाइन के बीच कोई महत्वपूर्ण बातचीत हुई होगी, इसकी संभावना बहुत कम है; दोनों के जीवन-दर्शन में काफी अंतर था।

नोबेल पुरस्कार-विजेता भारतीय वैज्ञानिक सुब्रह्मण्यन् चंद्रशेखर (1910-1995 ई.) ने आइंस्टाइन और उनके विशिष्ट आपेक्षिकता-सिद्धांत से संबंधित विषयों पर काफी-कुछ लिखा है। चंद्रशेखर 1941 ई. में आमंत्रित होकर प्रिंसटन के उच्च अध्ययन संस्थान पहुंचे थे, सपत्नीक, और वहां वे तीन महीने रहे थे। लेकिन उस दौरान आइंस्टाइन से उनकी किसी भेंट-बातचीत का उनकी जीवनी में कोई जिक्र नहीं है। हां, 3 अक्तूबर (1941 ई.) को प्रिंसटन पहुंचने पर चंद्रशेखर ने अपने पिता को लिखा था : "एक ही संस्थान में आइंस्टाइन, वाइल, पाउली और अन्यों के साथ रहना सौभाग्य की बात है।"[14]

प्रो. दामोदर धर्मानंद कोसंबी (1907-1966 ई.) प्राचीन भारतीय इतिहास के अपने अन्वेषण-कार्य के लिए ज्यादा जाने जाते हैं। लेकिन वे मूलतः एक गणितज्ञ थे। उनकी गणितीय गवेषणाएं प्रमुखतः प्रायिकता सिद्धांत (Probability Theory), पथ ज्यामिति (Path Geometry) और प्रदिश विश्लेषण (Tensor Analysis) से संबंधित हैं। गणित के इन विषयों का आइंस्टाइन के व्यापक आपेक्षिकता-सिद्धांत और एकीकृत क्षेत्र सिद्धांत (Unified Field Theory) से बुनियादी सरोकार रहा है। सन् 1949 में प्रो. कोसंबी को प्रिंसटन के उच्च अध्ययन संस्थान में आमंत्रित किया गया था। तब आइंस्टाइन और कोसंबी में एकीकृत क्षेत्र सिद्धांत की समस्याओं को लेकर कई बार चर्चाएं हुई थीं।[15] प्रो. कोसंबी ने आइंस्टाइन के अपने प्रथम 'दर्शन' के बारे में लिखा है :

चित्र परि.-1.8 : प्रो. दामोदर धर्मानंद कोसंबी (1907-1966 ई.)

"'वे हैं *हमारे* प्रोफेसर आइंस्टाइन', अमरीकी टैक्सी-ड्राइवर ऐसी मृदुता और गर्व के साथ बोला, जोकि अशिष्टता

के लिए कुख्यात उसकी जमात में दुर्लभ है। इस प्रशंसा का पात्र व्यक्ति दिसंबर 1948 की एक धुंधली दोपहरी को प्रिंसटन की पटरी पर तेजी से आगे बढ़ रहा था। उनके मशहूर अयाल-केश, जो अब सफेद और पतले हो गए थे, अभी भी हैट से रक्षित नहीं थे। शर्ट और नेकटाई का स्थान बुनी हुई खलासी-जर्सी ने ले लिया था और मोजों को पूर्णतः त्याग दिया गया था।"[16]

चित्र परि.-1.9 : आइंस्टाइन प्रिंसटन की पटरी पर तेजी से आगे बढ़ते हुए, 1948 ई.

लेकिन जिस एक भारतीय वैज्ञानिक का नाम आइंस्टाइन के साथ सदा के लिए जुड़ गया है, वे हैं – सत्येंद्रनाथ बसु (1894-1974 ई.)। सन् 1919 की बात है। सत्येन बसु और मेघनाद साहा (1893-1956 ई.) ने कोलकाता के साइंस कालेज में भौतिकी के नए विषय पढ़ाने का काम अपने जिम्मे लिया था। उन्होंने स्नातकोत्तर कक्षा में आइंस्टाइन के आपेक्षिकता-सिद्धांत को भी पढ़ाने का निश्चय किया। लेकिन उस समय तक आइंस्टाइन के मूल जर्मन निबंधों का अंग्रेजी में अनुवाद नहीं हुआ था–कहीं पर भी नहीं। सत्येन बसु और मेघनाद साहा, दोनों ने ही जर्मन सीखी थी। दोनों ने मिलकर आइंस्टाइन और हेरमान मिंकोवस्की[17] के मूल जर्मन निबंधों का अंग्रेजी में अनुवाद किया–साहा ने विशिष्ट आपेक्षिकता (1905 ई.) के और बसु ने व्यापक आपेक्षिकता (1916 ई.) के।

लेकिन निबंधों को पुस्तकाकार प्रकाशित करने के लिए आइंस्टाइन की अनुमति प्राप्त करना आवश्यक था। सत्येन बसु ने अनुमति के लिए आइंस्टाइन को बर्लिन में पत्र लिखा। परंतु आइंस्टाइन उन निबंधों को अंग्रेजी में प्रकाशित करने के अधिकार लंदन के नामी प्रकाशक 'मेथुएन एंड कंपनी' (METHUEN & Co.) को पहले ही दे चुके थे। प्रकाशक ने आपत्ति उठाई। मगर आइंस्टाइन ने बसु को निबंध प्रकाशित

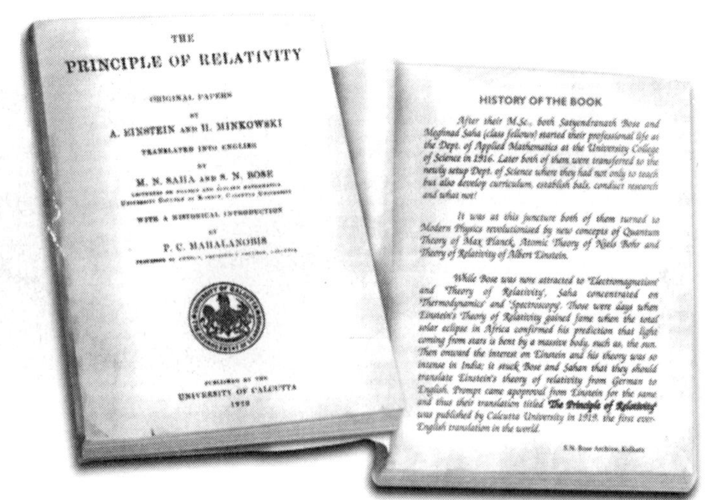

THE

PRINCIPLE OF RELATIVITY

ORIGINAL PAPERS

BY

A. EINSTEIN AND H. MINKOWSKI

TRANSLATED INTO ENGLISH

BY

M. N. SAHA AND S. N. BOSE

WITH A HISTORICAL INTRODUCTION

BY

P. C. MAHALANOBIS

PUBLISHED BY THE

UNIVERSITY OF CALCUTTA

HISTORY OF THE BOOK

After their M.Sc., both Satyendranath Bose and Meghnad Saha (class fellows) started their professional life at the Dept. of Applied Mathematics at the University College of Science in 1916. Later both of them were transferred to the newly setup Dept. of Science where they had not only to teach but also develop curriculum, establish labs, conduct research and what not!

It was at this juncture both of them turned to Modern Physics revolutionised by new concepts of Quantum Theory of Max Planck, Atomic Theory of Niels Bohr and Theory of Relativity of Albert Einstein.

While Bose was more attracted to 'Electromagnetism' and 'Theory of Relativity', Saha concentrated on 'Thermodynamics' and 'Spectroscopy'. Those were days when Einstein's Theory of Relativity gained fame when the total solar eclipse in Africa confirmed his prediction that light coming from stars is bent by a massive body, such as, the sun. Then ensued the interest on Einstein and his theory was so intense in India; it struck Bose and Sahan that they should translate Einstein's theory of relativity from German to English. Prompt came approval from Einstein for the same and thus their translation titled ***The Principle of Relativity*** *was published by Calcutta University in 1919, the first ever English translation in the world.*

S.N. Bose Archive, Kolkata

चित्र परि.-1.10 : The Principle of Relativity (Calcutta University, 1920 ई.) पुस्तक का मुखपृष्ठ (बाएं) और "पुस्तक का इतिहास" (दाएं)।[18]

करने की अनुमति दे दी (इसे आइंस्टाइन का भारत-प्रेम न कहें, तो और क्या कहें?)। वे निबंध 1920 ई. के आरंभ में कलकत्ता विश्वविद्यालय से प्रकाशित हुए।[19] पुस्तक (The Principle of Relativity) की भूमिका प्रो. प्रशांत महालनोबिस (1893-1972 ई.) ने लिखी है। इस प्रकार, आइंस्टाइन के आपेक्षिकता-सिद्धांत को अंग्रेजी में उलथा करके पहली बार प्रकाशित करने का श्रेय भारत के तरुण वैज्ञानिकों को है। उस समय मेघनाद साहा व सत्येन बसु मुश्किल से 25-26 साल के थे। मेघनाद साहा ने 1921 ई. में बर्लिन जाकर वहां वाल्थेर नेर्नस्ट (1864-1941 ई.) की प्रयोगशाला में शोधकार्य किया था। तब आइंस्टाइन, माक्स फॉन लाउए और माक्स प्लांक से मेघनाद साहा की कई बार भेंट और वैज्ञानिक चर्चाएं हुई थीं।[20]

चित्र परि.-1.11 : (बाएं से क्रमशः) मेघनाद साहा, सत्येन बसु और प्रशांत महालनोबिस के भारतीय डाक-टिकट

चित्र परि.-1.12 : अल्बर्ट आइंस्टाइन, वायलिन बजाते हुए

चित्र परि.-1.13 : सत्येन्द्रनाथ बसु, इसराज बजाते हुए

सत्येन बसु ने 4 जून, 1924 को ढाका से अपना एक शोध-निबंध (Planck's Law and the Hypothesis of Light Quanta) आइंस्टाइन को भेजा—एक पत्र के साथ।[21] उसमें सत्येन बसु ने माक्स प्लांक (1858-1947 ई.) के विकिरण नियम की सैद्धांतिक व्युत्पत्ति का एक नया गणितीय तरीका सुझाया था। आइंस्टाइन तत्काल समझ गए कि क्वांटम सिद्धांत के लिए बसु की इस खोज का विशेष महत्व है। उन्होंने बसु के उस निबंध का जर्मन में स्वयं अनुवाद करके उसे प्रकाशित कराया।[22] फिर आइंस्टाइन ने बसु से प्रेरित होकर स्वयं दो निबंध लिखे, जिनमें उन्होंने बसु के तरीके को परमाणुओं पर लागू किया। परिणामतः "बोस-आइंस्टाइन सांख्यिकी" (Bose-Einstein Statistics) का सृजन हुआ और "बोसोन" (Boson) नामक परमाणु-कणों की धारणा ने जन्म लिया। सन् 1925 में आइंस्टाइन ने भविष्यवाणी की कि अतिनिम्न तापमान की समुचित परिस्थितियों में "बोसोन" कण द्रव्य की एक नई अवस्था ('सुपरएटम') को जन्म दे सकते हैं।[23]

आइंस्टाइन के सहयोगी व जीवनीकार अब्राहिम पाइस (1919-2000 ई.) ने लिखा है : "'बोसोन' ने सत्येंद्रनाथ को आधुनिक भौतिकी की एक चिरस्थापित प्रतिमा बना दिया है। प्लांक, आइंस्टाइन व नील्स बोर के बाद पुराने क्वांटम सिद्धांत का चौथा और अंतिम क्रांतिकारी शोध-निबंध सत्येंद्रनाथ बसु का ही था।"

सत्येन बसु ने 15 जून, 1924 को अपना एक और शोध-निबंध आइंस्टाइन को भेजा। आइंस्टाइन ने उसका भी अनुवाद किया और उसे प्रकाशित कराया, मगर इस बार अपनी टिप्पणी में उन्होंने शोध-निबंध की कुछ त्रुटियों का उल्लेख भी किया।

इस बीच सत्येन बसु ने यूरोप में अध्ययनार्थ ढाका विश्वविद्यालय को दो साल के अवकाश के लिए आवेदन भेजा था, मगर उन्हें स्पष्ट उत्तर नहीं मिल रहा था। सौभाग्य से बसु को आइंस्टाइन का पहला पोस्टकार्ड मिला, तो वह उनके लिए पासपोर्ट साबित हुआ और उन्हें यूरोप में दो वर्ष के अध्ययन के लिए अवकाश मिल गया। बसु अक्तूबर 1924 में पेरिस पहुंच गए। बसु ने वहां मारी क्यूरी (1867-1934 ई.) की प्रयोगशाला में कार्य किया; वे पॉल लांगेविन और मॉरिस दे ब्रोग्ली (लुई दे ब्रोग्ली के बड़े भाई) जैसे श्रेष्ठ वैज्ञानिकों के संपर्क में आए।

लगभग एक साल पेरिस में गुजारकर अक्तूबर 1925 में बसु बर्लिन पहुंचे। उस समय आइंस्टाइन लाइडेन (नीदरलैंड्स) गए हुए थे, इसलिए दोनों की भेंट कुछ दिन बाद हुई।[24] आइंस्टाइन ने बसु को एक परिचय-पत्र दिया, जिससे वैज्ञानिक सेमीनारों में शामिल होने और बर्लिन विश्वविद्यालय के ग्रंथालय से पुस्तकें प्राप्त करने में उन्हें सुविधा हुई। आइंस्टाइन के परिचय-पत्र के आधार पर बसु को फ्रिट्स हाबेर, ओट्टो हान, लिसे माइटनेर, यूजेन विग्नेर आदि कई श्रेष्ठ वैज्ञानिकों से मिलने और उनसे चर्चाएं करने का सुअवसर मिला।

अगले वर्ष (1926 ई.) बसु ढाका लौटे, तो मित्रों ने उन्हें विश्वविद्यालय में प्राध्यापक-पद के लिए आवेदन करने का सुझाव दिया। चूंकि बसु के पास 'डाक्टरेट' की उपाधि नहीं थी, इसलिए सुझाया गया कि वे आइंस्टाइन से सिफारिश का एक पत्र प्राप्त कर लें। बसु ने इस संबंध में आइंस्टाइन को लिखा, तो उन्हें बड़ा आश्चर्य हुआ। बोले : "क्या बसु का वैज्ञानिक कृतित्व उनकी योग्यता का पर्याप्त परिचायक नहीं है?"

सन् 1925 के बाद सत्येंद्रनाथ बसु आइंस्टाइन से फिर दुबारा कभी नहीं मिले। आइंस्टाइन 1933 ई. में अमरीका जाकर बस गए थे। बसु ने दुनिया के कई देशों की यात्राएं कीं, किंतु वे अमरीका कभी नहीं गए। सन् 1954 में बसु यूरोप गए, तो उन्होंने अमरीका जाकर आइंस्टाइन से मिलने का मन बनाया था। बताते हैं, "लेकिन वहां मैकार्थीवाद उफान पर था। चूंकि उसके पहले मैं रूस हो आया था, इसलिए उन्होंने मुझे कम्युनिस्ट मान लिया और विज़ा देने से इनकार कर दिया।"

सन् 1955 में बर्न (स्विट्ज़रलैंड) में आइंस्टाइन के विशिष्ट आपेक्षिकता-सिद्धांत की स्वर्ण-जयंती के उपलक्ष्य में एक अंतर्राष्ट्रीय सम्मेलन आयोजित किया गया था; सत्येन बसु उसमें सम्मिलित होने पहुंचे थे। उस अवसर पर आइंस्टाइन के भी बर्न आने की बात थी, परंतु सम्मेलन से पहले ही 18 अप्रैल, 1955 को प्रिंसटन में उनका निधन हो गया।

सत्येंद्रनाथ बसु आइंस्टाइन के संपर्क में आने वाले पहले भारतीय वैज्ञानिक

नहीं थे। पीछे हम बता चुके हैं कि मेघनाद साहा 1921 ई. में बर्लिन में थे, और तब आइंस्टाइन के साथ उनकी कई बार चर्चाएं हुई थीं। लेकिन उसके भी काफी पहले **देवेंद्रमोहन बसु** (D. M. Bose : 1885-1975 ई.) आइंस्टाइन के संपर्क में आ चुके थे। जगदीशचंद्र बसु[25] (1858-1937 ई.) के भतीजे (भगिनी-पुत्र) देवेंद्रमोहन बसु अप्रैल 1914 में कलकत्ता विश्वविद्यालय में भौतिकी के रासबिहारी घोष प्राध्यापक नियुक्त हुए थे। उसके तुरंत बाद वे दो साल की शोधवृत्ति प्राप्त करके बर्लिन विश्वविद्यालय पहुंचे थे। परंतु प्रथम विश्वयुद्ध (1914-18 ई.) के कारण उन्हें आगे बर्लिन में ही रुके रहना पड़ा। उस दौरान देवेंद्रमोहन बसु को माक्स प्लांक, आइंस्टाइन, गुस्ताफ हर्ट्ज, मैक्स बोर्न आदि चोटी के कई वैज्ञानिकों के लेक्चर सुनने का सुअवसर मिला था।[26] अंत में बर्लिन विश्वविद्यालय से पीएच. डी. की उपाधि प्राप्त करके वे जुलाई 1919 में कलकत्ता लौटे। देवेंद्रमोहन बसु ने ब्रह्मांड-किरणों, कृत्रिम रेडियोधर्मिता, चुंबकत्व और न्यूट्रॉन भौतिकी के क्षेत्र में महत्वपूर्ण शोधकार्य किया है। विज्ञान के इतिहास में भी उनकी गहरी पैठ थी।

सत्येंद्रनाथ बसु के भी पहले आइंस्टाइन और उनके सहयोगियों के संपर्क में आए एक और भारतीय गणितज्ञ-भौतिकवेत्ता थे—**निखिलरंजन सेन** (1894-1963 ई.)। ढाका जिले (अब बांग्लादेश) में जन्मे निखिलरंजन ढाका के एक हाईस्कूल में मेघनाद साहा के सहपाठी थे। निखिलरंजन, सत्येन बसु और मेघनाद साहा ने कलकत्ता विश्वविद्यालय की मैट्रिक परीक्षा एकसाथ पास की, प्रथम श्रेणी में, 1909 ई. में। फिर इंटरमीडिएट की परीक्षा में सत्येंद्रनाथ, मेघनाद व निखिलरंजन ने क्रमशः प्रथम, द्वितीय व तृतीय स्थान प्राप्त किए। आगे इन तीनों ने कलकत्ता के प्रेसीडेंसी कालेज में प्रवेश लिया—बी. एससी. (गणित ऑनर्स) में। इस बार भी अंतिम परीक्षा (1913 ई.) में सत्येंद्रनाथ, मेघनाद व निखिलरंजन ने क्रमशः प्रथम, द्वितीय व तृतीय स्थान प्राप्त किए। आगे तीनों ने एम. एससी. की कक्षा में प्रयुक्त गणित (जिसे उस समय 'मिश्रित गणित' कहा जाता था) विषय

चित्र परि.-1.14 : निखिलरंजन सेन (1894-1963 ई.)

लिया। अंतिम परीक्षा में सत्येंद्रनाथ व मेघनाद ने क्रमशः प्रथम व द्वितीय स्थान प्राप्त किए; बीमारी के कारण निखिलरंजन उस साल परीक्षा नहीं दे पाए। निखिलरंजन ने अगले वर्ष परीक्षा देकर प्रथम श्रेणी में प्रथम स्थान प्राप्त किया। मेघनाद साहा और सत्येंद्रनाथ बसु 1916 ई. में कलकत्ता विश्वविद्यालय के नए साइंस कालेज में गणित के व्याख्याता नियुक्त हुए। अगले वर्ष उसी गणित विभाग में निखिलरंजन सेन व्याख्याता बने।

सन् 1921 में कलकत्ता विश्वविद्यालय से डी.एससी. की उपाधि मिलने के बाद निखिलरंजन सेन छुट्टी लेकर आगे के शोधकार्य के लिए यूरोप गए। कुछ दिन पेरिस व म्यूनिख़ में गुजारने के बाद निखिलरंजन बर्लिन पहुंचे और वहां आइंस्टाइन के घनिष्ट मित्र व निकट सहयोगी, नोबेल पुरस्कार-विजेता भौतिकवेत्ता माक्स फॉन लाउए[27] (Max von Laue : 1879-1960 ई.) के निर्देशन में व्यापक आपेक्षिकता-सिद्धांत (General Theory of Relativity) और ब्रह्मांडिकी (Cosmology) में शोधकार्य करके बर्लिन विश्वविद्यालय से पीएच.डी. की उपाधि अर्जित की। व्यापक आपेक्षिकता में शोधकार्य करके पीएच.डी. प्राप्त करने वाले निखिलरंजन पहले भारतीय थे। निखिलरंजन अपने बर्लिन-निवास के दौरान माक्स प्लांक, आइंस्टाइन, आरनॉल्ड सोम्मेरफेल्ड, लुई दे ब्रोग्ली जैसे चोटी के भौतिकीविदों के संपर्क में आए।[28]

सन् 1924 में भारत लौटने के बाद निखिलरंजन कलकत्ता विश्वविद्यालय में प्रयुक्त गणित के रासबिहारी घोष प्राध्यापक नियुक्त हुए। उसके बाद उनके गिर्द आपेक्षिकता, ज्योतिर्भौतिकी, क्वांटम यांत्रिकी जैसे विषयों में शोधकार्य करनेवाले तरुणों का जमघट बना रहा। निखिलरंजन सेन ने गुरुत्वीय क्षेत्र और विश्व-मॉडल के बारे में महत्वपूर्ण शोधकार्य किया है। उनके शोधार्थी बी. दत्त ने 1938 ई. में धूल के गोलाकर गेंद के गुरुत्वीय पतन का समाधान प्राप्त किया है। प्रो. सेन के एक अन्य शोधार्थी एस. दत्त मजूमदार ने 1947 ई. में आइंस्टाइन के एक विशिष्ट प्रकार के स्थिरवैद्युत क्षेत्र के समीकरणों के लिए सही हल प्राप्त किए हैं।

यहां एक बात का विशेष रूप से जिक्र जरूरी है : सत्येंद्रनाथ बसु की तरह निखिलरंजन सेन भी विज्ञान की शिक्षा मातृभाषा में देने के पुरजोर समर्थक थे। उन्होंने 'बंगीय बिज्ञान परिषद' की स्थापना (1948 ई.) में अपने मित्र सत्येन बसु को भरपूर सहयोग दिया था। परिषद बांग्ला में 'ज्ञान ओ बिज्ञान' पत्रिका का प्रकाशन करती है। सत्येंद्रनाथ बसु ने कलकत्ता विश्वविद्यालय की स्नातकोत्तर कक्षाओं में आपेक्षिकता-सिद्धांत बांग्ला भाषा में पढ़ाना शुरू कर दिया था। निखिलरंजन सेन ने 'बिज्ञान परिषद' के तत्वावधान में "तारों की दुनिया" पर अपना अंतिम सार्वजनिक भाषण बांग्ला भाषा में दिया था।

चित्र परि.-1.15 : विष्णु वासुदेव नारळीकर (1908-1991 ई.)

एक अन्य भारतीय, जिन्होंने विदेश में आपेक्षिकता-सिद्धांत पर शोधकार्य करके भारत में इस विषय के अध्ययन-अन्वेषण को आगे बढ़ाने में अग्रणी भूमिका अदा की, वे हैं–**विष्णु वासुदेव नारळीकर** (1908-1991 ई.), जाने-माने ब्रह्मांडिकीविद जयंत नारळीकर[29] (जन्म 1938 ई.) के पिता। कोल्हापुर व मुंबई में अध्ययन करने के बाद विष्णु नारळीकर शोधवृत्ति प्राप्त करके कैम्ब्रिज पहुंचे। वहां ज्योतिर्विज्ञान का विशेष अध्ययन करके प्रो. आर्थर एडिंगटन[30] के निर्देशन में आपेक्षिकता-सिद्धांत पर शोधकार्य करके कई शोधपत्र प्रकाशित किए। सन् 1932 में भारत लौटने पर विष्णु नारळीकर, 25 वर्ष की उम्र में, बनारस हिंदू विश्वविद्यालय में गणित विभाग के अध्यक्ष नियुक्त हुए, और आगे 28 वर्ष तक उस पद पर बने रहे। उसके बाद वे पुणे विश्वविद्यालय में छह साल तक गणित के लोकमान्य तिलक प्राध्यापक रहे। विष्णु नारळीकर ने अपने अवकाश के अंतिम वर्ष बेटे जयंत के साथ गुजारे।

चित्र परि.-1.16 : प्रह्लाद चुनीलाल वैद्य (जन्म 1918-2009 ई.)

विष्णु नारळीकर ने व्यापक आपेक्षिकता, गुरुत्व और ब्रह्मांडिकी के क्षेत्रों में गवेषणा करने वाले एक दर्जन से भी अधिक शोधार्थियों का मार्गदर्शन किया है।

वाराणसी में प्रो. विष्णु वासुदेव नारळीकर के निर्देशन में शोधकार्य करके प्रह्लाद चुनीलाल वैद्य (जन्म 1918 ई.) ने विकिरणी तारे के गुरुत्वीय क्षेत्र (gravitational field of a radiating star) के लिए जो आपेक्षिकीय हल प्राप्त किया

(1943 ई.) वह 'वैद्य मेट्रिक' (Vaidya metric) के नाम से मशहूर हो गया है। कुछ साल बाद वैद्य और नारळीकर ने ऐसे गुरुत्वीय क्षेत्रों के चुंबकीय प्रभावों के बारे में संयुक्त रूप से कुछ शोध-निबंध प्रकाशित किए।

कोलकाता के अमलकुमार रायचौधरी (1923-2005 ई.) द्वारा 1955 ई. में प्रकाशित समीकरणों ('रायचौधरी समीकरणों') ने आपेक्षिकीय ब्रह्मांडिकी में विलक्षणता (singularity) की स्थिति के अन्वेषण में महत्वपूर्ण भूमिका अदा की है।

विष्णु नारळीकर ने संयुक्त रूप से के.आर. करमरकर, रामजी तिवारी, के. पी. सिंह, बी.आर. राव, ए.आर. प्रसन्ना, एन. दधीच, आर.एस. टिकेकर और पी.पी. काळे के साथ भी ब्रह्मांडिकी, व्यापक आपेक्षिकता और एकीकृत क्षेत्र सिद्धांत से संबंधित शोध-निबंध प्रकाशित किए हैं। संक्षेप में कहें तो प्रो. विष्णु वासुदेव नारळीकर ने भारत में आइंस्टाइन के आपेक्षिकता-सिद्धांत और इससे जुड़े विषयों के अध्ययन-अन्वेषण के एक 'स्कूल' की स्थापना कर दी।[31]

सन् 1969 में, प्रो. विष्णु नारळीकर को उनके 60वें जन्मदिन पर सम्मानित करने के लिए अहमदाबाद में भारतीय आपेक्षिकीविदों का एक सम्मेलन हुआ। उस अवसर पर 'व्यापक आपेक्षिकता और गुरुत्व का भारतीय संघ' (Indian Association for General Relativity and Gravitation, IAGRG) का गठन हुआ, और प्रो. नारळीकर को उसका अध्यक्ष चुना गया। संघ की ओर से 'गुरुत्व' नामक पत्रिका का प्रकाशन होता है, नामी वैज्ञानिकों के व्याख्यान भी आयोजित होते हैं।

जिस समय वाराणसी में प्रो. विष्णु नारळीकर और उनके सहयोगी आपेक्षिकता-सिद्धांत और इससे संबंधित विषयों के अन्वेषण में जुटे हुए थे, उसी दौरान इलाहाबाद में नामी विधिवेत्ता व भौतिकीविद सर् शाह मुहम्मद सुलेमान (1886-1941 ई.) आइंस्टाइन के आपेक्षिकता-सिद्धांत की जबरदस्त आलोचना कर रहे थे। उन्होंने अपना एक नया आपेक्षिकता-सिद्धांत भी प्रतिपादित कर दिया था। मजे की बात यह है कि इलाहाबाद विश्वविद्यालय में भौतिकी विभाग के तत्कालीन अध्यक्ष डा. मेघनाद साहा (1893-1956 ई.) और गणित विभाग के अध्यक्ष प्रो. अमियचंद्र बनर्जी (1891-1968 ई.) शाह सुलेमान के प्रयासों का स्वागत कर रहे थे। सन् 1937 में भारतीय राष्ट्रीय विज्ञान अकादमी (नई दिल्ली) की सदस्यता के लिए शाह सुलेमान का नाम प्रस्तावित करते हुए इन दोनों (साहा व बनर्जी) ने लिखा था : "सर् शाह मुहम्मद सुलेमान ने जिस अत्यंत मौलिक आपेक्षिकता-सिद्धांत का सृजन किया है उसकी यूरोप व अमरीका में व्यापक चर्चा हुई है।" प्रसिद्ध अमरीकी खगोलविद हारलो शेपले (1885-1972 ई.) ने शाह सुलेमान के सिद्धांत को वर्ष 1933 ई. की खगोल-विज्ञान के क्षेत्र की एक प्रमुख उपलब्धि बताया था।[32]

भारत और भारतीयों से आइंस्टाइन को विशेष लगाव था। सत्येंद्र बसु ने 1924 ई. में जब बर्लिन में आइंस्टाइन को अपना शोध-निबंध भेजा था, लगभग उसी समय की बात है। बाद के कम्युनिस्ट नेता **डा. गंगाधर अधिकारी** (1898-1981 ई.) उस समय बर्लिन विश्वविद्यालय में भौतिक-रसायन में शोधकार्य कर रहे थे। आइंस्टाइन उस 'प्रतिभाशाली भारतीय शोधार्थी' से मिलने कभी-कभी उनकी प्रयोगशाला में पहुंच जाया करते थे। बाद में मेरठ षड्यंत्र केस (1929-33 ई.) में अन्य तीस के साथ डा. गंगाधर अधिकारी को भी पकड़कर जेल में डाल दिया गया था, तब आइंस्टाइन ने उनकी फौरन रिहाई के लिए अख़बारों में अपील जारी की थी।

चित्र परि.-1.17 : डा. गंगाधर अधिकारी

दिल्ली-निवासी 32 वर्षीय एक निर्धन तरुण ने गणित व भौतिकी में शोधकार्य करने की इच्छा व्यक्त करते हुए 14 जुलाई, 1953 को आइंस्टाइन को एक लंबा पत्र लिखा—सहायता की अपेक्षा करते हुए। गरीबी के कारण वह तरुण गणित व भौतिकी का ठोस अध्ययन नहीं कर पाया था, पर इन विषयों में शोधकार्य करने की उसकी उत्कट इच्छा थी। आइंस्टाइन ने अंग्रेजी में उत्तर देते हुए 28 जुलाई, 1953 को लिखा : "मुझे आपका पत्र मिला। भौतिकी के अध्ययन को जारी रखने की आपकी उत्कट इच्छा को जानकर मुझे अच्छा लगा। लेकिन आपकी सोच से मैं सहमत नहीं हूं। हम सब अपने संगी-साथियों के कार्य से पोषित और रक्षित होते हैं, इसलिए हमें ईमानदारी से इसका मुआवजा केवल अपने आंतरिक संतोष के लिए स्वेच्छा से अपनाए गए कार्य को करके ही नहीं, बल्कि ऐसे कार्य से भी देना चाहिए जिसे सर्वसम्मति से उनके वास्ते किया गया सेवाकार्य समझा जा सके। अन्यथा हम परजीवी बन जाते हैं, भले ही हमारी जरूरतें काफी कम ही क्यों न हों। यह बात आपके देश पर विशेष रूप से लागू होती है, क्योंकि आर्थिक उत्थान के लिए संघर्ष कर रहे आज के भारत को शिक्षित व्यक्तियों के दुगुने श्रम की आवश्यकता है।"

आगे आइंस्टाइन लिखते हैं : “प्रतिभाशाली व्यक्तियों के लिए भी विज्ञान के क्षेत्र में कुछ महत्वपूर्ण हासिल करने की संभावना बहुत कम होती है, और एक उम्र गुजर जाने के बाद ऐसा कुछ कर पाने की संभावना और भी कम रहती है। अतः आपके लिए एक ही मार्ग खुला है : अध्यापक के या अपनी प्रकृति के अनुकूल किसी अन्य व्यावहारिक कार्य को अपनाकर शेष जीवन-भर अपने अध्ययन को जारी रखिए। इस तरह आप एक सामान्य और शांतिमय जीवन व्यतीत कर सकेंगे।”[33]

दिल्ली विश्वविद्यालय में नई भौतिकीय प्रयोगशाला की स्थापना के अवसर पर आइंस्टाइन ने डा. दौलत सिंह कोठारी (1906-1993 ई.) के नाम 24 फरवरी, 1940 को संदेश भेजा था : “आपकी नई भौतिकीय प्रयोगशाला के लिए शुभकामनाएं भेजते हुए मेरा संदेश है–अच्छा मैत्रीभाव रखते हुए प्रेम से और पूर्व-कल्पित विचारों को छोड़कर कार्य करेंगे, तो आपको अपने काम में सुख और सफलता मिलेगी।”[34]

आइंस्टाइन किसी भी काम को छोटा नहीं समझते थे। अमरीका में मैकार्थीवाद के दमनचक्र के दौरान जब रॉबर्ट ओप्पेनहाइमेर[35] (Robert Oppenheimer : 1904-1967 ई.) जैसे अनेक नामी वैज्ञानिकों की आजादी को बेरहमी से कुचला जा रहा था, तब जीवन के अंतिम दिनों में आइंस्टाइन को कहना पड़ा था : “यदि मैं पुनः तरुण बनता और मुझे जीविकोपार्जन के लिए कोई पेशा चुनना होता, तो मैं एक वैज्ञानिक, विद्वान या प्राध्यापक बनना नहीं, बल्कि एक नलसाज़ या फेरीवाला बनना पसंद करूंगा, क्योंकि मौजूदा परिस्थितियों में इन्हीं पेशों में कुछ सम्मानदायक आजादी अभी बाकी बची है।”[36]

आइंस्टाइन के मित्र, सहयोगी और जीवनीकार लिओपॉल्ड इन्फेल्ड (Leopold Infeld)[37] ने अपनी कृति The Quest : The Evolution of a Scientist (खोज : एक वैज्ञानिक का क्रमविकास) के अंत में भारत को पृष्ठभूमि में रखकर आइंस्टाइन की एक कल्पित छवि प्रस्तुत की है : “भारत के एक गांव में एक वयोवृद्ध ज्ञानी संत-महात्मा हैं। वे एक पेड़ के नीचे बैठे हैं और किसी से नहीं बोलते। लोग देखते हैं कि उनकी आंखें आसमान पर टिकी हुई हैं। वे उस वृद्ध व्यक्ति के विचार नहीं जानते, क्योंकि वे सदैव मौन रहते हैं। परंतु उन्होंने उस संत-महात्मा का एक चित्र कल्पित कर लिया है, जो उनके मन को सांत्वना देता है। वे उस संत की आंखों में गहन प्रज्ञा और करुणा के दर्शन करते हैं।''' आइंस्टाइन की वास्तविक महानता संभवतः इस सरल तथ्य में निहित है कि, हालांकि अपने जीवन में उन्होंने तारों को निहारा, लेकिन उन्होंने अपने संगी-साथियों को प्रेम और करुणा से भी देखने का प्रयास किया है।”

संदर्भ और टिप्पणियां

1. इस निबंध की कुछ सामग्री और उद्धरण **Current Science** (Volume 88, Number 7, 10 April 2005) में प्रकाशित Rasoul Sorkhabi के लेख ***Einstein and the Indian minds : Tagore, Gandhi and Nehru*** पर आधारित हैं। इसकी कुछ बातों का उल्लेख पहले के अध्यायों में भी हुआ है।
2. देखिए A. Mahalanobis, **Prasanta Chandra Mahalanobis**, NBT, New Delhi, 1983, p. 26.
3. "My salutation is to him who knows me imperfect and loves me. My best wishes."
4. काव्य, संगीत आदि के संरक्षक यूनानी सूर्य-देवता अपोलो की 224 सेंटीमीटर ऊंची संगमर्मर की सुंदर मूर्ति (ईसा-पूर्व दूसरी सदी), जो अब वेटिकन (इटली) में है।
5. रवि ठाकुर के साथ अपनी बातचीत को आइंस्टाइन प्रकाशन योग्य नहीं समझते थे। उन्होंने 10 अक्तूबर, 1930 को रोमाँ रोलाँ (अगली टिप्पणी) को लिखा था : "टैगोर के साथ हुआ संवाद, अभिव्यक्ति की दिक्कतों के कारण, सर्वथा विफल रहा, और कतई प्रकाशित नहीं होना चाहिए था।"
6. रोमाँ रोलाँ के लिए देखिए अध्याय 7, टिप्पणी 14.
7. इस घोषणापत्र पर सिगमंड फ्रायड, टॉमस मान, बर्ट्रांण्ड रसेल, एच. जी. वेल्स आदि ने हस्ताक्षर किए थे।
8. Albert Einstein : **Ideas and Opinions**, p. 77-78.
9. मैकार्थीवाद : उदारवाद के विरुद्ध अनुदारता। सन् 1946 में विस्कॉन्सिन राज्य से अमरीकी सिनेट के लिए चुने गए रिपब्लिकन राजनेता जोसेफ मैकार्थी (Joseph McCarthy : 1909-1957 ई.) ने सन् 1950 में यह कहकर तहलका मचा दिया था कि अमरीका के स्टेट डिपार्टमेंट में 205 कम्युनिस्ट मौजूद हैं। परिणामतः अमरीका में बहुत-से उदारवादियों और राजनीतिक दृष्टि से निष्पक्ष व्यक्तियों पर सोवियत रूस के जासूस व कम्युनिस्ट होने के आरोप लगाए गए और उन्हें दंडित किया गया।
10. Albert Einstein : **Ideas and Opinions**, *Modern Inquisitional Methods*, p. 33-34.
11. 'In this materialistic age of ours,' says Professor Albert Einstein, 'the serious scientific workers are the only profoundly religious people.'

    इस पर नेहरू की टिप्पणी है : *50 years ago, Vivekananda regarded modern science as a manifestation of the real religious spirit, for it sought to understand truth by sincere efforts.* Jawaharlal Nehru,

The Discovery of India, The Signet Press, Calcutta, 1946, p. 494.

12. उपर्युक्त, पृ. 494.

13. दाईं ओर के **चित्र परि.-1.18** में (बाएं से क्रमशः) अल्बर्ट आइंस्टाइन, जापानी भौतिकवेत्ता हिदेकी युकावा (1907-1981 ई.), प्रिंसटन के प्रो. जॉन व्हीलर और डा. होमी भाभा।

चित्र परि.1.18

14. Kameshwar C. Wali, **CHANDRA** (A Biography of S. Chandrasekhar), Viking, Penguin India, 1991, p. 192. यहां 'वाइल' हैं–हेरमान वाइल (Hermann Weyl : 1900-1955 ई.) और 'पाउली' हैं–वोल्फगांग पाउली (Wolfgang Pauli : 1900-1958 ई.)। जर्मन गणितज्ञ हेरमान वाइल 1913 ई. में ज्यूरिख़ में आइंस्टाइन के सहयोगी थे। आगे 1930 ई. तक वे ज्यूरिख़ में और फिर गॉटिंगेन में प्राध्यापक रहे। जर्मनी में नाज़ी शासन स्थापित होने पर वे प्रिंसटन के उच्च अध्ययन संस्थान चले गए। उनका प्रसिद्ध ग्रंथ है : **आकाश-काल-द्रव्य** (Space-Time-Matter, 1918 ई.)। अधिक जानकारी के लिए देखिए टिप्पणी 15.7.

    ऑस्ट्रिया में जन्मे भौतिकवेत्ता वोल्फगांग पाउली का अध्ययन जर्मनी में हुआ था। उन्होंने ज्यूरिख़ में अध्यापन-कार्य और कोपेनहेगेन में नील्स बोर के साथ क्वांटम भौतिकी के क्षेत्र में महत्वपूर्ण शोधकार्य किया। वे भौतिकी में **पाउली अपवर्जन सिद्धांत** (Pauli Exclusion Principle) की खोज के लिए जाने जाते हैं। पाउली ने न्यूट्रिनो (nutrino) कणों के अस्तित्व की भविष्यवाणी की थी। दूसरे विश्वयुद्ध के दौरान वे प्रिंसटन के उच्च अध्ययन संस्थान में थे। पाउली को 1945 ई. का भौतिकी का नोबेल पुरस्कार मिला।

15. देखिए Damodar Dharmanad Kosambi, *Biographical Memoirs of Fellows of the Indian National Science Academy*, Vol. 18, New Delhi, 1994, p. 38.

16. D. D. Kosambi, *Einstein : The Passionate Adventurer*, **Science, Society & Peace**, Pune, 1986, p.124.

17. हेरमान मिंकोवस्की के लिए देखिए अध्याय 1, टिप्पणी 9.

18. **The Principle of Relativity**, (Calcutta University, 1919 ई.) पुस्तक के 'इतिहास' का हिंदी अनुवाद :

"एम. एस-सी. करने के बाद सत्येंद्रनाथ बसु और मेघनाद साहा (सहपाठी), दोनों ने ही 1916 ई. में यूनिवर्सिटी कॉलेज आफ साइंस के प्रयुक्त गणित विभाग में अध्यापक के रूप में अपना नया जीवन शुरू किया। बाद में दोनों को ही नए स्थापित विज्ञान विभाग में स्थानांतरित कर दिया गया, जहां उन्हें न केवल पढ़ाना था, बल्कि पाठ्यक्रम तैयार करना था, प्रयोगशालाएं स्थापित करनी थीं और शोधकार्य आदि को भी संभालना था।

"उसी दौर में दोनों का ध्यान आधुनिक भौतिकी की ओर गया, जिसमें माक्स प्लांक का क्वांटम सिद्धांत, नील्स बोर का परमाणु सिद्धांत और अल्बर्ट आइंस्टाइन के आपेक्षिकता सिद्धांत की नई धारणाएं क्रांति पैदा कर रही थीं।

"सत्येन बसु की ज्यादा दिलचस्पी 'विद्युत-चुंबकत्व' व 'आपेक्षिकता सिद्धांत' में थी, तो साहा की 'तापगतिकी' व 'स्पेक्ट्रोस्कोपी' में। उन दिनों आइंस्टाइन के आपेक्षिकता सिद्धांत की खूब चर्चा थी। अफ्रीका में घटित खग्रास सूर्य-ग्रहण (29 मई 1919) ने आइंस्टाइन की इस भविष्यवाणी की पुष्टि कर दी थी कि दूर के तारों से आने वाला प्रकाश जब सूर्य जैसे बड़े पिंड के पास से गुजरता है, तो थोड़ा मुड़ जाता है। उसके बाद भारत में आइंस्टाइन और उनके सिद्धांत के बारे में इतनी ज्यादा दिलचस्पी पैदा हुई कि बसु व साहा को लगा कि उन्हें आइंस्टाइन के आपेक्षिकता सिद्धांत का जर्मन से अंग्रेजी में अनुवाद कर डालना चाहिए। आइंस्टाइन ने भी जल्दी अनुमति भेज दी और इस प्रकार उनका अनुवाद The Principle of Relativity शीर्षक से 1919 ई. (वस्तुतः 1920 ई. के आरंभ) में कलकत्ता विश्वविद्यालय से प्रकाशित हुआ, जो (आइंस्टाइन के आपेक्षिकता सिद्धांत का) दुनिया में पहला अंग्रेजी अनुवाद था।"

19. S. B. Karmoharapatro, **Meghnad Saha**, Publication Division, New Delhi, 1997, p. 118. METHUEN का अनुवाद 19 अगस्त, 1920 को छपा। जापानी भाषा में आइंस्टाइन के शोध-निबंधों का अनुवाद 1923 ई. में हुआ था।

20. वही, पृ. 118; वाल्थेर नेर्नस्ट के लिए देखिए टिप्पणी 6.4.

21. पत्र और उसके हिंदी अनुवाद के लिए देखिए अध्याय 10 (**यात्राएं**) का चित्र 9.

22. सत्येन बसु का शोध-निबंध केवल चार पृष्ठों का था। आइंस्टाइन ने Planck's Gesetz und Lichtquanten Hypothese शीर्षक से जर्मन में उसका अनुवाद करके Zeitschift für Physik जर्नल में प्रकाशन के लिए भेजा, इस टिप्पणी के साथ : *"मेरी राय में बसु द्वारा प्राप्त प्लांक के सूत्र की व्युत्पत्ति इस दिशा में एक*

महत्वपूर्ण कदम है। यहां प्रयुक्त विधि, जैसाकि मैं अन्यत्र बताऊंगा, आदर्श गैस (*ideal gas*) का क्वांटम सिद्धांत भी प्रदान करती है।"—अ. आइंस्टाइन

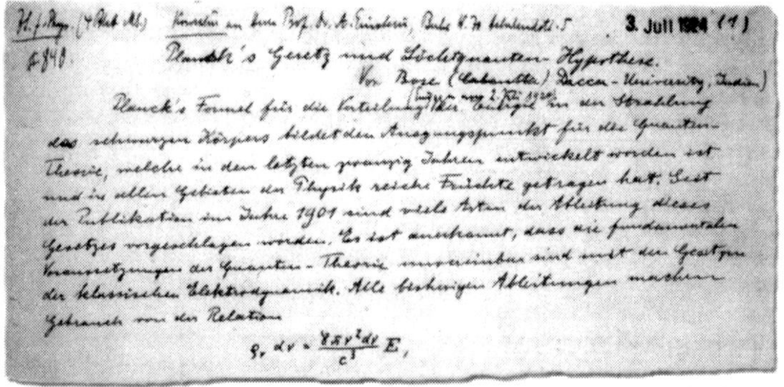

3. Juli 1924 (1)

Planck's Gesetz und Lichtquanten-Hypothese.

Von Bose (Calcutta) Dacca-University, India)

Planck's Formel für die Verteilung der Energie in der Strahlung des schwarzen Körpers bildet den Ausgangspunkt für die Quanten-Theorie, welche in den letzten zwanzig Jahren entwickelt worden ist und in allen Gebieten der Physik reiche Früchte getragen hat. Seit der Publikation im Jahre 1901 sind viele Arten der Ableitung dieses Gesetzes vorgeschlagen worden. Es ist anerkannt, dass die fundamentalen Voraussetzungen der Quanten-Theorie unvereinbar sind mit den Gesetzen der klassischen Elektrodynamik. Alle bisherigen Ableitungen machen Gebrauch von der Relation

$$\rho_\nu d\nu = \frac{8\pi\nu^2 d\nu}{c^3} E,$$

चित्र परि.-1.19 : सत्येन बसु के निबंध के जर्मन अनुवाद की आइंस्टाइन की मूल हस्तलिपि (3 जुलाई 1924) का आरंभिक अंश, जिसमें शीर्षक के बाद 'फॉन बोस (कलकत्ता) ढाका यूनिवर्सिटी, इंडिया' लिखा हुआ है।

23. प्रयोगशाला में 'बोस-आइंस्टाइन संघनित' या 'सुपरएटम' प्राप्त करना, पूरे 70 साल बाद, 1995 ई. में ही संभव हुआ, जिसके लिए 1997 और 2001 ई. में संयुक्त रूप से तीन-तीन भौतिकवेत्ताओं को नोबेल पुरस्कार दिए गए।

    'बोस-आइंस्टाइन सांख्यिकी' और 'बोस-आइंस्टाइन संघनित' के बारे में अधिक जानकारी के लिए देखिए अध्याय 13 : **आइंस्टाइन और क्वांटम सिद्धांत**।

24. आइंस्टाइन 1923 ई. में लाइडेन विश्वविद्यालय में 'अतिथि प्राध्यापक' नियुक्त हुए थे। तब उन्हें अक्सर लाइडेन जाना पड़ता था। लाइडेन में वे अपने घनिष्ठ मित्र प्रो. पॉल एहरेनफेस्ट (1880-1933 ई.) के साथ रहते थे।

    अभी कुछ दिन पहले नीदरलैंड्स के एक शोधार्थी को लाइडेन में एहरेनफेस्ट के कागज-पत्रों के साथ आइंस्टाइन और सत्येन बसु के भी कुछ कागज-पत्र मिले। लगता है कि आइंस्टाइन अक्तूबर 1925 में सत्येन बसु के निबंध अपने साथ लाइडेन ले गए थे और उनके बारे में उन्होंने एहरेनफेस्ट से चर्चा की थी।

25. अल्बर्ट आइंस्टाइन ने आचार्य जगदीशचंद्र बसु के आविष्कारों से मुग्ध होकर एक बार कहा था : "जगदीशचंद्र बसु ने जो अमूल्य तथ्य संसार को भेंट किए हैं उनमें से एक के लिए भी विजय-स्तंभ स्थापित करना उपयुक्त होगा।"

26. देखिए Devendra Mohan Bose, *Biographical Memoirs of Fellows of the Indian National Science Academy*, Vol. 7, N. Delhi, 1983, p. 88.

27. माक्स फॉन लाउए के लिए देखिए अध्याय 5, टिप्पणियां 16 व 17.

28. देखिए Nikhilranjan Sen, *Biographical Memoirs of Fellows of the Indian National Science Academy*, Vol. 1, New Delhi, 1966, p.129.

29. जयंत विष्णु नारळीकर के लिए देखिए अध्याय 9, टिप्पणी 9.

30. आर्थर एडिंगटन के लिए देखिए अध्याय 1, टिप्पणी 1.

31. देखिए Vishnu Vasudev Narlikar (By P. C. Vaidya), *Biographical Memoirs of Fellows of the Indian National Science Academy*, Vol. 19, New Delhi, 1994, pp. 121-128.

32. शाह मुहम्मद सुलेमान जौनपुर (उत्तर प्रदेश) के वकीलों के एक खानदानी परिवार में पैदा हुए थे। उनके एक पूर्वज मुल्ला महमूद 'जौनपुरी' (1587-1653 ई.) अपने समय के एक नामी प्रकृतिविद थे, बादशाह शाहजहां (शासन : 1628-1658 ई.) के आश्रय में थे, और उन्होंने फारसी में 'हिकमत अल्-बलेघा' नामक प्रकृति-विज्ञान का ग्रंथ तथा 'शम्से बज़ीघा' नाम से उसका भाष्य लिखा था। शाहजहां ने उन्हें उलूग-बेग (1394-1449 ई.) की वेधशाला का अध्ययन करने के लिए समरकंद भेजा था, क्योंकि शाहजहां वैसी ही एक वेधशाला भारत में बनवाना चाहता था। बाद में यह काम आमेर-जयपुर के राजा सवाई जयसिंह (1688-1743 ई.) ने पूरा किया।

    शाह सुलेमान की बी.ए. तक की पढ़ाई जौनपुर व इलाहाबाद में हुई। उसके बाद उन्होंने कैम्ब्रिज जाकर गणित व कानून की 'ट्राइपोस' परीक्षाएं पास कीं। भारत लौटकर उन्होंने पहले जौनपुर में और तदनंतर इलाहाबाद में वकीली की। आगे 1932 ई. में वे इलाहाबाद हाइकोर्ट के प्रमुख न्यायाधीश और 1937 ई. में भारत के तत्कालीन उच्च न्यायालय (नई दिल्ली) के न्यायाधीश बने।

    सर् सुलेमान ने प्रौढ़ावस्था में पहुंचकर पुनः गणितीय भौतिकी का अध्ययन-अन्वेषण आरंभ कर दिया। उन्हें आपेक्षिकता और क्वांटम सिद्धांत की बुनियादी धारणाएं स्वीकार नहीं थीं। उन्होंने कई शोध-निबंध भी प्रकाशित किए। नेशनल एकेडमी आफ साइंसेज (इलाहाबाद) के अपने अध्यक्षीय भाषण (1940 ई.) में शाह सुलेमान ने कहा था : "आइंस्टाइन की अभिधारणाएं स्वीकार करने योग्य नहीं हैं। मगर उनका गणितीय विश्लेषण उत्कृष्ट व निर्दोष है। लगता है जैसे कमजोर नींव पर एक शानदार महल खड़ा कर दिया गया है।"

    अगले वर्ष (1941 ई.) के अपने अध्यक्षीय भाषण में शाह सुलेमान ने पुनः भौतिकी के विरोधाभासों को उजागर करते हुए उनके प्रतिपादकों की प्रखर आलोचना की। उन्होंने तरंग-कण द्विविधता (wave-particle duality) को पूर्णतः अस्वीकार कर दिया। उनका कहना था : "अकेला इलेक्ट्रॉन तरंग के गुणधर्म कभी नहीं दर्शाता,

इसलिए इसे किसी प्रकार की तरंग के साथ जोड़ना गलत है। यदि तरंग को जोड़ना ही है, तो इसे इलेक्ट्रॉन-पुंज के साथ जोड़ा जाना चाहिए। अकेले फोटॉन या अकेले इलेक्ट्रॉन की समूची आधुनिक मान्यता भ्रांतिपूर्ण है, और अकेले व झुंड के कार्यकलापों के बीच विभेद न कर पाने की भयंकर भूल के कारण है।"

चित्र परि.-1.20 : शाह सुलेमान

मेघनाद साहा ने अपनी पत्रिका 'साइंस एंड कल्चर' में मई 1947 में प्रकाशित शाह सुलेमान के मृत्यु-लेख में सूर्य की चकती में देखे गए लाल-सरकाव (red-shift) के बदलाव की सुलेमान की व्याख्या की सराहना की थी। अमियचंद्र बनर्जी ने शाह सुलेमान द्वारा प्रतिपादित नए आपेक्षिकता-सिद्धांत की विस्तृत समालोचना करते हुए 1935 ई. में लिखा था : "सर् सुलेमान द्वारा प्रतिपादित सिद्धांत के लिए मैं उन्हें बधाई देता हूं। उनके सिद्धांत के गणितीय विवेचन में मुझे कोई गलती नजर नहीं आई। यदि कोई आलोचना की जा सकती है, तो वह केवल उनकी अभिधारणाओं की ही हो सकती है।"

शाह सुलेमान की तरह ब्रिटिश गणितज्ञ-दार्शनिक अल्फ्रेड नॉर्थ व्हाइटहेड (1861-1947 ई.) ने भी आइंस्टाइन के सिद्धांत की अभिधारणाओं की कठोर आलोचना करके 1922 ई. में अपना एक पृथक् आपेक्षिकता-सिद्धांत प्रस्तुत किया था। मगर व्हाइटहेड के मतों को मान्यता नहीं मिली (देखिए अध्याय 9); और, शाह सुलेमान के मतों का भी वही हस्र हुआ।

शाह सुलेमान के प्रयासों की विस्तृत जानकारी के लिए देखिए Shah Muhammad Sulaiman (By D. S. Kothari), *Biographical Memoirs of Fellows of the Indian National Science Academy*, Vol. 19, New Delhi, 1994, pp. 121-128.

अमियचंद्र बनर्जी ने आपेक्षिकता-सिद्धांत और ब्रह्मांडिकी के क्षेत्रों में महत्वपूर्ण खोजबीन की है। उन्होंने सौर मंडल की उत्पत्ति का एक नया सैफियरी सिद्धांत (cepheid theory) प्रस्तुत किया है। उनके दो अन्य महत्वपूर्ण योगदान हैं– 'दोलायमान विश्व का भौतिकीय सिद्धांत' और 'सर्पिल मंदाकिनी (elliptical galaxy) की भुजाओं के विस्तार का सिद्धांत'।

चित्र परि.-1.21: अमियचंद बनजी

33. देखिए **Albert Einstein** (Selections from and on Einstein), INSA & CSIR, 1984, pp. 28-29.

THE INSTITUTE FOR ADVANCED STUDY
SCHOOL OF MATHEMATICS
PRINCETON, NEW JERSEY

February 24,1940

Mr. D.S.Kothari
Physics Department
University of Delhi,
Delhi.(India).

Dear Sir:

This is the sentence expressing my good wishes for your new Physics Laboratory:

Keep good comradeship and work with love and without pre-conceived ideas and you will be happy and succesful in your work.

Yours sincerely

A. Einstein

Professor Albert Einstein.

चित्र परि.-1.22 : डा. दौलत सिंह कोठारी के नाम आइंस्टाइन का पत्र (24 फरवरी 1940)

34. वही, पृ. 29. (देखिए आइंस्टाइन का मूल पत्र ऊपर)।

35. देखिए अध्याय 14, टिप्पणी 27.

अमरीकी भौतिकवेत्ता जे. रॉबर्ट ओप्पेनहाइमेर (J. Robert Oppenheimer : 1904-1967 ई.) लॉस ऑलमॉस प्रयोगशाला के निदेशक (1943-45 ई.) और एटम बम के निर्माण के लिए बनी मैनहैटन योजना के प्रमुख थे। बाद में जब उन्होंने रेडियोधर्मिता के खतरों को पहचाना, तो हाइड्रोजन बम के विकास का विरोध किया। तब 1953 ई. में अमरीकी शासन ने उन्हें कम्युनिस्ट करार देकर 'देश की सुरक्षा के लिए खतरा' घोषित कर दिया था।

36. यह बात आइंस्टाइन ने Reporter पत्रिका के संपादक को 13 मई, 1954 को भेजे पत्र में कही थी।

37. लिओपॉल्ड इन्फेल्ड के लिए देखिए अध्याय 9, टिप्पणी 2.

❑❑❑

परिशिष्ट-2

आइंस्टाइन ने कहा था

[पीछे के अध्यायों में प्रसंगानुसार आइंस्टाइन के बहुत-सारे कथनों को प्रस्तुत किया गया है। यहां विभिन्न स्रोतों से उनके कुछ और प्रसिद्ध कथन दिए जा रहे हैं, कुछेक दोहराए भी गए हैं।]

मानव-जीवन

मानव-जीवन का अर्थ क्या है, या कहें कि, किसी प्राणी के जीवन का अर्थ क्या है? इस प्रश्न का उत्तर प्राप्त करने के लिए हमें धर्म की शरण में जाना पड़ता है। आप पूछते हैं : "तब इस प्रश्न को पूछने का क्या कोई अर्थ भी है?" मेरा उत्तर है : जो व्यक्ति अपने और अपने साथी प्राणियों के जीवन को अर्थहीन समझता है, वह न केवल अभागा है, बल्कि जीवित रहने लायक भी नहीं है।

— *दुनिया मेरी दृष्टि में*, 1934 ई.

मेरे जैसे व्यक्ति के जीवन का सत्व ठीक इस बात में है कि वह क्या सोचता है और किस तरह सोचता है, न कि इस बात में कि वह क्या करता है या क्या भुगतता है।

— *आत्मकथात्कम निबंध* से

अपने लंबे जीवन में मैंने अपना सारा दिमाग भौतिक विश्व की संरचना को कुछ अधिक गहराई से जानने में ही लगाया है। मैंने मानव के भविष्य को बेहतर बनाने, अन्याय व दमन के विरुद्ध लड़ने और परंपरागत मानव-संबंधों को सुधारने के लिए नियमित प्रयास कभी नहीं किए। मैंने सिर्फ यही एक बात की है : बीच-बीच के लंबे अंतरालों में मैंने जनता से जुड़े मामलों पर अपनी राय तभी व्यक्त की है जब वे मुझे इतने दुष्ट व दुर्भाग्यपूर्ण लगे कि मौन रहने का मतलब होता आत्मतुष्टि का अपराधी होना।

— शिकागो में 1945 ई. में दिए एक भाषण से

मेरा विश्वास है कि सरल और अहंकार-रहित जीवन सबके लिए अच्छा है– शारीरिक और मानसिक, दोनों दृष्टियों से।

— *दुनिया मेरी दृष्टि में*

मेरा पक्का विश्वास है कि दुनिया की कोई भी धन-संपदा मानवता को आगे नहीं ले जा सकती, फिर वह किसी भी समर्पित व्यक्ति द्वारा क्यों न प्रदान की गई हो। केवल महान और विशुद्ध व्यक्तियों के उदाहरण ही हमें उदात्त विचारों और कार्यों की ओर प्रेरित कर सकते हैं। धन सिर्फ स्वार्थ और दुरुपयोग को ही प्रश्रय देता है। क्या मूसा, येशु और गांधी के हाथों में कार्नेजी की धन-थैलियां होने की कोई कल्पना कर सकता है? — *दुनिया मेरी दृष्टि में*

यदि हममें से अधिकांश को फटे-पुराने कपड़ों और घटिया फर्नीचर का इस्तेमाल करने में शर्म आती है, तो हमें व्यर्थ के विचारों और घटिया विचारकों के बारे में कहीं ज्यादा शर्म आनी चाहिए।

राजनेताओं के बारे में, धार्मिक नेताओं के बारे में भी, यह कहना अक्सर कठिन हो जाता है कि इन्होंने अच्छे काम ज्यादा किए हैं या बुरे काम।

मेरा राजनीतिक आदर्श जनतंत्र है। एक व्यक्ति के तौर पर प्रत्येक का सम्मान होना चाहिए, और किसी की भी व्यक्तिपूजा नहीं होनी चाहिए। यह विधि की विडंबना है कि मेरे साथियों ने मेरी ही अत्यधिक स्तुति व प्रशंसा की है, हालांकि इसका न तो मैं दोषी हूं, न ही पात्र। — *दुनिया मेरी दृष्टि में*

सैनिक तंत्र से मुझे घृणा है। बैंड के ताल के साथ कदम से कदम मिलाकर चलने वाले सैनिक को खुश होते देखकर मुझे उससे नफरत हो जाती है। उसे गलती से ही उसका कुंद दिमाग हासिल हुआ है; उसे तो केवल रीढ़ की हड्डी मिलनी चाहिए थी। मानव सभ्यता पर लगे इस कलंक को यथासंभव शीघ्र मिटा देना चाहिए। आदेश पर आधारित वीरता, निरर्थक हिंसा और देशभक्ति के नाम पर होने वाली तमाम हानिकर मूर्खताओं से मैं नफरत करता हूं।

यदि आप सुखी जीवन बिताना चाहते हैं, तो इसे किसी लक्ष्य के साथ बांध दीजिए, न कि लोगों और वस्तुओं के साथ। — अर्न्स्ट स्ट्राउस द्वारा उद्धृत

इस धरती पर हमारी स्थिति बड़ी विचित्र है। हममें से प्रत्येक यहां थोड़े समय के लिए आता है, परंतु नहीं जानता क्यों; मगर कभी-कभी लगता है कि इसके पीछे कोई लक्ष्य है। — *मेरा मत,* 1932 ई.

दूसरों के लिए समर्पित जीवन ही सार्थक जीवन है।

जो व्यक्ति अपने और अपने साथियों के जीवन को निरर्थक मानता है, वह केवल दुःखी ही नहीं, जीवित रहने योग्य भी नहीं है।

मेरा जीवन

परंपरा से मैं एक यहूदी हूं, नागरिकता से एक स्विस हूं, और बनावट से एक मनुष्य, और *सिर्फ* मनुष्य हूं—किसी देश या किसी प्रकार की राष्ट्रीय इकाई के प्रति बिना किसी विशेष आसक्ति के। — जून, 1918

मेरे पिता की अस्थियां मिलान (इटली) में हैं। मैंने अपनी मां को कुछ ही दिन पहले यहां (बर्लिन में) दफ़नाया है। मेरे बच्चे स्विट्ज़रलैंड में हैं। ··· मैं लगातार इधर-उधर भटकता रहा हूं ··· सभी जगह एक पराये व्यक्ति की तरह। ··· मेरे जैसा व्यक्ति प्रियजनों के साथ कहीं पर भी सुखी रह सकता है।

— मई 1920

एक परिकथा का मनुष्य जब किसी चीज को स्पर्श करता है, तो वह सोने में तब्दील हो जाती है; मगर मेरी हर बात पर अख़बारों में शोर मच जाता है।

— सितंबर 1920

नाजीवाद और दो पत्नियों को झेलने के बाद भी जिंदा हूं, तो कह सकता हूं कि मैं मजे में हूं। — याकोब एहरात को पत्र, 12 मई 1952

मैं तो प्रकृति का एक छोटा-सा कण मात्र हूं।

मुझमें विशेष योग्यता नहीं है; बस, मैं बहुत ज्यादा जिज्ञासु हूं।

प्रशंसा के दुष्प्रभाव से बचने का एकमात्र उपाय है—काम करते जाना।

मैं ऐसे मामले में कोई राय नहीं देना चाहता, जिसके बारे में पर्याप्त तथ्य मुझे ज्ञात न हो।

कल्पना

ज्ञान से ज्यादा महत्वपूर्ण है कल्पना। ज्ञान की सीमा है, जबकि कल्पना की पहुंच समूचे विश्व में है। कल्पना प्रगति को प्रेरणा देती है, विकास को जन्म देती है।

— अक्तूबर 1929

अधिकार

अधिकार से मुझे नफरत है, मगर भाग्य ने मुझे ही अधिकारी बना दिया है।

— सितंबर 1930

चिंतन की दृष्टि से मैं सार्वभौमिक बने रहने का प्रयास करता हूं, परंतु प्रवृत्ति और अभिरुचि के मामले में मैं यूरोपवासी हूं। — सितंबर 1933

मैं जानना चाहता हूं कि विधाता ने इस विश्व का निर्माण किस तरह किया है; मेरी रुचि इस या उस घटना में या इस या उस तत्व के स्पेक्ट्रम में नहीं है। मैं *उसके* विचारों को जानना चाहता हूं; बाकी सब ब्योरा है।

मृत्यु

मैं अपने को समूचे जीव-जगत का एक अभिन्न अंग मानता हूं, इसलिए सृष्टि के इस अनंत प्रवाह में किसी एक व्यक्ति के साकार अस्तित्व के उद्भव या अंत से तनिक भी विचलित नहीं होता। — अप्रैल 1920

यदि हम अपने बच्चों और युवा पीढ़ी में जीवित रहते हैं, तो मृत्यु हमारा अंत नहीं है; क्योंकि वे हम हैं; हमारे शरीर तो जीवन-वृक्ष के केवल सूखे पत्ते हैं।

— फरवरी 1926

जो बूढ़ा हो गया है उसके लिए मृत्यु का आगमन मुक्ति है। मैं स्वयं अब बूढ़ा हो गया हूं, इसलिए इस बात को काफी गहराई से महसूस करता हूं। मैं मृत्यु को एक तरह का पुराना कर्ज मानने लगा हूं, जिसे अब अंत में चुका देना है। फिर भी, यह सहज प्रवृत्ति होती है कि हम अंतिम भुगतान को टालने का हर संभव प्रयत्न करते हैं। ऐसा खेल खेलती है प्रकृति हमारे साथ।

— फरवरी 1955

मृत्यु का भय सबसे अनुचित भय है, क्योंकि मृत व्यक्ति को दुर्घटना का कोई खतरा नहीं होता।

जब *मैं* जाना चाहूंगा, चला जाऊंगा। कृत्रिम तरीकों से जीवन को लंबा खींचना व्यर्थ है। मैंने अपने हिस्से का काम कर लिया है; जाने का समय आ गया है। मैं शान से जाऊंगा। — अब्राहम पाइस की आइंस्टाइन की जीवनी में उद्धृत

मैं चाहता हूं कि मेरा दाहसंस्कार हो, ताकि लोग मेरी हड्डियों की पूजा न करने लग जाएं। — अब्राहम पाइस की आइंस्टाइन की जीवनी में उद्धृत

मेरी मृत्यु के बाद मेरा मकान ऐसा तीर्थस्थल कतई नहीं बनना चाहिए जहां संत की हड्डियों के दर्शन के लिए तीर्थयात्री पहुंचे।

शिक्षक

अपयश और हानि सबसे बड़े शिक्षक व सुधारक हैं।

बच्चे माता-पिता के जीवन के अनुभवों की कोई परवाह नहीं करते, और राष्ट्र इतिहास की उपेक्षा करते हैं। बुरे सबक हमेशा ही नए सिरे से सीखने पड़ते हैं।

संगीत

मैं यदि भौतिकवेत्ता नहीं होता, तो संभवतः एक संगीतज्ञ होता। मैं अक्सर संगीत में सोचता हूं। मेरे दिवास्वप्न संगीतमय होते हैं। मैं अपना जीवन संगीत में देखता हूं ···। जीवन में सबसे ज्यादा सुख मुझे संगीत में ही मिलता है।

शांति, युद्ध व एटम बम

जो कोई भी सांस्कृतिक मूल्यों को महत्व देता है, वह शांतिवादी के अलावा और कुछ नहीं हो सकता।

इतिहास के क्षेत्र ने शांतिवादी विचारों को आगे बढ़ाने में कोई योग नहीं दिया है। इसके कई नुमाइंदों ने सार्वजनिक तौर पर चकित कर देने वाली अतिराष्ट्रवादी और सैनिक घोषणाएं की हैं ···। विज्ञान के क्षेत्र का मामला एकदम भिन्न है।

मैं सिर्फ एक शांतिवादी ही नहीं, एक लड़ाकू शांतिवादी हूं। मैं शांति के लिए लड़ने को भी तैयार हूं।···

मैं एक *समर्पित* शांतिवादी हूं, पर *संपूर्ण* नहीं; इसका अर्थ यह है कि मैं हर परिस्थिति में बल-प्रयोग का विरोधी हूं, सिवाय उस स्थिति के जब शत्रु जीव-हत्या को ही अपना लक्ष्य मानता है। — 20 मार्च 1951

मेरा विश्वास है कि अधिराष्ट्र के आधार पर विश्व में शांति स्थापित करने की समस्या को गांधी के तरीके को व्यापक स्तर पर अपनाकर ही सुलझाया जा सकता है।

मैं अपने को परमाणु-ऊर्जा की मुक्ति का पिता नहीं मानता। इसमें मेरी भूमिका अप्रत्यक्ष थी। मैंने बिल्कुल नहीं सोचा था कि यह ऊर्जा मेरे जीवनकाल में उपलब्ध हो जाएगी। मैं सोचता था कि यह सिद्धांततः ही संभव है। यह सब संभव हुआ अचानक शृंखलाबद्ध अभिक्रिया (chain reaction) की खोज होंने के कारण, और यह ऐसी चीज नहीं थी जिसकी मैं भविष्यवाणी कर सकता।

मैंने (एटम बम) के निर्माण के लिए कोई कार्य नहीं किया, बिल्कुल नहीं। एटम बम में मेरी दिलचस्पी वैसी ही है जैसी कि किसी भी अन्य व्यक्ति की, शायद थोड़ी अधिक। — 12 अगस्त 1945

जो देश जितने ज्यादा सैनिक हथियार बनाता है, वह उतना ही ज्यादा असुरक्षित हो जाता है; क्योंकि आपके पास हथियार हैं, तो आप हमले का लक्ष्य बन जाते हैं। — जनवरी 1953

विभिन्न देशों के विद्वान भी ऐसा व्यवहार कर रहे हैं, जैसे कि उनके दिमाग की शल्यक्रिया की गई हो। — प्रथम विश्वयुद्ध आरंभ होने पर रोमाँ रोलाँ को पत्र, 22 मार्च 1915

विज्ञान ने इस खतरे (युद्ध) को पैदा किया है, मगर असली समस्या आदमियों के दिमागों व दिलों में है। हम अपने दिलों को बदलकर और बेबाकी से बोलकर ही दूसरे आदमियों के दिल बदल सकते हैं।

यदि मुझे पता होता कि एटम बम बनाने में जर्मनों को सफलता नहीं मिलेगी, तो मैं इस मामले में कुछ भी नहीं करता। — *न्यूजवीक* पत्रिका को, 10 मार्च 1947

मैं नहीं जानता कि तीसरा विश्वयुद्ध किस तरह लड़ा जाएगा, लेकिन मैं बता सकता हूं कि चौथे में वे किस चीज का इस्तेमाल करेंगे—पत्थरों का! — अप्रैल 1949

राष्ट्रवाद एक बचकाना मर्ज है, मानव-जाति के चेहरे पर लगे चेचक के दाग हैं।

मैं कभी कम्युनिस्ट नहीं रहा; मगर होता, तो इसके लिए लज्जा अनुभव नहीं करता।

हरेक (वैज्ञानिक) को चाहिए कि वह अपना समय राजनीति व समीकरणों में विभक्त करें। मगर मेरे लिए समीकरण बहुत अधिक महत्व के हैं, क्योंकि राजनीति वर्तमान के लिए होती है, जबकि हमारे समीकरण अनंत काल के लिए होते हैं।

दर्शनशास्त्र की पुस्तकों को पढ़कर मैंने जाना कि मैं किसी रंग-चित्र के सामने खड़ा एक अंधे आदमी की तरह हूं। मैं केवल आगमनात्मक विधि (inductive method) को ही ठीक से समझ सकता हूं ...। अटकलबाजी पर आधारित दर्शनशास्त्र के ग्रंथ मेरी क्षमता के बाहर के हैं।

— अप्रैल 1917

धर्म, ईश्वर

धर्म के क्षेत्र और विज्ञान के क्षेत्र के बीच के मौजूदा संघर्ष का मुख्य स्रोत है– व्यक्तिगत ईश्वर।

मानव दुर्बलता की उपज है ईश्वर।

— आइंस्टाइन के एक पत्र से

व्यक्तिगत ईश्वर की लुभावनी धारणा मुझे मान्य नहीं है।

हमारे दिमाग में ऐसा कोई भी विचार जन्म नहीं लेता जो हमारी पंचेंद्रियों से पृथक् हो (अर्थात्, दैवी प्रेरण से जनित हो)।

व्यक्ति के अमरत्व में मेरी कोई आस्था नहीं है; और नैतिकता को मैं संपूर्णतः एक मानव-मामला मानता हूं, इसमें अतिमानवीय या दैवी जैसा कुछ नहीं है।

यदि किसी ईश्वर ने इस विश्व की सृष्टि की है, तो उसकी मुख्य चिंता यह निश्चय ही नहीं थी कि इसे हमारे लिए आसानी से समझने लायक बनाया जाए।

पेशेवर दृष्टि से परखें, तो वैज्ञानिक और गणितज्ञ स्पष्टतः अतर्राष्ट्रीय सोच रखते हैं और शत्रु देशों के उनके सहधर्मियों के खिलाफ की गई अनुचित कार्यवाहियों का सोच-समझकर सामना करते हैं। इसके विपरीत, इतिहासकार व दार्शनिक अंधराष्ट्रवादिता की आग के शिकार हो जाते हैं।

मैंने हमेशा अकेलेपन को पसंद किया है, और बढ़ती उम्र के साथ यह चाह बढ़ती जा रही है।

— अक्तूबर 1952

जो देखा गया और अनुभव किया गया उसे तर्कशास्त्र की भाषा में प्रस्तुत किया जाए, तो वह विज्ञान है। यदि इसे ऐसे रूपों में संप्रेषित किया जाए कि चेतन मन को उसके संबंध स्पष्ट न हों, मगर अंतर्दृष्टि से पहचान लिये जाएं, तो वह कला है।

फलित-ज्योतिष

पाठक को फलित-ज्योतिष से संबंधित केपलर के कथनों को याद करना चाहिए। उनसे पता चलता है कि इस भीतरी शत्रु पर विजय प्राप्त करके इसे भले ही अहानिकर बना दिया हो, पर यह अभी पूरी तरह मरा नहीं है।

सत्ता में मूढ़ विश्वास सत्य का सबसे बड़ी शत्रु है।

मेरा विश्वास है कि हमारी कुछ राजनीतिक व सामाजिक गतिविधियां संपूर्ण मानव-समुदाय के लिए घातक हैं ···। यहां मैं केवल संतति-निग्रह के बारे में कहूंगा। ··· कई देशों में तेजी से बढ़ती आबादी लोगों के स्वास्थ्य के लिए गंभीर खतरा बन गई है और इस धरती पर शांति स्थापित करने के मार्ग में एक विकट बाधा।

जन्मदिन

जन्मदिन को मनाने का क्या कोई औचित्य है? जन्मदिन तो एक स्वचल चीज है। बहरहाल, जन्मदिन तो बच्चों के लिए हैं।

मेरा विश्वास है कि हम जो कुछ भी करते हैं, उसका कारण-कार्य संबंध होता है। लेकिन यह अच्छा ही है कि हम नहीं जानते कि यह वस्तुतः क्या है।

— रवींद्रनाथ ठाकुर से बातचीत, 1930 ई.

इस विश्व का असीम रहस्य है, इसकी बोधगम्यता ···। इसका बोधगम्य होना वस्तुतः एक चमत्कार है।

अपने अंतःकरण की आवाज के विरुद्ध कुछ नहीं कीजिए—चाहे शासन भी इसकी मांग करे।

शांत जीवन की नीरसता मस्तिष्क को सृजन के लिए प्रेरित करती है।

जिज्ञासा

जिज्ञासा एक महत्वपूर्ण चीज है। कुतूहल का अपना स्वतंत्र अस्तित्व है। जब हम अनंतता, जीवन और भौतिक जगत की अद्‌भुत संरचना के रहस्यों बारे में सोचते हैं, तो चकित रह जाते हैं। इस रहस्य के एक अंश के बारे में भी प्रतिदिन सोचा जाए, तो पर्याप्त है।

जिज्ञासा एक नन्हा नाजुक पौधा है, जिसे उद्दीपन के अलावा, आजादी भी अवश्य चाहिए।

अंग्रेजी

मैं अंग्रेजी में नहीं लिख सकता, क्योंकि इसकी अक्षरी बड़ी अविश्वसनीय है। जब मैं पढ़ता हूं, तब मैं इसे सिर्फ सुनता हूं और स्मरण नहीं रख पाता कि लिखित शब्द किस तरह का था। —मैक्स बोर्न को पत्र, 7 सितंबर 1944

उड़न तश्तरियां

उन लोगों ने *कुछ* देखा है। वह क्या है, मैं नहीं जानता और जानने के लिए उत्सुक भी नहीं हूं।

खेल

मैं खेल नहीं खेलता। ··· इसके लिए समय नहीं है। जब मैं काम कर चुका होता हूं, तो उसके बाद ऐसी कोई चीज नहीं चाहता जिसमें दिमाग लगाने की जरूरत पड़े।

मानव-समाज से मूल्यवान उपलब्धियां तभी हासिल हो सकती हैं, जब उसमें व्यक्ति की क्षमताओं के मुक्त विकास के लिए पर्याप्त आजादी हो।

सभी श्रेष्ठ वैज्ञानिक उपलब्धियों का आरंभ अंतःप्रज्ञा (intuation) यानी अभिगृहीतों (axioms) से होता है और फिर उन्हीं से निगमनिक (deductive) निष्कर्ष निकाले जाते हैं ···। ऐसे अभिगृहीतों के आविष्कार के लिए अंतःप्रज्ञा अत्यावश्यक शर्त है।

लोगों का प्रेम में फंसना कतई बुरी चीज नहीं है, परंतु इसके लिए गुरुत्वाकर्षण जिम्मेवार नहीं है।

विवाह

विवाह ऐसी गुलामी है जिसे सभ्यता का जामा पहनाया जाता है।

विवाहित व्यक्ति एक-दूसरे को स्वतंत्र मानव नहीं, बल्कि जायदाद की चीजें समझते हैं।

चमत्कार

मैं स्वीकार करता हूं कि विचार शरीर को प्रभावित करते हैं।

"चमत्कार" विधिसंगतता का अपवाद है; इसलिए जहां विधिसंगतता का अस्तित्व नहीं, वहां इसके अपवाद यानी चमत्कार का भी अस्तित्व नहीं हो सकता।

नैतिकता

नैतिकता का सर्वाधिक महत्व है—मगर हमारे लिए, ईश्वर के लिए नहीं।

नैतिकता के संबंध में ईश्वरीय कुछ नहीं है; यह विशुद्ध मानवीय मामला है।

"नीतिपरक संस्कृति" के विना मानवता के लिए कोई मुक्ति नहीं है।

रहस्यानुभूति सबसे अच्छी चीज है। यह सच्ची कला और सच्चे विज्ञान के सृजन के लिए आधारभूत अनुभूति है। जो इसे नहीं जानता और आश्चर्यचकित नहीं होता, वह मृत व्यक्ति के समान है—एक बुझी मोमबत्ती की तरह।

प्रेस

प्रेस, जिस पर अधिकतर निहित स्वार्थों का अधिकार है, जनता की राय बनाने में अत्यधिक योग देता है।

यौन शिक्षा

यौन शिक्षा गोपनीय नहीं होनी चाहिए।

तार्किक चिंतन और तार्किक दृष्टि को विकसित करके विज्ञान इस दुनिया में अंधविश्वास को काफी कम कर सकता है।

लगता है, शब्द या भाषा, इसके लिखित या उच्चारित रूप में, मेरी चिंतन-प्रक्रिया में कोई भूमिका अदा नहीं करते। — प्रो. जैक हादामार्द को लिखे पत्र से

सहिष्णुता

सबसे महत्वपूर्ण सहिष्णुता है—व्यक्ति के प्रति समाज और राज्य की सहिष्णुता। ··· जब राज्य प्रबल घटक बन जाता है और व्यक्ति उसका एक दुर्बल औजार, तब सभी अच्छे मानव-मूल्य तिरोहित हो जाते हैं।

यह बताना कठिन है कि सत्य क्या है, पर कभी-कभी झूठ को पहचानना काफी आसान होता है।

मानव गतिविधियों के सामान्य लक्ष्य—धन-सम्पदा, सतही सफलता, विलासिता—मुझे हमेशा ही तिरस्कारपूर्ण लगे हैं।

बुद्धिमानी स्कूली शिक्षा की उपज नहीं, बल्कि इसे हासिल करने के लिए जीवन-भर किए गए प्रयासों का फल है।

केवल कर्म ही जीवन को सार्थकता प्रदान करता है।

— बड़े बेटे हान्स को, 4 जनवरी 1937

यह सचमुच एक पहेली है कि आदमी अपने कार्य को इतनी गहन गंभीरता से क्यों लेता है? किसके लिए? इस दुनिया से तो आदमी बहुत जल्दी चला जाता है। स्वयं अपने लिए? अपने संगी-साथियों के लिए? भावी पीढ़ियों के लिए? *नहीं*। पहेली बनी ही रहती है।

हर चीज को यथासंभव सरल बनाना चाहिए, लेकिन बहुत सरल भी नहीं।

सभी तकनीकी प्रयासों का हमेशा प्रमुख प्रयोजन होना चाहिए—मानव की उन्नति और उसका भविष्य; अपनी आकृतियों और अपने समीकरणों के बीच में इस बात को कभी मत भूलिए।

जो व्यक्ति सिर्फ समाचारपत्र पढ़ता है और कभी-कदा समकालीन लेखकों की पुस्तकें पढ़ लेता है, उसे मैं चश्मे से नफरत करने वाला अतिनिकटदृष्टि वाला मानता हूं। वह अपने समय के पूर्वग्रहों और रिवाजों से घिरा रहता है, क्योंकि उसे दूसरा कुछ सुनने या देखने का मौका नहीं मिलता। जो व्यक्ति दूसरों के विचारों और अनुभवों से प्रेरित न होकर अपने ही मत को महत्वपूर्ण मानता है उसे तुच्छता व नीरसता का ही उदाहरण समझा जाएगा।

ईश्वर चतुर है, परंतु विद्वेषी नहीं है। (Raffiniert ist der Herr Gott aber boshaft ist Er nicht.)

— प्रिंसटन में उत्कीर्ण

करीब दस साल पहले मैंने आइंस्टाइन से पूछा : "क्या कारण है कि छोटे-बड़े अनेक धर्म-पुरोहित आपेक्षिकता-सिद्धांत में बेहद दिलचस्पी लेते हैं?" आइंस्टाइन ने कहा : "मेरे अनुमान के अनुसार, भौतिकीविदों की अपेक्षा धर्म-पुरोहित आपेक्षिकता-सिद्धांत में कहीं ज्यादा रुचि लेते हैं।" थोड़ा चकित होकर मैंने उनसे पूछा : "इस विचित्र तथ्य को आप कैसे स्पष्ट करेंगे?" कुछ मुस्कराते हुए उन्होंने जवाब दियाः "क्योंकि पुरोहितों की दिलचस्पी प्रकृति के व्यापक नियमों में होती है, और भौतिकीविदों की प्रायः नहीं होती।"

— फिलिप फ्रांक के एक निबंध से

एक दिन हमने एक ऐसे भौतिकीविद के बारे में बात की, जिसे अपने शोधकार्य में बहुत कम सफलता प्राप्त हुई थी। उसने अधिकतर ऐसी समस्याओं पर काम किया था जिनको सुलझाने में बहुत बड़ी कठिनाइयां थीं। उसके साथी उसके काम को कोई विशेष महत्व नहीं देते थे। लेकिन उसके बारे में आइंस्टाइन का कहना था : "इस तरह के व्यक्ति की मैं प्रशंसा करता हूं। उन वैज्ञानिकों को मैं महत्व नहीं देता जो लकड़ी का एक तख़्ता लेकर उसमें उस सबसे पतले हिस्से में बरमें से बहुत सारे छेद करते हैं जहां ऐसा करना सबसे आसान होता है।"

— फिलिप फ्रांक के एक निबंध से

पेरिस की एक जानी-मानी महिला ने अपने घर पर आइंस्टाइन और फ्रांसीसी कवि पॉल वेलरी (1871-1945 ई.) की मुलाक़ात आयोजित की। वेलरी अपने झक्कीपन में अक्सर कह देते थे कि उनकी दिलचस्पी वास्तविक सृजन की अपेक्षा सृजन-प्रक्रिया में ज्यादा है। ··· और उन्होंने आइंस्टाइन से पूछना शुरू कर दिया :

"आप किस तरह काम करते हैं—क्या इसके बारे में आप हमें कुछ बता सकेंगे?"

आइंस्टाइंन कोई स्पष्ट उत्तर नहीं दे पा रहे थे। उन्होंने कहा :

"मैं नहीं जातना, मैं सुबह बाहर जाता हूं और टहलने लगता हूं।"

"ओह, यह तो बहुत दिलचस्प बात है," वेलरी ने कहा, "तब तो आप अपने साथ एक नोटबुक रखते होंगे और जब भी आपको कोई विचार सूझता होगा उसे आप नोटबुक में उतार लेते होंगे।"

"नहीं, मैं नोटबुक में नहीं उतारता," आइंस्टाइन ने कहा।

"सचमुच, आप नोटबुक में नहीं उतारते?"

"बात यह है कि विचार बहुत ही कम आते हैं।"

महान सृजनशीलता के बारे में, जहां तक मैं सोचता हूं, अधिक से अधिक इतना ही कहा जा सकता है।

"यदि आपेक्षिकता का मेरा सिद्धांत सही साबित होता है, तो जर्मनी में मुझे एक जर्मन व्यक्ति माना जाएगा और फ्रांस में घोषित किया जाएगा कि मैं एक विश्व-नागरिक हूं। लेकिन यदि मेरा सिद्धांत गलत साबित होता है, तो फ्रांस कहेगा कि मैं जर्मन हूं और जर्मनी में मुझे यहूदी घोषित कर दिया जाएगा।"

— दिसंबर 1929 में सॉरबोन (पेरिस) में दिए गए एक व्याख्यान से।

"मेरे प्यारे बच्चों, ध्यान में रखो कि जिन अद्भुत बातों को तुम अपने स्कूलों में

सीखते हो, वे संसार के प्रत्येक देश की अनेक पीढ़ियों के अथक प्रयासों और असीम श्रम का परिणाम हैं। ये सब चीजें विरासत के रूप में इसलिए तुम्हें सौंपी जाती हैं कि तुम इन्हें ग्रहण करो, इनका आदर करो, इनमें नया कुछ जोड़ो, और एक दिन ईमानदारी से इन्हें अपने बच्चों को सौंप दो। ··· यदि तुम इस बात को हमेशा ध्यान में रखोगे तो तुम जीवन का अर्थ समझ जाओगे, और दूसरे देशों व युगों के प्रति सही दृष्टिकोण अपनाकर काम करोगे।"

— विद्यार्थियों के एक समूह को दिए गए आइंस्टाइन के एक भाषण से।

"मैं प्रतिदिन सौ बार अपने को स्मरण कराता हूं कि मेरा आंतरिक और बाह्य जीवन दूसरे आदमियों–जीवित व मृत–के श्रम पर आश्रित है; और, मुझे उसी मात्रा में बदला चुकाने के लिए प्रयत्नशील रहना चाहिए, जिस मात्रा में मैंने उनसे प्राप्त किया है और अब प्राप्त कर रहा हूं। मुझे मितव्ययी जीवन पसंद है और मैं अक्सर तीव्रता से अनुभव करता हूं कि मैं अपने बांधवों के श्रम का नाहक ही आनंद उठा रहा हूं। मैं वर्ग-विभेद को अन्यायपूर्ण मानता हूं, और मानता हूं कि यह अंततः बलप्रयोग पर आधारित है।

अपने लंबे जीवन में मैंने एक बात सीखी है : हमारा समूचा विज्ञान, यदि इसे वास्तविकता के पैमाने से परखें, तो अभी आदिम और शैशव अवस्था में है–फिर भी, यही हमारी सबसे मूल्यवान धरोहर है।

मैं इस बात में यकीन नहीं कर सकता कि किसी इलेक्ट्रॉन पर प्रकाश डाला जाए, तो वह स्वेच्छा से तय कर लेगा कि उसे किस वेग से और किस दिशा में छलांग लगानी है। यदि ऐसा है, तो मैं एक भौतिकीविद होने की बजाए किसी जुआख़ाने में एक नौकर होना पसंद करूंगा।

मैं अपने से कभी-कभी पूछता हूं कि क्या कारण है कि मैं ही आपेक्षिकता का सिद्धांत खोज सका। मैं समझता हूं, इसका कारण यह है कि एक सामान्य वयस्क व्यक्ति आकाश (दिक्) व काल की समस्याओं के बारे में हमेशा ही सोचता रहता है। ये ऐसी चीजें हैं जिन्हें वह बचपन से सोचता आ रहा है। लेकिन मेरा बौद्धिक विकास कुछ विलंब से हुआ। परिणामतः बड़ा होने पर ही मैंने आकाश व काल के बारे में सोचना शुरू किया।

मैं ऐसे मामले में कोई राय नहीं देना चाहता, जिसके बारे में पर्याप्त तथ्य मुझे ज्ञात न हो।

अपने वैज्ञानिक कार्य से मैंने कभी कोई नैतिक मूल्य नहीं निकाले हैं।

हम 'आस्थावान' भौतिकीविदों के लिए अतीत, वर्तमान और अनागत के बीच का अंतर मजबूती से स्थापित महज एक भ्रम है।

– घनिष्ट मित्र माइकेल बेस्सो की मृत्यु के बाद
उनके परिवार को लिखे पत्र से, 21 मार्च 1955

शिक्षण

किसी व्यक्ति के लिए तथ्यों को जानना बहुत महत्वपूर्ण नहीं है। वस्तुतः इसके लिए कालेज जाना जरूरी नहीं है। तथ्यों को वह पुस्तकों से सीख सकता है। उदारवादी कला कालेज में शिक्षा का मूल्य बहुत-से तथ्य सीखने में नहीं, बल्कि दिमाग को इस तरह की बातें सोचने के लिए शिक्षित करना है जिन्हें पाठ्य-पुस्तकों से हासिल नहीं किया जा सकता।

अधिकतर अध्यापक ऐसे सवाल पूछने में समय व्यर्थ गंवाते हैं जिनका मकसद होता है यह जानना कि विद्यार्थी क्या *नहीं* जानता, जबकि सवाल पूछने का असली मकसद यह होना चाहिए कि विद्यार्थी क्या *जानता है* या क्या जानने में सक्षम है।

अकादमिक आजादी से मेरा आशय है—सत्य की खोज और उसे पढ़ाने तथा प्रकाशित करने की आजादी। इस आजादी के साथ एक कर्तव्य भी जुड़ा हुआ है : जिस सत्य की खोज की गई है उसका कोई अंश गोपनीय न रखा जाए। यह स्पष्ट है कि अकादमिक आजादी पर लगाया गया कोई भी प्रतिबंध जनता में ज्ञान के प्रसार को रोकता है और इस प्रकार राष्ट्रीय न्याय व कार्यवाही में बाधक बनता है।

पढ़ाने की और पुस्तकों या प्रेस में अपनी राय व्यक्त करने की आजादी किसी भी जन-समुदाय के सही व स्वाभाविक अभ्युदय की आधारशिला है।

नील्स बोर

जीवन में बहुत कम लोगों से मिलकर मुझे ऐसा आनंद प्राप्त हुआ है जैसाकि आपसे मिलकर। – नील्स बोर को पत्र, 2 मई, 1920

मारी क्यूरी

आपकी बुद्धिमत्ता, जीवन-शक्ति और ईमानदारी का मैं बेहद प्रशंसक हूं। ब्रुसेल्स में आपसे व्यक्तिगत परिचय होना मैं अपना सौभाग्य मानता हूं।

– नवंबर 1911

माइकेल फैराडे

इस विभूति ने रहस्यमय प्रकृति से वैसा ही प्यार किया है, जैसा कि कोई प्रेमी सुदूर की अपनी प्रेयसी से करता है।

गैलीलियो

मुझे इस बात से हमेशा दुःख पहुंचा है कि गैलीलियो ने केपलर के कृतित्व को स्वीकार नहीं किया।

– इंटरव्यू, अप्रैल 1955

केपलर

केपलर उन इने-गिने व्यक्तियों में से थे जो प्रत्येक क्षेत्र में अपने विश्वास पर अडिग रहने के अलावा और कुछ करने में समर्थ नहीं थे। ··· वे अपना जीवन-कार्य इसलिए कर पाए, क्योंकि वे अपने जन्म के समय की बौद्धिक परंपरा से स्वयं को काफी हद तक मुक्त करने में सफल रहे। वे इसके बारे में कुछ नहीं बताते, मगर उनके पत्रों में उनका आंतरिक संघर्ष साफ झलकता है।

कांट

कांट के दर्शन में जो सबसे महत्वपूर्ण चीज मुझे लगती है वह यह है कि विज्ञान के सृजन के लिए इसमें प्रागनुभव (a priori) धारणाओं की बात की गई है।

प्रकृति की व्यवस्था के बारे में आज हमें जो जानकारी है वह यदि कांट को होती तो वे, मुझे पूरा यकीन है, अपने दार्शनिक निष्कर्षों में आमूल परिवर्तन करते। कांट ने अपने दर्शन का ढांचा केपलर व न्यूटन के विश्व-दृष्टिकोण पर खड़ा किया था। चूंकि अब वह नींव हिल गई है, तो उस पर खड़ा किया गया ढांचा भी ढह गया है।

गांधी

मेरा मत है कि हमारे समय के सभी राजनीतिक व्यक्तियों में गांधी के विचार सर्वाधिक प्रबुद्ध हैं। हमें उनकी भावना के अनुसार कार्य करने की कोशिश करनी चाहिए : अपने उद्देश्य की लड़ाई में हिंसा को अपनाकर नहीं, बल्कि जिसे हम हानिकर मानते हैं उसमें असहयोग करके।

– संयुक्त राष्ट्रसंघ के रेडियो पर इंटरव्यू, 16 जून 1950

हिटलर

हिटलर के रूप में हमारे सामने सीमित बौद्धिक क्षमताओं वाला एक ऐसा आदमी

है जो कोई भी उपयोगी कार्य करने में सक्षम नहीं है और उन सभी के प्रति ईर्ष्या और दुश्मनी रखता है जिन्हें परिस्थिति व प्रकृति ने उससे बेहतर बनाया है। ... उसने सड़कों और शराबखानों से आवारा आदमियों को पकड़ा और उन्हें अपने गिर्द इकट्ठा किया। वह इसी तरह राजनेता बना है। — 1935 ई.

लेनिन

एक व्यक्ति के तौर पर मैं लेनिन का प्रशंसक हूं। उन्होंने समाजवादी व्यवस्था की स्थापना के लिए अपनी समूची शक्ति लगा दी, अपना व्यक्तिगत जीवन समर्पित कर दिया। हां, मैं उनके तरीकों को उपयुक्त नहीं समझता। मगर एक बात सुस्पष्ट है : उनके जैसे व्यक्ति ही मानव-समाज के सदसद्विवेक के संरक्षक और नवनिर्माता होते हैं। — लेनिन की मृत्यु के मौके पर, 6 जनवरी 1929

फिलिप लेनार्ड

एक कुशल प्रयोगकर्ता भौतिकीविद के रूप में मैं लेनार्ड का प्रशंसक हूं, परंतु सैद्धांतिक भौतिकी के क्षेत्र में उन्होंने कुछ विशेष हासिल नहीं किया है। और, व्यापक आपेक्षिकता-सिद्धांत के बारे में उनकी आपत्तियां इतनी सतही हैं कि अब तक उनका विस्तृत जवाब देना मैंने जरूरी नहीं समझा है। — 27 अगस्त 1920

लॉरेंट्ज

लोग नहीं समझते कि भौतिकी के विकास में लॉरेंट्ज का प्रभाव कितना व्यापक रहा है। हम कल्पना भी नहीं कर सकते कि लॉरेंट्ज की इतनी सारी महान उपलब्धियों के अभाव में क्या स्थिति होती।

अर्न्स्ट माख़

माख़ यांत्रिकी के एक अच्छे विद्वान थे, मगर वे एक सतही दार्शनिक थे।

न्यूटन

मेरी नज़र में न्यूटन और गैलीलियो सबसे बड़ी सृजनात्मक प्रतिभाएं हैं, जिन्हें मैं एक तरह से एक ईकाई के रूप में देखता हूं। और, इस ईकाई में न्यूटन ने विज्ञान के क्षेत्र में सबसे भव्य उपलब्धियां हासिल की हैं।

अल्बर्ट माइकेलसन

मैं हमेशा ही माइकेलसन को विज्ञान के क्षेत्र का एक कलाकार मानता रहा हूं।

उनको सबसे ज्यादा आनंद मिलता था, प्रयोग की सुंदरता और उसके लिए प्रयुक्त विधि की सुचारुता से।

माक्स प्लांक

जिस निर्णायकता व हार्दिकता से उन्होंने इस सिद्धांत (विशिष्ट आपेक्षिकता) को अपना समर्थन दिया, प्रमुखतः उसके कारण ही इस क्षेत्र के मेरे साथियों का ध्यान इसकी ओर आकर्षित हुआ।

जितने भी व्यक्तियों को मैं जानता हूं उनमें वे (प्लांक) एक सर्वोत्तम व्यक्ति थे। ... मगर वे भौतिकी को ठीक-ठीक नहीं समझ पाए थे, क्योंकि 1919 ई. के सूर्य-ग्रहण के दौरान वे रातभर यह देखने के लिए जागते रहे कि गुरुत्वीय क्षेत्र द्वारा प्रकाश के विस्थापन की पुष्टि होती है या नहीं। यदि वे *सचमुच ही* व्यापक आपेक्षिकता सिद्धांत को समझे होते, तो वे भी मेरी तरह बिस्तर पर सोने चले जाते।

रोमाँ रोलाँ

वे युद्ध को अवश्यंभावी बनाने वाले वैयक्तिक लोभ और धन के लिए राष्ट्रीय छीनाझपटी पर प्रहार करते हैं, तो ठीक ही करते हैं। वे युद्ध-प्रणाली को तोड़ने के लिए सामाजिक क्रांति को एकमेव साधन मानते हैं, तो कोई ज्यादा अनुचित बात नहीं कहते।

रवींद्रनाथ ठाकुर

टैगोर के साथ जो मौखिक वार्तालाप हुआ वह, संप्रेषण की कठिनाइयों के कारण, पूर्णतः अनर्थक रहा, और कभी प्रकाशित नहीं होना चाहिए था।

— रोमाँ रोलाँ को पत्र, 10 अक्तूबर 1930

जॉर्ज बर्नार्ड शॉ

शॉ निस्संदेह संसार के एक महानतम व्यक्ति हैं। मैंने एक बार कहा था कि उनके नाटक मुझे मोट्सार्ट का स्मरण कराते हैं। शॉ के गद्य में फालतू का एक भी शब्द नहीं है, जैसेकि मोट्सार्ट के संगीत में व्यर्थ का एक भी स्वर नहीं है।

स्पिनोजा

स्पिनोजा यहूदी जाति द्वारा पैदा किए गए एक सबसे गहन-गंभीर और

विशुद्ध व्यक्ति हैं।

स्पिनोजा का सर्वेश्वरवाद मुझे सम्मोहित करता है। मगर उससे अधिक मैं प्रशंसक हूं आधुनिक चिंतन को उनके योगदान का; क्योंकि वे पहले दार्शनिक हैं जिन्होंने आत्मा और शरीर को एक माना है, न कि दो पृथक् चीजें।

तालस्तॉय

मुझे संदेह है कि तालस्तॉय के बाद उनकी तरह का जागतिक प्रभाव वाला कोई सच्चा नैतिक नेता हुआ है। ··· वे कई माने में हमारे समय के सर्वश्रेष्ठ प्रवक्ता रहे हैं। तालस्तॉय जैसी अंतर्दृष्टि और नैतिक शक्ति रखने वाला आज कोई नहीं है।

अल्बर्ट श्वेइट्जेर

वे ऐसे अकेले पश्चिमवासी हैं जिनका इस पीढ़ी पर गांधी के तुल्य नैतिक प्रभाव पड़ा है। गांधी के मामले की तरह उनके व्यापक प्रभाव का भी कारण है—उनके अपने जीवन-कार्य का आदर्श।

पॉल लांगेविन

मुझे लांगेविन के देहांत की सूचना मिल गई है। वे मेरे सबसे प्रिय परिचितों में थे, एक सच्चे संत, और साथ ही प्रतिभावान भी। यह सही है कि राजनेताओं ने उनकी सज्जनता का अनुचित लाभ उठाया है, क्योंकि वे उनके घटिया इरादों को समझने में अक्षम थे। — मॉरिस सालोवाइन को पत्र, 10 अप्रैल, 1947

अंतिम विश्लेषण में हर व्यक्ति एक मनुष्य है—फिर वह अमरीकी हो या जर्मन, यहूदी या गैर-यहूदी। यदि इस उपयुक्त दृष्टिकोण को ग्रहण करना संभव हो जाए, तो मुझे बड़ी खुशी होगी।

मानव का सर्वप्रमुख प्रयास होना चाहिए—अपने कर्मों में नैतिकता को स्थान देना। हमारा आंतरिक संतुलन, यहां तक की हमारा अस्तित्व भी, इसी पर आश्रित है। हमारे कर्मों में निहित नैतिकता ही जीवन को सुंदरता और गरिमा प्रदान करती है। लेकिन नैतिकता की नींव किसी मिथक या किसी सत्ता पर आश्रित नहीं होनी चाहिए।

एकीकृत क्षेत्र सिद्धांत

आपेक्षिकता-सिद्धांत, जिस मूल रूप में मैंने इसे विकसित किया है, अभी भी परमाणु-संरचना और क्वांटम घटनाओं की व्याख्या नहीं कर पाता। और, इसमें ऐसे व्यापक गणितीय सूत्र भी नहीं हैं जो विद्युत-चुंबकत्व व गुरुत्वाकर्षण के क्षेत्रों की घटनाओं को समेट सकें। इससे स्पष्ट होता है कि आपेक्षिकता-सिद्धांत का मूल सूत्रीकरण अंतिम नहीं है ··· ; अर्थात्, यह विकास की प्रक्रिया में है। ··· जिस कार्य में मैं अब जोर-शोर से जुटा हुआ हूं वह है, गुरुत्वाकर्षण और विद्युत-चुंबकत्व के सिद्धांतों के बीच की द्विविधता को समाप्त करना और दोनों के लिए एक ही तरह के समान गणितीय सूत्रों का सृजन करना। — जून 1945

आप सोचते हैं कि मैं अपने जीवन के कार्य से पूर्णतः संतुष्ट हूं। मगर जब मैं इस पर गहराई से विचार करता हूं, तो स्थिति एकदम भिन्न नजर आती है। ऐसी एक भी धारणा नहीं है जिसके बारे में मुझे पूरा यकीन हो कि वह दृढ़ता से टिकी रहेगी; और, इस बात का भी पक्का विश्वास नहीं है कि मैं सामान्यतः सही मार्ग पर आगे बढ़ रहा हूं ···। मैं सही होना नहीं चाहता ···। मैं सिर्फ इतना जानना चाहता हूं कि क्या मैं सही हूं। — मॉरिस सोलोवाइन को पत्र

"आइंस्टाइन के कृतित्व से मानव-जाति का क्षितिज बहुत ज्यादा विस्तृत हुआ है। साथ ही, इसने हमारी विश्व-पहचान को ऐसी एकता व सुसंगति प्रदान की है जिसकी हमने पहले कभी कल्पना नहीं की थी। इस उपलब्धि के लिए विगत पीढ़ियों के वैज्ञानिकों के विश्व-समुदाय ने पृष्ठभूमि तैयार कर दी थी, और इसके पूर्ण परिणाम केवल आगामी पीढ़ियों में ही प्रकट होंगे।"

—**नील्स बोर**, आइंस्टाइन के देहांत पर, 19 अप्रैल 1955

❑❑❑

परिशिष्ट-3

भौतिकी के विकास का कालानुक्रम

लगभग 1500 ई.पू. **ऋग्वेद** में *ऋत्* (प्राकृतिक नियम) की धारणा। जल के संबंध में एकतत्वात्मक विचार।

लगभग 590 ई.पू. मिलेटुस (क्षुद्र एशिया) के निवासी थेलस् (Thales) के अनुसार, विश्व की सभी वस्तुओं का मूलाधार जल है।

लगभग 546 ई.पू. मिलेटुसवासी अनाक्सिमेनेस् (Anaximenes) के अनुसार, विश्व की सभी वस्तुओं का मूलाधार वायु है।

लगभग 540 ई.पू. पाइथेगोरस (Pythagoras) की गोलाकार, कवच-युक्त विश्व की परिकल्पना। विश्व संख्यामय है। अपरिमेय (irrational) संख्याओं की खोज। प्रकाश कणमय है।

लगभग 500 ई.पू. प्राचीन चीनी चिंतन-परंपरा के अनुसार, दो परस्पर-विरोधी मूल सत्ताओं–यिन (Yin) व याङ (Yang)–से प्रकृति की सभी वस्तुओं का सृजन।

लगभग 500 ई.पू. यूनानी विचारक हेराक्लितस् (Heraclitus) के अनुसार, परिवर्तन सभी वस्तुओं का सारतत्व है, और अग्नि मूलाधार।

लगभग 500 ई.पू. **वेदांग-ज्योतिष** में 5 वर्ष का युग, 366 दिनों का वर्ष, नक्षत्र-सूची और त्रैराशिक का नियम। वार व राशियां नहीं।

लगभग 500 ई.पू. **शुल्वसूत्रों** में ज्यामितीय नियमों व कृत्यों का प्रतिपादन।

लगभग 490 ई.पू. यूनानी विचारक लेउकिप्पुस् (Leucippus) द्वारा पहली बार परमाणु (atom) की धारणा का प्रतिपादन।

लगभग 450 ई.पू. यूनानी विचारक एम्पेडोक्लेस (Empedocles) ने चार मूलतत्वों (पृथ्वी, अग्नि, वायु व जल) का सिद्धांत प्रतिपादित किया।

लगभग 400 ई.पू. देमोक्रितस् (Democritus) द्वारा लेउकिप्पुस् के परमाणु (atom) संबंधी विचारों का विस्तार–'एटम' (atom) अखंड हैं।

लगभग 300 ई.पू.	यूनानी विचारक एपिक्यूरस (Epicurus) द्वारा एटम (परमाणु) की धारणा का पुनरुद्धार।
लगभग 300 ई.पू.	वैशेषिक दर्शन के प्रणेता कणाद द्वारा परमाणु का प्रतिपादन।
लगभग 300 ई.पू.	यूक्लिड (Euclid) द्वारा 'ज्यामिति के मूलतत्व' की रचना।
लगभग 240 ई.पू.	आर्किमीदीज (Archimedes) : यूनानी गणितज्ञ व इंजीनियर।
लगभग 150 ई.पू.	खगोलविद हिप्पार्कस (Hipparchus) की तारा-सूची। अयन-चलन (precession of equinoxes) की खोज। त्रिकोणमिति।
लगभग 150 ई.	टॉलमी (Ptolemy) : मिस्री-यूनानी खगोलविद, जिसकी भूकेंद्री विश्व-योजना कोपर्निकस के समय तक यूरोप में मान्य रही।
499 ई.	आर्यभट (जन्म 476 ई.) द्वारा **आर्यभटीय** में भूभ्रमण—पश्चिम से पूर्व की ओर पृथ्वी के अक्ष-भ्रमण—का प्रतिपादन। चार मूल तत्वों (पृथ्वी, जल, वायु, अग्नि) का प्रतिपादन। ग्रहणों की सही व्याख्या। त्रिकोणमिति। समान कालावधि के चार युग।
628 ई.	ब्रह्मगुप्त (जन्म 598 ई.) द्वारा **ब्राह्मस्फुट-सिद्धांत** की रचना। महान बीजगणितकार। आर्यभट के प्रखर आलोचक।
लगभग 825 ई.	अल-ख़्वारिज़्मी (783-850 ई.) : महान अरबी-इस्लामी गणितज्ञ, भूगोलविद व खगोलविद।
लगभग 1000 ई.	अरबी वैज्ञानिक अल-हसन (Alhazen : 965-1038 ई.) ने सिद्ध किया कि प्रकाश-किरणें वस्तुओं से निकलकर आंख के लेंस तक पहुंचती हैं।
1086 ई.	चीन के वैज्ञानिक शन ख्वो (Shen Kuo) द्वारा चुंबकीय कंपास (magnetic compass) की खोज का वर्णन।
1150 ई.	भास्कराचार्य (जन्म 1114 ई.) द्वारा **सिद्धांत-शिरोमणि** (लीलावती, बीजगणित, ग्रहगणित व गोलाध्याय) की रचना। 'अनंत' की सही व्याख्या। पृथ्वी में स्वभावतः आकर्षण-शक्ति है (आकृष्टिशक्तिश्च मही)। कलन-गणित का बीजारोपण।
1543 ई.	कोपर्निकस (Copernicus : 1473-1543 ई.) द्वारा सूर्यकेंद्री सौर मंडल का प्रतिपादन।
1600 ई.	अंग्रेज भौतिकवेत्ता विलियम गिलबर्ट (William Gilbert :

	1544-1603 ई.) ने चुंबक के बारे में प्रयोग करके निष्कर्ष निकाला कि पृथ्वी स्वयं एक बहुत बड़ा चुंबक है।
1604 ई.	गैलीलियो (Galileo : 1473-1543 ई.) ने प्रमाणित किया कि गिरते पिंड एकसमान त्वरण से गतिमान होते हैं।
1608 ई.	डच लेंस-निर्माता हान्स लिप्पेरशे (Hans Lippershey : 1570-1619 ई.) ने दूरबीन की खोज की।
1609 ई.	केपलर (Kepler : 1571-1630 ई.) द्वारा ग्रह-गति के प्रथम दो नियमों का प्रतिपादन।
1609-10 ई.	गैलीलियो द्वारा पहली बार दूरबीन से चंद्रतल का अध्ययन और बृहस्पति के चार चंद्रों (उपग्रहों) की खोज।
1619 ई.	केपलर द्वारा ग्रह-गति के तीसरे नियम का प्रतिपादन।
1642-1727 ई.	आइजेक न्यूटन (Isac Newton) की प्रकाश, स्पेक्ट्रम, गुरुत्वाकर्षण, कलन-गणित आदि से संबंधित महान उपलब्धियां।
1675 ई.	डच खगोलविद ओले रोमर (Øle Roemer : 1644-1710 ई.) ने प्रकाश के वेग की गणना की।
1678 ई.	डच भौतिकवेत्ता क्रिस्तियान हाइगेन्स (Christiaan Huygens : 1629-1695 ई.) ने सिद्धांत प्रस्तुत किया कि प्रकाश तरंगों से बना है और ये तरंगें एक सर्वव्यापी, लोचदार माध्यम "ईथर" (ether) में संचरण करती हैं।
1687 ई.	आइजेक न्यूटन (Isac Newton : 1642-1727 ई.) ने अपने **प्रिंसिपिया मैथेमैटिका** (Principia Mathematica) ग्रंथ को प्रकाशित करके उसमें गुरुत्वाकर्षण सिद्धांत और गति के नियमों को प्रस्तुत किया।
1704 ई.	न्यूटन के **Opticks** (प्रकाशिकी) ग्रंथ का प्रकाशन।
1799-1800 ई.	अलेस्सांद्रो वोल्टा (Alessandro Volta : 1745-1827 ई.) ने विद्युत बैटरी (voltaic pile) की खोज की घोषणा की।
1802-1803 ई.	टॉमस यंग (Thomas Young : 1773-1829 ई.) द्वारा प्रकाश के व्यतिकरण (interference) की खोज और प्रकाश के तरंग सिद्धांत (wave theory) का प्रतिपादन।

1808 ई.	जॉन डाल्टन (John Dalton : 1766-1844 ई.) ने अपने परमाणु सिद्धांत का प्रतिपादन किया।
1812 ई.	फ्रांसीसी वैज्ञानिक प्येअर सिमाँ लाप्लास (Pierre Simon Laplace : 1749-1827 ई.) ने सुझाया कि विश्व एक विशाल मशीन है और यदि हर कण का द्रव्यमान, स्थान व वेग ज्ञात हो, तो विश्व के समूचे अतीत और भविष्य की गणना की जा सकती है—निर्धार्यता या नियतत्ववाद (determinism)।
1814 ई.	जोसेफ फ्राउनहॉफर (Joseph Fraunhofer : 1787-1826 ई.) ने सूर्य के स्पेक्ट्रम में अवशोषण रेखाओं (Fraunhofer lines) की खोज की।
1817-18 ई.	आग्यूस्तीन फ्रेनेल (Augustin Fresnel : 1788-1827 ई.) द्वारा प्रकाश के तरंग सिद्धांत का प्रतिपादन।
1819-20 ई.	हान्स ओएरस्टेड (Hans Oersted : 1777-1851 ई.) ने स्पष्ट किया कि चुंबकत्व व विद्युत वस्तुतः एक ही बल के दो रूप हैं।
1827 ई.	रॉबर्ट ब्राउन (Robert Brown : 1773-1858 ई.) ने 'ब्राउनी गति' (Brownian motion) को पहचाना। आइंस्टाइन ने 1905 ई. में इसकी सही व्याख्या प्रस्तुत की।
1831 ई.	माइकेल फैराडे (Michael Faraday : 1791-1867 ई.) द्वारा विद्युत-चुंबकीय प्रेरण (electromagnetic induction) की खोज और प्रथम विद्युत जेनरेटर का निर्माण।
1842 ई.	क्रिश्चियन डॉपलर (Christian Doppler : 1803-1853 ई.) ने गतिमान स्रोतों की तरंगों के लिए 'डापलर प्रभाव' (Doppler effect) की खोज की।
1847 ई.	हेरमान हेल्महोल्ट्ज (Hermann Helmholtz : 1821-1894 ई.) ने ऊर्जा की अविनाशिता का नियम (Law of the conservation of energy) यानी तापगतिकी का प्रथम नियम (first law of thermodynamics) प्रतिपादित किया।
1851 ई.	विलियम टॉमसन (लॉर्ड केल्विन) : (William Thomson, Lord Kelvin : 1824-1907 ई.) ने परम शून्य तापमान (absolute zero temperature; -273.15^0C) की धारणा प्रस्तुत की।

1859 ई. गुस्ताव किरखोफ (Gustav Kirchhoff : 1824-1887 ई.) और रॉबर्ट बुन्सेन (Robert Bunsen : 1811-1899 ई.) ने स्पेक्ट्रम रेखाओं (spectrum lines) से संबंधित विचार प्रस्तुत किए।

1860 ई. गुस्ताव किरखोफ ने सुझाया कि जो पिंड (जिसे black body यानी 'कृष्ण पिंड' कहा गया) समस्त प्रकाश का अवशोषण करता है और कुछ भी परावर्तित नहीं करता, उसे गर्म करने पर वह सभी तरंग-दैर्घ्यों (wavelenths) वाला प्रकाश उत्सर्जित करेगा। इस सरल-से विचार से उठने वाले सवालों ने बीसवीं सदी के आरंभ में भौतिकी में एक बड़ी क्रांति पैदा कर दी, क्वांटम सिद्धांत (quantum theory) को जन्म दिया।

1860 ई. जेम्स क्लार्क मैक्सवेल (James Clerk Maxwell : 1831-1879 ई.) ने गैसों का अणुगति सिद्धांत (kinetic theory of gases) विकसित किया। बाद में इस सिद्धांत को स्वतंत्र रूप से लुडविग बोल्ट्ज़मान (Ludwig Boltzmann : 1844-1906 ई.) ने भी प्रस्तुत किया।

1869 ई. दिमित्री मेंडेलेव (Dmitry Mendeleyev : 1834-1907 ई.) ने अपनी "तत्वों की आवर्त तालिका" प्रकाशित की।

1873-1874 ई. मैक्सवेल (1831-1879 ई.) ने विद्युत-चुंबकत्व का सिद्धांत (theory of electro-magnetism) प्रकाशित किया और प्रकाश को विद्युत-चुंबकीय विकिरण माना।

1887 ई. अल्बर्ट माइकेलसन (Albert Michelson : 1852-1931 ई.) और एडवर्ड मॉर्ली (Edward Morley : 1838-1923 ई.) ने प्रकाश के वेग में होने वाले परिवर्तन के मापन का प्रयोग किया। प्रकाश के वेग में कोई परिवर्तन प्रकट नहीं हुआ, तो 'ईथर' (ether) की कल्पना को त्याग देना पड़ा।

1887-88 ई. हैनरिख़ हर्ट्ज (Heinrich Hertz : 1857-1894 ई.) ने रेडियो-तरंगों को पैदा किया, पहचाना, और इस तरह मैक्सवेल के विद्युत-चुंबकीय सिद्धांत के लिए प्रमाण प्रस्तुत कर दिया।

1888 ई. हैनरिख़ हर्ट्ज (Heinrich Hertz : 1857-1894 ई.) ने प्रकाश-विद्युत प्रभाव (photoelectric effect) की खोज की। अल्बर्ट

आइंस्टाइन ने 1905 ई. में इसकी समुचित व्याख्या प्रस्तुत की।

1895 ई. विलहेल्म कोनराड रूंटगेन (Wilhelm Konrad Roentgen : 1845-1923 ई.) ने एक्स-किरणों की खोज की।

1895 ई. हेन्द्रिक आंतून लॉरेंट्ज (Hendrik Antoon Lorentz : 1853-1928 ई.) ने द्रव्यमान-वेग संबंध की खोज की।

1896 ई. ऑरी बेक्केरेल (Henri Becquerel : 1852-1908 ई.) ने प्राकृतिक रेडियोधर्मिता (radioactivity) की खोज की।

1896 ई. हेन्द्रिक आंतून लॉरेंट्ज और पीटर ज़ेमान (Pieter Zeeman 1865-1943 ई.) ने 'ज़ेमान प्रभाव' की खोज की।

1897 ई. जे. जे. टॉमसन (J, J. Thomson : 1856-1940 ई.) ने परमाणु के भीतर इलेक्टॉन कण की खोज की।

1898 ई. मारी क्यूरी (Marie Curie : 1867-1934 ई.) व प्येअर क्यूरी (Pierre Curie : 1859-1906 ई.) द्वारा रेडियम तत्व की खोज। मारी क्यूरी ने Redioactivity (रेडियोधर्मिता) शब्द चलाया और पोलोनियम (polonium) तत्व की खोज की।

1899 ई. अर्नेस्ट रदरफोर्ड (Ernest Rutherford : 1871-1937 ई.) ने रेडियोधर्मिता में 'अल्फा' व 'बीटा' किरणों को पहचाना।

1900 ई. माक्स प्लांक (Max Planck : 1858-1947 ई.) ने कृष्ण-पिंड विकिरण (blackbody radiation) के नियम की खोज करके क्वांटम सिद्धांत (quantum theory) की नींव रखी।

फ्रांसीसी भौतिकवेत्ता पॉल विलार (Paul Villard : 1860-1934 ई.) ने गामा किरणों की खोज की।

1904 ई. लॉरेंट्ज और फिट्सजेराल्ड द्वारा लॉरेंट्ज-फिट्सजेराल्ड संकुचन (Lorentz-Fitzgerald contraction) का प्रतिपादन।

1902 ई. फिलिप लेनार्ड (Philipp Lenard : 1862-1947 ई.) द्वारा प्रकाश-विद्युत प्रभाव (photoelectric effect) का व्यापक अध्ययन।

1904 ई. रदरफोर्ड और फ्रेडरिक सोड्डी (Frederick Soddy : 1877-1956 ई.) ने रेडियोधर्मिता का सिद्धांत प्रस्तुत किया।

1905 ई.	अल्बर्ट आइंस्टाइन (1879-1955 ई.) ने ब्राउनी गति, प्रकाश-विद्युत प्रभाव (जिसमें प्रकाश-क्वांटम यानी 'फोटॉन' का प्रतिपादन है), विशिष्ट आपेक्षिकता (Special Relativity) और $E = mc^2$ सूत्र से संबंधित शोध-निबंध प्रकाशित किए।
1908-09 ई.	रदरफोड और हान्स गाइगेर ने 'गाइगेर गणित्र (Geiger counter) उपकरण की खोज की और स्वर्णपत्र द्वारा अल्फा कणों के छितराव का अध्ययन किया।
1908-09 ई.	ज्याँ-बाप्तिस्त पेहूरन (Jean-Baptiste Perrin : 1870-1942ई.) ने प्रत्यक्ष प्रेक्षणों से परमाणुओं का सन्निकट आकार पता लगाया और इस प्रकार आइंस्टाइन के ब्राउनी गति के सिद्धांत के लिए प्रमाण प्रस्तुत कर दिया।
1909 ई.	आइंस्टाइन द्वारा तरंग-कण द्विविधता का पहली बार प्रतिपादन।
1911 ई.	रदरफोर्ड ने परमाणु के नाभिक की खोज की और परमाणु का अपना 'सौरमंडल मॉडल' प्रस्तुत किया।
	कामेरलिंघ-ओन्नेस (Kamerlingh-Onnes : 1863-1926 ई.) ने अतिचालकता (superconductivity) की खोज की।
1911 ई.	ब्रुसेल्स (बेल्जियम) में प्रथम सोल्वी कांग्रेस का आयोजन।
1913 ई.	नील्स बोर (Niels Bohr : 1885-1962 ई.) ने परमाणु का नया मॉडल प्रस्तुत करके परमाणु-स्पेक्ट्रम का क्वांटम सिद्धांत पेश किया।
1914 ई.	जेम्स फ्रांक व गुस्ताव हर्ट्ज ने ऊर्जा स्थित्यंतर के क्वांटम स्वरूप को प्रमाणित करके नील्स बोर के क्वांटम छलांग वाले विचार की पुष्टि कर दी।
1915-16 ई.	आइंस्टाइन ने व्यापक आपेक्षिकता सिद्धांत (General Theory of Relativity) प्रकाशित किया। नील्स बोर ने सादृश्य का नियम (correspondence principle) प्रस्तुत किया।
1916 ई.	आरनॉल्ड सोम्मेरफेल्ड (1868-1951 ई.) ने प्रतिपादित किया कि नीन्स बोर के परमाणु में इलेक्ट्रॉनों को वृत्तीय कक्षाओं में नहीं, बल्कि दीर्घवृत्तीय कक्षाओं में परिक्रमा करनी चाहिए।

1916-17 ई.	आइंस्टाइन ने क्वांटम गतिकी में संभाविताओं (probabilities) के होने की बात कही।
1919 ई.	अर्नेस्ट रदरफोर्ड ने परमाणु-नाभिक के प्रथम कृत्रिम तत्वांतरण को हासिल किया।
1919 ई.	(29 मई) के खग्रास सूर्य-ग्रहण के अध्ययन से आइंस्टाइन के व्यापक आपेक्षिकता सिद्धांत की इस भविष्यवाणी की पुष्टि हुई कि प्रकाश का गुरुत्वीय विस्थापन होता है।
1921 ई.	आइंस्टाइन को भौतिकी का नोबेल पुरस्कार, जिसकी घोषणा बाद में 1922 ई. के अंत में की गई थी।
1923 ई.	आर्थर कॉम्पटन (Arthur Compton : 1892-1962 ई.) ने 'कॉम्पटन प्रभाव' की खोज की।
1923 ई.	लुई दे ब्रोग्ली (Louis de Broglie : 1892-1987 ई.) ने पीएच. डी. के अपने प्रबंध में इलेक्ट्रॉनों (कणों) के साथ तरंगों को संयुक्त किया (तरंग-कण द्विविधता), जिसे आइंस्टाइन ने अत्यंत महत्वपूर्ण माना। बाद के परीक्षणों से इस धारणा की पुष्टि हुई।
1923 ई.	एडविन हबल (Edwin Hubble : 1889-1953 ई.) ने प्रमाणित किया कि मंदाकिनियां वस्तुतः हमारी आकाशगंगा के परे हैं।
1924-25 ई.	सत्येंद्रनाथ बसु (1894-1974 ई.) ने माक्स प्लांक के सूत्र की एक नई व्युत्पत्ति सुझाई। "बोस-आइंस्टाइन सांख्यिकी" का सृजन। "बोस-आइंस्टाइन संघनन" की भविष्यवाणी।
1925 ई.	वोल्फगांग पाउली (Wolfgang Pauli : 1900-1958 ई.) ने अपवर्जन नियम (exclusion principle) प्रतिपादित किया।
1925 ई.	वेर्नेर हाइजेनबर्ग (Werner Heisenberg : 1901-1976 ई.) और मैक्स बोर्न (Max Born :1882-1970 ई.) ने क्वांटम यांत्रिकी – आव्यूह यांत्रिकी (matrix mechanics) – के शोध-निबंध प्रस्तुत किए।
1926 ई.	एरविन श्रोडिंगेर (Erwin Schrödinger : 1887-1961 ई.) का तरंग-यांत्रिकी (wave mechanics) का प्रथम शोध-निबंध।

1926 ई. आइंस्टाइन के 'प्रकाश-क्वांटम' को फोटॉन (photon) नाम दिया गया।

1927 ई. क्वांटम विद्युत-गतिकी (quantum electrodynamics) पर पॉल डिराक (Paul Dirac : 1902-1984 ई.) का प्रथम निबंध।

1927 ई. अनिश्चितता/अनिर्धार्यता के नियम (uncertainty principle) से संबंधित वेर्नेर हाइजेनबर्ग का शोध-निबंध।

1927 ई. नील्स बोर ने संपूरकता (complementarity) की धारणा प्रस्तुत की।

1927 ई. सोल्वी कांग्रेस में आइंस्टाइन-बोर वाद-विवाद की शुरुआत।

1927 ई. क्लिंटन डेविस्सन और जॉर्ज टॉमसन (जे.जे. टॉमसन के पुत्र) ने स्वतंत्र रूप से लुई दे ब्रोग्ली के तरंग-कण द्विविधता (duality) सिद्धांत के लिए प्रायोगिक प्रमाण प्रस्तुत किया।

1928 ई. पॉल डिराक ने एरविन श्रोडिंगेर के तरंग समीकरणों में इलेक्ट्रॉन के चक्रण (spin) के लिए आपेक्षिकी (relativity) का समावेश किया और आपेक्षिकीय तरंग समीकरण की खोज की।

1928 ई. चंद्रशेखर वेंकट रामन् (1888-1970 ई.) और का. श्री. कृष्णन् (1898-1961 ई.) द्वारा "रामन् प्रभाव" की खोज।

1929 ई. एडविन हबल (Edwin Hubble : 1889-1953 ई.) ने पता लगया कि मंदाकिनियां (galaxies) अपनी दूरी के समानुपात में हमसे दूर भाग रही हैं ('हबल का नियम'), यानी ब्रह्मांड का निरंतर विस्तार हो रहा है।

1930 ई. वोल्फगांग पाउली ने न्यूट्रिनो (neutrino) कण का अस्तित्व सुझाया, मगर इसकी खोज 1956 ई. में ही हो सकी।

1931 ई. पॉल डिराक द्वारा प्रति-इलेक्ट्रॉन (positron) के अस्तित्व का प्रतिपादन, जिससे बाद में प्रतिद्रव्य (anti-matter) की धारणा अस्तित्व में आई।

1932 ई. जेम्स चाडविक (James Chadwick : 1891-1974 ई.) ने परमाणु के नाभिक में न्यूट्रॉन (neutron) कण की खोज की।

कार्ल डेविड एंडरसन ने पॉजिट्रॉन (positron, जिसके अस्तित्व की पॉल डिराक ने भविष्यवाणी की थी) की खोज की।

1934 ई. इरैन (Irene) और फ्रेदेरीक झाल्यो-क्यूरी (Frederic Joliot-Curie) ने कृत्रिम रेडियोधर्मिता की खोज की।

1935 ई. हिदेकी युकावा (Hideki Yukawa : 1907-1981 ई.) ने दृढ़ नाभिकीय बल (अन्योन्यक्रिया) के लिए कारणीभूत मेसॉन (meson) कण के अस्तित्व की भविष्यवाणी की। बाद में, 1947 ई. में, इस बल के लिए मेसॉन से मिलता-जुलता पिऑन (pion) कण बेहतर साबित हुआ।

1937 ई. प्योत्र कापित्सा (Pyotr Kapitza ; 1894-1984 ई.) ने हीलियम की अतितरलता (superfludity) खोजी।

1938 ई. ओट्टो हान (Otto Hahn : 1879-1968 ई.) और फ्रिट्ज स्ट्रासमान (Fritz Strassmann : 1902-1980 ई.) ने न्यूट्रॉनों से यूरेनियम के नाभिक को विखंडित करने में सफलता पाई। लिजे माइटनेर (Lise Meitner : 1878-1968 ई.) और ओट्टो फ्रिश्च (Otto Hahn : 1904-1979 ई.) ने इसकी व्याख्या प्रस्तुत की और इसे नाभिकीय विखंडन (nuclear fission) का नाम दिया।

1939 ई. (जनवरी) नील्स बोर ने अमरीका पहुंचकर कई भौतिकवेत्ताओं को यूरेनियम के विखंडन की जानकारी दी।

1939 ई. (2 अगस्त) आइंस्टाइन ने अमरीका के राष्ट्रपति रूजवेल्ट को विखंडन की शृंखला अभिक्रिया और एटम बमों के निर्माण के बारे में पत्र लिखा।

1942 ई. (2 दिसंबर) एनरिको फर्मी (Enrico Fermi :1901-1954 ई.) ने शिकागो में पहली बार स्वनिर्भर शृंखलाबद्ध अभिक्रिया को प्राप्त किया और इस प्रकार नियंत्रित नाभिकीय ऊर्जा का सूत्रपात किया।

1942 ई. संसार के प्रथम एटम बम के निर्माण के लिए जे. रॉबर्ट ओप्पेनहाइमेर (J. Robert Oppenheimer : 1904-1967 ई.) के नेतृत्व में अमरीका में 'मैनहाटन योजना' की शुरुआत।

1945 ई. (16 जुलाई) आलमोगोर्दो (न्यू मेक्सिको) में प्लूटोनियम के अंतःस्फोट (implosion) बम का प्रथम परीक्षण।

1945 ई. अमरीका ने जापान के हिरोशिमा नगर पर (6 अगस्त को) और नागासाकी नगर पर (9 अगस्त को) एटम बम डाले।

1948 ई. अमरीका के रिचर्ड फाइनमॅन (Richard Feynman : 1918-1988 ई.) व ज्यूलियन श्विंगेर (Julian Schwinger : 1918-1994 ई.) और जापान के शिन-इतिरो तोमोनागा (Sin-Itiro Tomonaga : 1906-1979 ई.) ने क्वांटम विद्युत-गतिकी (quantum elecrodynamics, QED) का विकास किया–तोमोनागा ने पहले, दूसरे विश्वयुद्ध के दौरान, 1943 ई.।

1948 ई. जॉर्ज गेमोव (George Gamov), राल्फ आल्फेर (Ralph Alpher) और रॉबर्ट हेरमान (Robert Herman) ने ब्रह्मांड की उत्पत्ति का महाविस्फोट (Big Bang) सिद्धांत प्रस्तुत किया।

1954 ई. जेनेवा में नाभिकीय अनुसंधान के यूरोपीय संगठन (CERN) की स्थापना।

1955 ई. (18 अप्रैल) अल्बर्ट आइंस्टाइन का निधन।

1956 ई. पहली बार न्यूट्रिनो (neutrino) कणों को पहचाना गया। इनके अस्तित्व की भविष्यवाणी वोल्फगांग पाउली ने 1931 ई. में की थी।

1960 ई. अतिदूर के विश्व में अत्यंत कांतिमान प्रथम क्वासर (quasar) की खोज।

1960 ई. प्रथम सफल लेसर (laser) का प्रदर्शन। पहली बार आइंस्टाइन ने इनके लिए सैद्धांतिक आधार प्रस्तुत किया था।

1961 ई. प्रथम मानव यूरी गगारीन की अंतरिक्ष-यात्रा।

1962 ई. अमरीका ने हाइड्रोजन बम का परीक्षण किया।

1964 ई. मुर्रे गेल-मान (Murray Gell-Mann) और जॉर्ज ज्वाइग (George Zweig) द्वारा क्वार्क (quark) की धारणा का प्रतिपादन।

1965 ई. माइक्रोवेव पृष्ठभूमि विकिरण (microwave background radiation) की खोज।

1967 ई. अब्दुस सलाम, स्टेवेन वाइनबर्ग और शेल्डोन ग्लाशोव को क्षीण

	नाभिकीय बल और विद्युत-चुंबकीय बल को एकीकृत करने में सफलता मिली।
1969 ई.	अमरीकी अंतरिक्षयात्री चंद्रतल पर उतरते हैं।
1972 ई.	मुर्रे गेल-मान (Murray Gell-Mann) द्वारा क्वांटम-वर्णगतिकी (quantum chromodynamics) का प्रतिपादन।
1974 ई.	रसेल हुल्से और जोसेफ टेलर ने एक नए किस्म के पल्सर की खोज करके आइंस्टाइन के व्यापक आपेक्षिकता सिद्धांत द्वारा प्रतिपादित गुरुत्वीय तरंगों (gravitational waves) के अन्वेषण का मार्ग खोल दिया।
1981 ई.	एलान गुथ (Alan Guth) का प्रतिपादन कि आरंभिक विश्व का बहुत तेजी से "फुलाव" (inflation) हुआ था।
1983 ई.	सुब्रह्मण्यन् चंद्रशेखर (1910-1995 ई.) और विलियम फाउलर (William Fowler : 1911-1995 ई.) को क्रमशः 'तारों की संरचना तथा उनके विकासक्रम के सैद्धांतिक अन्वेषण के लिए' और 'तारों में घटित होने वाली नाभिकीय प्रक्रियाओं से संबंधित सैद्धांतिक व प्रायोगिक अन्वेषण के लिए' संयुक्त रूप से भौतिकी का नोबेल पुरस्कार दिया गया।
1983 ई.	विद्युत-क्षीण बलों (electro-weak forces) के एकीकरण के लिए सबूत मिल गए।
1988 ई.	17 अरब प्रकाश-वर्ष दूर के एक क्वासर (quasar) की खोज।
1990 ई.	अंतरिक्ष में हबल दूरबीन की स्थापना।
1995 ई.	लेसरों व चुंबकीय क्षेत्रों का उपयोग करके बोस-आइंस्टाइन संघनन (Bose-Einstein condensation) हासिल करने में सफलता मिली। इस प्रयोग की तकनीक का विकास करने के लिए तीन-तीन वैज्ञानिकों के दो दलों को 1997 ई. व 2001 ई. के भौतिकी के नोबेल पुरस्कार मिले।
1995 ई.	फर्मीलैब (शिकागो) में "टॉप क्वार्क" (top quark) की खोज।
2005 ई.	भौतिकी के 'चमत्कारी' वर्ष' (1905 ई.) की शताब्दी।

❑❑❑

परिशिष्ट-4

आइंस्टाइन वंशावली

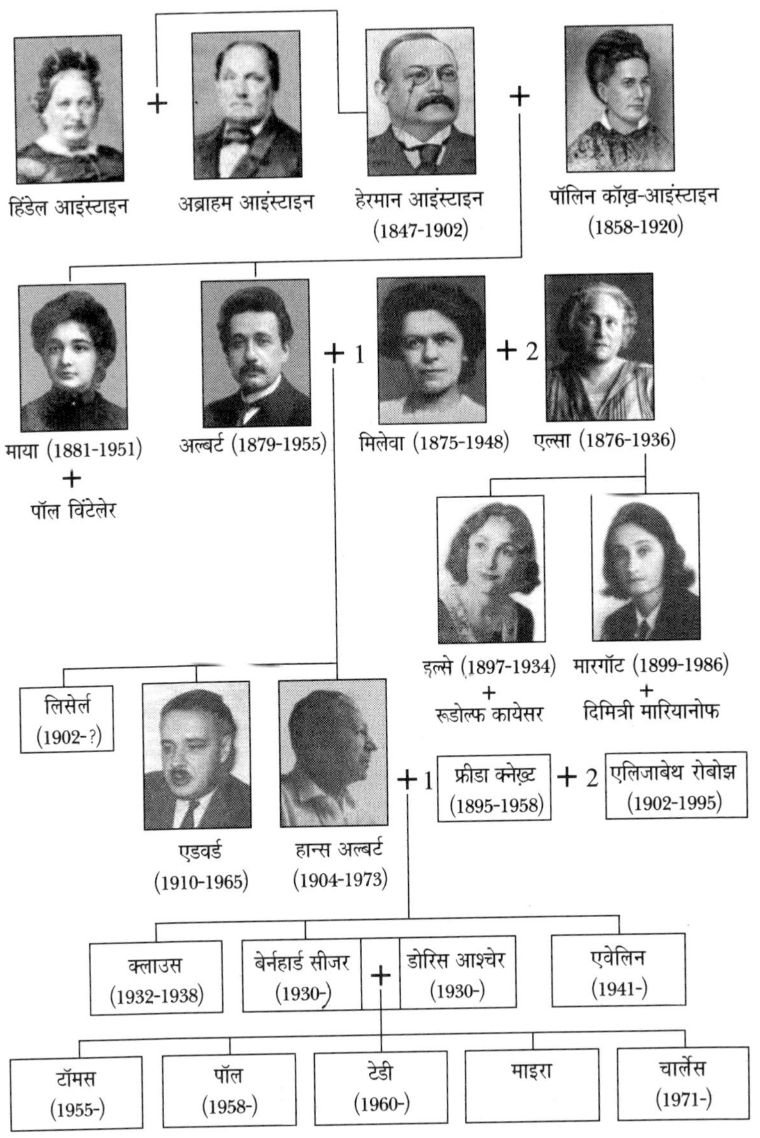

परिशिष्ट-5

अल्बर्ट आइंस्टाइन : जीवनक्रम

1879 14 मार्च : दक्षिण जर्मनी के ऊल्म नगर के एक जर्मन-यहूदी परिवार में अल्बर्ट आइंस्टाइन (Albert Einstein) का जन्म।

पिता : हेरमान आइंस्टाइन (1847-1902 ई.)।

माता : पॉलिन कॉख़-आइंस्टाइन (1858-1920 ई.)।

चाचा : याकोब आइंस्टाइन; मामा : कायेसर कॉख़ व याकोब कॉख़।

1880 आइंस्टाइन-परिवार का म्यूनिख़ में स्थानांतरण।

1881 18 नवंबर : आइंस्टाइन की बहन माया (Maja) का जन्म।

1884 पिता के दिखाए कुतुबनुमे (magnetic compass) ने बालक अल्बर्ट को बहुत प्रभावित किया।

1885 शरत् में म्यूनिख़ के एक काथलिक प्राथमिक स्कूल में प्रवेश, जहां अल्बर्ट अपनी कक्षा में अकेला यहूदी विद्यार्थी था। अल्बर्ट घर पर यहूदी धर्म की शिक्षा प्राप्त करता है, तो धर्म के बारे में उसके मन में कुतूहल पैदा होता है (बारह वर्ष का होने पर धार्मिकता गायब हो जाती है)। अल्बर्ट वायलिन सीखना शुरू करता है।

1888 म्यूनिख़ के लुइट्पोल्ड जिमनेझियम (माध्यमिक स्कूल) में प्रवेश।

1889-1895 अल्बर्ट आइंस्टाइन की भौतिकी, गणित व दर्शनशास्त्र के अध्ययन में दिलचस्पी बढ़ी।

1894 आइंस्टाइन-परिवार का मिलान-पाविया (इटली) में स्थानांतरण, मगर अल्बर्ट स्कूल की पढ़ाई पूरी करने के लिए म्यूनिख़ में रह जाता है। वर्ष के अंत में म्यूनिख़ के स्कूल की पढ़ाई अधूरी छोड़कर अल्बर्ट भी मिलान पहुंच गया। इटली में करीब एक साल तक सैर-सपाटा। साथ ही, ज्यूरिख़ के फेडरल पॉलिटेकनिक इंस्टीट्यूट में प्रवेश के लिए गहन स्वाध्याय।

1895 ज्यूरिख़ के फेडरल पॉलिटेकनिक इंस्टीट्यूट ("पॉली") में दाखिले का प्रयास; प्रवेश-परीक्षा में असफल।

आराउ कस्बे (आरगाउ, स्विट्जरलैंड) के प्रांतीय स्कूल में एक साल तक "पॉली" में दाखिले के लिए तैयारी–स्कूल के एक अध्यापक योस्ट विंटेलेर (Jost Winteler) के परिवार के साथ रहकर।

1896 जर्मन नागरिकता का त्याग–जर्मनी की सैनिक मानसिकता से नफरत के कारण। आगे पांच वर्ष तक अल्बर्ट आइंस्टाइन किसी भी देश के नागरिक नहीं थे।

शरत् में आराउ के स्कूल की परीक्षा में उत्तीर्ण होकर अक्तूबर के अंत में ज्यूरिख़ पहुंच गए और वहां फेडरल पॉलिटेकनिक इंस्टीट्यूट ("पॉली") में दाखिला लिया।

1899 स्विट्जरलैंड की नागरिकता के लिए आवेदन–बीस वर्ष की आयु में।

1900 आइंस्टाइन फेडरल पॉलिटेकनिक इंस्टीट्यूट के स्नातक बन जाते हैं (अगस्त 1900 ई.)। इंस्टीट्यूट में सहायक अध्यापक बनने के लिए प्रस्तुत किया गया आवेदन-पत्र अस्वीकार हुआ।

आइंस्टाइन ने अपनी मां को लिखा कि वह अपनी सहपाठी मिलेवा मारिश से विवाह करना चाहते हैं; मां ने मंजूरी नहीं दी।

वर्ष के अंत में आइंस्टाइन ने अपना पहला वैज्ञानिक शोध-निबंध "आनालेन डेर फिजिक" में प्रकाशनार्थ भेजा।

1901 आइंस्टाइन स्विट्जरलैंड के नागरिक बन जाते हैं (फरवरी 1901)। नौकरी की तलाश। आइंस्टाइन का पहला शोध-निबंध ("केशिकत्व की परिघटना से प्राप्त निष्कर्ष") "आनालेन डेर फिजिक" के मार्च अंक में प्रकाशित हुआ। ग्रीष्म में विंटेरथुर के टेकनिकल स्कूल में स्थानापन्न अध्यापक का और शरत् में शाफ्फहाउसेन के निजी बोर्डिंग स्कूल में अस्थायी अध्यापक का काम किया।

मिलेवा से संपर्क बनाए रखा और बीच-बीच में उनसे मिलते रहे। 'डाक्टरेट' के लिए 'गैसों में आणविक बल' विषय पर प्रबंध तैयार करने में जुट गए, जिसे उन्होंने नवंबर में ज्यूरिख़ विश्वविद्यालय में विचारार्थ प्रस्तुत कर दिया।

1901 दिसंबर : बर्न (स्विट्जरलैंड) के स्विस पेटेंट कार्यालय में नौकरी के लिए आवेदन-पत्र भेजा।

1902 मिलेवा से विवाह-पूर्व संबंध से संभवतः जनवरी में बेटी लिसेर्ल (Lieserl) का जन्म।

जून : ज्यूरिख़ विश्वविद्यालय से अपना प्रबंध वापस लेते हैं।
23 जून : बर्न के पेटेंट कार्यालय में तृतीय श्रेणी के तकनीकी विशेषज्ञ की अस्थायी नौकरी शुरू करते हैं।
अक्तूबर : मिलान में पिता हेरमान आइंस्टाइन का देहांत।
दो अन्य मित्रों के साथ "ओलंपिया अकादमी" की स्थापना।

1903 6 जनवरी : बर्न में मिलेवा और आइंस्टाइन का विवाह। लिसेर्ल को संभवतः सर्बिया (यूगोस्लाविया) के मिलेवा के किसी रिश्तेदार को पालन-पोषण के लिए सौंपा गया था, क्योंकि 'औरस' संतान का होना आइंस्टाइन की सरकारी नौकरी में झंझट पैदा कर सकता था।

सितंबर : लिसेर्ल को स्कारलेट ज्वर होता है। उसके बाद लिसेर्ल की कहीं कोई जानकारी नहीं मिलती। आइंस्टाइन ने अपनी बेटी को शायद कभी नहीं देखा। मिलेवा पुनः गर्भवती।

1904 14 मई : बर्न में प्रथम पुत्र हान्स अल्बर्ट ("आडु") का जन्म (मृत्यु 1973 ई. में, अमरीका में)।
सितंबर : बर्न के पेटेंट कार्यालय में आइंस्टाइन की नौकरी स्थायी हो जाती है।

1905 आइंस्टाइन के पांच शोध-निबंधों के प्रकाशनों का "चमत्कारी वर्ष" (*Annus Mirabilis*)।
18 मार्च : आइंस्टाइन का "प्रकाश के उद्भव और रूपांतरण से संबंधित स्वतःशोध विचार" निबंध "आनालेन डेर फिजिक" को प्राप्त हुआ और उसमें यह 9 जून को प्रकाशित हुआ। प्रकाश-क्वांटम (प्रकाश-विद्युत प्रभाव) से संबंधित इस निबंध के लिए आइंस्टाइन को 1921 ई. का भौतिकी का नोबेल पुरस्कार मिला।

30 अप्रैल को 'डाक्टरेट' के लिए पुनः तैयार हुआ प्रबंध "अणुओं के आयामों का नया निर्धारण" 18 मार्च को ज्यूरिख़ विश्वविद्यालय को भेजा (इसे उन्होंने 1902 ई. में वापस लिया था)। यह निबंध थोड़ा परिवर्तित होकर अगले वर्ष "आनालेन डेर फिजिक" में छपा।

11 मई : “आनालेन डेर फिजिक” को आइंस्टाइन का “स्थिर द्रव में छोड़े गए लघु कणों की गति” (ब्राउनी गति) से संबंधित निबंध मिला, जो उसमें 18 जुलाई को प्रकाशित हुआ।

30 जून : “आनालेन डेर फिजिक” को आइंस्टाइन का “गतिमान पिंडों की विद्युतगतिकी” निबंध मिला, जो उसमें 26 सितंबर को प्रकाशित हुआ। ‘विशिष्ट आपेक्षिकता’ से संबंधित इस प्रथम महत्वपूर्ण निबंध में आइंस्टाइन ने ‘ईथर’ के अस्तित्व को नकारा, प्रकाश की गति को सभी के लिए सुस्थिर बताया और कहा कि आकाश (दिक्) व काल की अपनी स्वतंत्र सत्ताएं नहीं हैं।

$E = mc^2$

27 सितंबर : “आनालेन डेर फिजिक” को आइंस्टाइन का “क्या किसी पिंड का जड़त्व उसकी ऊर्जा की मात्रा पर निर्भर करता है?” शीर्षक से एक छोटा निबंध मिला, जो उसमें 21 नवंबर को प्रकाशित हुआ। पहली बार इसी निबंध में द्रव्यमान-ऊर्जा की तुल्यता के प्रसिद्ध सूत्र $E = mc^2$ का प्रतिपादन है।

1906 15 जनवरी : ज्यूरिख़ विश्वविद्यालय से ‘डाक्टरेट’ की उपाधि मिली।

10 मार्च : बर्न के पेटेंट कार्यालय में द्वितीय श्रेणी के तकनीकी विशेषज्ञ के रूप में पदोन्नति।

क्वांटम सिद्धांत का उपयोग करके विशिष्ट ऊष्मा पर निबंध लिखा।

1907 पेटेंट कार्यालय में कार्य करते हुए अन्यत्र नौकरी की तलाश; जैसे, ज्यूरिख़ के प्रांतीय स्कूल में और बर्न विश्वविद्यालय में।

‘व्यापक आपेक्षिकता-सिद्धांत’ के लिए आधारभूत तुल्यता के नियम (equivalence principle) की खोज।

1908 फरवरी : बर्न विश्वविद्यालय में *प्रिवाट्डोजेंट* (निजी व्याख्याता) बने। बहन माया ने बर्न विश्वविद्यालय से रोमांस भाषाओं (पुर्तगाली, इतालवी, स्पेनिश आदि) पर ‘डाक्टरेट’ अर्जित की।

हेरमान मिंकोवस्की (1864-1909 ई.) द्वारा दिक्-काल में विशिष्ट आपेक्षिकता सिद्धांत की पुनर्स्थापना।

1909 साल्झबर्ग (ऑस्ट्रिया) में दिए गए एक व्याख्यान में तरंग-कण द्विविधता (duality) का प्रतिपादन।

1909 7 मई : ज्यूरिख़ विश्वविद्यालय में सैद्धांतिक भौतिकी के 'विशिष्ट प्राध्यापक' के रूप में नियुक्ति (15 अक्तूबर से प्रभावी)। स्विस पेटेंट कार्यालय और बर्न विश्वविद्यालय के पदों से इस्तीफा। जेनेवा विश्वविद्यालय से 'डाक्टरेट' की मानद उपाधि मिली।

1910 मार्च : पॉल विंटेलेर (आराउ में आइंस्टाइन के अध्यापक के पुत्र) से आइंस्टाइन की बहन माया का विवाह।

28 जुलाई : आइंस्टाइन के दूसरे पुत्र एडवर्ड ("टेटे") का जन्म।

1911 प्राग के जर्मन विश्वविद्यालय में सैद्धांतिक भौतिकी संस्थान के निदेशक का पद स्वीकारा (1 अप्रैल से प्रभावी), और ज्यूरिख़ विश्वविद्यालय से पद का इस्तीफा दिया। सपरिवार प्राग पहुंच गए।

29 अक्तूबर : ब्रुसेल्स (बेल्जियम) में आयोजित प्रथम सोल्वी कांग्रेस में सम्मिलित हुए; रदरफोर्ड, मदाम क्यूरी, माक्स प्लांक, ऑंरी प्वॉंकारे, हेन्ड्रिक लॉरेंट्ज आदि वैज्ञानिकों से भेंट।

1912 बर्लिन-यात्रा में तलाकशुदा चचेरी-मौसेरी बहन एल्सा लोवेंथाल (Elsa Löwenthal) से मुलाकात और उनसे रोमानी पत्र-व्यवहार की शुरुआत। साथ ही, पत्नी मिलेवा से संबंधों का विघटन शुरू।

अक्तूबर : ज्यूरिख़ पॉलिटेकनिक ("पॉली") में सैद्धांतिक भौतिकी के प्राध्यापक का पद स्वीकार किया; प्राग के पद से इस्तीफा।

1913 सितंबर : हान्स अल्बर्ट और एडवर्ड का मिलेवा के जन्मस्थान नोवी साद (यूगोस्लोवाकिया) में ऑर्थोडॉक्स ईसाई धर्म में बपतिस्मा हुआ। व्यापक आपेक्षिकता के बारे में आइंस्टाइन और मार्सेल ग्रॉसमान (1878-1936 ई.) का एक संयुक्त शोध-निबंध प्रकाशित हुआ। पॉल एहरेनफेस्ट (1880-1933 ई.) से घनिष्ठ मित्रता की शुरुआत। विएना (ऑस्ट्रिया) की विज्ञान कांग्रेस में भाग लिया; वहां अन्स्र्ट माख़ (1838-1916 ई.) से मुलाकात।

नवंबर : प्रशियाई विज्ञान अकादमी के सदस्य बनाए गए। बर्लिन विश्वविद्यालय में प्राध्यापक (अध्यापन के बंधन के बिना) और कैसर विलहेल्म इंस्टीट्यूट के अंतर्गत स्थापित होने वाले भौतिकी संस्थान के निदेशक बनने का प्रस्ताव स्वीकारा।

ज्यूरिख़ पॉलिटेकनिक से इस्तीफा।

1914 29 मार्च : नया पद संभालने आइंस्टाइन बर्लिन पहुंचते हैं।
मध्य-अप्रैल में मिलेवा और बच्चे भी वहां पहुंच जाते हैं, मगर जुलाई में ज्यूरिख़ वापस लौटते हैं।
28 जुलाई : प्रथम विश्वयुद्ध की शुरुआत।

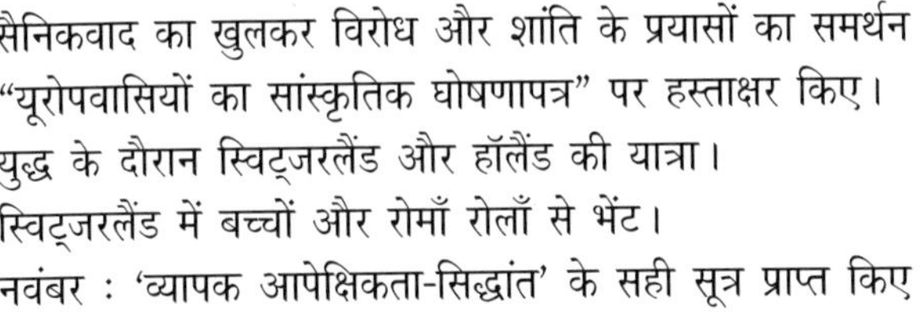

1915 सैनिकवाद का खुलकर विरोध और शांति के प्रयासों का समर्थन।
"यूरोपवासियों का सांस्कृतिक घोषणापत्र" पर हस्ताक्षर किए।
युद्ध के दौरान स्विट्जरलैंड और हॉलैंड की यात्रा।
स्विट्जरलैंड में बच्चों और रोमाँ रोलाँ से भेंट।
नवंबर : 'व्यापक आपेक्षिकता-सिद्धांत' के सही सूत्र प्राप्त किए।

1916 "आनालेन डेर फिजिक" में 'व्यापक आपेक्षिकता-सिद्धांत' का प्रकाशन। जर्मन भौतिकीय सोसायटी के अध्यक्ष।
क्वांटम सिद्धांत से संबंधित शोध-निबंध : फोटॉन के गुणधर्मों का विश्लेषण। माक्स प्लांक के विकिरण नियम की नई व्युत्पत्ति।

1917 'व्यापक आपेक्षिकता-सिद्धांत से जनित ब्रह्मांडिकीय विचार' निबंध में 'ब्रह्मांडीय घटक' (cosmological factor) का समावेश।
जिगर की बीमारी और अल्सर (व्रण) के कारण कई महीनों तक बीमार। एल्सा लोवेंथाल ने सेवा की।
सितंबर से बर्लिन के "हाबेरलांडस्ट्रास्से 5" की चौथी मंजिल के फ्लैट में आगे के पंद्रह साल तक निवास।
कैसर विलहेल्म इंस्टीट्यूट के अंतर्गत स्थापित भौतिकी संस्थान के निदेशक का पद संभाला।

1918 गुरुत्वीय तरंगों पर शोध-निबंध का प्रकाशन।
प्रथम विश्वयुद्ध समाप्त। विश्वयुद्ध के बाद आइंस्टाइन ने जर्मनी व स्विट्जरलैंड, दोनों देशों की नागरिकता कायम रखी।

1919 14 फरवरी : मिलेवा से संबंध-विच्छेद; तय हुआ कि आइंस्टाइन को भविष्य में मिलनेवाले नोबेल पुरस्कार की राशि मिलेवा व बच्चों की परवरिश के लिए दी जाएगी।

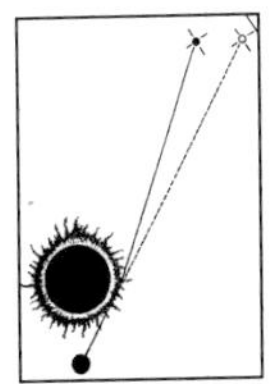

ब्रिटिश वैज्ञानिकों द्वारा 29 मई, 1919 को घटित खग्रास सूर्य-ग्रहण का अध्ययन और उससे आइंस्टाइन के 'व्यापक आपेक्षिकता-सिद्धांत' के इस निष्कर्ष की पुष्टि कि दूर के तारे का प्रकाश जब

सूर्य के नजदीक से गुजरता है, तो थोड़ा उसकी ओर मुड़ जाता है। एकाएक दुनिया-भर में ख्याति।

2 जून : एल्सा से विवाह। एल्सा की दो अविवाहित पुत्रियां : इल्से (22 वर्ष) और मारगॉट (20 वर्ष)।
सियोनवाद (Zionism) में दिलचस्पी।

1920 लाइडेन (हालैंड, नीदरलैंड्स) की यात्रा; वहां पहली बार नील्स बोर (1885-1962) से भेंट। मार्च : मां पॉलिन की मृत्यु।

जर्मनी में आपेक्षिकता-सिद्धांत और "यहूदी भौतिकी" पर हमले तेज हुए; आइंस्टाइन जर्मनी के प्रति वफादार बने रहे।

1921 प्राग (चेकोस्लोवाकिया) और विएना (ऑस्ट्रिया) की यात्राएं।
अप्रैल-मई : येरूसलम के हिब्रू विश्वविद्यालय के लिए धनराशि एकत्र करने के प्रयोजन से शाइम वेइजमान के साथ अमरीका की प्रथम यात्रा। प्रिंसटन विश्वविद्यालय में आपेक्षिकता-सिद्धांत पर चार व्याख्यान दिए, जो बाद में पुस्तक बने–The Meaning of Relativity।
अमरीका से लौटते वक्त लंदन में लॉर्ड हाल्डेन के अतिथि और किंग्स कालेज में व्याख्यान।

1922 एकीकृत क्षेत्र सिद्धांत पर पहला शोध-निबंध पूर्ण किया।
मार्च-अप्रैल : व्याख्यान के लिए पेरिस-यात्रा।

अक्तूबर-दिसंबर : जापान-यात्रा। समुद्र-यात्रा के दौरान 10 नवंबर को सूचना मिली कि आइंस्टाइन को 1921 ई. का भौतिकी का नोबेल पुरस्कार दिया गया है – प्रमुखतः 'प्रकाश-विद्युत प्रभाव' की उनकी व्याख्या के लिए।

1923 वापसी में फिलिस्तीन की यात्रा; येरूसलम के प्रस्तावित हिब्रू विश्वविद्यालय में पहला व्याख्यान दिया। स्पेन की यात्रा।
जुलाई : यात्रा से बर्लिन लौटने के बाद नोबेल पुरस्कार ग्रहण करने स्वीडेन गए और वहां गॉथेनबर्ग में अपना नोबेल व्याख्यान दिया। गुरुत्वाकर्षण और विद्युत-चुंबकत्व के एकीकरण के लिए 'एकीकृत क्षेत्र सिद्धांत' की खोजबीन शुरू।

1924 एल्सा की बड़ी पुत्री इल्से का रूडोल्फ कायेसर (पत्रकार और बाद में आइंस्टाइन के जीवनीकार) से विवाह।

सत्येंद्रनाथ बसु (1894-1974) ने 4 जून, 1924 को ढाका से अपना एक शोध-निबंध (Planck's Law and the Hypothesis of Light Quanta) आइंस्टाइन को भेजा—एक पत्र के साथ। आइंस्टाइन ने उसका जर्मन में अनुवाद करके उसे प्रकाशित कराया।

1925 मार्च-मई : आर्जेंटीना, उरुगुए व ब्राजील (दक्षिण अमरीका) की यात्रा। अनिवार्य सैनिक भरती के खिलाफ जारी घोषणापत्र पर हस्ताक्षर। शांतिवाद की प्रबल पैरवी।

'बोस-आइंस्टाइन सांख्यिकी' व 'बोस-आइंस्टाइन संघनन' पर दो निबंधों का प्रकाशन। कोपले पदक (Copley Medal) मिला।

1926 इंग्लैंड की रॉयल एस्ट्रॉनॉमिकल सोसायटी का स्वर्ण-पदक।

1927 पुत्र हान्स अल्बर्ट का फ्रीडा क्नेख़्ट (Frieda Knecht) से विवाह। अक्तूबर : पांचवीं सोल्वी कांग्रेस (ब्रूसेल्स) में सम्मिलित हुए। नील्स बोर से क्वांटम यांत्रिकी को लेकर वाद-विवाद की शुरुआत।

1928 स्विट्‌जरलैंड की एक यात्रा के दौरान हृदय-विकार के शिकार। कई महीनों तक बिस्तर पकड़े रहे और एक साल तक दुर्बल।

अप्रैल : कुमारी हेलेन डुकास (1896-1982 ई.) को स्थायी रूप से आइंस्टाइन की सहायिका/सचिव नियुक्त किया गया, जो अंतिम दिनों तक उनके साथ रहीं।

1929 आइंस्टाइन पचास वर्ष के हुए। बर्लिन के नजदीक के कापुथ नामक गांव में उन्होंने अपने लिए एक मकान बनवाया।

ब्रूसेल्स में बेल्जियम की रानी एलिजाबेथ के अतिथि। रानी से शेष जीवन-भर कायम रही मित्रता की शुरुआत।

जून : माक्स प्लांक के हाथों से 'प्लांक पदक' प्राप्त किया।

1930 आइंस्टाइन के पौत्र (हान्स अल्बर्ट व फ्रीडा क्नेख़्ट के पुत्र) बेर्नहार्ड का जन्म।

मारगॉट का दिमित्री मारियानोफ से विवाह; बाद में तलाक।

रवींद्रनाथ ठाकुर (1861-1941) से कापुथ (बर्लिन) में दो बार भेंट और वैचारिक वार्तालाप।

दिसंबर : कैलिफोर्निया इंस्टीट्यूट ऑफ टेक्नोलॉजी (काल्टेक, पासादेना, अमरीका) में 'अतिथि प्राध्यापक' बनकर व्याख्यान देने पहुंचे; वहां मार्च 1931 तक रहे। क्यूबा और न्यूयार्क की यात्रा। माउंट विल्सन वेधशाला की यात्रा। माइकेल्सन (1852-1931) और मिलिकान (1868-1953) से भेंट।

1931 मई : ऑक्सफोर्ड में व्याख्यान देने गए।

सितंबर-अक्तूबर : गांधीजी के साथ पत्र-व्यवहार।

दिसंबर : काल्टेक की दूसरी यात्रा पर गए।

1932 6 दिसंबर : बर्लिन को अलविदा; काल्टेक की तीसरी यात्रा। प्रिंसटन (अमरीका) में 'उच्च अध्ययन संस्थान' में प्राध्यापक बनने का प्रस्ताव।

1933 जनवरी : जर्मनी में नाजी शासन का आरंभ।

जर्मनी न लौटकर अमरीका से सपत्नीक सीधे बेल्जियम पहुंचे और वहां समुद्रतट के ले-कॉक-सुर-मेर स्थान के एक मकान में ठहरे। इल्से, मारगॉट, हेलेन डुकास और गणितज्ञ डा. वाल्थेर मायेर भी वहां पहुंच गए। इनकी सुरक्षा के लिए सैनिक गार्ड की व्यवस्था।

मार्च : प्रशियाई विज्ञान अकादमी की सदस्यता से इस्तीफा; जर्मन नागरिकता का त्याग (स्विट्जरलैंड की नागरिकता कायम रखी)। जून : ऑक्सफोर्ड की यात्रा; वहां "हर्बर्ट स्पेंसर व्याख्यान" दिए। स्विट्जरलैंड की यात्रा; पुत्र एडवर्ड से अंतिम भेंट।

इल्से के पति रूडोल्फ कायेसर ने आइंस्टाइन के बर्लिन-निवास के कागज-पत्र फ्रांस पहुंचाए, जो बाद में अमरीका लाए गए।

सितंबर : एल्सा, हेलेन डुकास और डा. वाल्थेर मायेर के साथ *वेस्टमोरलैंड* जहाज से अमरीका के लिए प्रस्थान; 17 अक्तूबर को न्यूयार्क पहुंचते हैं। इल्से, मारगॉट और मारगॉट के पति दिमित्री मारियानोफ यूरोप में रह जाते हैं।

सिगमंड फ्रायड (1856-1939) के साथ मिलकर पुस्तिका प्रकाशित की–युद्ध क्यों? (Warum Krieg?)

प्रिंसटन के 'उच्च अध्ययन संस्थान' में बस जाने पर एक नए जीवन की शुरुआत। उसके बाद आइंस्टाइन कभी यूरोप नहीं लौटे।

1934 लंबी बीमारी के बाद बेटी इल्से का 37 वर्ष की आयु में पेरिस में निधन। मारगॉट और दिमित्री प्रिंसटन पहुंचते हैं।

1935 क्वांटम यांत्रिकी के विरोधाभासों के बारे में संयुक्त 'आइंस्टाइन-पोदोल्स्की-रोसेन' (EPR) शोध-निबंध का प्रकाशन।

शरत् में प्रिंसटन के अपने निजी मकान (112 मेरसेर स्ट्रीट) में रहने जाते हैं, जहां एल्सा, मारगॉट, माया व हेलेन डुकास अपना शेष जीवन गुजारती हैं।

आइंस्टाइन फ्रैंकलिन पदक प्राप्त करते हैं।

1936 20 दिसंबर : दूसरी पत्नी एल्सा का देहांत।

1938 लिओपोर्ड इन्फेल्ड के साथ The Evolution of Physics ग्रंथ का लेखन व प्रकाशन।

बड़े पुत्र हान्स अल्बर्ट सपरिवार अमरीका पहुंचते हैं।

1939 बहन माया भाई के साथ रहने प्रिंसटन पहुंचती हैं।

2 अगस्त : राष्ट्रपति रूजवेल्ट को परमाणु ऊर्जा के सैनिक उपयोग के बारे में लिखे पत्र पर हस्ताक्षर किए।

यूरोप में दूसरे विश्वयुद्ध की शुरुआत।

1940 मार्च में रूजवेल्ट को पुनः एक पत्र भेजा।

अमरीका की नागरिकता प्राप्त करते हैं (स्विट्ज़रलैंड की नागरिकता अंत तक कायम रखते हैं)।

1941 दिसंबर : अमरीका का दूसरे विश्वयुद्ध में प्रवेश।

1943 अमरीकी नौसेना के तोपखाना विभाग के सलाहकार नियुक्त हुए।

1945 25 मार्च : (जर्मनी का पतन निश्चित देखकर) आइंस्टाइन ने रूजवेल्ट को पत्र लिखकर अनुरोध किया कि अब परमाणु-बम का इस्तेमाल न किया जाए। 12 अप्रैल को रूजवेल्ट की एकाएक मृत्यु हो जाने के कारण वे आइंस्टाइन के पत्र को शायद नहीं पढ़ पाए। 16 जुलाई : आलमोगोर्दो (न्यू मेक्सिको, अमरीका) में प्लूटोनियम बम का सफल परीक्षण।

6 अगस्त : हिरोशिमा (जापान) पर यूरेनियम बम डाला गया।

1945 9 अगस्त : नागासाकी नगर पर प्लूटोनियम बम डाला गया।

2 सितंबर : दूसरा विश्वयुद्ध समाप्त हो गया।

प्रिंसटन के उच्च अध्ययन संस्थान से आइंस्टाइन को आधिकारिक रूप से अवकाश मिल गया; पेंशन मिलती रही। मगर मृत्यु तक संस्थान के अपने ऑफिस में जाते रहे।

'एकीकृत क्षेत्र सिद्धांत' का नया सूत्रीकरण।

1946 बहन माया हृदय-विकार से बीमार।

आइंस्टाइन परमाणु वैज्ञानिकों की आपात्कालीन समिति के अध्यक्ष बने। शस्त्र-नियंत्रण और विश्व सरकार की स्थापना के लिए सार्वजनिक अपील।

अमरीका में रंगभेद के खिलाफ सार्वजनिक वक्तव्य।

1947 "आत्मकथात्मक टिप्पणियां" निबंध लिखा।

1848 4 अगस्त : पहली पत्नी मिलेवा का ज्यूरिख़ में निधन।

दिसंबर : डाक्टरों के अनुसार, आइंस्टाइन उदर की अंतड़ियों के रोग के शिकार।

1949 उदर की शल्यक्रिया।

प्रिंसटन में आइंस्टाइन के 70वें जन्मदिन का उत्सव।

अक्तूबर : प्रिंसटन में आइंस्टाइन और जवाहरलाल नेहरू की भेंट।
क्षेत्र समीकरणों से गति के नियम प्राप्त किए (इन्फेल्ड के साथ)।

1950 13 फरवरी : एक टेलीविजन कार्यक्रम में अमरीका के हाइड्रोजन बम बनाने के फैसले के खिलाफ आवाज उठाई।

16 जून : संयुक्त राष्ट्रसंघ के रेडियो पर आयोजित इंटरव्यू में सभी मौजूदा राजनीतिज्ञों में महात्मा गांधी के विचारों को आज के युग के लिए सबसे प्रबुद्ध बताया।

अंतिम वसीयत पर हस्ताक्षर। ओट्टो नाथान प्रबंधक और ओट्टो नाथान व हेलेन डुकास आइंस्टाइन की इस्टेट के ट्रस्टी नियुक्त हुए। वसीयत के अनुसार, ओट्टो नाथान व हेलेन डुकास की मृत्यु के बाद आइंस्टाइन के सारे दस्तावेज (अभिलेख) येरूसलम के हिब्रू विश्वविद्यालय में पहुंच जाने थे।

1951 जून : प्रिंसटन में बहन माया की मृत्यु।

1952 इस्राइल का राष्ट्रपति बनने का प्रस्ताव अस्वीकार किया।

1953 एकीकृत क्षेत्र सिद्धांत का प्रकाशन।

1955 मार्च : "आत्मकथात्मक रेखाचित्र" निबंध लिखा।

अप्रैल : विज्ञान के इतिहासकार बेर्नार्ड कोहेन को अपना अंतिम इंटरव्यू दिया।

11 अप्रैल : नाभिकीय अस्त्रों के प्रसार के खिलाफ जारी 'रसेल-आइंस्टाइन घोषणापत्र' पर हस्ताक्षर किए।

13 अप्रैल : धमनी-शिरा फटती है।

15 अप्रैल : उदर के दाएं हिस्से में तेज दर्द उठने पर अस्पताल में भरती। पित्ताशय में सूजन। शल्य-चिकित्सा करवाने से इनकार।

18 अप्रैल : सुबह 1.15 बजे, छहत्तर साल की आयु में, अस्पताल में मृत्यु–उदर की महाधमनी में रक्तस्राव होने से; महाप्रस्थान।

आइंस्टाइन ने अपनी वसीयत में अनुरोध किया था कि उनका अंतिम संस्कार (दाहसंस्कार) बिना किसी धार्मिक अनुष्ठान के किया जाए, जो उनकी इच्छानुसार ही सम्पन्न हुआ। मगर आइंस्टाइन की आंखों और उनके मस्तिष्क को निकालकर रख लिया गया–उनकी इच्छा के विरुद्ध!

अमरीका द्वारा नवंबर 1952 में किए गए हाइड्रोजन बम के प्रथम परीक्षण की 'राख' में मिले नए तत्व (नं. 99) को आइंस्टाइनियम (Einsteinium) नाम दिया गया।

1965 स्विट्जरलैंड में दूसरे पुत्र एडवर्ड की मृत्यु।

1973 प्रथम पुत्र हान्स अल्बर्ट की मृत्यु।

1982 जनवरी : हेलेन डुकास (जन्म 1896 ई.) की मृत्यु।

1986 8 जुलाई : मारगॉट आइंस्टाइन की मृत्यु।

❑❑❑

परिशिष्ट-6

विशिष्ट शब्दावली

अनिश्चितता/अनिर्धार्यता का नियम (uncertainty/indeterminacy principle) : वेर्नेर हाइजेनबर्ग द्वारा 1927 ई. में प्रतिपादित सिद्धांत, जिसके अनुसार किसी कण (particle) की गति व स्थिति, दोनों राशियों को एकसाथ पूर्ण शुद्धता के साथ नहीं जाना जा सकता। आप एक राशि को जितनी अधिक शुद्धता से जान पाते हैं, उतनी ही कम शुद्धता से आप दूसरी राशि जान पाते हैं। अनिश्चितता के नियम ने वैज्ञानिक चिंतन को गहराई से प्रभावित किया है, क्योंकि यह परमाणु के स्तर पर कारण-कार्य (cause and effect) के चिरस्थापित संबंध (नियतत्ववाद, determinism) को नकारता प्रतीत होता है।

अयूक्लिडीय ज्यामिति (non-Euclidian geometry) : एक ऐसी ज्यामिति जो प्रमुखतः यूक्लिड (लगभग 300 ई.पू.) की ज्यामिति के इस अभिगृहीत (postulate) को स्वीकार नहीं करती कि आकाश के एक बिंदु से किसी प्रदत्त रेखा के समांतर (parallel) केवल एक ही सीधी रेखा खींची जा सकती है। कई प्रकार की अयूक्लिडीय ज्यामितियों का सृजन हुआ है।

अर्ध-जीवन (half life) : किसी रेडियोधर्मी पदार्थ के कुल परमाणुओं में से आधे परमाणुओं का क्षय हो जाने की अवधि।

अल्फा कण (α, alpha particle) : हीलियम का नाभिक–रेडियोधर्मी क्षय के दौरान रेडियोधर्मी तत्वों द्वारा उत्सर्जित दो प्रोटॉनों व दो न्यूट्रॉनों वाला धनावेशी कण।

आदर्श गैस (ideal gas) : ऐसी परिकल्पित गैस, जिसके अणु नगण्य स्थान घेरेंगे और उनके बीच में नगण्य बल होंगे।

(क) **आपेक्षिकता-सिद्धांत** (Relativity Theory) : अल्बर्ट आइंस्टाइन (1879-1955 ई.) का आपेक्षिकता का सिद्धांत, जो आइजेक न्यूटन (1642-1727 ई.) की भौतिकी का विस्तार करता है। आपेक्षिकता का संबंध दिक् (आकाश), काल और द्रव्य से है। इसके दो रूप हैं : 1. **विशिष्ट आपेक्षिकता-सिद्धांत** (Special Relativity Theory), और 2. **व्यापक आपेक्षिकता-सिद्धांत** (General Relativity Theory)।

विशिष्ट आपेक्षिकता-सिद्धांत का आरंभ इस आधार-वाक्य से होता है कि एक-दूसरे के सापेक्ष एकसमान वेग से गतिमान प्रेक्षकों के लिए भौतिकी के नियम एक-से रहते हैं और इन तंत्रों में प्रकाश का वेग सर्वत्र समान होता है। इस सिद्धांत के अनुसार, एक स्थिर प्रेक्षक के लिए गतिमान पिंड का द्रव्यमान बढ़ जाता है और उसका दैर्घ्य गति की दिशा में घट जाता है। इस सिद्धांत की एक विशेष उपलब्धि है : द्रव्यमान व ऊर्जा की पारस्परिक तुल्यता ($E = mc^2$)।

व्यापक आपेक्षिकता (General Relativity) इस मान्यता पर आधारित है कि भौतिकी के नियम सभी प्रेक्षकों के लिए एक-से होने चाहिए, चाहे वे एक-दूसरे के सापेक्ष कैसे भी गतिमान हों। अन्य शब्दों में, व्यापक आपेक्षिकता सिद्धांत में त्वरित (accelerated) गति का भी विचार किया जाता है। व्यापक आपेक्षिकता सिद्धांत में गुरुत्वाकर्षण की व्याख्या दिक्काल की वक्रता के आधार पर की जाती है। त्वरण शून्य मान लेने पर व्यापक आपेक्षिकता सिद्धांत, विशिष्ट आपेक्षिकता सिद्धांत का रूप ग्रहण कर लेता है।

(ख) **आपेक्षिकता सिद्धांत** (Relativity Theory) : आइंस्टाइन का आपेक्षिकता का सिद्धांत दो प्रमुख अभिगृहीतों पर आधारित है : (1) यदि दो तंत्र एक-दूसरे की सापेक्षता में एकसमान वेग से चल रहे हैं, तो एक तंत्र (चौखट या ढांचे) में स्थित प्रेक्षक दूसरे की घटनाओं का प्रेक्षण-मापन करके इससे अधिक कुछ भी नहीं जान सकता कि दोनों तंत्र सापेक्षिक गति में हैं; और (2) इन दोनों तंत्रों से प्रकाश के वेग का मापन करने पर प्राप्त संख्यात्मक मान बराबर होगा, चाहे प्रकाश के स्रोत की स्थिति कहीं भी हो। इस सिद्धांत को आपेक्षिकता का विशिष्ट सिद्धांत कहते हैं। इसमें गुरुत्वाकर्षण और उससे संबद्ध विषयों को सम्मिलित करके आपेक्षिकता के व्यापक सिद्धांत की स्थापना की गई है।

ईथर (ether, aether) : एक काल्पनिक माध्यम, जिसके बारे में पहले सोचा गया था कि यह समूचे आकाश में व्याप्त है और प्रकाश तथा अन्य विद्युत-चुंबकीय तरंगों के प्रवाह को आधार प्रदान करता है। किसी भी प्रयोग से ईथर के अस्तित्व की पुष्टि नहीं होती, और न ही आपेक्षिकता के सिद्धांत के लिए इसकी आवश्यकता है।

ऊष्मागतिकी (thermodynamics) : उन नियमों का अध्ययन जो ऊर्जा के एक रूप से दूसरे रूप में बदलाव का नियोजन करते हैं (देखिए **तापगतिकी** भी)। ऊष्मागतिकी के दो प्रसिद्ध मूलभूत नियम हैं : (1) ऊष्मा ऊर्जा का ही एक

रूप है और किसी भी प्रक्रिया में समस्त प्रकार की ऊर्जा का योग अपरिवर्तित रहता है; इसे 'ऊर्जा की अविनाशिता का नियम' भी कहते हैं; (2) ऊष्मा का प्रवाह निम्न ताप वाली वस्तु से उच्च ताप वाली वस्तु की दिशा में तभी हो सकता है जब अन्य वस्तुओं में भी कुछ परिवर्तन हो जाए।

एकीकृत क्षेत्र सिद्धांत (Unified Field Theory) : एक सर्वव्यापक सिद्धांत, जो प्रकृति के सभी ज्ञात बुनियादी बलों—गुरुत्वाकर्षण, विद्युत-चुंबकीय, दृढ़ (प्रबल) और क्षीण बलों—को संयुक्त करनेवाले समीकरण प्राप्त करने का प्रयास करता है। इनमें विद्युत-चुंबकीय बल और क्षीण नाभिकीय बल को एकीकृत (विद्युत-क्षीण बल) करने में सफलता मिल गई है।

काल, समय (time) : दो घटनाओं के बीच की अवधि अथवा अंतराल।

कृष्ण द्रव्य (dark matter) : विश्व का वह द्रव्य, जिसके अस्तित्व को हम इसके द्वारा उत्सर्जित या अवशोषित विद्युत-चुंबकीय तरंगों का सीधा अवलोकन करके नहीं जान सकते।

कृष्ण-पिंड, कृष्णिका (black body) : वह आदर्श पिंड जो अपने ऊपर पड़ने वाले प्रकाश के सभी तरंग-दैर्घ्यों की ऊर्जा को पूर्णतया अवशोषित करे, अर्थात् जरा भी परावर्तित न होने दे।

क्लासिकल/स्थापित यांत्रिकी (classical mechanics) : आइजेक न्यूटन (1642-1727 ई.) द्वारा संस्थापित यांत्रिकी।

क्वांटम (quantum; बहुवचन quanta) : एक ऐसी न्यूनतम, अविभाज्य इकाई, जिसमें ऊर्जा उत्सर्जित या अवशोषित हो सकती है।

क्वांटम सिद्धांत (quantum theory) : परमाणु और परमाणु-कणों की अन्योन्यकियाओं का एक ऐसा सिद्धांत जो फोटॉनों (देखिए आगे) के कण व तरंग, दोनों रूपों के व्यवहार पर आधारित है। परमाणु किस तरह आबद्ध रहता है और किस तरह कार्य करता है, इसकी व्याख्या करने के लिए क्वांटम सिद्धांत प्रायिकता (probability) और क्वांटम ऊर्जा की धारणाओं का उपयोग करता है।

क्वांटम यांत्रिकी (quantum mechanics) : गणितीय भौतिकी की एक शाखा जिसका उदय माक्स प्लांक के क्वांटम सिद्धांत से हुआ। इसके दो प्रमुख रूप—तरंग यांत्रिकी व मैट्रिक्स यांत्रिकी—हैं, जो वस्तुतः तुल्य हैं। इसकी एक शाखा आपेक्षिकीय क्वांटम यांत्रिकी (Relativistic quantum mechanics) है, जिसमें आपेक्षिकता के सिद्धांत का समावेश कर लिया गया है।

क्वांटम विद्युत-गतिकी (quantum electrodynamics, QED) : बीसवीं सदी के तीसरे व चौथे दशक में पॉल डिराक, वेर्नेर हाइजेनबर्ग और वोल्फगांग पाउली ने ऐसे समीकरण प्रस्तुत किए जिनके जरिए विद्युत-चुंबकीय बल की व्याख्या फोटॉन के क्वांटम स्वरूप से संभव हुई। आगे रिचर्ड फाइनमॅन, तोमोनागा आदि ने परमाणुओं और उनके इलेक्ट्रॉनों के साथ विद्युत-चुंबकीय विकिरण की अन्योन्यक्रियाओं की सैद्धांतिक व्याख्या प्रस्तुत की, तो यह विषय क्वांटम विद्युत-गतिकी कहलाया। स्थापित भौतिकी को क्वांटम सिद्धांत के साथ जोड़ने में क्वांटम विद्युत-गतिकी को सफलता मिली है; यह रासायनिक अभिक्रियाओं तथा द्रव्य के अन्य प्रेक्षणीय बरतावों की व्याख्या प्रस्तुत करता है, और साथ ही स्थापित विद्युत-चुंबकीय सिद्धांत को भी अपने में समेटता है।

क्षीण नाभिकीय बल या **अभिक्रिया** (weak nuclear force *or* interaction) : प्रकृति में खोजे गए चार बुनियादी बलों में से एक, जो केवल परमाणु के नाभिक के भीतर ही काम करता है। यह बल विद्युत-चुंबकीय बल से करीब 10^{-10} गुना क्षीण होता है, और इसी बल के कारण नाभिक का रेडियोधर्मी अथवा बीटा क्षय (β-decay) होता है। क्षीण बल को विद्युत-चुंबकीय बल के साथ एकीकृत करके **विद्युत-क्षीण सिद्धांत** (electro-weak theory) का सृजन करना संभव हुआ है।

क्षेत्र (field) : आकाश (दिक्) का वह प्रदेश जो गुरुत्वाकर्षण, चुंबकत्व आदि भौतिक बलों द्वारा प्रभावित हो।

ग्रेविटॉन (graviton) : आइंस्टाइन द्वारा अभिगृहीत गुरुत्वाकर्षण का क्वांटम। यह एक परिकल्पित मूल कण है।

तंतु सिद्धांत (string theory) : तंतु (string) ऐसा एक-आयामी पदार्थ है, जिसका प्रयोग प्राथमिक परमाणु-कणों के सिद्धांत और ब्रह्मांडिकी (cosmology) में होता है। (क्वांटम क्षेत्र सिद्धांत में प्रयुक्त) तंतु सिद्धांत में बिंदुसम प्राथमिक कण का स्थान (एक बंद तंतु में) एक रेखा या फंदा ग्रहण करता है।

तरंग-कण द्विविधता (wave-particle duality) : इस धारणा के अनुसार, ऊर्जावाहक तरंगें कणरूप हो सकती हैं और कण तरंगरूप हो सकते हैं। उदाहरणार्थ, 'प्रकाश-विद्युत प्रभाव' की व्याख्या के लिए विद्युत-चुंबकीय विकिरण को कण ('फोटान') मानना पड़ता है, तो 'इलेक्टॉन विवर्तन' में इलेक्टॉनों को तरंगें ('ब्रोग्ली तरंगें') मानना पड़ता है।

तरंग यांत्रिकी (wave mechanics) : यांत्रिकी का एक रूप जिसका विकास लुई

दे ब्रोग्ली (1892-1987 ई.) और एरविन श्रोडिंगेर (1887-1961 ई.) ने किया। इस सिद्धांत का प्रतिपादन इस आधार पर हुआ कि प्रकाश के दो रूप होते हैं– एक तरंग रूप और दूसरा कण रूप। इसी आधार पर यह सुझाव दिया गया है कि सभी मूल कण तरंगों से संबद्ध होते हैं, जिसके कारण वे कण व्यतिकरण, विवर्तन आदि प्रकाशिकीय घटनाएं दरशाते हैं।

तापगतिकी/ऊष्मागतिकी के नियम (laws of thermodynamics) : ऊष्मा ऊर्जा का ही एक रूप है और किसी भी प्रक्रिया में समस्त प्रकार की ऊर्जाओं का योग अपरिवर्तित रहता है। अर्थात्, ऊर्जा की न उत्पत्ति हो सकती है, न विनाश।

त्वरण (ecceleration) : किसी वस्तु के वेग में होनेवाले परिवर्तन की दर।

दिक्काल, आकाश-काल (space-time) : चार विमाओं (लंबाई, चौड़ाई, ऊंचाई तथा काल) वाला आकाश-काल, जिसके बिंदु घटनाएं होती हैं।

दृढ़ नाभिकीय बल या **अभिक्रिया** (strong nuclear force *or* interaction) : प्रकृति में खोजे गए चार बुनियादी बलों में से एक, जो केवल परमाणु के नाभिक के भीतर 10^{-15} मीटर की दूरी तक ही काम करता है। यह बल विद्युत-चुंबकीय बल से 10^2 गुना अधिक शक्तिशाली होता है और परमाणु के नाभिक को जबरदस्त दृढ़ता प्रदान करता है।

द्रव्य (matter) : जो स्थान घेरता है तथा जिससे भौतिक विश्व बना हुआ माना जाता है और जो ऊर्जा के साथ समस्त जगत के उत्पादन का आधार है।

द्रव्यमान, संहति (mass) : वस्तु के जड़त्व (अर्थात्, गति में परिवर्तन का विरोध करने के गुण) का मापन।

द्रव्यमान-ऊर्जा तुल्यता (mass-energy equivalence) : किसी द्रव्यमान राशि और ऊर्जा राशि की परस्पर तुल्यता का समीकरण $E = mc^2$, जहां E ऊर्जा है, m द्रव्यमान है और c प्रकाश का वेग है। आइंस्टाइन के विशिष्ट आपेक्षिकता-सिद्धांत से फलित यह समीकरण प्रयोगों से सिद्ध हो चुका है।

नाभिक (nucleus) : परमाणु का केंद्रीय भाग जिसमें परमाणु का लगभग पूर्ण द्रव्यमान केंद्रित होता है और जिसका व्यास परमाणु व्यास के लगभग एक लाखवें भाग के बराबर होता है। यह प्रोटॉनों और न्यूट्रॉनों का बना होता है।

निरपेक्ष काल (absolute time) : काल के बारे में आइजेक न्यूटन का विचार, जिसके अनुसार समूचे विश्व में काल की गति एक-सी है और विभिन्न स्थानों के लोगों के लिए 'अब' (now) एक ही है।

निर्देशांक (coodinates) : दिक् (आकाश) और काल में किसी बिंदु की स्थिति को निर्धारित करनेवाली संख्याएं।

परम शून्य ताप (absolute zero temperature) ऊष्मागतिकी के अनुसार निम्नतम संभव ताप। गैसों के अणुगति सिद्धांत के अनुसार इस ताप पर गैस के अणुओं का वेग शून्य होता है और उनमें कोई ऊष्मीय ऊर्जा नहीं रहती। यह –273.16° सेंटीग्रेड के लगभग होता है। किसी वस्तु को इस ताप तक ठंडा करना संभव नहीं है।

पल्सर (Pulsar) : बहुत तेजी से, अल्पकाल (0.03 से 4 सेकंड) में नियमित रूप से रेडियो पल्सों का उत्सर्जन करनेवाला ब्रह्मांडीय स्रोत, जिसकी खोज पहली बार 1968 ई. में हुई थी। माना जाता हैं कि ये रेडियो पल्सें तेजी से घूमने वाले न्यूट्रॉन तारों के ध्रुवीय क्षेत्रों से उत्सर्जित होती हैं। अब तक हमारी मंदाकिनी (Galaxy) में 1700 से भी अधिक पल्सर खोजें गए हैं। इनमें ऐसे दो पल्सरों की एक जोड़ी (योजना) भी है जो एक-दूसरे की परिक्रमा करते रहते हैं।

प्रकाश (light) : ऐरा बिकिरण जो आंख के रेटिना पर पड़कर दृष्टि की अनुभूति उत्पन्न करता है (विस्तृत विवरण के लिए देखिए ग्रथ का अध्याय 13)।

प्रकाश-विद्युत प्रभाव (photoelectric effect) : किसी धातु या अन्य पदार्थ पर दृश्य, अवरक्त या पराबैंगनी विकिरण-ऊर्जा पड़ने पर इलेक्ट्रॉनों का उत्सर्जन। इस प्रभाव की खोज हैनरिख़ हर्ट्ज ने 1888 ई. में की थी। इस प्रक्रिया में प्रत्येक इलेक्ट्रॉन के उत्सर्जन में फोटॉन (photon) की संपूर्ण ऊर्जा का अवशोषण हो जाता है। सन् 1905 में प्रतिपादित आइंस्टाइन के एक समीकरण से इनका संबंध स्पष्ट होता है। इस समीकरण द्वारा प्रकाश-विद्युत इलेक्ट्रॉन की गतिज ऊर्जा आपतित फोटॉनों की क्वांटम ऊर्जा के रूप में व्यक्त की जाती है। यह समीकरण है : $E = h\nu - \phi$, जहां E इलेक्ट्रॉन की गतिज ऊर्जा है, h प्लांक का स्थिरांक है, ν आपतित प्रकाश की आवृत्ति है और ϕ वह आधिक्य ऊर्जा है जो परमाणु में से इलेक्ट्रॉन के पलायन के लिए जरूरी होती है। प्रकाश की तीव्रता का इलेक्ट्रॉनों की गतिज ऊर्जा पर कोई प्रभाव नहीं पड़ता। प्रकाश की तीव्रता बढ़ाने से केवल उत्सर्जित इलेक्ट्रॉनों की संख्या बढ़ती है। प्रकाश-विद्युत प्रभाव की व्याख्या प्रकाश को तरंग मानकर नहीं की जा सकती।

प्रतिकण (antiparticle) : ऐसा कण जो द्रव्यमान, चक्रण (spin) व जीवन-काल में अपने मूल कण के समान होता है, मगर विद्युत-चुंबकीय तथा अन्य गुणधर्मों में उससे विपरीत होता है। कण जब अपने प्रतिकण के साथ अन्योन्यक्रिया

करता है, तो दोनों का विलोप होकर ऊर्जा पैदा होती है।

प्लांक का नियतांक (Planck's constant) : एक सार्वत्रिक नियतांक (स्थिरांक) जो फोटॉन की ऊर्जा (E) और इसकी आवृत्ति (ν) में संबंध स्थापित करने वाले समीकरण E = hν में समानुपात का गुणक h है।

फोटॉन (photon) : प्रकाश या अन्य विद्युत-चुंबकीय विकिरण की ऊर्जा (E = hν, जहां h प्लांक का नियतांक और ν आवृत्ति है) का क्वांटम या 'कण'। फोटॉन के अस्तित्व का प्रतिपादन पहली बार (1905 ई. में) अल्बर्ट आइंस्टाइन ने किया था–प्रकाश-विद्युत प्रयोगों में प्रकाश के व्यवहार को स्पष्ट करने के लिए। फोटॉन प्रकाश की गति से दौड़ते हैं। फोटॉन (photon) कण व तरंग, दोनों के गुणधर्म प्रदर्शित करता है।

बीटा कण (β, beta particle) : रेडियोधर्मी पदार्थों के स्वतः विघटन में उसके परमाणु-नाभिकों से उत्सर्जित होने वाले इलेक्ट्रॉन।

बोस-आइंस्टाइन सांख्यिकी (Bose-Einstein Statistics) : सत्येंद्रनाथ बसु और आइंस्टाइन द्वारा विकसित अविभेद्य कणों की क्वांटम सांख्यिकी, जो फोटॉनों और उन अणुओं और परमाणुओं पर लागू होती है जिनमें प्रोटॉन, न्यूट्रॉन व इलेक्ट्रॉन की संख्या समान होती है। इस सांख्यिकी का पालन करने वाले कण किसी एक ही ऊर्जा-अवस्था में सामूहिक रूप से रह सकते हैं। इस सांख्यिकी का पालन करने वाले कण–फोटॉन, पाई मेसॉन, अल्फा कण और कणों की सम संख्यावाले सभी नाभिक–**बोसॉन** (boson) कहलाते हैं।

बोस-आइंस्टाइन संघनन (Bose-Einstein condensation) : अतिसूक्ष्म जगत में घटित होने वाली परिघटना, जिसमें कुछ बोसॉन कण पर्याप्त निम्न तापमान की निम्नतम ऊर्जा पर पहुंचकर एक क्वांटम अवस्था प्राप्त करते हैं, 'सुपरएटम' बन जाते हैं। प्रयोगशाला में 'बोस-आइंस्टाइन संघनित' या 'सुपरएटम' प्राप्त करना 1995 ई. में संभव हुआ।

ब्रह्मांड-किरण (cosmic ray) : बाह्य अंतरिक्ष से पृथ्वी के वायुमंडल में पहुंचने वाली आयनीकृत विकिरण की धारा; इसमें ऊपरी वायुमंडल में इसके टकराव से पैदा हुए कण (अधिकतर 'म्यूऑन') भी होते हैं। ब्रह्मांड-किरणें उच्च ऊर्जावाले परमाणु-नाभिक, म्यूऑन, विद्युत-चुंबकीय तरंगें और अन्य किस्मों के विकिरण से बनी होती हैं।

ब्रह्मांडिकी, ब्रह्मांड-विज्ञान (cosmology) : विज्ञान की एक शाखा जिसमें एक

संपूर्ण इकाई के रूप में विश्व—ग्रह-नक्षत्रों, नीहारिकाओं, मंदाकिनियों आदि—की संरचना, विकास एवं परस्पर संबंधों के बारे में अध्ययन किया जाता है।

मेसॉन (meson) : मौलिक कण, जो ब्रह्मांड-किरणों तथा उच्च ऊर्जा वाली नाभिकीय प्रक्रियाओं में पाए जाते हैं। इनकी औसत आयु 10^{-6} सेकंड से कम होती है। मेसॉन कई प्रकार के होते हैं।

लॉरेंट्ज-फिट्सजेराल्ड संकुचन (Lorentz-Fitzgerald Contraction) : माइकेलसन-मॉर्ली प्रयोग के नकारात्मक परिणाम को समझाने के लिए लॉरेंट्ज व फिट्सजेराल्ड द्वारा प्रस्तुत परिकल्पना, जिसके अनुसार ईथर में से गुजरने वाला कोई भी पिंड गति की दिशा में एक निश्चित अनुपात में सिकुड़ जाता है।

विद्युत-गतिकी (electrodynamics) : गतिमान विद्युत-आवेशों, विद्युत व चुंबकीय क्षेत्रों द्वारा निर्मित बलों तथा इनके बीच के संबंध का अध्ययन।

विद्युत-चुंबकत्व (electromagnetism) : गतिमान विद्युत-आवेशों से निर्मित चुंबकत्व; विद्युत और चुंबक की भौतिकी।

विद्युत-चुंबकीय विकिरण (electro-magnetic radiation) : दृश्य प्रकाश, पराबैंगनी किरणों, अवरक्त विकिरण, एक्स-किरणों, गामा-किरणों तथा रेडियो-तरंगों के लिए प्रयुक्त एक व्यापक शब्द। विद्युत-चुंबकीय क्षेत्र में जनित इन सभी विक्षोभों का संचरण एकसमान गति (3,00,000 किलोमीटर प्रति-सेकंड) से होता है। इनके केवल तरंग-दैर्घ्यों और आवृत्तियों में ही अंतर होता है।

संपूरकता का नियम (complimentarity principle) : यह मान्यता कि परमाणुओं या परमाणु-कणों के कार्यकलापों से संबंधित विभिन्न प्रयोगों में देखी गई घटनाओं की व्याख्या एक ही मॉडल से पूरी तरह प्रस्तुत नहीं की जा सकती। जैसे, 'प्रकाश-विद्युत प्रभाव' की समुचित व्याख्या के लिए विद्युत-चुंबकीय विकिरण को कण ('फोटॉन') मानना पड़ता है, तो 'इलेक्टॉन विवर्तन' में इलेक्टॉनों को तरंगें मानना पड़ता है। क्वांटम घटनाओं की व्याख्या के लिए दो भिन्न, किंतु एक-दूसरे की संपूरक धारणाओं का यह विचार सर्वप्रथम डेनिश भौतिकवेत्ता नील्स बोर (1885-1962 ई.) ने 1927 ई. में प्रस्तुत किया था।

❑❑❑

परिशिष्ट-7

पारिभाषिक शब्दावली

हिंदी - अंग्रेजी

अंतःस्फोट	implosion
अंतरिक्ष प्रयोगशाला	space laboratory
अणु	molecule
अतिचालकता	superconductivity
अतितरलता	superfluidity
अधिनवतारा	supernova
अनंत, असीम	infinite
अनिश्चितता/अनिर्धार्यता का नियम	uncertainty / indeterminacy principle
अनुपात	ratio, proportion
अनुमान	inference
अन्योन्यक्रिया	interaction
अपरिबद्ध	unbounded
अपवर्जन नियम (पाउली का)	exclusion principle (Pauli's)
अपवर्तन	refraction
अभिगृहीत, स्वयंसिद्धि	axiom, postulate
अभिरक्त विस्थापन, लाल सरकाव	red-shift
अभिलेखागार	archives
अमूर्त	abstract
अयूक्लिडीय ज्यामिति	non-Euclidian geometry
अरैखिक अवकल समीकरण	non-linear differential equations
अल्पांतरी रेखा, अल्पांतरी	geodesic line
अवकल समीकरण	differential equations
अवसादन	sedimentation
अविनाशिता	conservation
असंगति, अंतर्विरोध	contradiction, incongruity

असीम, अनंत	infinite
आइंस्टाइन-बोस संघनन	Einstein-Bose condensation
आकाश, दिक्, अंतरिक्ष	space
आकाशगंगा	Milky Way, Galaxy
आदर्श गैस	ideal gas
आदिम महाविस्फोट	Big Bang
आनुवंशिकी	genetics
आपेक्षिक, सापेक्षिक	relatively
आपेक्षिक दिशा	relative direction
आपेक्षिकता-सिद्धांत, आपेक्षिकी	Relativity Theory
आपेक्षिकता का तुल्यता का नियम	Equivalence principle of Relativity
आपेक्षिकीय	relativistic
आयनीकरण	ionization
आयाम	amplitude
आवृत्ति	frequency
आव्यूह यांत्रिकी	matrix mechanics
ईथर	ether
उत्प्रेरक	catalyst
ऊर्ध्वाधर, खड़ा	vertical (direction)
ऊष्मागतिकी का दूसरा नियम	Second law of Thermodynamics
एकसमान	uniform
एकीकृत क्षेत्र सिद्धांत	Unified field theory
एक्स-रे विवर्तन	X-ray diffraction
कंपन	vibration
कक्षा	orbit
कण, कणिका	corpuscle, particle
कण-त्वरित्र	particle accelerator
कणिका भौतिकी	Particle physics
कलन-गणित	calculus
कॉम्पटन प्रभाव	Compton effect
काल, समय	time
काल की आपेक्षिकता	relativity of time

कुंडली	helix
कुतुबनुमा, कंपास	compass
कृत्रिम तत्वांतरण	artificial transmutation of elements
कृष्ण द्रव्य	dark matter
कृष्ण पिंड, कृष्णिका	black body
कृष्ण विवर	black hole
केशिका	capillary tube
केशिकत्व, केशिका बल	capillarity
कोणीय	angular
कोणीय दूरी	angular distance
क्रांतिवृत्त, रविमार्ग	ecliptic
क्लासिकल / चिरस्थापित भौतिकी	classical physics
क्वथनांक	boiling point
क्वांटम गुरुत्व	Quantum gravity
क्वांटम यांत्रिकी	Quantum mechanics
क्वांटम विद्युत-गतिकी	Quantum electrodynamics
क्वांटम सिद्धांत	Quantum Theory
क्वासर	quasar
क्षण	instant
क्षीण नाभिकीय बल या अन्योन्यक्रिया	weak nuclear force *or* interaction
क्षेत्र	field
क्षेत्र भौतिकी	field physics
खगोलविद	astronomer
खेल सिद्धांत	Game theory
गणितीय तर्कशास्त्र	mathematical logic
गति	speed
गतिक सिद्धांत	kinetic theory
गति की आपेक्षिकता	relativity of speed
गति-तंत्र	frame of motion
गामा-रे सूक्ष्मदर्शी	gamma-ray microscope
गुणधर्म	property
गुणांक	coefficient

गुरुत्वाकर्षण, गुरुत्व, गुरुत्व बल	gravitation, gravity
गुरुत्वीय क्षेत्र	gravitational field
गुरुत्व-तरंगें	gravity waves
गुरुत्वीय क्षेत्र समीकरण	gravitational field equations
गुरुत्वीय विस्थापन	gravitational displacement
गुरुत्वीय लेंस	gravitational lens
गृध्रसी	sciatica
गैर-यहूदी	Gentile
गैसों का अणुगति सिद्धांत	kinetic theory of gases
गोलीय ज्यामिति	spherical geometry
ग्रेविटोन, गुरुत्व-कण	gravitons
घटना	event
घर्षण	friction
घूर्णन, भ्रमण	rotation
चंद्रशेखर सीमा	Chandrasekhar's limit
चुंबकीय क्षेत्र	magnetic field
चिरस्थापित, स्थपित, क्लासिकल	classical
चौखट, तंत्र, ढांचा	frame
जड़त्व, संहति	inertia
जड़त्व का नियम	law of inertia
जड़त्वीय तंत्र, जड़त्वीय फ्रेम	inertial frame
जड़त्वीय निर्देशांक	inertial coordinates
डाप्लर प्रभाव	Doppler effect
तंतु	string
तंतु सिद्धांत	string theory
तंत्र	frame, system
तत्काल, तत्क्षण	instantly, instantaneously
तत्व, मूलतत्व	element
तत्वांतरण	transmutation
तरंग	wave
तरंग-कण द्वैधता / द्विविधता	wave-particle duality
तरंग-दैर्घ्य	wave-length

तरंग-प्रकाशिकी	wave optics
तरंग फलन	wave function
तरंग-यांत्रिकी	wave mechanics
तात्कालिक, तात्क्षणिक	instantanious
तापगतिकी	thermodynamics
तारा-गुच्छ	star cluster
तुल्यता का नियम	principle of equivalence
त्रासदी	tragedy
त्वरण	acceleration
त्वरित गति	accelerated motion
त्वरित्र	accelerator
दिक्, आकाश, अंतरिक्ष	space
दिक्काल	space and time
दीर्घ अक्ष	major axis
दीर्घवृत्त	ellipse
दीर्घवृत्तज	ellipsoid
"दूर का खिंचाव"	action at distance
देवयानी मंदाकिनी	Andromeda galaxy
देशांतर	longitude
द्रवचालिकी	hydraulics
द्रव्यमान, द्रव्यराशि	mass
द्विविधता, द्वैधता	duality
धारणा	notion
धूमकेतु	comet
ध्रुवण	polarisation
ध्वनि	sound
नाभि	focus
नाभिकीय भौतिकी	nuclear physics
नाभिकीय विखंडन	nuclear fission
निश्चर सिद्धांत	Theory of Invariants
नियतांक, स्थिरांक	constant
निरपेक्ष, परम	absolute

निरपेक्ष अवकल गणित	absolute differential calculus
निर्देश-तंत्र	frame of reference
निर्धार्यता, नियतत्ववाद	determinism
निर्वात	vacuum
पदन्वयन, भावानुवाद	paraphrase
परम	absolute
परवलय	parabola
परायूरेनियम तत्व	transuranic element
परावर्तन	reflection
परिणामवादी	pragmatic
पश्चगमन, पुरस्सरण	precession
पाइल, रिएक्टर	pile, reactor
पिंड, वस्तु	body
पृष्ठ-तनाव	surface tension
पैरिटी, सममिति	parity
प्रकाश-वर्ष	light year
प्रकाश-विद्युत प्रभाव	photoelectric effect
प्रकाश-संचरण	propagation of light
प्रकाशिकी	optics
प्रक्षेप-पथ	trajectory
प्रचक्रण, चक्रण	spin
प्रति-कण	anti-particle
प्रति-गुरुत्व	anti-gravity
प्रत्यक्षवादी	positivist
प्रदिश कलन	tensor calculus
प्रबल/दृढ़ नाभिकीय अन्योन्यक्रिया	strong nuclear interaction
प्रयोगशाला, तंत्र	laboratory
प्राथमिक कणिका, परमाणु-कण	elementary particle
प्रायिकता, संभाविता	probability
प्रिवाट्डोजेंट (निजी व्याख्याता)	Privatdozent
प्रेक्षण, अवलोकन	observation
प्रेरण	induction

प्लांक स्थिरांक (h)	Planck's constant (h)
फलन सिद्धांत	function theory
फैलाव, संचरण	propagation
बल, शक्ति	force
बीटा-कण	β-particle
बीटा-क्षय	β-decay
बुध ग्रह	Mercury planet
बृहस्पति	Jupiter planet
बोस-आइंस्टाइन संघनन	Bose-Einstein condensation
बोस-आइंस्टाइन सांख्यिकी	Bose-Einstein statistics
ब्रह्मांड, विश्व	universe, cosmos
ब्रह्मांड किरणें	cosmic rays
ब्रह्मांडिकी	Cosmology
ब्रह्मांडिकीय घटक	cosmological factor
ब्राउनी गति	Brownian motion
भार, वजन	weight
भूगणित	geodesy
भौतिकी, भौतिक-विज्ञान	physics
मंगल ग्रह	Mars planet
मंदक	moderator
मंदन, अवत्वरण	deceleration
मंदाकिनी	galaxy
मणिभ	crystal
मताग्रही	dogmatic
मध्यस्थ कण	mediator particle
मनमौजी	capricious
महाएकीकृत सिद्धांत	Grand Unified Theory, GUT
महाविस्फोट	Big Bang
माध्यम	medium
मूल कण, प्राथमिक कण	elementary particle
यांत्रिकी	mechanics
याम्योत्तर	meridian

रविनीच	perihelion
रामन् प्रभाव	Raman effect
रासायनिक बंध	chemical bond
रीमान तल	Riemann surface
रेडियो-तरंगें	radio waves
रेडियोधर्मिता	radio-activity
वक्रता	curvature
वर्णक्रम	spectrum
वस्तु, पिंड	body
वाम ध्रुवण	left polarisation
वास्तविकता, यथार्थता	reality
विकिरण	radiation
विखंडन	fission
विद्युत आवेश	electrical charge
विद्युत-क्षीण बल	electroweak force
विद्युत-चुंबकीय बल	electromagnetic force
विद्युत-चुंबकीय क्षेत्र	electromagnetic field
विद्युत-चुंबकीय तरंगें	electromagnetic waves
विद्युत-चुंबकीय प्रेरण	electromagnetic induction
विपथन	deflection
विमा, आयाम	dimention
विराम द्रव्यमान	rest mass
विरोधाभास	paradox
विवर्तन	diffraction
विशिष्ट आपेक्षिकता-सिद्धांत	Special Theory of Relativity
विश्व, ब्रह्मांड	universe, cosmos
विश्व-रेखा	world line
विश्वव्यापक, विश्वव्यापी	universal
विस्फार	dilation
वेग	velocity
व्यतिकरण	interference
व्यतिकरणमापी	interferometer

व्याध या लुब्धक तारा	Sirius
व्यापक आपेक्षिकता-सिद्धांत	General Theory of Relativity
व्युत्क्रम	reciprocal
शुद्धगतिक सिद्धांत	kinematical theory
शृंखलाबद्ध अभिक्रिया	chain reaction
श्वेत वामन, सफेद बौना (तारा)	white dwarf
श्वेत विवर	white hole
संकुचन	contraction
संगलन	fusion
संगामी	concurrent
संचरण, फैलाव	propagation
संपूरकता का नियम	complimentarity principle
संभाविता, प्रायिकता	probability
संवलित	warped
संवेग	momentum
संस्थिति-विज्ञान, टॉपोलॉजी	topology
सन्निकटन	aproximation
समकालिक घटनाएं	simultaneous events
समकोण त्रिभुज	right angled triangle
समता, सममिति	symmetry, parity
समस्थानिक	isotope
समद्विबाहु त्रिभुज	isosceles triangle
समानुपात	proportion
समुच्चय सिद्धांत	set theory
सम्मिश्र संख्या	complex number
ससीम	finite
सहज बोध, सामान्य बुद्धि	common sense
सहपरिवर्ती	covarient
सांतत्यक	continuum
सापेक्षिकता	relativity
सामी, सेमेटिक	semite
सिओनवाद	Zionism

सीधी रेखा में	rectilinearly
सैफी चरकांति	Cephaid variables
सोपानी बौछार	cascade shower
सौर मंडल	solar system
स्थिर अवस्था	state of rest
स्थिरप्राय-स्थिति सिद्धांत	Quasi-Steady state theory
स्थिर-स्थिति सिद्धांत	Steady state theory
स्पर्श तल	tangent plane
स्फुलिंग	spark
हबल स्थिरांक	Habble constant

अंग्रेजी - हिंदी

absolute	निरपेक्ष, परम
absolute differential calculus	निरपेक्ष अवकल गणित
abstract	अमूर्त
acceleration	त्वरण
accelerator	त्वरित्र
action at distance	“दूर का खिंचाव”
amplitude	आयाम
angular	कोणीय
Andromeda galaxy	देवयानी मंदाकिनी
angular distance	कोणीय दूरी
anti-gravity	प्रति-गुरुत्व
anti-particle	प्रति-कण
aproximation	सन्निकटन
archives	अभिलेखागार
astronomer	खगोलविद
axiom	अभिगृहीत, स्वयंसिद्धि
β-decay	बीटा-क्षय
β-particle	बीटा-कण
Big Bang	आदिम महाविस्फोट
black body	कृष्णिका या कृष्ण पिंड

black hole	कृष्ण विवर
body	पिंड, वस्तु
boiling point	क्वथनांक
Bose-Einstein condensation	बोस-आइंस्टाइन संघनन
Bose-Einstein statistics	बोस-आइंस्टाइन सांख्यिकी
Brownian motion	ब्राउनी गति
calculus	कलन-गणित
capillary	केशिका
capillarity	केशिकत्व, केशिका बल
capricious	मनमौजी
cascade shower	सोपानी बौछार
catalyst	उत्प्रेरक
Cephaid variable	सैफी चरकांति
classical physics	स्थापित / क्लासिकल भौतिकी
coefficient	गुणांक
comet	धूमकेतु
common sense	सहज बोध, सामान्य बुद्धि
compass	कुतुबनुमा, कंपास
complex number	सम्मिश्र संख्या
complimentarity principle	संपूरकता का नियम
concurrent	संगामी
constant	नियतांक, स्थिरांक
continuum	सांतत्यक
contraction	संकुचन
contradiction	अंतर्विरोध, असंगति
Copenhagen interpretation	कोपेनहेगेन व्याख्या
corpuscle	कण, कणिका
cosmic rays	ब्रह्मांड किरणें
cosmological factor	ब्रह्मांडिकीय घटक
cosmology	ब्रह्मांडिकी, ब्रह्मांड-विज्ञान
covarient	सहपरिवर्ती
crystal	मणिभ

curvature	वक्रता
dark matter	कृष्ण द्रव्य
deceleration	मंदन, अवत्वरण
determinism	नियतत्ववाद, निर्धार्यता
differential equation	अवकल समीकरण
diffraction	विवर्तन
dimention	विमा, आयाम
displacement	विस्थापन
dogmatic	मताग्रही
ecliptic	क्रांतिवृत्त, रविमार्ग
electromagnetic	विद्युत-चुंबकीय
electromagnetic field	विद्युत-चुंबकीय क्षेत्र
electromagnetic induction	विद्युत-चुबकीय प्रेरण
electroweak force	विद्युत-क्षीण बल
element	तत्व
elementary particle	मूलकण, प्राथमिक कणिका
ellipse	दीर्घवृत्त
Equivalence principle of Relativity	आपेक्षिकता का तुल्यता का नियम
ether	ईथर
event	घटना
exclusion principle (Pauli's)	अपवर्जन नियम (पाउली का)
field	क्षेत्र
field physics	क्षेत्र भौतिकी
fission	विखंडन
focus	नाभि
force	बल, शक्ति
frame	चौखट, ढांचा, तंत्र
frame of motion	गति-तंत्र
frame of reference	निर्देश-तंत्र
frequency	आवृत्ति
friction	घर्षण
function theory	फलन-सिद्धांत

fusion	संगलन
galaxy	मंदाकिनी
gamma-ray microscope	गामा-रे सूक्ष्मदर्शी
gedanken (जर्मन शब्द)	चिंतन प्रयोग, दिमागी प्रयोग
General Theory of Relativity	व्यापक आपेक्षिकता-सिद्धांत
Gentile	गैर-यहूदी
geodesy	भूगणित
geodesic line	अल्पांतरी रेखा
gravitational displacement	गुरुत्वीय विस्थापन
gravitational field	गुरुत्वीय क्षेत्र
gravity	गुरुत्व, गुरुत्वाकर्षण
Habble constant	हबल स्थिरांक
helix	कुंडली
hydraulics	द्रवचालिकी
incongruity	असंगति
inertia	जड़त्व, संहति
electromagnetic waves	विद्युत-चुंबकीय तरंगें
inertial coordinates	जड़त्वीय निर्देशांक
inertial frame	जड़त्वीय फ्रेम, जड़त्वीय तंत्र
inference	अनुमान
infinite	असीम, अनंत
instant	क्षण
instantanious	तत्काल, तत्क्षण, तात्कालिक, तात्क्षणिक
interaction	अन्योन्यक्रिया
interference	व्यतिकरण
interferometer	व्यतिकरणमापी
ionization	आयनीकरण
isosceles triangle	समद्विबाहु त्रिभुज
isotope	समस्थानिक
kinematical theory	शुद्धगतिक सिद्धांत
kinetic theory	गतिक सिद्धांत
kinetic theory of gases	गैसों का अणुगति सिद्धांत

laboratory	प्रयोगशाला, चौखट, तंत्र
law of inertia	जड़त्व का नियम
left polarisation	वाम ध्रुवण
longitude	देशांतर
magnetic field	चुंबकीय क्षेत्र
major axis	दीर्घ अक्ष
mass	द्रव्यमान, द्रव्यराशि
mathematical logic	गणितीय तर्कशास्त्र
mechanics	यांत्रिकी
mediator particle	मध्यस्थ कण
medium	माध्यम
Mercury	बुध ग्रह
meridian	याम्योत्तर
Milky Way (Galaxy)	आकाशगंगा (मंदाकिनी)
molccule	अणु
momentum	संवेग
motion	गति
non-Euclidian geometry	अयूक्लिडीय ज्यामिति
notion	धारणा
nuclear physics	नाभिकीय भौतिकी
observation	प्रेक्षण, अवलोकन
orbit	कक्षा
parabola	परवलय
paradox	विरोधाभास
paraphrase	पदन्वयन, भावानुवाद
parity, symmetry	पैरिटी, सममिति, समता
perihelion	रविनीच
phenomenon	घटना
photoelectric effect	प्रकाश-विद्युत प्रभाव
physics	भौतिक-विज्ञान, भौतिकी
Planck's constant (*h*)	प्लांक का स्थिरांक (*h*)
polarisation	ध्रुवण

positivist	प्रत्यक्षवादी
precession	पश्चगमन, पुरस्सरण
probability	संभाविता, प्रायिकता
propagation	संचरण, फैलाव
propagation of light	प्रकाश-संचरण
property	गुणधर्म
proportion	समानुपात, अनुपात
Quantum electrodynamics	क्वांटम विद्युत-गतिकी
Quantum gravity	क्वांटम गुरुत्व
Quantum Theory	क्वांटम सिद्धांत
Quasi-Steady state theory	स्थिरप्राय-स्थिति सिद्धांत
radiation	विकिरण
radio-activity	रेडियोधर्मिता
radio waves	रेडियो-तरंगें
reality	वास्तविकता, यथार्थता
reciprocal	व्युत्क्रम
rectilinearly	सीधी रेखा में
red-shift	अभिरक्त विस्थापन, लाल सरकाव
reference frame	निर्देश-तंत्र
reflection	परावर्तन
refraction	अपवर्तन
relative	आपेक्षिक, सापेक्ष
relative direction	आपेक्षिक दिशा
relatively	आपेक्षिक, सापेक्षिक
relativistic	आपेक्षिकीय
relativity	आपेक्षिकता, आपेक्षिकी, सापेक्षिकता
relativity of motion	गति की आपेक्षिकता
relativity of time	काल (समय) की आपेक्षिकता
Relativity Theory	आपेक्षिकता-सिद्धांत
rest mass	विराम द्रव्यमान
rest, state of	स्थिर अवस्था
Riemann surface	रीमान तल

right angled triangle	समकोण त्रिभुज
rotation	घूर्णन, भ्रमण
sedimentation	अवसादन
semite	सामी, सेमेटिक
set theory	समुच्चय सिद्धांत
simultaneous events	समकालिक घटनाएं
Sirius	व्याध या लुब्धक तारा
solar system	सौर मंडल
sound	ध्वनि
space	आकाश, दिक्
space and time	दिक्काल, आकाश-काल
space laboratory	अंतरिक्ष प्रयोगशाला
spark	स्फुलिंग
Special Theory of Relativity	विशिष्ट आपेक्षिकता सिद्धांत
speed	गति
spherical geometry	गोलीय ज्यामिति
spin	प्रचक्रण, चक्रण
star cluster	तारा-गुच्छ
state of rest	स्थिर अवस्था
Steady State theory	स्थिर-स्थिति सिद्धांत
string	तंतु
string theory	तंतु सिद्धांत
strong nuclear force *or* interaction	दृढ़ (प्रबल) नाभिकीय अन्योन्यक्रिया
superconductivity	अतिचालकता
superfluidity	अतितरलता
supernova	अधिनवतारा
surface tension	पृष्ठ-तनाव
synthesis	संश्लेषण
system	तंत्र
tangent plane	स्पर्श तल
tensor calculus	प्रदिश कलन
thermodynamics	तापगतिकी

time	काल, समय
topology	संस्थिति-विज्ञान, टॉपोलॉजी
trajectory	प्रक्षेप-पथ
tragedy	त्रासदी
transmutation	तत्वांतरण
uncertainty/indeterminacy principle	अनिश्चितता/अनिर्धार्यता का नियम
unified field theory	एकीकृत क्षेत्र सिद्धांत
uniform	एकसमान
universe, cosmos	विश्व, ब्रह्मांड
vacuum	निर्वात
velocity	वेग
vertical (direction)	ऊर्ध्वाधर, खड़ा
vibration	कंपन
warped	संवलित
wave function	तरंग फलन
wave-length	तरंग-दैर्घ्य
wave mechanics	तरंग-यांत्रिक
wave optics	तरंग-प्रकाशिकी
weak nuclear force *or* interaction	क्षीण नाभिकीय बल या अन्योन्यक्रिया
white hole	श्वेत विवर
world line	विश्व-रेखा
X-ray diffraction	एक्स-रे विवर्तन
Zeeman effect	ज़ेमान प्रभाव
Zionism	सिओनवाद

❑❑❑

परिशिष्ट-8

चित्र-सूची

अध्याय 3 : ज्यूरिख़ में विद्यार्थी

अध्याय 4 : पेटेंट कार्यालय में क्लर्क

अध्याय 5 : भौतिकी का 'चमत्कारी वर्ष'

अध्याय 6 : ज्यूरिख़ और प्राग में प्राध्यापक

अध्याय 7 : आइंस्टाइन बर्लिन में

अध्याय 8 : व्यापक आपेक्षिकता-सिद्धांत

अध्याय 9 : ख्याति और निंदा

अध्याय 10 : यात्राएं

अध्याय 11 : जर्मनी में नाजी शासन

अध्याय 12 : आइंस्टाइन प्रिंसटन में

अध्याय 13 : आइंस्टाइन और क्वांटम भौतिकी

चित्र 13.28 : शिन-इतिरो तोमोनागा (1906-1979 ई.)

चित्र 13.29 : रिचर्ड फाइनमॅन (1918-1988 ई.)

चित्र 13.30 : ज्यूलियन श्विंगेर (1918-1994 ई.)

अध्याय 14 : आइंस्टाइन और एटम बम

चित्र 14.1 : "टाइम" के मुखपृष्ठ पर आइंस्टाइन के साथ एटम बम के विस्फोट का चित्रांकन।

चित्र 14.2 : आइंस्टाइन और उनका समीकरण $E = mc^2$ (चीन का डाक-टिकट)

चित्र 14.3 : यूरेनियम के नाभिकीय विखंडन से दो तत्वों (बेरियम व क्रिप्टॉन) के परमाणु-नाभिकों का निर्माण। परिणाम को देखकर चकित हैं ओट्टो हान।

चित्र 14.4 : नील्स बोर (1885-1961 ई.)

चित्र 14.5 : यूरेनियम में विखंडन की शृंखलाबद्ध प्रक्रिया।

चित्र 14.6 : आइंस्टाइन और लिओ झीलार—एक टी.वी. कार्यक्रम में

चित्र 14.7 : अल्बर्ट आइंस्टाइन

चित्र 14.8 : फ्रैंकलिन रूजवेल्ट (1882-1945 ई.)

चित्र 14.9 : किसी मंदक से न्यूट्रॉनों को धीमा करने के बाद ही यूरेनियम-235 में नियंत्रित शृंखलाबद्ध प्रक्रिया संभव है।

चित्र 14.10 : जाली-नुमा ग्रेफाइट पाइल

चित्र 14.11 : शिकागो में बना पहला कार्यरत रिएक्टर (पाइल)

चित्र 14.12 : दिसंबर 2, 1942 को स्वनिर्भर शृंखलाबद्ध प्रक्रिया संभव हुई। फर्मी।

चित्र 14.13 : रॉबर्ट ओप्पेनहाइमेर (1904-1967 ई.)

चित्र 14.14 : दो प्रकार के एटम बम विस्फोट : बुलेट और अंतःस्फोट

चित्र 14.15 : प्लूटोनियम बम ('फैट मैन') और यूरेनियम बम ('लिटल बॉय')

चित्र 14.16 : नील्स बोर, जेम्स फ्रैंक और अल्बर्ट आइंस्टाइन

चित्र 14.17 : आलमोगोर्दो में एटम बम के प्रथम परीक्षण (बाएं) के दौरान जनरल ग्रोव्स और रॉबर्ट ओप्पेनहाइमेर (दाएं)

चित्र 14.18 : जेम्स चाडविक (1891-1974 ई.)

चित्र 14.19 : ओट्टो हान (1879-1968 ई.)

चित्र 15.20 : लिसे माइटनेर (1878-1968 ई.)

चित्र 14.21 : फ्रिट्स स्ट्रासमान (1902-1980 ई.)

चित्र 14.22 : एनरिको फर्मी (1901-1954 ई.)

चित्र 14.23 : ईरेन क्यूरी (1897-1956 ई.)

चित्र 14.24 : फ्रेदेरीक झॉल्यो-क्यूरी (1900-1958 ई.)

चित्र 14.25 : लिओ झीलार (1898-1964 ई.)

अध्याय 16 : महाप्रस्थान

परिशिष्ट 1 : आइंस्टाइन के भारतीय सरोकार

❑❑❑

परिशिष्ट-9

सहायक ग्रंथ-सूची

हिंदी

1. अवध उपाध्याय : **सापेक्ष्यवाद**, हिंदी साहित्य सम्मेलन, प्रयाग, 1948.
2. किताईगारोदस्की, अ. ई. : **सरल भौतिकी,** दो भाग : **1. इलेक्ट्रान, 2. फोटान तथा नाभिक** (रूसी से अनुवाद), "मीर" प्रकाशन गृह, मास्को, 1981.
3. गुणाकर मुळे : **संसार के महान गणितज्ञ** (पांचवीं आवृत्ति), राजकमल प्रकाशन, नई दिल्ली, 2005.
4. गुणाकर मुळे : **ब्रह्मांड परिचय,** राजकमल प्रकाशन, नई दिल्ली, 2007.
5. गुणाकर मुळे : **तारों-भरा आकाश**, प्रकाशन विभाग, सूचना एवं प्रसारण मंत्रालय, भारत सरकार, नई दिल्ली, 2004.
6. गैमो, जॉर्ज : **परमाणु से सितारों तक** (अनुवाद : राकेश पोपली), विज्ञान प्रसार, नई दिल्ली, 1998.
7. लेव लांदाऊ और यूरी रूमेर : **आपेक्षिकता सिद्धांत क्या है** (अनुवाद और परिशिष्ट : गुणाकर मुळे), राजकमल प्रकाशन, नई दिल्ली, 2005.

मराठी

8. टोळे, मा. ग. : **श्रोडिंगेरचे तरंग-यामिक आणि हायजेनबर्गचे पुंज-यामिक**, कोल्हापूर, 1970.
9. संझगिरी, प्रभाकर : **अणूच्या अंतरंगात**, 1967.

रूसी

10. Danin, Daniel : **Niels Bohr**, Molodaya Gvardiya, Moscow, 1978.

अंग्रेजी

11. Barnet, Lincoln : **The Universe and Dr. Einstein** (The Meaning of Time, Space and Matter), Collins, London, 1956.

12. Bernal, J. D. : **The Social Functions of Science**, London, 1946.

13. Bernal, J. D. : **Science in History**, 4 vols. Penguin Books, 1969.

14. Beyer, Robert T. (Ed.) : **Foundations of Nuclear Physics**, Dover Publications, New York, 1949.

15. Born, Max : **The Restless Universe** (translated from the German), Dover Publications, New York, 1951.

16. Bose, D.M., Sen, S.N. & Subbarayappa, B.V. (Editors) : **A Concise History of Science in India**, INSA, New Delhi, 1971,

17. Calaprice, Alice : **The Expanded Quotable Einstein**, Princeton University Press, 2000.

18. Chanda, Rajat : **Quantum Mystery**, NBT, New Delhi, 1999.

19. Chatterjee, Santimay & Chatterjee, Enakshi : **Satyendra Nath Bose**, NBT, New Delhi,1993.

20. Cherepashechuk, A.M. (Editor) : **The Past and the Future of the Universe** (translated from the Russian), Nauka, Moscow, 1988.

21. Cook, C. Sharp : **Structure of Atomic Nuclei**, New Delhi, 1966.

22. d'Abro, A. : **The Evolution of Scientific Thought** (From Newton to Einstein), Dover Publications, New York, 1949.

23. Danin, Daniel : **Probabilities of the Quantum World** (translated from the Russian), Mir Publishers, Moscow, 1983.

24. Das Gupta, Amalendu : **The Atom And Its Energy**, Asia Publishing House, Bombay, 1959.

25. De Broglie, Louis : **Matter and Light - The New Physics** (translated from the French), Dover Publications, 1937.

26. Durell, Clement V. : **Readable Relativity**, Harper Torchbooks, New York, 1960.

27. Eddington, Arther : **The Nature of the Physical World,** Comet Books, Collins, London, 1928.

28. Eddington, Arther : **Space, Time and Gravitation** (An Outline of The General Relativity Theory), Harper Torchbooks, N. York, 1959.

29. Einstein, Albert : **Relativity** (The Special and the General Theory), Methuen, London, 1952.

30. Einstein, Albert : **Ideas and Opinions**, Rupa & Co., N. Delhi, 2005.

31. Einstein, Albert : **The World as I See It**, Thinker's Library.

32. Fermi, Laura : **The Story of Atomic Energy**, A Macfadden-Bartell Book, Ladder Edition, New York, 1965.

33. Filonovich, S,R, : **The Greatest Speed** (translated from the Russian), Mir Publishers, Moscow, 1986.

34. Frisch, David H. & Thorndike, Alan M. : **Elementary Particles**, Affiliated East-West Press, Pvt. Ltd., New Delhi, 1968.

35. Gamow, George : **The Atom and Its Nucleus,** Jaico Books, Bombay, 1966.

36. Gamow, George : **Gravity**, Heinemann, London, 1962.

37. Gamow, George & Cleveland, John M. : **Physics : Foundations and Frontiers**, Prentice-Hall, New Delhi, 1963.

38. Gladkov, K. : **The Atom from A to Z** (translated from the Russian), Mir Publishers, Moscow, 1971.

39. Grigoryev, V. & Myakishev, G : **The Forces of Nature** (translated from the Russian), Mir Publishers, Moscow, 1967.

40. Hadamard, Jacques : **The Psychology of Invension in the Mathematical Field,** Dover edition, 1954.

41. Hawking, Stephen : **Black Holes and Baby Universe and other Essays**, Bantam Edition, 1958.

42. Hawking, Stephen : **Brief History of Time,** Bantam Press, London, 1988.

43. Hoffmann, Banesh : **The Strange Story of the Quantum**, Pelican Book, 1965.

44. Hughes, Donald J. : **The Neutron Story**, Vakil, Feffer & Simons Private Ltd. Bombay, 1967.

45. Ivanov, B. : **Contemporary Physics** (translated from the Russian), Peace Publishers, Moscow.

46. Jeans, James : **The New Background of Science**, Cambridge, 1934.

47. Jeans, James : **The Growth of Physical Seicence**, A Premier Book, New York, 1958.

48. Kitaigorodsky, A.I. : **Physics for Everyone** (translated from the Russian), 2 Books (1. **Electrons**; 2. **Photons and Nuclei**), Mir Publishers, Moscow, 1981.

49. Kuznetsov, B. : **Einstein** (translated from the Russian), Progress Publishers, Moscow, 1965.

50. Landau, L.D. & Kitaigorodsky, A.I. : **Physics for Everyone**, (1. **Physical Bodies**, 2. **Molecules**), Mir Publishers, Moscow, 1980.

51. Landau, L. & Rumer, Yu. : **What is the Theory of Relativity** (translated from the Russian), Mir Publishers, Moscow, 1984.

52. Lansberg, G. S. : **Textbook of Elementary Physics** (translated from the Russian), 3 vols., Mir Publishers, Moscow, 1972.

53. Mann, Martin : **Revolution in Electricity**. John Murray, London, 1962.

54. Marks, Robert W. (Ed.) : **Space, Time and the New Mathematics**, Bantam Book, New York, 1964.

55. Newman, James R. : **The World of Mathematics**, 4 vols., Simon and Schuster, New York, 1956.

56. Parnov, E. I. : **At the Crossroads of Infinities** (translated from the Russian), Mir Publishers, Moscow, 1971.

57. Penrose, Roger : **The Emperor's New Mind**, Oxford, 1999.

58. Pledge, H.T. : **Science Since 1500** (A Short History of Mathematics, Physics, Chemistry, Biology), Harper Torchbools, New York, 1959.

59. Ponomarev, Leonid : **In Quest of The Quanum** (translated from the Russian), Mir Publishers, Moscow, 1973.

60. Rabinowitch, Eugene : **Explaining the Atom**, Comet Books, Collins, London, 1957.

61. Renn, Jürgen (Ed.) : **Chief Engineer of the Universe : Albert Einstein** (One Hundred Authors For Einstein), WILEY-VCH, Berlin, 2005.

62. Rice, James : **Relativity** (An Exposition without Mathematics), Ernest Benn, London, 1929.

63. Robinson, Andrew : **EINSTEIN** (A Hundred Years of Relaivity), Palazzo, Bath, 2005.

64. Russell, Bertrand : **The Analysis of Matter**, Dover publications, New York, 1954.

65. Russell, Bertrand : **The ABC of Relativity** (Revised Edition), Mentor Book, New York, 1959.

66. Rydnik, V. : **ABC's of Quantum Mechanics** (translated from the Russian), Peace Publishers, Moscow.

67. Seshagiri, N. : **Fountain Heads of Science** (A Systems View), Publication Division, New Delhi, 1983.

68. Shcholkin, K. L. : **Physics of the Microworld** (translated from the Russian), Mir Publishers. Moscow, 1974.

69. Shreyus : **Frederic Joliot Curie**, Peoples Publishing House, New Delhi, 1983.

70. Singer, Charles : **A Short History of Scientific Ideas to 1900**, E.L.B.S. Edition, 1965.

71. Smilga, V. : **Relativity and Man** (translated from the Russian), Progress Publishers, Moscow.

72. Smorodinsky, Ya. A. : **Temperature**, Mir Publishers. Moscow, 1984.

73. Spangenburg, Ray & Moser, Diene K. : **The History of Science**, 5 vols. :

    1. **From the Ancient Greeks to the Scientific Revolution**
    2. **In the Eighteenth Century** 3. **In the Nineteenth Century**
    4. **From 1895 to 1945** 5. **From 1946 to 1990s**

    Universities Press, Hydrabad, 1999.

74. Spiridonov, O. P. : **Universal Physical Constants** (translated from the Russian), Mir Publishers, Moscow, 1986.

75. Steinhaus, A. : **The Nine Colours of The Rainbow** (translated from the Russian), Mir Publishers. Moscow.

76. Svechnikov, G. A. : **Causality and The Relation of States in Physics** (translated from the Russian), Progress . Moscow, 1971.

77. Tarasov, L.V. : **Basic Concepts of Quantum Mechanics** (translated from the Russian), Mir Publishers, Moscow, 1980.

78. Tarasov, L.V. : **The World Is Built on Probability,** Mir Publishers. Moscow, 1988.

79. Taylor, F. Sherwood : **Science Past and Present**, William Heinmann Ltd, London, 1949.

80. Taylor, F. Sherwood : **An Illustrated History of Science**, ELBS Edition, London, 1964.

81. Ugarov, V. A. : **Special Theory of Relativity** (translated from the Russian), Mir Publishers. Moscow, 1980.

82. Vavilov, S. : **The Eye and the Sun**, Foreign Language Publishing House, Moscow, 1953.

83. Venkataraman, G. : **Quantum Revolution**, 3 vols. 1. **The Breakthrough**, 2. **QED : The Jewel of Physics**, 3. **What is Reality**), Universities Press, 1997.

84. Vladimirov, Yu., Mitskiévich, N. & HorskÝ : **Space -Time-Gravitation** (translated from the Russian), Mir. Moscow, 1987.

85. Weyl, Hermann : **Space-Time-Matter** (First published in German in 1918), Dover Publications, 1950.

86. Whitrow, G. J. : **The Structure and Evolution of the Universe** (An Introduction to Cosmology), Harper Torchbooks, New York, 1959.

87. Whittaker, Sir Edmund : **From Euclid to Eddington** (A Study of conceptions of the External World), Dover Publications, 1958.

88. Wolf, A. : **A History of Science, Technology, and Philosophy in The 16th & 17th Centuries**, George Allen & Unwin, London, 1935.

89. Wolf, A. : **A History of Science, Technology, and Philosophy in The Eighteenth Century**, George Allen & Unwin, London, 1938.

90. Wugong, Luo : **Light** (translated from the Chinese), China Science and Technoligy Press, Beijing, 1986.

91. Yavorsky B. & Detlaf, A. : **Handbook of Physics** (translated from the Russian), Mir Publishers. Moscow, 1972.

92. Zhdanov, L. S. : **Physics For Technicians** (translated from the Russian), Mir Publishers. Moscow, 1980.

93. (Edited) : **Albert Einstein** (Selections from and on Einstein), INSA & CSIR, New Delhi, 1984.

94. (Edited) : **Einstein and the Philosophical Problems of 20th Century Physics** (translated from the Russian), Moscow.

95. (Edited) : **Niels Bohr - A Profile**, Indian National Science Academy, New Delhi, 1985.

96. (Edited) : **German Heritage**, Deutsche Welle (The Voice of Germany), Public Relations Department, Cologne, Germany, 1967.

कोश, विश्वकोश

97. (Edited) : **A Dictionary of Scientists**, Oxford University Press, Oxford Paperback, 1999.

98. (Edited) : **A Dictionary of Science**, Oxford University Press, Oxford Paperback, 1999.

99. (Edited) : **The Hutchinson Dictionary of Scientists**, Helicon, Oxford, 1997.

100. Walker, Peter M B (G. Editor) : **Larousse Dictionary of Science and Technology**, Allied Chambers, New Delhi, 1996.

101. Daintith, D., Mitchell, S. & Tootill] E. (Editors) : **A Biographical Encyclopedia of Scientists**, 2 Vols. Facts on File, Inc., N. Y., 1981.

102. Cook, Chris (Editor) : **Pears Encylopaedia** (1997-98), Penguin Book, 1997.

103. (Edited) : **Golden Treasury of Science & Technology,** PID, CSIR, New Delhi, 1992.

104. Geddie, W.M & Geddie, J.L. : **Chambers's Biographical Dictionary**, W. & R. Chambers, LTD. London, 1953.

105. Crystal, David (Editor) : **The Cambridge Paperback Encyclopedia** (Third Edition), Cambridge University Press, 2000.

106. **Noble Laureates** : 1901-2000 (Handbook) , Academic Foundation, Delhi, 2001

107. Ivarov, Chapman & Isaacs : **A Dictionary of Science**, ELBS, 1964.

108. **भौतिकी परिभाषा-कोश (Definitional Dictionary of Physics),** वैज्ञानिक तथा तकनीकी शब्दावली आयोग, भारत सरकार, नई दिल्ली, 2002.

109. **बृहद् पारिभाषिक शब्द-संग्रह** (दो खंड), वैज्ञानिक तथा तकनीकी शब्दावली आयोग, भारत सरकार, नई दिल्ली, 1990.

110. **मराठी विश्वकोश** (खंड 1-16 व 18), महाराष्ट्र राज्य साहित्य संस्कृति मंडळ, मुंबई, 1978-1999.

पत्रिकाएं, Journals

Resonance (Specially the December 2005 issue : *A Celebration of Physics*), Indian Academy of Sciences, Bangalore.

Current Science. Indian Academy of Sciences, Bangalore.

Scientific American : old issues

The World Scientist (French Journal) : old issues

Science in The USSR : old issues

Science Digest : old issues

Science Today : old issues

Science Age : old issues

Science Reporter, New Delhi

Indian Jounal of History of Science, INSA, New Delhi.

❑❑❑

परिशिष्ट-10

अनुक्रमणिका

[**निर्देश : 12 (नक्शा)** का अर्थ है, देश व स्थल को पृष्ठ 12 पर यूरोप के नक्शे में देखिए। **बोल्ड** संख्या वाले पृष्ठ / पृष्ठों पर प्रविष्टि के बारे में विशेष जानकारी है। **(चित्र)** वाले पृष्ठ पर उस व्यक्ति / वैज्ञानिक का या उससे संबंधित चित्र है।]

(III) **वैज्ञानिक कृतित्व :**

❑❑❑

नोट्स

नोट्स